Die äußere Sekretion der Verdauungsdrüsen

Von

Dr. med. B. P. Babkin

Professor der Physiologie am Institut für Land- und Forstwirtschaft
zu Nowo-Alexandria

Mit 29 Textfiguren

Springer-Verlag Berlin Heidelberg GmbH 1914

ISBN 978-3-662-24239-1   ISBN 978-3-662-26352-5 (eBook)
DOI 10.1007/978-3-662-26352-5

Meinem

lieben und hochverehrten Lehrer

Herrn Professor Dr. J. P. Pawlow

Vorwort.

Der Grund, welcher mich bewogen hat, den gegenwärtigen Zustand der Frage über die äußere Sekretion der Verdauungsdrüsen zu behandeln, ist zweifellos in der unbestreitbaren Wichtigkeit zu suchen, welche diese Frage sowohl für den Theoretiker, als auch für den Kliniker erworben hat und auch in dem besonderen Interesse, welches sie in den letzten 15 Jahren angefacht hat.

Eine einheitliche Darstellung des einschlägigen Materials schien mir um so mehr am Platz zu sein, da seit 1898, d. h. seit dem Jahre, in welchem die Vorlesungen von Prof. J. P. Pawlow über die Arbeit der Verdauungsdrüsen, die mit Recht als epochemachendes Werk auf dem Gebiet der äußeren Sekretion angesehen werden müssen, erschienen sind, noch kein derartiger Versuch gemacht worden ist, die alten und die neuen Forschungen auf diesem Gebiete vollständiger zusammenzufassen.

Das Recht zu dieser Arbeit glaube ich durch meine 10 jährige Assistentenzeit im Laboratorium von Prof. J. P. Pawlow erhalten zu haben, wo die genannten Fragen mit großem Erfolg bearbeitet worden sind, und auch durch den Umstand, daß ich mich persönlich an der Bearbeitung einiger dieser Fragen beteiligt habe.

Ich habe mich in meiner Aufgabe darauf beschränkt, nur die Arbeit der Verdauungsdrüsen und deren Mechanismus auseinanderzusetzen (bei dem Menschen und den Carnivoren). Die Fragen, welche die Fermenttätigkeit der Verdauungssäfte und besonders die Chemie der Verdauung betreffen, habe ich nur in dem Maße berührt, als es für die Charakteristik der äußeren Sekretionsprozesse unumgänglich nötig war. Übrigens habe ich für einige Verdauungssäfte genauere Angaben angeführt, denn letztere sind denjenigen Lesern, welche der russischen Sprache nicht mächtig sind, wohl unzugänglich.

Da die Arbeiten des Laboratoriums von Prof. J. P. Pawlow eine besonders wichtige Bedeutung für die Erforschung der Prozesse der äußeren Sekretion haben, so ist es auch natürlich, daß sie meistenteils die Grundlage für alles hier Behandelte bilden. Einige von diesen Arbeiten werden zum erstenmal genauer in deutscher Sprache behandelt. Außerdem haben hier alle, die Verdauungsdrüsen betreffenden pathologischen Beobachtungen und Experimente Platz gefunden, welche unter Anleitung von Prof. J. P. Pawlow gemacht worden sind.

Nur beim ersten Zitieren wird jede Arbeit vollständig betitelt. Um dem Leser das Auffinden der Arbeiten aus Prof. J. P. Pawlows Laboratorium in den Literaturangaben nach Möglichkeit leicht zu machen, sind die Namen der entsprechenden Autoren Kursiv gedruckt.

Außer den Pawlowschen Werken und den russischen und ausländischen Originalarbeiten habe ich natürlich nicht selten auch Heidenhains klassisches Werk über die Absonderungsvorgänge in Hermanns Handbuch der Physiologie

(Leipzig 1883) benutzt und habe auch öfters zu der äußerst eingehenden, auf genauer Kenntnis des behandelten Stoffes beruhenden Schilderung der Frage über die Tätigkeit der Speicheldrüsen gegriffen, welche Langley in Schaeffers Textbook of Physiologie (Edinburgh 1898) gegeben hat.

Dieses Werk widme ich als Zeichen höchster Verehrung und innigster Dankbarkeit meinem Lehrer, Herrn Prof. Dr. J. P. Pawlow.

Ich bin Herrn Prof. Dr. A. Schittenhelm (in Königsberg) für seinen freundschaftlichen Rat, welcher den Anstoß zum Beginn dieser Arbeit gegeben hat, zu großem Dank verpflichtet und auch dafür, daß er sich die Mühe gemacht hat, sich nach einem entsprechenden Verleger umzusehen. Ihm sowohl, wie auch meinen Kollegen des St. Petersburger physiologischen Laboratoriums spreche ich hier für viele wertvolle Anweisungen beim Ausführen dieser Arbeit meinen besten Dank aus.

Es ist mir eine angenehme Pflicht, der Verlagsbuchhandlung von Julius Springer in Berlin meinen Dank zu sagen, da sie nicht nur wie gewöhnlich alles von ihr Abhängende zur besten Ausstattung des vorliegenden Buches getan hat, sondern auch mit größter Zuvorkommenheit allen von mir in dieser Hinsicht geäußerten Wünschen entgegengekommen ist.

Jegliche Hinweise auf etwaige Unvollständigkeiten oder Lücken meiner Arbeit — und solche sind bei der gewaltigen Menge des vorliegenden Materials immer möglich — werde ich stets mit Dankbarkeit entgegennehmen.

Nowo-Alexandria (Gouv. Lublin), im Februar 1914.

B. Babkin.

Inhaltsverzeichnis.

Seite

Einleitung 1

I. Die Speicheldrüsen 7

1. Kapitel 7

Anatomische Bemerkungen S. 8. — Ruhezustand der Speicheldrüsen im Falle Nichtvorhandenseins eines Reizes S. 9. — Die Bedeutung der kleinen Drüsen S. 10. — Die Erreger der Speicheldrüsensekretion S. 11. — Zusammensetzung des Speichels S. 13. — Beobachtungen am Menschen S. 16. — Das Anpassungsvermögen der Speicheldrüsentätigkeit S. 18. — Die Bedeutung der Kaubewegungen S. 22. — Schlußfolgerungen S. 23. — Speichelsekretion beim Anblick, Geruch usw. von eßbaren und verweigerten Substanzen S. 24.

2. Kapitel 28

Der periphere rezeptorische Apaprat S. 28. — Chemische Erregbarkeit der Mundhöhlenschleimhaut S. 30. — Thermische Erregbarkeit der Mundhöhlenschleimhaut S. 31. — Mechanische Erregbarkeit der Mundhöhlenschleimhaut S. 31. — Spezifizität der Nervenendigungen S. 34. — Die zentripetalen Nerven der Speicheldrüsen S. 35. — Die Arbeit der Speicheldrüsen nach Durchschneidung verschiedener zentripetaler Nerven der Mundhöhle S. 35. — Reizung der zentripetalen Nerven S. 40. — Die zentrifugalen Nerven der Speicheldrüsen S. 41. — Die cerebralen Nerven S. 41. — Der sympathische Nerv S. 43. — Der cerebrale und der sympathische Nerv sind die wahrhaften sekretorischen Nerven der Speicheldrüsen S. 43. — Die Speicheldrüsengifte S. 45. — Reizung der cerebralen Nerven der Speicheldrüsen S. 47. — Wechselbeziehung zwischen der Reizung des cerebralen Nerven und der Arbeit der Speicheldrüsen S. 48. — Reizung des sympathischen Nervs S. 52. — Besonderheiten der sympathischen Sekretion S. 53. — Wechselbeziehung zwischen dem cerebralen und dem sympathischen Nerv S. 54. — Der cerebrale und sympathithische Nerv bei der reflektorischen Speichelabsonderung S. 59. — Reflektorische Hemmung der Speichelabsonderung S. 60. — Paralytische Sekretion S. 61. — Der Einfluß der Dyspnöe auf die sekretorische Arbeit der Speicheldrüsen S. 65. — Speichelabsonderung zum Zweck der Wärmeregulation S. 66. — Reizung der sekretorischen Nerven und Blutversorgung der Drüse S. 67.

3. Kapitel 69

Zentrale Innervationsherde S. 69. — Das Ganglion submaxillare S. 70. — Das verlängerte Mark S. 70. — Die Großhirnrinde S. 71. — Bedingte Speichelreflexe S. 71. — Speichelsekrtion bei künstlicher Reizung der Hirnrinde S. 75. — Speichelsekretionstheorien S. 76. — Zweierlei Arten von Drüsenelementen und zweierlei Arten von Nervenfasern S. 77. — Die Heidenhainsche Theorie S. 79 — Einwendungen gegen die Heidenhainsche Theorie S. 81. — Ansicht Langleys und deren Kritik S. 85.

Seite

II. Magendrüsen 88

1. Kapitel 88

Anatomische Daten und Untersuchungsplan hinsichtlich der Tätigkeit der Magendrüsen S. 88. — Methodik S. 90. — Ruhezustand und Tätigkeit der Magendrüsen S. 92. — Zusammensetzung des Magensaftes S. 92. — Die Arbeit der Magendrüsen bei Genuß von Fleisch, Brot und Milch S. 95. — Eigenschaften des auf Fleisch, Brot und Milch zur Ausscheidung gelangenden Saftes S. 98. — Verdauungskraft der verschiedenen Magensaftsorten bei ausgeglichener Acidität S. 99. — Wechselbeziehung zwischen der Verdauungskraft und den festen sowie organischen Bestandteilen der verschiedenen Säfte S. 100. — Wechselbeziehung zwischen der Art der Nahrung, der Menge und der Qualität des auf sie zur Ausscheidung gelangenden Saftes S. 101. — Wechselbeziehung zwischen der Quantität der verzehrten Nahrung und der Menge des auf diese ausgeschiedenen Magensaftes S. 102. — Analyse der Arbeit der Magendrüsen S. 103. — Die receptorischen Oberflächen des Auges, der Nase und des Ohres S. 104. — Scheinfütterung S. 109. — Versuche mit Scheinfütterung an Menschen S. 113. — Der Magenblindsack beim Menschen S. 116. — Die Speiseröhre S. 116. — Die Schleimhaut des Fundusteiles des Magens S. 117. — Chemische Reizungen des Fundusteiles des Magens S. 118. — Mechanische Reizung der Schleimhaut des Magenfundus S. 119. — Der Einfluß der Konsistenz der Nahrung auf die Arbeit der Fundusdrüsen S. 120.

2. Kapitel 124

Die erste und zweite Phase der Magensaftabsonderung S. 124. — Untersuchungsmethodik hinsichtlich der Wirkung chemischer Erreger der Magendrüsen S. 126. — Hineinlegen rohen Fleisches in den Magen S. 127. — Hineinlegen in den Magen und Genuß von Gelatine und Hühnereiweiß S. 129. — Analyse der vom Fleisch hervorgerufenen Wirkung S. 130. — Wasser S. 130. — Kochsalz S. 132. — Die Extraktivstoffe des Fleisches S. 137. — Fett S. 140. — Verdauungsprodukte der Eiweißsubstanzen S. 140. — Die Verdauungskraft des Magensaftes bei Einwirkung chemischer Erreger S. 144. — Die chemischen Erreger im Brot S. 145. — Einfluß der Stärke auf die Fermentanhäufung im Safte S. 146. — Die chemischen Erreger in der Milch S. 147. — Die Verdauungskraft des Magensaftes bei Milch S. 149. — Speichel, Pankreassaft, Galle und Lösungen von Salz- und Essigsäure sowie CO_2 S. 150. — Der Einfluß der chemischen Erreger auf die Magensekretion bei ihrer Einführung in den Zwölffingerdarm S. 152. — Das Fett S. 155. — Soda S. 164. — Zusammenfassende Übersicht der chemischen Erreger S. 168. — Der Einfluß einiger Stoffe vom Rectum aus auf die Magensaftsekretion S. 169. — Synthese der Sekretionskurve S. 169. — Die Acidität des Magensaftes S. 174.

3. Kapitel 176

Der Mechanismus der Arbeit der Magendrüsen innerhalb der ersten Phase S. 176. — Der Mechanismus der Magensaftsekretion beim Anblick, Geruch usw. der Nahrung und bei Scheinfütterung S. 181. — Der reflektorische Bogen S. 185. — Der Mechanismus der Magendrüsenarbeit während der zweiten Phase S. 189. — Die sekretorische Arbeit der Magendrüsen ohne Beteiligung der Nn. vagi S. 194. — Theoretische Bemerkungen S. 198. — Die Schleimsekretion S. 199.

4. Kapitel 200

Die Arbeit der Magendrüsen bei den verschiedenen Nahrungssorten S. 200. — Hühnereier S. 201. — Milchprodukte S. 202. — Fleichprodukte S. 205. — Fleisch in mundgerechter Zubereitung S. 207. — Die Pro-

dukte der vegetabilischen Nahrung S. 209. — Die Fischprodukte S. 210.
— Die Kalorien bei ungemischter und gemischter Nahrung S. 212. —
Der Einfluß der Muskelarbeit auf die Magendrüsentätigkeit S. 213. — Die
Magendrüsengifte S. 214. — Der Einfluß des Alkohols auf die durch
die verschiedenen Nahrungsmittel hervorgerufene Arbeit der Magendrüsen S. 217. — Einige pathologische Beobachtungen und Untersuchungen an Hunden mit isoliertem kleinem Magen S. 219.

III. Die Pars pylorica des Magens und der Brunnersche Teil des Zwölffingerdarms 222
Der Pylorusteil des Magens S. 223. — Die Eigenschaften des Pylorus-
saftes S. 223. — Die Saftabsonderung aus dem Pylorusteil S. 224. — Der
Brunnersche Teil des Zwölffingerdarms S. 228. — Die Eigenschaften
des Saftes des Brunnerschen Teiles S. 229. — Die Saftsekretion aus
dem Brunnerschen Teil S. 230. — Die Bedeutung des Pylorus- und
Brunnerschen Saftes für die Verdauung fetthaltiger Nahrungssorten
S. 234. — Die Anpassungsfähigkeit der Arbeit der Pepsindrüsen an die
Art des Erregers S. 235.

IV. Pankreas 237

1. Kapitel 237
Anatomische Bemerkungen S. 237. — Methodik S. 238. — Die Zusammensetzung des Pankreassaftes S. 241. — Das Eiweißferment (Trypsin) S. 243.
— Das Fettferment (Steapsin) S. 250. — Das Stärkeferment (Amylopsin) S. 251. — Die Arbeit der Bauchspeicheldrüse bei Genuß von Fleisch,
Brot und Milch S. 253. — Die Eigenschaften der auf Fleisch, Brot und Milch
zum Abfluß gelangenden Säfte S. 258. — Die festen und organischen
Substanzen und Asche des Pankreassaftes S. 264. — Die Anpassungsfähigkeit der Bauchspeicheldrüse an die Nahrungssorte S. 266.

2. Kapitel 267
Analyse der Arbeit der Bauchspeicheldrüse S. 267. — Säure S. 268. —
Wasser S. 274. — Fett S. 275. — Alkohol, Äther, Chlorhydrat, Senföl
u. a. S. 283. — Substanzen, die auf die Pankreassekretion einen hemmenden Einfluß ausüben S. 284. — Die reflektorische Phase der Pankreassekretion S. 286. — Die Zusammensetzung des Pankreassaftes bei
verschiedenen Erregern S. 286. — Die Synthese der Sekretionskurve S. 290.

3. Kapitel 296
Der Mechanismus der Pankreassekretion S. 296. — Der nervöse Mechanismus der Pankreassekretion S. 297. — Die sekretorischen Fasern der Nn.
vagi S. 298. — Die sekretionshemmenden Nerven S. 309. — Die Zusammensetzung des bei Reizung der Nn. vagi erzielten Saftes S. 303. —
Die sekretorischen Fasern des Sympathicus S. 308. — In den Nn. vagi
und sympathici verlaufen die wirklichen sekretorischen Fasern für die
Bauchspeicheldrüse S. 309. — Der humorale Mechanismus der Pankreassekretion S. 310. — Die Secretinbildung mittels verschiedener
chemischer Substanzen S. 315. — Die Spezifizität des Secretins S. 318. —
Die chemische Zusammensetzung des Secretins S. 322. — Die Eigenschaften des bei Secretinwirkung zur Absonderung gelangenden Pankreassaftes S. 322. — Der Mechanismus der safttreibenden Wirkung der Salzsäure S. 325. — Der Mechanismus der safttreibenden Wirkung des
Fettes S. 330. — Mikroskopische Veränderungen S. 335.

V. Der Austritt der Galle in das Duodenum 338
Die Zusammensetzung der Galle S. 339. — Die Gallenausscheidung
bei Genuß von Milch, Fleisch und Brot S. 341. — Die Erreger der Galleausscheidung S. 344. — Die Synthese der Galleausscheidungskurve S. 346.
— Der Mechanismus der Galleausscheidung S. 348.

Seite

VI. Die Drüsen des Dünn- und Dickdarms 351

Die Drüsen des Dünndarms S. 350. — Methodik S. 352. — Die Zusammensetzung des Darmsaftes S. 353. — Die Menge des Darmsaftes
unter verschiedenen Bedingungen S. 357. — Die Schwankungen in
der Fermentzusammensetzung des Darmsaftes und die Bedingungen
der Fermentproduzierung S. 364. — Die Bedeutung der festeren Bestandteile des Darmsaftes S. 367. — Der Mechanismus der Darmsaftsekretion S. 368. — Die Drüsen des Dickdarms S. 371. — Methodik
S. 371. — Die Zusammensetzung des Saftes S. 372. — Der Verlauf der
Saftabsonderung unter verschiedenen Bedingungen S. 373. — Empfindlichkeit der Dünn- und Dickdarmschleimhaut S. 374.

VII. Einige motorische Erscheinungen des Verdauungskanals 376

Die Wechselbeziehungen zwischen dem Magen und dem Zwölffingerdarm. Säure S. 376. — Wechselbeziehungen zwischen dem Magen und
dem Zwölffingerdarm. Fett S. 383. — Die Geschwindigkeit des Hindurchpassierens der verschiedenen Nahrungssubstanzen durch den
Verdauungskanal S. 386. — Die periodische Arbeit des Verdauungskanals S. 389.

Namenregister 392

Sachregister 396

Einleitung.

In jeder Zelle des höheren tierischen Organismus findet ein ununterbrochener Stoffverbrauch statt. Zur Erhaltung seiner Lebensfähigkeit bedarf der Organismus der Ergänzung dieser Einbußen. Der tierische Organismus ersetzt seine verausgabten Bestandteile durch Verwertung vegetabilischer oder anderer animalischer Organismen. Infolgedessen bestehen die „Nahrungsstoffe", die er in sich aufnimmt, mit Ausnahme von Wasser und einigen anorganischen Salzen, aus außerordentlich komplizierten chemischen Verbindungen: Eiweißkörper, Kohlehydraten und Fetten pflanzlicher und tierischer Herkunft.

Bevor jedoch der Nahrungsstoff in die den ganzen Organismus umfassende Blutbahn eintritt und zusammen mit dem Blut den einzelnen Zellen des Organismus zugeführt wird, muß er eine ganze Reihe physischer und chemischer Veränderungen durchmachen. Die Notwendigkeit dieser Veränderungen ergibt sich hauptsächlich aus folgenden Erwägungen:

1. Die Nahrungsstoffe bestehen in der Mehrzahl der Fälle aus unlöslichen, im höchsten Grade komplizierten chemischen Verbindungen. Sie müssen in eine lösliche Form übergeführt und in resorbierbare Verbindungen umgewandelt werden.

2. Die Zellen des tierischen Organismus haben die Fähigkeit, ihre Verausgabungen nur durch Aufnahme streng bestimmter chemischer Verbindungen zu ergänzen. Indessen befinden sich jedoch in den Nahrungsstoffen gewöhnlich dem Organismus fremdartige chemische Verbindungen.

Zwecks Einverleibung der Nahrungsstoffe in das Blut und ihrer Verarbeitung zu einem für die Zellen vollwertigen Nährmaterial existiert im tierischen Organismus ein spezielles System — das System des Verdauungskanals.

Der Verdauungstrakt der höher organisierten Tiere stellt eine bald weiter, bald enger gestaltete, vielfach gewundene Röhre dar, die an der Mundöffnung beginnt und in die Analöffnung ausläuft. Der Anfang- und Endteil dieses Kanals ist mit quergestreiften Muskeln versehen; in seiner übrigen Ausdehnung weist er in seinen Wandungen einige Schichten glatter Muskelfasern auf. Die Innenfläche dieser Röhre ist fast in ihrer ganzen Länge mit einer besonderen ein Schmiermaterial zur Ausscheidung bringenden Schleimhaut bedeckt; dieses Schmiermaterial dient dazu, ein unbehindertes Hindurchgelangen der Speisenmassen durch den engen Trakt zu ermöglichen.

An der Oberfläche der Schleimhaut münden die Auslaßgänge einer unzähligen Menge kleinerer und einer beträchtlichen Anzahl größerer Verdauungsdrüsen. Die ersteren sind in der Wand des Verdauungskanals selbst gelegen, die letzteren in dessen unmittelbarer Nähe und stehen mit ihm durch mehr oder weniger lange Gänge in Verbindung. Die Drüsen ergießen ihre Säfte — die verschiedenartigsten Fermente enthaltende Flüssigkeiten alkalischer oder saurer Reaktion — in das Lumen der Verdauungsröhre. Jede Drüse scheidet ein für sie typisches Sekret aus, dessen Zusammensetzung innerhalb streng bestimmter Grenzen schwankt.

Einzelne Teile des Verdauungstrakts sind zwar tief im Innern des Körpers belegen; vom physiologischen Standpunkt aus betrachtet, müssen jedoch auch sie der äußeren Oberfläche des Organismus zugezählt werden:

Die Drüsenelemente bringen ihr Sekret nicht nur zur Herbeiführung einer physischen und chemischen Verarbeitung der Nahrungsstoffe, sondern auch zum Zwecke einer Entfernung von nicht verwertbaren und für den Organismus schädlichen Substanzen aus dem Verdauungskanal zur Ausscheidung. Solche Vorrichtungen finden sich nicht nur im allerersten Teil des Verdauungstrakts — der Mundhöhle —, sondern auch in seinen tiefer gelegenen Abschnitten — dem Magen und dem Darm.

Die vom Tier aufgenommenen und ohne jeglichen Schaden für dieses im Verdauungskanal verweilenden Nahrungsstoffe stellen sich, was ihre chemische Struktur anbetrifft, in der Mehrzahl der Fälle als den Zellenelementen des Organismus fremdartige Substanzen dar. Führt man sie unmittelbar, unter Umgehung des Verdauungstrakts, in das Blut ein, so beantwortet der Organismus eine so grobe Störung seines chemischen Gleichgewichts häufig mit einer äußerst heftigen Reaktion, indem er bestrebt ist, sich auf die eine oder andere Weise gegen ihren schädlichen Einfluß sicherzustellen. Übrigens läßt sich in solchen Fällen nicht selten eine gesteigerte Tätigkeit sowohl der sekretorischen als auch der Muskelelemente des Magendarmkanals zum Zwecke einer Ausscheidung der dem Organismus fremdartigen Substanz aus dem Blut und ihrer Entfernung aus dem Körper beobachten.

Doch abgesehen von solchen Ausnahmefällen einer exkretorischen Tätigkeit der Drüsenelemente geht offenbar beständig durch Vermittlung einiger Drüsengebilde des Verdauungskanals (Darmschleimhaut, Leber) eine Entleerung des Organismus von unverwertbaren Substanzen vor sich.

Somit trennt im Innern des tierischen Körpers die Wand des Verdauungstrakts die Außenwelt von der Innenwelt ab. Damit ein Teil der Außenwelt — der Nahrungsstoff — in innige und wirksame Beziehung zu der in sich abgeschlossenen und eigenartigen Zellenwelt des tierischen Organismus treten kann, muß er eine lange Reihe komplizierter Veränderungen durchmachen. Infolge der speziellen fermentativen Verarbeitung der Nahrungsstoffe in Form hydrolytischer Spaltung der ihre Bestandteile bildenden Eiweißkörper, Kohlehydrate und Fette gelangt im Verdauungskanal eine gewisse Menge mehr oder weniger einfacher Verbindungen zur Entstehung. In der Regel vermag der Organismus nur aus den Bausteinen, in die die komplizierten organischen Nahrungssubstanzen zerfallen, ein für seine Zellen geeignetes Nährmaterial zu synthesieren. Diese Synthese geht offensichtlich in der Darmwand vor sich, durch die bei Aufsaugung die Bausteine der Nahrungsstoffe hindurch diffundieren. Jenseits der Darmwand, d. h. im Blut, finden sich nur in vereinzelten Fällen Substanzen, die noch eben jene chemische Struktur aufweisen, wie sie sie schon während ihres Aufenthalts im Verdauungskanal gezeigt haben. Somit leben die Zellen des Organismus in einem besonderen Milieu; bis zu einem gewissen Grade sind sie von äußeren Einflüssen unabhängig (Abderhalden[1]), Schittenhelm[2])).

---

[1]) E. Abderhalden, Synthese der Zellbausteine in Pflanze und Tier. Berlin 1912.

[2]) A. Schittenhelm, Neuere Fortschritte der Eiweißforschung in ihrer Bedeutung für die Klinik. Würzburger Abhandlungen aus dem Gesamtgebiet der praktischen Medizin 1910, Bd. X, S. 199.

Auf Grund des Gesagten kann die durch die Drüsen hervorgerufene Absonderung von Säften in den Verdauungskanal, selbst nur zum Zwecke einer Verarbeitung der Nahrungsstoffe, mit vollem Recht als ihre „äußere Sekretion" bezeichnet werden. Von der äueßren Sekretion muß man die „innere Sekretion" eben jener Drüsen unterscheiden. Bei dieser letzteren gibt das Drüsengewebe sein besonderes Sekret unmittelbar an das Blut ab. Trotzdem existieren zwischen der „inneren" und „äußeren" Sekretion gewisse Beziehungen.

Der Aufbau des Verdauungstrakts beim Menschen und den fleischfressenden Tieren zeigt folgendes Schema.

Der vom Tier erfaßte Nahrungsstoff gelangt zunächst in die Mundhöhle. Hier wird er mit Hilfe der Zähne und der Zunge zerkleinert, mit Speichel, der bei einigen Tieren Kohlehydratfermente enthält, angefeuchtet und in eine zum Schlucken geeignete Form gebracht. Durch die enge Speiseröhre wird er dann in den Magen weiterbefördert. In diesem geräumigen Hohlorgan wird der Nahrungsstoff eine mehr oder weniger lange Zeit (einige Stunden) zurückgehalten. Hier wird er vollständig aufgeweicht und erlangt eine breiförmige oder dünnflüssige Konsistenz. Seine Eiweißsubstanzen werden mit Hilfe des Ferments und der Salzsäure des Magensafts hydrolytisch gespalten. Diese Spaltung ist keine tiefgehende; gewöhnlich befinden sich im Magen nur große Bruchstücke des Eiweißmoleküls. Die Kohlehydrate und besonders die Fette der aufgenommenen Nahrung werden im Magen nur geringen Veränderungen unterworfen. Als zentrales Verdauungsorgan ist der Zwölffingerdarm anzusehen. In sein Lumen ergießen ihre alkalischen Säfte folgende Drüsen: die Bauchspeicheldrüse, die Brunnerschen Drüsen, die Lieberkühnschen Drüsen und die Leber. Hier finden wir Fermente, die nicht nur auf alle hauptsächlichsten Bestandteile der Nahrung, sondern auch auf die Produkte ihrer Spaltung einwirken. Außerdem üben die einen Säfte und Fermente auf die Wirkung der anderen einen fördernden Einfluß aus. Mithin ist im Zwölffingerdarm und in dem seine Fortsetzung bildenden Dünndarm die Möglichkeit einer tiefgehenden hydrolytischen Spaltung der Nahrungsstoffe gegeben. Die komplizierten chemischen Verbindungen werden in ihre Bestandteile zerlegt. Aus diesen indifferenten Bruchstücken vermag die Darmwand nunmehr ein für sämtliche Zellen des Organismus verwertbares Nährmaterial zu synthesieren. Dementsprechend ist die Resorption im Magen sehr schwach entwickelt. Umgekehrt besitzt der Darm die Fähigkeit der Aufsaugung in hohem Maße. Auf diese Weise diffundiert alles das, was der Organismus zu seiner Erhaltung braucht, durch die Darmwand hindurch; was von ihm nicht verwertet werden kann, wird zusammen mit den Exkreten einiger Drüsen als Abfälle durch die Analöffnung nach außen hinausgeführt.

Die Hauptrolle in dem gesamten Verdauungsprozeß kommt der saftabsondernden Tätigkeit der längs der Verdauungsröhre gelegenen Drüsenelemente zu. Die Aufstellung von Gesetzen für diese Tätigkeit und die Aufklärung ihres Mechanismus ist nicht nur von außerordentlicher Wichtigkeit für das richtige Verständnis des Prozesses der tierischen Ernährung, sondern auch äußerst lehrreich als Beispiel einer streng gesetzmäßigen und in höchsten Maße den Erregern angepaßten Tätigkeit des Organismus (*Pawlow*[1])).

Mit einer gewissen Folgerichtigkeit gelangen auf die den Verdauungskanal hindurchpassierenden Substanzen die verschiedene Fermente enthaltenden

<hr>

[1]) J. P. Pawlow, Die Arbeit der Verdauungsdrüsen. Wiesbaden 1898 und J. P. Pawlow, Das Experiment als zeitgemäße und einheitliche Methode medizinischer Forschung. Wiesbaden 1900.

Säfte zum Abfluß. Allmählich und gewissermaßen stufenweise geht in jedem Teil des Verdauungstrakts die Spaltung ihrer komplizierten Moleküle vor sich. Was jedoch den Beobachter an der Arbeit der Verdauungsdrüsen ganz besonders in Erstaunen setzt, ist die Exaktheit und Anpassung ihrer Reaktion an die Art des Erregers.

Im Interesse des ganzen Organismus bringen die Drüsen ihr Sekret auf jeden einzelnen Erreger nicht nur in einer bestimmten Quantität, sondern auch in einer ganz bestimmten Qualität — bald mit größerem, bald mit geringerem Fermentgehalt, bald reicher, bald ärmer an mineralischen und organischen Substanzen zur Ausscheidung. Hierbei findet im Zusammenhang mit den speziellen Aufgaben, die sich der Organismus stellt, auf Schritt und Tritt eine Divergenz in der Sekretion der flüssigen, mineralischen und organischen Bestandteile des Saftes statt.

Diese, vermutlich auf dem Wege der natürlichen Selektion hervorgerufene Anpassungsfähigkeit der Arbeit der Verdauungsdrüsen an den äußeren Erreger erreicht in einigen Fällen eine außerordentliche Mannigfaltigkeit. Sie ist naturgemäß dort mehr entwickelt, wo die entsprechende Höhlung des Verdauungstrakts mit den zahlreichsten Erregern in Berührung kommt.

Als Beispiel kann in dieser Hinsicht die Sekretion der Speicheldrüsen dienen: fast auf jede einzelne in die Mundhöhle geratende Substanz reagieren die Speicheldrüsen mit einer sowohl in quantitativer als auch qualitativer Beziehung charakteristischen Absonderung. Doch auch in den tiefer gelegenen Teilen des Verdauungskanals tritt die Anpassungsfähigkeit der Drüsenarbeit an die Art des Erregers mit voller Offensichtlichkeit hervor.

Entsprechend den Bedingungen der Nahrungsverarbeitung im Magendarmkanal des Menschen und der fleischfressenden Tiere trägt die Arbeit der Verdauungsdrüsen in der Mehrzahl der Fälle einen intermittierenden Charakter. Die Drüsen kommen nur dann in Tätigkeit, wenn ihre Wirksamkeit erforderlich ist. Sind im Verdauungstrakt keine Erreger vorhanden, so kommt die Arbeit der Verdauungsdrüsen vollständig zum Stillstand oder verlangsamt sich doch zum mindesten.

Wie wird nun aber der Drüsenapparat in Tätigkeit gesetzt?

Was die Art und Weise anbetrifft, in der der Erreger seine Wirkung vom Verdauungskanal aus auf die eine oder andere Drüse ausübt, so sind zwei Möglichkeiten vorhanden: entweder erfolgt die Wirkung durch das Blut oder sie erfolgt durch Vermittlung des Nervensystems. Im ersteren Falle muß der Erreger — diese oder jene chemische Verbindung — im Verdauungstrakt zur Aufsaugung gelangen, durch dessen Wand hindurchdiffundieren und in das Blut übertreten. Zusammen mit dem Blut wird er den Drüsenelementen zugetragen, wo er dann die Möglichkeit hat, diese zur Tätigkeit anzuregen. Im zweiten Falle wird der Reiz von den über die Oberfläche des Verdauungskanals verstreuten spezifischen peripheren Endigungen der zentripetalen Nerven perzipiert. Er wird in einen speziellen Nervenprozeß transformiert und durch die zentripetalen Nerven den in den verschiedenen Teilen des Zentralnervensystems gelegenen Innervationsherden zugetragen. Von hier wird der Reiz durch die zentrifugalen Nerven an ihre in den Drüsenelementen gelegenen Endigungen weitergegeben. Je näher die Drüsen ihren Platz zum Anfangsteil des Verdauungskanals haben, um so vielgestaltiger und komplizierter ist ihre Reaktion auf die äußeren Erreger, um so mehr sind die oberen Teile des Zentralnervensystems am Prozesse beteiligt — ein Umstand, der früher Veranlassung gab, von einer „psychischen Sekretion" zu sprechen.

In dem Falle, wo der Erreger aus dem Verdauungskanal den Drüsenelementen durch das Blut zugetragen wird, spricht man von dem humoralen Mechanismus seiner Wirkung. Die Wirkung des chemischen Erregers kann dadurch eine Komplizierung erfahren, daß er auf die Drüsenelemente nicht unmittelbar einwirkt, sondern indem er sich in der Schleimhautwand des Verdauungskanals, durch die er bei Aufsaugung hindurchdiffundiert, mit einer speziellen Substanz verbindet. Die chemischen Erreger werden allgemein unter der Bezeichnung Hormone zusammengefaßt. Die Hormone bilden die Vermittler zwischen den verschiedenen Teilen des Körpers (Bayliß und Starling[1])).

Im Falle der Einwirkung des Erregers durch Vermittlung des Nervensystems sprechen wir von einem Reflex. Je nachdem Teile des Zentralnervensytems — ob die höheren oder niederen — am Reflex beteiligt sind, sprechen wir einerseits von einem einfachen oder unbedingten, auf der anderen Seite von einem komplizierten oder bedingten Reflex[2]).

Denkbar ist jedoch auch die Möglichkeit, daß eine kombinierte Wirkung beider Mechanismen, des humoralen und des nervösen, Platz greift. Der chemische Erreger gelangt aus dem Darm in das Blut und erhält erst jetzt die Möglichkeit, auf das Nervensystem der Drüse einzuwirken.

Wie sind nun die im Verdauungskanal vor sich gehenden Prozesse zu erklären? Wie läßt sich der Mechanismus der Wirkung der verschiedenen Erreger der Verdauungsdrüsen ergründen? Die Methodik der akuten Versuche, der die Physiologie, und insonderheit die Verdauungsphysiologie viele wichtige Entdeckungen verdankt, hat des öfteren wohlberechtigte Anfechtungen erfahren. Ein grober Eingriff in die Tätigkeit einer so fein konstruierten Maschine, wie es der tierische Organismus ist, führt nicht selten zu Trugschlüssen. Als Gegengewicht für die Methodik der akuten Versuche brach sich im Laufe der letzten fünfundzwanzig Jahre in der Verdauungsphysiologie die chirurgische Methode Bahn, bei der die Operationsergebnisse am Tiere nicht dessen unmittelbaren Tod nach sich ziehen (*Pawlow*[3])). Das Tier überlebte nicht selten die Operation um viele Jahre und gab damit dem Experimentator die Möglichkeit, die gewünschte Erscheinung zu wiederholten Malen unter verschiedenen Bedingungen zu beobachten. Eine außerordentliche Rolle bei Erforschung der äußeren Drüsensekretion spielte die Anbringung permanenter Fisteln an den Drüsenorganen oder den Gängen der verschiedenen Drüsen und die Absonderung der einen Teile des Verdauungskanals von den anderen. Die wesentlichsten Erfordernisse bei der Anlegung permanenter Fisteln lassen sich in folgenden Punkten zusammenfassen:

1. Nachaußenleitung des Drüsenganges oder Isolierung des gesamten Drüsenorgans oder eines Teils desselben unter Aufrechterhaltung ihrer Nervenverbindungen;

2. Erzielung eines reinen Drüsensekrets ohne Beimischung von Nahrung oder anderen Säften;

---

[1]) E. H. Starling, Recent advances in the Physiology of Digestion. London 1906, S. 90 und W. M. Bayliß and E. H. Starling, Die chemische Koordination der Funktion des Körpers. Ergebnisse der Physiologie 1906, Jahrg. V, S. 664.

[2]) J. P. Pawlow, Die äußere Arbeit der Verdauungsdrüsen und ihr Mechanismus. Nagels Handbuch der Physiologie 1907, Bd. II, S. 697.

[3]) J. P. Pawlow, Die physiologische Chirurgie des Verdauungskanals. Ergebnisse der Physiologie 1902, Jahrg. I, Abt. 1, S. 246. — Die operative Methodik des Studiums der Verdauungsdrüsen. Tigerstedts Handbuch der physiologischen Methodik 1908, Bd. II, Abt. 2, S. 150.

3. möglichste Beschränkung der Verluste an dem entsprechenden Sekret und

4. Erhaltung des Tiers bei voller Gesundheit.

Es leuchtet ein, von wie hoher Wichtigkeit die Einhaltung einer jeden einzelnen dieser Forderungen ist. Damit die Drüse ihre normale Tätigkeit entfalten könne, müssen ihre sämtlichen Nervenverbindungen gewahrt sein. Nur bei Erzielung reinen Saftes aus der Fistel vermag man mit Sicherheit auf dessen Quantität und Eigenschaften unter verschiedenen Bedingungen zu schließen. Einzig und allein bei Nachaußenleitung eines Teils des Saftes irgendeines Drüsenorgans oder Anbringung einer Fistel am Gange einer von mehreren gleichartigen Drüsen wird der Verdauungsprozeß im ganzen in gar keine oder doch nur sehr unbedeutende Mitleidenschaft gezogen. Ein Tier, das sich von der Operation vollständig erholt hat und dessen Verdauung normal funktioniert, gibt die Möglichkeit, Gesetze hinsichtlich der wirklich physiologischen Tätigkeit dieser oder jener Drüse aufzustellen.

Die nachfolgende Darstellung bildet eine Weiterentwicklung und Bestätigung der hier aufgestellten Sätze. Erst seit Anwendung der Methoden der physiologischen Chirurgie ist es gelungen, die Tätigkeit der Verdauungsdrüsen in ihrem ganzen Umfange aufzuklären und das Vorhandensein einer vielgestaltigen und feingegliederten Koordination in ihrer Arbeit festzustellen.

Nicht weniger erfolgreich erwies sich der Versuch einer Anwendung der chirurgischen Methoden in der experimentellen Pathologie und Therapie der Verdauungsdrüsen. Der Physiologe erhielt nunmehr die Möglichkeit, beliebig Störungen in der Tätigkeit der Verdauungsorgane hervorzurufen, zu beobachten, zu verändern und endlich wieder völlig auszugleichen. Somit wurden mit Hilfe der experimentellen Pathologie und Therapie seine Kenntnisse hinsichtlich der einen oder anderen Lebenserscheinung erweitert und vertieft. Außerdem aber erhielt der Physiologe, nachdem es ihm gelungen war, die Tätigkeit des von ihm zu erforschenden Organs zu stören und ihr dann wieder den normalen Charakter zurückzugeben, die Möglichkeit, jene „physiologische Synthese" hervorzurufen, die uns das unstreitbare Recht gibt zu behaupten, daß der Sinn und die Bedeutung der betreffenden Erscheinung innerhalb der ganzen komplizierten Tätigkeit des Organismus uns klar und verständlich ist[1]).

---

[1]) J. P. Pawlow, Thérapie expérimentale comme méthode nouvelle et extrêmement féconde pour les recherches physiologiques. Compt. rend. du XIII. Congrès international de médecine. Paris 1901, p. 55.

I. Die Speicheldrüsen.

1. Kapitel.

Anatomische Bemerkungen. — Ruhezustand der Speicheldrüsen im Falle Nichtvorhandenseins eines Reizes. — Die Bedeutung der kleinen Drüsen. — Die Erreger der Speicheldrüsensekretion. — Zusammensetzung des Speichels. — Beobachtungen am Menschen. — Das Anpassungsvermögen der Speicheldrüsentätigkeit. — Die Bedeutung der Kaubewegungen. — Schlußfolgerungen. — Speichelsekretion beim Anblick, Geruch usw. von eßbaren und verweigerten Substanzen.

Der Teil des Verdauungstrakts, in den die Speisesubstanz zuerst gelangt, ist die Mundhöhle. Hier wird sie, bevor sie in die weiteren Teile des Verdauungskanals übertritt, einer verschiedenartigen Verarbeitung unterworfen. Wenn sie nicht flüssig ist, wird sie vermittelst der Zähne und Zunge zerkleinert und mit Speichel — einer besonderen durch die Speicheldrüsen in die Mundhöhle abgesonderten alkalischen Flüssigkeit — angefeuchtet und durchmengt. Die im Speichel enthaltene Schleimsubstanz Glykoproteid-Mucin hüllt die Speiseteilchen ein, macht sie schlüpfrig und erleichtert damit ihre Weiterführung durch den Schlund und die Speiseröhre in den Magen. Das Speichelwasser extrahiert aus der Speisesubstanz ihre löslichen Bestandteile. Diese können nunmehr auf die Endigungen der Geschmacksnerven einwirken, was sowohl für die Arbeit der Speicheldrüsen als auch für die Arbeit der Drüsen des folgenden Teiles des Verdauungskanals — des Magens — von großer Wichtigkeit ist. Außerdem stellt das Speichelwasser einen Erreger der Magensaftabsonderung dar. Andererseits enthält der Speichel vieler Säugetiere — mit Ausnahme der ausschließlich fleischfressenden — amylolytische Fermente: Stärke in Dextrine und Maltose spaltendes Ptyalin oder Speicheldiastase und Maltose in Traubenzucker (Glykose) verwandelnde Maltase. Somit werden unter Einwirkung des Speichels die Stärkesubstanzen der Speise bereits im ersten Teile des Verdauungstrakts zum Teil verarbeitet, jedoch hauptsächlich mit diastatischen Fermenten versehen.

Beim Menschen und den höheren Säugetieren ist der Zweck der Speichelabsonderung im allgemeinen entweder eine mechanische und chemische Verarbeitung der in die Mundhöhle eintretenden Speise behufs ihrer Weiterbeförderung durch den Verdauungstrakt und Ausnutzung durch den Organismus oder eine Ausspülung der Mundhöhle von nicht genießbaren oder schädlichen Substanzen und deren Verdünnung. Sowohl im ersteren wie auch im zweiten Falle kann der Speichel bereits zur Absonderung gelangen, bevor die genießbare oder verweigerte Substanz in die Mundhöhle kommt; beim Menschen ist bisweilen der bloße Gedanke an wohlschmeckende oder nicht schmackhafte Substanzen — besonders saure — ausreichend, um einem „das Wasser im Munde zusammenlaufen zu lassen".

Die in den allgemeinsten Zügen bereits gegen Ende des XVIII. Jahrhunderts[1]) bekannte Tätigkeit der Speicheldrüsen bildete den Gegenstand wiederholter Untersuchungen im Laufe des XIX. Jahrhunderts. Die Beobachtungen Mitscherlichs an einem Kranken mit einer Fistelöffnung des Stenonischen Ganges gaben den Anstoß zu einer Reihe experimenteller Untersuchungen — sowohl an Pflanzenfressern und Wiederkäuern (Lassaigne, Magendie und Reyer, Colin) als auch an Hunden (Cl. Bernard, Ludwig, Czermak, Schiff) — die die grundlegenden Punkte in der Arbeit der Speicheldrüsen feststellten. Allein erst zu Ende des XIX. Jahrhunderts wurde in den Laboratorien von Eckhard und besonders von Heidenhain, dann von Langley und später von *Pawlow* und seinen Schülern dieses Material erheblich ergänzt und in ein bestimmtes System gebracht. Immerhin gibt es auch gegenwärtig noch eine Reihe von Punkten in der Arbeit der Speicheldrüsen, die ihrer Aufklärung harren.

Anatomische Bemerkungen.

An der Oberfläche der Mundhöhlenschleimhaut münden die Auslaßgänge zahlreicher Drüsen. Nach ihrer Struktur gehören diese letzteren sämtlich den tubuloacinösen Drüsen an und unterscheiden sich voneinander einmal hinsichtlich ihrer Größe und sodann nach der Art der ihre Höhlung bedeckenden und ein charakteristisches Sekret ausscheidenden Zellen. Zu den gewöhnlich in der Schleimhaut liegenden kleinen Drüsen der Mundhöhle gehören: die Zungenwurzeldrüsen, die Zungenspitzendrüsen, die Drüsen im Bereiche der Papillae vallatae und Papillae foliatae der Zunge, die Drüsen des harten Gaumens (beim Hunde fehlen sie), der vorderen Fläche des weichen Gaumens, der Lippen und der Backen (beim Hunde sind diese letzteren Drüsen nicht vorhanden). Zu den großen Drüsen — den Speicheldrüsen — die in beträchtlicher Entfernung von der Mundhöhle liegen und mit dieser durch mehr oder weniger lange Kanäle in Verbindung stehen, zählen die Orbitaldrüse (Gl. orbitalis), die Unterzungendrüse (Gl. sublingualis oder retrolingualis), die Unterkieferdrüse (Gl. submaxillaris oder mandibularis) und die Ohrspeicheldrüse (Gl. parotis).

Vom anatomisch-physiologischen Standpunkte aus betrachtet, lassen sich diese Drüsen in folgende Gruppen zerlegen:

1. Schleimdrüsen (die Drüsen der Zungenwurzel, des harten Gaumens und der vorderen Fläche des weichen Gaumens, die Orbitaldrüse beim Hunde). Sie scheiden eine schleimige, fadenziehende Flüssigkeit aus, die neben Salzen und einer geringen Quantität Eiweiß eine große Menge Mucin enthält.
2. Eiweißdrüsen (die Drüsen der Zunge im Bereich der Papillae vallatae und foliatae, die Ohrspeicheldrüse). Sie produzieren ein lediglich Eiweiß und Salze enthaltendes wässeriges Sekret.
3. Gemischte Drüsen; sie enthalten in verschiedenem Verhältnisse beide Arten von Zellen: Schleim- und Eiweißzellen; den letzteren werden in jüngster Zeit auch die Djanuzzischen Halbmondzellen zugerechnet; die Drüsen der Lippen, Backen, der Zungenspitze, die Unterzungendrüse und die Unterkieferdrüse; beim Hunde überwiegen in letzterer die Schleimzellen). Neben einer großen Quantität Mucin scheiden sie in ihrem Sekret Salze und eine bedeutendere Menge Eiweiß aus[2]).

Ein großer Teil der physiologischen Untersuchungen wurde an den drei großen Speicheldrüsen: der Unterkieferdrüse, der Unterzungendrüse und der Ohrspeicheldrüse — hauptsächlich beim Hunde — vorgenommen.

[1]) J. Siebold, Historia systematis salivalis. Jena 1797.
[2]) Vgl. v. Ebner, A. Koellikers Handbuch der Gewebelehre des Menschen. 6. Aufl. 1902, Bd. III, S. 35 und A. Oppel, Lehrbuch der vergleichenden Anatomie der Wirbeltiere Bd. III, S. 569 ff.

Behufs Erlangung eines reinen Sekrets aus der einen oder anderen großen Drüse, aber keines „gemischten Speichels" aus der Mundhöhle, bediente man sich beim Menschen einer zufälligen Fistel irgendeines Ganges [beispielsweise des Stenonischen im Falle Mitscherlich[1])] oder man führte in den Gang eine Kanüle ein (Ordenstein[2]), Eckhard[3]), Schiff[4])). Bei Tieren läßt sich der Speichel an einem akuten Versuch erzielen, indem in den aufgeschnittenen Gang der einen oder anderen Drüse eine Kanüle eingeführt wird, oder aber aus den nach der Methode von *Glinsky*[5]) angelegten wirklich „permanenten Fisteln". Dieses Verfahren besteht darin, daß man die natürliche Öffnung des Ganges der Ohrspeicheldrüse, der Orbitaldrüse oder der Schleimdrüsen (beim Hunde vereinigen sich die Gänge der Unterkieferdrüse und der Unterzungendrüse auf jeder Seite und öffnen sich in gemeinsamer Öffnung) mitsamt der sie umgebenden Schleimhaut herausschneidet, nach außen führt und an der Backenfläche oder der Kinnlade anheilen läßt.

Ruhezustand der Speicheldrüsen im Falle Nichtvorhandenseins eines Reizes.

Die erste Tatsache, die uns in der Physiologie der Speicheldrüsen des Menschen und der Fleischfresser entgegentritt, ist folgende: Befindet sich im Munde keine eßbare oder verweigerte Substanz oder wirkt solche Substanz weder durch ihren Geruch, noch durch ihren Anblick usw. ein (beim Menschen ist im gegebenen Augenblick eine „Sinnesvorstellung" von diesen Substanzen nicht vorhanden), so bringen die großen Speicheldrüsen keinen Speichel zur Ausscheidung.

So machte beispielsweise Mitscherlich[6]) an einem Patienten mit einer Fistelöffnung des Stenonischen Ganges die Beobachtung, daß zur Zeit völliger Ruhe, wenn sich die Kiefer weder zum Zwecke des Sprechens noch zum Zwecke des Kauens bewegten, oder der Kranke keinem Nervenreiz ausgesetzt war, eine Speichelabsonderung nicht stattfand. Sobald jedoch die physische oder nervöse Ruhe eine Störung erfuhr, traten die Drüsen in Tätigkeitszustand. So wurde z. B. während des zehnstündigen Schlafes aus der Fistel im ganzen 0,7 g Speichel ausgeschieden, dagegen während des Essens im Verlauf von einigen Minuten 74,5 g. Eine gleiche Beobachtung machte auch Zebrowsky[7]) an zwei Patienten mit Fistelöffnungen des Stenonischen Ganges: außerhalb der Zeit des Essens gelangte aus der Fistel Speichel nicht zum Abfluß.

Mit dieser Beobachtung stehen die Befunde von Ordenstein[8]) und Eckard[9]) im Widerspruch, die beim Menschen eine ununterbrochene Sekretion aus der Unter-

[1]) C. G. Mitscherlich, Über den Speichel des Menschen. Rusts Magazin 1832, XXXVIII, S. 491.

[2]) L. Ordenstein, Parotidenspeichel des Menschen. Eckhards Beiträge 1860, Bd. II, S. 101.

[3]) C. Eckhard, Über die Eigenschaften des Sekretes der menschlichen Glandula submaxillaris. Eckhards Beiträge 1863, Bd. III, S. 39.

[4]) M. Schiff, Leçons sur la physiologie de la digestion. 1867, Vol. I, p. 182ff.

[5]) D. L. Glinsky, Versuche hinsichtlich der Arbeit der Speicheldrüsen. (Diesbezüglicher Bericht von J. P. Pawlow.) Verhandlungen der Gesellschaft russischer Ärzte zu St. Petersburg 1895, Jahrg. 61. — Siehe ferner J. P. Pawlow, Die physiologische Chirurgie des Verdauungskanals. Ergebnisse der Physiologie 1902, Jahrg. I, Abt. 1, S. 252.

[6]) Mitscherlich, Rusts Magazin 1832, Bd. XXXVIII, S. 491.

[7]) E. v. Zebrowski, Zur Frage der sekretorischen Funktion der Parotis beim Menschen. Pflügers Archiv 1905, Bd. 110, p. 105.

[8]) Ordenstein, Eckards Beiträge 1860, Bd. II, p. 101.

[9]) Eckard, Eckards Beiträge 1863, Bd. III, p. 39.

kiefer- und Ohrspeicheldrüse wahrnahmen; sie erfuhr bei Einführung dieser oder jener Erreger in den Mund lediglich eine Steigerung. Indessen bedienten sich beide Autoren behufs Erlangung des Speichels vom Menschen der Einführung einer Kanüle in den Gang der einen oder anderen Drüse. Solche mechanische Reizung konnte an und für sich als hinreichender Anlaß zur Sekretion dienen. In dieser Hinsicht verdient eine Beobachtung von Ordenstein selbst Interesse: Bei Einführung einer Sonde in die Papille des Stenonischen Ganges läßt sich eine Speichelabsonderung wahrnehmen; sie nimmt 2—4 mal zu bei Reizung der Papille vermittelst elektrischen Stromes.

Bei Hunden findet, in gleicher Weise wie beim Menschen, eine spontane Absonderung nicht statt. Auf diese Tatsache wies bereits Heidenhain[1]) hin, und eine Bestätigung erhielt sie in allerjüngster Zeit durch *Wulfson*[2]). Die gleiche Beobachtung wird beständig von allen gemacht, die in den Laboratorien von *J. P. Pawlow* an Hunden mit chronischen Fisteln der Schleimdrüsen und der Ohrspeicheldrüse arbeiten.

Beim Pferde lassen sich die gleichen Beziehungen beobachten, wie sie bei den Fleichfressern wahrgenommen werden, d. h. die Speichelabsonderung aus der Ohrspeicheldrüse und Unterkieferdrüse setzt aus, sobald die Nahrungsaufnahme aufhört. Speziell die Ohrspeicheldrüse des Pferdes beginnt 10—15 Sekunden nach den ersten durch Einführung von Speise in den Mund hervorgerufenen Kaubewegungen Speichel zu sezernieren[3]). Was die Wiederkäuer anbetrifft, so setzt, während die Unterkieferdrüse außerhalb der Zeit der Speiseaufnahme oder des Wiederkäuens ihre Tätigkeit beinahe oder gänzlich einstellt, die Ohrspeicheldrüse, wenn auch in geringerem Umfange, ihre Sekretionstätigkeit fort. Bei diesen Tieren sind gleichfalls beständig in Tätigkeit die Unterzungendrüse und die kleinen Drüsen der Mundhöhle[4]). Die ununterbrochene Arbeit der Ohrspeicheldrüse beim Schaf (Colin[4]), Eckhard[5])) wurde von von Wittich[6]) als anormale Erscheinung angesehen (Folge der Einführung einer Kanüle in den Drüsengang, Freilegung der Drüse bei der Operation usw.). Allein nach den Versuchen von *Sawitsch* und *Tichomirow*[7]), die eine kontinuierliche Speichelsekretion aus der nach Glinsky hergestellten Fistel des Ganges der Ohrspeicheldrüse beim Ziegenbock feststellten, kann man kaum noch daran zweifeln, daß diese Drüse der Wiederkäuer ununterbrochen in Tätigkeit ist.

Die Bedeutung der kleinen Drüsen.

Indes ist außerhalb der Zeit der Nahrungsaufnahme und während der Ruhe der Kiefer in der Mundhöhle eine gewisse Feuchtigkeit vorhanden, die unzweifel-

---

[1]) R. Heidenhain, Physiologie der Absonderungsvorgänge. Hermanns Handbuch der Physiologie 1883, Bd. V, Teil 1, p. 83.

[2]) S. G. Wulfson, Die Arbeit der Speicheldrüsen. Diss. St. Petersburg 1898.

[3]) A. Gottschalk, Über die Sekretion der Parotis des Pferdes. Diss. Zürich 1910.

[4]) G. Colin, Traité de physiologie comparée des animaux. 3 éd., 1886, Vol. I, p. 646.

[5]) C. Eckhard, Beiträge zur Lehre von der Speichelsekretion. Henles Zeitschrift f. rat. Med. 1867, Bd. XXIX, S. 74. — C. Eckhard, Der Sympathicus in seiner Stellung zur Sekretion in der Parotis des Schafes. Eckhards Beiträge 1869, Bd. IV, S. 49.

[6]) v. Wittich, Parotis und Sympathicus. Virchows Archiv Bd. XXXIX, S. 184. Vgl. ferner Vierhellen, Beiträge zur Struktur und Physiologie der Gl. parotis. Zeitschr. f. rat. Med. 1868, Bd. XXXI. — C. Brettel, Die Parotidensekretion des Schafes im Vergleiche zur Nierensekretion. Eckhards Beiträge 1869, Bd. IV, S. 89. — Schwann, Die Stellung der Parotissekretion des Schafes an den Hirnnerven. Eckhards Beiträge 1876, Bd. VII. — A. Jaenicke, Untersuchungen über die Sekretion der Glandula parotis. Pflügers Archiv 1878, Bd. XVII, S. 213.

[7]) W. W. Sawitsch u. N. P. Tichomirow, Nicht veröffentlichte Versuche.

haft auf eine permanente Tätigkeit der kleinen Drüsen zurückzuführen ist. Die diesen Drüschen zukommende Aufgabe wird bis zu einem gewissen Grade durch einen alten Versuch von Budge[1]) bestimmt. Der Autor schnitt einem Hunde und einem Kaninchen drei Paar der großen Speicheldrüsen heraus. Die Tiere erholten sich nach der Operation und fühlten sich nicht schlechter als die normalen, waren guter Dinge und aßen und tranken mit Appetit. Beim Hunde war die Alkalität der Mundhöhlenflüssigkeit etwas herabgesetzt, beim Kaninchen wurde auch diese Abweichung nicht wahrgenommen. Hieraus folgt, daß unter gewissen Voraussetzungen der Organismus auf die Beihilfe der großen Speicheldrüsen Verzicht leisten kann; allein ihre Ausschaltung macht sich sofort bemerkbar, sobald an ihn speziell Aufgaben gestellt werden.

Bereits Cl. Bernard[2]) stellte fest, daß die Ableitung der Ohrspeicheldrüse beim Pferde nach außen durch Anlegung einer Fistel an beiden Stenonischen Gängen die zum Kauen erforderliche Zeit erhöht und das Schlucken trockener Speise erschwert. Der eine der *Wulfson*schen[3]) Hunde, bei dem auf der einen Seite die Gänge der Ohrspeicheldrüse und der Schleimdrüsen nach außen geleitet waren, fraß ungern trockenes Futter: offenbar reichte der in die Mundhöhle fließende Speichel zu dessen erforderlicher Anfeuchtung nicht aus. Andererseits ist im Laboratorium von *J. P. Pawlow* bekannt, daß bei Hunden mit permanenten Fisteln der Gänge der Ohrspeicheldrüse und der Schleimdrüsen häufige Eingießungen selbst nicht starker Salzsäurelösungen (0,3—0,5%) in den Mund bisweilen zur Entwicklung konstanter Stomatiten führen. Die Ursache ist in der unzureichenden Bespülung der Mundhöhle durch Speichel zu suchen. Zur Vermeidung einer derartigen Verletzung der Schleimhaut ist es unbedingt erforderlich, nach jedem einzelnen Versuche den Mund mit Wasser auszuspülen.

Die Erreger der Speicheldrüsensekretion.

Somit ergibt sich, daß die Speicheldrüsen, wenn keine Reize auf das Tier einwirken, im Ruhezustand verharren; andererseits lehrt uns die tägliche Erfahrung, daß man nur irgendwelche eßbare oder verweigerte Substanz in die Mundhöhle einzuführen braucht, um sofort den Beginn einer Absonderung beobachten zu können.

Welcher Art ist nun in diesem Falle die Arbeit der Speicheldrüsen? Welche Substanzen sind es, die bei Einführung in den Mund die Speichelsekretion hervorrufen? Sind es sämtliche Substanzen ohne Ausnahme oder nur einzelne? Wie reagieren die verschiedenen Drüsen auf ein und denselben Erreger? Produzieren die Drüsen auf alle, ihre Tätigkeit anregenden Substanzen einen quantitativ und qualitativ gleichartigen Speichel oder macht sich in ihrer Arbeit in dieser oder jener Beziehung eine Gesetzmäßigkeit und Anpasssung an den Erreger bemerkbar? Dies sind die näher zu untersuchenden Fragen.

Die weiter unten angeführten Daten, die vornehmlich den an Hunden mit chronischen Fisteln der Schleimdrüsen (nach Glinsky) angestellten Untersuchungen von *Wulfson*[4]), *Sellheim*[5]) und *Heymann*[6]) entnommen sind,

---

[1]) Budge, Exstirpation der Speicheldrüsen bei Tieren. Med. Zeitschrift in Preußen 1842, Bd. II, S. 81.

[2]) Cl. Bernard, Leçons de physiologie expérimentale 1856, Vol. II, p. 48.

[3]) Wulfson, Diss. St. Petersburg 1898.

[4]) Wulfson, Diss. St. Petersburg 1898.

[5]) A. P. Sellheim, Die Arbeit der Speicheldrüsen vor und nach Durchschneidung der Nn. glossopharyngei und linguales. Diss. St. Petersburg 1904.

[6]) N. M. Heymann, Über den Einfluß der verschiedenen Reize der Mundhöhle auf die Arbeit der Speicheldrüsen. Diss. St. Petersburg 1904.

antworten auf manche der hier aufgeworfenen Fragen und zeigen unzweifelhaft, daß die Arbeit der Speicheldrüsen den Erregern, die im gegebenen Augenblick in der Mundhöhle vorhanden sind, in höchsten Grade angepaßt ist.

Tabelle I.

Die Sekretion aus den Schleimdrüsen, der Ohrspeicheldrüse und der Orbitaldrüse beim Hunde im Verlauf von 1 Minute bei Nahrungsaufnahme und Einführung verweigerter Substanzen in den Mund (mittlere Zahlen).

Substanzart	Nach *Wulfson*		Nach *Sellheim*		Nach Heymann
	Speichelmenge aus den Schleimdrüsen in ccm	Speichelmenge aus der Ohrspeicheldrüse in ccm	Speichelmenge aus den Schleimdrüsen in ccm	Speichelmenge aus der Ohrspeicheldrüse in ccm	Speichelmenge aus der Orbitaldrüse in ccm
Fleisch	2,3	1,4	1,1	0,5	0,2
Milch	2,1	0,7	2,4	0,5	0,5
Weißbrot	4,2	3,0	2,2	1,0	0,45
Zwieback	4,7	3,9	3,0	1,6	0,6
Fleischpulver	—	—	4,4	1,9	0,8
Sand	2,0	1,3	1,9	0,8	0,3
1 proz. Lösung Extr. Quassiae	—	—	1,9	0,7	0,5
0,5 proz. Formalinlösung	—	—	2,8	1,0	—
10 proz. Saccharinlösung	—	—	2,8	1,3	—
Glycerin	5,1	4,6	4,0	2,0	—
10 proz. Lösung NaCl	5,6	4,9	4,0	2,0	0,65
0,5 proz. Lösung HCl	5,4	5,0	4,3	2,0	0,75
0,671 proz. Lösung H_2SO_4	—	—	4,3	2,2	—
10 proz. Sodalösung	—	—	4,5	2,0	0,8
Senfölemulsion	5,9	4,9	4,5	2,1	—
0,5 proz. Salpetersäurelösung	5,2	4,8	—	—	—
2 proz. Gerbsäurelösung	5,0	4,8	—	—	—
2 proz. Essigsäurelösung	5,4	4,5	—	—	—
0,25 proz. Lösung Natr. caustic.	5,8	5,0	—	—	—

Aus Tabelle I ist vor allem ersichtlich, daß eine ganze Reihe der verschiedenartigsten — sei es genießbaren, sei es verweigerten — Substanzen die Speicheldrüsen zur Tätigkeit anregen. Ferner ist die aus den verschiedenen Drüsen zur Absonderung gelangende Speichelmenge nicht die gleiche: die größte Quantität wird durch die Schleimdrüsen, eine geringere durch die Ohrspeicheldrüse und eine ganz unbedeutende durch die Orbitaldrüse abgesondert. Endlich ist die auf verschiedenartige Substanzen bei gleicher Wirkungsdauer derselben (1 Minute) auf die Schleimhaut der Mundhöhle durch die Drüsen sezernierte Speichelmenge höchst verschieden. So erreicht beispielsweise bei ein und demselben Hunde der Unterschied in der Quantität des durch die verschiedenen Drüsen auf verweigerte Substanzen abgesonderten Speichels das $2^1/_2$ fache und darüber (vgl. die spärliche Speichelsekretion aus allen Drüsen auf Sand und die ergiebige — auf Senfölemulsion, Salzsäure- und Sodalösungen). Hinsichtlich der genießbaren Substanzen ist der Spielraum in der Tätigkeit des Speichelabsonderungsapparates bei den verschiedenen Substanzen noch größer: hier stoßen wir auf Schritt und Tritt auf Verhältniszahlen wie 1 : 4 und noch darüber (vgl. die Menge des einerseits bei Genuß von Fleisch und Milch und andererseits bei Genuß von Fleischpulver zur Absonderung gelangenden Speichels).

Die bei verschiedenen Hunden geringen Schwankungen unterworfene Arbeit der Speicheldrüsen weist im allgemeinen in bezug auf ein und dieselben Erreger den gleichen quantitativen Charakter auf. Unter den genießbaren Substanzen ruft die geringste Sekretion aus sämtlichen Drüsen und bei allen Hunden der Genuß von Fleisch und Milch hervor; dann folgt mit geringen Schwankungen Weißbrot und Zwieback, und die energischste Absonderung hat Brot und Fleisch in Gestalt von trockenem Zwieback- und Fleischpulver zur Folge. Was die verweigerten Substanzen anbetrifft, so werden die Speicheldrüsen am wenigsten durch Sand und eine 1proz. Lösung Extracti Quassiae angeregt; in zweiter Linie sind eine 0,5proz. Formalinlösung, eine 10proz. Lösung Saccharin und NaCl zu nennen, und am energischsten endlich wirken Lösungen verschiedener Säuren und Alkalien.

Unter den Erregern speziell der Schleimdrüsen verdient bis zu 55—60° erhitztes Wasser hervorgehoben zu werden — im Gegensatz zu kaltem oder warmem (bis 40° C) Wasser, das keine Sekretion bedingt. Eine Sekretion eben jener Drüsen wird ferner durch ein nicht starkes Brennen der Haut an verschiedenen Körperteilen des Hundes und in geringerem Maße durch Stecknadelstiche hervorgerufen[1]).

Destilliertes Wasser von Zimmertemperatur — wie dies schon Cl. Bernard[2]) feststellte —, kaltes Wasser, Schnee und Eis[3]), ebenso wie auch eine physiologische Lösung NaCl[4]) hat überhaupt keine Speichelsekretion oder doch nur eine äußerst unbedeutende zur Folge (selbst beim Trinken von Wasser 1—2—3 Tropfen). Ohne Wirkung auf die Speichelsekretion erwies sich auch eine mechanische Reizung der Mundhöhle durch glatte Steinchen[5]).

Beim Menschen riefen — gemäß den Beobachtungen von Zebrowski[6]) an zwei Patienten mit Fistelöffnungen des Stenonischen Ganges — Wasser sowie eine physiologische Lösung NaCl eine Tätigkeit der Ohrspeicheldrüse nicht hervor. Tee mit Zucker, Milch und Bouillon erwiesen sich als höchst schwache Erreger. Die Einführung eines glatten Gegenstandes (Glaspfropfen) in den Mund hatte eine Speichelabsonderung nicht zur Folge, während eine solche durch Zahnpulver und Schrot hervorgerufen wurde.

Somit sehen wir, daß die Agenzien der Außenwelt in bezug auf die Speicheldrüsen in Erreger und Nichterreger zerfallen, und daß jeder einzelne der Erreger, wenn er in die Mundhöhle gelangt, stets eine bestimmte Flüssigkeitsabsonderung aus den verschiedenen Drüsen bedingt.

Zusammensetzung des Speichels.

Schon eine rein äußere Untersuchung des in den verschiedenen Fällen erlangten Speichels zeigt, daß er bald dünnflüssiger, bald zähflüssiger — aus

---

[1]) J. Ph. Tolotschinoff, Contribution à l'étude de la physiologie et de la psychologie des glandes salivaires. Förhandlingar vid Nord. Naturforskare-och Läkaremötet. Helsingfors 1902, p. 42.

[2]) Cl. Bernard, Leçons de physiologie expérimentale 1856, II, p. 52 u. 82.

[3]) Wulfson, Diss. St. Petersburg 1898.

[4]) A. T. Snarski, Analyse der normalen Bedingungen der Speicheldrüsentätigkeit beim Hunde. Diss. St. Petersburg 1901.

[5]) Wulfson, Diss. St. Petersburg 1898.

[6]) E. v. Zebrowski, Pflügers Archiv 1905, Bd. 110, S. 126.

den Schleimdrüsen —, bald durchsichtiger, bald trüber — im Falle der Ohrspeicheldrüse — auftritt. Naturgemäß drängt sich einem nun die Frage auf, worauf sich diese Schwankungen in der Speichelzusammensetzung zurückführen lassen. Hängen sie von der Quantität des auf die gegebene Substanz abgesonderten Speichels ab oder ist die Arbeit der Speicheldrüsen in qualitativer Hinsicht ebenso typisch für die verschiedenen Substanzen, wie sie es in quantitativer Beziehung ist?

Die folgende Tabelle (II) enthält die mittleren Zahlen der aus den Schleimdrüsen und der Ohrspeicheldrüse beim Hunde auf verschiedenartige Substanzen abgesonderten Speichelmenge, seine Zähigkeit und seinen Gehalt an festen Substanzen sowie organischen und mineralischen Bestandteilen. Alle diese Daten lassen unzweifelhaft erkennen, daß die Speicheldrüsen verschieden, aber stets in ganz bestimmter Weise auf diese oder jene Erreger — und nicht nur in bezug auf die Quantität des zur Absonderung gelangenden Speichels, vielmehr auch auf seine Qualität reagieren.

Die Versuche von *Wulfson*[1]) und *Sellheim*[2]) wurden an Hunden mit chronischen Fisteln der Speichelgänge der Schleimdrüsen und der Ohrspeicheldrüse vorgenommen. Der Speichel wurde während einer Minute bei Einwirkung sowohl der genießbaren wie auch der verweigerten Erreger gesammelt. Die Zähigkeit des Speichels wurde vermittelst einer capillaren Glasröhre von bestimmter Länge (30 cm) mit einer trichterförmigen Erweiterung am oberen Ende bestimmt. Die Röhre wurde vertikal aufgestellt, in ihre trichterförmige Erweiterung eine stets bestimmte Speichelmenge eingegossen und die Zeit berechnet, die erforderlich war, damit die gegebene Speichelportion durch die Röhre hindurchfloß.

Bei Betrachtung der Tabelle II sehen wir zunächst, daß zwischen der Menge des auf eine oder andere Substanz zum Abfluß gelangenden Speichels und dessen Gehalt an festen Substanzen, resp. der Zähigkeit des Speichels der Schleimdrüsen eine direkte Wechselbeziehung nicht besteht. Nimmt man beispielsweise die Arbeit der Schleimdrüsen, so lassen sich, unabhängig von der Menge des durch diesen oder jenen Erreger hervorgerufenen Speichels, alle Substanzen in zwei große Gruppen zerlegen: Speise- oder genießbare Substanzen und nichtgenießbare oder verweigerte Substanzen. Im ersteren Falle haben wir einen zähflüssigen Speichel, von dem 0,5 ccm erst nach Verlauf von Minuten durch die Capillarröhre hindurchfließt und dessen fester Rückstand zwischen 1 und 1,5% und darüber schwankt. Im letzteren Falle ist der Speichel dünnflüssig, seine Zähigkeit rechnet nach Sekunden, und an festen Substanzen enthält er gewöhnlich weniger als 1%. Untersucht man die organischen Substanzen und die Aschebestandteile des Speichels der Schleimdrüsen, so sieht man, daß der prozentuale Gehalt an Salzen im allgemeinen (mit geringen Ausnahmen) mit der Schnelligkeit der Speichelsekretion im Zusammenhang steht: je höher die Absonderungsgeschwindigkeit ist, desto größer ist auch im Speichel der Gehalt an Salzen. Der prozentuale Gehalt an organischen Substanzen in dem auf genießbare Erreger abgesonderten Speichel übersteigt bei gleicher Sekretionsschnelligkeit einen solchen im Speichel auf nichtgenießbare Erreger um das Zwei- bis Dreifache.

Was den Speichel aus der Ohrspeicheldrüse anbetrifft, so zeigt dieser bei allen Erregern eine gleiche Dünnflüssigkeit[3]). Jedoch verdient in der Arbeit der Ohr-

---

[1]) Wulfson, Diss. St. Petersburg 1898.

[2]) Sellheim, Diss. St. Petersburg 1904.

[3]) Bei einigen Hunden jedoch pflegt der Parotidenspeichel um einiges dicker zu sein als bei der Norm. Es ist dies darauf zurückzuführen, daß dem Sekret der Ohrspeicheldrüse ein Absonderungsprodukt der kleinen Schleimdrüsen, deren Auslaßkanälchen in den Gang der Ohrspeicheldrüse einmünden, beigemengt wird. Cl. Bernard (Leçons de physiologie expérimentale 1856, II, p. 55) fand diese Drüschen am häufigsten bei großen Doggen.

Tabelle II.

Menge und Zusammensetzung des Speichels der Schleimdrüsen und der Ohrspeicheldrüse beim Hunde bei Nahrungsaufnahme und Einführung verweigerter Substanzen in den Mund im Verlauf von 1 Minute (mittlere Zahlen).

Substanzart	Schleimdrüsen (nach Wulfson)				Ohrspeicheldrüse (nach Wulfson)				Schleimdrüsen (nach Sellheim)					Ohrspeicheldrüse (nach Sellheim)			
	Speichelmenge pro Minute in ccm	Prozent an festen Substanzen	Prozent an organischen Substanzen	Prozent an Asche	Speichelmenge pro Minute in ccm	Prozent an festen Substanzen	Prozent an organischen Substanzen	Prozent an Asche	Speichelmenge pro Minute in ccm	Zähigkeit	Prozent an festen Substanzen	Prozent an organischen Substanzen	Prozent an Asche	Speichelmenge pro Minute in ccm	Prozent an festen Substanzen	Prozent an organischen Substanzen	Prozent an Asche
Fleisch	2,3	1,33	—	—	1,4	0,93	—	—	1,1	2′53″	1,277	0,956	0,321	0,5	—	—	—
Milch	2,1	1,22	—	—	0,7	0,71	—	—	2,4	3′51″	1,416	0,987	0,429	0,5	—	—	—
Weißbrot	4,2	1,47	—	—	3,0	1,07	—	—	2,2	1′35″	0,969	0,591	0,377	1,0	—	—	—
Zwieback	4,7	1,47	—	—	3,9	1,23	—	—	3,0	1′16″	1,433	0,967	0,466	1,6	1,183	0,784	0,399
Fleischpulver	—	—	—	—	—	—	—	—	4,4	4′15″	1,486	0,869	0,617	1,9	1,466	1,100	0,366
Sand	2,0	0,65	0,27	0,38	1,3	0,57	0,10	0,47	1,9	13″	0,483	0,133	0,350	0,8	—	—	—
1 proz. Lösung Extr. Quassiae	—	—	—	—	—	—	—	—	1,9	11″	0,544	0,221	0,323	0,7	—	—	—
0,5 proz. Formalinlösung . . .	—	—	—	—	—	—	—	—	2,8	8″	0,666	0,116	0,449	1,0	—	—	—
10 proz. Saccharinlösung . . .	—	—	—	—	—	—	—	—	2,8	8″	0,621	0,221	0,400	1,3	—	—	—
10 proz. Lösung NaCl	5,6	0,98	0,31	0,67	4,9	0,92	0,36	0,56	4,0	9″	0,717	0,237	0,480	2,0	0,833	0,450	0,433
0,5 proz. Lösung HCl	5,4	0,97	0,29	0,68	5,0	1,16	0,46	0,70	4,3	10″	0,781	0,187	0,504	2,0	1,200	0,767	0,433
0,671 proz. Lösung H_2SO_4 . .	—	—	—	—	—	—	—	—	4,3	11″	0,832	0,231	0,601	2,2	1,400	0,937	0,463
10 proz. Sodalösung	—	—	—	—	—	—	—	—	4,5	13″	0,920	0,300	0,620	2,0	1,433	0,950	0,483
Senfölemulsion	5,9	0,90	0,30	0,60	4,9	0,87	0,24	0,63	—	—	—	—	—	—	—	—	—
0,5 proz. Salpetersäurelösung .	5,2	0,98	0,30	0,68	4,8	1,20	0,58	0,62	—	—	—	—	—	—	—	—	—
2 proz. Gerbsäurelösung . . .	5,0	0,89	0,23	0,66	4,8	0,89	0,26	0,63	—	—	—	—	—	—	—	—	—
2 proz. Essigsäurelösung . . .	5,4	1,05	0,39	0,66	4,5	1,17	0,57	0,60	—	—	—	—	—	—	—	—	—
0,25 proz. Lösung Natr. caustici	5,8	0,90	0,30	0,60	5,0	0,86	0,22	0,64	—	—	—	—	—	—	—	—	—

speicheldrüse eine andere Eigentümlichkeit hervorgehoben zu werden: reicher an organischen Substanzen ist nämlich nicht nur der bei Nahrungsaufnahme (Zwieback, Fleischpulver), sondern auch der bei Einführung einiger verweigerter Stoffe in den Mund zur Ausscheidung gelangende Speichel. Der Unterschied im Gehalt an organischen Substanzen ist jedoch hier nicht so beträchtlich wie im Speichel der Schleimdrüsen. Im Falle der Einführung jener verweigerten Substanzen pflegt der Speichel in der Regel stark getrübt zu sein, während er bei allen anderen Erregern völlig durchsichtig erscheint. So ist z. B. bei Anregung der Speichelabsonderung durch eine 0,5 proz. Salzsäurelösung, eine dieser äquivalente (0,671 proz.) Schwefelsäurelösung, eine 2 proz. Essigsäurelösung und eine 10 proz. Sodalösung bei fast gleicher Absonderungsgeschwindigkeit des Speichels der Ohrspeicheldrüse und folglich annähernd gleichem prozentualem Gehalt an Salzen der Speichel im Durchschnitt zweimal reicher an organischen Substanzen, als bei Reizung der Mundhöhle durch eine 10 proz. NaCl-Lösung, eine 2 proz. Gerbsäurelösung und eine 0,25 proz. Lösung Natrii caustici.

Beobachtungen am Menschen.

Von hohem Interesse wäre eine Vergleichung der eben angeführten Daten der Untersuchung der Speicheldrüsentätigkeit beim Hunde bei Einwirkung verschiedenartiger Erreger mit den Ergebnissen einer analogen Untersuchung der Speicheldrüsentätigkeit beim Menschen. Leider liegt eine solche nur hinsichtlich der Ohrspeicheldrüse vor. Zebrowski[1]) untersuchte nämlich die Tätigkeit der Ohrspeicheldrüse bei zwei Patienten mit alten Fistelöffnungen des Stenonischen Ganges (Bauer von 21 Jahren und Mädchen von 10 Jahren).

Tabelle III.

Die Arbeit der Ohrspeicheldrüse beim Menschen bei Nahrungsaufnahme und Einführung verschiedener Substanzen in den Mund (Mittlere Zahlen nach Zebrowski).

Substanzart	Die während 5 Minuten verzehrte Substanzmenge in g	Speichelmenge pro 5 Minuten in ccm	Prozent an festen Substanzen	Prozent an organischen Substanzen	Prozent an Asche	Alkalität in g NaOH auf 100 ccm Speichel	Verdauungskraft des diastatischen Ferments nach Glinsky in mm
Weißbrotkrume	45	0,38	0,91	0,63	0,28	—	—
Kalbskotelett	67	0,40	0,94	0,60	0,34	—	—
Brot mit Kruste	20	0,52	0,80	0,38	0,42	0,141	9,32
Hühnerbraten	53	0,56	0,80	0,36	0,44	0,149	8,03
Gekochte Kartoffel	61	0,57	1,71	1,27	0,44	0,167	13,48
Schwarzbrot	37	0,60	0,94	0,50	0,44	0,153	9,70
Hartes Eiweiß	82	0,61	0,90	0,52	0,38	—	10,29
Hartes Eigelb	42	0,61	1,82	1,48	0,34	0,087	14,92
Zwieback	10,7	0,72	0,77	0,29	0,48	—	9,38
Hartgekochtes Ei	94	0,76	1,31	0,84	0,47	—	—
Gebratenes Fleisch	42	0,76	0,81	0,31	0,50	—	—
Konfekt (nicht sauer)	7	0,84	0,67	0,20	0,47	0,167	7,5
Rohe Äpfel (saure)	52	1,18	1,09	0,49	0,60	0,235	9,54
Apfelsinen	114	1,21	0,75	0,14	0,61	—	7,13
Gesättigte Lösung NaCl	—	0,25	0,36	0,10	0,26	—	—
0,25 proz. Lösung HCl	—	0,45	0,62	0,31	0,35	—	—

[1]) v. Zebrowski, Pflügers Archiv 1905, Bd. 110, S. 105.

Tabelle III enthält die hauptsächlichsten Resultate seiner Versuche (Mädchen von 10 Jahren). Die Zahlen sind nach der anwachsenden Schnelligkeit der Speichelsekretion (je 5 Minuten) angeordnet. Aus dieser Tabelle lassen sich folgende Schlußfolgerungen ziehen.

Im Verlaufe ein und desselben Zeitraumes rufen die verschiedenartigen Substanzen durchaus keine gleichartige Speichelsekretion aus der Ohrspeicheldrüse hervor. Die geringste Speichelmenge wird bei Genuß von Brotkrume (0,38 ccm), die größte beim Essen saurer roher Äpfel und Apfelsinen (1,18 ccm und 1,21 ccm) ausgeschieden. Die Quantität der Aschebestandteile nimmt, von wenigen Ausnahmen abgesehen (hartes Eiweiß und Eigelb), im Speichel parallel mit der Beschleunigung seiner Sekretion zu. Gleiches läßt sich auch von der Alkalität des Speichels sagen. Die Menge der organischen Bestandteile des Speichels dagegen variiert in höchstem Grade hinsichtlich der verschiedenen Substanzen und steht mit der Sekretionsgeschwindigkeit in keinem Zusammenhang. So ist bei ein und derselben Schnelligkeit der Speichelabsonderung auf hartes Hühnereiweiß und Eigelb (0,61 ccm und 0,61 ccm in 5 Minuten) oder auf hartgekochte Eier und gebratenes Fleisch (0,76 ccm und 0,76 ccm in 5 Minuten) die Quantität der organischen Bestandteile fast dreimal geringer bei Eiweiß und Fleisch, als bei Eidotter und hartgekochten Eiern. Hierbei ist die Menge der Aschebestandteile in jedem Paar der Speichelportionen annähernd gleich. Der Reichtum des Speichels am diastatischen Ferment nimmt mit einer Erhöhung seines Gehalts an organischen Substanzen zu.

Was die verweigerten Substanzen anbetrifft, so riefen sie bei den Versuchen von Zebrowski eine sehr schwache Absonderung hervor. (Der Grund könnte vielleicht in dem Umstande gesehen werden, daß die Patienten solche Substanzen nicht verschluckten, wie dies natürlich bei Hunden der Fall zu sein pflegt, sie vielmehr nur kurze Zeit im Munde hielten und dann wieder ausspien.) Allein auch hier kann man einen größeren Gehalt an organischen Substanzen in dem auf verschiedene Säuren abgesonderten als in dem bei Einwirkung anderer Erreger (NaCl-Lösungen, Sodalösungen, Bittersubstanzen usw.) erzielten Speichel wahrnehmen.

Hierbei muß jedoch berücksichtigt werden, daß von sämtlichen verweigerten Substanzen auf Säurelösungen die allergrößte Speichelmenge sezerniert wurde, und daß selbst der „Säurespeichel" bei ein und derselben Absonderungsschnelligkeit an organischen Substanzen ärmer war als der auf eßbare Substanzen erhaltene Speichel. (So wurde beispielsweise bei einem anderen Patienten von Zebrowski[1]) die Maximalabsonderung mit einem Höchstgehalt an organischen Bestandteilen durch eine 0,5 proz. Essigsäurelösung hervorgerufen. Im Verlaufe von 5 Minuten: 1,2 ccm; Prozent an festen Substanzen 1,31; Prozent an organischen Substanzen 0,69; Prozent an Asche 0,62. Genuß von Schwarzbrot dagegen ergab während eben jener 5 Minuten 1,02 ccm Speichel mit 2,06 fester Substanzen, 1,44 organischer Bestandteile und 0,62 Asche (auf 100 ccm Speichel). Noch mehr Beachtung verdienen die Befunde hinsichtlich des Genusses von Hering (einer an NaCl reichen eßbaren Substanz): Speichelmenge pro 5 Minuten 1,1 ccm; Prozent an festen Substanzen 1,38; Prozent an organischen Bestandteilen 0,76; Prozent an Asche 0,62).

Folglich führen die Versuche Zebrowskis am Menschen im allgemeinen zu den gleichen Schlußfolgerungen wie die Versuche von *Wulfson* und *Sellheim* an Hunden. Lediglich einige unwesentliche Einzelheiten unterschieden sie voneinander.

---

[1]) v. Zebrowski, Pflügers Archiv 1905, Bd. 110, S. 129 u. 122.

Das Anpassungsvermögen der Speicheldrüsentätigkeit.

Somit lehrt uns sowohl die Quantität des in den verschiedenen Fällen zur Absonderung gelangenden Speichels als auch dessen Gehalt an organischen Bestandteilen, daß jeder einzelne in die Mundhöhle geratende Erreger eine ihm speziell angepaßte Tätigkeit des speichelsekretorischen Apparats hervorruft. Leider sind wir mangels entsprechender Untersuchungen vorläufig nicht in der Lage, alle Besonderheiten in der Arbeit der Speicheldrüsen in jedem einzelnen Falle zu erklären. Indessen treten in einigen Fällen, wo die Analyse weiter vorgeschritten ist, sämtliche Feinheiten der Anpassung der Speicheldrüsentätigkeit an die Agenzien der Außenwelt mit voller Offensichtlichkeit hervor. Demgemäß sind wir zu dem Schluß berechtigt, daß auch den Fällen, die wir vorderhand aufzuklären nicht imstande sind, eine besondere Bedeutung zugrunde liegt, die uns nur gegenwärtig unzugänglich ist.

Wodurch wird beispielsweise der quantitative Unterschied in der Absonderung der flüssigen Bestandteile des Speichels auf eßbare Stoffe durch diese oder jene Drüsen bedingt? In der Mehrzahl der Fälle ist es der Trockenheitsgrad derjenigen Substanz, die sich im gegebenen Augenblick in der Mundhöhle befindet. So ruft nach *Sellheim* (s. Tab. I und II) rohes Fleisch viermal weniger Speichel hervor, als eben jenes Fleisch, jedoch getrocknet und dem Hunde in Gestalt von Fleischpulver vorgelegt. Diese Tatsache läßt sich vom Gesichtspunkt der Nützlichkeit für den Organismus leicht erklären. Um das Hinuntergleiten feuchter Stückchen rohen Fleisches durch die Speiseröhre in den Magen zu erleichtern, sind ganz unbedeutende Quantitäten Flüssigkeit erforderlich. Soll dagegen trockenes Fleischpulver in einen zum Schlucken geeigneten Zustand gebracht werden, so bedarf es einer bedeutend reichlicheren Anfeuchtung desselben mit Speichel. Die gleichen Verhältnisse, wenn auch nicht in so markanter Form, sehen wir beim Genuß von Weißbrot und Zwieback (s. Tab. I und II).

Die nachfolgenden Versuche (Tab. IV) wurden von *Heymann*[1]) speziell behufs Aufklärung der Frage über die Bedeutung der Trockenheit der in die Mundhöhle eingeführten Substanzen vorgenommen. Ein Hund mit konstanter Fistel der Schleimdrüsen erhielt im Laufe einer Minute Zwiebackpulver oder Fleischpulver — bald in ursprünglicher Form, bald mit Wasser vermischt. Die Anfeuchtung des Pulvers mit Wasser verringerte fast um das Doppelte die Speichelsekretion während desselben Zeitraumes.

Tabelle IV.

Speichelmenge aus den Schleimdrüsen beim Hunde bei Fütterung desselben während des Zeitraumes von 1 Minute mit trockenem und angefeuchtetem Zwieback- und Fleischpulver (nach *Heymann*).

Zwieback- pulver	Zwiebackpulver mit Wasser	Fleischpulver	Fleischpulver mit Wasser
3,7 ccm	1,9 ccm	4,1 ccm	2,4 ccm

Die Bedeutung der Trockenheit des Erregers bestätigte auch Zebrowski[2]). In seinen Versuchen (s. Tab. III) arbeitete die Ohrspeicheldrüse beim Menschen

---

[1]) N. M. Heymann, Über den Einfluß verschiedenartiger Reize der Mundhöhle auf die Arbeit der Speicheldrüsen. Diss. St. Petersburg 1904, S. 55.

[2]) v. Zebrowski, Pflügers Archiv 1905, Bd. 110, S. 133.

um so energischer, je weniger Wasser eben jene Speisesubstanz enthielt. So rief z. B. die geringste Speichelmenge Brotkrume hervor (0,38 ccm in 5 Minuten), etwas mehr Brot mit Kruste (0,52 ccm) und am meisten Zwieback (0,72 ccm).

Die Bedeutung der Trockenheit und Festigkeit der Speise für die Arbeit der Speicheldrüsen hat schon längst die Aufmerksamkeit der Forscher auf sich gelenkt. Allein die Analyse der verschiedenen Erreger der Speicheldrüse wurde, wie wir weiter unten sehen werden, erst unlängst vorgenommen. So beobachtete Mitscherlich[1]) bei seinem Patienten, daß weiche Speise eine bedeutend geringere Speichelabsonderung aus der Fistelöffnung des Stenonischen Ganges aus zur Folge hatte, als trockene und feste. Diese Daten bestätigte Lassaigne[2]). Die Schluckmasse, die aus der in der Speiseröhre eines Pferdes hergestellten Öffnung heraustrat, enthielt auf 1000 Teile der verfütterten Substanz 3901 Teile Speichel, wenn jene aus Heu bestand, und nur 481 Teile, wenn es sich um Blätter und grüne Gerstenstengel handelte. Bei Untersuchung des Gewichts der verschiedenen Speisesubstanzen vor und nach ihrem Zerkautwerden durch den Menschen stellte Lassaigne[3]) fest, daß auf Brotkrume viermal weniger Speichel abgesondert wird, als auf Kruste, und auf Äpfel beinahe zwanzigmal weniger als auf trockene Nüsse. Analoge Resultate am Pferde erhielten Magendie und Reyer[4]) sowie Cl. Bernard[5]): je fester und trockener die Speise ist, eine um so größere Speichelabsonderung ruft sie hervor. In allgemeinen Zügen bestätigt dies auch Gottschalk[6]), der unlängst die Arbeit der Ohrspeicheldrüse beim Pferde mit permanenter Fistelöffnung des Stenonischen Ganges untersuchte. So wurde beispielsweise auf 1000 g Heu im Durchschnitt 1437 ccm Speichel, Hafer 244 ccm, frisches Gras nur 181 ccm, Weißbrot 121 ccm, Mohrrüben 23 ccm und rohe Kartoffeln im ganzen 2 ccm abgesondert.

Eine Ausnahme von dieser Regel macht Milch. Wie wir bereits wissen, regen indifferente Flüssigkeiten (destilliertes Wasser, physiologisches Kochsalzlösung) die Tätigkeit der Speicheldrüsen nicht an. Beim Genuß von Milch sondert sich beim Hunde öfters eine größere Speichelmenge, besonders aus den Schleimdrüsen ab, als auf Fleisch oder selbst auf Weißbrot (vgl. z. B. die Versuche *Sellheims*, Tab. II). Die Bedeutung dieser Erscheinung leuchtete ein, nachdem Borrisow[7]) gezeigt hatte, daß eine Beimengung von Speichel zur Milch, indem diese unter Einwirkung des Magensaftes gerinnt, die Ausbildung eines lockeren Gerinnsels begünstigt, das einer weiteren Verarbeitung durch den Magensaft leichter zugänglich ist. Andererseits erfordert Milch als eine aus den winzigsten Fetteilchen, die sich leicht zwischen den Papillae der Zunge festsetzen, bestehende Substanz zu ihrer Fortspülung eine beträchtliche Speichelmenge[8]).

---

[1]) Mitscherlich, Rusts Magazin für die gesamte Heilkunde 1832, XXXVIII, S. 491.

[2]) Lassaigne, Recherches sur les quantités des fluides salivaires et muqueux que les divers aliments absorbent pendant la mastication et l'insalivation chez le cheval et le mouton. Journ. d. chimie méd. 1845, I, p. 470.

[3]) Lassaigne, Recherches sur la proportion de salive que divers aliments dont l'homme fait usage absorbent pendant la mastication. Journ. d. chimie méd. 1846, II, p. 389.

[4]) Magendie et Reyer, Zit. nach Frerichs „Verdauung" in Wagners Handwörterbuch der Physiologie 1846, Bd. II, 1, S. 769.

[5]) Cl. Bernard, Leçons de physiologie expérimentale 1858, II, p. 48.

[6]) Gottschalk, Diss. Zürich 1910, S. 47ff.

[7]) P. J. Borissow, Die Bedeutung eines Reizes der Geschmacksnerven für die Verdauung. Russki Wratsch 1903, S. 869.

[8]) B. P. Babkin, Versuch einer systematischen Erforschung der kompliziert nervösen (psychischen) Erscheinungen beim Hunde. Diss. St. Petersburg 1904, S. 53.

Der Speichel aus den Schleimdrüsen auf Speisesubstanzen ist dickflüssig, d. h. reich an Mucin. Es ist dies jenes Schmiermaterial, das die Fortbewegung der Schluckmasse erleichtert. Außerdem ist dieser Speichel nach Malloizel[1]) auch reich an Amylase. Nehmen wir andererseits die Sekretion aus den Schleimdrüsen auf verweigerte Substanzen, so sehen wir, daß die Drüsen in diesem Fall stets einen flüssigen Speichel produzieren, der einen geringen Gehalt an organischen Bestandteilen aufweist und arm an Amylase ist (Malloizel[1]). Dieser Speichel hat die Bestimmung, die in die Mundhöhle hineingeratenen unverwertbaren Substanzen aus ihr fortzuspülen. Warum wäre es erforderlich, hier ein Schmiermaterial abzusondern, das die Hindurchleitung der Substanz durch die enge Speiseröhre befördert, und es mit Fermenten zu versehen, wenn diese Substanz einer Entfernung aus der Mundhöhle unterliegt? Analoge Schutzvorrichtungen werden wir weiter unten bei den Därmen kennen lernen.

Ein treffendes Beispiel für die Anpassung der Speicheldrüsentätigkeit an die Art des Erregers bildet ihre Reaktion auf den Reiz der Mundhöhle durch glatte, reine Steinchen und dann durch ebensolche Steinchen, jedoch zu Sand zerrieben. Im ersteren Falle verbleiben die Drüsen im Ruhezustand — ihre Tätigkeit ist nicht erforderlich, da schon allein durch Bewegungen der Zunge die Steinchen aus dem Munde entfernt werden können. Im anderen Falle sondert sich unzweifelhaft zum Zwecke einer Ausspülung der Mundhöhlenschleimhaut von den an ihr haftenden Sandteilchen Speichel ab. Völlig gleiche Beziehungen konstatierte Zebrowski[2]), der seinem Patienten einen runden Glasgegenstand und Zahnpulver, bzw. Schrot in den Mund einführte. Ein nicht minder lehrreiches Beispiel für die Anpassungsfähigkeit in die Arbeit der Speicheldrüsen bietet folgender Versuch: Gießt man einem Hunde mit permanenten Fisteln der Schleimspeicheldrüsen und der Ohrspeicheldrüse Wasser oder eine physiologische Kochsalzlösung ein, so findet eine Speichelabsonderung nicht statt. Man braucht jedoch nur das Wasser zu erwärmen (über 40° C) oder die Konzentration der Kochsalzlösung zu erhöhen (beispielsweise bis zu 5—10%) — und in dem einen wie in dem anderen Falle kommen die Drüsen in Tätigkeitszustand. Im ersteren Falle gelangt ein dickflüssiger Speichel aus den Schleimdrüsen, im zweiten ein dickflüssiger Speichel sowohl aus den Schleimdrüsen als auch aus der Ohrspeicheldrüse zur Absonderung. Die Bedeutung dieser Erscheinung ist verständlich: zum Schutze der Schleimhaut vor Verletzung durch heißes Wasser fließt ein dicker, zähflüssiger Speichel („Heilspeichel", *Tolotschinoff*[3])); zum Zwecke einer Verdünnung der Konzentration der Kochsalzlösung und einer Ausspülung der Mundhöhle von dieser Lösung gelangt aus allen Drüsen reichlich ein dünnflüssiger Speichel zur Ausscheidung.

Endlich erscheint als spezieller Fall der Anpassung der Speicheldrüsentätigkeit an die Art des Erregers die Arbeit der Ohrspeicheldrüse beim Hunde, wenn in dessen Mund Lösungen von einigen Säuren (*Wulfson*) und Soda (*Sellheim*) eingeführt werden. Auf diese Substanzen fließt, wie wir bereits gesehen haben (Tab. II), ein trüber, eiweißhaltiger, resp. an organischen Bestandteilen reicher Speichel. Aller Wahrscheinlichkeit nach ist die Aufgabe dieses Speichels in der Bindung der in die Mundhöhle geratenen schädlichen Substanzen zu sehen. Ein besonderes Interesse verleiht dieser Erscheinung der Umstand, daß bei weitem nicht alle verweigerten Stoffe eine derartige Reaktion seitens der Ohrspeicheldrüse hervorrufen. So wird beispielsweise auf eine 2 proz.

---

[1]) L. Malloizel, Sur la sécrétion salivaire de la glande sous-maxillaire du chien. Journal de Physiol. et de Pathol. génér. 1902, T. IV, p. 646.
[2]) v. Zebrowski, Pflügers Archiv 1905, Bd. 110, S. 130.
[3]) Tolotschinoff, Förhandling. vid Nord. Naturforskare -och Läkaremötet. Helsingfors 1902, p. 42.

Lösung Gerbsäure und eine 0,25 proz. NaOH-Lösung (*Wulfson*, s. Tab. II) eine gleichgroße Menge Speichel, allerdings durchsichtig, mit geringem Gehalt an organischen Substanzen, ausgeschieden. Ohne Zweifel werden im Falle der Gerbsäure und des Natrii caustici an den speichelsekretorischen Apparat andere Aufgaben gestellt, als bei den oben erwähnten Säuren und Soda.

Die Ohrspeicheldrüse des Pferdes sondert, wie dies Gottschalk[1]) beobachtet hat, auf eine in die Mundhöhle eingeführte 2 proz. HCl-Lösung einen in bedeutend höherem Grade alkalischen Speichel ab, als auf Hafer. Beim Menschen bietet einen besonderen Fall der Anpassung der Speicheldrüsentätigkeit an die Art des Erregers die Speichelsekretion bei Genuß von hartem Eigelb und gekochten Kartoffeln (s. Tab. III). Auf diese Stoffe kommt ein an organischen Bestandteilen, resp. diastatischen Ferment sehr reicher Speichel zur Ausscheidung. Mag auch für Kartoffeln gerade ein solcher Speichel erforderlich sein, im Falle von hartem Eigelb bleibt seine Absonderung vorläufig unverständlich. Indes auf Grund solcher Einzelfälle das Anpassungsvermögen der Speicheldrüsentätigkeit an die Art des Erregers schlechthin in Frage zu stellen, wie dies z. B. Zebrowski tut, ist unmöglich.

Beachtung verdient die Wechselbeziehung zwischen der Stärke des Erregers und der Arbeit der Speicheldrüsen. Am bequemsten läßt sie sich beobachten an einem so höchst einfachen Falle, wie es die speichelsekretorische Reaktion auf verschieden starke Lösungen der einen oder anderen Substanz ist. Es ergibt sich, daß die Reaktionstätigkeit des speichelsekretorischen Apparats um so energischer vor sich geht, je konzentrierter — natürlich innerhalb einer gewissen Grenze — die Lösung der in die Mundhöhle des Tieres eingeführten Substanz ist.

Auf Tabelle V sind die mittleren Zahlen der Speichelsekretion aus den Schleimdrüsen und der Ohrspeicheldrüse beim Hunde hinsichtlich der verschiedenen Lösungen HCl, der diesen äquivalenten H_2SO_4-Lösungen, der NaCl- und Formalinlösungen nach *Sellheim*[2]) dargestellt. Der Speichel wurde während des Zeitraums von 1 Minute gesammelt.

Tabelle V.

Speichelmenge aus den Schleimdrüsen und der Ohrspeicheldrüse beim Hunde bei Einführung von Lösungen verschiedener Konzentration. (Mittlere Zahlen nach *Sellheim*.)

HCl-Lösungen	Speichelmenge aus den Schleimdrüsen pro Min. in ccm	Speichelmenge aus der Ohrspeicheldrüse pro Min. in ccm	H_2SO_4-Lösungen, äquivalent den folgenden HCl-Lösungen	Speichelmenge aus den Schleimdrüsen pro Min. in ccm	Speichelmenge aus der Ohrspeicheldrüse pro Min. in ccm
0,1%	2,7	1,7	0,1%	2,4	1,3
0,2%	3,4	2,0	0,2%	3,0	2,4
0,3%	4,3	2,5	0,3%	3,7	2,3
0,4%	4,2	2,3	0,4%	4,6	2,4
0,5%	4,3	2,0	0,5%	4,3	2,2
5 proz. NaCl-Lö-sung	4,0	1,7	0,1 proz. For-malin-lösung	1,2	0,6
10 „	4,0	2,0	0,5 „	2,8	1,0
15 „	4,1	2,1		—	—

Hieraus ist ersichtlich, daß bereits bei mittleren Konzentrationen von HCl- und H_2SO_4-Lösungen während des Verlaufes von 1 Minute eine Maximalanspannung der Speicheldrüsentätigkeit erreicht wird. Hierbei tritt hinsichtlich der Ohrspeichel-

---

[1]) Gottschalk, Diss. Zürich 1910, S. 54.
[2]) Sellheim, Diss. St. Petersburg 1904, S. 28.

drüse dieses Maximum sogar früher ein, als hinsichtlich der Schleimdrüsen, und weist damit auf eine größere Empfindlichkeit jener Drüse dem Säurereiz gegenüber hin. Bei größeren Konzentrationen von HCl (0,4—0,5%) und den diesen äquivalenten H_2SO_4-Lösungen macht sich sogar ein gewisses Sinken der Speichelsekretion, besonders aus der Ohrspeicheldrüse, bemerkbar. Wenn man jedoch den gesamten auf eine bestimmte Quantität dieser oder jener Lösung zum Abfluß gelangenden Speichel sammelt, so sieht man, daß zwischen der Konzentration der in die Mundhöhle eingeführten Lösung und der auf diese erfolgenden Reaktion der Speicheldrüsen eine äußerst genaue, direkte Wechselbeziehung vorhanden ist[1]).

Tabelle VI.

Speichelmenge aus der Ohrspeicheldrüse eines Hundes bei Eingießung von HCl-Lösungen verschiedener Konzentration in die Mundhöhle.
(Mittlere Zahlen nach *Babkin*.)

Erreger	Speichelmenge pro Min. in ccm	Gesamte Speichelmenge	Dauer der Speichelsekretion
0,1 proz. HCl-Lösung	3,4	5,2	3′ 24″
0,2 ,, ,,	3,5	7,4	4′ 12″
0,3 ,, ,,	3,4	8,1	4′ 48″
0,4 ,, ,,	3,5	9,2	5′ 12″
0,5 ,, ,,	3,6	9,5	5′ 48″

Diese Befunde werden von Popielski[2]) bestätigt, der bei einem Hunde durch die ösophagotomische Öffnung den gesamten in die Mundhöhle zum Abfluß gelangenden Speichel sammelte, soweit er durch Einführung irgendeiner Säurelösung von dieser oder jener Konzentration in den Mund hervorgerufen wurde. Ferner stellte er fest, daß gleiche Quantitäten isotonischer Säurelösungen eine annähernd gleichartige Arbeit der Speicheldrüsen hervorrufen. Lösungen mit gleichem prozentualem Gehalt dieser oder jener Säure dagegen regen um so energischer die Speichelsekretion an, je geringer das Molekulargewicht der in ihr enthaltenen Säure ist.

Die Bedeutung der Kaubewegungen.

Ferner verdient noch die Bedeutung der Kaubewegungen für die Speichelabsonderung hervorgehoben zu werden.

Seinerzeit schrieb ihnen Cl. Bernard eine sehr große Bedeutung zu. Er gruppierte die Speicheldrüsen um drei physiologische Erscheinungen: das Kauen, den Geschmack und das Schlucken[3]). Nach seiner Ansicht ist mit dem Kauen eine Arbeit der Ohrspeicheldrüse verbunden; ihr dünnflüssiger Speichel befeuchtet und durchtränkt die Speisesubstanzen während des Kauens. Bei schwachen Kaubewegungen fließt weniger Speichel als bei starken. Die Unterkieferdrüse reagiert vornehmlich aufs Geschmacksreize. Der dickflüssige, besonders beim Schlucken zur Ausscheidung kommende Unterzungendrüsenspeichel dient als Hauptschmiermaterial. Diese Einteilung der Speicheldrüsen stieß auf Widerspruch seitens der beiden Forscher Colin[4]) und Schiff[5]). Im einzelnen stellte Colin bezüglich des Kauens fest, daß

[1]) Babkin, Diss. St. Petersburg 1904, S. 56.

[2]) L. Popielski, Über die Gesetze der Speicheldrüsentätigkeit. Pflügers Archiv 1909, Bd. 127, S. 443.

[3]) Cl. Bernard, Leçons de physiologie expérimentale 1856, Vol. II, p. 45.

[4]) G. Colin, Traité de physiologie comparée des animaux. 3 éd. 1886, Vol. I, p. 646 ff.

[5]) M. Schiff, Leçons sur la physiologie de la digestion 1867, Vol. I, p. 182 ff.

das Kauen geschmackloser Stoffe (Stock, alte Wäsche) an und für sich eine Sekretion nicht zur Folge hat. Andererseits bedingt die Einführung von Speise in die Mundhöhle des Tierse — trotz vollständiger Immobilisation der Kiefer — einen Speichelabfluß. Ebenso ist auch Schiff der Meinung, daß Kaubewegungen an und für sich beim Hunde eine kaum merkliche Sekretion aus den Speicheldrüsen hervorrufen. In jüngster Zeit stellt die Bedeutung der Kaubewegungen für die Speichelsekretion auch *Wulfson*[1]) in Abrede. Er gab einem Hunde mit konstanter Fistel der Ohrspeicheldrüse im Verlaufe von 1 Minute Zwieback — in Stücken und in Gestalt feingeriebenen Pulvers — zu fressen. Trotz der bedeutend größeren Arbeit der Kaumuskeln bei ganzen Zwiebackstücken als bei Zwiebackpulver war die Speichelsekretion im ersteren Falle geringer (durchschnittlich 4,3 ccm pro Minute) als im zweiten (durchschnittlich 5,6 ccm pro Minute). Nach Zebrowski[2]) brachten die Kaubewegungen eines Patienten mit einer Fistelöffnung des Stenonischen Ganges während eines Zeitraumes von 20 Minuten im ganzen nur 1—2 Tropfen Speichel zur Ausscheidung.

Allein im Munde sammelt sich Speichel an auch während des Sprechens, wo offensichtlich in der Mundhöhle keine Reizmittel vorhanden sind, die dessen Absonderung veranlassen könnten. Möglicherweise läßt sich das Erscheinen von Speichel im Munde in diesem Falle zum Teil darauf zurückführen, daß er durch die sich zusammenziehenden Muskeln aus den Gängen herausgepreßt wird; zum Teil wird jedoch hier offenbar eine tatsächliche Speichelabsonderung infolge Austrocknens der Mundhöhlenschleimhaut angeregt. Diese letztere Annahme findet ihre Bestätigung in den Beobachtungen Zebrowskis[3]) an Kranken mit Fistelöffnungen des Stenonischen Ganges: bei Offenhalten des Mundes wurde aus der Fistel Speichel ausgeschieden mit einer Schnelligkeit von 0,15—0,25 ccm pro 5 Minuten.

Allein die Kaubewegungen sind in anderer Hinsicht von Wichtigkeit. Wie sich weiter unten ergeben wird, tritt die Speichelsekretion um so energischer auf, je mehr die Speise zerkleinert ist.

Außerdem reagieren bei einseitigen Kaubewegungen, d. h. bei einer hauptsächlich auf eine Seite der Mundhöhlenschleimhaut beschränkten Reizung, stets energischer die Speicheldrüsen eben dieser Seite. Eine experimentelle Bestätigung des Gesagten an großen Tieren (Pferd, Hammel) kann man bei Colin[4]), hinsichtlich des Menschen bei Zebrowski[5]) finden.

Somit erscheinen die Kaubewegungen an und für sich nicht als Erreger der Speichelsekretion. Da sie jedoch die Zerkleinerung der Speisesubstanzen befördern, so erweitern sie die Berührungsfläche der letzteren mit der Mundhöhlenschleimhaut; infolgedessen wird auch die Tätigkeit der Speicheldrüse erhöht.

Schlußfolgerungen.

Folglich kann die Arbeit der Speicheldrüsen mit Recht als Muster einer genau bestimmten Anpassungstätigkeit des tierischen Organismus hingestellt werden. Sind in der Mundhöhle keine Erreger vorhanden, so verharren die Drüsen im Ruhezustand. Sie kommen auch dann nicht in Tätigkeit, wenn sich in der Mundhöhle Stoffe befinden, deren Verarbeitung oder Entfernung aus dem Munde ein Vorhandensein von Speichel nicht erfordert (Wasser, Eis, physiologische Lösung, runde glatte Steinchen). Umgekehrt wird in den Fällen,

---

[1]) Wulfson, Diss. St. Petersburg 1898, S. 36.
[2]) v. Zebrowski, Pflügers Archiv 1905, Bd. 110, S. 136.
[3]) v. Zebrowski, Pflügers Archiv 1905, Bd. 110, S. 133.
[4]) G. Colin, Traité de physiologie comparée des animaux. 3 éd. 1886, Vol. I, p. 651.
[5]) v. Zebrowski, Pflügers Archiv 1905, Bd. 110, p. 126.

wo eine Speichelabsonderung erfordert wird, d. h. beim Vorliegen von Erregern der Speichelsekretion, der Speichel sowohl in quantitativer wie auch in qualitativer Beziehung in vollem Einklang mit den Aufgaben des Organismus zur Ausscheidung gebracht. So produzieren im Falle von Nahrungssubstanzen die Schleimdrüsen einen bald mehr, bald weniger zähflüssigen Speichel, bald in größerer, bald in geringerer Menge, in Abhängigkeit von der Trockenheit derjenigen Substanz, die sich im gegebenen Augenblick in der Mundhöhle befindet. Da solch Speichel bedeutende Mengen Mucin enthält, so werden die Speisesubstanzen schlüpfrig, und dieser Umstand erleichtert ihr Hinunterschlucken und Hindurchgleiten durch die Speiseröhre („Schmierspeichel"). Der Speichel der Ohrspeicheldrüse seinerseits erweicht die Speisesubstanzen. Infolge solcher Verarbeitung werden die Speisesubstanzen nicht nur vom Speichel angefeuchtet und eingeschmiert, sondern auch mit Fermenten versehen, die zum Teil in der Mundhöhle, doch hauptsächlich im Magen zur Wirkung gelangen. Auf verweigerte Stoffe sezerniert sich aus den einen wie aus den anderen Drüsen gewöhnlich ein dünnflüssiger, wässeriger Speichel zum Zwecke einer Ausspülung der Mundhöhle und Verdünnung des schädlichen Agens („verdünnender oder ausspülender Speichel"). Einen besonderen Fall stellt die Arbeit der Ohrspeicheldrüse bei Anwesenheit einiger verweigerter Substanzen in der Mundhöhle dar (Säure, Soda): es wird ein bedeutende Quantitäten Eiweiß enthaltender Speichel ausgeschieden offenbar zum Zwecke der Bindung und Unschädlichmachung der genannten Stoffe. Endlich entspricht die Speichelmenge der Stärke des seine Sekretion hervorrufenden Erregers.

Speichelsekretion beim Anblick, Geruch usw. von eßbaren und verweigerten Substanzen.

Wie bereits oben erwähnt, kommen die Speicheldrüsen nicht nur in dem Falle zur Tätigkeit, wo diese oder jene Substanz in der Mundhöhle vorhanden ist, vielmehr auch dann, wenn diese Substanz auf den Menschen oder das Tier durch sein Aussehen, seinen Geruch usw. einwirkt. Diese Tatsache, die schon längst unter dem Namen „psychische Speichelsekretion" bekannt ist (Siebold[1]), Mitscherlich[2]), Eberle[3]), Magendie[4]), Cl. Bernard[5]), Colin[6]), Gay[7]) u. a.) wurde im Laboratorium von Prof. *J. P. Pawlow* an Hunden mit permanenten Fisteln der Speichelgänge einem eingehenden Studium und einer systematischen Bearbeitung unterworfen. Im Jahre 1898 stellte nämlich *Wulfson*[8]) definitiv fest, daß es schon genügt, dem Hunde irgendeine genießbare oder verweigerte Substanz zu zeigen, um sowohl aus den Schleimspeicheldrüsen als auch aus der Ohrspeicheldrüse eine Speichelsekretion zu erzielen. Was einem bei diesem Einwirkungsverfahren auf das Tier zunächst auffällt, ist, daß das gegebene Objekt nicht die ihm speziell angepaßte Oberfläche, d. h. die Mundhöhle mit ihren Geschmacksorganen reizt, sondern andere Sinnesorgane

---

[1]) Siebold, Historia systematis salivalis 1797, p. 67.
[2]) Mitscherlich, Rusts Magazin f. d. ges. Heilkunde Bd. XXXVIII, S. 497.
[3]) Eberle, Physiologie der Verdauung. 1834, S. 30.
[4]) F. Magendie, Précis élémentaire de physiologie. 4 éd. 1836, Vol. II, p. 56.
[5]) Cl. Bernard, Leçons de physiologie expérimentale 1856, Vol. II, p. 74.
[6]) G. Colin, Traité de physiologie comparée des animaux. 3 éd. 1886, Vol. I, p. 654.
[7]) O. Gay, Dissertation sur la sécrétion salivaire. Thèse, Paris 1878, p. 7—8.
[8]) Wulfson, Diss. St. Petersburg 1898.

oder rezeptorische Oberflächen (Augen, Nase, Ohr). Eine solche Speichelabsonderung stellt sich sowohl in quantitativer als auch in qualitativer Hinsicht als eine verkleinerte Kopie der durch direkte Berührung der Substanz mit der Mundhöhlenschleimhaut hervorgerufenen Sekretion dar.

Die folgende Tabelle VII enthält die Beobachtungen *Sellheims*[1]), der die Arbeit von *Wulfson* wiederholte und ergänzte, hinsichtlich der Speichelmenge aus den Schleimdrüsen und der Ohrspeicheldrüse bei Einführung verschiedenartiger Substanzen in die Mundhöhle des Hundes und bei Einwirkung eben jener Substanzen auf andere rezeptorische Oberflächen des Tieres, ferner betreffs der Zähigkeit des Speichels der Schleimdrüsen in diesem letzteren Falle sowie hinsichtlich seines Reichtums an festen, organischen und anorganischen Bestandteilen.

Vor allem sehen wir hier, daß sämtliche Substanzen, die bei ihrer Einführung in die Mundhöhle eine Tätigkeit der Speicheldrüsen hervorrufen, dies auch in dem Falle tun, wo andere rezeptorische Oberflächen (Augen, Nase, Ohr) durch sie gereizt werden. Nur der Umfang der Speichelabsonderung ist in diesem letzteren Falle bedeutend geringer, wenn auch die quantitativen Beziehungen zwischen der speicheltreibenden Wirkung der verschiedenen Substanzen in ihren allgemeinen Zügen die gleichen bleiben, wie bei ihrer gewöhnlichen Einwirkungsart auf das Tier. So sind, wenn man zum Vergleich die äußersten Zahlen der Speichelabsonderung aus den Schleimdrüsen auf Fleisch und auf eine der am energischsten wirkenden verweigerten Substanzen (Säure, Soda, Senfölemulsion) heranzieht, die Zahlenverhältnisse in beiden Fällen annähernd 1 : 4 (1,1 ccm gegen 4,5 ccm und 0,45 ccm gegen 2,3 ccm). Was die Ohrspeicheldrüse anbetrifft, so übersteigt die aus ihr bei Einführung von Nahrungssubstanzen in die Mundhöhle im Verlaufe von 1 Minute zur Ausscheidung gelangende Speichelmenge fast um das Fünffache (hinsichtlich Fleisch bedeutend mehr) eine solche bei Einwirkung eben jener Substanzen auf andere rezeptorische Oberflächen. Bei verweigerten Stoffen ist der Unterschied nicht so beträchtlich: hier wird im ersteren Falle 2—3 mal mehr Speichel ausgeschieden als im zweiten. Somit kann man auch an der Oberspeicheldrüse sehen, daß hinsichtlich jeder Gattung von Erregern, d. h. genießbaren und verweigerten, die Ziffern in beiden Reihen parallel anwachsen und abnehmen.

Vergleicht man die Zähigkeit des Speichels aus den Schleimdrüsen bei Einführung verschiedener Substanzen in die Mundhöhle (Tab. II) und bei Reizung anderer rezeptorischer Oberflächen durch sie, so kann man sehen, daß hinsichtlich der eßbaren Stoffe die Zähigkeit, die 1—2 Minuten gleichkommt, im ersteren Falle größer ist als im zweiten; hinsichtlich der nichtgenießbaren Stoffe umgekehrt ist die sich in Sekunden äußernde Zähigkeit im letzteren Falle größer. Somit treten bei Anregung der Speichelsekretion ohne Einführung seiner Erreger in die Mundhöhle die charakteristischen Eigenschaften des Speichels der Schleimdrüsen etwas weniger hervor, als bei deren Einführung in die Mundhöhle. Nichtsdestoweniger ist auch hier der Speichel auf genießbare Stoffe dickflüssig, fadenziehend, der Speichel auf nichtgenießbare Substanzen dünnflüssig, wässerig.

Endlich ist der Gehalt des Speichels an festen, resp. organischen Bestandteilen in dem einen wie in dem anderen Falle völlig analog. Die einzige Abweichung bildet der geringe Gehalt an organischen Substanzen in dem Ohrdrüsenspeichel auf Salz- und Schwefelsäurelösungen in dem Falle, wo diese Lösungen dem Tiere nur vorgehalten, aber nicht in den Mund eingegossen werden (vgl. Tab. II und VII). Hieraus folgt, daß das Nichtvorhandensein eines speziellen Reizes in der Mundhöhle sich bei der Reaktionstätigkeit der Speicheldrüsen bemerkbar macht.

Auf welche Weise werden nun aber die Reize aus der Mundhöhle an die Speicheldrüsen weitergegeben? Was die Frage anbetrifft, ob der Reiz durch Vermittlung des Nervensystems oder durch das Blut weitergegeben wird, so müssen wir auf Grund dessen, was wir bereits über die Arbeit

---

[1]) Sellheim, Diss. St. Petersburg 1904.

Tabelle VII.

Die Arbeit der Schleimdrüsen und der Ohrspeicheldrüse des Hundes bei Einführung verschiedener Substanzen in die Mundhöhle und bei Einwirkung ebendieser Substanzen auf die anderen rezeptorischen Oberflächen. (Mittlere Zahlen pro Minute nach *Sellheim*[1]).)

| Substanzart | Die Schleimdrüsen | | | | | | Die Ohrspeicheldrüse | | | | |
| | Bei Einführung in den Mund | Ohne Einführung in den Mund | | | | | Bei Einführung in den Mund | Ohne Einführung in den Mund | | | |
	Speichelmenge in ccm	Speichelmenge in ccm	Zähigkeit	Prozent an festen Substanzen	Prozent an organischen Substanzen	Prozent an Asche	Speichelmenge in ccm	Speichelmenge in ccm	Prozent an festen Substanzen	Prozent an organischen Substanzen	Prozent an Asche
Fleisch	1,1	0,45	63″	} 1,183	0,733	0,450	0,5	0,03	—	—	—
Milch	2,4	0,7	84″				0,5	0,1	—	—	—
Fleischpulver	4,4	0,9	134″				1,9	0,4	—	—	—
Weißbrot	2,2	0,7	56″	—	—	—	1,0	0,2	—	—	—
Zwieback	3,0	0,7	54″	—	—	—	1,6	0,25	—	—	—
Sand	1,9	0,8	17″	—	—	—	0,8	0,2	—	—	—
1 proz. Lösung Extr. Quassiae	1,9	1,0	11″	} 0,399	0,150	0,249	0,7	0,4	—	—	—
10 proz. Saccharinlösung	2,8	0,8	11″				1,3	0,5	} 0,575	0,175	0,400
10 proz. Lösung NaCl	4,0	1,2	10″				2,0	0,6			
0,5 proz. Formalinlösung	2,8	1,1	10″	0,525	0,175	0,350	1,0	0,4			
0,5 proz. Lösung HCl	4,3	2,1	12″	0,537	0,182	0,355	2,0	1,2	0,583	0,184	0,399
0,671 proz. Lösung H_2SO_4	4,3	2,2	15″	0,606	0,154	0,452	2,2	1,1	0,666	0,249	0,416
10 proz. Sodalösung	4,5	2,3	23″	0,444	0,194	0,350	2,0	1,3	0,666	0,233	0,433
Senfölemulsion	4,5	2,1	18″	—	—	—	2,1	1,0	—	—	—

[1]) Zur Vergleichung siehe Tabelle II.

der Speicheldrüsen wissen, uns für die erstere Möglichkeit entscheiden. Die Schnelligkeit der Reaktion der Speicheldrüsen, ihre Anpassungsfähigkeit an die Art des Erregers, ihre auffallende Ähnlichkeit bei Einwirkung des Erregers von der Mundhöhle aus und bei seiner Einwirkung durch Vermittlung anderer rezeptorischer Oberflächen usw. — dies alles spricht für das Vorhandensein eines fein konstruierten und rasch wirkenden Vermittlungsmechanismus, wie es im Organismus das Nervensystem ist. Mit anderen Worten — wir haben es mit einem Reflex zu tun. Allein abgesehen von der durch Einführung irgendwelcher Substanz in den Mund hervorgerufenen Speichelabsonderung, vermochten wir eine entsprechende Reaktion der Speicheldrüsen auch im Falle einer Reizung anderer rezeptorischer Oberflächen zu beobachten. Wenn im ersteren Falle die Vorstellung von einem Reflex von selbst entsteht, so erheischt im zweiten Falle die Unterstellung der sog. „psychischen Speichelsekretion‟ unter den Begriff eines Reflexes besondere Beweise. Diese sollen an entsprechender Stelle erbracht werden. Hier sei nur zum Zwecke größerer Klarheit der Darstellung gesagt, daß die Leitung von Reizen der ersteren Art an die Speicheldrüsen durch Vermittelung der niederen Teile des Gehirns — des verlängerten Marks — ins Leben gerufen wird, während an der Weitergabe von Reizen der letzteren Art außerdem auch seine höheren Teile — die Großhirnrinde — beteiligt sind.

Der reflektorische Nervenbogen, vermittelst dessen der Reflex vor sich geht, besteht bekanntlich aus folgenden Teilen: 1. dem den Reiz aufnehmenden peripheren Apparat; 2. der zentripetalen Nervenfaser; 3. dem zentralen Innervationsherd, der wiederum aus a) dem rezeptorischen Zentrum und b) dem Arbeitszentrum besteht; 4. der zentrifugalen Nervenfaser und 5. dem Nervenendigungsapparat. Der an der Peripherie durch einen besonderen Rezeptionsapparat aufgenommene und in einen speziellen Nervenprozeß transformierte Reiz wird durch die zentripetale Faser an das rezeptorische Zentrum weitergegeben. Von hier aus nimmt er seine Richtung zum Arbeitszentrum, das ihn als entsprechenden Impuls (motorischen, sekretorischen) durch die zentrifugale Nervenfaser an den Nervenendigungsapparat weitersendet. Dieser letztere vermittelt den Impuls an das in unserem Falle in Frage kommende Drüsengewebe. Bisher haben wir in allgemeinen Zügen nur das Anfangs- und Endmoment des reflektorischen Aktes kennen gelernt: den Reiz des peripheren rezeptorischen Apparats durch diesen oder jenen Erreger und die darauf erfolgende Reaktion der Speicheldrüse. Hierbei sahen wir, daß eine Speichelabsonderung sowohl in dem Falle vor sich geht, wo der Erreger mit der Mundhöhlenschleimhaut in Berührung kommt, als auch dann, wenn er auf andere rezeptorische Oberflächen (Auge, Ohr, Nase) einwirkt. Jetzt haben wir die Aufgabe, den Mechanismus dieses Reflexes aufzuklären. Was für anatomische Gebilde gehören zum Bogen des Speichelreflexes? Welche Bedeutung kommt einem jeden von ihnen zu? Was bedingt den Unterschied in der Arbeit der Speicheldrüsen bei den verschiedenen Reizmitteln? Wie ist die Anregung der Speichelsekretion vermittelst der verschiedenen rezeptorischen Oberflächen unter Umgehung der Mundhöhle zu erklären? Welcher Art ist das Verhältnis dieser Prozesse zueinander?

2. Kapitel.

Der periphere rezeptorische Apparat. — Chemische Erregbarkeit der Mundhöhlenschleimhaut. — Thermische Erregbarkeit der Mundhöhlenschleimhaut. — Mechanische Erregbarkeit der Mundhöhlenschleimhaut. — Spezifität der Nervenendigungen. — Die zentripetalen Nerven der Speicheldrüsen. — Die Arbeit der Speicheldrüsen nach Durchschneidung verschiedener zentripetaler Nerven der Mundhöhle. — Reizung der zentripetalen Nerven. — Die zentrifugalen Nerven der Speicheldrüsen. — Die cerebralen Nerven. — Der sympathische Nerv. — Der cerebrale und der sympathische Nerv sind die wahrhaften sekretorischen Nerven der Speicheldrüsen. — Die Speicheldrüsengifte. — Reizung der cerebralen Nerven der Speicheldrüsen. — Wechselbeziehung zwischen der Reizung des cerebralen Nerven und der Arbeit der Speicheldrüsen. — Reizung des sympathischen Nervs. — Besonderheiten der sympathischen Sekretion. — Wechselbeziehung zwischen dem cerebralen und dem sympathischen Nerv. — Der cerebrale und sympathische Nerv bei der reflektorischen Speichelabsonderung. — Reflektorische Hemmung der Speichelabsonderung. — Paralytische Sekretion. — Der Einfluß der Dyspnöe auf die sekretorische Arbeit der Speicheldrüsen. — Speichelabsonderung zum Zwecke der Wärmeregulation. — Reizung der sekretorischen Nerven und Blutversorgung der Drüse.

Der periphere rezeptorische Apparat.

Wie eben gesehen, wird die Speicheldrüsentätigkeit nicht nur bei Reizung der rezeptorischen Oberflächen der Mundhöhle, sondern auch bei Reizung anderer rezeptorischer Oberflächen (Auge, Nase, Ohr) angeregt. Ferner gingen wir von der Annahme aus, daß an der Weitergabe von Reizen dieser letzteren Art an die Speicheldrüsen die oberen Teile des zentralen Nervensystems — die Hirnrinde — beteiligt sind. Will man also die Tätigkeit der in der Mundhöhlenschleimhaut gelegenen, den äußeren Reiz transformierenden und ihn an die zentripetalen Nerven der Speicheldrüsen weitergebenden peripheren rezeptorischen Apparate in ihrer einfachsten Form untersuchen, so muß man sich unbedingt gegen den Einfluß der oberen Teile des Gehirns sicherstellen. Einer der gelungensten Versuche in dieser Richtung wurde unlängst von *Heymann*[1]) vorgenommen.

Schon Cl. Bernard[2]) beobachtete gelegentlich eines akuten Versuchs an einem Hunde mit Fisteln der Ohrspeichel-, Unterkieferspeichel- und Unterzungenspeicheldrüse (soweit ersichtlich ohne Narkose) eine ungleichmäßige Arbeit dieser Drüsen bei Einführung verschiedenartiger Substanzen in die Mundhöhle. So rief aus sämtlichen Drüsen die allerstärkste Speichelsekretion die Einführung von Essig in den Mund des Tieres hervor. Am reichlichsten wurde Speichel aus der Unterkieferdrüse, sodann aus der Ohrspeicheldrüse und in recht unbedeutender Quantität aus der Unterzungenspeicheldrüse ausgeschieden. Der Unterkieferdrüsenspeichel war ziemlich dünnflüssig, der Ohrdrüsenspeichel anfänglich durchsichtig, dann opalescierend, der Unterzungenspeichel sehr dickflüssig. Eine schwache Lösung Soda und Colloquinta (in Wasser suspendiert) riefen, wenn sie dem Tiere in den Mund eingegossen wurden, eine geringere Sekretion hervor als Essig. Die quantitative Beziehung zwischen der Arbeit der Drüsen blieb ein und dieselbe, nur erwies sich Soda als energischerer Erreger als Bittersubstanz. Umgekehrt hatten Wasser und Zuckerwasser fast gar keinen sekretorischen Effekt zur Folge. Im ganzen wurde im Verlaufe des Versuches ($1\frac{1}{4}$ Stunden) an Speichel aufgefangen: aus der Unterkieferspeicheldrüse 44 ccm, aus der Ohrspeicheldrüse 23 ccm und aus der Unterzungenspeicheldrüse 5 ccm.

Bei Untersuchung der Geschmacksnerven beobachtete Schiff[3]) im Falle einer Einführung verschiedenartiger Substanzen in die Mundhöhle von Tieren außer einer motorischen Reaktion daneben auch noch eine sekretorische.

---

[1]) Heymann, Diss. St. Petersburg 1904.

[2]) Cl. Bernard, Leçons de physiologie expérimentale 1856, II, p. 81 ff.

[3]) Schiff, Leçons sur la physiologie de la digestion 1867, Vol. I, p. 82, 90—97, 122 ff.

Heymann bediente sich der Methodik der akuten Versuche; der Hund war stark curarisiert, oder es war ihm die Hirnrinde entfernt. In die Gänge von vier Speicheldrüsen (Unterkieferdrüse, Unterzungendrüse, Ohrspeicheldrüse und Orbitaldrüse) wurden mit graduierten Röhrchen verbundene Kanülen eingeführt; nach der Geschwindigkeit der Fortbewegung der Speichelsäule in diesen letzteren wurde die Schnelligkeit der Speichelsekretion bestimmt. Die Mundhöhle wurde vermittelst der einen oder anderen Agenzien gereizt. Unter diesen Bedingungen wurde die größte Absonderung aus der Unterkieferdrüse, eine beträchtlich geringere aus der Unterzungendrüse und Orbitaldrüse beobachtet, was sich durch die Schwierigkeit der Fortbewegung des dickflüssigen Sekrets der beiden letztgenannten Drüsen in der Kanüle und dem Röhrchen erklären läßt. Die größte Empfindlichkeit zeigte — sowohl bei Vergiftung mit Curare, als auch bei Entfernung der Hirnrinde — die Ohrspeicheldrüse, aus der Speichel nur bei den stärksten Reizmitteln zur Ausscheidung gelangte.

Das Hauptergebnis der Untersuchung *Heymanns* besteht darin, daß die verschiedenartigsten Reize der Mundhöhlenschleimhaut — chemische, thermische und mechanische — die Arbeit der großen Speicheldrüsen anregen, daß aber die Wirkung der einzelnen Erreger ungleichartig ist je nach der Stelle der Schleimhaut, auf die sie einwirken. So reagieren beispielsweise bei Anwendung eines chemischen Reizes auf irgendeinen Teil der Mundhöhlenschleimhaut die Drüsen mit Sekretion; bei Anwendung eines anderen — z. B. eines mechanischen — Reizes auf eben jenen Teil der Schleimhaut verbleiben die Drüsen in Ruhezustand, und umgekehrt. Außerdem kann man einen Unterschied in der Arbeit der Speicheldrüsen in quantitativer Hinsicht wahrnehmen, sei es bei Reizung verschiedener Teile der Schleimhaut durch ein und dasselbe Agens, sei es bei Reizung ein und desselben Teiles durch verschiedene Agenzien. Somit gelangt man mit vollem Recht zu der Annahme, daß in der Mundhöhlenschleimhaut chemische, thermische und mechanische Reize rezipierende Nervenendigungen vorhanden sind. Diese Nervenendigungen sind in der Schleimhaut unregelmäßig verteilt, weshalb man von dieser oder jener chemischen, mechanischen und thermischen Erregbarkeit der verschiedenen Teile der Mundhöhlenschleimhaut sprechen kann.

Tabelle VIII.

Reaktion der Speicheldrüsen des Hundes (beim akuten Versuch) bei Einwirkung der Erreger auf die verschiedenen Teile der Mundhöhlenschleimhaut (nach *Heymann*).

Der dem Reiz ausgesetzte Teil der Schleimhaut	1proz. Extr. Quassiae	10proz. Saccharinlösung	10proz. Lösung NaCl	0,5proz. Lösung HCl	10proz. Lösung Na_2CO_3	Senfölemulsion	Mechanischer Reiz	t 50° C	t 55° C	t 60° C	t 65° C
Zungenspitze — Kategorien der Hunde I	+	+	+	+	+	+					
Zungenspitze — II	0	0	+	+	+	+	+	0	0	+	+
Zungenspitze — III	0	0	0	0	0	0					
Zungenwurzel	+	+	+	+	+	+	+	0	+	+	+
Untere Zungenfläche	+	+	+	+	+	+					
Boden der Mundhöhle seitlich von Frenul. linguae	+	+	+	+	+	+					
Weicher Gaumen	0	0	0	0	0	0	+	0	0	+	+
Harter Gaumen	0	0	0	0	0	0	+	0	0	+	+
Oberlippe { mittlerer Teil	0	0	0	0	0	0	+	0	0	+	+
Oberlippe { Seitenteile									+	+	+
Unterlippe	0	0	0	0	0	0	0	0	+	+	+
Backen	0	0	0	0	0	0	0	0	0	0	+

Was die Eigenschaft des Speichels (Zähigkeit) anbetrifft, so ergab unter den Bedingungen akuter Versuche seine Untersuchung keine bestimmten Resultate.

Tabelle VIII zeigt die Ergebnisse der Untersuchung der reflektorischen Speichelsekretion bei Einwirkung dieser oder jener Reizmittel auf die verschiedenen Teile der Mundhöhlenschleimhaut nach *Heymann*. + bezeichnet das Vorhandensein einer Speichelsekretion; 0 das Ausbleiben einer solchen.

Chemische Erregbarkeit der Mundhöhlenschleimhaut.

Wir möchten hier auf diese interessanten Daten etwas näher eingehen. *Heymann* wandte die gleichen chemischen Reizmittel an wie auch *Wulfson*[1]) und *Sellheim*[2]) an Hunden mit chronischen Speichelfisteln (s. oben). Hierbei ergab sich, worauf bereits oben hingewiesen, daß bei Reizung einzelner Teile der Mundhöhlenschleimhaut eine Speichelabsonderung erzielt wird, bei Reizung anderer eine solche nicht stattfindet (s. Tab. VIII). Ferner muß man unter den Teilen der Schleimhaut, deren Reizung eine Speichelabsonderung hervorruft, Partien mit stark entwickelter und solche mit schwach entwickelter chemischer Erregbarkeit, d. h. an entsprechenden Nervenendigungen reiche und arme Partien unterscheiden. Endlich verhalten sich die Partien mit großer Erregbarkeit nicht in gleicher Weise den verschiedenen chemischen Reizmitteln gegenüber: übt man auf einzelne dieser Partien beliebige chemische Reize aus, so tritt sofort die Speichelabsonderung in Tätigkeit; umgekehrt regen bei anderen Partien nur ganz bestimmte chemische Einflüsse die Speicheldrüsen zur Arbeit an.

So erwies sich als chemisch erregbar die Schleimhaut der oberen und unteren Zungenfläche sowie des Bodens der Mundhöhle seitlich vom Frenulum linguae. Andererseits hatte eine chemische Reizung der Schleimhaut der Ober- und Unterlippe, des Mundhöhlenbodens vor dem Frenulum linguae, des harten und weichen Gaumens und der Backenflächen in der Regel eine Absonderung aus den Speicheldrüsen nicht zur Folge. Die größte chemische Erregbarkeit zeigt die Zunge an ihrer Wurzel, dann kommt die Zungenspitze, und am wenigsten erregbar ist ihre untere Fläche. Hierbei ruft im Falle einer Reizung der Zungenwurzel die energischste Speichelsekretion eine Senfölemulsion hervor, dann sind in absteigender Ordnung eine 0,5 proz. Salzsäurelösung, eine 10 proz. Sodalösung sowie eine 10 proz. Kochsalzlösung zu nennen, und am schwächsten wirken eine 1 proz. Lösung Extracti Quassiae sowie eine 10 proz. Saccharinlösung. An der Zungenspitze ist die chemische Erregbarkeit schwächer als an der Zungenwurzel. Überdies ist sie bei den verschiedenen Hunden ungleich stark. Man kann drei Kategorien von Tieren unterscheiden (s. Tab. VIII): 1. solche, bei denen im Falle einer Reizung der Zungenspitze durch sämtliche zur Anwendung gelangenden chemischen Erreger eine reflektorische Speichelsekretion erzielt wird; 2. solche, bei denen sämtliche Reizmittel mit Ausnahme der bitteren und süßen Substanzen eine Speichelabsonderung hervorrufen, und 3. solche, bei denen irgendwelche chemischen Reize auf die Zungenspitze eine Speichelsekretion nicht zur Folge haben.

Diese Daten decken sich bis zu einem gewissen Grade mit dem, was v. Vintschgau[3]) bei subjektiver Untersuchung der Geschmacksfähigkeit beim Menschen feststellte. Während an der Zungenwurzel gewöhnlich sämtliche vier Grundtypen des Geschmacks unterschieden werden, ist an der Zungenspitze die Fähigkeit, die verschiedenen Geschmacksempfindungen aufzunehmen, bei den verschiedenen Personen sehr ungleich ausgeprägt. Bekanntlich stellt v. Vintschgau vier Gruppen von Personen auf: 1. solche, die mit der Zungenspitze alle vier Geschmackstypen

---

[1]) Wulfson, Diss. St. Petersburg 1898.

[2]) Sellheim, Diss. St. Petersburg 1904.

[3]) M. v. Vintschgau, Beiträge zur Physiologie des Geschmacksinnes. Pflügers Archiv 1879, Bd. XIX, S. 236.

unterscheiden; 2. solche, die süß, salzig, sauer und in schwächerem Maße bitter unterscheiden; 3. solche, die sämtliche Geschmackstypen nur mit Mühe unterscheiden, und 4. solche, die an der Zungenspitze überhaupt keine Geschmacksempfindungen haben.

In dem Falle, wo beim Hunde alle chemischen Erreger durch Einwirkung auf die Zungenspitze eine reflektorische Speichelabsonderung hervorrufen, lassen sie sich nach absinkender Wirkungsstärke annähernd in folgender Reihenfolge anordnen: Senfölemulsion, 0,5 proz. HCl-Lösung, 10 proz. Lösung NaCl und 10 proz. Lösung Na_2CO_2, 10 proz. Sacharinlösung und 10 proz. Lösung Extracti Quassiae.

Thermische Erregbarkeit der Mundhöhlenschleimhaut.

Was die thermische Erregbarkeit anbetrifft, so ist sie ebenfalls auf der Schleimhaut der Mundhöhle ungleichmäßig verteilt. Vor allem muß bemerkt werden, daß Kälte (Eintauchen der Zungenspitze in eine Tasse mit schmelzendem Schnee) eine Speichelsekretion nicht hervorruft, ebenso wie auch warmes Wasser bis 50° C. Bei Anwendung bis 55° C erwärmten Wassers wird eine Speichelsekretion nur im Falle einer Reizung der Zungenwurzel, der Unterlippe und der Seitenteile der Oberlippe erzielt. Bei Anwendung einer Temperatur von 60° C konnte man von allen Teilen der Mundhöhlenschleimhaut mit Ausnahme der Backenflächen eine Speichelabsonderung erlangen. Bei 65° C endlich erwies sich auch die Schleimhaut an den Backen thermisch erregbar (s. Tab. VIII). Indes konnte im letzteren Falle auch das Schmerzmoment, d. h. die Zerstörung der Schleimhaut mit den in ihr befindlichen Nervenendigungen eine Rolle spielen, da beim Brennen der Schleimhaut vermittelst glühenden Eisens von allen Teilen derselben eine Speichelsekretion hervorgerufen wird und nur bei einigen Hunden sich die Backenschleimhaut als unerregbar erwies.

Mechanische Erregbarkeit der Mundhöhlenschleimhaut.

Ein besonderes Interesse bietet die Untersuchung der Speicheldrüsentätigkeit bei mechanischem Reiz auf die Mundhöhle, da es von sehr großer Wichtigkeit ist, zu wissen, in welchem Maße sich die reflektorische Speichelsekretion unter normalen Bedingungen auf einen chemischen und in welchem Maße auf einen mechanischen Reiz zurückführen läßt. Das Reiben einzelner Partien der Mundhöhlenschleimhaut mit einer Putzbürste, einer weichen Bürste, trockener oder angefeuchteter Watte regte die Speicheldrüsen zur Arbeit an. Die Erregbarkeit mechanischem Reiz gegenüber ist an den verschiedenen Teilen der Schleimhaut ungleich: die stärkste Erregbarkeit zeigten die Zungenwurzel und der weiche Gaumen, dann folgte die Zungenspitze, der harte Gaumen und die Oberlippe; die Schleimhaut der Backenflächen, des Zahnfleisches und der Unterlippe (die letztere mit Ausnahme eines Falles) erwies sich mechanischem Reiz gegenüber als unerregbar. Ein Reiben mit trockener Watte hatte in der Mehrzahl der Fälle eine stärkere Speichelabsonderung zur Folge als ein Reiben mit feuchter. Bei wiederholter mechanischer Reizung der Schleimhaut sinkt allmählich ihre Erregbarkeit.

Mit Hilfe eben jener Methodik gelang es *Heymann*, zur Lösung der Frage über die Bedeutung der Trockenheit der die Speichelabsonderung anregenden Substanzen zu gelangen.

Wie wir bereits oben bei Hunden mit chronischen Fisteln der Schleimdrüsen und der Ohrspeicheldrüse gesehen haben, riefen trockene eßbare Stoffe (Fleischpulver, Zwieback) eine größere Speichelabsonderung hervor als feuchte (s. S. 18). Behufs Untersuchung dieser Frage suchte der Autor den natürlichen mechanischen Reiz auf die Mundhöhlenschleimhaut während des Kauens künstlich darzustellen. Er bestrich vermittelst eines Wattebausches die Schleimhaut unter Anwendung eines gewissen Druckes mit trockenem und feuchtem Fleisch- und Zwiebackpulver und Sand. (Ein bloßes Aufstreuen dieser Substanzen auf die Schleimhaut erwies sich als ein allzu schwaches mechanisches Reizmittel). Zu Kontrollzwecken wurde die Schleimhaut gleichfalls sowohl mit trockener wie auch mit feuchter Watte abgerieben.

Wir lassen hier einige diesbezügliche Ziffern aus dem *Heymann*schen Versuche (Diss. S. 44) folgen. (Die Ziffern entsprechen der Anzahl der Einteilungseinheiten auf der Glasröhre, welche der Speichel im Verlauf einer Minute zurücklegt.)

Orbitalis dextra.	Subling. dextra.	Submaxillaris dextra.

Zunge und Gaumen werden mit trockner Watte im Verlauf 1 Min. abgerieben.

| 23 | 1 | 42 |

Zunge u. Gaumen werden mit trockn. Zwiebackpulver im Verl. 1 Min. abgerieben.

| 57 | 2 | 236 |

Zunge u. Gaumen werden mit angefeucht. Zwiebackpulver im Verl. 1 Min. abgerieben.

0	0	8
0	0	2
Im Verl. 2′: 0	0	10

Zunge u. Gaumen werden mit trockn. Zwiebackpulver im Verl. 1 Min. abgerieben.

60	3	220
0	8	83
Im Verl. 2′: 60	11	303

Zunge u. Gaumen werden mit angefeucht. Zwiebackpulver im Verl. 1 Min. abgerieben.

11	0	13
1	0	10
0	0	2
Im Verl. 3′: 12	0	25

Zunge und Gaumen werden mit Fleischpulver im Verlauf 1 Minute abgerieben.

52	14	226
6	3	114
Im Verl. 2′: 58	17	340

Zunge u. Gaumen werden mit angefeucht. Fleischpulver im Verl. 1 Min. abgerieben.

16	0	122
2	0	32
Im Verl. 2′: 18	0	154

Zunge und Gaumen werden mit Fleischpulver im Verlauf 1 Minute abgerieben.

48	0	240
4	2	70
Im Verl. 2′: 52	2	310

Demnach verringerte genau ebenso wie bei Hunden mit permanenten Fisteln der Speicheldrüsen eine Anfeuchtung des Zwieback- und Fleischpulvers die safttreibende Wirkung dieses Pulvers um ein Vielfaches. Nichts Ähnliches erhielt *Heymann* bei Anfeuchtung von Sand. Der speicheltreibende Effekt feuchten (gereinigten) Sandes war des öfteren nicht nur nicht geringer, vielmehr sogar größer als der trockenen Sandes. Dies war beispielsweise der Fall beim folgenden Versuch (S. 50):

Submaxillaris dextra.	Submaxillaris sinistra.

Zunge und Gaumen werden mit trocknem Sand im Verlauf 1 Minute abgerieben.

24	90
13	23
Im Verl. 2′: 37	113

Zunge und Gaumen werden mit angefeuchtetem Sand im Verl. 1 Min. abgerieben.

48	100
20	42
Im Verl. 2′: 68	142

Analoge Resultate erzielte derselbe Autor auch an Hunden mit konstanten Fisteln der Speicheldrüsen. Aus der Unterkieferdrüse gelangte auf trockenen Sand im Verlaufe von 1 Minute im Durchschnitt 1,5 ccm Speichel, auf feuchten Sand dagegen nur etwas weniger als 1,3 ccm zur Ausscheidung (S. 55).

Demnach spielt die Trockenheit insofern eine Rolle, als von ihr die Gestalt der einzelnen Teilchen, aus denen die Masse des Erregers zusammengesetzt ist, abhängt. Verlieren diese Teilchen unter dem Einfluß des Wassers ihre Form, so nimmt ihre reflektorische Wirkung auf die Speicheldrüsen ab. Dies gilt vom Fleisch- und besonders vom Zwiebackpulver und gilt natürlich nicht vom Sand. Somit sind in der Mundhöhlenschleimhaut, abgesehen von den, chemische und thermische Reize rezipierenden Nervenendigungen noch weitere Nervenendigungen vorhanden, die bei mechanischen Reizen erregt werden und diese Erregung vermittelst eines Reflexes an die Speicheldrüsen weitergeben. Andererseits jedoch wissen wir, daß ein mechanischer Reiz in Form einer Einschüttung von glatten reinen Steinchen in den Mund eine Speicheldrüsenabsonderung überhaupt nicht oder fast gar nicht zur Folge hat. Auf Grund des Gesagten kann man sich der Annahme nicht verschließen, daß die den mechanischen Reiz rezipierenden Nervenendigungen punktförmigen Reizen angepaßt sind. Mit anderen Worten — in je höherem Grade die gegebene Substanz zerkleinert ist, d. h. je mehr Spitzen und Ecken sie aufweist, eine um so größere Zahl von Nervenendigungen ist dem Reize ausgesetzt, um so energischer ist die speichelsekretorische Reaktion der Drüsen. (Subjektiv in sehr deutlicher Form rezipieren wir beim Trinken moussierender Getränke einen punktförmigen Reiz.)

So verhält es sich auch in Wirklichkeit. Bei eben jenem *Heymann* (S. 49) finden wir Versuche, wo grobes und feines Zwiebackpulver und eben solcher Sand zur Anwendung gebracht wurde und stets eine stärkere Speichelsekretion diejenige Substanz hervorrief, die in höherem Grade zerkleinert war.

Submaxillaris dextra.	Submaxillaris sinistra.

Zunge und Gaumen werden mit **grobem** Zwiebackpulver im Verl. 1 Min. abgerieben.

	34	70
	17	27
Im Verl. 2′:	51	97

Zunge und Gaumen werden mit **grobem** Zwiebackpulver im Verl. 1 Min. abgerieben.

	14	71
	0	26
Im Verl. 2′:	14	97

Zunge und Gaumen wird mit **feinem** Zwiebackpulver im Verl. 1 Min. abgerieben.

	136	232
	70	94
Im Verl. 2′:	206	326

Zunge und Gaumen werden mit **feuchtem** Zwiebackpulver im Verl. 1 Min. abgerieben

	1	10
	1	2
Im Verl. 2′:	2	12

Es ist jedoch nicht möglich, der **Trockenheit an und für sich**, d. h. der Wasserentziehung aus der Mundhöhlenschleimhaut, resp. den in dieser befindlichen Nervenelementen jegliche Bedeutung abzusprechen. Bis zu einem gewissen Grade erscheint ein Austrocknen der Schleimhaut gleichfalls als Erreger der Speicheldrüsentätigkeit. So rief beispielsweise bei den *Heymann*schen Hunden (S. 36) unter den Bedingungen eines akuten Versuches bereits das bloße Öffnen des Mundes (die Bewegung der Kiefer spielte hierbei keine Rolle) eine Speichelsekretion hervor. Eine noch größere Speichelabsonderung ergab sich bei Einblasen trockner Luft in die Mundhöhle, obgleich in diesem letzteren Falle eine mechanische Einwirkung des Luftstroms nicht ausgeschlossen ist. Zebrowski[1]) beobachtete gleichfalls bei seinen Patienten mit Fistelöffnungen des Stenonischen Ganges eine unbedeutende Speichelabsonderung (0,15—0,25 ccm im Verlaufe von 5 Minuten) bei Offenhalten des Mundes.

Spezifizität der Nervenendigungen.

Somit liegen in der Mundhöhlenschleimhaut chemische, thermische und mechanische Reize rezipierende Nervenendigungen ungleichmäßig verteilt. Bei Einwirkung der entsprechenden Erreger auf diese Nervenendigungen sondern die Speicheldrüsen Speichel ab. Schon eine Vergleichung der topographischen Verteilung (s. Tab. VIII) der Schleimhautpartien mit qualitativ verschiedener Erregbarkeit weist offenbar darauf hin, daß für jede einzelne Gattung von Erregern besondere Nervenendigungen vorhanden sind. So zeigt z. B. die Schleimhaut des weichen und harten Gaumens sowie der Oberlippe auf chemische Reize keine Erregbarkeit, während sie mechanischen und thermischen (t v. 55°—60°) Reizen gegenüber erregbar ist. Die Spezifizität der am Speichelreflex beteiligten Nervenendigungen findet auch in anderer Weise Bestätigung. Unter Anwendung eben jener Methodik der akuten Versuche gelang es *Heymann* bei Hunden, indem er die Schleimhaut ihrer Mundhöhle der Einwirkung einer hohen oder niedrigen Temperatur, einer 5 proz. Lösung Cocaini muriatici oder eines Infusum herbae gymnemae silvestris aussetzte, ihre Erregbarkeit den einen Erregern gegenüber zu paralysieren oder abzustumpfen, hinsichtlich der anderen zu erhalten. Ob das eine oder andere der Fall war, ließ sich aus dem Vorhandensein oder Ausbleiben eines speichelsekretorischen Reflexes schließen.

Die erzielten Resultate sind folgende: Nach Einwirkung einer hohen oder niedrigen Temperatur (50 und 0°) geht die Erregbarkeit der Zungenspitze einer Senfölemulsion (dem stärksten Erreger; s. S. 30) und einer 10 proz. Na_2CO_3 -Lösung gegenüber verloren, nimmt einer 10 proz. NaCl-Lösung gegenüber stark ab und zeigt fast gar keine Veränderungen in bezug auf eine 5 proz. Lösung HCl. Bei Bestreichen der Zunge mit einer 5 proz. Cocainlösung wurde die Erregbarkeit ihrer Wurzel auf Bitteres (1 proz. Lösung Extracti Quassiae) schwächer und verschwand bisweilen sogar gänzlich, während sie sich in bezug auf andere chemische Erreger beträchtlich weniger veränderte. Die mechanische Erregbarkeit auf Cocain erlitt beinahe gar keine Einbuße. Ebenso erhielt man auch bei Anwendung eines Infusum herbae gymnemae silvestris auf die Zungenwurzel eine ungleichmäßige Abschwächung der chemischen Erregbarkeit. Am meisten litt die Erregbarkeit auf Süßes, sodann auf Bitteres und nur in vereinzelten Fällen auf Salziges. Analoge Ergebnisse wurden bekanntlich auch an Menschen bei Untersuchung ihrer Geschmacksfähigkeit im subjektiven Verfahren erzielt.

Hieraus ergibt sich, daß in der Schleimhaut der Mundhöhle offenbar verschiedenartige Nervenendigungen vorhanden sind. Am meisten befriedigt zurzeit eine dahingehende Erklärung, daß diese Nervenendigungen aus der Masse der auf sie eindrängenden Reize nur auf solche reagieren, für deren Rezeption sie speziell angepaßt sind.

Wir gehen nunmehr zu den zentripetalen Nerven über, die den aufgefangenen Reiz in Gestalt eines speziellen Nervenprozesses an die zentralen Innervationsherde weitergeben.

---

[1]) v. Zebrowski, Pflügers Archiv Bd. 110, S. 133.

Die zentripetalen Nerven der Speicheldrüsen.

Zwecks Untersuchung der zentripetalen Nerven der Speicheldrüsen kann man sich zweier Methoden bedienen. 1. Kennt man die aus der Mundhöhle sowie dem Rachen, Schlund und der Nase wirkenden Erreger der Speicheldrüsen, so kann man die einen oder anderen der sich in den genannten Höhlungen verzweigenden Nerven durchschneiden und an einem akuten oder chronischen Versuche beobachten, welche Veränderungen in solchem Falle die reflektorische Speichelabsonderung aufweist. Sind die den Reiz an das speichelsekretorische Zentrum vermittelnden Leitungen unterbrochen, so muß offenbar auch die unter normalen Verhältnissen durch einen entsprechenden peripheren Reiz hervorgerufene Speichelsekretion aufhören. 2. Kann man, beispielsweise durch Induktionsstrom, die zentralen Endigungen der verschiedenen durchtrennten Nerven, sei es der Mundhöhle, des Rachens und der Nase, sei es anderer Teile des Körpers, reizen und beobachten, ob hierbei die Speichelabsonderung angeregt wird oder nicht.

Im ersteren Falle untersuchen wir die Nervenverbindung der einer Rezeption spezifischer Reize angepaßten peripheren Nervenendigungen mit dem Zentrum der Speichelsekretion, im zweiten stellen wir im allgemeinen die Nervenverbindung der verschiedenen Körperteile mit dem speichelsekretorischen Zentrum fest.

Die Arbeit der Speicheldrüsen nach Durchschneidung verschiedener zentripetaler Nerven der Mundhöhle.

Festgestellt ist die Beziehung folgender sich in der Mundhöhle verzweigender Nerven zur Speichelsekretion: 1. der sogenannten Geschmacksnerven — N. glossopharyngeus und N. lingualis (vom dritten Ast des V. Paares), 2. R. pharyngeus n. vagi und 3. anderer durch das Ganglion Gasseri verlaufender zentraler Verzweigungen des N. trigeminus.

Die Untersuchungen von Cl. Bernard[1]) und Schiff[2]) hinsichtlich der den Reiz aus der Mundhöhle an das speichelsekretorische Zentrum weitergebenden zentripetalen Nerven wurden im Laboratorium von *J. P. Pawlow* ergänzt und erweitert. *Snarski*[2]) und *Heymann*[4]) untersuchten an der Hand akuter Versuche die reflektorische Speichelabsonderung aus der Mundhöhle an curarisierten Hunden vor und nach Durchschneidung verschiedener Nerven. Es ergab sich, daß die Durchtrennung des N. lingualis (vom dritten Ast des V. Paares) und des N. glossopharyngeus zusammen mit dem Ramus pharyngeus superior vagi eine vollständige Unerregbarkeit der Zungenschleimhaut chemischen, mechanischen und Schmerz-Reizen gegenüber nach sich zieht. Die Speicheldrüsen, die vor Durchschneidung der genannten Nerven eine lebhafte Speichelsekretion erkennen ließen, blieben nach ihrer Durchtrennung auf alle diese Reize untätig. Der N. lingualis hat eine spezielle Beziehung zur Zungenspitze. Nach seiner Durchschneidung büßt letztere ihre Erregbarkeit ein. Was die Zungenwurzel anbetrifft, so hat die Durchtrennung des N. lingualis hier nur eine Abnahme der Erregbarkeit, besonders Bittersubstanz gegenüber zur

[1]) Cl. Bernard, Leçons de physiologie expérimentale. 1855, Vol. II, p. 75—80.
[2]) M. Schiff, Leçons sur la physiologie de la digestion. 1867, Vol. I, p. 90—94.
[3]) A. T. Snarski, Analyse der normalen Bedingungen der Speicheldrüsentätigkeit beim Hunde. Diss. St. Petersburg 1901.
[4]) Heymann, Diss. St. Petersburg 1904.

Folge. Die Durchschneidung des N. glossopharyngeus allein verringert in hohem Grade die chemische und mechanische Erregbarkeit an der Wurzel und der untern Fläche der Zunge. Doch offensichtlich schickt dieser Nerv seine Äste auch nach der Zungenspitze.

Bei den Versuchen, wo gleich nach Durchschneidung des N. lingualis und N. glossopharyngeus auch der Ramus pharyngeus superior vagi durchtrennt wurde, beobachtete man gleichfalls ein völliges Schwinden der Erregbarkeit der Rachenschleimhaut. Umgekehrt hatte bei Intaktheit dieses Astes ein Restzeichen der Rachenhöhle beispielsweise mit einer 0,5 proz. Salzsäurelösung eine ergiebige Speichelabsonderung zur Folge.

Ein Reflex seitens des N. olfactorius auf die Speicheldrüsen findet nicht statt (*Snarski*). Umgekehrt ruft eine Reizung der Endigungen der sich in der Nasenhöhle verzweigenden Äste des N. trigeminus vermittelst einer ätzenden Substanz (Senfölemulsion, Ammoniak, Schwefelkohlenstoff, Äther) eine ergiebige Speichelsekretion hervor.

Führt man einem Hunde mit chronischen Fisteln der Speicheldrüsen verschiedenartige, einen Geruch ausströmende Substanzen unter die Nase, so kann man sehen, daß bei Einwirkung der einen die Drüsen im Ruhezustand verharren, während sie bei Einwirkung anderer in reichlichem Maße Speichel auszuscheiden beginnen. So erwiesen sich bei den Versuchen von *Snarski*[1]) als unwirksam: Ol. caryophyllorum, anisi, piperis nigri, Asa foetida, Terpentin und andererseits als wirksam Ammoniak, Senfölemulsion, Äther usw. Bei Abtrennung beider Tracti olfactorii von den entsprechenden Gehirnteilen hatte ein Einblasen von Schwefelkohlenstoff, Ammoniak und Senföl in die Nase der Hunde (an akutem Versuche) eine ergiebige Speichelabsonderung im Gefolge. Umgekehrt hob die Durchschneidung des gesamten Stammes des N. trigeminus oder nur seines dritten Astes unmittelbar am Gehirn diesen Reflex vollständig auf. Hiernach ergibt sich ein Widerspruch zwischen diesen Tatsachen und der Annahme, daß der Geruch eßbarer und verweigerter Substanzen die Speichelabsonderung anregt. Diese Gerüche als „erregend“ hinzustellen, ist natürlich nicht möglich. Dieser scheinbare Widerspruch soll weiter unten bei Erörterung der zentralen Nervenapparate der Speicheldrüsen aufgeklärt werden.

Auf Grund des Gesagten muß man zu folgenden Schlußfolgerungen gelangen: eine reflektorische Speichelsekretion erfolgt nicht nur bei Reizung der Endigungen der die Zunge und den Rachen innervierenden sogenannten Geschmacksnerven (N. glossopharyngeus, N. lingualis vom dritten Ast des V. Paares und Ramus pharyngeus vagi), sondern auch bei Reizung derjenigen Astendungen des N. trigeminus, die in der Schleimhaut der Nasenhöhle verteilt sind. Ferner erhält man, wie wir bereits oben gesehen haben (Vers. *Heymanns* S. 29) eine reflektorische Speichelsekretion, nicht nur bei Reizung der Zungenoberfläche, sondern auch anderer durch den N. trigeminus innervierter Teile der Mundhöhle (Boden der Mundhöhle seitlich vom Frenulum linguae, weicher und harter Gaumen, Oberlippe usw.).

Dieses führt uns zu der Annahme, daß bei Durchschneidung des N. glossopharyngeus und N. lingualis vom dritten Ast des V. Paares und bei Intaktheit der übrigen Fasern dieses Astes des N. trigeminus die reflektorische Speichelsekretion nur in teilweise Mitleidenschaft gezogen wird. Alles, was die Speicheldrüsen durch Vermittlung des N. trigeminus von der Mund- oder Nasenhöhlaus, indem es dorthin durch die Choanen gelangt, anregen kann (z. B. eine Emulsion Ol. sinapis, Formalin), verliert seine speicheltreibenden Eigenschaf-

---

[1]) Snarski, Diss. St. Petersburg 1901. — Vgl. ebenfalls A. N. Kudrin, Bedingte Reflexe bei Hunden im Falle der Entfernung der hinteren Hälfte der Hirnrinde. Diss. St. Petersburg 1910, S. 56.

ten nicht. Hierbei muß berücksichtigt werden, daß die Speichelabsonderung nicht nur bei Berührung der Erreger mit der Mundhöhlenschleimhaut, sondern auch im Falle einer Reizung anderer rezeptorischer Oberflächen (Auge, Ohr, Nase) vor sich geht. Diesen Umstand muß man bei Beurteilung der Befunde der zitierten Versuche in Betracht ziehen.

Die Erwartungen wurden durch die Wirklichkeit bestätigt. Von *Snarski*[1]), besonders eingehend von *Sellheim*[2]) und etwas später dann von Malloizel[3]) wurde diese Frage an Hunden mit chronischen Fisteln der Schleimdrüsen und der Ohrspeicheldrüse untersucht. Vor und nach Durchschneidung der N. lingualis und glossopharyngei mitsamt dem Ramus pharyngeus n. vagi (*Sellheim*) beim Hunde wurde die Speichelabsonderung aus den genannten Drüsen sowohl in quantitativer als auch in qualitativer Hinsicht beobachtet. Wir führen hier die Ergebnisse aus der Arbeit *Sellheims* an, der eben dieselben Erreger anwandte und den Speichel denselben Untersuchungen unterwarf, wie auch beim normalen Hunde (s. Tab. II).

Aus der oberen Hälfte der Tabelle IX ist ersichtlich, daß sowohl in quantitativer als auch in qualitativer Hinsicht die Arbeit der Speicheldrüsen eines Hundes mit durchschnittenen Nn. linguales und glossopharyngei bei Genuß verschiedenartiger Substanzen wenig von der Norm abweicht. Folglich spielen bei der Nahrungsaufnahme die Hauptrolle nicht die chemischen Reize der auf der Schleimhautoberfläche der Zunge und des Rachens verteilten speziellen Nervenendigungen, sondern die mechanischen Reize der ganzen Mundhöhle. Außerdem werden die Speicheldrüsen durch Reizung anderer rezeptorischer Oberflächen und vor allem der des Geruchs angeregt. Wie wir weiter unten sehen werden, genügt es schon, einem der Geschmacksnerven beraubten Tiere genießbare Substanzen vorzuhalten, um eine Arbeit der Speicheldrüsen zu erzielen. Zweifelsohne greift auch beim Vorgang der Nahrungsaufnahme diese Art des Reizes Platz.

Umgekehrt ist in den Fällen, wo der speichelsekretorische Reflex vor der Operation durch chemische Reize bedingt wurde, jetzt nach Durchschneidung der Nerven derselbe entweder gänzlich verschwunden oder stark abgeschwächt; in einigen Fällen ist selbst die Zusammensetzung des Speichels verändert.

So wurde die Eingießung einer 1 proz. Lösung Extracti Quassiae (Beispiel einer Bittersubstanz) und einer 10 proz. Saccharinlösung (Süßsubstanz) in den Mund eines Hundes jetzt nach ihrer safttreibenden Wirkung mit der Wirkung destillierten Wassers verglichen, und es ergab sich folgendes: 0,15 ccm und 0,1 ccm im Laufe 1 Minute aus den Schleimdrüsen (anstatt 1,9 ccm und 2,8 ccm); 0,05 ccm und 0 ccm aus der Ohrspeicheldrüse (anstatt 0,7 ccm und 1,3 ccm). Der Reflex auf eine 10 proz. NaCl-Lösung (salzige Substanz) sank hinsichtlich der Schleimdrüsen um ein Dreifaches (von 4,0 ccm pro Minute bis auf 1,3 ccm), hinsichtlich der Ohrspeicheldrüse um ein Fünffaches (von 2,0 ccm bis auf 0,4 ccm)[4]). Eine 0,5 proz. HCl-Lösung und eine einer solchen äquivalente 0,671 proz. H_2SO_4-Lösung hatten nunmehr sowohl

---

[1]) Snarski, Diss. St. Petersburg 1901.

[2]) Sellheim, Diss. St. Petersburg 1904.

[3]) L. Malloizel, Sécrétion sous-maxillaire chez le chien à fistule permanente après la section des nerfs gustatifs. Compt. rend. de la Société de Biol. 1904, Vol. 56, p. 1022. — Sécrétion sous-maxillaire du chien après la section des nerfs gustatifs. Ibidem p. 1024.

[4]) Bis auf solche niedrigen Ziffern fiel der Reflex auf die genannten Stoffe allmählich herab. In der ersten Zeit nach der Operation war er höher; zu dieser Zeit wurden die Bestimmungen der festen, organischen und anorganischen Bestandteile im Speichel vorgenommen.

Tabelle IX.

Menge und Zusammensetzung des Speichels der Schleimdrüsen und der Ohrspeicheldrüse beim Hunde vor und nach Durchschneidung der Nn. glossopharyngei und linguales. Mittlere Zahlen. Der Speichel wurde eine Minute lang gesammelt (nach *Sellheim*).

Erreger	Schleimdrüsen										Ohrspeicheldrüse							
	Speichelmenge pro Minute in ccm		Zähigkeit		Prozent an festen Substanzen		Prozent an organischen Substanzen		Prozent an Asche		Speichelmenge pro Minute in ccm		Prozent an festen Substanzen		Prozent an organischen Substanzen		Prozent an Asche	
	Vor	Nach	Vor	Nach	Vor	Nach	Vor	Nach	Vor	Nach	Vor	Nach	Vor	Nach	Vor	Nach	Vor	Nach
Fleisch	1,1	1,1	2'53''	3'27''	1,277	1,314	0,956	0,999	0,321	0,313	0,5	0,45	1,166	1,108	0,755	0,700	0,411	0,480
Milch	2,4	2,5	3'51''	3'39''	1,416	1,402	0,987	0,960	0,429	0,442	0,5	0,6						
Weißbrot	2,2	2,2	1'35''	1'42''	0,969	1,014	0,591	0,620	0,377	0,392	1,0	1,2						
Zwieback	3,0	3,0	1'16''	1'23''	1,433	1,399	0,967	0,950	0,466	0,449	1,6	1,5	1,183	1,213	0,784	0,783	0,399	0,429
Fleischpulver	4,4	4,6	4'15''	4'15''	1,486	1,474	0,869	0,883	0,617	0,591	1,9	1,7	1,466	1,516	1,100	1,064	0,366	0,454
Sand	1,9	1,9	13''	19''	0,483	0,700	0,133	0,333	0,350	0,466	0,8	0,9	—	—	—	—	—	—
1 proz. Lösg. Extr. Quassiae	1,9	0,1	11''	18''	0,544	0,683	0,221	0,250	0,323	0,433	0,7	0	—	—	—	—	—	—
0,5 proz. Formalinlösung	2,8	2,4	8''	12''	0,666	0,795	0,116	0,330	0,449	0,465	1,0	1,2	—	—	—	—	—	—
10 proz. Saccharinlösung	2,8	0,15	8''	15''	0,621	0,542	0,221	0,180	0,400	0,362	1,3	0	—	—	—	—	—	—
Glycerin	4,0	3,7	—	—	—	—	—	—	—	—	2,0	1,7	—	—	—	—	—	—
10 proz. Lösung NaCl	4,0	1,3	9''	17''	0,717	0,641	0,237	0,258	0,480	0,383	2,0	0,4	0,883	0,710	0,450	0,323	0,433	0,387
0,5 proz. Lösung HCl	4,3	2,8	10''	12''	0,781	0,731	0,187	0,263	0,504	0,468	2,0	1,3	1,200	0,772	0,767	0,344	0,433	0,428
0,671 proz. Lösung H_2SO_4	4,3	2,7	11''	12''	0,832	0,743	0,231	0,296	0,601	0,447	2,2	1,3	1,400	0,758	0,937	0,317	0,463	0,441
10 proz. Lösung Na_2CO_4	4,5	4,0	13''	16''	0,920	0,779	0,300	0,275	0,620	0,504	2,0	1,8	1,433	0,899	0,950	0,366	0,483	0,533
Emulsion von Ol. sinapis	4,5	4,2	12''	15''	—	—	—	—	—	—	2,1	1,7	—	—	—	—	—	—

aus den Schleimdrüsen als auch aus der Ohrspeicheldrüse eine 1½ mal so geringe Speichelsekretion zur Folge als vor der Operation (2,8 ccm und 2,7 ccm anstatt 4,3 ccm und 4,3 ccm aus den Schleimdrüsen und 1,3 ccm und 1,3 ccm anstatt 2,0 ccm und 2,2 ccm aus der Ohrspeicheldrüse). Was die übrigen verweigerten Substanzen anbetrifft, so wurde ihre Wirkung in quantitativer Hinsicht entweder überhaupt nicht oder sehr wenig in Mitleidenschaft gezogen (vgl. beispielshalber Sand, Formalin oder Soda). Diese Tatsachen stehen aller Wahrscheinlichkeit nach damit im Zusammenhang, daß normaliter in diesen Fällen außer den Nn. linguales und glossopharyngei auch die Endigungen anderer zentripetaler Nerven (Äste des N. trigeminus), die sich in der Schleimhaut der Mundhöhle sowie auch der Nase verzweigen, einem Reize ausgesetzt werden.

Die Zähigkeit des Speichels sowohl auf eßbare als auch nicht genießbare Stoffe hat etwas zugenommen. In der Höhe der festen Rückstände, der organischen Substanzen und Salze sind wenig bemerkbare Veränderungen eingetreten (eine gewisse — und nicht bei allen Erregern wahrnehmbare — Verringerung der Salzmenge und Steigerung des Gehalts an organischen Substanzen). Um so mehr Interesse verdienen die bei Untersuchung der Zusammensetzung des Ohrdrüsenspeichels erzielten Resultate. Nach Durchschneidung der Geschmacksnerven nahm in dem auf Eingießung von Salzsäure-, Schwefelsäure- und Sodalösungen in den Mund erhaltenen Speichel die Quantität der organischen Bestandteile auffallend ab (2½ bis 3½ mal). Gleiches läßt sich nicht von den anorganischen Substanzen sagen. Die Ge-

Tabelle X.

Menge und Zusammensetzung des Speichels, dessen Absonderung durch den Anblick, Geruch usw. verschiedener Substanzen aus den Schleimdrüsen und der Ohrspeicheldrüse vor und nach Durchschneidung der Nn. lingualis und glossopharyngei beim Hunde hervorgerufen wird (nach *Sellheim*).

Erreger	Schleimdrüsen										Ohrspeicheldrüse							
	Speichelmenge pro Minute in ccm		Zähigkeit		Prozent an festen Substanzen		Prozent an organischen Substanzen		Prozent an Asche		Speichelmenge pro Minute in ccm		Prozent an festen Substanzen		Prozent an organischen Substanzen		Prozent an Asche	
	Vor	Nach	Vor	Nach	Vor	Nach	Vor	Nach	Vor	Nach	Vor	Nach	Vor	Nach	Vor	Nach	Vor	Nach
Fleisch	0,45	0,45	63″	64″	1,183	1,116	0,733	0,700	0,450	0,416	0,03	0,05	—	—	—	—	—	—
Milch	0,7	0,6	84″	83″							0,1	0,1	—	—	—	—	—	—
Fleischpulver	0,9	1,2	134″	132″							0,4	0,45	—	—	—	—	—	—
0,5 proz. Formalinlösung	1,1	1,1	10″	16″	0,525	0,582	0,175	0,235	0,350	0,347	0,4	0,4	—	—	—	—	—	—
0,5 proz. Lösung HCl	2,1	1,0	12″	18″	0,537	0,687	0,182	0,229	0,355	0,458	1,2	0,6	0,583	0,766	0,184	0,341	0,399	0,425
0,671 proz. Lösung H_2SO_4	2,2	1,0	15″	17″	0,606	0,675	0,154	0,242	0,452	0,433	1,1	0,5	0,666	0,742	0,249	0,330	0,416	0,412
10 proz. Lösung Na_2CO_2	2,3	1,6	23″	24″	0,444	0,563	0,194	0,217	0,360	0,346	1,3	1,1	0,666	0,705	0,233	0,267	0,433	0,438

(Vor/Nach = Vor/Nach Durchschneidung der Nerven. Die Werte 1,183 | 1,116 | 0,733 | 0,700 | 0,450 | 0,416 gelten als geklammerte Sammelwerte für Fleisch, Milch und Fleischpulver.)

schwindigkeit der Speichelabsonderung spielte hierbei schwerlich eine Rolle, da sie hinsichtlich einiger Stoffe, z. B. Soda, eine sehr geringe Veränderung aufwies (1,8 ccm gegenüber 2,0 ccm in der Norm).

Zu analogen Ergebnissen gelangte auch Malloizel[1]). Aus seinen Versuchen ergab sich, daß der N. lingualis in erster Linie die Zungenspitze, der N. glossopharyngeus deren Wurzel innerviert (vgl. die Versuche von *Heymann* S. 38). Die einzelnen chemischen Erreger wirken von bestimmten Teilen der Zunge aus (salzig und sauer von dem vorderen Teile der Zunge, bitter und süß von dem hinteren Teile). Bei Durchschneidung beider Nerven rief eine Reizung der Zunge eine reflektorische Speichelsekretion nicht hervor. Umgekehrt hatte ein Einschütten verschiedenartiger Substanzen in den Mund und vornehmlich ihr Verschlucken eine ziemlich ergiebige Speichelabsonderung zur Folge.

Wie bereits oben hervorgehoben, regt schon allein der Anblick, Geruch usw. verschiedener Stoffe die Speicheldrüsentätigkeit bei einem Hunde mit durchschnittenen N. linguales und glossopharyngei an. Hierbei lassen sich, wie Tabelle X zeigt, irgendwelche auffallenden Abweichungen von der Norm, abgesehen von einer Speichelabnahme hinsichtlich einiger Erreger und einer Erhöhung seiner Fähigkeit, nicht wahrnehmen.

Reizung der zentripetalen Nerven.

Aus den Versuchen mit Reizung der verschiedenen zentripetalen Nerven ergab sich, daß die Speicheldrüsen in der Regel auf diesen Reiz mit Speichelabsonderung reagieren. Hierbei ist die latente Periode bedeutend länger als bei Reizung der Mundhöhlenschleimhaut[2]). So erzielt man bei Reizung der zentralen Endigungen der durchschnittenen Nn. glossopharyngei[3]), lingualis[4]), ischiadicus, auricularis[5]), ulnaris[6]), vagi[7]) u. a. vermittelst Induktionsstromes eine Speichelabsonderung aus sämtlichen Drüsen, die des öfteren größer ist an Seite des Reizes. Wie wir weiter unten sehen werden, wird die Transmission des dem zentralen Nervensystem durch einen zentripetalen Nerv zugeleiteten sekretorischen Impulses von hier an die Speicheldrüsen durch die zentrifugalen Nerven ermittelt.

Obwohl eine Reizung der zentralen Endigung des N. vagus auch eine Speichelabsonderung bedingt, so fanden jedoch die früheren Hinweise Frerichs[8]) und

[1]) Malloizel, Compt. rend. de la Société de Biol., Vol. 56, p. 1022 u. 1024.

[2]) J. P. Pawlow, Stickstoffbilanz in der Unterkieferspeicheldrüse bei Arbeit. Wratsch 1890, Nr. 10.

[3]) C. Rahn, Untersuchungen über Wurzeln und Bahnen der Absonderungsnerven der Gl. parotis beim Kaninchen. Zeitschr. f. rat. Med., N. F. 1851, Bd. I, S. 285.

[4]) Cl. Bernard, Leçons de physiologie expérimentale. 1856, Vol. II, p. 76. — C. Eckhard, Experimentalphysiologie des Nervensystems. Gießen 1867, S. 185. — v. Wittich, Berliner klin. Wochenschr. 1866, S. 255; zit. nach Buff, s. unten.

[5]) Ph. Owsiannikow und S. Tschiriew, Über den Einfluß der reflektorischen Tätigkeit der Gefäßnervenzentra auf die Erweiterung der peripherischen Arterien und auf die Sekretion in der Submaxillardrüse. Mélanges biologiques tirés du bulletin de l'Academie Impériale des Sciences de St. Pétersbourg 1871—1872, T. VIII, p. 651.

[6]) R. Buff, Revision der Lehre von der reflektorischen Speichelreflektion. Eckhards Beiträge 1888, Bd. XII, S. 1.

[7]) Cl. Bernard, Leçons de physiologie expérimentale. 1856, Vol. II, p. 80. — Oehl, De l'action réflexe du nerf pneumogestique sur la glande sous-maxillaire. Compt. rend. 1864, Vol. LIX, p. 336. — L. Schröder, Versuche über Innervation der Gl. parotis. Inaug.-Diss. Dorpat 1868; zit. nach Buff.

[8]) Frerichs, Wagners Handwörterbuch der Physiologie 1846, Bd. III, Abt. 1, S. 759.

Oehls[1]) betreffs der reflektorischen Speichelsekretion bei Reizung der Schleimhaut des Magens durch die folgenden Untersuchungen keine Bestätigung[2]). Frerichs und Oehl führten einem Hunde durch die Fistel in den Magen eßbare Substanzen oder Reizmittel (z. B. Senfextrakt in Essig, Pfefferextrakt in Alkohol) ein und nahmen eine Speichelabsonderung wahr. Indes ließen sie hierbei die Möglichkeit einer Anregung der Speichelsekretion schon allein durch den Anblick, den Geruch usw. sowohl eßbarer als auch verweigerter Substanzen gänzlich außer acht. Was den Pfefferextrakt in Alkohol anbetrifft, so stellte in allerjüngster Zeit *Potjechin*[3]) fest, daß eine dem Hunde direkt in den Darm (per rectum) eingeführte Alkohollösung fast sofort durch die Lungen ausgeschieden zu werden beginnt. Das Tier leckt sich, schnaubt, niest, und aus der Fistel der Ohrspeicheldrüse und der Unterkieferdrüse beginnt eine Absonderung von Speichel. Es ist sehr wohl möglich, daß auch bei Einführung von Alkohollösungen in den Magen dasselbe vor sich geht. Was die von Aschenbrandt[4]) beobachtete reflektorische Speichelsekretion bei Conjunctivalreizung anbetrifft, so ergaben sich bei Nachprüfung dieser Beobachtung durch Buff[5]) widersprechende Resultate.

Die zentrifugalen Nerven der Speicheldrüsen.

Wenn schon bei Durchschneidung der zentripetalen Nerven der Speicheldrüsen, wie wir soeben gesehen haben, die Leitung reflektorischer Reize von der Peripherie an die Speicheldrüsen aufhört, so wird dies noch um so sicherer bei Durchtrennung der zu den Speicheldrüsen verlaufenden zentrifugalen Nerven erreicht[6]). In diesem letzteren Falle rufen keinerlei Reize, sei es dieser oder jener rezeptorischen Oberflächen, sei es der verschiedenen zentripetalen Nerven, eine irgendwie bedeutende Arbeit der Speicheldrüsen hervor. Umgekehrt hat eine künstliche Reizung (z. B. durch Induktionsstrom) der peripheren Endigungen der durchschnittenen zentrifugalen Nerven der Speicheldrüsen eine Speichelabsonderung zur Folge. Diese Tatsache bildet das letzte, nicht minder wichtige Glied in der Kette der Beweise dafür, daß die Reaktion der Speicheldrüsen auf äußere Reize ein reflektorischer Akt ist, der durch Vermittlung des Nervenssystem ins Leben tritt.

Jede Speicheldrüse ist mit Nerven zweifacher Art versehen: dem cerebralen und dem sympathischen.

Die cerebralen Nerven.

Als cerebraler Nerv für die Unterkiefer- und Unterzungendrüse ist die Chorda tympani[7]) zu betrachten.

---

[1]) Oehl, Compt. rend. 1864, Vol. LIX, p. 338.

[2]) C. Eckhard, Experimentalphysiologie des Nervensystems. Gießen 1867, S. 237. — M. Braun, Über den Modus der Magensaftsekretion. Eckhards Beiträge 1876, Bd. VII, S. 43ff. — Buff, Eckhards Beiträge 1888, Bd. XII, S. 6ff. S. G. Wulfson, Diss. St. Petersburg 1898, S. 56.

[3]) S. J. Potjechin, Zur Pharmakologie der bedingten Reflexe. Verhandl. d. Gesellsch. russ. Ärzte zu St. Petersburg 1910—1911, Januar—Mai, S. 234.

[4]) Th. Aschenbrandt, Über reflektorischen Speichelfluß nach Conjunctivalreizung sowie über Gewinnung isolierten Drüsenspeichels. Pflügers Archiv 1881, Bd. XXV, S. 101.

[5]) Buff, Eckhards Beiträge 1888, Bd. XII, S. 10.

[6]) C. Ludwig, Neue Versuche über die Beihilfe der Nerven zur Speichelabsonderung. Zeitschr. f. rat. Med. 1851, N. F., S. 255.

[7]) Ludwig, Zeitschr. f. rat. Med. 1851, N. F., S. 255.

Die Chorda tympani — ein gemischter Nerv — enthält außer den zentrifugalen, sekretorischen und gefäßerweiternden Fasern für die genannten Drüsen und die Zunge zentripetale Geschmacksfasern. Die Chorda tympani geht vom VII. Paar aus, verläßt die Facialis im Canalis fallopii und tritt in die Paukenhöhle ein[1]). Nachdem sie dann wieder diese verlassen hat, schließt sie sich auf einer geringen Strecke dem Ramus lingualis des dritten Astes vom V. Paar an. In der Nähe des Dorsalrandes der Unterkieferdrüse verläßt ein Teil der Fasern der Chorda tympani dem Ramus lingualis (fast sämtliche sekretorischen Fasern für die Unterkieferdrüse und etwa die Hälfte der Fasern für die Unterzungendrüse) und bildet das, was gewöhnlich hier als Chorda tympani bezeichnet wird. Außerdem sondern sich vom Stamm des Lingualis feine Ästchen ab, die vornehmlich in der Unterzungendrüse und in geringerer Zahl in der Unterkieferdrüse endigen. Die übrigen Fasern der Chorda tympani nehmen ihren Weg zur Zunge, deren Drüsen und Gefäße sie innervieren[2]).

An der Peripherie und im Inneren[3]) der Fasern, in welche die Chorda tympani zerfällt, liegen Nervenknoten verschiedener Größe — beginnend mit mikroskopischen bis zu solchen mit unbewaffnetem Auge sichtbaren — verteilt. Von den Knoten laufen zu den Drüsen Nervenfasern, die zwei Geflechte bilden. Das eine liegt über der Unterzungendrüse und umgibt die Kanäle beider Drüsen, besonders der Unterzungendrüse, das andere gelangt im Hilus der Unterkieferdrüse zur Bildung. Von den bedeutenderen Knoten des Hundes verdienen zwei Erwähnung. Der eine von diesen liegt in dem N. lingualis und der Chorda tympani gebildeten Winkel: er entsendet seine Äste in der Regel nur zur Unterkieferdrüse. Dieser von Cl. Bernard[4]) „Unterkieferknoten" genannte Knoten ist richtiger im Einklang mit Langley[5]) als „Unterzungenknoten" zu bezeichnen. Der andere Knoten liegt im Hilus der Unterkieferdrüse. Von ihm verlaufen ein zweites Geflecht bildende Äste vornehmlich zur Unterkieferdrüse. Deshalb wäre es im Einklang mit Langley richtiger, ihm die Bezeichnung „Unterkieferknoten" zu geben.

Die sekretorischen und gefäßerweiternden Fasern für die Ohrspeicheldrüse des Hundes nehmen ihren Anfang vom IX. Paar[6]).

Sie verlaufen durch die Paukenhöhle in den N. Jacobsonii[6]), erreichen den N. petrosus superficialis minor[7]) und treten in das Ganglion oticum[8]) ein. Beim Verlassen desselben gelangen sie bis zur Ohrspeicheldrüse in den R. auriculo-temporalis

---

[1]) M. Schiff, Über motorische Lähmung der Zunge. Archiv f. physiol. Heilkunde 1851, Bd. X, S. 581. — Cl. Bernard, Leçons sur la physiologie et la pathologie du système nerveux 1858, Vol. II, p. 140ff. — C. Eckhard, Über die Unterschiede des Trigeminus- und Sympathicusspeichels der Unterkieferdrüse des Hundes. Eckhards Beiträge 1860, Bd. II, S. 213.

[2]) J. N. Langley, Schaeffers Textbook of Physiology 1898, Vol. I, p. 479.

[3]) A. Adrian und C. Eckhard, Anatomisch-physiologische Untersuchungen über die Speichelnerven und die Speichelsekretion der Glandula submaxillaris beim Hunde. Eckhards Beiträge 1860, Bd. II, S. 85.

[4]) Cl. Bernard, Recherches expérimentales sur les ganglions du grand sympathique Ganglion sous-maxillaire. Compt. rend. de l'Acad. des Sciences 1862, T. 55, p. 341 und Gaz. méd. de Paris, 3 sér., Vol. XVII, p. 560.

[5]) Langley, Schaeffers Textbook of Physiology 1898, Vol. I, p. 481.

[6]) L. Loeb, Über die Sekretionsnerven der Parotis und über Salivation nach Verletzung des Bodens des vierten Ventrikels. Eckhards Beiträge 1870, Bd. V, S. 1.

[7]) C. Eckhard, Über die Eigenschaften des Sekretes der menschlichen Glandula submaxillaris. Eckhards Beiträge 1863, Bd. III, S. 39. — Loeb, l. c. — R. Heidenhain, Über sekretorische und trophische Drüsennerven. Pflügers Archiv 1878, Bd. XVII, S. 15.

[8]) Cl. Bernard, Leçons sur la physiologie et la pathologie du système nerveux. Paris 1858, p. 155ff. — M. Schiff, Lehrbuch der Muskel- und Nervenphysiologie 1858—1859, S. 394ff.

n. trigemini[1]). Eine Unterbrechung in der Bahn der obenbeschriebenen cerebralen Fasern geht aller Wahrscheinlichkeit nach in den Ganglienzellen des Ganglion oticum vor sich. In der Ohrspeicheldrüse selbst sind Ganglienzellen nicht bekannt[2]). Moussu[3]), der die Innervation der Ohrspeicheldrüse bei der Kuh, beim Pferde, Hammel und Schwein untersuchte, nimmt an, daß der sekretorische Nerv für diese Drüse von der motorischen Wurzel des N. trigeminus ausgeht.

Hinsichtlich der sekretorischen Fasern für die Orbitaldrüse des Hundes ist nur bekannt, daß sie in den N. buccinatorius vom V. Paar verlaufen[4]).

Der sympathische Nerv.

Ein anderer sekretorischer und ebenso auch gefäßverengender Nerv für sämtliche Speicheldrüsen ist der sympathische Halsnerv.

Seine Fasern gehen vom zweiten bis sechsten Brustnerv aus (Unterkieferdrüse beim Hunde und der Katze)[5]), treten in den Stamm des sympathischen Nervs ein, wenden sich von hier durch Ansa Vieussenii zum unteren Halsganglion, vereinigen sich mit dem N. vagus und gelangen bis zum Ganglion cervicale superior sympathici. Hier findet ihre Unterbrechung statt. Vom oberen Halsganglion nehmen die Fasern des N. sympathicus ihre Richtung zur Arteria carotis, geben ihren Verzweigungen das Geleit und erreichen die entsprechenden Speicheldrüsen.

Der cerebrale und der sympathische Nerv sind die wahrhaften sekretorischen Nerven der Speicheldrüsen.

Bei künstlicher Reizung (vermittelst Induktionsstromes usw.) der obengenannten cerebralen Nerven erhält man eine Speichelabsonderung aus den entsprechenden Drüsen: der Unterkieferdrüse[6]), der Unterzungendrüse[7]) und der Ohrspeicheldrüse[8]).

Welcher Vorgang liegt nun dieser Erscheinung zugrunde?

Schon vor langer Zeit hat Ludwig[9]) einwandfrei nachgewiesen, daß sich der Prozeß der Speichelsekretion nicht durch eine einfache Filtration einer Flüssigkeit durch das Drüsengewebe aus dem Blute infolge Erweiterung der Gefäße und Erhöhung des Blutdrucks erklären läßt. Mißt man beim Hunde im Falle einer Reizung der Chorda tympani durch Induktionsstrom den sekretorischen Druck (zu diesem Zwecke verbindet man den Auslaßkanal der Unterkieferdrüse mit einem Manometer) und vergleicht diesen letzteren gleichzeitig mit dem Druck in der A. carotis auf ein und derselben Seite, so ergibt

---

[1]) Cl. Bernard, Leçons de physiologie opératoire. Paris 1879, p. 523 ff. — Schiff, l. c. — F. Nawrocki, Die Innervation der Parotis. Studien des physiol. Instituts zu Breslau 1868, Heft 4, S. 125.

[2]) J. Langley, Schaeffers Textbook of Physiology 1896, Vol. I, p. 482.

[3]) Moussu, De l'innervation des glandes parotides chez les animaux domestiques. Archives de physiologie normale et pathologie 1890, p. 68.

[4]) F. A. Kerer, Über den Bau und die Verrichtungen der Augenhöhlendrüse. Zeitschr. f. rat. Med. 1867, Bd. 29, S. 88.

[5]) J. N. Langley, Philosoph. Transaction 1892, Vol. 183, p. 104.

[6]) C. Ludwig, Zeitschr. f. rat. Med. 1851, N. F., S. 259.

[7]) R. Heidenhain, Beiträge zur Lehre von der Speichelabsonderung. Studien des physiol. Instituts zu Breslau 1868, Heft IV, S. 115.

[8]) C. Rahn, Untersuchungen über Wurzeln und Bahnen der Absonderungsnerven der Glandula parotis beim Kaninchen. Zeitschr. f. rat. Med. 1851, Nr. I, S. 285.

[9]) Ludwig, Zeitschr. f. rat. Med. 1851, N. F., S. 255.

sich, daß der sekretorische Druck fast um das Doppelte den Blutdruck über-
steigt. Hierbei muß berücksichtigt werden, daß der am Emporsteigen der
Quecksilbersäule im Manometer kenntliche sekretorische Druck nicht die
Maximalhöhe anzeigt, da im Verlaufe des Versuchs die Drüse ödematös und ein
Teil des sie anfüllenden Sekrets nach außen filtriert wird.

Die nachfolgende Kurve (Fig. 1) stellt die Beziehung zwischen dem Blutdruck und dem sekretorischen Druck in der Unterkieferdrüse des Hundes
bei Reizung der Chorda tympani dar.

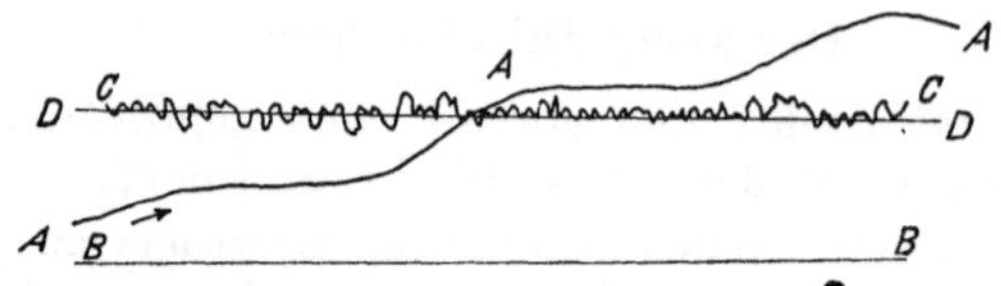

Fig. 1. „Hund mittlerer Größe. Beobachtungsdauer = 52,3 Sekunden; mittlerer
Seitendruck (CC) in der A. carotis = 112,3 mm Hg; der Sekretionsdruck (AAA)
erhebt sich während dieser Zeit von 0,0—190,3 mm Hg. Während 25,5 Sekunden
erreicht die Kurve den mittleren Wert des Blutdrucks und erhält sich bis zum
Schluß des Versuches über demselben." (Nach C. Ludwig, l. c. Zeitschr. f. rat. Med.
1851, N. F., p. 259, Fig. 5.)

Zieht man nun in Betracht, daß die Reizung der sekretorischen Nerven
der Speicheldrüsen sich auch bei Verschließung der das Blut den Drüsen zu-
tragenden Arterien[1]) und gleichfalls nach dem durch Exstirpation des Gehirns
(Excerebratio) hervorgerufenen Tode des Tieres[2]) oder selbst an dem vom Rumpfe
abgetrennten Kopfe des Tieres[3]) sich als wirksam erweist, so wird die unmittelbare Beziehung der zentrifugalen Nerven der Speicheldrüsen zu dem Drüsengewebe offensichtlich, d. h. sie erscheinen im wahren Sinne des Wortes als
sekretorische Nerven.

Die Speichelabsonderung bei Reizung des sympathischen Nervs geht unter
geringerem Drucke (152—160 mm) als im Falle der Reizung der Chorda tympani (247—271 mm) vor sich. Allein auch dieser Druck ist zu hoch, als daß er
den Blutdruck zum Ursprung haben könnte, um so mehr, als Hand in Hand
mit einer Reizung des sympathischen Nervs eine Verengung der Drüsengefäße
und eine bedeutende Verringerung der Spannung in den Capillaren vor sich
geht[4]).

Die gegen das Vorhandensein sekretorischer Fasern, besonders im sympathischen
Nerv, bisher vorgebrachten Einwände entbehren der Überzeugungskraft. Um
nicht mehr auf diese Frage zurückkommen zu müssen, wollen wir diese Enwände
hier in Kürze erörtern, indem wir uns zum Teil der in den folgenden Abschnitten
dieses Kapitels dargelegten Daten bedienen. Jaenicke[5]) ist der Meinung, daß der
sympathische Nerv beim Kaninchen sekretorische Fasern für die Ohrspeicheldrüse
nicht enthält. Wenn bei Reizung des peripheren Endes des sympathischen Hals-

---

[1]) Ludwig, Zeitschr. f. rat. Med. 1851, N. F., S. 255. — Heidenhain,
Pflügers Archiv 1878, Bd. XVII, S. 1.

[2]) Rahn, Zeitschr. f. rat. Med. 1851, N. F., S. 285.

[3]) J. Czermack, Kleine Mitteilungen aus dem physiologischen Institut in
Pest. Sitzungsberichte der Wiener Akademie 1860, Bd. XXXIX, S. 526.

[4]) Heidenhain, Studien des physiologischen Instituts zu Breslau 1868,
Heft IV, S. 67.

[5]) A. Jaenicke, Untersuchungen über die Sekretion der Glandula parotis.
Pflügers Archiv 1878, Bd. XVII, S. 183.

nervs auch eine Sekretion aus dieser Drüse beobachtet wird, so ist sie jedoch sekundären Ursprungs. Der sympathische Nerv des Halses führt gefäßverengende Fasern für die entsprechende Hälfte des Kopfes. Seine Reizung hat eine Verengung der Gefäße und eine venöse Anstauung im Gehirn zur Folge, aber die Kohlensäure des Venenblutes erscheint, wie wir weiter unten sehen werden, als Erreger für das Zentrum der speichelabsondernden Nerven. Eine Bestätigung seiner Hypothese glaubt Jaenicke in dem Versuche v. Wittich[1]) zu finden, der feststellte, daß nach Durchschneidung des N. facialis der Reiz des sympathischen Nervs auf eben jener Seite sich als unwirksam erweist. Heidenhain[2]) hat einen direkten Beweis gegen die Jaenickesche Annahme geliefert. Es läßt sich nach vollständiger Zerstörung des verlängerten Markes beim Kaninchen durch Reizung des Sympathici zwei Stunden hindurch Sekret erhalten.

Die Existenz sekretorischer Fasern im sympathischen Nerv wurde auch auf anderer Grundlage in Abrede gestellt. Die spärliche Speichelabsonderung bei Reizung des sympathischen Nervs wurde durch Einwirkung seiner Fasern auf die Kontraktionselemente, sei es der Gefäße (Grünhagen[3])), sei es der Gänge der Speicheldrüsen, (Mathews[4])) erklärt. Das Sekret wird nicht durch die Drüse sezerniert, vielmehr nur aus ihr herausgepreßt. Diese „Kontraktionstheorien" fanden fast gar keine Anhänger. Die Wirklichkeit rechtfertigte ihre Annahmen nicht. So erhält man z. B. bei Reizung des sympathischen Nervs für den aktiven Zustand der Zellen typische histologische Veränderungen. Dagegen bewahren bei andauernder Massage und Durchknetung der Drüse (30 Minuten) ihre Zellen das Aussehen von ruhenden Zellen. Die Myoepithelialzellen der Speicheldrüsen, denen Mathews eine so große Bedeutung bei Auspressung des Sekrets beimißt, wurden in der Unterkieferdrüse, die bei Reizung des sympathischen Nervs Speichel ausscheidet, nicht gefunden. Endlich weist der sympathische Speichel der Unterkieferdrüse einer Katze einen geringeren Reichtum an festen Substanzen auf als der Chordaspeichel. Bei Annahme der „Kontraktionstheorie" müßte man die schwerlich zulässige Hypothese aufstellen, daß während des Ruhezustands der Drüse der in den Gängen angestaute Speichel verdünnt und in solcher Gestalt aus der Drüse im Falle der Reizung des sympathischen Nervs herausgepreßt wird usw.[5]). Die im allgemeinen nicht zahlreichen Beweise der Existenz sekretorischer Fasern für die Speicheldrüsen im sympathischen Nerv sollen weiter unten angeführt werden. Ohne Zweifel waren die markanten Besonderheiten in der Arbeit der Speicheldrüsen bei Reizung des sympahtischen Nervs, von denen weiter unten die Rede sein wird, die Ursache davon, daß die sekretorische Natur dieses Nervs so oft in Frage gestellt wurde.

Die Speicheldrüsengifte.

Ohne alle Gifte der Speicheldrüse aufzuzählen und auf den Einfluß derselben auf die sekretorische Arbeit der Speicheldrüsen näher einzugehen, möch-

---

[1]) v. Wittich, Sympathicus und Parotis. Berliner klinische Wochenschrift 1868. Nr. 6.

[2]) Heidenhain. Hermanns Handbuch der Physiologie 1883, Bd. V, Teil 1, S. 41.

[3]) A. Grünhagen, Iris und Speicheldrüse. Zeitschr. f. rat. Med. 1868, Bd. 33, S. 258.

[4]) A. P. Mathews, Annales of the New York Academy of Science 1898, p. 293. — The spontaneous secretion of saliva and the action of atropin. Amer. Journal of Physiol. 1901, Vol. IV, p. 482.

[5]) Eine sehr gründliche, zum Teil experimentelle Kritik der Mathewschen „Kontraktionstheorie" siehe A. Carlson, J. Greer and F. Becht, The relation between the blood supply to the submaxillary gland and the character of the chorda and the sympathetic saliva in the dog and the cat. Amer. Journal of Physiol. 1907—1908, Vol. XX, p. 183—192.

ten wir zwei von ihnen, das die Sekretion paralysierende Atropin und das sie anregende Pilocarpin, einer genaueren Betrachtung unterziehen. Bei Untersuchung der Tätigkeit des speichelsekretorischen Apparates werden gerade diese Gifte am häufigsten benutzt.

Atropin paralysiert die durch Reizung des cerebralen Nervs hervorgerufene Sekretion der Speicheldrüsen[1]. Eine Injektion von 3—5 mg dieses Giftes in das Blut einer Katze, resp. 10—15 mg in das Blut eines Hundes macht den auf diesen oder jenen cerebralen Nerv selbst vermittelst äußerst starker Induktionsströme ausgeübten Reiz unwirksam. Bei geringeren Dosen erhält man eine auffallende Abnahme der Sekretion. Der sympathische Nerv unterliegt der Wirkung dieses Giftes nur in dem Falle, wo dem Tiere sehr große Mengen davon injiziert werden[2]. So paralysieren beim Hunde 100 mg Atropin noch nicht die Wirkung des Sympathicus; bei der Katze erfolgt eine solche Paralyse bereits bei beträchtlich geringeren Quantitäten — 30 mg[3]. Außerdem paralysiert Atropin nicht die gefäßerweiternden Fasern der cerebralen Nerven[4]. Offenbar wirkt Atropin auf die Endigungen der cerebralen Sekretionsnerven ein, aber nicht auf die eigentlichen Drüsenzellen selbst. Als Beweis für diese Annahme kann der Umstand angesehen werden, daß bei völliger Paralyse des cerebralen Nervs der N. sympathicus wirken kann. Das Ausbleiben eines Effekts bei Reizung der postganglionären Fasern (beispielsweise der Chordae tympani) während der Atropinvergiftung und die Unwirksamkeit von Atropin bei unmittelbarer Anwendung desselben auf die präganglionären und postganglionären Fasern (Chordae tympani) weisen gerade auf eine Affektion der Nervenendigungen durch Atropin hin.[5]

Diese Hypothese wird von Mathews[6] angefochten. Indem der Autor den Blutzutritt zur Unterkieferspeicheldrüse beim Hunde im Verlaufe von 15—25 Minuten unterband und ihn dann nach Ablauf dieser Zeit wiederherstellte, beobachtete er eine andauernde, von einer Erweiterung der Drüsengefäße begleitete Sekretion. Er ist der Meinung, daß diese Absonderung ohne Beteiligung der sekretorischen Nerven vor sich geht, und da Atropin sie zum Stillstand bringt, so macht Mathews die Schlußfolgerung, daß Atropin unmittelbar auf die Drüsenzellen einwirkt. Abgesehen davon, daß die Drüse bei solcher Versuchsanordnung in eine höchst anormale Bedingung gebracht wird, kann man ferner in diesem Falle auch das Vorhandensein irgendeines Reizes auf die Nervenendigungen oder die peripheren Nervenzellen, beispielsweise durch Kohlensäure, die bei Erstickung der Drüse zur Ansammlung gelangte und allmählich durch das zuströmende Blut ausgewaschen wurde, nicht gänzlich in Abrede stellen.

Pilocarpin (ebenso wie auch Muscarin) ruft bei seiner Einführung in das Blut einen reichlichen Abfluß eines dünnflüssigen Speichels von chordalem Typus hervor. Die Drüsengefäße erweitern sich hierbei. Behufs Anregung einer Speichelabsonderung, z. B. beim Hunde, genügt die Injektion von 1—2 mg dieses Giftes in das Blut; mit Vergrößerung der Dosis wird die Wirkung des Giftes gesteigert, richtiger gesagt, verlängert. Bei 0,1—0,2 g Pilocarpin nimmt man bereits eine Paralyse der Absonderung wahr. Pilocarpin wirkt gleich dem Atropin offenbar auf die Endigungen der sekretorischen cerebralen Nerven, jedoch nicht des N. sympathicus ein[7]. Somit erweist sich Pilocarpin als Antagonist des Atropins.

---

[1] Keuchel, Das Atropin und die Hemmungsnerven. Dorpat 1868.

[2] R. Heidenhain, Über die Wirkung einiger Gifte auf die Nerven der Glandula submaxillaris. Pflügers Archiv 1872, Bd. V, S. 309.

[3] J. Langley, Untersuchungen aus dem physiologischen Institut zu Heidelberg 1878, I, S. 478. — J. Langley, Journal of Physiology 1878, Vol. I, p. 96.

[4] Heidenhain, Pflügers Archiv 1872, Bd. V, S. 309.

[5] Langley, Schaeffers Textbook of Physiology 1898, Vol. I, p. 513.

[6] Mathews, Amer. Journal of Physiology 1901, Vol. IV, p. 482.

[7] Langley, Schaeffers Textbook of Physiology 1898, Vol. I, p. 514.

Über den Einfluß von Physostigmin und Nicotin auf die Speichelsekretion sowie hinsichtlich der Einzelheiten in der Wirkung dieser und der obengenannten Gifte siehe bei Heidenhain[1]) und Langley[2]).

Reizung der cerebralen Nerven der Speicheldrüsen.

Wir gehen nunmehr zur Untersuchung der Tätigkeit der Speicheldrüsen unter dem Einfluß der Reizung ihrer zentrifugalen Nerven über. Unsere Aufmerksamkeit soll in erster Linie durch die Unterkieferdrüse beim Hunde in Anspruch genommen werden, da gerade diese Drüse Gegenstand des häufigsten und sorgfältigsten Studiums bildete. Wir beginnen mit den cerebralen Nerven.

Bei elektrischer, mechanischer oder chemischer Reizung des peripheren Endes irgendeines cerebralen sekretorischen Nervs im Verlaufe eines sehr kurzen — etwa 5 Sekunden betragenden Zeitraums[3]) (bei schwachem Induktionsstrom 2—4 Sekunden[4]) — tritt eine reichliche Speichelabsonderung aus der entsprechenden Drüse ein. Nach Einstellung des Reizes beobachtet man seine „Nachwirkung"; die Absonderung wird allmählich langsamer und gelangt schließlich ganz zum Stillstand.

Reizt man während einer gewissen Zeit, z. B. 1 Minute lang, mittelst Induktionsstroms einen cerebralen sekretorischen Nerv der Speicheldrüse, beispielsweise die Chorda tympani, so erreicht nach der „latenten Periode" die Sekretion ihre allerhöchste Anspannung in den ersten 15—25 Sek. und sinkt dann gegen Ende der Minute allmählich ab. Bei wiederholter Vornahme der Reizung geht das Ansteigen der Sekretionskurve um so langsamer vor sich und erreicht um so später seinen Höhepunkt, je ermüdeter der Nerv und die Drüse sind.

Das nachfolgende Beispiel ist Heidenhain[5]) entlehnt:

Curarisierter Hund. In den Gang der linken Unterkieferdrüse ist eine mit einer in Milllimeter eingeteilten Röhre verbundene Kanüle eingeführt. Der Nerv (R. lingualis quinti) liegt unbeweglich auf den Elektroden. Er wird jedesmal im Verlaufe einer Minute gereizt. Die Bewegung des Speichels in dem Röhrchen wird alle fünf Sekunden kontrolliert. Ein Teil des Versuches ist fortgelassen; es ist nur die erste und neunte Reizung angeführt.

1. 11^h—11^h 01′ Rollenabstand: 30 cm.
　　0—40—60—70—55—35—25—25—17—18—15—12 = 372 mm.

9. 11^h 40′ Rollenabstand: 28 cm.
　　0—4—20—30—40—40—30—16—24—20—10—15 = 249 mm.

Am wirksamsten im Sinne der Wirkungsdauer und am vorteilhaftesten im Sinne einer möglichst langen Erhaltung der Maximalerregbarkeit des Nervs stellt sich eine rhythmische Tetanisierung desselben vermittelst elektrischen Stromes dar. Hierbei wechseln kurze Reizungsperioden mit kurzen Pausen

---

[1]) Heidenhain, Hermanns Handbuch der Physiologie 1883, Bd. V, Teil 1, S. 84/86.

[2]) Langley, Schaeffers Textbook of Physiology 1898, Vol. I, p. 512—516.

[3]) Heidenhain, Studien des physiologischen Instituts zu Breslau 1868, Heft IV, S. 89—95.

[4]) J. N. Langley, On the physiology of the salivary secretion. Part V. Journ. of Physiol. 1889, Vol. X, p. 300.

[5]) Heidenhain, Studien des physiologischen Instituts zu Breslau 1868, Heft IV, S. 89ff.

ab. Im Falle eines derartigen Reizungsverfahrens bleibt der Nerv im Verlaufe vieler Stunden in Wirksamkeit[1]).

Die Menge des im Verlaufe des Versuches erzielten Speichels übersteigt an Gewicht um ein vielfaches die Drüse selbst. So kann man z. B. bei rhythmischer Reizung der Chorda tympani aus der Unterkieferspeicheldrüse des Hundes über 200 g Speichel erlangen[2]), während das Gewicht der Drüse selbst bei diesem Tiere auf Grund einer Untersuchung von *Pawlow*[3]) durchschnittlich zwischen 6,5—8,0 g schwankt.

Wechselbeziehung zwischen der Reizung des cerebralen Nervs und der Arbeit der Speicheldrüsen.

Folgende Wechselbeziehungen ergaben sich zwischen der Stärke und Dauer einer Reizung der cerebralen Sekretionsnerven (in der Regel vermittelst Induktionsstromes) und der Arbeit der Speicheldrüse, sowohl hinsichtlich der Quantität des durch diese letztere ausgeschiedenen Sekrets, als auch hinsichtlich seiner Qualität.

I. Mit einer Steigerung des Reizes, natürlich innerhalb gewisser Grenzen, nimmt auch die Speichelabsonderung zu; mit einer Abschwächung desselben wird sie geringer. Beispiele hierfür sollen weiter unten angeführt werden.

II. Im Laufe der Arbeit der Drüse unter dem Einfluß der Reizung eines cerebralen Nervs wird ihr Sekret mit jeder folgenden Portion an festen Bestandteilen ärmer. Hierbei nimmt hauptsächlich der Gehalt an organischen Substanzen im Sekret ab, während die Menge der anorganischen Bestandteile weniger beträchtlich absinkt oder sogar überhaupt nicht abnimmt.

Wir führen einige Versuche an, die wir Becher und Ludwig[4]) entnehmen.

Tabelle XI.

Verarmung des Speichels der Unterkieferdrüse eines Hundes an festen Substanzen bei andauernder, durch Reizung der Chorda tympani hervorgerufener Sekretion. (Nach Becher und Ludwig.)

Hund	Speichel-portion	Menge des auf-gefangenen Speichels in g	Prozent an festen Substanzen	Prozent an organischen Substanzen	Prozent an Salzen
Nr. 2	1	5,188	1,73	1,12	0,61
	2	13,812	1,68	1,07	0,61
	3	11,744	1,62	0,93	0,67
	4	17,812	1,22	0,58	0,64
Nr. 3	1	10,603	1,98	1,19	0,79
	2	13,236	1,89	1,26	0,63
	3	14,389	1,16	0,62	0,54
	4	13,867	0,75	0,27	0,48

---

[1]) Heidenhain, Pflügers Archiv 1878, Bd. XVII, S. 5 und Hermanns Handbuch der Physiologie 1883, Bd. V, Teil 1, S. 38.

[2]) Langley, Schaeffers Textbook of Physiology 1898, Vol. I, S. 493.

[3]) J. P. Pawlow, Wratsch 1890, Nr. 10.

[4]) C. Becher und E. Ludwig, Mitteilung eines Gesetzes, welches die chemische Zusammensetzung des Unterkieferspeichels beim Hunde bestimmt. Zeitschr. f. rat. Med. 1851, N. F., Bd. I, S. 278.

Nach der Meinung Langleys und Fletchers (Philos. Transact. Vol. 180 B, p. 110) konnte das Sinken des prozentualen Gehalts an Salzen bei den Versuchen

Die Arbeit der Speicheldrüse auf der einen Seite hat keinen Einfluß auf die Zusammensetzung des Speichels aus der Drüse der andern Seite.

III. Mit einer Steigerung des Reizes und folglich auch mit einer Steigerung der Speichelsekretion nimmt in dem zur Ausscheidung gelangenden Speichel bis zu einer gewissen Grenze der Gehalt an mineralen Bestandteilen zu. Mit einem Schwächerwerden des Reizes, resp. der Speichelabsonderung sinkt er. Mit anderen Worten: bei Erhöhung des Reizes geht die Ausscheidung von Salzen energischer vor sich als die Ausscheidung von Wasser[1]).

Was den prozentualen Gehalt an Salzen anbetrifft, so wurden folgende Maximalhöhen erzielt: hinsichtlich des Speichels der Unterkieferdrüse beim Hunde 0,79% — Becher und Ludwig[2]), 0,66% — Heidenhain[3]), 0,77% — Werther[4]), 0,77% — Langley und Fletcher[5]); bezüglich des Speichels der Ohrspeicheldrüse 0,59% — Heidenhain[6]).

Die nachfolgenden Beispiele (Tab. XII) bestätigen das oben Gesagte.

Tabelle XII.

Zusammensetzung des Speichels der Unterkieferdrüse beim Hunde, wie er bei Reizung der Chorda tympani erzielt wird, bei verschiedener Sekretionsschnelligkeit. (Nach Heidenhain[7]).)

Nr. des Reizes	Welche Drüse	Reizdauer	Rollenabstand in mm	Speichelmenge in ccm	Sekretionsschnelligkeit pro Minute in ccm	Prozent an festen Substanzen	Prozent an organischen Substanzen	Prozent an Salzen
1	rechte	9^h 30′ bis 9^h 50′	410 —360	3,9	0,19	0,82	0,60	0,21
2	,,	9^h 52′ ,, 9^h 55′	280—250	4,9	1,63	1,78	1,34	0,45
3	linke	10^h 05′ ,, 10^h 25′	440—400	3,5	0,17	1,04	0,84	0,20
4	,,	10^h 26′ ,, 10^h 31′	100— 70	3,6	0,72	2,52	2,06	0,46
5	,,	10^h 49′ ,, 11^h 11′	360	3,8	0,17	1,93	1,67	0,26
6	,,	11^h 14′ ,, 11^h 15′	100— 80	4,0	4,0	1,62	1,02	0,60
7	rechte	11^h 39′ ,, 11^h 51′	390	4,2	0,35	0,87	0,72	0,15
8	,,	11^h 51′ ,, 11^h 53′	200—150	4,0	2,0	1,32	1,93	0,45
9	,,	11^h 58′ ,, 11^h 59′ 30″	100— 60	4,6	3,06	1,73	1,24	0,48

Oder: ordnet man die bei Bestimmung des prozentualen Gehalts an Salzen erzielten Ziffern nach der Geschwindigkeit der Speichelsekretion an, so erhält man:

Bechers und Ludwigs von einer Veränderung in der Schnelligkeit der Speichelsekretion gegen Ende des Versuches abhängen. Heidenhain, der am Anfang und zu Ende des Versuches bei ein und derselben Sekretionsschnelligkeit Speichel erhielt, vermochte einen Unterschied in der Salzmenge nicht zu beobachten (Pflügers Archiv 1878, Bd. XVII, S. 1).

[1]) Heidenhain, Pflügers Archiv 1878, Bd. XVII, S. 4.

[2]) Becher und Ludwig, Zeitschr. f. rat. Med. 1851, N. F. Bd. I, S. 278.

[3]) Heidenhain, Pflügers Archiv 1878, Bd. XVII, S. 8.

[4]) M. Werther, Einige Beobachtungen über die Absonderung der Salze im Speichel. Pflügers Archiv 1886, Bd. XXXVIII, S. 293.

[5]) J. Langley and H. Fletcher, On the secretion of saliva, chiefly on the secretion of salts in it.. Philosophical transaction of the Royal Society of London 1890, Vol. 180 B, p. 116.

[6]) Heidenhain, Pflügers Archiv 1878, Bd. XVII, S. 26.

[7]) Heidenhain, Pflügers Archiv 1878, Bd. XVII, S. 7.

Nummer des Reizes	Welche Drüse	Sekretionsschnelligkeit pro Minute	Prozentualer Gehalt an Salzen
3	linke	0,17	0,20
5	,,	0,17	0,26
4	,,	0,72	0,46
6	,,	4,0	0,60
1	rechte	0,19	0,21
7	,,	0,35	0,15 (?)
2	,,	1,63	0,45
8	,,	2,00	0,45
9	,,	3,06	0,48

Hieraus folgt, daß mit einer Steigerung der Sekretion der Gehalt an Salzen im Sekret der Speicheldrüsen zunimmt. Die geringen Schwankungen des prozentualen Gehalts an Salzen im Speichel müssen der nicht zu vermeidenden Unregelmäßigkeit in der Absonderung während ein und derselben Sekretionsperiode zugeschrieben werden.

Die Wechselbeziehung zwischen der Geschwindigkeit der Speichelabsonderung aus der Unterkieferdrüse des Hundes bei Reizung der Chorda tympani und dem Gehalt an Salzen in ihm wurde in genauester Weise von Langley und Fletcher[1]) festgestellt. Hierbei ergab sich, gleichwie bei den Versuchen Heidenhains, daß mit einer Steigerung der Sekretion auch der prozentuale Gehalt an Salzen im Speichel zunimmt, daß jedoch mit jedem folgenden gleichmäßigen Anwachsen der Sekretionsschnelligkeit die Zunahme des prozentualen Gehalts an Salzen allmählich schwächer wird.

Tabelle XIII.

Gehalt an Salzen im Speichel der Unterkieferdrüse des Hundes bei verschiedener Sekretionsschnelligkeit.
(Nach Langley und Fletcher.)

Sekretionsschnelligkeit pro Minute in ccm	Prozentualer Gehalt an Salzen	Zunahme des prozentualen Gehalts an Salzen, der einem Anwachsen der Sekretionsschnelligkeit um 0 01 ccm pro Minute entspricht
0,400	0,472	0,004
0,500	0,512	0,0033
0,760	0,599	0,0012
0,900	0,616	0,0003
1,333	0,628	

Untersucht man die Wechselbeziehung zwischen der Geschwindigkeit der Sekretion des Chordaspeichels aus der Unterkieferdrüse des Hundes und dem Gehalt an verschiedenen Salzen in ihm, wie dies Werther[2]) getan hat, so ergibt sich, daß die Quantität der löslichen Salze ($NaCl$ und Na_2CO_3) zunimmt. Was aber die nichtlöslichen Salze, die nur einen unbedeutenden Teil der Salze des Unterkieferspeichels ausmachen, anbetrifft, so folgen sie nicht immer der Heidenhainschen Regel. Näher ist die Ursache dieser Wechselbeziehung nicht festgestellt.

---

[1]) Langley and Fletcher, Philosoph. Transaction 1890, Vol. 180 B, p. 117.
[2]) M. Werther, Einige Beobachtungen über die Absonderung der Salze im Speichel. Pflügers Archiv 1886, Bd. XXXVIII (Teil des Versuches III, Tab. IV, S. 305).

Tafel XIV.

Gehalt an verschiedenen Salzen usw. in dem auf Reizung der Chorda tympani bei verschiedener Sekretionsschnelligkeit erzielten Unterkieferspeichel beim Hunde. (Nach Werther.)

Nr. des Reizes	Speichelmenge pro 1 Min.	Prozent an Wasser	Prozent an festen Substanzen	Prozent an organischen Substanzen	Prozent an Salzen	Prozent an nichtlöslichen Salzen	Ca O der unlöslichen Salze	Prozent an löslichen Salzen	Chlorgehalt auf Cl Na berechnet	Alkal. auf Na_2CO_3
1	0,209	99,07	0,926	0,51	0,41	0,023	0,019	0,39	0,28	0,078
2	2,494	98,20	1,798	1,03	0,77	0,057	0,021	0,71	0,58	0,085
3	0,375	99,15	0,848	0,41	0,44	0,028	0,018	0,41	0,31	0,060
4	2,488	98,55	1,453	0,74	0,71	0,023	0,019	0,69	0,55	0,098

Genau dieselben Wechselbeziehungen lassen sich auch im Speichel der Parotis beobachten.

Tabelle XV.

Zusammensetzung des bei Reizung des N. Jacobsonii bei verschiedener Sekretionsschnelligkeit erzielten Speichels der Ohrspeicheldrüse des Hundes. (Nach Heidenhain[1]).)

Nummer des Reizes	Reizdauer	Rollenabstand in mm	Speichelmenge in ccm	Absonderungsschnelligkeit pro Min. in ccm	Prozent an festen Substanzen	Prozent an organischen Substanzen	Prozent an Salzen
1	9^h 36′ bis 10^h 00′	285—255	5,3	0,22	0,93	0,62	0,30
2	10^h 00′ „ 10^h 10′	150— 85	9,5	0,95	1,37	0,94	0,43
3	10^h 35′ „ 11^h 08′	230—200	4,5	0,13	1,00	0,76	0,24
4	11^h 08′ „ 11^h 15′	120— 75	8,2	1,1	1,13	0,65	0,47

Oder man erhält bei Anordnung der Ziffern des prozentualen Gehalts an Salzen nach der anwachsenden Sekretionsschnelligkeit mit einer Beschleunigung der Absonderung des Sekrets eine Bereicherung des letzteren an mineralen Bestandteilen.

Nummer des Reizes	Absonderungsschnelligkeit pro Minute	Prozent an Salzen
3	0,13	0,24
1	0,22	0,30
2	0,95	0,43
4	1,1	0,47

IV. Was die Wechselbeziehung zwischen der Sekretionsgeschwindigkeit des Speichels, resp. der Reizstärke und dem Gehalt an organischen Bestandteilen in ihm anbetrifft, so muß man hier zwei Fälle unterscheiden: 1. Wenn die Drüse durch vorhergehenden Reiz nicht ermüdet ist, so nimmt mit einer Erhöhung des Reizes der Gehalt an organischen Substanzen im Sekret zu. 2. Ist die Drüse ermüdet, so sinkt trotz Steigerung des Reizes der prozentuale Gehalt an organischen Substanzen im Speichel. Er nimmt nur bei sehr starker Erhöhung des Reizes unbedeutend zu[2]).

---

1) Heidenhain, Pflügers Archiv 1878, Bd. XVII, S. 25.
2) Heidenhain, Pflügers Archiv 1878, Bd. XVII, S. 8—10.

Alle diese Wechselbeziehungen lassen sich auf den oben angeführten Tabellen XII (für die Unterkieferdrüse) und XV (für die Ohrspeicheldrüse) wahrnehmen. Hier sind die Daten der Tabelle XII im Auszug wiedergegeben. Die Sekretionsgeschwindigkeit des Speichels ist dem Reichtum an organischen Substanzen in ihm gegenübergestellt.

Nummer des Reizes	Welche Drüse	Sekretionsgeschwindigkeit pro M.nute	Prozent an organischen Substanzen
3	linke	0,17	0,84
5	,,	0,17	1,67
4	,,	0,72	2,06
6	,,	4,0	1,02
1	rechte	0,19	0,60
7	,,	0,35	0,72
2	,,	1,63	1,34
8	,,	2,00	0,87
9	,,	3,06	1,42

In dem von der nichtermüdeten Drüse erhaltenen Sekret nimmt mit einer Steigerung des Reizes der prozentuale Gehalt am organischen Substanzen etwas mehr zu, als der prozentuale Gehalt an anorganischen Bestandteilen. Im Sekret der ermüdeten Drüse erfährt diese Wechselbeziehung zugunsten der letzteren eine auffallende Veränderung (s. Tab. XII).

V. Wie bereits oben ausgeführt, hat eine Abschwächung der Reizung des sekretorischen Nervs, resp. eine Abnahme der Speichelabsonderung ein Absinken des prozentualen Gehalts an anorganischen Bestandteilen im Speichel annähernd bis zur ursprünglichen Höhe zur Folge. Hinsichtlich der organischen Bestandteile sind diese Wechselbeziehungen dagegen etwas komplizierter. Wenn auch mit einer Verringerung des Reizes ein Absinken des Gehalts an organischen Substanzen im Sekret vor sich geht, so steigt er doch nicht bis zur anfänglichen Höhe herab, zeigt vielmehr immer noch eine Erhöhung. Eine solche Divergenz im prozentualen Gehalt an anorganischen und organischen Substanzen im Speichel der Unterkieferdrüse nach vorhergehendem starkem Reiz kann man aus dem in Tabelle XII angeführten Versuche ersehen, wenn man die Portionen 3, 4 und 5 miteinander vergleicht[1]).

Nummer des Reizes	Reizdauer	Rollenabstand	Absonderungsschnelligkeit pro Minute	Prozent an organischen Substanzen	Prozent an Salzen
3	10^h 05′ bis 10^h 25′	440—400	0,17	0,84	0,20
4	10^h 26′ ,, 10^h 31′	100— 70	0,72	2,06	0,46
5	10^h 49′ ,, 11^h 11′	360	. 0,17	1,67	0,26

Reizung des sympathischen Nervs.

Ein zweiter sekretorischer Nerv der Speicheldrüsen ist der N. sympathicus. Bei Reizung des peripheren Endes des durchschnittenen Halssympathicus vermittelst Induktionsstromes beobachtete zuerst Ludwig und bald darauf Czermak[2]) eine Speichelabsonderung aus der Unterkieferdrüse des Hundes. Analoge Verhältnisse nahm man hinsichtlich anderer Tiere (Kaninchen, Katze, Pferd) sowie auch anderer Drüsen (Ohrspeicheldrüse, Unterzungendrüse) wahr.

---

[1]) Heidenhain, Pflügers Archiv 1878, Bd. XVII, S. 11.

[2]) Siehe J. Czermak, Beiträge zur Kenntnis der Beihilfe der Nerven zur Speichelsekretion. Sitzungsberichte der Kaiserl. Akademie der Wissenschaften zu Wien 1857, Bd. XXV, S. 3.

Eine Ausnahme bildet die Ohrspeicheldrüse des Hundes. Bei Reizung des sympathischen Nervs mittelst Induktionsstromes während eines Zeitraumes von vielen Stunden gelangt in der Regel aus dem Gang der Ohrspeicheldrüse dieses Tieres kein Tropfen Speichel zur Ausscheidung[1]).

Es liegen jedoch Beweise dafür vor, daß auch beim Hunde der Sympathicus zur Absonderung der Ohrspeicheldrüse in Beziehung steht. An der nach Ausübung eines Reizes auf den sympathischen Nerv geöffneten Drüse kann man sehen, daß die Gänge vom Sekret erweitert sind, und daß die mikroskopische Struktur der Sekretionszellen eine auffallende Veränderung aufweist. Weitere Beweise für eine Beziehung des Sympathicus zur Sekretion aus der Ohrspeicheldrüse des Hundes sollen weiter unten angeführt werden.

Besonderheiten der sympathischen Sekretion.

Folgende Besonderheiten charakterisieren die durch Reizung des Sympathicus hervorgerufene Absonderung.

I. Diese Sekretion ist stets bedeutend weniger ergiebig, als die durch Reizung des cerebralen Sekretionsnervs hervorgerufene Absonderung. Am energischsten geht diese Sekretion bei rhythmischem Reiz des sympathischen Nervs vor sich, jedoch beträgt auch hier die Quantität des beispielsweise durch die Unterkieferdrüse des Hundes zur Ausscheidung gelangenden Speichels nur $1/30$—$1/60$ jener Speichelmenge, die bei analogem Reiz der Chorda tympani erzielt wird[2]).

Der Speichel kommt in spärlichen Tropfen zur Ausscheidung. Ein ununterbrochener Speichelabfluß läßt sich niemals wahrnehmen. Dagegen gelangt sehr häufig einige Zeit nach Beginn der Reizung die Sekretion völlig zum Stillstand, um bei andauerndem Reiz des Nervs sich wiederum zu erneuern. In einem Falle reizte Heidenhain[3]) den Sympathicus des Hundes im Verlaufe von 11 Stunden, wobei viertelstündige Reizperioden und Ruheperioden miteinander abwechselten: die Unterkieferdrüse reagierte während der ganzen Zeit mit einer Speichelabsonderung.

Folgende Speichelmengen aus der Unterkieferdrüse des Hundes wurden von Heidenhain bei Reizung des sympathischen Nervs erhalten: bei einem Versuche im Verlaufe von 80 Minuten 0,6774 g und von 88 Minuten 0,8871 g; beim andern Versuche im Verlaufe von 40 Minuten 0,5286 g und von 30 Minuten 0,5238 g[4]).

II. Der sympathische Speichel des Hundes (Unterkieferdrüse[5]) und des Kaninchens (Ohrspeicheldrüse[6]) weist einen bedeutend größeren Reichtum an organischen Substanzen auf als der cerebrale Speichel. Was die Salze anbetrifft, so ist der absolute Gehalt an ihnen im sympathischen Speichel geringer als im cerebralen. Geht man jedoch z. B. hinsichtlich der Unterkieferdrüse des Hundes bei der Vergleichung vom Chordaspeichel aus, so ergibt sich, daß der prozentuale Gehalt an Salzen im sympathischen Speichel bedeutend höher ist, als man nach der Schnelligkeit seiner Sekretion erwarten sollte[7]).

---

[1]) Heidenhain, Pflügers Archiv 1878, Bd. XVII. S. 28.
[2]) Langley, Schaeffers Textbook of Physiology 1898, Vol. I, p. 495.
[3]) Heidenhain, Studien des physiol. Instituts zu Breslau 1868, Heft IV, S. 64.
[4]) Heidenhain, Studien des physiol. Instituts zu Breslau 1868, Heft IV, S. 65.
[5]) C. Eckhard, Über die Unterschiede des Trigeminus- und Sympathicusspeichels der Unterkieferdrüse des Hundes. Eckhards Beiträge 1860, Bd. II, S. 205.
[6]) Heidenhain, Pflügers Archiv 1878, Bd. XVII, S. 38.
[7]) Langley and Fletcher, Philosoph. Transaction 1890, Vol. 180 B, p. 122.

Der sympathische Speichel der Unterkieferdrüse bei der Katze ist dagegen an organischen Bestandteilen ärmer als der Chordaspeichel; der absolute Gehalt an Salzen ist in ihm geringer als im letzteren[1]).

Tabelle XVI.

Zusammensetzung des cerebralen und sympathischen Speichels des Hundes, der Katze (Unterkieferdrüse) und des Kaninchens (Ohrspeicheldrüse).

Welche Drüse?	Was für Speichel?	Absonderungsschnelligkeit des Speichels pro Min. in ccm	Prozent an festen Substanzen	Prozent an organischen Substanzen	Prozent an Salzen
Unterkieferdrüse des Hundes[2])	chordaler (vor Injektion von Atropin)	4,200	1,466	0,700	0,766
	sympathischer (nach Injekt. v. 15 mg Atropin)	0,023	3,132	2,426	0,705
Unterkieferdrüse der Katze[3])	chordaler	—	1,21	0,87	0,34
	sympathischer	—	0,70	0,43	0,28
Ohrspeicheldrüse des Kaninchens[4])	auf Pilocarpin[5]) . . .	0,07	1,47	0,65	0,81
	sympathischer	0,23	5,48	4,93	0,54

III. Bei andauerndem Reiz des Sympathicus sinkt, genau ebenso wie bei andauerndem Reiz des crebralen Nervs, die Quantität der organischen Bestandteile im Sekret der Speicheldrüsen, und man erhält nach einiger Zeit einen Speichel, der, hinsichtlich des Gehalts an organischen Substanzen, dem cerebralen sehr nahekommt. Das hier zitierte Beispiel, das wir Heidenhain[6]) entlehnen, bestätigt das eben Gesagte.

Hund. Chorda tympani durchschnitten. Der Sympathicus wird am Halse gereizt.

Erste Speichelportion. 10^h 55′—12^h 15′. Während 1 Stunde 20 Minuten an Speichel 0,6774 g aufgefangen. Prozentualer Gehalt an festen Substanzen 3,734.

Der Reiz wird fortgesetzt, von kurzen Pausen unterbrochen.

Letzte Speichelportion. 3^h 05′—4^{h}33′. Während 1 Stunde 28 Minuten an Speichel 0,8871 g gesammelt. Prozentualer Gehalt an festen Substanzen 1,488.

Wechselbeziehung zwischen dem cerebralen und dem sympathischen Nerv.

Der Einfluß des einen sekretorischen Nervs auf die Tätigkeit des anderen äußert sich in zweifacher Weise: einmal in einer Veränderung der Quantität des durch die Drüse zur Ausscheidung gelangenden Sekrets und dann in einer Veränderung seiner Qualität.

---

[1]) J. Langley, On the Physiology of the salivary secretion. Part I. Journ. of Physiology 1878, Vol. I, p. 86.

[2]) J. Langley, On the physiology of the salivary secretion. Part IV. Journ. of Physiology 1888, Vol. IX, p. 59.

[3]) J. Langley, On the physiology of the salivary secretion. Part III. Journ. of Physiology 1885, Vol. VI, p. 92.

[4]) Heidenhain, Pflügers Archiv 1878, Bd. XVII, S. 38.

[5]) Der bei Injektion von Pilocarpin in das Blut erlangte Speichel entspricht nach seiner Zusammensetzung dem cerebralen Speichel.

[6]) Heidenhain, Studien des physiol. Instituts zu Breslau 1868, Heft IV, S. 65.

I. Bei gleichzeitiger Reizung des cerebralen und sympathischen Nervs kann die quantitative Seite der Sekretion eine zwiefache Veränderung erfahren.

1. Werden beide Nerven eine kurze Zeit vermittelst eines äußerst schwachen Stromes gereizt, so ist die Quantität des hierbei erhaltenen Speichels höher, als bei Reizung jedes einzelnen Nervs im besonderen. (Die Beobachtungen beziehen sich auf die Chorda tympani und den sympathischen Nerv der Katze[1]) und des Hundes[2]). Diese Tatsache spricht übrigens zugunsten einer Existenz von sekretorischen Fasern für die Speicheldrüsen im Sympathicus.

2. Bei stärkeren Strömen läßt ein gleichzeitiger Reiz des cerebralen und sympathischen Nervs die Quantität des aus der Unterkiefer- oder Ohrspeicheldrüse zur Absonderung gelangenden Speichels bis auf Null herabsinken[3]).

Die hemmende Wirkung des Sympathicus auf die durch den cerebralen Nerv hervorgerufene Sekretion gelangt nicht auf einmal zur Entwicklung: die latente Periode beträgt 15—30 Sek.[4]). Andererseits tritt nach andauernder gleichzeitiger Reizung beider Nerven z. B. der Unterkieferdrüse oder nach Reizung des Sympathicus allein, die Wirkung der Chorda nicht sofort hervor und entwickelt sich nur allmählich[4]).

Die zuerst von Czermak[5]) hervorgehobene hemmende Wirkung des Sympathicus auf die durch Reizung des cerebralen Nervs hervorgerufene Sekretion hat eine Reihe von Auslegungen gefunden. Czermak selbst schreibt den durch Reizung des Sympathicus hervorgerufenen Hemmungseffekt der Einwirkung der in ihm verlaufenden Hemmungsfasern zu, Eckhard[6]) — einer Verstopfung der Gänge durch den dickflüssigen sympathischen Speichel, Heidenhain[7]) — dem Mangel an Sauerstoff sowie einer Erstickung der Drüse infolge Verringerung der Blutzufuhr durch die infolge Reizes des Sympathicus verengten Gefäße, Langley[4]) — einer Verringerung der Blutzufuhr zur Drüse.

3. Ganz spezielle Beziehungen lassen sich in dem Falle beobachten, wo dem Reiz des Sympathicus unmittelbar eine, wenn auch nur kurze, Reizung des cerebralen Absonderungsnervs vorhergeht. In solchem Falle erhält man stets ohne Ausnahme eine nicht lange anhaltende, doch beträchtliche Sekretion sowohl aus der Unterkiefer- als auch aus der Unterzungendrüse und, was besonders Interesse verdient, aus der Ohrspeicheldrüse des Hundes, bei der in der Regel eine Reizung des Sympathicus sich als unwirksam erweist.

Bei Wiederholung der Reizung des Sympathicus nimmt der sekretorische Effekt ab und erreicht gewöhnlich bei der Unterkieferdrüse beim dritten Mal die Norm, während er bei der Ohrspeicheldrüse gänzlich verschwindet. Die Quantität des bei solchem Reiz des Sympathicus zur Absonderung kommenden Speichels, beispielsweise aus der Unterkieferdrüse, übersteigt in einigen Fällen seinen gewöhnlichen sekretorischen Effekt um das Zehnfache. Nach seiner Zusammensetzung stellt sich der Speichel als Mischspeichel dar mit einem größeren Gehalt an festen Substanzen, als ihn der Chordaspeichel auf-

---

[1]) Langley, Journ. of Physiology 1889, Vol. X, p. 316.

[2]) Langley, Journ. of Physiology 1878, Vol. I, p. 102.

[3]) Czermak, Sitzungsberichte der Kaiserl. Akademie der Wissenschaften, Wien 1857, Bd. XXV, S. 3.

[4]) Langley, Schaeffers Textbook of Physiology 1898, Vol. I, p. 506.

[5]) Czermak, Sitzungsberichte der Kaiserl. Akademie der Wissenschaften, Wien 1857, Bd. XXV, S. 3.

[6]) Adrian und Eckhard, Eckhards Beiträge 1860, Bd. II, S. 95.

[7]) Heidenhain, Hermanns Handbuch der Physiologie 1883, Bd. V, T. 1, S. 47.

weist, und einem geringeren, als wir ihn im sympathischen Speichel finden. Langley, der diese Erscheinung eingehend untersucht hat, nannte sie „vermehrte Sekretion —augmented secretion"[1]).

Wir entnehmen seiner Arbeit nachfolgendes Beispiel.

Unterkieferdrüse des Hundes. Reizung des Sympathicus nach vorhergehender Reizung der Chorda tympani. Die „vermehrte Sekretion" wird mit jedem folgenden Mal schwächer (Langley, l. c. S. 297).

Speichelabsonderung im Verlaufe von je 30 Sek. in mm eines Röhrchens (35,5 mm des letzteren = 0,25 ccm)	1	3	2½	½	82	45	3	2	1	½	17½	4	6	3	4½	3	1½
Gereizter Nerv		Sy			Ch	Ch					Sy		Sy		Sy		

Je konstanter und stärker der nach Einwirkung der Chorda tympani ausgeübte erste Reiz des Sympathicus ist, einen um so geringeren Effekt weisen seine weiteren Reizungen auf.

Die Reizungsdauer der Chorda tympani hat keinen besonderen Einfluß auf den Umfang der „vermehrten Sekretion". Schon der allerkürzeste Reiz der Chorda tympani (2—3 Sekunden), der sofort nach Beginn der Speichelabsonderung eingestellt wird, steigert die Wirkung des Sympathicus. Hierbei ist die zum mindesten während einer minutenlangen Reizung des sympathischen Nervs erlangte Speichelmenge nicht geringer als die, welche man nach einer anhaltenden (z. B. 2 Minuten dauernden) Reizung der Chorda tympani erhält.

Die Wirkung des Chorda tympani auf die sympathische Sekretion verschwindet in der Regel nach Ablauf von 10—15 Minuten auch in dem Falle, wenn der Sympathicus nicht gereizt wird. Bei der Ohrspeicheldrüse wird bereits 10 Minuten nach Reizung des N. Jacobsonii eine „vermehrte Sekretion" nicht mehr wahrgenommen. Dies zeigt folgender Versuch, wo die „vermehrte Sekretion" der Ohrspeicheldrüse und ihr Ausbleiben nach Verlauf eines Zeitraumes von 11 Minuten dargestellt ist.

Ohrspeicheldrüse des Hundes (Langley, l. c., S. 322).

Speichelabsonderung im Verlauf von je 30 Sek.	0	0	0	0	35	14	1	3	0	0	0	0
Gereizter Nerv	Sy				J	Sy		Sy			Sy	

Speichelabsonderung im Verlauf von je 30 Sek.	31	76	Zeitraum von 11 Minuten	0	0	0	0	0	0
Gereizter Nerv	J	J	ohne Reizung	Sy	Sy			Sy	Sy

Man könnte meinen, daß die Ursache der „vermehrten Sekretion" in dem Zusammenfallen des durch die Chorda tympani hervorgerufenen erweiterten Zustandes der Drüsengefäße mit der Reizung des sekretorischen Fasern des sympathischen Nervs zu suchen sei. Indessen sprechen gegen eine solche Annahme 1. die Beobachtung der Quantität des durch die Drüse fließenden Blutes, die bei Reizung des Sympathicus stets auffallend abnimmt, und 2. die Versuche mit Vergiftung des Tieres mit Atropin in Dosen, die die sekretorischen Fasern der Chorda tympani

---

[1]) J. N. Langley, On the physiology of the salivary secretion. Part V. Journ. of Physiology 1889, Vol. X, p. 291. — Vgl. J. R. Bradford, Some points in the physiology of gland nerves. Journ. of Physiology 1888, Vol. IX, p. 292.

völlig paralysieren und die Vasomotoren nicht beeinträchtigen. In diesem Falle verschwindet die „vermehrte Sekretion" fast vollständig.

Unterkieferdrüse beim Hunde. Alle Äste der V. jugularis sind unterbunden mit Ausnahme derjenigen, die von der Unterkieferdrüse ausgehen (Langley, l. c., S. 304).

Blutstrom aus der Vene pro je 30 Sek. im ccm . . .	1	1	$1\frac{1}{4}$	$\frac{3}{4}$	$\frac{1}{2}$	$\frac{1}{2}$	$\frac{1}{2}$	$\frac{1}{4}$	$\frac{1}{2}$	$\frac{1}{2}$	$\frac{1}{2}$	$\frac{1}{4}$	$\frac{1}{4}$	$\frac{1}{2}$	$\frac{1}{2}$
Speichelabsonderungen pro je 30 Sek.	0	0	0	5	4	4	4	6	5	4	3	9	5	2	—
Gereizter Nerv				Sy				Sy				Sy			

Dasselbe, jedoch nach Reizung der Chorda tympani (derselbe Hund).

Blutstrom pro je 30 Sek. in ccm . .	1	$2\frac{1}{4}$	$2\frac{1}{2}$	$3\frac{1}{4}$	$\frac{15''}{3/4}$	$\frac{15''}{1/8}$	$\frac{15''}{1/8}$	$\frac{15''}{1/5}$	$\frac{1}{5}$	$\frac{1}{4}$
Speichelabsonderung pro 30 Sek. in mm	54	23	28	36	63		29		9	4
Gereizter Nerv	Ch	Ch			Sy		Sy			

Dasselbe, jedoch nach Injektion von 0,005 g Atropin in das Blut (ein anderer Hund).

Blutstrom pro je 30 Sek. in ccm	1	$4\frac{1}{2}$	$4\frac{3}{4}$	$1\frac{3}{4}$	$\frac{1}{2}$	$\frac{1}{4}$	$\frac{1}{4}$	—
Speichelabsonderung pro je 30 Sek. in mm . .	0	0	0	0	1	3	2	0
Gereizter Nerv		Ch	Ch		Sy			

Nach Langley ist die Ursache der „vermehrten Sekretion" in einer Steigerung der durch Reizung des cerebralen Nervs hervorgerufenen Erregbarkeit der Speicheldrüsenzellen zu suchen. Infolge dieses letzteren Umstandes gewinnen die der Speicheldrüse nunmehr durch die sekretorischen Fasern des Sympathicus zugeleiteten Impulse bedeutend an Stärke. Die „vermehrte Sekretion" ist ein weiterer Beweis für das Vorhandensein sekretorischer Fasern im Sympathicus.

II. Die Wechselwirkung zwischen dem cerebralen und sympathischen Nerv der Speicheldrüsen äußert sich in folgenden Veränderungen der Eigenschaften ihres Sekrets.

1. Nach andauernder Reizung der Chorda tympani ruft der Sympathicus die Absonderung eines an festen Substanzen bedeutend ärmeren Sekrets hervor, als bis zur Vornahme des Reizes. Ebenso wird auch nach andauernder Reizung des Sympathicus das Chordasekret an festen Bestandteilen bedeutend ärmer. Dies ersieht man z. B. aus den nachfolgenden Versuchen, die Heidenhain[1]) entlehnt sind.

Hund. Unterkieferdrüse.

1. Reizung des Sympathicus von 10^h 58'—12^h 55'. Rollenabstand 9—7 cm. An Speichel erhielt man 0,6443 g. Prozentualer Gehalt an festen Substanzen 5,928.

2. Reizung der Chorda tympani. Rollenabstand: 26 cm. Nach Entleerung der Kanüle und der Gänge vom sympathischen Speichel wurde während der Zeit von 12^h 57'—12^h 59' 2,8870 g Speichel aufgefangen. Prozentualer Gehalt an festen Substanzen 2,026.

---

[1]) Heidenhain, Studien des Physiol. Instituts zu Breslau 1868, Heft IV, S. 71.

3. Die Reizung der Chorda tympani wird bei einem Rollenabstand von 26 bis 23 cm bis 3^h fortgesetzt. Sodann von $3^h\,05'$—$3^h\,06'\,45''$ beim Rollenabstand von 21 cm wurde 1,2553 g Chordaspeichel mit einem prozentualen Gehalt an festen Substanzen von 0,820 gesammelt.

4. Reizung des Sympathicus. Nach Ersetzung des Chordaspeichels in den Gängen und der Kanüle durch sympathischen Speichel wurde von $4^h\,26'$—$5^h\,45'$ 0,5416 g Speichel mit einem prozentualen Gehalt an festen Substanzen von 2,381 gesammelt.

Mithin erniedrigte ein andauernder Reiz der Chorda tympani (gegen acht Stunden) den Gehalt an festen Bestandteilen im sympathischen Speichel der Unterkieferdrüse von 5,928% bis auf 2,381%.

Hund. Unterkieferdrüse.

1. Reizung der Chorda tympani von $9^h\,18'$—$9^h\,20'$ bei einem Rollenabstand von 24 cm. Gesammelt 1,481 g Speichel mit einem prozentualen Gehalt an festen Substanzen von 2,395%

2. Reizung des Sympathicus bis $3^h\,28'$ bei einem Rollenabstand von 12—7 cm.

3. Reizung der Chorda tympani. Rollenabstand 21—20 cm. Zunächst wurde das sympathische Sekret entfernt, sodann von $3^h\,30'$—$3^h\,32'$ 1,275 g Speichel mit einem prozentualen Gehalt an festen Substanzen von 1,014 gesammelt.

Obwohl die Sekretionsgeschwindigkeit des Chordaspeichels zu Beginn und Ende des Versuches fast die gleiche war (im Verlauf von 2 Minuten 1,48 g und 1,27 g), so sank nichtsdestoweniger infolge Reizung des Sympathicus der Prozentsatz an festen Substanzen mehr als um das Doppelte (von 2,395 bis auf 1,014).

Diese Daten sprechen nach der Meinung Heidenhains[1]) dafür, daß sowohl der cerebrale als auch der sympathische Nerv bei ihrer Reizung organische Bestandteile des Speichels (vornehmlich Mucin) aus ein und derselben Drüsenzellen aufnehmen. Folglich ist ein spezifischer Unterschied zwischen dem chordalen und sympathischen Speichel nicht vorhanden; der Unterschied ist lediglich ein quantitativer. Bei Erschöpfung der Vorräte an organischer Stoffen in den Drüsenelementen ruft der Sympathicus eine Absonderung von „chordalem Speichel" hervor[2]).

2. Bei gleichzeitiger Reizung des cerebralen und sympathischen Nervs nimmt der prozentuale Gehalt an festen, resp. organischen Substanzen in solchem gemischten Speichel eine mittlere Stelle ein: er ist höher als im reinen Chordaspeichel und niedriger als im reinen sympathischen Speichel. Diese Tatsache wurde zuerst von Eckhard[3]) wahrgenommen.

In besonders deutlicher Form tritt der Einfluß einer Reizung des Sympathicus auf die Zusammensetzung des durch Reizung des N. Jacobsonii erzielten Speichels der Ohrspeicheldrüse beim Hunde zutage. Wie wir bereits wissen, läßt sich durch Reizung des Sympathicus ein Sekret aus der Ohrspeicheldrüse des Hundes nicht erzielen. Allein die Vereinigung einer Reizung des Sympathicus mit der Reizung des N. Jacobsinii erhöht beträchtlich den Gehalt an festen, resp. organischen Substanzen im Sekret. Ein gleiches ergibt sich, wenn die Reizung des Sympathicus der Reizung des N. Jacobsinii unmittelbar vorhergeht[4]).

Das eben Gesagte illustriert nachfolgender Versuch.

---

[1]) Heidenhain, Studien des Physiol. Instituts zu Breslau 1868, Heft IV, S. 73.

[2]) Heidenhain, Hermanns Handbuch der Physiologie 1883, Bd. V, T. 1, S. 48.

[3]) C. Eckhard, Über die Unterschiede des Trigeminus- und Sympathicusspeichels der Unterkieferdrüse des Hundes. Eckhards Beiträge 1860, Bd. II, S. 205.

[4]) Heidenhain, Pflügers Archiv 1878, Bd. XVII, S. 29.

Tabelle XVII.

Einfluß der Reizung des Sympathicus beim Hunde auf die Zusammensetzung des durch Reizung des N. Jacobsinii erzielten Speichels der Ohrspeicheldrüse. (Nach Heidenhain[1]).)

Hund, Curare, Durchschneidung beider sympathischer Nerven, Trepanation beider Paukenhöhlen. Abwechselnder Reiz beider Nn. Jacobsonii mittelst rhythmischer Tetanisierung. Von der zweiten Reizung an bis zum Ende des Versuches (von 10^h 20′ bis 10^h 30′) wird der linke sympathische Nerv tetanisiert. Die anhaltende Absonderung aus dem Gang der linken Unterkieferdrüse bestätigt die ununterbrochene Wirkung des Sympathicus.

Nummer des Reizes	Welche Nerven werden gereizt?	Reizdauer	Rollenabstand	Menge des gesammelten Speichels in ccm	Speichelmenge pro Minute	Prozent an festen Substanzen	Prozent an organischen Substanzen	Prozent an Salzen
1	Jacobs. sin.	10^h 04′ bis 10^h 16′	110	2,9	0,24	0,62	0,42	0,19
2	Jac. dext. + Symp. s.	10^h 20′ ,, 10^h 36′	103—100	3,0	0,18	0,48	0,29	0,19
3	**Jac. s. + Symp. s.**	10^h 37′ ,, 10^h 57′	114—120	3,1	0,15	**1,37**	**1,13**	**0,23**
4	Jac. d. + Symp. s.	10^h 59′ ,, 11^h 24′	103—108	3,0	0,12	0,43	0,25	0,18
5	**Jac. s. + Symp. s.**	11^h 27′ ,, 11^h 50′	103—122	3,0	0,23	**1,18**	**1,01**	**0,17**
6	Jac. d. + Symp. s.	2^h 04′ ,, 2^h 09′	110	3,3	0,66	0,66	0,37	0,29
7	**Jac. s. + Symp. s.**	2^h 11′ ,, 2^h 19′	110— 90	3,1	0,38	**1,15**	**0,91**	**0,23**
8	**Jac. s. + Symp. s.**	2^h 20′ ,, 2^h 30′	92—88	3,0	0,33	**0,93**	**0,72**	**0,21**

Aus diesem Versuche ist ersichtlich, daß die Vereinigung eines Reizes des Sympathicus mit einem Reize des N. Jacobsinii den Inhalt an organischen Bestandteilen im Parotidenspeichel um das Dreifache ansteigen läßt (beispielsweise in der ersten Portion 0,42%, in der dritten 1,13%). Indem die Quantität der organischen Substanzen mit der Zeit allmählich abnimmt, überwiegt sie die ganze Zeit über auf der Seite (linken), wo auf die Drüse auf einmal zwei Nerven einwirken.

Der cerebrale und sympathische Nerv bei der reflektorischen Speichelabsonderung.

Es bleibt noch die Aufgabe, klarzustellen, welche Rolle dem cerebralen und sympathischen Nerv bei der reflektorischen Speichelabsonderung zukommt. Wie wir bereits wissen (S. 40), regt die Reizung der verschiedenen zentripetalen Nerven des Körpers die Speicheldrüsen zur Tätigkeit an. Mit einer Verstärkung des Reizes irgendeines zentripetalen Nervs (z. B. des N. ischiadicus) nimmt die Speichelabsonderung aus der Unterkieferdrüse des Hundes nicht nur an Schnelligkeit zu, sondern es vergrößert sich auch der Reichtum eines solchen Speichels an organischen Substanzen. Dieses Resultat erlangt man sowohl bei intaktem als auch bei durchschnittenem Sympathicus. Indes ist der sympathische Nerv des Einflusses auf die Unterkieferspeicheldrüse bei Anregung ihrer Tätigkeit auf reflektorischem Wege nicht beraubt. Durchschneidet man auf der einen Seite den Sympathicus, während man ihn auf der anderen Seite unberührt läßt, so ist bei Reizung beider Nn. ischiadici das Sekret derjenigen Unterkieferdrüse an organischen Substanzen reicher, wo der Sympathicus unversehrt erhalten ist. Im Falle einer Durchschneidung der Chorda

---

[1] Heidenhain, Pflügers Archiv 1878, Bd. XVII, S. 32.

tympani bleibt eine reflektorische Speichelabsonderung aus. Folglich übt unter gewöhnlichen Versuchsbedingungen der Sympathicus einen Einfluß nur auf die qualitative Seite der reflektorischen Speichelabsonderung, jedoch nicht auf die quantitative; die Chorda tympani vermittelt an die Drüse sowohl quantitative wie auch qualitative Impulse[1]).

Indessen gelingt es bei besonderer Versuchsanordnung, eine reflektorische Speichelabsonderung auch bei durchschnittener Chorda tympani, d. h. durch Vermittlung des Sympathicus, zu erhalten.

Auf der Basis einer Pilocarpinsekretion erlangte *Ostrogorski*[2]) bei Reizung der verschiedenen zentripetalen Nerven stets eine auffallende Zunahme der Sekretion aus der Unterkieferdrüse einer curarisierten Katze oder eines curarisierten Hundes, deren Chorda tympani durchschnitten war. Nach *Ostrogorski*s Meinung wird der Reflex durch den Sympathicus zur Speicheldrüse geleitet. Unter gewöhnlichen Bedingungen verhindert dies die reflektorische Erregung der die Speichelabsonderung hemmenden Fasern des Sympathicus, deren Existenz er annimmt. Pilocarpin paralysiert die Hemmungsfasern des Sympathicus, und verleiht den sekretorischen Fasern ein Übergewicht. *Ostrogorski* erhärtet seine Erklärung durch eine experimentelle Nachprüfung der anderen Hypothesen, von denen keine einzige sich als stichhaltig erwies. So werden bei Erhöhung der Erregbarkeit des zentralen Nervensystems mittelst Strychnins reflektorische Reize an die Unterkieferdrüse durch den Sympathicus nicht vermittelt. Ebenso gibt auch eine im Wege rhythmischen Reizes der Chorda tympani erzielte Erhöhung des Tonus des Drüsengewebes den Reflexen keine Möglichkeit von den zentripetalen Nerven aus in die Erscheinung zu treten. Nicht die geringste Beziehung zur reflektorischen Speichelabsonderung hat auch eine Erhöhung des Blutdruckes. Jedoch beobachtete *Ostrogorski* eine reflektorische Speichelsekretion auch im Falle der Durchschneidung beider sekretorischer Nerven der Unterkieferdrüse. Dieser Umstand veranlaßt ihn, die Hypothse aufzustellen, daß es noch einen dritten sekretorischen Nerv gibt, der wenig sekretorische und viele, durch Pilocarpin zur Paralysierung gelangende Hemmungsfasern enthält. Den Ausgangspunkt dieses Nervs festzustellen, ist nicht gelungen.

Reflektorische Hemmung der Speichelabsonderung.

Die Tätigkeit der Speicheldrüsen wird bei Reizung der verschiedenen zentripetalen Nerven des Körpers nicht nur angeregt, sondern auch gehemmt. So beobachtete *Pawlow*[3]) eine Hemmung der durch Dispnöe oder Curare hervorgerufenen Absonderung aus der Unterkieferdrüse bei Ausübung eines Reizes von gewisser Stärke auf den N. ischiadicus oder in dem Falle, wo die Darmschlingen aus der geöffneten Bauchhöhle nach außen herausgezogen wurden. Die nächsten Ursachen dieser Erscheinung blieben unaufgeklärt. Aller Wahrscheinlichkeit nach hemmt ein empfindlicher Reiz die Tätigkeit der speichelsekretorischen Zentren. *Pawlow* stellt auf Grund seiner Versuche in Abrede, daß das Sinken der Bluttemperatur bei Öffnung der Bauchhöhle, die Verringerung des Blutdrucks (er steigt eher an) und die Verengung der Drüsengefäße (eine Durchschneidung des Sympathicus bleibt ohne Einfluß) als Ursache der reflektorischen Hemmung der Speichelabsonderung anzusehen sind.

Da die Versuche *Pawlows* an curarisierten Hunden, bei denen dieses Gift eine schwankende Speichelabsonderung aus der Unterkieferdrüse hervorruft, vorgenom-

---

[1]) Heidenhain, Hermanns Handbuch der Physiologie 1883, Bd. V, T. 1, S. 86.

[2]) S. A. Orstogorski, Ein unaufgeklärter Punkt in der Innervation der Speicheldrüsen. Diss. St. Petersburg 1894.

[3]) J. Pawlow, Über die reflektorische Hemmung der Speichelabsonderung. Pflügers Archiv 1878, Bd. XVI, S. 272.

men wurden, so zog **Buff**[1]) die Tatsache einer reflektorischen Hemmung der Speichelabsonderung an und für sich in Zweifel. Indessen kann beispielsweise nachfolgender Versuch schwerlich einen Zweifel darüber aufkommen lassen, daß eine solche Hemmung wirklich existiert.

Curarisierter Hund. Der Speichel wird während eines Zeitraums von je 2 Minuten aus beiden Unterkieferdrüsen gesammelt. Am Halse ist der linke N. vagosympathicus durchschnitten. (Nach *Pawlow*, l. c., S. 285.)

Zeit	Speichelmenge in ccm	
	rechte Drüse	linke Drüse
11^h 22′—24′	1,1	1,1
26′	1,0	1,0
28′	0,9	1,1
Bauchhöhle geöffnet		
11^h 28′—30′	0,6	0,6
32′	0,4	0,4
Bauchhöhle geschlossen		
11^h 32′—34′	2,2	2,2
38′	0,9	1,0

Bei rhythmischer Reizung des peripheren Endes der durchtrennten Chorda tympani beobachtete *Ostrogorski*[2]) eine Verlangsamung oder selbst einen Stillstand der durch dieses Verfahren hervorgerufenen Speichelabsonderung jedesmal, wenn er gleichzeitig auch den N. ischiadicus reizte. Er nimmt an, daß in diesem Falle die sekretionhemmenden Fasern des Sympathicus reflektorisch erregt werden. (Vgl. oben S. 60). Somit kehrt *Ostrogorski* gewissermaßen zur alten Erklärung Czermaks[3]) hinsichtlich des hemmenden Einflusses der Reizung des Sympathicus auf die durch Reizung der Chorda tympani hervorgerufene Tätigkeit der Unterkieferspeicheldrüse zurück.

Das Vorhandensein von Nerven, die die Speichelabsonderung hemmen, wird ferner von **Bradford** und *Owsjanizki* zugegeben (siehe „Paralytische Sekretion").

Paralytische Sekretion.

Nach Durchschneidung des cerebralen sekretorischen Nervs beginnt aus der Unterkieferspeicheldrüse des Hundes (Cl. **Bernard**[4]), **Heidenhain**[5]), **Langley**[6]), **Bradford**[7])] und der Katze [**Langley**[6]), **Bradford**[7])] bereits nach 24 Stunden langsam doch ununterbrochen sich ein dünnflüssiges Sekret abzusondern. Diese Absonderung erreicht, indem sie nach und nach ansteigt, ihren größten Umfang am siebenten bis achten Tage (im Verlauf von 20 bis 22 Minuten gelangt aus der in den Ductus Wartonianus eingeführten Kanüle 1 Tropfen Speichel zur Ausscheidung). Von der dritten Woche an verlangsamt sie sich und kommt nach 5 bis 6 Wochen gänzlich zum Stillstand. Irgendwelche in die Mundhöhle eingeführten Erreger der Speichelabsonderung beschleunigen diese Sekretion nicht. **Langley**[6]) beobachtete dies bei einem akuten Versuch an

---

[1]) **Buff**, Eckhards Beiträge 1888, Bd. XII, S. 28ff.

[2]) **Ostrogorski**, Diss. St. Petersburg 1894.

[3]) **Czermak**, Sitzungsberichte der Kaiserl. Akademie der Wissenschaften, Wien 1857, Bd. XXV, S. 3.

[4]) Cl. **Bernard**, Du rôle des actions reflexes paralysante dans les phènomenes des sécrétions. Journal de l'anatomie et de physiologie 1864, Vol. I, p. 507.

[5]) R. **Heidenhain**, Beiträge zur Lehre von der Speichelabsonderung. Studien des physiol. Instituts zu Breslau 1868, Heft IV, S. 73.

[6]) J. **Langley**, On the physiology of the salivary secretion. Part III. Journ. of Physiology 1885, Vol. VI, p. 71.

[7]) J. **Bradford**, Some points in the physiology of glands nerves. Journ. of Physiology 1888, Vol. IX, p. 287.

einer Katze, Malloizel[1]) bei einem Hunde mit chronischer Fistel der Schleimdrüsen und durchschnittener Chorda tympani.

Im Laufe der Zeit nimmt die Drüse an Umfang ab, bekommt eine gelbe Färbung und sieht wachsartig aus. Nach Heidenhain[2]) Meinung haben die Zellen der Drüse das Aussehen von tätigen Zellen. Langley[3]) verneint dies, indem er behauptet, daß die Drüsenelemente zwar an Umfang abgenommen haben, jedoch ein für im Ruhezustand befindliche Zellen typisches Aussehen bewahren.

Die Durchschneidung des cerebralen sekretorischen Nervs der Ohrspeicheldrüse ruft in ihr analoge Erscheinungen nicht hervor (Bradford[4]).

Da diese paradoxe Sekretion nach Durchschneidung des sekretorischen Nervs beobachtet wird, so nannte sie Cl. Bernard, von dem sie zuerst wahrgenommen wurde, eine „paralytische".

Die paralytische Sekretion war Gegenstand einer Reihe von Untersuchungen. Die Analyse dieser Erscheinung ergibt interessante Resultate, jedoch gehen hinsichtlich der Ursachen ihrer Entstehung die Ansichten der Forscher auseinander. Mit völliger Bestimmtheit gelang es, folgende Tatsachen festzustellen: Die Unterkieferdrüse gelangt in den Zustand paralytischer Sekretion unabhängig davon, wo der cerebrale sekretorische Nerv durchschnitten ist: unterhalb des Ganglion submaxillare (Äste der Chorda tympani) oberhalb desselben (N. lingualis vom V.Paar) oder die Chorda tympani selbst in der Paukenhöhle. Folglich liegt die Ursache der paralytischen Sekretion in der Durchschneidung des sekretorischen Nervs, aber nicht in der lokalen Reizung der Drüse infolge der Operation, wie man dies annehmen könnte [Heidenhain[5])]. Infolge der Durchschneidung beginnt das periphere Ende der Chorda tympani zu degenerieren. Bereits nach Ablauf von drei bis fünf Tagen nach der Durchtrennung ruft eine Reizung des durchschnittenen Nervendes mittelst Induktionsstromes sowohl bei der Katze als auch beim Hunde eine Speichelabsonderung aus der Unterkieferdrüse nicht hervor [Langley[6]), Bradford[7])]. Indes läßt sich bei der Katze durch Reizung der näher zum Hilus der Drüse liegenden Nerventeilchen noch am elften (Bradford) und dreizehnten Tage eine reichliche Absonderung und eine schwache Sekretion selbst noch am 42. Tage (Langley) nach Durchtrennung der Chorda tympani erzielen. Beim Hunde hat die Reizung eines beliebigen Teiles der durchschnittenen Chorda tympani bereits am fünften Tage eine Absonderung nicht mehr zur Folge (Bradford). In Anbetracht dessen, daß die Fasern der Chorda tympani, bevor sie mit den Drüsenzellen in Verbindung kommen, in den sowohl außerhalb der Drüse wie auch in ihr selbst zerstreut liegenden Nervenzellen eine Unterbrechung erfahren, ist man zur Annahme völlig berechtigt, daß der ungleichartige Effekt einer Reizung der verschiedenen Teile des Nervs davon abhängt, ob wir bereits degenerierte präganglionäre oder ihre Erregbarkeit noch bewahrende postganglionäre Fasern reizen. Hierbei endigen beim Hunde die präganglionären Fasern offenbar in den hauptsächlich in der Drüse selbst liegenden Nervenzellen, bei der Katze dagegen in den außerhalb der Drüse im Nervengang gelegenen Nervenzellen. Hiermit erklärt sich auch

---

[1]) L. Malloizel, Sur la sécrétion salivaire de la glande sous-maxillaire du chien. Journ. de physiologie et pathol. générale 1902, Vol. IV, p. 651.

[2]) R. Heidenhain, Beiträge zur Lehre von der Speichelabsonderung. Studien des physiol. Instituts zu Breslau 1868, Heft IV, S. 73.

[3]) J. Langley, On the physiology of the salivary secretion. Part III. Journ. of Physiology 1885, Vol. VI, p. 71.

[4]) J. Bradford, Some points in the physiology of glands nerves. Journ. of Physiology 1888, Vol. IX, p. 287.

[5]) Heidenhain, Studien des physiol. Instituts zu Breslau 1868, Heft IV, S. 76.

[6]) Langley, Journ. of Physiology 1885, Vol. VI, p. 71—78.

[7]) Bradford, Journ. of Physiology 1888, Vol. IX, p. 305, 310.

der bei Reizung der durchschnittenen Chorda tympani des einen oder anderen Tieres beobachtete Unterschied[1]).

Die Reizung des Sympathicus erhöht die Sekretion der paralytischen Drüse. Beim Hunde wird nach einer solchen Einwirkung des Sympathicus die paralytische Absonderung für längere Zeit gehemmt (Heidenhain[2])), nach Langleys[3]) Meinung infolge Verstopfung des Ganges durch dickflüssigen Speichel. Bei der Katze, deren sympathischer Speichel dünnflüssig ist, wird dies nicht beobachtet.

Nach Heidenhain[4]) übt auf den Verlauf der paralytischen Sekretion beim Hunde weder die Durchschneidung des Sympathicus am Halse, noch die Entfernung des Ganglion cervicale superior sympathici irgendwelchen Einfluß aus. Einen schwachen oder überhaupt gar keinen Einfluß nahm Langley[5]) auch bei Durchschneidung des Halssympathicus bei einer Katze in späteren Stadien der paralytischen Sekretion wahr. Umgekehrt wurde diese letztere in den ersten Tagen ihres Vorhandenseins durch eine Durchschneidung des Sympathicus abgeschwächt oder sogar zum Stillstand gebracht. Auf Grund des Gesagten kommt Langley zu dem Schluß, daß in der ersten Zeit die Impulse für die paralytische Sekretion aus dem Zentralnervensystem durch die sekretorischen Fasern des Sympathicus vermittelt werden, während in den späteren Stadien sie irgendwo in den peripheren Teilen des nervösen Drüsenapparates zur Entstehung gelangen.

Welches sind nun die Ursachen der paralytischen Sekretion?

Cl. Bernard[6]) nimmt an, daß die paralytische Sekretion erst nach vollständiger Beseitigung der zur Drüse führenden Nervenimpulse, d. h. nach Ablauf von 2 bis 3 Tagen seit Durchschneidung der Chorda tympani beginnt, wenn ihre Fasern bereits degeneriert sind. Allein Heidenhain[7]) wies die Unrichtigkeit dieser Annahme nach: die paralytische Sekretion nahm in seinen Versuchen bereits 24 Stunden nach Durchschneidung des cerebralen Nervs ihren Anfang; andererseits verstärkte nach Ablauf von 3 oder 4 Tagen eine Reizung der durchschnittenen Chorda tympani die paralytische Sekretion. Nach Heidenhains Ansicht gelangen die Voraussetzungen für die Sekretion in der Drüse selbst zur Entwicklung. Er geht davon aus, daß der sich in der Drüse nach Durchschneidung des Sekretionsnervs anstauende Speichel einer Zersetzung unterworfen wird und die Drüsenelemente anregt. Er sieht eine Analogie zur paralytischen Sekretion in der durch Unterbindung des Ausführungsganges der Drüse hervorgerufenen Absonderung.

Die sorgfältigste Untersuchung der paralytischen Sekretion verdanken wir Langley[8]). Im Gegensatz zu Heidenhain überträgt Langley den Schwerpunkt der Frage auf die Nervenelemente der Drüse, und zwar auf die peripheren Nervenzellen. Unter dem Einfluß der Durchschneidung und Degeneration der präganglionären Fasern gelangen die Nervenzellen in den Zustand einer erhöhten Erregbarkeit und entsenden, wenn auch schwache, so doch ununterbrochene Impulse zu den Drüsenelementen. So bedingt Dispnöe eine reichlichere Absonderung aus der paralysierten Drüse, als aus der gesunden. Apnöe, ebenso wie auch eine beträchtliche Menge Chloroform verringert die paralytische Sekretion oder bringt sie zum Stillstand. Langley ist der Meinung, daß als Erreger der Nervenzellen die Kohlensäure des Blutes anzusehen ist, die unter gewöhnlichen Voraussetzungen in solcher

---

[1]) Langley, Schaeffers Textbook of Physiology 1898, Vol. I, p. 520. — Vgl. Bradford, Journ. of Physiology 1888, Vol. IX, p. 311.

[2]) Heidenhain, Studien des physiol. Instituts zu Breslau 1868, Heft IV, S. 76 ff.

[3]) Langley, Journ. of Physiology 1885, Vol. VI, p. 74 ff.

[4]) Heidenhain, Studien des physiol. Instituts zu Breslau 1868, Heft IV, S. 76 ff.

[5]) Langley, Journ. of Physiology 1885, Vol. VI, p. 77.

[6]) Cl. Bernard, Journ. de l'anatomie et de physiologie 1864, Vol. I, p. 507.

[7]) Heidenhain, Studien des physiol. Instituts zu Breslau 1868, Heft IV, S. 77 ff.

[8]) Langley, Journ. of Physiology 1885, Vol. VI, p. 71.

Konzentration ein allzu schwaches Agens darstellt. Die auffallende Zunahme der Speichelabsonderung aus der paralysierten Drüse unter der Einwirkung von Pilocarpin selbst in späteren Stadien der paralytischen Sekretion und das normale Aussehen der Nervenzellen in der Unterkieferdrüse der Katze nach Verlauf von 6 Wochen seit Durchschneidung der Chorda tympani sprechen in hohem Maße zugunsten dieser Annahme[1]).

Einen besonderen Standpunkt hinsichtlich der paralytischen Sekretion vertritt Bradford[2]). Gleich Langley nimmt er das Vorhandensein eines peripheren Nervenmechanismus für die Speicheldrüsen an. Allein nach seiner Meinung ist dieser Mechanismus mit dem Zentralnervensystem durch zwei Arten von Fasern — anabolische und katabolische — verbunden. Die ersteren verlaufen in den cerebralen Nerven (z. B. Chorda tympani), die letzteren sowohl in den cerebralen Nerven als auch im Sympathicus. Die anabolischen Fasern hemmen die Tätigkeit des lokalen Zentrums, während die katabolischen sie umgekehrt erhöhen. Nach dieser Auffassung ist die paralytische Sekretion eine Erscheinung der Tätigkeit des durch die anabolischen Fasern nicht gehemmten peripheren Nervenmechanismus[3]). Hier sei noch erwähnt, daß *Owsjanizki*[4]), der die Tätigkeit der aus dem Organismus herausgeschnittenen Unterkieferdrüse des Hundes untersuchte, eine spontane Sekretion derselben bei Hindurchlassung defibrinierten Blutes durch die Gefäße einer solchen Drüse wahrnahm. In dieser Absonderung sieht *Owsjanizki* eine paralytische Sekretion und ist geneigt, ihre Entstehung — im Einklang mit Bradford — auf die Abtrennung des Hemmungszentrums der Speicheldrüse mitsamt seiner Zuleitung zurückzuführen.

Heidenhain[5]) beobachtete, indem er beim Hunde die Chorda tympani auf der einen Seite durchschnitt, den Beginn einer schwer erklärlichen paralytischen Sekretion aus der Unterkieferdrüse nicht nur eben dieser Seite, sondern auch der entgegengesetzten, gesunden Seite. Die Durchschneidung der zu solcher Drüse führenden Nerven hemmte ihre Tätigkeit nicht. Dasselbe beobachtete auch Langley[6]) bei der Katze. Er nannte diese Sekretion eine antiparalytische oder kurz eine antilytische.

Nach Langleys Meinung ist die antilytische Sekretion eine vorübergehende Erscheinung, wenigstens bei der Katze. Sie wird nur in der ersten Zeit nach Durchschneidung der Chorda tympani der entgegengesetzten Seite beobachtet (am 13. Tage bleibt sie bereits aus). Ihre Entstehung verdankt sie einer temporären Erhöhung der Erregbarkeit der Zellen des Speichelsekretionszentrums gegenüber CO_2 normalen Blutes infolge von Impulsen, die sie von den durchschnittenen Fasern der Chorda tympani erhalten. Dispnöe erhöht sie in geringerem Maße als die paralytische Sekretion, jedoch bringt sie offenbar einen größeren Effekt hervor, als dies beim normalen Tier der Fall ist. Apnöe und eine beträchtliche Dosis Chloroform bringen sie zum Stillstand. Eine Durchschneidung der Chorda tympani verringert

---

[1]) Langley, Schaeffers Textbook of Physiology 1898, Vol. I, p. 521.

[2]) J. R. Bradford, Some points in the physiology of gland nerves. Journ. of Physiology 1888, Vol. IX, p. 287.

[3]) Um auf die anabolischen Fasern nicht mehr zurückkommen zu müssen, möchten wir gleich hier erwähnen, daß diesen Fasern ein Einfluß auf den Wiederherstellungsprozeß in den Drüsenelementen zugeschrieben wird (Langley, Journ. of Physiology, Vol. II, p. 261; Bradford, l. c.), im Gegensatz zu den katabolischen Fasern, die zur Zerstörung der Zellsubstanz führen. Eine Kritik dieser Ansichten kann man finden bei *J. P. Pawlow*, Wratsch 1890, Nr. 10, sowie bei *B. W. Werchowsky*, Der Wiederherstellungsprozeß in der Unterkieferspeicheldrüse. Diss. St. Petersburg 1890.

[4]) G. S. Owsjanizki, Zur Physiologie der Speicheldrüsen. Diss. St. Petersburg 1891.

[5]) Heidenhain, Studien des physiol. Instituts zu Breslau 1868, Heft IV, S. 82.

[6]) Langley, Journ. of Physiology 1885, Vol. VI, p. 71.

die antilytische Sekretion, aber eine Durchtrennung des Sympathicus bringt sie zum Stillstand. Somit werden die Impulse zur antilytisch sezernierenden Drüse von den erregten Zellen des Speichelsekretionszentrums durch die sekretorischen Fasern der speichelabsondernden Nerven vermittelt. Indes lassen sich diese Daten schwerlich damit in Einklang bringen, was Heidenhain am Hunde beobachtete: wie bereits oben angeführt, hatte die Durchschneidung der zentrifugalen Nerven der Speicheldrüsen auf die antilytische Sekretion keinen Einfluß.

Der Einfluß der Dyspnöe auf die sekretorische Arbeit der Speicheldrüsen.

Bei Atmungsbehinderung oder Erstickung des Tieres beginnen die Speicheldrüsen Speichel abzusondern. Gewöhnlich fällt der Beginn der sekretorischen Tätigkeit mit krampfhaften Kontraktionen der Körpermuskeln zusammen, d. h. der Drüsenapparat kommt in Tätigkeit erst bei einer bestimmten Anhäufung von Kohlensäure im Blut. Eine ziemliche ergiebige dyspnöetische Sekretion kann infolge Durchschneidung des cerebralen Sekretionsnervs bedeutend herabgemindert, doch nicht vollständig zum Stillstand gebracht werden. Folglich verdankt sie ihre Entstehung hauptsächlich einem durch die Kohlensäure auf das speichelsekretorische Zentrum der cerebralen Sekretionsnerven ausgeübten Reiz (Luchsinger[1])).

Bei Anästhesie des Tieres wird die dyspnöetische Sekretion schwächer und bei starkgradiger Anästhesie kann sie sogar ausbleiben[2]).

Nach Heidenhain[3]) gelangt bei Atmungsbehinderung aus der Unterkieferdrüse des Hundes in geringer Quantität ein an organischen Substanzen reicher Speichel zur Ausscheidung. Was seinen Gehalt an organischen Bestandteilen anbetrifft, so überragt er den mittelst Reizung der zentripetalen Nerven (z. B. des N. ischiadicus) erlangten „reflektorischen" Speichel.

Reizt man die Chorda während einer Dyspnöe, so verringert sich bei kurzer Atmungsbehinderung die Quantität des zur Absonderung gelangenden Speichels, während der prozentuale Gehalt an Salzen und in geringerem Umfange an organischen Substanzen in ihm ansteigt. Wir entnehmen ein Beispiel der Arbeit von Langley und Fletcher[4]).

Tabelle XVIII.

Einfluß der Dyspnöe auf die Zusammensetzung des Speichels aus der Unterkieferdrüse des Hundes, dessen Chorda tympani die ganze Zeit über mittels gleichstarken Stromes gereizt wird. (Nach Langley und Fletcher.)

Nummer der Portion	Menge des gesammelten Speichels in ccm	Sekretionsschnelligkeit pro Minute in ccm	Prozent an festen Substanzen	Prozent an organischen Substanzen	Prozent an Salzen	Bemerkungen
1	2,0	0,83	2,481	1,827	0,654	
2	2,5	0,356	**2,759**	**2,102**	**0,657**	Dyspnöe
3	2,0	0,348	2,225	1,669	0,556	
4	2,6	0,52	1,299	0,784	0,515	
5	3,0	0,44	**1,411**	**0,760**	**0,651**	Dyspnöe
6	3,2	0,64	1,149	0,627	0,522	

[1]) B. Luchsinger, Weitere Versuche und Betrachtungen zur Lehre von den Nervenzentren. Pflügers Archiv 1877, Bd. XIV, S. 389.

[2]) Langley, Schaeffers Textbook of Physiology 1898, Vol. I, p. 493.

[3]) Heidenhain, Hermanns Handbuch der Physiologie 1883, Bd. V, T. 1, S. 87.

[4]) Langley and Fletcher, Philosoph. Transact. 1890, Vol. CLXXX (B), p. 125.

Eine wiederholte Dyspnöe rief in diesem Versuche eine Zunahme sowohl des Gehalts an Salzen als auch des Gehalts an organischen Substanzen im Speichel hervor. Bei Betrachtung des Versuchs muß die Geschwindigkeit der Speichelsekretion sowie auch der Umstand berücksichtigt werden, daß im Laufe des Versuches ein Strom von gleicher Stärke angewandt wurde.

Eine ganz besondere Bedeutung legt Jaenicke[1]) CO_2 bei, dessen Gehalt nach Becher (Zeitschr. f. rat. Med., Bd. 6, Heft 3) im Blute nach erfolgter Nahrungsaufnahme ansteigt. Das in dieser Zeit von CO_2 übersättigte Blut regt nach Jaenickes Meinung die Speicheldrüsen zur Sekretion an, indem es auf das Zentrum der cerebralen speichelsekretorischen Nerven einen Reiz ausübt. Diese „verdauende Sekretion" beobachtete er, wenn auch nicht immer, an der Ohrspeicheldrüse von Hunden und Kaninchen im Verlaufe mehrerer Stunden nach der Nahrungsaufnahme. Ohne Zweifel wurde Jaenicke durch seine Methode irre geführt. Den Tieren wurde unmittelbar vor dem Versuch in den Ductus eine Kanüle eingeführt und dann eine Tracheotomie mit nachfolgender Befestigung der Röhre (zum Zwecke künstlicher Atmung) in trachea vorgenommen. Wie wir jetzt wissen (Babkin[2]), Chasen[3])), bleibt bei Hunden mit chronischen Fisteln der Speicheldrüsen nach reichlicher Speiseaufnahme nicht nur jedwede selbständige Sekretion aus, sondern auch selbst die bekannten Erreger der Speichelsekretion zeigen eine bedeutend schwächere Wirkung. Über die nach Jaenickes Hypothese bei Reizung des Sympathicus CO_2 zukommende Rolle ist bereits oben gesprochen worden (S. 44).

Speichelabsonderung zum Zwecke der Wärmeregulation.

Bei Hunden, die bekanntlich keine Schweißdrüsen besitzen, übernehmen offenbar die Speicheldrüsen im Falle einer Erhöhung der sie umgebenden Temperatur die Rolle der ersteren. Das Tier macht den Mund weit auf, läßt seine rote, mit Blut völlig angefüllte Zunge, von der ein dünnflüssiger, wässeriger Speichel herabtropft, heraushängen und atmet in beschleunigtem Tempo. Indem der Speichel von der Oberfläche der Zunge und des Mundes verdunstet, bringt er diese zur Abkühlung. Diese bereits von Luchsinger[4]) konstatierte Absonderungsart wurde von *Parfenow*[5]) einer eingehenden Untersuchung unterworfen.

Ein Hund mit chronischen Fisteln der Schleim- und Ohrspeicheldrüsen wurde in ein stark geheiztes Zimmer (von 18—28° R) gebracht. Als die Temperatur im Zimmer 21° erreichte, setzte beim Tiere gleichzeitig mit den oben beschriebenen Erscheinungen eine Speichelabsonderung vornehmlich aus den Schleimdrüsen und in geringerem Umfange aus der Ohrspeicheldrüse ein.

Der aus diesen wie auch aus jenen Drüsen abgesonderte Speichel war dünnflüssig und zeichnete sich durch einen äußerst niedrigen Gehalt besonders an organischen Substanzen aus. (Mittlere Zahlen.)

	Prozent an festen Substanzen	Prozent an organischen Substanzen	Prozent an Asche
Schleimdrüsen	0,618	0,173	0,445
Ohrspeicheldrüse	0,665	0,175	0,490

---

[1]) Jaenicke, Pflügers Archiv 1878, Bd. XVII, S. 209.

[2]) Babkin, Diss. St. Petersburg 1904, S. 156.

[3]) S. B. Chasen, Über die Wechselbeziehung des Umfangs des unbedingten und bedingten speichelsekretorischen Reflexes. Diss. St. Petersburg 1908, S. 123.

[4]) B. Luchsinger, Weitere Versuche und Betrachtungen zur Lehre von den Nervenzentren. Pflügers Archiv 1877, Bd. XIV, S. 383.

[5]) N. F. Parfenow, Ein spezieller Fall der Arbeit der Speicheldrüsen beim Hunde. Verhandl. der Gesellsch. russ. Ärzte zu St. Petersburg 1905—1906, S. 30.

Ohne Zweifel läßt bei seiner Verdunstung von der Zungenoberfläche ein solcher Speichel den allergeringsten festen Rückstand zurück (vgl. die Zusammensetzung des Speichels bei Einführung der verschiedenen Substanzen in den Mund des Hundes, Tab. II).

Die näheren Ursachen dieser „Wärme-Speichelsekretion" sind nicht aufgeklärt. Eine Erhöhung der inneren Körpertemperatur des Tieres spielte dabei jedenfalls keine Rolle, da sich die Temperatur im Laufe des Versuchs nicht änderte (ca. 38° C in recto).

Eine selbständige Absonderung eines gleichen Speichels beobachtete *Parfenow* auch ganz allgemein bei Erregung des Hundes.

Reizung der sekretorischen Nerven und Blutversorgung der Drüse.

Wie wir bereits wissen, leiten die cerebralen Nerven zu den Speicheldrüsen, außer den sekretorischen Fasern auch gefäßerweiternde, der Sympathicus zusammen mit den sekretorischen Fasern auch gefäßverengende. Bei Reizung der ersteren wird die Drüse rot, die aus den geöffneten Drüsenorganen herausfließende Blutmenge nimmt um ein Vielfaches zu, und das Blut geht von einer dunklen Färbung zu einer hellen über. Bei Reizung des Sympathicus bekommt die Drüse ein blasses Aussehen, und das Blut tropft aus der Drüsenvene in spärlichen, dunklen, fast schwarzen Tropfen. Diese von Cl. Bernard[1]) aufgedeckte Tatsache wurde von sämtlichen späteren Forschern sowohl hinsichtlich der Unterkieferdrüse als auch hinsichtlich der Ohrspeicheldrüse bestätigt. Sehr sorgfältig wurde sie an der Unterkieferdrüse eines Hundes von Langley[2]) untersucht. Als wir von der „augmented secretion" sprachen, führten wir die Ziffern der Speichelabsonderung aus der Unterkieferdrüse eines Hundes bei Reizung der Chorda tympani und des Sympathicus, sowie die Schnelligkeit des Abflusses des hierbei durch die Drüse gelangenden Blutes (s. S. 57) an. Wie aus diesen Beispielen ersichtlich, nimmt bei Reizung der Chorda tympani der Blutausfluß aus der Vene, im Vergleich mit dem Ruhezustand der Drüse, auffallend zu (fast um das Fünffache), während er bei Reizung des Sympathicus dagegen sich 3—4 mal verlangsamt. Atropin steht einer Wirkungsäußerung der vasomotorischen Nerven nicht im Wege.

Interesse verdienen folgende Besonderheiten in der Wirkung des einen oder anderen Nervs auf die Gefäße der Unterkieferdrüse des Hundes und ihre Wechselbeziehungen bei gleichzeitiger Reizung[3]).

Bei Reizung der Chorda tympani läuft die bestimmte latente Periode (von 0,1 bis 2,5 Sekunden) ab, bevor das Blut in verstärktem Maße aus den Drüsenvenen ausgeschieden zu werden anfängt. Bisweilen wird zu Beginn der Nervreizung sogar eine gewisse Verzögerung von ganz kurzer Dauer in der Blutausscheidung wahrgenommen, vermutlich infolge der plötzlichen Erweiterung der Drüsengefäße. Ziemlich rasch erreicht die Blutausscheidung ihre größte Höhe, wobei die Maximalausscheidung auch bald nach Beendigung der Nervreizung eintreten kann. Nach Einstellung der Reizung kehrt der Blutausfluß aus der Vene allmählich zur Norm zurück. Bei wiederholter Reizung der Chorda tympani erschlaffen rasch ihre Vasodilatatoren (die sekretorischen Fasern sind offenbar von größerer Ausdauer).

---

[1]) Cl. Bernard, Sur les variations de couleur dans le sang veineux des organes glandulaires suivant leur état de fonction ou de repos. Compt. rend. de l'Acad. des Sciences 1858, T. XLVI, p. 159.

[2]) J. N. Langley, Journ. of Physiology 1889, Vol. X, p. 304.

[3]) M. v. Frey, Über die Wirkungsweise der erschlaffenden Gefäßnerven. Arbeiten aus der physiol. Anstalt zu Leipzig 1877, 11. Jahrg., S. 89, und Langley, Journ. of Physiology 1889, Vol. X, p. 316.

Die Latenzdauer bei Reizung des Sympathicus ist bedeutend kürzer. Was vor allem bei Reizung des Sympathicus auffällt, ist die dieser fast unmittelbar folgende und einige Sekunden anhaltende Erhöhung des Blutausflusses aus den Drüsenvenen. Sie läßt sich, wie v. Frey annimmt, auf eine schnellere Entleerung der Drüsenarterien und ein Hineindrängen des Blutes in die Venen zurückführen. Diese Erhöhung des Blutausflusses wird bald von einer Verringerung desselben abgelöst. Nach Einstellung des Reizes kehrt der Blutkreislauf in der Drüse langsam — im Laufe einer Minute — zur Norm zurück. Somit hat die Reizung dieser und jener Nerven eine deutlich hervortretende Nachwirkung aufzuweisen; sie steht offenbar im Zusammenhang mit der Stärke und Dauer der Reizung des einen oder anderen Nervs.

Bei gleichzeitiger oder unmittelbar aufeinanderfolgender Reizung der Chorda tympani und des Sympathicus muß man zwei Fälle unterscheiden: 1. Wenn beide Nerven mittelst eines Maximalinduktionsstroms gereizt werden, und 2. wenn die Chorda tympani mittelst eines stärkeren Stromes gereizt wird, als der Sympathicus.

Im ersteren Falle ist, mögen beide Nerven gleichzeitig oder unmittelbar hintereinander gereizt werden, der Blutausfluß aus den Drüsenvenen ein gleicher wie bei Reizung des Sympathicus allein. Dafür nimmt nach Einstellung des Reizes die Blutausscheidung rasch zu und erreicht dieselbe Stärke wie bei Reizung der Chorda tympani allein.

Im zweiten Fall läßt sich, vereinigt man mit einem starken Reiz der Chorda tympani einen nicht maximalen Reiz des Sympathicus, der Blutausfluß aus der Vene um einiges herabmindern. Indes wird er immerhin größer sein, als während des Ruhezustandes der Drüse (v. Frey). Oder aber man kann durch Ausübung eines starken Reizes auf die Chorda tympani während der Wirkung des Sympathicus seinen gefäßverengenden Effekt bedeutend abschwächen (Langley).

Der sympathische Nerv einer Katze führt nach Carlson[1]) zur Unterkieferdrüse (doch nicht zur Unterzungen- und Ohrspeicheldrüse) außer Vasoconstrictoren auch Vasodilatatoren. Ihre Wirkung tritt bei schwachen Induktionsströmen hervor; Atropin hemmt sie mehr als die Vasoconstrictoren. Allein der gefäßerweiternde Effekt bei Reizung des Sympathicus ist in der Regel vorübergehender Natur (10 bis 20 Sekunden) und schwankt sehr; bei einigen Tieren wird er überhaupt nicht wahrgenommen.

Ohne sich auf die Einzelheiten hinsichtlich der Prozesse, die in der Speicheldrüse während der Sekretion vor sich gehen, näher einzulassen, sei nur darauf hingewiesen, daß die Quantität des durch die arbeitende Drüse aus dem Blute absorbierten Sauerstoffs und die Bildung von Kohlensäure im Vergleich mit dem Ruhezustand mehr als um ein Dreifaches zunimmt. Nachfolgende Ziffern erhielt Barcroff[2]) bei Untersuchung des aus der Unterkieferspeicheldrüse des Hundes während des Ruhezustands und bei Reizung der Chorda tympani abfließenden Blutes (mittlere Zahlen):

	Absorption von O pro Minute	Abgabe von CO_2 pro Minute
Drüse in Ruhezustand . . .	0,25 ccm	0,27 ccm
Drüse in Tätigkeit	0,86 ccm	0,97 ccm

Bei Vergiftung des Tieres mit Atropin in einer zur Paralyse der Chorda tympani ausreichenden Dosis verbraucht die Drüse im Verlaufe der Reizung der Chorda tympani nicht mehr Sauerstoff als während des Ruhezustands. Die Bildung von Kohlensäure nimmt nichtsdestoweniger zu.

	Absorption von O pro Minute	Abgabe von CO_2 pro Minute	
Drüse in Ruhezustand . . .	0,26 ccm	0,27 ccm	Bei Atropinvergiftung
Bei Reizung der Chorda tymp.	0,24 ccm	0,78 ccm	(mittlere Zahlen)

[1]) A. J. Carlson, Vaso-dilator fibres to the submaxillary gland in the cervical sympathetic of the cat. Americ. Journ. of Physiology 1907, Vol. XIX, p. 408.

[2]) J. Barcroff, The gaseous metabolism of the submaxillary gland. Part III. Journ. of Physiology 1901, Vol. XXVII, p. 31.

Die Blutanfüllung der Drüsengefäße hat eine wesentliche Bedeutung für ihre Arbeit. Obwohl man im Wege einer Reizung der sekretorischen Nerven der Speicheldrüsen auch an dem vom Rumpfe abgetrennten Kopfe des Tieres erzielen kann, so beeinflußt eine Verringerung des Blutausstroms zum Sekretionsorgan bis an einem gewissen Grade nichtsdestoweniger die Absonderung in quantitativer Hinsicht, und zwar verringert sie diese. Die Erregbarkeit des nervösen Drüsenapparates nimmt hierbei ab.

Diesbezügliche Untersuchungen wurden hauptsächlich von Heidenhain[1]) angestellt. Eigentlich müssen zwei Fälle der Beschränkung der Blutzufuhr zur Drüse unterschieden werden: 1. Wenn trotz einer gewissen Zusammenpressung der das Blut zur Drüse führenden Arterien der Blutstrom aus den Drüsenvenen zunimmt und das Venenblut noch die Farbe des Arterienblutes hat. (Übrigens kann dies durch teilweise Zusammenpressung der Carotiden und Beschleunigung der künstlichen Atmung erreicht werden.) In solchem Falle beobachtete Heidenhain bei gleicher Reizstärke des sekretorischen Nervs (Chorda tympani) keine Abnahme der Sekretion aus der Unterkieferdrüse des Hundes. 2. Wenn die Zusammenpressung der das Blut der Drüse zuführenden Gefäße so beträchtlich ist, daß das aus den Drüsenvenen abfließende Blut einen deutlich venösen Charakter annimmt, oder wenn bei weiterer Beschränkung der Blutzirkulation das Blut aus den Venen nur in spärlicher Menge zur Ausscheidung gelangt, so nimmt die Sekretion bei gleichstarker Reizung des Nervs ab. Der Grad der Sekretionsverringerung steht in direkter Beziehung zum Grad der Beschränkung der Blutversorgung der Drüse. Hierbei kehrt nach Wiederherstellung des normalen Blutkreislaufes die Erregbarkeit des nervösen Drüsenapparats nur ganz allmählich zurück (besonders bei der Unterkieferdrüse). Auf Grund dieser Tatsachen nimmt Heidenhain an, daß die Verringerung der Sekretion bei Beschränkung des Blutkreislaufs in der Drüse nicht infolge Sinkens des Blutdrucks, vielmehr infolge ungenügender Versorgung des Drüsengewebes mit Sauerstoff vor sich geht.

Der Einfluß einer Beschränkung der Blutversorgung der Drüse auf die Zusammensetzung des zur Absonderung gelangenden Speichels wird weiter unten bei Erörterung der Speichelsekretionstheorien besprochen werden.

3. Kapitel.

Zentrale Innervationsherde. — Das Ganglion submaxillare. — Das verlängerte Mark. — Die Großhirnrinde. — Bedingte Speichelreflexe. — Speichelsekretion bei künstlicher Reizung der Hirnrinde. — Speichelsekretionstheorien. — Zweierlei Arten von Drüsenelementen und zweierlei Arten von Nervenfasern. — Die Heidenhainsche Theorie. — Einwendungen gegen die Heidenhainsche Theorie. — Ansicht Langleys und deren Kritik.

In der vorhergehenden Darstellung lernten wir den peripheren rezeptorischen Nervenapparat der Speicheldrüsen, ihre zentripetalen und zentrifugalen Nerven kennen. Nunmehr müssen wir uns mit demjenigen Nervenapparat näher beschäftigen, in dem die Weitergabe des Reizes von den zentripetalen an die zentrifugalen Bahnen vor sich geht. Solchen Apparat stellen die Innervationszentren dar, d. h. die im Zentralnervensystem belegenen Anhäufungen von Nervenzellen.

---

[1]) Heidenhain, Studien des physiol. Instituts zu Breslau 1868, Heft IV, S. 88—101.

Das Ganglion submaxillare.

Nur der Vollständigkeit halber mag hier nicht unerwähnt bleiben, daß Cl. Bernard[1]) das Ganglion submaxillare für ein peripheres Zentrum der Unterkieferdrüse ansah. Nach Durchschneidung des N. lingualis vom V. Paar oberhalb des Ausgangspunktes der Chorda tympani von diesem Nerv rief eine Reizung der Mundhöhlenschleimhaut beispielsweise durch Äther oder eine Reizung des N. lingualis mittelst Induktionsstromes an der Austrittsstelle desselben aus der Zunge nach Cl. Bernard eine Speichelabsonderung hervor. Der Reflex aus der Mundhöhle muß nach seiner Meinung durch Vermittlung der zentripetalen Fasern des N. lingualis an die Nervenzellen des Ganglion submaxillare und von hier durch die Fasern der Chorda tympani an die Drüsenzellen weitergegeben werden.

Diese Beobachtung fand seitens der Mehrzahl der sie nachprüfenden Autoren keine Bestätigung. Nur Schiff[2]) gelang es, bei Reizung des N. lingualis nach seinem Austritt aus der Zunge ein positives Resultat zu beobachten. Allein Schiff gab dieser Erscheinung eine ganz andere Auslegung. Nach Schiff steigt ein Teil der Fasern der Chorda tympani am N. lingualis etwas unterhalb der Abzweigung der Hauptmasse der Chorda tympani vom letzteren hinab. Vor Eintritt des N. lingualis in die Zunge machen diese Fasern der Chorda tympani kehrt und wenden sich in Gestalt eines sehr feinen Ästchens zurück — jedoch nunmehr bereits zum Ganglion submaxillare. Es ist durchaus verständlich, warum ein Reiz des N. lingualis in der Nähe der Zunge eine Speichelabsonderung hervorrufen kann. Diese Absonderung läßt sich verhindern, indem man einige Tage vor der Versuchsvornahme den N. lingualis unmittelbar in der Nähe der Zunge oder eben jenes Ästchen der zurückführenden Fasern der Chorda tympani durchschneidet. Die sekretorischen Fasern gelangen während dieser Zeit zur Degeneration, und der Reiz des N. lingualis bleibt resultatlos.

Indes erhielt Wertheimer[3]) in letzterem Falle ein positives Ergebnis: bei Reizung des 6 bis 10 Tage vor Versuchsvornahme 3—4 cm oberhalb des Ganglion submaxillare durchschnittenen N. lingualis ergab sich eine Sekretion aus der Unterkieferdrüse. Langley und Anderson[4]), die das Vorhandensein rückwärtiger Fasern der Chorda tympani bestätigen, nehmen an, daß diese Tatsache dadurch erklärt werden könne, daß diese Fasern den N. lingualis nicht an einem Punkte verlassen. Außerdem darf man nicht vergessen, daß das sogenannte „Ganglion submaxillare", wie wir dies bereits wissen, eine vornehmliche Beziehung zur Unterzungendrüse hat (Langley).

Das verlängerte Mark.

Der erste mit Bestimmtheit festgestellte Innervationsherd der Speicheldrüsen im Zentralnervensystem ist ein bestimmtes Gebiet des verlängerten Marks. Hier befinden sich die Kerne des N. facialis und N. glossopharyngeus, von denen die cerebralen speichelsekretorischen Nerven ihren Anfang nehmen. Die Beziehung dieses Teiles des Zentralnervensystems zur Speichelsekretion wurde auf zweierlei Weise nachgewiesen: 1. durch Reizung des verlängerten Marks, die eine Speichelabsonderung zur Folge hatte, und 2. durch Konstatierung einer noch nach Abtrennung des verlängerten Marks vom Großhirn

---

[1]) Cl. Bernard, Recherches expérimentales sur les ganglions du grand sympathique. Ganglion sous-maxillaire. Compt. rend. de l'Acad. des Sciences 1862, T. LV, p. 341, und Gaz. méd. de Paris, 3 sér., Vol. XVII, p. 560.

[2]) M. Schiff, Leçons sur la physiologie de la digestion 1867, Vol. I, p. 284ff.

[3]) E. Wertheimer, Recherches sur les propriétés du ganglion-sous-maxillaire. Archives de physiologie normale et pathologique 1890, p. 519.

[4]) J. N. Langley and H. K. Anderson, On reflex action from sympathetic ganglion. Journ. of Physiology 1894, Vol. XVI, p. 410.

mittels eines Querschnitts durch den Pons Varolii vorhandenen reflektorischen
Tätigkeit der Speicheldrüsen.

Schon Cl. Bernard[1]) erhielt einen reichlichen Speichelabfluß aus der Unterkieferspeicheldrüse beim Stechen einer bestimmten Stelle des verlängerten Marks (hinter
der Ausgangsstelle des N. trigeminus). Diese Beobachtung wurde von Eckhard[2])
bestätigt und durch die Untersuchungen von Loeb[3]) ergänzt. Der letztere Autor
wies nach, daß eine Verletzung des Bodens der vierten Gehirnkammer auf einer Seite
eine Sekretion aus beiden Unterkieferdrüsen und der Ohrspeicheldrüse auf der Seite
der Verletzung hervorruft; hierbei ist die Absonderung um so beträchtlicher, je mehr
die Kerne und die Bahnen der Sekretionsnerven von der Zerstörung ergriffen sind.
Grützner und Chtapowski[4]) zeigten, daß man auf eben dieselbe Weise eine Sekretion aus der Unterkieferdrüse — allerdings in geringerem Umfang — auch nach
Durchschneidung der Chorda tympani erhalten kann. Eine Durchtrennung des
Sympathicus bringt diese Sekretion zum Stillstand. Folglich hat das erwähnte
Gebiet des verlängerten Marks eine Verbindung auch mit denjenigen sekretorischen
Fasern, welche in der Bahn des Sympathicus verlaufen.

Andererseits steht eine Abtrennung des verlängerten Marks vom Großhirn
mittelst Querschnitts durch den Pons Varolii der Entstehung einer reflektorischen
Speichelsekretion bei Reizung der Mundhöhlenschleimhaut durch verschiedene
Agenzien nicht im Wege. Mithin wird bei Abtrennung des Großhirns vom verlängerten Mark die Intaktheit des reflektorischen Nervenbogens nicht beeinträchtigt[5]).

Als Erreger der speichelsekretorischen Zentren des verlängerten Marks erscheint, wie wir bereits wissen, CO_2 (s. S. 65).

Die Großhirnrinde.

Die Beziehung der Großhirnrinde zur Speichelsekretion ist schon vor
längerer Zeit auf Grund von Tatsachen doppelter Art festgestellt worden. Erstens verhielt sich die sogenannte „psychische Speichelsekretion" zur Tätigkeit
der Hirnrinde, wie alle Prozesse ähnlicher Art. Zweitens rief eine künstliche
Reizung verschiedener Gebiete der Hirnrinde oder ihre Verletzung bei einigen
pathologischen Vorgängen eine Speichelsekretion hervor. Trotz zahlreicher
Untersuchungen auf diesem Gebiete blieb die Frage bis in die allerletzte Zeit
hinein nicht völlig aufgeklärt. Erst infolge der Untersuchungen von *J. P. Pawlow*
und seinen Schülern gelang es, der Aufklärung des Mechanismus der Speichelsekretion in dem einen wie in dem andern Falle näherzukommen.

Bedingte Speichelreflexe.

Wie wir aus dem Vorhergehenden wissen, kommen die Speicheldrüsen
nicht nur dann in Tätigkeit, wenn die dem Reiz angepaßte, spezielle chemische,
mechanische und thermische Reize rezipierende Mundhöhlenoberfläche gereizt
wird, sondern auch in dem Falle, wo weitere Oberflächen gereizt werden, die
andere von demselben Objekt ausgehende Reize (Licht-, Laut-, Geruchreize
usw.) aufnehmen. Andererseits ist uns bekannt, daß der Reflex aus der Mund-

<hr>

[1]) Cl. Bernard, Leçons de physiologie expérim. Paris 1856, T. II, p. 80.
[2]) C. Eckhard, Untersuchungen neben Hydrurie. Eckhards Beiträge 1869,
Bd. IV, S. 191.
[3]) L. Loeb, Eckhards Beiträge 1870, Bd. V, S. 1.
[4]) P. Grützner und Chtapowski, Beiträge zur Physiologie der Speichelsekretion. Pflügers Archiv 1873, Bd. VII, S. 522.
[5]) Heidenhain, Hermanns Handbuch der Physiologie 1883, Bd. V, T. 1, S. 81.

höhle an die Speicheldrüsen sowohl bei Entfernung der Hirnrinde (s. S. 28) als auch bei Abtrennung des Großhirns vom verlängerten Mark mittelst Querschnitts durch den Pons Varolii (s. S. 71), weitergeleitet wird. Folglich verläuft der Bogen dieses speichelsekretorischen Reflexes im Zentralnervensystem irgendwo unterhalb der Hirnrinde. Da wir über die Beziehung der subcorticalen Ganglien zur Speichelsekretion nichts Bestimmtes wissen, so sind wir vorläufig zur Hypothese berechtigt, daß die zentripetalen Nerven der Speicheldrüsen mit den zentrifugalen Nerven dieser letzteren in den Speichelsekretionszentren des verlängerten Marks zusammentreffen.

In welcher Beziehung zu dieser reflektorischen Speichelsekretion steht nun die bei Reizung anderer rezeptorischer Oberflächen — abgesehen von der der Mundhöhle — (des Auges, der Nase, des Ohres) eintretende Speichelabsonderung?

Zunächst ergab es sich, daß bei Tieren, die die Operation einer vollständigen doppelseitigen Entfernung der Hirnrinde überstanden und sich wieder völlig erholt hatten, eine Speichelsekretion nur bei Einführung verschiedener Substanzen in die Mundhöhle erzielt werden konnte: ihr Anblick, ihr Geruch, das von ihnen ausgehende Geräusch erwies sich nunmehr als bereits unwirksam (*Zeljony*[1]). Folglich ist die Hirnrinde an der Leitung dieser Reize vom peripheren Rezeptionsapparat (Auge, Ohr, Nase) an das Speichelsekretionszentrum des verlängerten Marks und von hier an die Speicheldrüsen beteiligt.

Zweitens stellte es sich heraus, daß die Speichelsekretion bei Einführung verschiedener Substanzen in die Mundhöhle ein angeborener Akt ist, während die Fähigkeit, mit Speichelsekretion auf den Anblick, Geruch und das von verschiedenen Substanzen ausgehende Geräusch zu reagieren, vom Tier nur dank der Lebenserfahrung erworben wird.

Zitowitsch[2]) fütterte junge Hunde mit konstanten Fisteln der Speicheldrüsen nach Glinski über ein halbes Jahr lang ausschließlich mit Milch. Nicht nur der Genuß, sondern auch der Anblick und Geruch von Milch riefen bei diesen Tieren eine Speichelsekretion hervor. Nach Ablauf dieser Zeit nahm er an den jungen Hunden Versuche mit verschiedenen ihnen unbekannten eßbaren und ungenießbaren Substanzen vor. Es ergab sich, daß weder der Anblick noch der Geruch, noch das von diesen Substanzen ausgehende Geräusch (z. B. das krachende Geräusch beim Brechen von Zwieback) irgendwelche speichelsekretorische Reaktion zur Folge hatte. Eine Ausnahme machte nur der Geruch von Quark und Käse — offenbar als Milchprodukte, sowie das plätschernde Geräusch einer Flüssigkeit überhaupt — offenbar als eine beständige Begleiterscheinung beim Genuß von Milch. Wurden den jungen Hunden Substanzen, die ihnen völlig unbekannt waren (Fleisch, Zwieback, verschiedene verweigerte Substanzen), in den Mund eingeführt, so zeigte sich stets eine Speichelabsonderung; aber nach Vornahme einiger, mittelst dieser oder jener Substanz auf die Mundhöhlenschleimhaut ausgeübter Reize gewannen die Fähigkeit, die Speicheldrüsen anzuregen, auch diejenigen Eigenschaften der betreffenden Substanz (Aussehen, Geruch, Geräusch), die vorher diese Fähigkeit nicht besessen hatten.

Drittens endlich ist, wie wir bereits wissen (Kap. II), die speichelsekretorische Reaktion beim Anblick, Geruch usw. einer Substanz die verkleinerte Kopie einer gleichen bei Einführung des gegebenen Objekts in die Mundhöhle beobachteten Reaktion. Indes besteht auch ein gewisser wesentlicher Unter-

---

[1]) G. P. Zeljony, Ein Hund ohne Großhirnhemisphären. Verhandl. der Gesellsch. russ. Ärzte zu St. Petersburg 1911—1912, S. 50 u. 147.

[2]) J. S. Zitowitsch, Entstehung und Bildung der natürlichen bedingten Reflexe. Diss. St. Petersburg 1911.

schied zwischen ihnen. Während die Speichelsekretion bei Reizung der rezeptorischen Oberfläche der Mundhöhle in den physiologischen Bedingungen außerordentlich konstant ist, ist die Speichelabsonderung bei Reizung anderer rezeptorischer Oberflächen gleichsam weniger konstant, Schwankungen unterworfen: bald ist sie vorhanden, bald bleibt sie aus. Das Studium dieser Reaktion der Speicheldrüsen hat gezeigt, daß auch hier keine Zufälligkeiten Platz greifen, ebensowenig wie bei der gründlich erforschten Speichelsekretion im Falle einer Reizung der Mundhöhle. Allein diese neue Reaktion der Speicheldrüsen, die den gleichen Grundgesetzen der Nerventätigkeit unterworfen ist, weist in Anbetracht ihrer Kompliziertheit einige abweichende charakteristische Züge auf. Fassen wir nun das Gesagte zusammen und vergleichen wir die speichelsekretorische Reaktion bei Reizung der rezeptorischen Oberfläche des Mundes mit einer gleichen Reaktion, wie wir sie bei Reizung anderer rezeptorischer Oberflächen beobachten, so sind wir — wenn man von einzelnen unterscheidenden Zügen absieht — vollauf berechtigt, sie unter ein und dieselbe Kategorie physiologischer Prozesse einzureihen. Sowohl in dem einen wie in dem andern Falle sehen wir die Reaktion der Speicheldrüsen auf den Reiz, dem die rezeptorische Oberfläche ausgesetzt ist; hier wie dort tritt diese Reaktion durch Vermittlung des Nervensystems ins Leben; in beiden Fällen steht sie in quantitativer wie qualitativer Hinsicht in entsprechender Abhängigkeit von den speziellen Eigenschaften des sie hervorrufenden Erregers. Wenn wir im ersteren Fall von einem speichelsekretorischen oder Speichelreflex sprechen, so sind wir offenbar vollauf berechtigt, auch die andere Reaktion der Speicheldrüsen unter eben jenen Reflexbegriff zu bringen. Allein diese beiden Reflexarten völlig zu identifizieren vermögen wir immerhin nicht. Der Reflex auf die Speicheldrüsen aus der Mundhöhle tritt ohne Beteiligung der oberen Teile des Gehirns ins Leben, für das Vorhandensein eines gleichen Reflexes vom Auge, Ohr oder der Nase ist die Intaktheit der Hirnrinde erforderlich; der erstere Reflex ist angeboren, der zweite wird im Laufe des Lebens erworben; der erstere ist unter physiologischen Bedingungen konstant, behufs Entstehung und Bildung des zweiten ist eine ganze Reihe genau bestimmter Bedingungen erforderlich. Auf Grund der Besonderheiten dieser sowie jener Reflexe schlug *J. P. Pawlow* vor, die ersteren unbedingte Reflexe, die anderen bedingte Reflexe zu nennen.

Da die bedingten Reflexe nicht angeboren sind, so drängt sich naturgemäß die Frage auf: auf welche Weise sie zur Bildung gelangen. *Pawlow* stellt sich den Mechanismus der Bildung der bedingten Speichelreflexe folgendermaßen vor:

Wenn im Zentralnervensystem irgendein Innervationsherd in heftige Erregung gebracht wird, so attrahiert er die Reize aus den anderen, weniger stark erregten Punkten des Zentralnervensystems. So kommt bei Reizung der Mundhöhle mittelst irgendeiner Substanz das Speichelsekretionszentrum des verlängerten Marks in Erregung. In derselben Zeit werden aber durch andere Eigenschaften eben jener Substanz die höheren rezeptorischen Zentren, das Seh-, Geruchs-, Gehör- und Hautzentrum, die bekanntlich in der Hirnrinde belegen sind, zur Erregung gebracht. Infolge solchen Zusammenfallens der Erregung des speichelsekretorischen Zentrums des verlängerten Marks mit der Erregung dieser oder jener rezeptorischen Hirnrindenzentren wird zwischen ihnen eine lockere, temporäre, bedingte Verbindung hergestellt. Wenn das Zusammenfallen der Erregung des speichelsekretorischen Zentrums des verlängerten Marks mit der Erregung der Rindenzentren sich mehrmals wiederholte, so wird der von der Peripherie zu einem der oberen rezeptorischen Zentren gelangende Reiz an das Speichelsekretionszentrum weitergeleitet. Die Speicheldrüsen reagieren mit einer Sekretion nunmehr schon bei bloßem Anblick, Geruch usw. dieser oder jener Substanz. Mit anderen Worten: es bildet sich ein entsprechender bedingter Speichelreflex. Hieraus ergibt sich zweierlei. Erstens: hat die gegebene Substanz sich noch niemals in der Mundhöhle befunden und mithin einen unbedingten Reflex noch nicht hervorgerufen, so ruft sie, bevor sie dorthin gelangt, auch keinen bedingten Reflex hervor. So hat beispielsweise der Geruch die Mundhöhlenschleimhaut stark reizender ätherischer Öle (Ol. caryophillorum, anisi, bergamoti usw. s. Kap. II) keinen einzigen Tropfen Speichel aus den Speicheldrüsen zur Folge. Man braucht indes nur 1—2—3 mal solches Öl mit der Mundhöhlenschleimhaut in Berührung zu bringen, d. h. einen unbedingten Reflex herbeizuführen, und sein bis dahin indifferenter Geruch beginnt schon an sich die Speicheldrüsen anzuregen, d. h. es bildet sich ein entsprechender bedingter Geruchreflex. In diesem Sinne sprechen auch die oben erwähnten Versuche von Zitowitsch.

Mit eben diesem Umstande, d. h. mit der Möglichkeit der Bildung eines bedingten Speichelreflexes aus dem bis dahin indifferenten Geruch irgendeiner Substanz muß denn auch jener Widerspruch erklärt werden, auf den wir in dem Teil über die zentripetalen Nerven (S. 36) hinwiesen, indem wir sagten, daß durch den N. olfactorius Reflexe (jetzt nennen wir sie natürlich unbedingte) auf die Speicheldrüsen nicht übertragen werden.

Zweitens kann mit der Tätigkeit der Speicheldrüsen jede beliebige äußere Erscheinung in Beziehung gebracht werden. Zu diesem Zwecke braucht man nur zeitweilig den unbedingten Reiz der Speicheldrüsen, d. h. die Nahrungsaufnahme oder Einführung ungenießbarer Substanzen in den Mund mit dem neuen in bezug auf die Speicheldrüsen indifferenten Erreger zeitlich zusammenfallen lassen. Kratzt man beispielsweise während des Genusses von Fleischpulver gleichzeitig einen bestimmten Teil der Haut, so läßt sich beim Hunde ein bedingter Kratzreflex zur Entstehung bringen. Mit anderen Worten: nach mehrmaligem Zusammenfallen des Genusses von Fleischpulver mit dem Kratzen der Haut ruft das Kratzen allein eine Speichelsekretion hervor usw.

Es muß noch bemerkt werden, daß die Reizung der Mundhöhle mit irgendwelcher Substanz nicht nur die Entstehung eines unbedingten Speichelreflexes, sondern auch die Bildung eines bedingten Reflexes von der Oberfläche der Mundhöhlenschleimhaut aus nach sich zieht. Mit anderen Worten: die rezeptorische Mundoberfläche ist vermittelst der Nervenbahnen nicht nur mit den unteren Teilen des Zentralnervensystems (dem verlängerten Mark), sondern gleich den übrigen rezeptorischen Oberflächen auch mit den oberen verbunden. Als Bestätigung dieser Annahme dient der Umstand, daß die Speichelsekretion bei wiederholter Anwendung beispielsweise irgendeines verweigerten Erregers (Lösung von HCl oder Na_2CO_3) allmählich zunimmt. Unzweifelhaft spielt hierbei die Bildung eines bedingten speichelsekretorischen Reflexes auf die gegebene Substanz von der Mundhöhle aus eine Rolle[1]).

---

[1]) In der Frage über die bedingten Speichelreflexe müssen wir uns notgedrungen auf diese bis zu einem gewissen Grade schematische Darlegung beschränken. Die Erforschung der bedingten Speichelreflexe beim Hunde im Laboratorium von J. P. Pawlow hat gezeigt, daß die bedingte Reaktion der Speicheldrüsen eine unentbehrliche Methode bei objektiver Untersuchung der Tätigkeit der oberen Teile des Gehirns darstellt. Es mag der Hinweis genügen, daß gegenwärtig eine vollständige Erforschung der Hirnrindenfunktionen bei den höheren Tieren ohne Anwendung der Methode der bedingten Reflexe undenkbar ist. Es ist nicht möglich, hier die äußerst umfangreiche Literatur anzuführen, die hinsichtlich dieser Frage aus dem Laboratorium von Prof. J. P. Pawlow hervorgegangen ist. Wir verweisen nur auf die systematisierenden und den Gegenstand verallgemeinernden Arbeiten von J. P. Pawlow selbst: Psychische Erregung der Speicheldrüsen. Ergebnisse der Physiologie 1904, Jahrg. III, Abt. 1, S. 177. — The Huxley lecture on the scientific investigation of the psychical faculties or processus in higher animals. The Lancet 1906, Vol. CLXXI, p. 911. — Naturwissenschaft und Gehirn. Ergebnisse der Physiologie 1911, Jahrg. XI, S. 357. — Ein neues Laboratorium zur Erforschung der bedingten Reflexe. Ibidem S. 372.

Speichelsekretion bei künstlicher Reizung der Hirnrinde.

Die Tatsache der Speichelabsonderung bei Reizung bestimmter Teile der Hirnrinde ist schon verhältnismäßig lange bekannt. Im Jahre 1875 wiesen Lépine und Bochefontaine[1]) an curarisierten Hunden nach, daß die Reizung der vor (bis zu den Lobi olfactorii), hinter und unterhalb des Sulcus cruciatus gelegenen Teile der Hirnrinde mittelst Induktionsstromes die Absonderung eines dünnflüssigen Speichels von chordalem Typus aus der Unterkieferdrüse zur Folge hat. Die Durchschneidung der Chorda tympani hob diesen Effekt auf. Reize auf den Occipitallappen ergeben ein sehr schwaches oder zweifelhaftes Resultat.

Diese auch auf die Ohrspeicheldrüse ausgedehnten Beobachtungen wurden sowohl von Bochefontaine[2]) selbst als auch von anderen Autoren (Bechterew und Mislawski[3]), Bary[4]), Berger[5]), Belitzki[6]), Spirtow[7])) wiederholt und bestätigt. Hierbei werden die Teile der Hirnrinde, deren Reizung eine Speichelabsonderung hervorruft, mit größerer Bestimmtheit festgestellt. Somit unterliegt die Tatsache selbst keinem Zweifel; bei ihrer Auslegung werden jedoch sich widersprechende Ansichten geltend gemacht. Während Bechterew und Mislawski, Bary, Berger, Belitzki und Spirtow die Existenz eines wirklichen Hirnzentrums der Speichelsekretion anerkennen, war Bochefontaine (l. c.) der Meinung, daß das Gebiet der Hirnrinde, das eine Beziehung zur Speichelsekretion hat, nicht als spezielles Hirnrindenzentrum der Speicheldrüsen angesehen werden darf. Er betrachtete die genannten Gehirnteile als sensible, und das Resultat ihrer Reizung als einen von hier zum Speichelsekretionszentrum führenden Reflex. Ebenso stellte auch Eckhard[8]) das Vorhandensein von speichelsekretorischen Rindenzentren in Abrede, indem er davon ausging, daß die Sekretion der Speicheldrüsen bei Reizung der Hirnrinde der Ausbreitung einer tetanischen Erregung auf der Hirnrinde sowie ferner einer Erhöhung der Erregbarkeit infolge Vergiftung der Tiere mit Curare zuzuschreiben sei. Die erstere Ursache wird von den Verfechtern des speichelsekretorischen Hirnzentrums bestritten mit der Begründung, daß die Ausübung selbst sehr schwacher, Krämpfe nicht hervorrufender Reize auf die Rinde

---

[1]) Lépine et Bochefontaine, L'influence de l'excitation du cerveau sur la sécrétion salivaire. Gazette méd. de Paris 1875, p. 332.

[2]) Bochefontaine, Etude expérimentale de l'influence exercée par la faradisation de l'écorce grise du cerveau sur quelques fonctions de la vie organique. Arch. de la physiol. normale et pathologique 1876, p. 161.

[3]) Bechterew und Mislawski, Über den Einfluß der Hirnrinde auf die Speichelsekretion. Neurol. Zentralblatt 1888, S. 553. — Zur Frage über die Speichelsekretion anregender Rindenfelder. Neurol. Zentralblatt 1889, S. 190.

[4]) A. Bary, Zur Frage über die Rindenzentren der Speichelsekretion. Neurol. Anzeiger (russ.). 1899, Bd. VII, Lieferung 4.

[5]) W. M. Berger, Über die Funktion der Speicheldrüsen bei Säuglingen. Diss. St. Petersburg 1900, S. 60ff.

[6]) J. Belitzki, Über den Einfluß des Rindenzentrums der Speichelsekretion auf die reflektorische Arbeit der Speicheldrüsen. Rundschau für Psychiatrie, Neurl. und exper. Psychol. (russ.). 1906, p. 34.

[7]) N. J. Spirtow, Demonstrierung des speichelsekretorischen Hirnzentrums. Rundschau für Psychiatrie, Neurologie und exper. Psychol. (russ.). 1909, p. 57. — Demonstrierung von Hunden, denen die Zentren der Speichelsekretion entfernt worden waren. Ibidem S. 120.

[8]) Eckhard, Die Speichelsekretion bei Reizung der Großhirnrinde. Neurol. Zentralblatt 1889, S. 65.

curarisierter Hunde einen deutlichen sekretorischen Effekt ergibt. Die zweite
Einwendung wird hinfällig in Anbetracht der an morphinisierten Hunden vorgenommenen Versuche (Bary[1])). Die Frage, ob ein spezielles Rindenzentrum
der Speichelsekretion vorhanden sei, wurde von *Tichomirow*[2]) an der Hand
eines chronischen Versuches nach der Methode der bedingten Speichelreflexe
in verneinendem Sinne entschieden.

Wenn in der Tat ein solches Zentrum vorhanden wäre, so müßte die Entfernung der dem angenommenen Zentrum entsprechenden Rindengebiete unbedingt
die Vernichtung der bedingten Speichelreflexe im Gefolge haben. *Tichomirow* entfernte bei einem Hunde mit permanenten Fisteln der Speicheldrüsen die Hirnrinde
an beiden Hirnhälften annähernd in den von Bechterew und Mislawski für
das Speichelsekretionszentrum angegebenen Grenzen. Allein im Widerspruch mit
den Behauptungen Belitzkis[3]) blieben beim Hunde von *Tichomirow* nach der
Operation die bedingten Reflexe sowohl auf eßbare als auch auf verweigerte Substanzen in vollem Umfange aufrechterhalten. Beispielsweise rief der Anblick, der
Geruch sowie das plätschernde Geräusch einer HCl-Lösung im Probiergläschen
eine ebenso energische Reaktion der Speicheldrüsen hervor, wie bis zur Vornahme
der Gehirnoperationen. Eine alleinige Ausnahme bildete der bedingte Hautreiz;
der durch Verbindung dieses Reizes mit Einführung einer HCl-Lösung in den Mund
zur Bildung gelangte bedingte Reflex auf Kratzen eines Teiles der Haut verschwand.
Daß die Ursache nicht in der Salzsäure zu suchen ist, beweist der Umstand, daß
zu eben dieser Zeit, d. h. nach der Gehirnoperation, mit Hilfe von Salzsäure ein bedingter Speichelreflex auf den Geruch von Campher zur Bildung gelangen konnte.
Somit muß man zugeben, daß bei Entfernung der Hirnrinde in den Grenzen des
Bechterew - Mislawskischen Speichelzentrums der reflektorische Bogen des bedingten Kratzreflexes unterbrochen war. Da diese Gebiete der sogenannten motorischen Zone und der Gefühlszone entsprechen, so muß man im Einklang mit den
früheren Forschern annehmen, daß beim *Tichomirow*schen Hunde die die Hautreize rezipierenden Zentren zerstört waren. Bei vollständiger Entfernung der Rinde
verschwinden, wie wir bereits wissen, sämtliche bedingte Reflexe[4]).

In Anbetracht des Gesagten ist es richtiger, wie *Pawlow* meint, zur früheren Anschauung Bachefontaines[5]) zurückzukehren. Die Speichelsekretion bei Reizung bestimmter Gebiete der Großhirnrinde läßt sich als eine
infolge Reizung der zentripetalen Bahnen zur Entstehung gelangende reflektorische Speichelabsonderung darstellen. Sie ist jener reflektorischen Speichelsekretion, die man bei Reizung verschiedener zentripetaler Nerven (N. lingualis
quinti, N. ischiadicus usw.) erhält, analog.

Speichelsekretionstheorien.

Wir haben ein reichhaltiges, die Arbeit der Speicheldrüsen charakterisierendes Tatsachenmaterial an unseren Augen vorüberziehen lassen. Behufs

---

[1]) Bary, Neurol. Anzeiger (russ.). 1899, Bd. VII, Lieferung 4. — Darlegung
des Streites von Bechterew und Mislawski mit Eckhardt siehe bei Babkin.
Diss. St. Petersburg 1904, S. 22ff. sowie bei N. P. Tichomirow, Versuch streng
objektiver Erforschung der Großhirnfunktionen beim Hunde. Diss. St. Petersburg
1906, S. 47ff.

[2]) Tichomirow, Diss. St. Petersburg 1906, S. 88ff.

[3]) Belitzki, Rundschau für Psychiatrie, Neurologie und Experimentalpsychologie (russ.). 1906, S. 34.

[4]) Zeljony, Verhandl. der Gesellsch. russ. Ärzte zu St. Petersburg 1911—1912,
S. 50 u. 147.

[5]) Bochefontaine, Archives de la physiologie normale et pathologique 1876,
p. 161.

gleichmäßiger Beleuchtung sämtlicher Tatsachen haben wir uns bisher jedweder theoretischer Schlußfolgerungen enthalten. Mit um so größerer Berechtigung können wir uns nunmehr von einer Beschreibung der beobachteten Erscheinungen den sie erklärenden Theorien zuwenden.

Vergleicht man die die Tätigkeit der Speicheldrüsen betreffenden Daten, so ziehen sich wie ein roter Faden durch das gesamte diesbezügliche experimentelle Material eine Reihe von Tatsachen, die die Divergenz zweier Drüsenfunktionen hervorheben: die Absonderung von Wasser und Salzen sowie die Absonderung von organischen Substanzen. Durchgehends schwankt bei ein und derselben Schnelligkeit der Speichelsekretion je nach der Anwendung dieses oder jenes Erregers die Quantität der organischen Substanzen im Speichel innerhalb sehr weiter Grenzen. Man braucht nur an den Reichtum des Speichels der Schleimdrüsen an organischen Bestandteilen beim Genuß verschiedener Substanzen und an seine Armut an solchen bei Einführung verweigerter Stoffe in den Mund zu denken oder an analoge Beziehungen im Speichel der Oberspeicheldrüse bei Reizung der Mundhöhle mit Lösungen beispielsweise von Na_2CO_3 und $NaCl$ (s. Tab. II).

In dem Abschnitt über zentrifugale Nerven haben wir gesehen, daß mit einer Erhöhung der Reizung des sekretorischen Nervs der Speicheldrüse der hierbei zur Absonderung kommende Speichel nicht nur an anorganischen und — bis zu einem gewissen Umfange — an organischen Substanzen reicher wird, sondern auch mit größerer Geschwindigkeit zur Absonderung gelangt. Hieraus folgt offensichtlich, daß die oben erwähnte Divergenz der beiden Drüsenfunktionen nicht dem Unterschied in der Wirkungskraft der verschiedenen Erreger zugeschrieben werden kann. Wenn in Wirklichkeit alles nur durch die Stärke des Reizes bestimmt würde, so würden bei jeder Reizerhöhung beide Funktionen stets einer parallelen Veränderung ausgesetzt sein. Mit anderen Worten: der Drüse würden durch ihre zentrifugalen Nerven lediglich quantitativ verschiedene Impulse zugeführt werden. Indes fällt, wie wir bereits wissen, die Bereicherung des Sekrets an organischen Substanzen nicht immer mit einer Steigerung seiner Sekretionsgeschwindigkeit zusammen. Folglich können der Drüse durch die Nerven nicht nur quantitativ, sondern auch qualitativ verschiedene Impulse zugeleitet werden. So bleibt z. B. die quantitative Seite der Speichelabsonderung aus der Ohrspeicheldrüse des Hundes bei Einführung von Na_2CO_3- und $NaCl$-Lösungen in den Mund die gleiche, während der Charakter der Arbeit der Drüsenelemente in beiden Fällen scharf voneinander abweicht, da im Verlaufe ein und desselben Zeitraumes bei Na_2CO_3 die Zellen der Ohrspeicheldrüse an organischen Bestandteilen doppelt so viel hervorbringen als bei $NaCl$.

Wie erklärt sich nun die Divergenz der beiden Drüsenfunktionen: der Absonderung von Wasser und Salzen sowie der Absonderung von organischen Substanzen? Was liegt der Möglichkeit einer Weitergabe nicht nur quantitativ, sondern auch qualitativ verschiedener Impulse an die Drüse zugrunde? Der Erörterung der verschiedenen diesbezüglichen Hypothesen soll nunmehr unsere Aufmerksamkeit gewidmet sein.

Zweierlei Arten von Drüsenelementen und zweierlei Arten von Nervenfasern.

Die einfachste Erklärung der an den Speicheldrüsen beobachteten Erscheinungen dürfte zu folgendem führen. Der cerebrale sekretorische Nerv vermittelt hauptsächlich die Ausscheidung von Wasser und Salzen, der Sympathicus — die Ausscheidung organischer Substanzen. Oder: in dem einen wie in dem andern Nerv sind Fasern beiderlei Art vorhanden, aber die ersteren sind zahlreicher im cerebralen Nerv und in geringerer Zahl im Sympathicus, die zweiten zahlreicher im Sympathicus und in kleinerer Menge im cerebralen Nerv. Der ungleichartige Wirkungscharakter dieser und jener Fasern hängt von den Eigenschaften derjenigen sekretorischen Zellen ab, mit denen sie in Verbindung stehen. Die einen Zellen scheiden unter dem Einfluß eines Nervenreizes organische Substanzen, hauptsächlich Mucin aus (z. B. die Schleimzellen der Unterkieferdrüse), die anderen vornehmlich Wasser und Salze, sowie gleichfalls eine unbedeutende Menge Eiweißsubstanz (nach der Ansicht der meisten Forscher — die Zellen der Djanuzzischen Halbmonde). Je nach den Eigenschaften des aus der Mundhöhle auf die peripheren Endigungen der zentripetalen Nerven einwirkenden Erregers wird die Arbeit der einen oder andern Fasern der zentrifugalen Nerven in diesem oder jenem Grade einzeln oder gemeinsam reflektorisch angeregt — mit anderen Worten: die Arbeit der einen oder anderen Zellen der Speicheldrüse. Auf Grund des Gesagten lassen sich die verschiedenen Fälle der Speicheldrüsentätigkeit leicht erklären. Beispielsweise arbeiten sowohl beim Genuß von Fleischpulver als auch bei Eingießung einer Salzsäurelösung in den Mund die Nervenfasern oder — was dasselbe ist — die die Ausscheidung von Wasser und Salzen vermittelnden Zellen in gleichem Maße. Dies läßt sich an der gleichen Geschwindigkeit der Speichelsekretion und an dem übereinstimmenden Gehalt an Salzen im Speichel erkennen. Doch dafür treten im Falle von Fleischpulver außerdem auch die Nervenfasern, resp. Zellen anderer Art, nämlich solche, die die Ausscheidung organischer Substanzen vermitteln, in Wirksamkeit. Im Falle von Salzsäure werden sie jedoch nur sehr schwach berührt. Hierauf schließen wir aus dem Reichtum des Speichels an organischen Substanzen im ersteren Falle und aus der Armut an solchen im letzteren Falle.

Diese Auffassung hat eine gewisse Berechtigung. In der Tat werden gegenwärtig von v. Ebner und den sich ihm anschließenden Autoren[1]) in den gemischten Speicheldrüsen, z. B. in der Unterkieferdrüse des Hundes, zwei Arten von Zellen unterschieden: Schleimzellen und seröse Zellen (die Zellen der Djanuzzischen Halbmonde). Ihr Hauptunterschied beruht auf den Eigenschaften der in ihnen eingeschlossenen sekretorischen Körnchen sowie auf der Anwesenheit von sekretorischen Capillaren zwischen den serösen Zellen. Hieraus läßt sich auf die Eigenschaften des von ihnen abgesonderten Sekrets schließen. Die frühere Auffassung, es handle sich bei den Zellen der Halbmonde um Ersatzzellen für die während der Sekretion absterbenden Schleimzellen (Ersatztheorie Heidenhains) oder um Schleimzellen, die ihres Sekrets beraubt und durch die damit angefüllten Zellen zusammengepreßt sind (Phasentheorie von Stöhr) mußte aufgegeben werden. Allerdings erkennen in einigen Fällen selbst, abgesehen von Stöhr, andere Autoren wie Metzner[2]) und Noll[3]) die Identität der Schleimzellen und der Zellen der Halbmonde an (besonders an der Unterkieferdrüse des Hundes). Folglich bieten an den Schleimdrüsen die histologischen Daten noch keine ausreichende Unterlage für physiologische Schlußfolgerungen. Verläßt man jedoch die kompliziert konstruierten Schleimdrüsen, und wendet man sich der Ohrspeicheldrüse zu, die, wie allgemein anerkannt, lediglich Zellen einer einzigen Art enthält, so sieht man auch hier oft (s. Tab. II)

---

[1]) Siehe R. Metzner, Die histologischen Veränderungen der Drüsen bei ihrer Tätigkeit. Nagels Handbuch der Physiologie 1907, Bd. II, 2. Hälfte, S. 952ff.

[2]) Metzner, Nagels Handbuch der Physiologie 1907, Bd. II, 2. Hälfte, S. 953.

[3]) A. Noll, Die Sekretion der Drüsenzellen. Ergebnisse der Physiologie 1905, Jahrg. IV, S. 108.

bei ein und derselben Sekretionsschnelligkeit des Speichels in ihm einen verschiedenen Gehalt an organischen Substanzen. Mit andern Worten: in ein und derselben Drüsenzelle verlaufen nebeneinander zwei Prozesse und dazu in vielen Fällen nicht parallel miteinander[1]).

Somit wird unsere erste Hypothese von den zweierlei Arten von Zellen in den Speicheldrüsen und von den zweierlei Arten der sie innervierenden Nervenfasern hinfällig. Indes werden wir weiter unten bei Erörterung der Fragen der Magensekretion abermals dieser Hypothese begegnen.

Die Heidenhainsche Theorie.

Wenn ein und dieselbe Drüsenzelle ein bald dünnflüssigeres, bald zähflüssigeres Sekret hervorbringen kann, so läßt sich erstens annehmen, daß in ihr zwei Arten von Nervenfasern endigen: die einen von diesen vermitteln die Absonderung von Wasser und Salzen, die anderen — die Absonderung organischer Substanzen. Durch den verschiedenen Grad der Erregung dieser und jener Fasern können alle bei normaler Tätigkeit der Speicheldrüsen beobachteten Erscheinungen erklärt werden. Zweitens kann man annehmen, daß im ganzen nur eine Art der mit den sekretorischen Zellen in Verbindung stehenden Nervenfasern vorhanden ist. Da jedoch die Speichelsekretion entweder von einer Erweiterung der Drüsengefäße (Reizung der cerebralen speichelsekretorischen Nerven) oder von einer Verengung derselben (Reizung des Sympathicus) begleitet ist, so wird durch das Zusammenfallen einer bestimmten Tätigkeit der Drüsenzelle mit der einen oder anderen Blutversorgung der Drüsengefäße der Charakter des von ihr abgesonderten Sekrets bestimmt.

Die erstere Ansicht wurde von Heidenhain, die zweite von Langley und Carlson sowie seinen Mitarbeitern vertreten.

Folgende Tatsachen dienten Heidenhain als Unterlage für die Aufstellung seiner Theorie.

Wie wir bereits gesehen haben (Kap. II), ruft von den beiden sekretorischen Nerven der Speicheldrüsen — beispielsweise in bezug auf die Unterkieferdrüse des Hundes — der cerebrale Nerv (Chorda tympani) bei seiner Reizung mittelst Induktionsstromes einen starken Abfluß eines an organischen Substanzen nicht reichen Speichels hervor. Mit einer Erhöhung des Nervreizes und folglich mit einer Beschleunigung der Speichelabsonderung nimmt der Gehalt an organischen Substanzen und Salzen im Speichel zu. Indes überschreitet diese Bereicherung des Sekrets an festen Bestandteilen nicht eine bestimmte, im allgemeinen nicht sehr hohe Grenze. Außerdem erweitern sich bei Reizung des cerebralen Nervs die Drüsengefäße und ihre Blutversorgung nimmt zu.

Umgekehrt hat die Reizung des anderen sekretorischen Nervs — des Sympathicus — beispielsweise aus der Unterkieferdrüse des Hundes eine spärliche Absonderung eines Speichels mit sehr hohem prozentualem Gehalt an organischen Bestandteilen zur Folge. Hierbei führt die Reizung des Sympathicus zu einer starken Verengung der Drüsengefäße. Aus den Drüsenvenen strömt nicht mehr in einem Strahle helles Blut, wie dies bei Reizung der Chorda tympani der Fall zu sein pflegt, vielmehr tropft nur in seltenen Tropfen dunkles venöses Blut, während die Drüse selbst eine blasse Färbung annimmt.

---

[1]) Die Bereicherung des Speichels der Ohrspeicheldrüse an organischen Substanzen bei einigen Erregern der erhöhten Arbeit der sich in den Stenonischen Gang öffnenden Ergänzungs-Schleimdrüsen zuzuschreiben, ist nicht möglich, da der in diesen Fällen zur Ausscheidung gelangende Speichel keine größere Zähflüssigkeit aufweist, resp. nicht mehr Schleim enthält als gewöhnlich.

Verbindet man mit einer Reizung der Chorda tympani eine Reizung des Sympathicus, so nimmt die Quantität des in solchem Falle während einer Zeiteinheit erzielten Speichels ab, während die Menge der festen, hauptsächlich organischen Substanzen anwächst.

Die an den Speicheldrüsen beobachteten Tatsachen gaben Heidenhain[1]) Grund zur Annahme, daß es zweierlei Arten der mit den Drüsenzellen verbundenen Nervenfasern gibt. Die einen Fasern leiten durch die Drüse aus dem Blut in den Speichel Wasser und Salze — dies sind die sekretorischen Fasern; die andern befördern den Übergang der in den Drüsenelementen angesammelten organischen Stoffen in eine lösliche Form — das sind die trophischen Fasern. Im cerebralen Nerv verlaufen in großer Zahl sekretorische Fasern und in geringerer Menge — trophische; der Sympathicus dagegen enthält eine große Menge trophischer und eine geringe Anzahl sekretorischer Fasern.

Eine Bestätigung seiner Theorie von den sekretorischen und trophischen Nervenfasern der Speicheldrüsen fand Heidenhain in Tatsachen zweifacher Art.

Erstens wies er nach, daß die trophische Wirkung, d. h. die Absonderung einer großen Quantität organischer Substanzen durch die Drüse mit dem Zustande der Drüsengefäße in keinem Zusammenhange steht. Offenbar erscheint die Annahme durchaus berechtigt, daß, je geringer bei gleichem Erregungsgrad des sekretorischen Nervs die Blutversorgung der Drüsengefäße ist, wie dies z. B. stets bei Reizung des Sympathicus sich beobachten läßt, der zur Absonderung gelangende Speichel einen um so größeren Reichtum an festen Substanzen aufweist, und umgekehrt. Wenn dies wirklich der Fall wäre, so müßte eine Komprimierung der das Blut der Drüse zuführenden Arterien während der Reizung des cerebralen Nervs zu einer Anhäufung von festen, resp. organischen Bestandteilen im Speichel führen. In der Tat ist dies nach den Versuchen Heidenhains nicht der Fall. Nehmen wir beispielsweise folgenden Versuch[2]):

Tabelle XIX.

Einfluß einer Komprimierung der Art. carotis auf die Sekretionsgeschwindigkeit und Zusammensetzung des Speichels der Unterkiefer- und Ohrspeicheldrüse beim Hunde. (Nach Heidenhain.)

Hund. Unterbindung beider Art. subclaviae. Die linken N. Jacobsonii und Chorda tympani werden in der Paukenhöhle gereizt, abwechselnd — bald bei geöffneten, bald bei komprimierten Art. carotis. Das Sekret wird aus der linken Ohrspeicheldrüse und Unterkieferdrüse gesammelt.

Zeit	R. A.	Arteriae carotis	Ohrspeicheldrüse			Unterkieferdrüse		
			Speichelmenge in ccm	Sekretionsgeschwindigkeit pro Min. in ccm	Prozent an festen Substanzen	Speichelmenge in ccm	Sekretionsgeschwindigkeit pro Min. in ccm	Prozent an festen Substanzen
10^h 43′ bis 10^h 55′	150—85	offen	3,3	0,27	1,41	4,3	0,35	1,37
10^h 57′ „ 11^h 10′	85—70	komprimiert	3,2	0,24	1,41	1,8	0,13	1,33
11^h 13′ „ 11^h 23′	75—65	offen	2,5	0,25	1,42	—	—	—
11^h 26′ „ 11^h 50′	65—50	komprimiert	2,4	0,10	1,28	—	—	—
11^h 52′ „ 42^h 06′	50	offen	2,4	0,17	0,92	—	—	—

---

[1]) Darlegung der Lehre Heidenhains siehe in seinen Arbeiten in den Studien des physiol. Instituts zu Breslau 1868, Heft IV, S. 1, in Pflügers Archiv Bd. XVII, S. 1, und in Hermanns Handbuch der Physiologie 1883, Bd. V, Teil 1.

[2]) Heidenhain, Pflügers Archiv 1878, Bd. XVII, S. 33.

Somit erhöhte die Komprimierung der Arteriae carotis, von deren Verzweigungen die Speicheldrüsen die Hauptmasse ihres Blutes erhalten, den prozentualen Gehalt an festen Substanzen weder in der Ohrspeichel- noch in der Unterkieferdrüse. Sowohl dort wie hier beobachtet man eine langsame Verarmung des Sekrets an festen Bestandteilen — eine Erscheinung, die bei anhaltendem Reiz der Sekretionsnerven gewöhnlich beobachtet wird und von der Anämie der Drüse unabhängig ist. Die Unterkieferdrüse erwies sich der Anämie gegenüber als empfindlicher, als die Ohrspeicheldrüse, und bereits gegen Ende der ersten Komprimierung der Arteriae carotis hörte die Chorda tympani auf zu wirken. Leider wurde sowohl bei diesem Versuche als auch bei zwei weiteren analogen von Heidenhain[1]) an der Ohrspeicheldrüse eines Kaninchens angestellten Versuchen nur eine ganz allgemeine Bestimmung des prozentualen Gehalts an festen Substanzen im Sekret vorgenommen. Daher sind wir nicht in der Lage, uns über die Schwankungen des prozentualen Gehalts an organischen und anorganischen Substanzen bei Anämie der Drüse im einzelnen ein Urteil zu bilden. Ferner sank bei der letzten Reizung (bei offenen Arteriae carotis) trotz Erhöhung der Sekretionsgeschwindigkeit des Sekrets um 1,7 mal der prozentuale Gehalt an festen Substanzen um 1,4 mal. Selbst bei Berücksichtigung der bei anhaltendem Reiz des Nervs gewöhnlich eintretenden Verarmung des Sekrets an organischen Substanzen trägt die Abnahme des prozentualen Gehalts an festen Bestandteilen in diesem Falle einen allzu auffallenden Charakter und spricht gleichsam gegen Heidenhain.

Auf Grund dieser Versuche nimmt Heidenhain an, daß die Blutversorgung der Drüsengefäße zu dem trophischen Effekt in keinerlei Beziehung steht.

Zweitens war es für Heidenhain behufs Erhärtung seiner Theorie von den sekretorischen und trophischen Fasern der Speicheldrüsennerven von Wichtigkeit, einen Nerv zu finden, der lediglich eine einzige Wirkung — sei es eine sekretorische oder trophische — ausübte. Als solch ein Nerv erwies sich der Sympathicus hinsichtlich der Ohrspeicheldrüse des Hundes. Bei seiner Reizung mittelst Induktionsstromes gelangt in der Regel kein Tropfen Speichel zur Absonderung. Indes erhöht eine Verbindung der Reizung des Sympathicus mit einer Reizung des cerebralen sekretorischen Nervs der Ohrspeicheldrüse (N. Jacobsonii s. Tab. XVII) in auffallender Weise den Gehalt an organischen Substanzen im Speichel der Ohrspeicheldrüse. „Zum Glück für die Erforschung des Absonderungsvorganges" — schreibt Heidenhain[2]) — „fehlen dem Sympathicus des Hundes wenigstens sicher in der überwiegenden Mehrzahl der Fälle die wasserabsondernden (sekretorischen) Fasern ganz." Folglich führt der Sympathicus beim Hunde der Ohrspeicheldrüse einzig und allein trophische Fasern zu.

Schließt man sich der Heidenhainschen Theorie an, so lassen sich, wie durchaus verständlich, die verschiedenen bei normaler Tätigkeit der Speicheldrüsen sowie auch bei künstlicher Reizung ihrer sekretorischen Nerven beobachteten Fälle leicht erklären.

Einwendungen gegen die Heidenhainsche Theorie.

Die Theorie Heidenhains erfuhr jedoch eine Reihe von Einwendungen. Folgender von Langley in Gemeinschaft mit Fletcher[3]) ausgeführte Versuch betonte die Bedeutung des von Heidenhain in Abrede gestellten Grades der Blutversorgung der Drüsengefäße bei Einwirkung des sekretorischen Nervs.

---

[1]) Heidenhain, Pflügers Archiv 1878, Bd. XVII, S. 42.
[2]) Heidenhain, Pflügers Archiv 1878, Bd. XVII, S. 35.
[3]) Langley and Fletcher, Philosoph. Transact. 1890, Vol. CLXXX B, p. 109.

Ein mit Pilocarpin vergifteter und infolgedessen in reichlichem Maße aus der Unterkieferspeicheldrüse einen dünnflüssigen Speichel von chordalem Typus absondernder Hund wurde einem wiederholten Aderlaß unterworfen.

Unmittelbar darauf sank die Menge des zur Absonderung gelangenden Speichels, während der Gehalt besonders an organischen Substanzen und in geringerem Grade an Salzen in ihm zunahm. Mithin zog im Gegensatz zur Ansicht Heidenhains eine Verringerung des Blutstromes in den Drüsengefäßen in diesem Falle nicht nur eine Verringerung der Quantität des durch die Drüse zur Absonderung gelangenden Wassers, sondern auch eine Veränderung seiner Zusammensetzung nach sich. Der sympathische Speichel entspricht nun aber, nach Langleys Meinung, gerade diesem Speichel beim Aderlaß. Bei Reizung des Sympathicus kommen gleichzeitig zweierlei Arten seiner Fasern in Tätigkeit: sekretorische und gefäßverengende. Der sekretorische Nerv wirkt bei Verarmung der Drüse an Blut, d. h. demjenigen Element, aus dem das Speichelwasser entnommen wird. Naturgemäß muß ein solcher Speichel arm an Wasser und reich an festen, besonders organischen Bestandteilen sein. Und der sympathische Speichel zeigt denn auch seine Eigenschaften.

Die Versuche Heidenhains mit Beschränkung des Blutkreislaufs in der sezernierenden Drüse ergaben unter den Händen Langleys und Fletchers[1]) und besonders Carlsons und seiner Mitarbeiter[2]) ein direkt entgegengesetztes Resultat: die Komprimierung der Arteriae carotis beim Hunde vergrößerte im Chordaspeichel sowohl den Gehalt an Salzen als auch an organischen Substanzen.

Wir geben hier die charakteristischsten der von Carlson, Greer und Becht[3]) an der Unterkieferdrüse des Hundes ausgeführten Versuche wieder.

Tabelle XX.

Der Einfluß einer Verringerung der Blutversorgung der Unterkieferdrüse beim Hunde auf die Zusammensetzung des Chordaspeichels. (Nach Carlson, Greer und Becht.)

Nummer des Versuchs	Welcher Nerv wird gereizt?	Arterien	Prozent an festen Substanzen	Prozent an organischen Substanzen	Prozent an Asche
I	Sympathicus		1,91	1,51	0,40
	Chorda		1,16	0,76	0,40
	Chorda	komprimiert	2,28	1,78	0,50
	Chorda		1,13	0,82	0,31
II	Sympathicus		2,26	1,67	0,59
	Chorda		1,10	0,66	0,44
	Chorda	komprimiert	2,31	1,88	0,43
	Chorda		1,20	0,89	0,31

Aus diesen Versuchen folgt, daß bei Verringerung der Blutversorgung der Unterkieferdrüse annähernd bis zu dem bei Reizung des Sympathicus beobachteten Umfang der Chordaspeichel an festen, hauptsächlich organischen Substanzen

---

[1]) Langley and Fletcher, Philosoph. Transact. 1890, Vol. CLXXX B, p. 151.

[2]) A. J. Carlson, J. R. Greer and F. C. Becht, The relation between the blood supply to the submaxillary gland and the character of the Chorda and the sympathetic saliva in the dog and the cat. Amer. Journ. of Physiology 1907—1908, Vol. XX, p. 180.

[3]) Carlson, Greer and Becht, Amer. Journ. of Physiology 1907—1908, Vol. XX, p. 195.

reicher wird. Was den Gehalt an organischen Bestandteilen anbetrifft, so unterscheidet er sich jetzt nicht vom sympathischen Speichel.

Gegen die Versuche von Carlson, Greer und Becht lassen sich folgende Einwendungen erheben. Unbekannt ist, wie dies die Autoren selber ausführen (S. 192), die Geschwindigkeit der Speichelsekretion bei freiem und beschränktem Blutzutritt zu den Drüsengefäßen, sowie ferner auch die Stärke des angewandten Erregers — ein bei einem derartigen Versuche eine außerordentliche Rolle spielender Umstand. Da jedoch die Erhöhung des prozentualen Gehalts an festen Substanzen bei erschwerter Blutzirkulation in der Drüse sich als ziemlich beträchtlich darstellt, und da diese Daten mit den Ergebnissen der analogen Versuche von Langley und Fletcher zusammenfallen, so haben wir gegenwärtig keine Veranlassung, uns den amerikanischen Forschern nicht anzuschließen. Indes liegt es auf der Hand, daß die Meinungsverschiedenheit zwischen Heidenhain und den genannten Autoren Gegenstand einer weiteren experimentellen Untersuchung bilden muß.

Schon früher hat Zerner[1]) darauf hingewiesen, daß die Reizung der Chorda tympani beim Hunde nach Durchschneidung des Rückenmarks unterhalb des verlängerten Marks die Absonderung eines hauptsächlich an organischen Substanzen außergewöhnlich reichen Speichels aus der Unterkieferdrüse hervorruft. Er bringt dies mit dem Sinken des Blutdrucks infolge Durchschneidung des Rückenmarks in Zusammenhang.

Ferner wurde einer experimentellen Kritik einer der Hauptsätze der Heidenhainschen Theorie unterworfen.

Heidenhain[2]) nahm an, daß die Erhöhung des Gehalts an organischen Substanzen im cerebralen Speichel bei vorhergender oder gleichzeitiger Reizung des Sympathicus (s. Kap. II) von der Verbindung der trophischen Wirkung des Sympathicus mit der sekretorischen Wirkung des cerebralen Nervs abhängt. Carlson und Mc Lean[3]) wiesen nach, daß man ein gleiches Resultat erhält, wenn eine Anämie der Drüse dem Reize des cerebralen Nervs vorhergeht oder gleichzeitig mit ihm stattfindet. Nach ihrer Meinung führt die Reizung des Sympathicus nicht, wie Heidenhain glaubte, zu einer Erregung der trophischen Fasern, vielmehr zur Verarmung des Drüsengewebes an Blut und Sauerstoff infolge Verengung des Drüsengefäße. Infolgedessen wirkt der cerebrale Nerv bei beschränkter Blutversorgung der Drüse, was, wie wir bereits sahen, eine Anhäufung von festen Substanzen im Sekret nach sich zieht. Geht man nach Reizung des Sympathicus oder vorübergehender (10—15 Minuten) Erschwerung der Blutzirkulation in der Drüse nicht sofort zur Reizung des cerebralen Nervs über, sondern erst nach 7—10 Minuten, in deren Verlauf eine Anämie der Drüse und eine Verarmung ihrer Gewebe an Sauerstoff Platz zu greifen vermag, so findet keinerlei Anhäufung von organischen Substanzen im Speichel statt.

Ein anderer Satz der Heidenhainschen Theorie über den ausschließlich trophischen Charakter der Fasern des Sympathicus für die Ohrspeicheldrüse des Hundes wurde ernstlich in Frage gestellt, nachdem es Langley[4]) gelungen war, die Wirkung dieses Nervs unter den Bedingungen der „vermehrte Sekretion" nachzuweisen (s. Kap. II).

---

[1]) Th. Zerner, Über die Abhängigkeit der Speichelsekretion vom Blutdrucke. Medizin. Jahrbücher, Wien 1887, S. 530.

[2]) Heidenhain, Hermanns Handbuch der Physiologie 1883, Bd. V, T. 1, S. 54.

[3]) A. J. Carlson and F. C. Mc Lean, Further studies of the relation of the oxygen supply of the salivary glands to the composition of the saliva. Amer. Journ. of Physiology 1907—1908, Vol. XX, p. 457.

[4]) J. N. Langley, On the physiology of the salivary secretion. Part V. Journ. of Physiology 1889, Vol. X, p. 291.

Endlich geriet auch die Hypothese von der Existenz spezieller trophischer Fasern in den Speicheldrüsennerven ins Schwanken, nachdem der Nachweis erbracht worden war, daß die Entfernung des Sympathicus auf die normale Tätigkeit der Schleimdrüsen sowie der Ohrspeicheldrüse des Hundes irgend welchen Einfluß nicht ausübt (Henri und Malloizel[1]) und *Babkin*[2])).

Wie wir bereits zu wiederholten Malen gesehen haben, kann der aus den permanenten Fisteln der Speichelgänge beim Hunde erlangte Speichel bei ein und derselben Sekretionsgeschwindigkeit eine sehr verschiedene Quantität organischer Substanzen enthalten (z. B. der Speichel der Schleimdrüsen bei Genuß von Fleischpulver und Einführung einer HCl-Lösung in den Mund des Tieres oder der Speichel der Ohrspeicheldrüse bei Einführung von HCl- und NaCl-Lösungen in den Mund).

Der Gedanke scheint durchaus berechtigt, daß im Falle einer Bereicherung des Speichels an organischen Bestandteilen, abgesehen von den sekretorischen Fasern, auch die trophischen Fasern der speichelsekretorischen Nerven in Wirksamkeit treten. Da als ihr Hauptträger nach Heidenhain der Sympathicus anzusehen ist, so sollte man annehmen, daß seine Entfernung die Arbeit der Speicheldrüsen beeinflussen müsse, indem sie in ihrem Sekret den Gehalt an organischen Bestandteilen verringert. In Wirklichkeit ergab sich jedoch eine umgekehrte Erscheinung. Sowohl bei den Versuchen von Henri und Malloizel als auch bei den Versuchen von *Babkin* verarmte nach Exstirpation des die Speicheldrüsen mit sympathischen Fasern versehenden Ganglion cervicale superior sympathici der Speichel auf gewöhnliche Erreger (Fleischpulver, HCl-Lösung) nicht nur nicht an organischen Bestandteilen, vielmehr stieg der Gehalt an solchen im Vergleich zur Norm ein wenig an. Mit anderen Worten: in der der Hauptmasse der trophischen Fasern beraubten Drüse nahm die Produktion von organischen Substanzen im Vergleich zur Norm zu.

Dies ist beispielsweise aus der folgenden Tabelle XXI ersichtlich, wo die von einem normalen (nach *Sellheim*) und einem des Ganglion cervicale superior sympathici beraubten Hunde (nach *Babkin*) erlangten Resultate gegenübergestellt sind.

Tabelle XXI.

Die Zusammensetzung des Speichels der Schleimdrüsen (s) und der Ohrspeicheldrüse (p) bei einem normalen (nach *Sellheim*) und einem des Ganglion cervicale superior sympathici beraubten Hunde. (Mittlere Zahlen nach *Babkin*)[3]).

	Nach Sellheim					Nach *Babkin*				
Erreger	Speichelmenge pro Minute	Prozent an festen Substanzen	Prozent an organischen Substanzen	Prozent an Asche	Erreger	Speichelmenge pro Minute	Prozent an festen Substanzen	Prozent an organischen Substanzen	Prozent an Asche
Fleisch- } s	4,4	1,49	0,87	0,62	Fleisch- } s	2,5	1,78	1,10	0,68
pulver } p	1,9	1,47	1,10	0,37	pulver } p	1,2	1,37	0,72	0,65
0,5 proz. } s	4,3	0,78	0,28	0,50	0,25 proz. } s	2,6	0,96	0,32	0,64
HCl-Lösung } p	2,0	1,20	0,77	0,43	HCl-Lösung } p	1,4	1,20	0,61	0,59
10 proz. } s	4,0	0,72	0,24	0,48	10 proz. } s	2,8	0,91	0,28	0,63
NaCl-Lösung } p	2,0	0,88	0,45	0,43	NaCl-Lösung } p	1,7	0,92	0,36	0,56

[1]) V. Henri et L. Malloizel, Sécrétion de la glande sous-maxillaire après la résection du ganglion cervical supérieur du sympathique. Compt. rend. de la Société de Biol. 1902, T. LIV, p. 760. — L. Malloizel, Journ. de physiologie et de pathologie générale 1902, T. IV, p. 641.

[2]) B. P. Babkin, Die Arbeit der Speicheldrüsen beim Hunde nach Entfernung des Ganglion cervicale superior sympathici. Pflügers Archiv 1913, Bd. CXLIX, S. 521.

[3]) Babkin, Pflügers Archiv 1913, Bd. CXLIX, S. 521.

Berücksichtigt man die Geschwindigkeit der Speichelsekretion in dem einen wie in dem anderen Falle, sowie gleichfalls die beträchtliche Konzentration der Lösung von HCl in den *Sellheim*schen Versuchen, so kann man wahrnehmen, daß die Entfernung des Ganglion cervicale superior sympathici sogar eine geringe Erhöhung des prozentualen Gehalts an organischen Bestandteilen zur Folge hatte.

Somit ist es gegenwärtig kaum möglich, sich bei Erklärung der in den Drüsenzellen stattfindenden Vorgänge mit der Heidenhainschen Theorie zu begnügen.

Ansicht Langleys und dessen Kritik.

Wie indes ist die ganze Kompliziertheit der an den Speicheldrüsen beobachteten Erscheinungen zu erklären?

Weiter oben sahen wir, daß Langley sowie auch Carlson und dessen Mitarbeiter den Reichtum des sympathischen Speichels an organischen Bestandteilen durch einen geringen Zufluß von Blut, resp. Sauerstoff durch die verengten Drüsengefäße erklären. Diese Hypothese läßt die Annahme besonderer, die Absonderung ausschließlich organischer Substanzen vermittelnder trophischer Nervenfasern als völlig entbehrlich erscheinen. Hieraus aber läßt sich die Schlußfolgerung ziehen, daß in den speichelsekretorischen Nerven im ganzen nur eine einzige Art von sekretorischen Fasern vorhanden ist. Ein Teil von ihnen verläuft im cerebralen Nerv, ein Teil im Sympathicus. Die Quantität des Speichels und sein Gehalt an festen, besonders organischen Substanzen hängt von der Stärke des Reizes, dem Zustande des Drüsengewebes (Verarmung des Sekrets an organischen Bestandteilen bei dauerndem Reiz der sekretorischen Nerven) und der Blutversorgung der Drüsengefäße ab. Gerade diese Auffassung vertritt Langley[1]). Nach seiner Meinung[2]) sprechen dafür, daß in den speichelsekretorischen Nerven ausschließlich eine Art von Fasern vorhanden ist, außer den oben angeführten Tatsachen indirekt auch die Versuche mit Atropinvergiftung des Tieres: sowohl die sekretorische als auch die trophische Wirkung dieser Nerven wird gleichzeitig paralysiert. Was die Leichtigkeit, mit der die sekretorischen Fasern der Chorda tympani durch Atropin paralysiert werden, und die Widerstandsfähigkeit der sekretorischen Fasern des Sympathicus in bezug auf dieses Gift anbetrifft, so lassen sich diese eher durch morphologische als durch funktionelle Unterschiede erklären.

Hat jedoch Langley recht? Nehmen wir das uns bekannte Beispiel mit dem verschiedenen Gehalt an organischen Substanzen in dem mit ein und derselben Geschwindigkeit zur Absonderung gelangenden Speichel der Schleimdrüsen des Hundes bei Genuß von Fleischpulver und Eingießung einer HCl-Lösung in den Mund. Wie ist diese Erscheinung zu erklären?

Stellt man sich auf den Standpunkt Langleys, so muß man zugeben, daß bei ein und demselben Erregungsgrad der sekretorischen Nerven in beiden Fällen (eine gleiche Quantität von Wasser und Salzen im Speichel) bei Genuß von Fleischpulver eine reflektorische Verengung der Drüsengefäße, bei Eingießung einer Salzsäurelösung in den Mund dagegen deren Erweiterung vor sich geht (verschiedener Gehalt an organischen Substanzen).

---

[1]) Darlegung der Langleyschen Auffassung siehe in seinen Arbeiten unter dem Gesamttitel „On the physiology of salivary secretion" im Journ. of Physiology, beginnend mit Bd. I, sowie in seinem Artikel in Schaeffers Textbook of Physiology, Vol. I, p. 475—530.

[2]) J. N. Langley, On the physiology of the salivary secretion. Part V. Journ. of Physiology 1888, Vol. IX, p. 55.

Babkin[1]) jedoch gelang es, an der Hand direkter Versuche darzutun, daß der Blutkreislauf in der Unterkieferdrüse in beiden Fällen erhöht und im Falle einer Ausgleichung des speicheltreibenden Effekts von dem einen sowie dem andern Erreger in gleicher Weise gesteigert wird. Mithin findet infolge des verringerten Blutzustroms zur Drüse unter normalen Bedingungen bei einigen Erregern keine Anhäufung von organischen Substanzen im Sekret statt.

Es mag hier ein Beispiel aus dieser Arbeit angeführt werden:

Tabelle XXII.

Blutzirkulation in der Unterkieferdrüse des Hundes bei verschiedenen Erregern (nach *Babkin*).

Hund mit konstanter Fistel der Schleimdrüsen rechts. Ohne Narkose auf der rechten Seite eine der Venen der Unterkieferdrüse abpräpariert. Alle in diese einmündenden Muskeläste unterbunden. In die Vene ist eine Kanüle eingeführt, und das Blut wird tropfenweise gesammelt. Der Hund ist in das Gestell gebracht. Ihm wird Fleischpulver vorgesetzt, das er gern frißt, und eine 0,25 proz. HCl-Lösung in den Mund eingegossen.

Zeit	Erreger	Zahl der Blutstropfen pro 15″	Speichelmenge in ccm pro Minute	Prozent an festen Substanzen	Prozent an organischen Substanzen	Prozent an Asche
11h 36′ 20″ 50″ 11h 37″ 20″ 50″ 11h 38′ 55″	Genuß von Fleischpulver 30″ lang	— 26 29 12 5 3	3,2	1,88	1,22	0,66
11h 39′ 30″ 45″ 11h 40′ 20″ 11h 43′ 40″	Genuß von Fleischpulver 30″ lang	— 26 31 28 3	2,7	2,12	1,48	0,64
11h 44′ 5″ 55″ 11h 47′ 11h 50′ 30″	Eingießung von 15 ccm einer 0,25 proz. HCl-Lösung	— 28 28 3 4	2,4	1,04	0,40	0,64
11h 51′ 11h 51′ 10″ 11h 51′ 30″ 11h 53′ 30″ 50″ 11h 54′ 30″	Eingießung von 20 ccm einer 0,25 proz. HCl-Lösung	— 23 27 3 3 4	2,6	0,93	0,29	0,64

Folglich ist es, wenn man sich dem Standpunkte Langleys oder Carlsons anschließt, nicht möglich, die an den Speicheldrüsen unter normalen Bedingungen beobachteten Erscheinungen zu erklären.

Mithin kann keine der oben dargelegten Theorien die Gesamtheit der von uns beschriebenen Erscheinungen erschöpfend umfassen. Naturgemäß muß man nach anderen Erklärungen suchen. Die Aufstellung einer solchen

---

[1]) B. P. Babkin, Sekretorische und vasomotorische Erscheinungen in den Speicheldrüsen. Pflügers Archiv 1913, Bd. CXLIX, S. 497.

Theorie der Speichelsekretion, die sämtliche auf diesem Gebiete bekannten Tatsachen in sich einschlösse, ist ohne Zweifel der Zukunft vorbehalten. Gegenwärtig mag es nur gestattet sein, auf die Versuche hinzuweisen, eine Theorie der Speichelsekretion auf etwas anderer Grundlage aufzustellen, als es bisher geschehen ist.

Bisher wurde anerkannt, daß durch ein und dieselbe Nervenfaser zum tätigen Organ (in unserem Falle zur Speicheldrüse) nur quantitativ verschiedene Impulse geleitet werden können. Zur Leitung qualitativ verschiedener Impulse ist das Vorhandensein verschiedener Nervenfasern erforderlich, von denen jede einzelne für die Vermittlung eines speziellen Reizes angepaßt ist. Hiervon ging auch Heidenhain aus, indem er die Speicheldrüsennerven in „sekretorische" und „trophische" teilte. Langley dagegen nahm an, daß es nur eine einzige Art von Fasern gibt, nämlich sekretorische; die qualitativen Veränderungen des Drüsensekrets bei gleicher Stärke des durch die sekretorische Faser vermittelten Nervreizes müssen den vasomotorischen Begleiterscheinungen zugeschrieben werden.

Uns möchte scheinen, daß Langley in der ersten Hälfte seiner Behauptung recht hat. Offenbar ist nur eine einzige Art von Nervenfasern, die zur Speichelsekretion in Beziehung stehen, vorhanden. Dies wurde von ihm selbst in einer Reihe von Untersuchungen, sowie auch von Henri und Malloizel[1]) und *Babkin*[2]) nachgewiesen, die die Speicheldrüsen der sympathischen Innervation beraubten und trotzdem keine Verarmung des Sekrets an organischen Substanzen wahrnahmen. Es liegt uns fern, gegenwärtig auch die Erklärungen Langleys hinsichtlich der Wirkung des Sympathicus bei seiner künstlichen Reizung in Frage zu stellen. Allein, wie wir bereits gesehen haben, läßt sich diese Erklärung nicht mit den bei normaler Tätigkeit der Speicheldrüsen beobachteten Erscheinungen in Einklang bringen: die Blutversorgung der Drüse hat keinerlei Beziehung zur Anhäufung von organischen Substanzen im Sekret.

Somit gelangen wir auf ganz natürlichem Wege zu der Annahme, daß durch ein und dieselben Nervenfasern qualitativ verschiedene Impulse vermittelt werden[3]).

Hieraus folgt, daß man sich den speichelsekretorischen Reflex unter normalen Bedingungen folgendermaßen vorzustellen hat. Irgendein in die Mundhöhle geratender Erreger reizt hier die speziellen Endigungen der zentripetalen speichelsekretorischen Nerven. Ob nun infolge des Umstandes, daß bei Einwirkung der verschiedenen Substanzen aus der Mundhöhle verschiedene Nervenendigungen gereizt werden oder ob etwa infolge davon, daß diese auf verschiedene Weise gereizt werden (die erstere Möglichkeit erscheint wahrscheinlicher) — zum zentralen Innervationsherd werden Reize verschiedenen Charakters geleitet. Hier werden diese Reize zu einem in diesem oder jenem Falle verschiedenartigen sekretorischen Impuls verarbeitet. Mit andern Worten: es werden nicht verschiedene Nervenzellen des tätigen speichelsekretorischen Zentrums angeregt, sondern in ein und denselben Nervenzellen werden verschiedenartige Nervenprozesse angeregt, die durch Vermittlung ein und derselben Nervenfasern in Gestalt qualitativ verschiedener Impulse an die Drüsenelemente weitergegeben werden.

---

[1]) Henri et Malloizel, Compt. rend. de la Société de Biol. 1902, T. LIV, p. 760.
[2]) Babkin, Pflügers Archiv 1913, Bd. CXLIX, S. 497 u. 521.
[3]) Babkin, Pflügers Archiv 1913, Bd. CXLIX, S. 497 u. 521.

II. Magendrüsen.

1. Kapitel.

Anatomische Daten und Untersuchungsplan hinsichtlich der Tätigkeit der Magendrüsen. — Methodik. — Ruhezustand und Tätigkeit der Magendrüsen. — Zusammensetzung des Magensaftes. — Die Arbeit der Magendrüsen bei Genuß von Fleisch, Brot und Milch. — Eigenschaften des auf Fleisch, Brot und Milch zur Ausscheidung gelangenden Saftes. — Verdauungskraft der verschiedenen Magensaftsorten bei ausgeglichener Acidität. — Wechselbeziehung zwischen der Verdauungskraft und den festen sowie organischen Bestandteilen der verschiedenen Säfte. — Wechselbeziehung zwischen der Art der Nahrung, der Menge und der Qualität des auf sie zur Ausscheidung gelangenden Saftes. — Wechselbeziehung zwischen der Quantität der verzehrten Nahrung und der Menge des auf diese ausgeschiedenen Magensaftes. — Analyse der Arbeit der Magendrüsen. — Die receptorischen Oberflächen des Auges, der Nase und des Ohres. — Scheinfütterung. — Versuche mit Scheinfütterung an Menschen. — Der Magenblindsack beim Menschen. — Die Speiseröhre. — Die Schleimhaut des Fundusteiles des Magens. — Chemische Reizungen des Fundusteiles des Magens. — Mechanische Reizung der Schleimhaut des Magenfundus. — Der Einfluß der Konsistenz der Nahrung auf die Arbeit der Fundusdrüsen.

Anatomische Daten und Untersuchungsplan hinsichtlich der Tätigkeit der Magendrüsen.

Die in der Mundhöhle zerkleinerte und vom Speichel angefeuchtete Speise gelangt durch die Speiseröhre in den folgenden wichtigen Teil des Verdauungskanals — den Magen.

Der Magen des Menschen und der fleischfressenden Tiere stellt einen geräumigen Sack dar, der von außen mit einem serösen Überzug bedeckt, innen mit einer Schleimhaut überzogen ist und in seinen Wandungen einige Schichten glatten Muskelgewebes aufweist.

Im Magen lassen sich folgende Teile unterscheiden:

1. Der Eingangsteil des Magens — Kardia. Er ist gewöhnlich geschlossen und öffnet sich behufs Aufnahme der aus der Speiseröhre in den Magen übertretenden Speise[1]).

2. Der mittlere Teil des Magens — sein Hauptteil. Er umfaßt etwa vier Fünftel des ganzen Organs. Die am meisten erweiterte Stelle des Hauptteils führt den Namen Magengrund — Fundus; deswegen wird denn auch der gesamte mittlere Teil des Magens als Fundusteil bezeichnet.

3. Der Ausgangsteil des Magens — Pförtner, Pylorus. Er macht ein Fünftel des ganzen Magens aus und ist bedeutend reicher an Muskeln als der Hauptteil. Der Pförtner geht in den Zwölffingerdarm über.

---

[1]) Vgl. F. Strecker, Über den Verschluß der Kardia. Archiv f. Anat. (und Physiol.) 1905, S. 273.

Der Hauptteil des Magens und der Pförtner bilden funktionell selbständige Teile. Während der Arbeit des Magens werden sie in gewissen Fällen mit Hilfe des Sphincter praepyloricus voneinander abgesondert. Vom Zwölffingerdarm wird der Pylorusteil des Magens seinerseits durch eine massive Ringfalte — die Ausgangsklappe, Valvula pylorica, Sphincter pyloricus abgetrennt. Jeder der beiden zuletzt genannten Teile (Fundusteil oder Magengrund sowie der Pylorusteil oder Pförtner) kennzeichnet sich durch einen besonderen Charakter der sie bedeckenden Schleimhaut.

Die Schleimhaut des Magengrundes ist rot und von zahlreichen in verschiedener Richtung verlaufenden Falten durchfurcht. Ihre mit Cylinderepithel bedeckte Oberfläche ist von einer Menge winziger Öffnungen, die unter der Lupe Nadelstichen gleichen, durchweg wie besät. Es sind dies die Auslaßöffnungen der in der Dicke der Schleimhaut gelegenen und in die Magenhöhle ihr spezifisches Sekret — sauren Magensaft — ausscheidenden tubulösen Drüsen.

Die Schleimhaut des Pylorus ist blaß, bildet weniger Falten und enthält eine bedeutend geringere Menge tubulöser Drüsen, die einen alkalischen Pylorus- oder Pförtnersaft zur Ausscheidung bringen. Ihre Oberfläche ist gleichfalls mit Cylinderepithel bedeckt.

Eine mikroskopische Untersuchung zeigt den Unterschied in der Struktur der Fundus- und Pylorusdrüsen. Die ersteren bestehen aus zweierlei Arten von Zellen: den das Lumen der Drüse bedeckenden Hauptzellen und den längs des Drüsenkanälchens zerstreut liegenden Belegzellen. Diese letzteren sind von einem Netz in die Zellen selbst eindringender sekretorischer Capillaren umgeben.

Die Pylorusdrüsen enthalten im ganzen nur eine Art von Zellen, die nach ihrer Struktur an die Hauptzellen der Fundusdrüsen erinnern.

Da die einen wie die anderen Drüsen dieselben Fermente (Pepsin, Chimosin) ausscheiden und nur die Fundusdrüsen eine die saure Reaktion des Magensaftes bedingende Salzsäurelösung produzieren, so stellte Heidenhain[1]) folgenden Satz auf: Die Fermente werden sowohl durch die Hauptzellen der Fundusdrüsen als auch durch die Zellen der Pylorusdrüsen hervorgebracht, die Salzsäurelösung dagegen wird nur durch die Belegzellen der Fundusdrüsen produziert.

Vergleicht man den Fundusteil und Pylorusteil des Magens miteinander, so ergeben sich zwischen ihnen wesentliche Unterscheidungsmerkmale: erstens die ungleichartige Struktur der Drüsen des einen und anderen Teiles, die die Ausscheidung eines Sekrets von verschiedener Zusammensetzung bedingt; zweitens der Unterschied in der Entwicklung der Muskulatur des einen und anderen Teiles, der die jedem einzelnen Teile bei der Fortbewegung der Speise durch den Verdauungstrakt zukommende Rolle bestimmt; endlich die durch die jüngsten Forschungen festgestellte äußerst schwache Saugfähigkeit oder selbst Abwesenheit einer solchen im Fundusteil und Existenz einer derartigen Fähigkeit im Pylorusteil. All dieses gibt uns die Berechtigung, den Magen des Menschen und der fleischfressenden Tiere als ein kompliziertes Organ anzusehen, das aus zwei Teilen besteht: dem eigentlichen Magen oder Fundusteil und dem Pylorus.

Dementsprechend muß man auch die Tätigkeit der in diesen Teilen gelegenen sekretorischen Elemente unabhängig voneinander betrachten. Hierbei

---

[1]) R. Heidenhain, Hermanns Handbuch der Physiologie 1883, Bd. V, T. 1, S. 148 ff.

darf man natürlich die Möglichkeit des Einflusses des einen Teiles auf den
anderen, sowie auch der entfernteren Teile des Verdauungskanals (beispielsweise
der Mundhöhle oder des Zwölffingerdarms) auf die Tätigkeit der Magendrüsen
nicht außer acht lassen.

Wir beginnen mit der Betrachtung der Tätigkeit des Fundusteils des
Magens.

Methodik.

Da die Magendrüsen im Gegensatz zu den großen Speicheldrüsen so klein sind,
daß sich in ihren Ausführungsgang eine Kanüle nicht einführen läßt, so ist das übliche
Verfahren zum Auffangen des Drüsensekrets hier nicht anwendbar. Eine zufällige
Magenfistel bei einem kanadischen Jäger infolge einer Schußwunde im Magen gab
Beaumont[1]) Veranlassung zur Untersuchung der Tätigkeit dieses Organs. Die
Herstellung einer künstlichen Magenfistel bei Tieren wurde zu allererst von Bassow[2])
und Blondlot[3]) ausgeführt. Wenn die Magenfistel auch die Möglichkeit gab,
Magensaft zu erhalten, so war dieser Saft jedoch niemals rein: bald war er mit der
vom Tiere genossenen Speise, bald mit Speichel und Schleim aus dem Nasenrachen-
raum und der Speiseröhre vermengt, selbst wenn auch keine Speise im Magen vorhanden war. Die Möglichkeit, völlig reinen Magensaft in sehr beträchtlicher Quantität (bis zu 1 Liter) an einem vollständig gesunden Tiere zu erlangen, wurde zuerst von *Pawlow* und *Schumow-Simanowski*[4]) verwirklicht. Die Operation der
Magenfistel verbanden sie mit einer der (von Langenbeck vorgeschlagenen)
Esophagotomie. Die Fütterung eines solchen Hundes (die Autoren nannten sie
eine Scheinfütterung, da die Speise aus dem oberen Teil der Speiseröhre ausgestoßen wurde und gar nicht bis zum Magen gelangte) rief eine reichliche Magensaftabsonderung aus dem leeren Magen hervor. Allein es ist leicht verständlich,
daß das Verfahren der Scheinfütterung die Physiologen nicht gänzlich befriedigen
konnte. Wenn es mit Hilfe der Magenfistel und Esophagotomie gelungen ist, einen
reinen Magensaft zu erzielen und die Bedingungen seiner Absonderung während
des Hindurchgehens der Speise durch die Mundhöhle und den Schlund aufzuklären,
so bleibt es doch völlig unbekannt, in welcher Weise auf die Arbeit der Magendrüsen
das Vorhandensein von Speise im Magen selbst einen Einfluß ausübt.

Bereits vor Einführung der Methode der Scheinfütterung in die Physiologie war von Klemensiewicz[5]) und besonders von Heidenhain[6]) an einem
Hunde eine Teilresektion der Wandung dieses oder jenes Magengebietes (der Pylorus-
oder Fundusgegend), d. h. die Bildung eines isolierten oder abgetrennten,
kleinen Magens ausgearbeitet und verwirklicht.

Fig. 2 zeigt die Richtung der Magenschnitte bei Isolierung eines Pylorus-
($a\,b\,a'\,b'$) und Fundusteiles ($c\,d\,e\,c\,d'\,e$). Die Schnitte werden am Pylorus zirkulär,
aber im Bereich des Magenbodens sowohl an der vorderen ($c\,d\,e$) als auch an der
hinteren Magenwandung ($c\,d'\,e$) ausgeführt. Das resezierte Stück wird nur mit dem
Mesenterium verbunden, durch das zu ihm die Gefäße gelangen. In dem isolierten

---

[1]) W. Beaumont, Neue Versuche und Beobachtungen über den Magensaft
und die Physiologie der Verdauung. Deutsch von B. Luden. Leipzig 1834.

[2]) Bassow, Voie artificielle dans l'estomac des animaux. Bulletins de la Société
des natur. de Moscou 1843, T. XVI, p. 315.

[3]) N. Blondlot, Traité analytique de la digestion. Paris 1843, p. 201ff.

[4]) J. P. Pawlow und E. O. Schumow-Simanowski, Innervation der
Magendrüsen beim Hunde. Russky Wratsch 1890, Nr. 41.

[5]) R. Klemensiewicz, Über den Succus pyloricus. Sitzungsberichte der
Wiener Akademie 1875, Bd. LXXI, Abt. III, p. 249.

[6]) R. Heidenhain, Über die Pepsinbildung in den Pylorusdrüsen. Pflügers
Archiv 1878, Bd. XVIII, S. 169. — R. Heidenhain, Über die Absonderung der
Fundusdrüsen des Magens. Pflügers Archiv 1879, Bd. XIX, S. 148.

Pylorusteil wird der eine Schnittrand ($a'\,b'$) festgenäht, der andere ($a\,b$) in der Bauchwunde eingeheilt. Die Ränder des resezierten Stückes des Magenbodens werden miteinander vernäht: $c\,d$ mit $c\,d'$ nd $e\,d$ mit $e\,d'$. Indes bleibt in der Nähe von d und d' eine Stelle unvernäht. Durch die auf diese Weise entstehende Öffnung kann man in den Blindsack gelangen. Mit diesem Ende wird der isolierte kleine Magen an die Bauchwunde angeheilt. Die Kontinuität des Verdauungstraktes wird durch Verbindung der Ränder des Magenschnittes vermittelst Nähte hergestellt. Das Tier blieb nach der Operation am Leben. Bei dieser Methodik gelangte die verzehrte Speise natürlich nicht in den isolierten kleinen Magen; der aus diesem ausgeschiedene Saft war frei von jeglicher Beimischung.

Allein der isolierte kleine Magen Heidenhains, der in methodischer Hinsicht einen gewaltigen Schritt vorwärts bedeutet, hatte einen wesentlichen Mangel. Beim Herausschneiden des Stückes aus der Magenwandung wurden nämlich die in ihrer Muskelschicht verlaufenden Äste des sich als sekretorischen Nerv der Pepsindrüsen erweisenden N. vagus durchtrennt. Behufs Beseitigung dieses Übelstandes änderte *Pawlow*[1]) die Heidenhainsche Operation in der Weise ab, daß der isolierte kleine Magen nunmehr seine ganze Innervation aufrechterhielt. Zu diesem Zwecke führte er den Schnitt parallel zur Bahn der Fasern des Vagus. Die Richtung dieses Schnittes ist auf Fig. 3 ersichtlich.

Zwischen dem großen und dem isolierten Magen blieb eine kleine Brücke aus serösem Muskelgewebe stehen. In der Dicke dieser Muskelschicht verliefen dann auch die Äste des Vagus für den isolierten kleinen Magen. Abgetrennt waren die Magen voneinander lediglich durch die Schleimhaut. (Siehe Fig. 4.) Nach demselben Prinzip kann ein isolierter kleiner Magen unter Aufrechterhaltung der Innervation aus anderen Teilen des Magengrundes oder des Pylorusgebietes hergestellt werden[2]).

Somit ergab sich die Möglichkeit, bei einem Tiere, das sich von der Operation erholt hatte und wieder völlig gesund war, die Absonderung eines vollständig reinen Magensaftes aus dem isolierten Blindsack unter normalen Innervationsbedingungen der sich in diese öffnenden Drüsen und bei Vorhandensein von Speise im großen Magen zu beobachten. Die Funktion

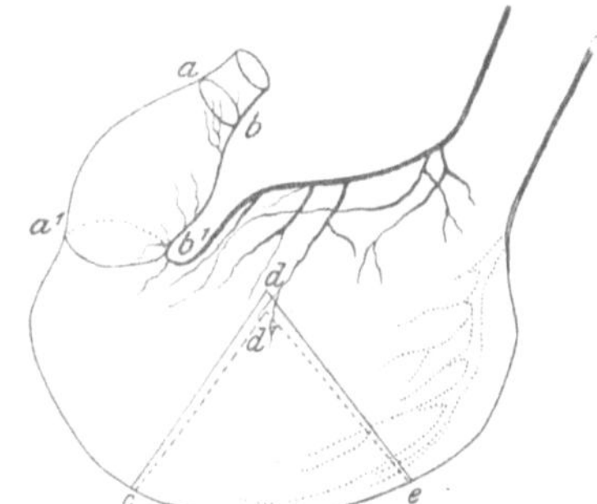

Fig. 2. Die Isolierung des Pylorus- und Fundusteils nach Klemensie- wicz und Heidenhain.

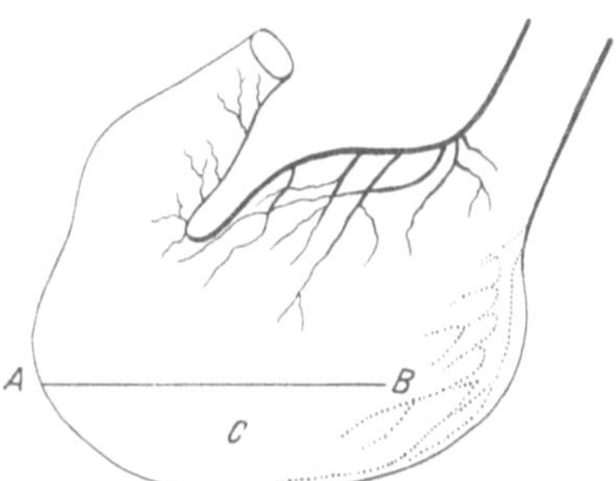

Fig. 3. AB Schnittlinie. C Lappen zur Bildung des Blindsacks (nach *Pawlow*).

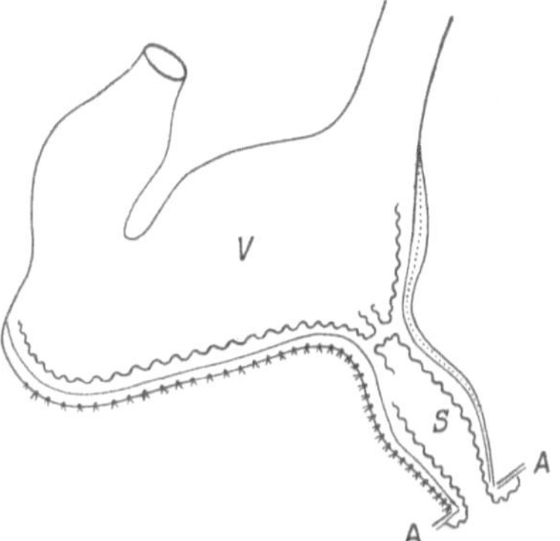

Fig. 4. V Magenhöhle. S Blindsack. AA Bauchwand (nach *Pawlow*).

---

[1]) J. P. Pawlow, Die Arbeit der Verdauungsdrüsen. Vorlesungen. Wiesbaden 1898, S. 18.
[2]) A. J. Schemjakin, Die Physiologie des Pylorusteiles des Magens beim Hunde. Diss. St. Petersburg 1901. — W. D. Dobromyslow, Die physiologische Rolle der Pepsin in alkalischer Reaktion enthaltenden Verdauungssäfte. Diss. St. Petersburg 1903.

dieses letzteren litt in der Regel sehr wenig, da die als Läppchen für den isolierten kleinen Magen verwendete Schleimhautfläche offenbar nicht mehr als $^1/_9$—$^1/_{10}$ (Lobassow[1]) und in einigen Fällen auch bedeutend weniger ($^1/_{43}$ oder $^1/_{36}$[2])) von der gesamten Magenschleimhaut ausmachte.

Ein isolierter kleiner Magen nach der Methode Heidenhain-*Pawlow* — kurz Magenblindsack genannt — wurde zuerst an einem Hunde im Jahre 1894 im Laboratorium von *J. P. Pawlow* hergestellt[3]). Er gibt ein treues Bild von der sekretorischen Arbeit des großen Magens. Beweise für die Richtigkeit dieses Satzes werden uns weiter unten auf Schritt und Tritt begegnen. Wenn auch viele Daten in der Arbeit der Magendrüsen bereits vor dieser Zeit festgestellt waren, so konnte jedoch erst bei Anwendung der Methode des isolierten kleinen Magens die Untersuchung der Tätigkeit dieses wichtigen Teiles des Verdauungskanals besonders fruchtbringend sein.

Die Verbindung der Operation eines isolierten kleinen Magens mit einer Fistel des großen Magens, einer Esophagotomie, einer Abtrennung des ganzen Magens vom Zwölffingerdarm oder nur seines Fundusteiles vom Pylorus usw. hat unsere Kenntnisse hinsichtlich der sekretorischen Tätigkeit der Magendrüsen außerordentlich vertieft.

Da der größere Teil der in Frage kommenden Untersuchungen im Laboratorium von *J. P. Pawlow* vorgenommen wurde, so werden wir bei unserer Darlegung naturgemäß von diesen ausgehen. Das Fehlen älterer Arbeiten bezüglich der Tätigkeit der Magendrüsen erklärt sich unter anderem auch durch den Umstand, daß der Magen infolge seiner Empfindlichkeit sich als ein für akute Versuche höchst ungeeignetes Organ darstellt[4]). Die Mehrzahl der unter solchen Bedingungen experimentierenden Forscher kam hinsichtlich der verschiedenen Einflüsse auf die Tätigkeit des Drüsenapparats des Magens zu negativen Ergebnissen. Dieser Umstand griff bei den Versuchen mit den Speicheldrüsen nicht Platz, und deswegen ist die Zahl der dort an frisch operierten Tieren ausgeführten Untersuchungen, wie wir bereits gesehen haben, so beträchtlich.

Ruhezustand und Tätigkeit der Magendrüsen.

Ebenso wie die großen Speicheldrüsen arbeiten auch die Fundusdrüsen des Magens beim Menschen und den fleischfressenden Tieren intermittierend. Wenn die Erreger der Magensekretion im gegebenen Augenblick nicht auf das Tier einwirken, so verbleiben die Magendrüsen in Ruhezustand. Die Reaktion im Magen wird alkalisch infolge des durch das Deckepithel abgesonderten alkalisch reagierenden Schleimes. Somit können wir aus der Anwesenheit einer alkalischen Reaktion der Magenschleimhaut auf die Untätigkeit der Magendrüsen schließen. Sobald jedoch die Magendrüsen in Tätigkeit treten, geht die alkalische Reaktion im Magen infolge des durch die Drüsen produzierten sauren Magensaftes in eine saure Reaktion über.

Zusammensetzung des Magensaftes.

Der reine Magensaft des Menschen und der fleischfressenden Tiere (Hund, Katze) stellt eine farblose, durchsichtige Flüssigkeit dar ohne Geruch, aber mit

---

[1]) J. O. Labassow, Die sekretorische Arbeit des Magens beim Hunde. Diss. St. Petersburg 1896, S. 137. (Arch. des Sc. Biol. Vol. V. p. 425).

[2]) A. P. Sokoloff, Zur Analyse der sekretorischen Arbeit des Magens beim Hunde. Diss. St. Petersburg 1904, S. 25 u. 89.

[3]) P. P. Chishin, Die sekretorische Arbeit des Magens beim Hunde. Diss. St. Petersburg 1894. (Arch. des Sc. Biol. Vol. III.)

[4]) A. A. Netschajew, Über den hemmenden Einfluß von Atropin, Morphium, Chloral-Hydrat sowie einer Reizung der sensiblen Nerven auf die Magensaftsekretion. Diss. St. Petersburg 1882.

stark saurem Geschmack infolge seines Gehalts an freier Salzsäure (beim Menschen etwa 0,4—0,5%, beim Hunde gegen 0,5—0,6%). Sein spezifisches Gewicht ist gering: 1,003—1,0059 (beim Hunde); 1,0083—1,0085 (beim Menschen). Die Gefrierpunktserniedrigung liegt zwischen 0,52—1,21° C. Der Magensaft ist nicht reich an festen Substanzen (gegen 0,3—0,4%); ihre Quantität schwankt je nach der Art des die Magensaftsekretion hervorrufenden Erregers (nach *Kersten* beim Hunde von 0,315—0,880%). Von anorganischen Substanzen enthält der Magensaft, abgesehen von freier Salzsäure, NaCl, KCl, NH_4Cl, Phosphate und Sulfate[1]). Außerdem wurden im Magensaft des Menschen, des Hundes und der Katze unbedeutende Mengen von Sulfocyansäure gefunden[2]). An organischen Substanzen sind im Magensaft Eiweißkörper (zum Teil in Gestalt von Nucleoproteiden) und folgende hauptsächlichsten Fermente vorhanden:

1. **Pepsin**, das nur in saurer Reaktion wirksam ist. Es spaltet native Eiweißkörper, indem es sie bis zu jenem Stadium hydrolytischen Zerfalls bringt, das unter dem Namen Peptone bekannt ist. Die Bildung tiefer abiureter Produkte der Eiweißverdauung ist für das Pepsin nicht typisch.

Der Pepsingehalt im Magensaft bestimmt sich nach der Wirkungsstärke der einen oder anderen Saftportion auf Eiweiß. Am meisten im Gebrauch ist das vom Laboratorium von *J. P. Pawlow* in Vorschlag gebrachte *Mett*sche Verfahren[3]). Flüssiges Hühnereiweiß gerinnt bei 95° C in Glasröhrchen von 1—2 mm Durchmesser. Die Röhrenstückchen mit dem darin geronnenen Eiweiß (Eiweißstäbchen) werden in den Magensaft — direkt oder nach Verdünnung des Saftes mit bestimmten 0,5 proz. HCl - Menge — gelegt und die Probe für die Dauer von 10 Stunden in den Brutschrank bei 38° C gebracht. Das Eiweiß wird vom Pepsin und der Salzsäure an den Enden des Röhrchens verdaut. Durch Ausmessung der Röhrenstückchen mit gelöstem Eiweiß mittels eines Lineals mit Millimetereinteilung kann man auf die Intensität der Ei-

[1]) E. O. Schumow - Simanowski, Über den Magensaft und das Pepsin bei Hunden. Archiv f. experim. Pathol. u. Pharm. 1894, Bd. XXXIII, S. 336. — N. Riasanzew, Suc gastrique du chat. Archives des Sciences Biologiques 1895, Vol. III, No. 3. — H. Friedenthal, Beiträge zur Kenntnis der Fermente. 1. Teil. Archiv f. Anat. (u. Physiol.) 1900, S. 186. — M. Nencki und N. Sieber - Schumow, Beiträge zur Kenntnis des Magensaftes und der chemischen Zusammensetzung der Enzyme. Zeitschr. f. physiol. Chemie 1901, Bd. XXXII, S. 291. — W. J. Kersten, Die Verdauungskraft der verschiedenen Sorten des Magensaftes im Zusammenhang mit seinen verschiedenen Niederschlägen. Diss. St. Petersburg 1902. — A. Bickel, Experimentelle Untersuchungen über den Magensaft. Berliner klin. Wochenschr. 1905, S. 60. — K. Sasaki, Experimentelle Untersuchungen über den osmotischen Druck des reinen Magensaftes unter verschiedenen Bedingungen. Berliner klin. Wochenschr. 1905, S. 1381. — P. Sommerfeld, Zur Kenntnis der Sekretion des Magens beim Menschen. Archiv f. (Anat. u.) Physiol. 1905, Suppl.-Bd., S. 455. — A. Bickel, Experimentelle Untersuchungen über die Magensaftsekretion beim Menschen. Verhandl. des XXIII. Kongresses für innere Medizin. München 1906, S. 481. — R. Rosemann, Beiträge zur Physiologie der Verdauung. I. Mitt. Pflügers Archiv 1906, Bd. CXVIII, S. 467. — Th. J. Migay und W. W. Sawitsch, Die Proportionalität der eiweißlösenden und milchkoagulierenden Wirkung des Magensaftes des Menschen und des Hundes in normalen und pathologischen Fällen. Zeitschr. f. physiol. Chemie 1909, Bd. LXIII, S. 405.

[2]) M. Nencki, Über das Vorkommen von Sulfocyansäure im Magensaft. Berichte der deutsch. chem. Gesellsch. 1895, Jahrg. 28, Bd. II, S. 1318.

[3]) S. G. Mett, Zur Innervation der Bauchspeicheldrüse. Diss. St. Petersburg 1889. (Arch. f. [Anat. u.] Physiol. 1894, S. 58.)

weißverdauung in der gegebenen Saftportion schließen. Bei Vergleichung zweier Magensaftproben muß in Betracht gezogen werden, daß sich die Pepsinquantitäten zueinander verhalten, wie die Quadrate der Zahlen (in Millimetern) der in den Proben während ein und desselben Zeitraumes verdauten Eiweißsäulchen [Schütz - Borissowsches Gesetz[1])]. Wenn beispielsweise eine Probe des Magensafts 3 mm Eiweißstäbchen und eine andere 4 mm Eiweißstäbchen löste, so verhalten sich die Pepsinquantitäten zueinander wie 9 zu 16.

Multipliziert man die die Pepsinmenge in der gegebenen Portion ausdrückende Zahl mit der Anzahl der Kubikzentimeter des während des gegebenen Zeitraums sezernierten Magensaftes, so erhält man die Zahl der Fermenteinheiten, die im Saft während einer bestimmten Zeit durch die Magendrüsen zur Ausscheidung gebracht worden sind. Hat man z. B. im Verlaufe von einer Stunde aus dem isolierten kleinen Magen 5,0 ccn Saft mit einer 4,0 mm gleichkommenden Verdauungsstärke und in der darauffolgenden Stunde 15,0 ccm mit einer Verdauungsstärke von 2,0 mm erhalten, so beträgt die Anzahl der Fermenteinheiten im ersteren Falle 80 und im zweiten nur 60.

Im Laboratorium von *J. P. Pawlow* wurde die Verdauungskraft des Magensaftes in der Regel nach der *Mett*schen Methode bestimmt.

2. **Chymosin** — das Labferment des Magensaftes. Es läßt Milch in saurer, neutraler und schwach alkalischer Reaktion gerinnen. Nach der Meinung von *Pawlow* und seinen Schülern[2]) gehört die Labwirkung des Magensaftes demselben Fermente an, wie auch die peptische Wirkung. Hieraus folgt, daß man von einem einzigen eiweißlösenden und milchkoagulierenden Fermente des Magensaftes sprechen muß. Auf die Einzelheiten dieser Frage hier näher einzugehen, sind wir nicht imstande. Es sei hier nur bemerkt, daß der Parallelismus und die Proportionalität zwischen der eiweißlösenden und der milchkoagulierenden Wirkung des Magensaftes unter gewissen Bedingungen so vollständige sind, daß *Migay* und *Sawitsch*[3]) den Vorschlag machten, sich der durch menschlichen Magensaft hervorgerufenen Milchgerinnung als einer raschen und genauen Methode der Bestimmung seiner Verdauungskraft zu bedienen.

3. Die von Volhard[4]) entdeckte **Lipase**. Dieses Ferment spaltet nur emulgierte Fette (bis 50%). Es gelangt im Fundusteil des Magens zur Bildung. Pepsin und Salzsäure zerstören es.

---

[1]) E. Schütz, Eine Methode zur Bestimmung der relativen Pepsinmenge. Zeitschr. f. physiol. Chemie 1885, Bd. IX, S. 577. — P. J. Borissow, Pepsinzymogen. Diss. St. Petersburg 1891.

[2]) J. P. Pawlow und S. W. Parastschuk, Über die ein und demselben Eiweißfermente zukommende proteolytische und milchkoagulierende Wirkung verschiedener Verdauungsfermente. Zeitschr. f. physiol. Chemie 1904, Bd. XLII, S. 415. Siehe in eben jener Zeitschrift von diesem Jahre an die Arbeiten betreffs dieser Frage von Sawitsch, Tichomirow, Sawjalow, sowie die Entgegnungen auf diese von Hammarsten, Schmidt-Nielsen, Rakoczy u. a. Die Literatur über diesen Gegenstand findet man bei Oppenheimer, Die Fermente und ihre Wirkungen. 3. Aufl. 1909—1910, S. 287ff.

[3]) Th. J. Migay und W. W. Sawitsch, Zeitschr. f. physiol. Chemie 1909, Bd. LXIII, S. 405.

[4]) F. Volhard, Über die fettspaltenden Fermente des Magens. Zeitschr. f. klin. Med. 1901, Bd. XLII, S. 414, und Bd. XLIII, S. 397. — W. Stade, Über das fettspaltende Ferment des Magens. Hofmeisters Beiträge 1902, Bd. III, S. 291. — A. Fromme, Über das fettspaltende Ferment der Magenschleimhaut. Ibidem 1905, Bd. VII, S. 51. — A. Zinnser, Über den Umfang der Fettverdauung im Magen. Ibidem 1905, Bd. VII, S. 31.

Nachdem die Zurückwerfung des lipolytische Fermente enthaltenden Pankreas- und Darmsaftes in den Magen festgestellt worden war, wurde die Spaltung des Fettes im Magen hauptsächlich[1]) oder ausschließlich[2]) jenen Fermenten zugeschrieben. Allein Heinsheimer[3]) und Laqueur[4]) beobachteten eine fettspaltende Wirkung des aus dem isolierten kleinen Magen erhaltenen, mithin absolut reinen Saftes. Umgekehrt stellt *Boldyrew*[5]) das Vorhandensein einer solchen Fähigkeit beim reinen Magensaft entschieden in Abrede.

Die Arbeit der Magendrüsen bei Genuß von Fleisch, Brot und Milch.

Außerhalb der Verdauungszeit bringen also die Magendrüsen ihr Sekret nicht zur Ausscheidung. Sobald jedoch irgendwelche Speise in den Verdauungskanal gelangt, beginnen sie tätig zu werden.

In Anbetracht der Kompliziertheit der Beziehungen, wie sie am Magen beobachtet wird, erscheint es zweckmäßiger, die Betrachtung der Tätigkeit der Fundusdrüsen mit einfacheren Fällen zu beginnen, nämlich dem Genuß verschiedener der gebräuchlichsten Nahrungsmittel. Solche sind: Fleisch als Beispiel animalischer Eiweißnahrung, Brot als Beispiel von Stärkenahrung und Milch — ein natürliches Nahrungsmittel, das alle drei Arten der Nahrungsstoffe: Eiweiß, Kohlenhydrate und Fett enthält.

Die Betrachtung der Arbeit der Magendrüsen bei diese Speisearten wird uns sofort über ihre Besonderheiten Aufschluß geben, und eine Analyse der Tätigkeit des Drüsenapparates in jedem einzelnen Falle soll uns ihre Grundmomente klarlegen.

Bei Betrachtung der Versuche an den Magendrüsen muß man sich vergegenwärtigen, daß sie stets nicht nur bei leerem Magen, sondern auch bei alkalischer Reaktion sowohl im großen Magen (gewöhnlich mit einer Fistel versehen) als auch im isolierten Magen beginnen.

Auf Tabelle XXIII sind die Versuche mit Fütterung eines Hundes mit 200 g rohen gehackten Fleisches, 200 g Weißbrot und 600 ccm Milch dargestellt. Die Verdauungskraft wurde nach der *Mett*schen Methode bestimmt. Die Ziffern sind der Arbeit von *Chishin*[6]) entnommen. Ein gleiches stellen die Kurven dar (Fig. 5 und 6). Bei Betrachtung der Zahlen der Tabelle XXIII und der Kurven lenkt der Umstand unsere Aufmerksamkeit auf sich, daß jeder einzelnen Speiseart — unabhängig von der verzehrten Quantität — ein bestimmter Verlauf der Sekretion des Magensaftes, diese oder jene Durchschnittsmenge desselben, eine bestimmte Verdauungskraft und Säure eigentümlich ist.

---

[1]) E. S. London, Zum Chemismus der Verdauung. VII. Mitt. Zeitschr. f. physiol. Chemie 1907, Bd. L, S. 125. — E. S. London und M. A. Wersilowa, Zum Chemismus der Verdauung. XXIII. Mitt. Ibidem 1908, Bd. LVI, S. 545.

[2]) W. N. Boldyreff, Einige neue Seiten der Tätigkeit des Pankreas. Ergebnisse der Physiologie 1911, 11. Jahrg., S. 140ff.

[3]) F. Heinsheimer, Experimentelle Untersuchungen über fermentative Fettspaltung im Magen. Deutsche medizin. Wochenschr. 1906, Bd. XXXII, S. 1194.

[4]) A. Laqueur, Über das fettspaltende Ferment im Sekret des kleinen Magens. Hofmeisters Beiträge 1906, Bd. VIII, S. 281.

[5]) W. N. Boldyreff, Ergebnisse der Physiologie 1911, 11. Jahrg., S. 140ff.

[6]) P. P. Chishin, Die sekretorische Arbeit des Magens beim Hunde. Diss. St. Petersburg 1894, S. 71ff., 88 u. 93.

Tabelle XXIII.

Die Magensaftsekretion aus dem isolierten kleinen Magen eines
Hundes und Verdauungsstärke des Saftes bei Genuß von 200 g Fleisch,
200 g Weißbrot und 600 ccm Milch. (Mittlere Zahlen von *Chishin*.)

Stunden	200 g rohen Fleisches		200 g Brot		600 ccm Milch	
	Saftmenge in ccm	Verdauungskraft nach Mett in mm	Saftmenge in ccm	Verdauungskraft nach Mett in mm	Saftmenge in ccm	Verdauungskraft nach Mett in mm
I	11,2	4,94	10,6	6,10	4,0	4,21
II	11,3	3,03	5,4	7,97	8,6	2,35
III	7,6	3,01	4,0	7,51	9,2	2,35
IV	5,1	2,87	3,4	6,19	7,7	2,65
V	2,8	3,20	3,3	5,29	4,0	4,68
VI	2,2	3,58	2,2	5,72	0,6	6,12
VII	1,2	2,25	2,6	5,48	—	—
VIII	0,6	3,87	2,2	5,50	—	—
IX	—	—	0,9	5,75	—	—
X	—	—	0,4	—	—	—
Durchschnitt	40,5	3,65	33,6	6,64	33,9	3,25
Acidität in Prozent HCl des Durchschnittssaftes	0,561		0,471		0,493	
Erscheinen des ersten Tropfens Saft	nach 8 Minuten		nach 6³/₄ Minuten		nach 9 Minuten	

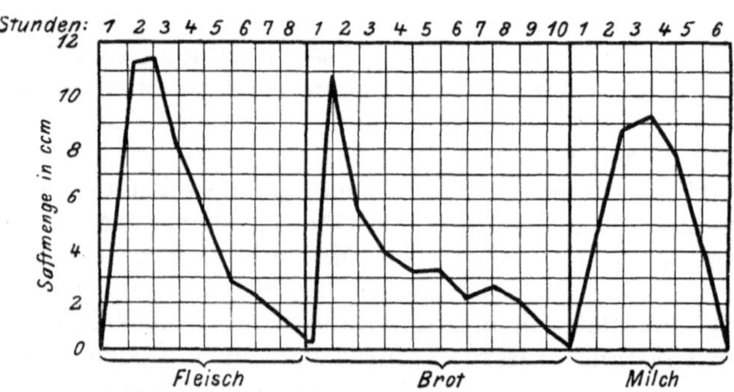

Fig. 5. Sekretionsverlauf des Magensaftes beim Genuß von
Fleisch, Brot und Milch (nach *Pawlow*).

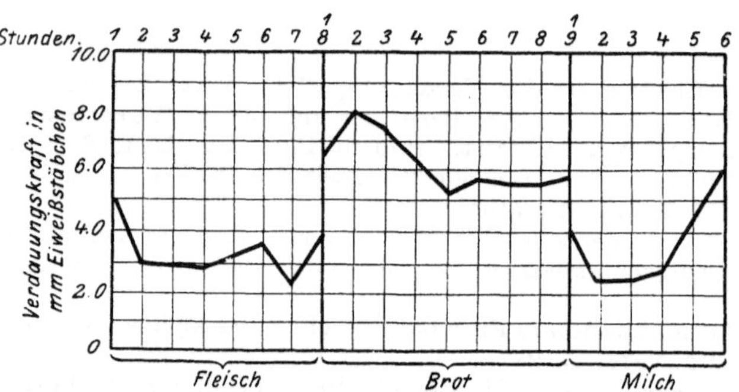

Fig. 6. Stündl. Verlauf des Verdauungsvermögens des Magensaftes beim Genuß von Fleisch, Brot u. Milch (nach *Pawlow*).

Beim Genuß von Fleisch beginnt die Magensaftsekretion aus dem isolierten kleinen Magen durchschnittlich acht Minuten nach Beginn der Nahrungsaufnahme (das Verzehren des Fleisches an sich dauert nicht mehr als 1 bis 2 Minuten). Sie erreicht rasch — im Verlauf der ersten Stunde, bisweilen aber erst in der zweiten — ihre Maximalhöhe, um dann während der folgenden 4 bis 5 Stunden allmählich auf Null herabzusinken. Die größte Verdauungskraft besitzt der Saft der ersten Stunde (4,94 mm); bereits von der zweiten Stunde der Absonderung an nimmt die Verdauungskraft auffallend ab (3,03 mm). Dieses Absinken dauert bis zur vierten Stunde einschließlich

(2,87 mm). Von der fünften Stunde an steigt die Verdauungskraft mit einigen Schwankungen langsam aufwärts, ohne jedoch ihre anfängliche Höhe zu erreichen (3,87 mm).

Beim Genuß von 200 g Brot ist die latente Periode der Magensaftsekretion im Durchschnitt kürzer als bei Fleisch. Sie beträgt 6$^3/_4$ Minuten. Das Maximum der Absonderung entfällt auf die erste Stunde. Allein bereits in der zweiten Stunde sinkt die Menge des abgesonderten Saftes fast um das Doppelte, um sich dann während einer langen Zeit in niedrigen Ziffern zu halten. Im allgemeinen umfaßt die Verdauung von 200 g Brot im Magen etwa 10 Stunden. Was die Verdauungskraft bei Brot anbetrifft, so ist sie hier höher als bei sämtlichen anderen Speisearten. Schon in der ersten Stunde zeigt sie eine beträchtliche Höhe (6,10 mm) und steigt dann in der zweiten noch höher an (7,97 mm); im Verlauf der dritten und vierten Stunde ist sie noch sehr hoch und erst mit der fünften Stunde beginnt sie abzufallen. Indes nimmt sie während der letzten Stunden der Verdauung abermals um einiges zu.

Nicht weniger typisch als die Kurven der Magensaftsekretion auf Fleisch und Brot ist die Kurve der Sekretion beim Genuß von 600 ccm Milch. Während bei Fleisch ein auffallendes Ansteigen der Kurve und dann ein jähes Absinken derselben, bei Brot eine langsame, matte Absonderung in nicht hohen Ziffern während der zweiten Hälfte der Sekretionsperiode die Aufmerksamkeit auf sich lenkt, fällt bei Milch ein allmähliches Anwachsen der Sekretion auf, die während der zweiten und noch häufiger während der dritten Stunde ihr Maximum erreicht. Die Saftsekretion beginnt beim Genuß von Milch etwas später als bei den übrigen Speisearten (nach 9 Minuten) und hört bedeutend früher auf (nach 6 Stunden).

Die ziemlich hohe Verdauungskraft der ersten Stunde (4,21 mm) nimmt während der zweiten fast um ein Doppeltes ab (2,35 mm) und bleibt annähernd die gleiche im Verlauf der dritten und vierten Stunde. In der fünften Stunde steigt sie bis zur ursprünglichen Höhe (4,68 mm) an, um dann in der sechsten Stunde noch über diese letztere hinauszugehen.

Verteilt man die beim Genuß dieser oder jener Speise zur Ausscheidung gelangenden Saftmengen auf gleiche Tertialperioden, so erhält man folgende Beziehungen (mittlere Zahlen für jede einzelne Periode).

	Fleisch	Brot	Milch				
I. Tertialperiode:	61,5%	60,6%	32,6% der Gesamtmenge des Saftes				
II. „	26,7%	25,4%	46,7% „	„	„	„	
III. „	8,8%	14,1%	19,7% „	„	„	„	

Also gelangt beim Genuß von Fleisch und Brot die größte Saftmenge während der ersten Stunden der Verdauung zum Abfluß; umgekehrt wird bei Milch in der Anfangsperiode der Verdauung nur ein Drittel des gesamten Saftes abgesondert, während die Maximalanspannung der Magendrüsen auf die II. Periode entfällt. Die größte Saftmenge kommt bei diesen Versuchen auf Fleisch (40,5 ccm), eine bedeutend geringere auf Milch (33,9 ccm) und Brot (33,6 ccm) zur Absonderung. Parallel mit der Saftmenge schwankt auch seine Acidität: am größten ist diese im Saft auf Fleisch (0,561%), entsprechend geringer in dem auf Milch (0,493%) und auf Brot (0,471%). All diesem muß hinzugefügt werden, daß der Schlaf auf die Arbeit der Magendrüsen nicht den geringsten Einfluß ausübt. (Die Hunde schlafen nach dem Fressen leicht ein.) Sowohl die Gesamtsaftmenge, als auch der Verlauf der Sekretion blieben dieselben, gleichviel, ob das Tier in wachem Zustande war oder schlief.

Eigenschaften des auf Fleisch, Brot und Milch zur Ausscheidung gelangenden Saftes.

Somit entspricht jeder einzelnen Speiseart ein bestimmter Verlauf der Magendrüsentätigkeit. Dies betrifft nicht nur die quantitative Seite der Absonderung, sondern auch die qualitative. Diese interessante Frage verdient, daß man etwas näher auf sie eingeht.

Ist man berechtigt, hinsichtlich der Acidität des Magensaftes den Satz aufzustellen, daß sie um so größer ist, je energischer der Magensaft sezerniert wird, so können in bezug auf die Verdauungskraft in keinem Falle so einfache Beziehungen aufgestellt werden. Man braucht nur einen Blick auf eben jene Tabelle XXIII zu werfen und die Verdauungskraft der mit ein und derselben Schnelligkeit, aber auf verschiedene Speisesubstanzen zur Absonderung gelangten Säfte zu vergleichen, um sich davon zu überzeugen, daß eine einfache Wechselbeziehung zwischen der Schnelligkeit der Saftsekretion und seiner Verdauungskraft bei den verschiedenen Erregern nicht vorhanden ist. So verdaute beispielsweise der Saft der IV. Stunde beim Genuß von Fleisch (mit einer Absonderungsschnelligkeit von 5,1 ccm) 2,87 mm Eiweißstäbchen, dagegen der Saft der II. Stunde beim Genuß von Brot (Absonderungsschnelligkeit 5,4 ccm) 7,97 mm   Oder 4,0 ccm Saft auf Brot (III. Stunde) verdaute 7,51 mm, dagegen 4,0 ccm Saft auf Milch (V. Stunde) nur 4,68 mm!

In gleichem Sinne sprechen auch die nachfolgenden Versuche von *Chishin*[1]), bei denen er den Genuß der einen Speiseart durch den Genuß einer anderen ersetzte.

Stunden	Saftmenge	Verdauungskraft
Um 8 Uhr morgens wurden dem Hunde 200 g Weißbrot gegeben.		
8—9 Uhr	3,2 ccm	8,0 mm
9—10 ,,	4,5 ,,	8,0 ,,
10—11 ,,	1,8 ,,	7,0 ,,
200 g rohes Fleisch gegeben.		
11—12 Uhr	8,0 ccm	5,37 mm
12—1 ,,	8,8 ,,	3,50 ,,
1—2 ,,	8,6 ,,	3,75 ,,
200 ccm Milch gegeben.		
2—3 Uhr	9,2 ccm	3,75 mm
3—4 ,,	8,4 ,,	3,0 ,,
400 ccm Milch gegeben.		
4—5 Uhr	7,4 ccm	2,25 ccm
5—6 ,,	4,2 ,,	2,12 ,,
400 ccm Milch gegeben.		
6—7 Uhr	2,6 ccm	2,0 mm
7—8 ,,	1,8 ,,	2,63 ,,

Hierbei spielt die Reihenfolge, in der die Nahrung verabreicht wird, wie man aus dem folgenden Versuch ersieht, keine Rolle.

Stunden und Minuten	Saftmenge	Verdauungskraft
Um 8^h 30′ morgens wurden dem Hunde 200 ccm Milch gegeben.		
8^h 30′ bis 9^h 30′	7,0 ccm	1,5 mm
9^h 30′ ,, 10^h 30′	6,0 ,,	2,0 ,,
145 g Weißbrot gegeben.		
10^h 30′ bis 11^h 30′	2,0 ccm	4,12 mm
11^h 30′ ,, 12^h 30′	3,6 ,,	5,0 ,,

---

[1]) Chishin, Diss. St. Petersburg 1894, S. 109.

Stunden und Minuten	Saftmenge	Verdauungskraft
	200 ccm Milch gegeben.	
12^h 30′ bis 1^h 30′	5,4 ccm	3,37 mm
1^h 30′ „ 2^h 30′	3,4 „	2,0 „
2^h 30′ „ 3^h 30′	6,8 „	1,5 „
3^h 30′ „ 4^h 30′	8,4 „	2,5 „
4^h 30′ „ 5^h 30′	4,4 „	1,5 „

Mithin entspricht jeder einzelnen Speiseart ein Saft mit bestimmter Verdauungskraft. Hierbei hat die Schnelligkeit der Saftsekretion bei den verschiedenen Speisearten keinerlei Bedeutung.

Verdauungskraft der verschiedenen Magensaftarten bei ausgeglichener Acidität.

Da die Acidität der bei Genuß der verschiedenen Substanzen erzielten Säfte nicht dieselbe ist und von einer zur anderen Stunde schwankt, so glich *Kersten*[1]), um gleichartige Bedingungen für die Wirkung des Pepsins zu erhalten, die Acidität sowohl der Stundenportionen ein und desselben Versuches als auch die Acidität der verschiedenen Säfte aus. Obwohl in einigen Fällen infolge der Verdünnung des Saftes seine Verdauungskraft herabsank, so können wir nichtsdestoweniger hier die gleichen Beziehungen beobachten, wie auch an den nicht verdünnten Säften. Siehe Tabelle XXIV.

Tabelle XXIV.

Die Verdauungskraft des Magensaftes eines Hundes bei Genuß von Fleisch, Brot und Milch im Falle ausgeglichener Acidität in den einzelnen Stunden der Verdauungsperiode und in den Durchschnittssäften (nach *Kersten*).

Stunden	200 g Fleisch				200 g Brot				600 ccm Milch			
	Saftmenge in ccm	% Acidität vor Ausgleichung	% Acidität nach Ausgleichung	Verdauungskraft in mm seit Ausgleichung der Acidität	Saftmenge in ccm	% Acidität vor Ausgleichung	% Acidität nach Ausgleichung	Verdauungskraft in mm seit Ausgleichung der Acidität	Saftmenge in ccm	% Acidität vor Ausgleichung	% Acidität nach Ausgleichung	Verdauungskraft in mm seit Ausgleichung der Acidität
I	16,0	0,525		4,4	9,0	0,467		5,5	9,6	0,487		2,0
II	14,8	0,575		3,6	4,8	0,400		7,0	8,2	0,550		1,6
III	11,4	0,550	}0,295	3,2	6,7	0,433	}0,269	6,6	7,6	0,550	}0,295	1,5
IV	7,8	0,538		4,3	4,3	0,400		5,5	10,0	0,550		3,0
V	2,2	0,425		5,7	2,8	0,300		5,0	5,8	0,475		2,7
VI	—	—	—	—	2,8	0,283		4,9	1,9	0,450		3,05
Vers. Nr. 1	—	0,525	0,350	3,95	—	0,400	0,350	5,2	—	0,525	0,350	3,2
Vers. Nr. 2	—	0,486	0,361	3,2	—	0,400	0,361	5,6	—	0,450	0,361	2,4
Vers. Nr. 3	—	0,488	0,382	4,0	—	0,419	0,382	6,15	—	0,475	0,382	2,3
Vers. Nr. 4	—	0,463	0,367	3,65	—	0,400	0,367	6,3	—	0,469	0,367	2,3

In der oberen Hälfte der Tabelle XXIV sind die Versuche wiedergegeben, bei denen die Acidität in den Stundenportionen ausgeglichen war; auf der unteren Hälfte der Tabelle — die Versuche, wo die Acidität in den verschiedenen Durchschnittssäften: auf Fleisch, Brot und Milch (horizontale Reihen) zur Ausgleichung gebracht worden war. Diese Versuche sprechen in dem gleichen Sinne wie die vor-

---

¹) W. J. Kersten, Die Verdauungskraft der verschiedenen Sorten des Magensaftes im Zusammenhang mit den verschiedenen Niederschlägen desselben. Diss. St. Petersburg 1902, S. 13.

hergehenden: d. h. auf Brot fließt der an Fermenten reichste, auf Milch der an diesen ärmste Saft; der Saft auf Fleisch nimmt eine Mittelstellung ein. Eine Wechselbeziehung zwischen der Geschwindigkeit der Sekretion und der Konzentration des Ferments bei den verschiedenen Erregern ist nicht vorhanden. So verdaute beispielsweise der Saft der IV. Stunde auf Fleisch (7,8 ccm) 4,3 mm Eiweißstäbchen, dagegen der Saft der III. Stunde auf Milch (7,6 ccm) bei ein und derselben Acidität von 0,295% — nur 1,5 mm.

Wechselbeziehung zwischen der Verdauungskraft und den festen, sowie organischen Bestandteilen der verschiedenen Säfte.

Allein die verschiedenen Saftarten unterscheiden sich voneinander auch durch ihre äußere Beschaffenheit. Der Saft auf Fleisch und besonders auf Milch ist stets flüssig und durchsichtig, der Saft auf Brot — besonders während der zweiten und dritten Stunde — verdickt sich und gibt einen trüben Niederschlag nicht nur bei Kälte, sondern bisweilen auch bei Zimmertemperatur.

Die Untersuchung der festen Rückstände der verschiedenen Magensaftarten hat gezeigt, daß am reichsten an solchen der Saft auf Brot, am ärmsten der Saft auf Milch ist und der Saft auf Fleisch eine Mittelstellung einnimmt[1]).

Tabelle XXV.

Feste Rückstände und Verdauungskraft der verschiedenen Magensäfte beim Hunde. (Mittlere Zahlen nach *Kersten*.)

Was für Saft	Prozent an festen Substanzen	Verdauungskraft in mm nach Mett
Saft auf Milch	0,315	2,7
Saft auf Fleisch	0,326	3,9
Saft auf Brot	0,880	6,7

Vergleicht man die festen Rückstände mit der Verdauungskraft, so kann man sehen, daß zwischen ihnen eine direkte Beziehung besteht: je größer der feste Rückstand ist, um so größer ist auch die Verdauungskraft des gegebenen Saftes (eben jene Tab. XXV). Diese Tatsache wurde bereits durch die ersten Forscher, die mit reinem Magensaft experimentierten, festgestellt (*Ketscher*[2]), *Sanozky*[3]), *Konowalow*[4])).

Analoge Beziehungen wurden von *Kersten*[5]) und *Hanike*[6]) und unabhängig von ihnen von Pekelharing[7]) bei Vergleichung der Verdauungskraft (nach Mett) der verschiedenen Magensaftarten beim Hunde (nach Genuß von Fleisch, Brot und Milch) mit der Menge der unter Anwendung der verschiedenen Methoden erhaltenen Rückstände wahrgenommen. Hierbei ergab sich, daß die Menge

---

[1]) Kersten, Diss. St. Petersburg 1902, S. 25.

[2]) N. J. Ketscher, Reflex aus der Mundhöhle auf die Magensekretion. Diss. St. Petersburg 1890.

[3]) A. S. Sanozky, Erreger der Magensaftsekretion. Diss. St. Petersburg 1892.

[4]) P. N. Konowalow, Käufliche Pepsine im Vergleich mit dem normalen Magensaft. Diss. St. Petersburg 1892.

[5]) Kersten, Diss. St. Petersburg 1902.

[6]) E. A. Hanike, Die verschiedenen Niederschläge des natürlichen Magensaftes und seine verdauende Kraft. Förhandlingar vid Nordiska Naturforskare och Läkeremötet i Helsingfors 1902, p. 15.

[7]) C. A. Pekelharing, Mitteilungen über Pesin. Zeitschr. f. physiol. Chemie 1902, Bd. XXXV, S. 8.

des Alkoholrückstandes und des Rückstandes beim Sieden fast proportional ist dem Quadrate der Verdauungskraft des gegebenen Saftes. Eine gewisse, unaufgeklärt gebliebene Abweichung ergab der Saft auf Fleisch: in diesem beobachtete man etwas weniger Rückstand, als man es nach dem Quadrate der Verdauungskraft erwarten sollte.

Auf der weiter unten folgenden Tabelle XXVI sind Beispiele derartiger, von *Hanike*[1]) vorgenommener Bestimmungen aufgeführt. Die Acidität des Magensaftes war bei allen Versuchen ausgeglichen und auf 0,2% gebracht in Anbetracht des Hinweises von *Konowalow*[2]), daß seine Maximalwirkung Pepsin gerade bei dieser Acidität ausübt.

<h3>Tabelle XXVI.</h3>

Wechselbeziehung zwischen der Verdauungskraft und den Rückständen der verschiedenen Magensaftarten (nach *Hanike*).

	600 ccm Milch	200 g Fleisch	200 g Brot
Verdauungskraft nach Mett in mm . .	1,025	2,35	4,225
Alkoholniederschlag in mg	7,4	30,3	132,6
Verhältnis der Quadrate der Verdauung .	1	5,3	17,1
Verhältnis der Niederschlagsmengen . . .	1	4,0	17,6
Verdauungskraft nach Mett in mm . .	1,275	2,75	4,0
Niederschlag auf Kochen in mg	10,0	47,3	114,7
Verhältnis der Quadrate der Verdauung .	1	5,5	11,7
Verhältnis der Niederschlagsmengen . . .	1	4,7	11,4

Wechselbeziehung zwischen der Art der Nahrung, der Menge und der Qualität des auf sie zur Ausscheidung gelangenden Saftes.

Somit kommt auf jede Art der Nahrung eine bestimmte Saftmenge zur Ausscheidung; der Absonderungsverlauf ist hierbei ein fest bestimmter und beständiger; die Sekretionsdauer ist verschieden und endlich die Verdauungskraft, der Gehalt an festen und organischen Substanzen sowie die Acidität für jede einzelne Saftart typisch.

Alle diese Beziehungen lassen sich auf der nachfolgenden Tabelle veranschaulichen. Die verschiedenen Nahrungsarten sind hier innerhalb jeder einzelnen Gruppe in absteigender Reihenfolge (nach *Chishin*[3])) angeordnet.

	Saftmenge	Acidität des Saftes	Verdauungskraft des Saftes	Sekretionsdauer des Saftes
I	Fleisch	Fleisch	Brot	Brot
II	Brot	Milch	Fleisch	Fleisch
III	Milch	Brot	Milch	Milch

Nimmt man dagegen an Gewicht ungleichartige, doch, was den Gehalt an Stickstoff anbetrifft, äquivalente Speisesubstanzmengen in runden Ziffern (100 g Fleisch, 250 g Weißbrot und 600 ccm Milch) und berechnet man die Menge der Fermenteinheiten in jedem einzelnen Saft, so sind die Beziehungen zwischen den verschiedenen Saftarten etwas andere.

<hr>

[1]) Hanike, Förhandlingar vid Nordiska Naturforskare och Lökeremötet i Helsingfors 1902, p. 15.

[2]) Konowalow, Diss. St. Petersburg 1893, S. 23.

[3]) Chishin, Diss. St. Petersburg 1894, S. 117.

Tabelle XXVII.

Die Saftmenge, seine Verdauungskraft und die Menge der Fermenteinheiten in dem bei Genuß an N äquivalenter Quantitäten Brot,
Fleisch und Milch erhaltenen Magensaft des Hundes (nach *Pawlow*[1])).

Speiseart	Saftmenge in ccm	Verdauungs- kraft in mm	Quadrate der Millimeter der Verdauungskraft	Menge der Ferment- einheiten
250 g Brot	42,0	6,16	38	1600
100 g Fleisch	27,0	4,0	16	430
600 ccm Milch	34,0	3,1	10	340

Oder man erhält bei Anordnung der Speisearten in absteigender Reihenfolge:

	Saftmenge	Verdauungskraft	Menge der Fermenteinheiten
I	Brot	Brot	Brot
II	Milch	Fleisch	Fleisch
III	Fleisch	Milch	Milch

Geht man davon aus, daß der Gehalt an N in der einen oder anderen
Speiseart dem Gehalt an Eiweißsubstanzen in ihr entspricht, so ergibt sich, daß
am leichtesten durch den Magensaft die Eiweißstoffe der Milch, sodann die
Eiweißstoffe des Fleisches verdaut werden und eine besonders angespannte
Arbeit der Pepsindrüsen die vegetabilischen Eiweißstoffe des Brotes erfordern.

Speiseart	Saftmenge in ccm	Verdauungs- kraft in mm	Quadrate der Millimeter der Verdauungskraft	Menge der Ferment- einheiten
250 g Brot	42,0	6,16	38	1600
100 g Fleisch	27,0	4,0	16	430
600 ccm Milch	34,0	3,1	10	340

auf jede einzelne Art der vom Tiere verzehrten Nahrung eine bestimmte Menge
Magensaft zur Ausscheidung. Es zeigt sich, daß auf verschiedene Quantitäten
ein und derselben Nahrung ungleiche Saftmengen abgesondert werden. Hierbei
ist die durch die Magendrüsen während der ganzen Verdauungsperiode sezernierte Saftmenge direkt proportional der Quantität der verzehrten Nahrung.
So wurden beispielsweise von *Chishin*[2]) nebenstehende Verhältniszahlen festgestellt (Tab. XXVIII).

Mit anderen Worten: bei Verdopplung der Speisemenge nimmt auch die
Quantität des auf diese zum Abfluß kommenden Saftes um ein Doppeltes zu.
Was die Sekretionsdauer anbetrifft, so erhöht sie sich bei Verdopplung der
Speisemenge annähernd um 1,5 mal.

Eine gewisse Bedeutung kommt dem Volumen der verzehrten Nahrung
zu. Nach Berechnung der Saftmengen, die auf die bestimmten Gewichtsquanti-
täten der einzelnen Bestandteile der Milchspeise zur Absonderung gelangen
dürften, läßt sich mittels Addition die Saftmenge feststellen, die auf die gesamte
Mischung sezerniert werden sollte. Allein die theoretischen Ziffern erweisen
sich stets niedriger als die tatsächlichen. Diesen Unterschied führt *Chishin*
auf das Volumen der auf einmal in den Magen gelangenden Speise zurück.
(Über den Einfluß des Vorhandenseins von Speise im Magen auf die Arbeit
der Magendrüsen siehe weiter unten die Versuche von *Krshyschowski*, S. 120 ff.)

---

[1]) Pawlow, Vorlesungen. Wiesbaden 1898, S. 46.
[2]) Chishin, Diss. St. Petersburg 1894, S. 100.

Tabelle XXVIII.

Wechselbeziehung zwischen der Speisemenge und der Quantität, sowie Qualität des auf diese zur Ausscheidung gelangenden Magensaftes beim Hunde (nach *Chishin*).

Speiseart	Verhältnis der Speisemengen zueinander	Saftmenge in ccm	Verhältnis der Saftmengen zueinander	Sekretionsdauer	Acidität in %	Verdauungskraft in mm
Rohes Fleisch 100 g	} 1 : 2	26,5	} 1 : 6 } Mittlere	$4^1/_2$ St.	0,543	4,46
„ „ 200 „		40,5		$6^1/_4$ „	0,561	3,65
„ „ 400 „	} 1 : 2	106,3	} 1 : 2,6 } 1,21	$8^3/_4$ „	0,566	3,0
Gemischte Speise: 300 ccm Milch + 50 g Fleisch + 50 g Brot	} 1 : 2	42,3	} 1 : 1,97	$6^1/_4$ St.	0,434	4,0
Gemischte Speise: 600 ccm Milch + 100 g Fleisch + 100 g Brot		83,2		$9^3/_4$ St.	0,536	3,0

Eben diese Tabelle XXVIII zeigt, daß, je größer die Menge des sezernierten Magensafts ist, seine Acidität sich um so höher und seine Verdauungskraft sich um so niedriger darstellt. (Im letzteren Falle darf man nicht vergessen, daß man es hier im Verlaufe der ganzen Verdauungsperiode mit einem einzigen — wenn auch komplizierten — Erreger der Magendrüsen zu tun hat.)

Später machte dann Arrhenius[1]) gestützt, auf die Versuche von *Chishin*[2]), *Lobassow*[3]), *Lönnqvist*[4]) u. a. mit dem isolierten kleinen Magen und die Versuche von London und Pewsner[5]), London und Sandberg[6]), London[7]) u. a. an Hunden mit Fisteln des Magens und anderer Teile des Verdauungskanals den Versuch, die quantitativen Beziehungen hinsichtlich der bei der Verdauung und Resorption beobachteten Erscheinungen festzustellen. Was die Tätigkeit der Magendrüsen anbetrifft, so kommen seine Daten den Ergebnissen *Chishins* sehr nahe. So ist nach Arrhenius die Menge des sezernierten Magensaftes der Quantität der in den Magen eingeführten Nahrung proportional, die Verdauungszeit der Quadratwurzel aus der Speisemenge so gut wie proportional usw.

Analyse der Arbeit der Magendrüsen.

Vor unseren Augen vollzog sich ein komplizierter Akt: die Absonderung des Magensafts bei Genuß dieser oder jener Nahrung. Sofort drängt sich uns eine ganze Reihe von Fragen auf: 1. Von welchen receptorischen Oberflächen

[1]) S. Arrhenius, Die Gesetze der Verdauung und Resorption. Zeitschr. f. physiol. Chemie 1909, Bd. CXIII, S. 321.

[2]) Chishin, Diss. St. Petersburg 1894.

[3]) Lobassow, Diss. St. Petersburg 1896.

[4]) B. Lönnqvist, Beiträge zur Kenntnis der Magensaftabsonderung. Skand. Archiv f. Physiol. 1906, Bd. XVIII, S. 194.

[5]) E. S. London und J. D. Pewsner, Zum Chemismus der Verdauung im tierischen Körper. XVIII. Mitt. Ibidem 1908, Bd. LVI, S. 384.

[6]) E. S. London und F. Sandberg, Zum Chemismus der Verdauung. XX. Mitt. Ibidem 1908, Bd. LVI, S. 394.

[7]) E. S. London, Zum Chemismus der Verdauung. XXI. Mitt. Ibidem 1908, Bd. LVI, S. 404.

werden an die Magendrüsen die diese in Tätigkeit setzenden Impulse weitergegeben? 2. Welche Eigenschaften der Nahrung (chemische, physische) rufen die Entstehung dieser Impulse hervor? 3. Was bedingt und auf welche Weise wird diese Verschiedenartigkeit in der qualitativen Zusammensetzung des Saftes erzielt? 4. Auf welchem Wege (durch die Nerven oder durch das Blut) werden die Magendrüsen in Tätigkeitszustand versetzt?

Wenn in bezug auf die Speicheldrüsen sich diese Fragen verhältnismäßig einfach beantworten lassen, so erscheint ihre Lösung hinsichtlich der Magendrüsen keineswegs leicht. Bei Untersuchung der Speicheldrüsentätigkeit brauchten wir nur mit der Mundhöhle, als der hauptsächlichsten receptorischen Oberfläche, auf die verschiedenen Erreger einwirken, zu rechnen; bei Erforschung der Arbeit der Magendrüsen dürfen wir die Möglichkeit eines Einflusses der Erreger auch von entfernteren, sowohl höher als auch tiefer gelegenen Teilen des Verdauungstrakts nicht außer acht lassen.

Die Speichelsekretion stellt unter gewöhnlichen Voraussetzungen einen nervösen reflektorischen Akt dar. Eine andere Erklärung für die normaliter an den Speicheldrüsen beobachteten Erscheinungen ist nicht vorhanden. Können wir nun in der Absonderung des Magensaftes einen ausschließlich nervös-reflektorischen Akt sehen? Die weitere Darstellung wird uns zeigen, daß die Frage über die Weitergabe der Reize an die Magendrüsen bedeutend komplizierter ist.

Wir beginnen unsere Erörterungen mit der Frage: Was für Reize bringen die Magendrüsen in Tätigkeitszustand, und von welchen receptorischen Oberflächen aus wirken diese Reize ein? Am zweckmäßigsten erscheint es, das experimentelle Material in der Reihenfolge anzuordnen, auf die der natürliche Verlauf der Erscheinungen hinweist: d. h. die Wirkung der Nahrungs- und anderer Erreger auf 1. die receptorischen Oberflächen des Auges, der Nase, des Ohres usw.; 2. die Mund- und Rachenhöhle; 3. die Speiseröhre; 4. den eigentlichen Magen (seinen Fundusteil); 5. den Pylorusteil des Magens; 6. den Zwölffingerdarm; 7. die weiteren Teile des Darmes.

Die receptorischen Oberflächen des Auges, der Nase und des Ohres.

Ebenso wie die Speicheldrüsen geraten auch die Drüsen des Magens schon allein beim Anblick, Geruch oder dem von den Speisesubstanzen ausgehenden Geräusch in Tätigkeit. Diese unter dem Namen „psychische Magensaftsekretion" bekannte, zuerst von Bidder und Schmidt[1]) festgestellte und dann von Richet[2]) bestätigte Tatsache wurde längere Zeit auf dieser oder jener Grundlage von vielen Autoren (z. B. Schiff[3]), Braun[4])) in Abrede gestellt. In einwandfreier Form wurde sie im Laboratorium von *J. P. Pawlow* an einem Hunde mit einer Magenfistel und Oesophagotomie (*Ketscher*[5]), *Sanozky*[6]) u. a.) kon-

---

[1]) F. Bidder und C. Schmidt, Die Verdauungssäfte und der Stoffwechsel. 1852, S. 35.

[2]) Ch. Richet, Des propriétés chimiques et physiologiques du suc gastrique chez l'homme et les animaux. Journ. de l'anat. et de la physiol. 1878, p. 170.

[3]) M. Schiff, Leçons sur la physiologie de la digestion 1867, T. II, p. 397ff.

[4]) H. Braun, Über den Modus der Magensaftsekretion. Eckhards Beiträge 1876, Bd. VII, S. 27.

[5]) Ketscher, Diss. St. Petersburg 1890, S. 8.

[6]) Sanozky, Diss. St. Petersburg 1892, S. 19ff.

statiert und dann später auch an Menschen (Bulawinzow[1]), Umber[2]), Bickel[3]), Bogen[4])) bestätigt.

Es mag hier ein Versuch aus der Arbeit von *Sanozki*[5]) wiedergegeben werden:
Hund mit Magenfistel und Oesophagotomie. Um 4^h 50′ wurde die Fistel geöffnet. Aus dem Magen gelangten etwa 5 ccm alkalischen Schleimes zur Ausscheidung. Bis 5^h 03′ noch einige Fäden alkalischen Schleimes.

Von 5^h 03′ bis 5^h 09′ wird der Hund durch den Anblick und den Geruch von Fleisch gereizt. Nach Verlauf von 6 Minuten seit Beginn des Reizes wurde eine Magensaftsekretion wahrgenommen, die weiter folgenden Verlauf nahm:

Zeit	Sekretionsdauer	Saftmenge	Acidität	Verdauungskraft
5^h 09′ bis 5^h 17′	8 Min.	10 ccm	0,248	5 mm
5^h 17′ „ 5^h 21′	4 „	10 „	0,347	4 „
5^h 21′ „ 5^h 25′	4 „	10 „	0,427	3$^7/_8$ „
5^h 25′ „ 5^h 35′	10 „	10 „	0,437	3$^1/_2$ „
5^h 35′ „ 5^h 45′	10 „	10 „	0,467	3$^7/_8$ „
5^h 45′ „ 5^h 53′	8 „	10 „	0,477	4 „
5^h 53′ „ 6^h 01′	8 „	10 „	0,467	3$^7/_8$ „
6^h 01′ „ 6^h 20′	19 „	10 „	0,427	4$^3/_8$ „
6^h 20′ „ 6′ 39′	19 „	3 „	0,248	—

Infolge 6 Minuten langer Reizung des Hundes allein durch den Anblick und Geruch von Fleisch gelangten nach Ablauf von 6 Minuten seit Beginn des Reizes die Magendrüsen in Tätigkeitszustand. Ihre Arbeit dauerte annähernd 1$^1/_2$ Stunden und äußerte sich durch eine Absonderung von 83 ccm Magensaft. Dieser Saft erwies sich, besonders was seine ersten Portionen anbetrifft, Eiweiß gegenüber als sehr wirksam.

In Analogie hiermit kann die Arbeit der Magendrüsen durch den Anblick, Geruch usw. von Brot oder Milch hervorgerufen werden. Die Eigenschaften des in solchen Fällen zur Absonderung kommenden Saftes sind für die gegebene Speisesubstanz durchaus typisch: gleichsam als befinde sie sich bereits im Magen.

Wir lassen die markantesten Beispiele aus der Arbeit von *Sokolow*[6]) in umstehender Tabelle XXIX folgen.

Bei Reizung mit Milch kommt ein an Ferment armer, bei Reizung mit Brot ein fermentreicher Saft — ebenso wie beim Genuß dieser Substanzen — zum Abfluß.

Die Sekretionsgeschwindigkeit in jedem einzelnen Paar von Versuchen war annähernd die gleiche, die Acidität der zum Zwecke der Verdauung entnommenen Saftproben ausgeglichen, nichtsdestoweniger erwies sich jedoch die Verdauungskraft des Brotsaftes fast zweimal größer als die des Milchsaftes.

Soll der Versuch gelingen, so müssen indes eine ganze Reihe von Voraussetzungen erfüllt sein. Wird die eine oder andere von diesen nicht eingehalten,

---

[1]) A. J. Bulawinzow, Psychischer Magensaft beim Menschen. Diss. St. Petersburg 1903.

[2]) F. Umber, Die Magensaftsekretion des gastrostomirten Menschen bei „Scheinfütterung“ und Rectalernährung. Berliner klin. Wochenschr. 1905, Nr. 3.

[3]) Bickel, Verhandlungen des XXIII. Kongresses für innere Medizin. München 1901, S. 481.

[4]) H. Bogen, Experimentelle Untersuchungen über psychische und assoziative Magensaftsekretion beim Menschen. Pflügers Archiv 1907, Bd. CXVII, S. 150.

[5]) Sanozky, Diss. St. Petersburg 1892, S. 21.

[6]) A. P. Sokolow, Über die psychische Beeinflussung der Absonderung von Magensaft. Förhandlingar vid Nordiska Naturforskaremötet i Helsingfors 1902, p. 32.

Tabelle XXIX.

Absonderung und Zusammensetzung des Magensaftes eines Hundes (mit Magenfistel und Oesophagotomie) bei Reizung desselben durch den Anblick, Geruch usw. von Milch und Brot. Vier Versuche (nach *Sokolow*).

	Reizung durch Milch			Reizung durch Brot	
Zeit	Saftmenge in ccm	Verdauungskraft in mm	Zeit	Saftmenge in ccm	Verdauungskraft in mm
5′	0,0		5′	0,0	
5′	0,7		5′	1,9	
5′	1,0	3,4	5′	0,4	6,4
5′	0,6		5′	0,4	
5′	0,5		5′	0,2	
25′	2,8		25′	2,9	
5′	2,2		5′	2,7	
5′	6,3		5′	3,2	
5′	2,8	2,6	5′	1,2	6,0
5′	2,0		5′	2,7	
5′	0,8		5′	1,3	
5′	0,2		5′	1,2	
30′	14,3		30′	12,3	

so mißlingt der Versuch. Es soll späterhin sowohl der Mechanismus der Bildung dieser Reaktionen, als auch ihre Natur erörtert werden. Hier dagegen bringen wir eine Beschreibung derjenigen Bedingungen, welche *Pawlow*[1]) seinerzeit bei Vornahme derartiger Versuche aufstellte. Dies soll uns nicht hindern, weiter einen anderen, objektiven Standpunkt hinsichtlich der sogenannten „psychischen Magensaftsekretion" einzunehmen.

Diese Bedingungen sind folgende: „Erstens muß zum Gelingen des Versuches das Tier normal sein, sich subjektiv gut fühlen und eine vollkommen unversehrte Magenschleimhaut besitzen; dieses war jedoch bei vielen Autoren, die ein negatives Resultat erhielten, ihrer Beschreibung nach nicht der Fall. Zweitens ist der Erfolg des Versuches, wie schon oben gesagt, von der Intensität der Freßlust abhängig; diese aber richtet sich hinwiederum danach, wie reichlich und wie lange vorher der Hund gefressen hat und womit er geneckt wird, mit einem Gericht, das sein Interesse erregt, oder ihn kalt läßt. Es ist bekannt, daß Hunde, ebenso wie die Menschen, sehr verschiedene Geschmacksneigungen haben. Drittens kann man auch unter den Hunden positive und kaltblütige Individuen finden, die sich durch keine Schwärmereien, durch nichts, was sich außerhalb des Bereiches ihres Maules befindet, aus dem Gleichgewicht bringen lassen, sondern mit Gemütsruhe abwarten, bis sie die Speise bei sich im Maule spüren. Folglich sind zum Versuche gierige und schwärmerisch erregbare Hunde nötig. Viertens endlich — und dieses Moment ist nicht gering anzuschlagen — hat man mit der Schlauheit und Empfindlichkeit der Hunde zu rechnen. Oft haben es die Tiere bald heraus, daß man sie mit der Speise bloß foppen will, sie ärgern sich darüber und wenden sich beleidigt von allem ab, was vor ihnen geschieht. Deshalb muß man den Neckversuch so anstellen, als ob man das Tier gar nicht necken, sondern in der Tat füttern wolle." Mit

---

[1]) Pawlow, Vorlesungen. Wiesbaden 1898, S. 94.

anderen Worten: Die Absonderung des Magensaftes bei Reizung des Tieres mittels des Anblickes, Geruchs usw. der Nahrung erscheint als eine außerordentlich leicht hemmbare Reaktion.

Wenn beim Tiere behufs Erlangung von Magensaft unter derartigen Verhältnissen die Beobachtung so vieler Bedingungen erforderlich ist, so dürfte sich beim Menschen die Aufgabe offenbar als durchaus nicht leichte erweisen. Und so ist es auch in Wirklichkeit. In der früheren klinischen Literatur finden wir gewöhnlich die Möglichkeit einer derartigen Anregung der Magendrüsen beim Menschen verneint (vgl. z. B. Schüle[1]), Troller[2]) und andere).

In einwandfreier Form wurde die Möglichkeit der Anregung der Magendrüsen beim Menschen durch den Anblick, Geruch usw. der Nahrung von Bulawinzow[3]) an gesunden Menschen und Rekonvaleszenten nach Typhus abdominalis nachgewiesen. Später wurden dann diese Versuche an Patienten mit einer Stenose der Speiseröhre und einer Magenfistel von Umber[4]), Bickel[5]) und Bogen[6]) bestätigt. Allen diesen Forschern gelang es, eine Magensaftsekretion bei ihren Kranken durch den Anblick und Geruch von Nahrungssubstanzen hervorzurufen.

Diese Versuche haben einen um so größeren Wert, als sie die im Laboratorium und in der Klinik erzielten Resultate identifizieren und die Möglichkeit geben, die Daten des physiologischen Experiments vom Hund auf den Menschen zu übertragen. Bestätigungen dieses Satzes werden wir auch weiter begegnen.

In Anbetracht der Wichtigkeit der Bulawinzowschen Versuche, des Scharfsinnes und der Ausdauer, mit denen sie angestellt wurden, sowie auch der uneingeschränkten Möglichkeit ihrer Wiederholung sei es uns verstattet, etwas länger bei ihnen zu verweilen.

Bei Vornahme der Versuche an Menschen folgte Bulawinzow vor allem streng den oben angeführten Hinweisen von *Pawlow* hinsichtlich der Anstellung derartiger Versuche an Hunden. Die Versuchsanordnung war folgende: Ein gesunder junger Mensch mit normal funktionierendem Magen oder ein Typhusrekonvaleszent, die an die Einführung der Magensonde völlig gewöhnt waren, erhielten am Abend vor dem Versuchstage um 6 Uhr zum letztenmal Speise und Trank. Um 10 Uhr an eben jenem Abend oder um 8—9 Uhr am folgenden Morgen wurde der Magen ausgespült. Nicht früher als eine Stunde nach der am Morgen vorgenommenen Ausspülung wurde eine vorherige Kontrollauspumpung des Magens vorgenommen, durch welche man in der Regel nur eine geringe Menge Mageninhalt erhielt. Nachdem man sich über den Zustand des Magens vergewissert hatte, schritt man zur Reizung des Versuchsobjekts durch den Anblick, Geruch usw. von Gerichten, die er selbst zubereitete: er briet sich auf der Pfanne ein Beefsteak oder Kalbskotelett, machte sich Setzei oder Rührei mit Schinken, legte sich selber alle diese Speisen auf den Teller, zerschnitt sie und salzte sie nach seinem Geschmack usw. Hierbei wurden mit dem Versuchsobjekt Gespräche über beliebige Speisen geführt; es kamen dann vorher genau unterrichtete

---

[1]) A. Schüle, Inwieweit stimmen die Experimente von Pawlow am Hunde mit dem Befunde am normalen menschlichen Magen überein? Archiv f. klin. Med. 1901, Bd. LXXI, S. 111.

[2]) J. Troller, Über Methoden zur Gewinnung reinen Magensaftes. Zeitschr. f. klin. Med. 1899, Bd. XXXVIII, S. 183.

[3]) Bulawinzow, Diss. St. Petersburg 1903.

[4]) Umber, Berliner klin. Wochenschr. 1905, Nr. 3.

[5]) Bickel, Verhandl. des XXIII. Kongresses für innere Medizin. München 1906, S. 481.

[6]) Bogen, Pflügers Archiv 1907, Bd. CXVII, S. 150.

 Magendrüsen.

Personen, welche das Essen probierten, seine Geschmackhaftigkeit hervorhoben usw. Doch es wurde stets sorgfältigst vermieden, das Versuchsobjekt (gewöhnlich einfache Leute) etwas über den Zweck des Versuches merken zu lassen. Den bei diesen Tantalusqualen im Munde zusammenlaufenden Speichel mußte er ausspeien. Nach all diesen Manipulationen, die etwa 20 Minuten in Anspruch nahmen, schritt man zur Hauptauspumpung des Magensaftes und darauf zur Ausspülung des Magens mit Wasser behufs Bestimmung des gesamten Mageninhalts (Mathieu-Rémondsches Verfahren). Zum Schluß erhielt das Versuchsobjekt sein Essen. Bei den Kontrollversuchen vor der letzten Auspumpung des Magensaftes wurden die Gedanken und die Aufmerksamkeit des Kranken vom Essen abgelenkt: man gab ihm ein Buch zu lesen, etwas abzuschreiben oder eine arithmetische Aufgabe zu lösen.

Tabelle XXX enthält Beispiele der Bulawinzowschen Versuche an zwei gesunden Personen und einem Typhusrekonvaleszenten. Mit dem ausgepumpten

Tabelle XXX.

Absonderung und Eigenschaften des Magensaftes beim Menschen im Falle der Reizung durch den Anblick, Geruch usw. der Nahrung (nach Bulawinzow).

			Lackmus	Kongo	Ginsburgsche Reaktion	Gesamtacidität	Freies HCl	Gebundenes HCl	Gesamtes HCl	Verdauungskraft in mm	Ausgepumpte Menge	Gesamtmenge d. Mageninhalts
Gesunde Person E.	Versuch 4	Vorherige Auspumpung	neutral	posit.	negat.	7	fehlt	fehlt	fehlt	0	22	—
		Auspumpung nach Reizung von 20 Minuten	sauer	posit.	posit.	61	54 / 0,197%	5 / 0,018%	59 / 0,215%	8,5	48	74
	Versuch 8	Vorherige Auspumpung	neutral	negat.	negat.	8	fehlt	fehlt	fehlt	0	16	—
		Ohne Reizung 20 Minuten	schwach sauer	negat.	negat.	9	fehlt	fehlt	fehlt	0	12	—
Gesunde Person J.	Versuch 53	Vorherige Auspumpung	sauer	negat.	negat.	6	fehlt	fehlt	fehlt	0	9	—
		Auspumpung nach Reizung von 20 Minuten	sauer	posit.	posit.	54	44 / 0,160%	2 / 0,007%	46 / 0,168%	8,5	60	81
	Versuch 55	Vorherige Auspumpung	schwach sauer	negat.	negat.	4	fehlt	fehlt	fehlt	0	9	—
		Ohne Reizung 20 Minuten	sauer	negat.	negat.	5	fehlt	fehlt	fehlt	0	8	—
Typhus-Kranker I.	Versuch 4	Vorherige Auspumpung	sauer	negat.	negat.	5	fehlt	fehlt	fehlt	0	10	—
		Auspumpung nach Reizung von 20 Minuten	sauer	posit.	posit.	66,25	56,25 / 0,205%	5 / 0,018%	61,25 / 0,223%	12	90	149
	Versuch 8	Vorherige Auspumpung	sauer	negat.	negat.	7,5	Spuren	fehlt	Spuren	Spuren	12	—
		Ohne Reizung 20 Minuten	sauer	negat.	negat.	10	Spuren	fehlt	Spuren	Spuren	9	—

Mageninhalt wurden folgende Proben vorgenommen: man bestimmte die Reaktion auf Lackmuspapier, mit Kongopapier und die Ginsburgsche Reaktion. Die Gesamtacidität wurde mittels Titrierung mit $^1/_{10}$ n-NaOH-Lösung, das freie und gebundene HCl nach der Töpferschen Methode bestimmt. (Die Zahlen unter dem Strich in den entsprechenden Rubriken bezeichnen die in Prozenten von HCl ausgedrückte Acidität.) Die Verdauungskraft des Saftes wurde nach der Mettschen Methode festgestellt (jedoch befanden sich die Probiergläschen mit dem Magensaft und den Eiweißstäbchen im Thermostat bei 38° nicht, wie gewöhnlich, 10 Stunden, sondern 20 Stunden). Endlich wurde die Gesamtmenge des Mageninhalts nach der Mathieu-Rémondschen Methode bestimmt.

Diese Zahlen bestätigen, daß die Magendrüsen des Menschen in gleicher Weise wie die Magendrüsen des Hundes beim Anblick, Geruch usw. verschiedener eßbarer Substanzen in Tätigkeitszustand übergehen. Hierzu ist durchaus nicht erforderlich, daß die Speisesubstanz mit der Oberfläche des Verdauungstrakts in Berührung kommt. Die Verdauungskraft des Magensaftes war bei den Bulawinzowschen Versuchen eine hohe. Ein gleiches beobachteten wir auch beim Hunde. Was die Acidität anbetrifft, so ist sie niedriger als die Acidität des entsprechenden Magensaftes beim Hunde (anstatt 0,5% HCl gegen 0,2%). Indes erklärt der Autor — und dieser Erklärung müssen wir beipflichten — dies damit, daß natürlich die allerersten Portionen des zur Absonderung gelangenden Magensaftes, die durch den Schleim des Magens, des Nasenrachenraums usw. neutralisiert werden konnten, ausgepumpt wurden.

Beim Typhusrekonvaleszenten wurde auf den Anblick der Speise Magensaft in besonders energischer Weise und mit erhöhter Verdauungskraft ausgeschieden.

Somit unterliegt die Tatsache der Anregung der Magendrüsentätigkeit durch den Anblick, Geruch usw. von Nahrung, sowohl beim Hunde als auch beim Menschen, nicht dem allergeringsten Zweifel. Überdies spielt dieser Umstand bei Untersuchung der Magendrüsentätigkeit beim Tiere (ohne Zweifel in gleicher Weise auch beim Menschen) eine so wichtige Rolle, daß man stets mit ihm rechnen muß und ihn niemals außer acht lassen darf. Indem er unmerklich in den Versuch eingreift, verändert er seinen Verlauf vollständig und kann — was in früherer Zeit auch geschehen ist — zu Fehlschlüssen führen. Die Sache wird dadurch noch komplizierter, daß nicht allein der Anblick und Geruch der Nahrung die Arbeit der Magendrüsen anregt, sondern auch all das, was auf die eine oder andere Weise mit der Speiseaufnahme in Beziehung stand: der Anblick des Futternapfes, das beim Hinstellen und Fortnehmen des Geschirrs entstehende Geräusch, der den Hund fütternde Diener, seine aus dem Nebenzimmer vernehmlichen Schritte usw. usw. Will man sich daher über die Wirkung dieses oder jenes Erregers der Magendrüsen ein Urteil bilden, so muß man vorerst gewiß sein, daß sämtliche genannten Umstände wirklich ausgeschlossen sind.

Scheinfütterung.

Die zweite grundlegende Tatsache in der Physiologie der Magendrüsen ist in folgendem zu sehen: Die Magendrüsen kommen in sehr heftige vielstündige Erregung beim Kauen und Hindurchgehen der vom Menschen oder Tier genossenen Nahrung durch die Mundhöhle und den Rachen.

Diese Tatsache wurde zuerst von Richet[1]) an einer Patientin mit einer Striktur der Speiseröhre und einer Magenfistel beobachtet. Das Kauen von Geschmackssubstanzen (Zucker, Citrone usw.) rief bei ihr stets eine Magensaftsekretion hervor. In einwandfreier Form wurde diese Tatsache von *Pawlow*

---

[1]) Richet, Journal de l'anatomie et de la physiologie 1878, p. 170.

und *Schumow-Simanowski*[1]) an Hunden mit einer Magenfistel und Oesophagotomie nachgewiesen. Einem Tiere, das zum letztenmal vor 18 bis 20 Stunden zu
fressen bekommen hat, wird irgendwelches Futter vorgesetzt: beispielsweise
rohes Fleisch in Stücken. Das Tier erfaßt das Fleisch und verschluckt es.
Selbstverständlich gelangt das Fleisch nicht bis zum Magen, da es bereits vorher
aus dem oberen Ende der aufgeschnittenen Speiseröhre ausgestoßen wird.
Der Hund nimmt die herausgefallenen Stücke auf, verschluckt sie abermals usw.
im Verlaufe vieler (3—4—5) Stunden. Aus der Magenfistel sondert sich ein
reiner Magensaft in sehr großen Quantitäten und mit sehr hoher Verdauungskraft ab. Dieser Versuch wurde von den Autoren ,,Scheinfütterung‘‘ genannt.

Wir führen hier ein Beispiel aus der Arbeit von *Ketscher*[2]) an, der die
Untersuchung von *Pawlow* und *Schumow-Simanowski* fortsetzte.

Magen leer. Absonderung nicht vorhanden. Während der ganzen Dauer des
Versuches (von 12^h 35′ bis 4^h 45′) wird dem Hunde ununterbrochen Fleisch verabreicht, welches er frißt. Nur ein Teil des Versuches ist angeführt.

Zeit	Saftmenge in ccm	Acidität in %	Verdauungs-kraft in mm	Prozent an festen Substanzen
12^h 35′ bis 12^h 40′	0	—	—	—
12^h 40 ,, 12^h 45′	14,0	0,311	5,0	0,95
12^h 45′ ,, 12^h 50′	20,0	0,444	4,25	0,53
12^h 50′ ,, 12^h 55′	19,5	0,467	4,5	0,48
12^h 55′ ,, 1^h	19,0	0,444	4,0	0,43
1^h ,, 1^h 05′	20,0	0,489	4,5	0,48
4^h 20′ ,, 4^h 25′	11,0	0,467	4,0	0,42
4^h 25′ ,, 4^h 30′	10,0	0,422	4,0	0,47
4^h 30′ ,, 4^h 35′	7,5	0,422	4,5	0,43
4^h 35′ ,, 4^h 40′	5,5 ⎫	0,456	4,5	0,40
4^h 40′ ,, 4^h 45′	4,5 ⎭			

Während des Zeitraumes von 4 Stunden 10 Minuten, wo der Hund Fleisch
fraß, gelangte der Magensaft ununterbrochen zur Absonderung, zu Beginn des
Versuches mit größerer, gegen Ende des Versuchs mit geringerer Geschwindigkeit. Im ganzen wurde während dieser Zeit 649,5 ccm ausgeschieden.

Der Beginn der Magensaftsekretion fällt mit dem Beginn der Nahrungsaufnahme nicht zusammen. Es vergeht eine bestimmte Zeit — bei diesem
Versuche 5 Minuten —, bevor die Drüsen ihr Sekret auszuscheiden beginnen.
(Dasselbe nahmen wir auch bei den Versuchen mit Reizung des Tieres durch
den Anblick und Geruch von Nahrung wahr.) Diese latente Periode in der Arbeit
der Magendrüsen läßt sich stets beobachten; durchschnittlich beträgt sie
5 Minuten, indem sie zwischen $4^1/_2$ und 10 Minuten schwankt. Die Acidität
des bei Scheinfütterung erzielten Magensaftes ist um so höher, je größer die
Schnelligkeit seiner Sekretion ist; die Verdauungskraft ist hoch, und der feste
Rückstand schwankt annähernd parallel der Verdauungskraft.

Im folgenden Versuch gab *Ketscher* dem Tiere Fleisch im Verlauf von
3 Stunden 5 Minuten nicht ununterbrochen zu fressen, sondern mit Pausen.
Bei jeder folgenden Verabreichung des Fleisches schnellte die inzwischen im

---

[1]) J. P. Pawlow und E. O. Schumow-Simanowski, Innervation der
Magendrüsen beim Hunde. Archiv f. (Anat. u.) Physiol. 1895, S. 53.

[2]) Ketscher, Diss. St. Petersburg 1890, S. 45ff.

Absinken begriffene Absonderung mit neuer Kraft empor. Allein die Energie der Saftsekretion nahm mit jedem einzelnen Mal um einiges ab.

Magen leer. Absonderung ganz unbedeutend. (Nur ein Teil des Versuches).

Zeit	Saftmenge in ccm	Acidität in %	Verdauungskraft in mm	Prozent an festen Substanzen
Fleisch verabfolgt.				
12ʰ 35′ bis 12ʰ 40′	4,5	0,222	8,0	—
12ʰ 40′ ,, 12ʰ 45′	26,0	0,444	7,5	0,76
12ʰ 45′ ,, 12ʰ 50′	29,5	0,489	6,5	0,56
Fleisch nicht verabfolgt.				
12ʰ 50′ bis 12′ 55′	26,5	0,511	6,0	0,38
12ʰ 55′ ,, 1ʰ	14,0	0,511	6,0	0,35
1ʰ ,, 1ʰ 05′	9,5	0,489	6,0	0,38
1ʰ 05′ ,, 1ʰ 10′	6,5	0,489	6,5	0,45
1ʰ 10′ ,, 1ʰ 15′	8,0	0,489	7,0	0,55
1ʰ 15′ ,, 1ʰ 20′	6,0	0,489	7,0	0,47
1ʰ 20′ ,, 1ʰ 25′	6,25	0,489	7,5	0,52
Fleisch verabfolgt.				
3ʰ 10′ bis 3ʰ 15′	10,0	0,500	7,5	0,76
3ʰ 15′ ,, 3ʰ 20′	15,0	0,522	7,0	0,62
3ʰ 20′ ,, 3ʰ 25′	14,5	0,501	7,25	0,56
Fleisch nicht verabfolgt.				
3ʰ 25′ bis 3ʰ 30′	13,0	0,511	7,25	0,50
3ʰ 30′ ,, 3ʰ 25′	7,0	0,489	6,0	0,45
3ʰ 35′ ,, 3ʰ 40′	6,0	0,511	7,0	0,56

Im übrigen finden wir dieselben Beziehungen, wie wir sie auch beim vorhergehenden Versuch beobachtet haben: eine große Schnelligkeit der Saftsekretion, eine hohe Verdauungskraft usw. Die Scheinfütterung wirkt nicht nur sehr stark, sondern sie regt auch für eine sehr lange Zeit die Magendrüsen an. So ruft beispielsweise nach dem Befund von *Sanozky*[1]) und *Lobassow*[2]) eine 5 Minuten währende Scheinfütterung mit Fleisch eine 2—4 Stunden anhaltende Magensaftsekretion hervor.

Vergleicht man die Magensaftsekretion bei Scheinfütterung und bei Reizung des Tieres durch den Anblick, Geruch usw. von Speise, so sieht man, daß als Regel die Sekretion im ersteren Falle energischer vor sich geht als im zweiten. Die Acidität und Verdauungskraft des Magensaftes auf Scheinfütterung mit Fleisch ist höher als die Acidität und Verdauungskraft des nur beim Anblick von Fleisch zur Absonderung gelangenden Saftes. *Sanozky*[3]) führt folgende Durchschnittsziffern aus zahlreichen Bestimmungen an: Acidität 0,456% HCl gegen 0,343%; Verdauungskraft 5,65 mm gegen 4,48 mm.

In gleicher Weise wie die Scheinfütterung mit Fleisch regt auch eine solche mit anderen Nahrungssorten die Magendrüsen zur Arbeit an. Hierbei wurde bereits von den ersten Erforschern dieser Erscheinung festgestellt, daß eine

---

[1]) Sanozky, Diss. St. Petersburg 1893, S. 27.
[2]) J. O. Lobassow, Die sekretorische Arbeit des Magens beim Hunde. Diss. St. Petersburg 1896, S. 29 u. 135.
[3]) Sanozky, Diss. St. Petersburg 1893, S. 43.

Scheinfütterung mit flüssiger Nahrung (Milch, Bouillon) eine bedeutend geringere — bisweilen ganz unbedeutende — Magensaftsekretion hervorruft (auf Wasser bleibt sie gänzlich aus), als eine Scheinfütterung mit festen Substanzen (Fleisch, Brot[1])). Was die Verdauungskraft des Saftes anbetrifft, so ist sie, unabhängig von seiner Sekretionsgeschwindigkeit, bei Scheinfütterung mit Fleisch und Brot um vieles höher als bei einer solchen mit Milch.

Wir lassen hier die entsprechenden Versuche aus der Arbeit von *Sokolow*[2]) folgen, bei denen die während ein und derselben Zeit bei der einen oder anderen Scheinfütterung erlangten Saftmengen annähernd ausgeglichen waren.

Tabelle XXXI.

Absonderung und Zusammensetzung des Magensaftes beim Hunde im Falle einer Scheinfütterung mit Fleisch, Brot und Milch (nach *Sokolow*).

Scheinfütterung mit	Saftmenge in mm	Verdauungskraft in mm
Fleisch	7,0	5,1
Brot	11,0	4,8
Milch.	8,6	2,8
Milch.	10,5	2,8

Ähnliche Beziehungen beobachteten wir auch in dem bei Reizung des Tieres durch den Anblick und Geruch der Nahrung erzielten Saft.

Die Absonderung des Magensaftes bei Scheinfütterung stellt eine ebenso leicht hemmbare Reaktion dar wie die durch den Anblick und den Geruch von Nahrung hervorgerufene Sekretion. So beobachtete beispielsweise Leconte[3]) den Stillstand der Magensekretion in dem Falle, wo er an den Tisch einen Hund festband, der daran noch nicht gewöhnt war. Bickel[4]) seinerseits sah eine auffallende Hemmung der Magensaftsekretion bei einem Hunde, dem man vor oder während der Scheinfütterung eine Katze zeigte. (Beim normalen Versuch sonderte der Hund während einer 20 Minuten dauernden Scheinfütterung 66,7 ccm Saft ab, beim „Affekt" dagegen im ganzen nur 9 ccm.) Außerdem jedoch hat auf die Wirkung der Scheinfütterung einen Einfluß, ob das Tier satt oder hungrig und in welchem Grade hungrig ist, ob es die ihm vorgesetzte Speise gern frißt oder nicht. Je größeren Hunger das Tier hat oder je lieber es das ihm verabreichte Futter frißt, um so mehr Magensaft kommt zur Absonderung.

Der isolierte kleine Magen reagiert genau ebenso wie der große Magen auf Scheinfütterung mit Sekretion. *Lobassow*[4]) experimentierte an einem Hunde mit isoliertem kleinem Magen, einer Fistel des großen Magens und Oesophagotomie. Wir zitieren hier den entsprechenden Versuch.

---

[1]) Pawlow und Schumow - Simanowski, Archiv f. (Anat. u.) Physiol. 1895, S. 53.

[2]) Sokolow, Förhandlingar vid Nordisk Naturforskare och Läkeremötet i Helsingfors 1902, p. 38.

[3]) P. Leconte, Fonctions gastro-intestinales. La Cellule 1900, Vol. XVII, p. 293.

[4]) A. Bickel, Experimentelle Untersuchungen über den Einfluß von Affekten auf die Magensaftsekretion. Deutsche med. Wochenschr. 1905, Bd. XXXI, S. 1829.

[5]) Lobassow, Diss. St. Petersburg 1896, S. 135.

Magen ausgespült. Absonderung nicht vorhanden. Scheinfütterung mit Fleisch wurde von 12h 50' bis 1h 20' vorgenommen. Der erste Tropfen aus dem einen wie dem anderen Magen zeigte sich um 12h 55'.

Zeit	Saftsekretion aus dem isolierten kleinen Magen			Saftsekretion aus dem großen Magen		
	Saftmenge in ccm	Verdauungskraft in mm	Acidität in % HCl	Saftmenge in ccm	Verdauungskraft in mm	Acidität in % HCl
12h 50' bis 2h 20'	7,6	5,88	0,505	68,25	5,5	0,531
2h 20' „ 3h 50'	4,7	5,75	0,505	41,5	5,5	0,531
3h 50' „ 4h 35'	1,2	5,5	—	14,0	5,38	0,479
Insgesamt und durchschnittlich: 3 St. 45 Min.	13,5	5,75	0,505	123,75	5,5	0,518

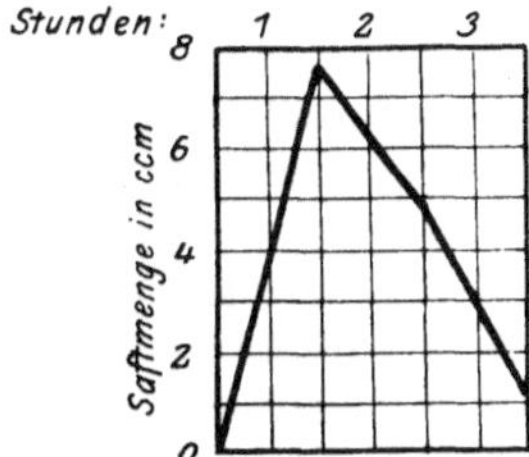

Fig. 7. Absonderung aus dem kleinen Magen (nach *Pawlow*).

Fig. 8. Absonderung aus dem großen Magen. Maßstab für die Saftmenge ist zehnmal verkleinert (nach *Pawlow*).

Die Sekretion aus dem isolierten kleinen Magen stellt eine verkleinerte, doch vollständige Kopie der Sekretion aus dem großen Magen dar (Fig. 7 und 8). Was die Menge des erzielten Saftes anbetrifft, so wurde aus dem großen Magen neunmal mehr Saft abgesondert als aus dem isolierten. Dies berechtigt zu der Annahme, daß bei der Operation als Magenwandlappen für den kleinen Magen $1/_{10}$ der gesamten Drüsenoberfläche des Magens verwendet worden war (s. Methodik S. 92). Unter anderem wird mit Hilfe der Methode der Scheinfütterung bestimmt, inwieweit es gelang, alle normalen Beziehungen bei Isolierung eines Teils des Magenbodens aufrechtzuerhalten. Eine Störung der Nervenverbindungen im kleinen Magen beeinflußt sofort, wie wir weiter unten sehen werden, die Arbeit seines Drüsenapparats.

Somit erscheint das Kauen der Speise und ihr Hindurchgehen durch die Mundhöhle und den Rachen, mit anderen Worten: der „Speiseaufnahmeakt" als sehr starker Erreger der Magendrüsen.

Versuche mit Scheinfütterung an Menschen.

Wie wir oben gesehen haben, ruft die Reizung eines hungrigen Menschen durch den Anblick, Geruch usw. einer Speise die Absonderung von Magensaft hervor. Eine energische andauernde Arbeit der Magendrüsen hat auch der Speiseaufnahmeakt zur Folge. Mithin läßt sich ein vollständiger Parallelismus dieser Prozesse beim Hunde und beim Menschen konstatieren.

Indes gelangte dieser Satz nicht auf einmal zur Geltung. Längere Zeit wurde, wie wir bereits wissen, die Möglichkeit, die Magendrüsen des Menschen durch den Anblick und Geruch der Nahrung in Tätigkeitszustand zu versetzen, in Abrede gestellt (Schüle[1]), Troller[2])). Nicht weniger lange, selbst bis zur allerjüngsten Zeit, nahm man andrerseits an, daß alle möglichen Reize der Mundhöhlenschleimhaut, sowohl mechanische (der Kauakt — Troller[2]), Schüle[3]), Schreuer und Riegel[4])) als auch chemische (Schüle[5]), Troller[2]), Bickel[6]), Kaznelson[7])) imstande sind, eine Magensaftresektion hervorzurufen was auch, wie wir weiter unten sehen werden, nicht richtig ist.

Wir haben natürlich nicht die Möglichkeit, uns in eine eingehende Kritik aller diese Frage betreffenden Untersuchungen einzulassen. Allein wir dürften kaum fehlgehen, wenn wir behaupten, daß alle Abweichungen von jenen Beziehungen, die wir soeben am Hunde beobachteten, sich auf die Schwierigkeit des Experimentierens am Menschen und die nicht genaue Erfüllung sämtlicher Erfordernisse einer physiologischen Beobachtung zurückführen lassen.

Infolgedessen bieten das größte Interesse solche Untersuchungen, die unter Bedingungen vorgenommen wurden, welche denen eines physiologischen Versuches sehr nahekommen. Die Möglichkeit hierzu gaben einige Unglückliche mit Strikturen der Speiseröhre infolge Verbrennens (gewöhnlich durch starke Lauge), einer Magenfistel und sogar Oesophagotomie (Hornborg[8]), Umber[9]), Sommerfeld[10]), Bickel[6]), Kaznelson[7]), Bogen[11])).

Besondere Beachtung verdient die von Hornborg unter Leitung des berühmten Helsingforser Physiologen R. Tigerstedt vorgenommene sorgfältige Untersuchung. Die Beobachtungen wurden an einem vierjährigen Knaben mit Striktur der Speiseröhre und einer Magenfistel angestellt. Der Knabe nahm die eine oder andere Speise in den Mund, kaute sie und verschluckte sie dann. Nach einiger Zeit wurde die in der Speiseröhre angestaute Speisemasse durch schwache Brechbewegungen wieder ausgestoßen.

Auf Tabelle XXXII sind typische Versuche mit Scheinfütterung mit Fleisch, Brot und Milch wiedergegeben. Durchschnittlich nahm 6—7 Minuten nach Beginn des Genusses jeder einzelnen von diesen Substanzen die etwa 30—40 Minuten anhaltende Magensaftsekretion ihren Anfang. Auf Fleisch und Brot gelangte eine weit größere Quantität Magensaft zur Ausscheidung als auf Milch (18,1 ccm gegen 9,9 ccm). Hierbei spielte offenbar nicht nur die flüssige Natur der Milch, sondern auch der Umstand eine Rolle, daß das Kind sie ungern trank. Die größte Acidität des Saftes läßt sich bei Scheinfütterung mit Fleisch, die geringste bei Scheinfütterung mit Milch wahrnehmen; der Saft auf Brot nimmt eine Mittelstellung ein. Im allgemeinen schwankt die Acidität parallel der Geschwindigkeit der Saftabsonderung. Die Verdauungskraft (nach Mett) ist am höchsten bei Brot, sodann kommt Fleisch, und am

---

[1]) Schüle, Deutsches Archiv f. klin. Med. 1901, LXXI, S. 111.

[2]) Troller, Zeitschr. f. klin. Med. 1899, Bd. XXXVIII, S. 183.

[3]) Schüle, Deutsches Archiv f. klin. Med. 1901, Bd. LXXI, S. 116.

[4]) M. Schreuer und A. Riegel, Über die Bedeutung des Kauaktes für die Magensaftsekretion. Zeitschr. f. diät. u. physik. Therapie 1900, Bd. IV, Heft 6.

[5]) A. Schüle, Zur Kenntnis von der Zusammensetzung des normalen Magensaftes. Zeitschr. f. klin. Med. 1897, Bd. XXXIII, S. 543.

[6]) Bickel, Verhandl. des XXIII. Kongresses f. inn. Med., München 1906, S. 481.

[7]) H. Kaznelson, Scheinfütterungsversuche am erwachsenen Menschen. Pflügers Archiv 1907, Bd. CXVIII, S. 327.

[8]) A. F. Hornborg, Beiträge zur Kenntnis der Absonderungsbedingungen des Magensaftes beim Menschen. Skand. Archiv f. Physiologie 1904, Bd. XV, S. 209.

[9]) Umber, Berliner klin. Wochenschr. 1905, Nr. 3.

[10]) P. Sommerfeld, Zur Kenntnis der Sekretion des Magens beim Menschen. Archiv f. (Anatomie) und Physiologie. Suppl.-Bd. 1905, S. 455.

[11]) Bogen, Pflügers Archiv 1907, Bd. CXVII, S. 150.

Tabelle XXXII.

Magensaftsekretion bei einem vierjährigen Knaben im Falle von Scheinfütterung mit Fleisch, Brot und Milch (nach Hornborg).

Zeit in mm	Vers. v. 16. VIII.			Vers. v. 15. I.			Vers. v. 28. VIII.		
	Saftmenge in ccm	Verdauungskraft in mm	Gesamtacidität in %	Saftmenge in ccm	Verdauungskraft in mm	Gesamtacidität in %	Saftmenge in ccm	Verdauungskraft in mm	Gesamtacidität in %
10— 5	1,2	—	—	0,6	—	—	1,2	—	—
5— 0	0,5	—	→	0,4	—	—	0,8	—	—
0—10	Genuß von 40 g Fleischklößen			Genuß von 40 g Brot mit Eingemachtem			Genuß von 120 g Milch		
0— 5	1,4	—	—	0,8	—	—	1,6	} 4,0	0,404
5—10	5,0	5,8	0,401	6,9	} 7,2	0,420	2,3		
10—15	6,5	6,0	0,474	3,4			1,8		
15—20	2,6	—	0,474	3.3	—	—	2,4		
20—25	1,4	—	—	2,2	6,4	—	0,7	—	—
25—30	0,8	—	—	1,9	—	—	1,1	—	—
30—35	0,4	—	—	—	—	—	—	—	—
Insgesamt	} 18,1	—	—	18,5	—	—	9,9	—	—

niedrigsten ist sie bei Milch. Mit anderen Worten: Wir finden hier im allgemeinen all jene Verhältnisse, wie sie uns auch an oesophagotomierten Hunden entgegentreten.

Das Kauen verweigerter Substanzen (nach Asa foetida riechendes Brot, Citrone) regte die Magendrüsen nicht zur Arbeit an. Als völlig wirkungslos erwies sich auch das Kauen indifferenter Stoffe (Knallgummi).

Hornborg vermochte bei seinem Patienten eine Magensaftsekretion im Falle einer Reizung durch den Anblick, Geruch usw. der Nahrung nicht wahrzunehmen. Er ist geneigt, dies damit zu erklären, daß die sekretorische Reaktion infolge des Zornes des Kindes, das nicht die Möglichkeit hatte, die von ihm begehrte Substanz in den Mund zu stecken, eine Hemmung erfuhr. Man kann nicht umhin, dieser Erklärung beizutreten. Analoge Ergebnisse wurden auch von anderen Autoren erzielt (Umber, Sommerfeld, Bickel, Kaznelson, Bogen). Sie alle bestätigten an Menschen die im Laboratorium von *J. P. Pawlow* an Hunden aufgestellten grundlegenden Sätze.

Etwas von den anderen Forschern abweichende Resultate erhielt Kaznelson[1]), die unter Bickels Leitung arbeitete. Bei ihren Versuchen an einem oesophagomierten und gastrostomierten Mädchen wurde die Magensaftsekretion nicht nur durch den Geruch und den Scheingenuß von Nahrungssubstanzen, sondern auch durch jegliche andere Geruchs- und Geschmacksreize (Geruch von Ammoniak, aromatischem Öl, Essig, Bestreichen der Zunge mit einer starken NaCl-Lösung, einer Lösung Essig, Chinin, Tinctura asae foetidae) angeregt.

Wenn Kaznelson[1]) und Bickel[2]) sich nur auf diejenigen Versuche stützen, die in der Kaznelsonschen Arbeit in Pflügers Archiv Bd. CXVIII, 1907 (Versuch I,

---

[1]) Kaznelson, Pflügers Archiv 1907, Bd. CXVIII, S. 327.
[2]) Bickel, Verhandl. des XXIII. Kongresses f. innere Medizin. München 1906, S. 481.

S. 333, und Versuch II, S. 335) angeführt sind, so können wir uns mit ihren Schlußfolgerungen nicht einverstanden erklären, da die Versuchsanordnung schon an und
für sich zu Fehlschlüssen führen konnte. Versuch I begann nämlich mit einem
5 Minuten langen Scheingenuß von gehacktem Fleisch und Wirsingkohl und Versuch II mit 5 Minuten langem Riechen von Maggifleischbrühe. Bei Vorhandensein
der durch jenen sowohl wie durch dieses hervorgerufenen Magensaftabsonderung
wurde auch die Wirkung der obenerwähnten ungewöhnlichen Erreger erprobt.
Allein aus den Versuchen eben jener Kaznelson wissen wir, daß schon ein 3 Minuten
währender Scheingenuß von Fleisch und Wirsingkohl (S. 337) bei ihrer Patientin
eine zweistündige energische Magensaftsekretion hervorrief. Aller Wahrscheinlichkeit nach handelte es sich bei diesen Versuchen um ein Ausstoßen des im Magen
angesammelten Saftes aus letzterem infolge Veränderung der Atmungsbewegungen.
Im gleichen Sinne spricht auch das Fehlen einer latenten Periode bei Sekretions-
erhöhungen. Bei Hunden bleibt sie stets aufrechterhalten auch im Falle Vorhandenseins einer unbedeutenden Sekretion der Magendrüsen[1]).

Der Magenblindsack beim Menschen.

Cade und Latarjet[2]) stellten bei einem 20jährigen Mädchen an dessen „isoliertem kleinem Magen", der sich aus einem Magenbruch im ersten Lebensjahre
gebildet hatte, Beobachtungen an. Der Bruch hatte sich an der Linea alba ein-
geklemmt und nach außen hin geöffnet. Vom übrigen Magen war der Bruchsack,
infolge eines Entzündungsprozesses, lediglich durch die Schleimhaut abgetrennt.
Die seröse Muskelschicht mit den in ihr verlaufenen Nerven blieb unberührt. Somit waren von der Natur sämtliche erforderlichen Bedingungen für ein richtiges
Funktionieren des isolierten kleinen Magens eingehalten. Und in der Tat sonderte
trotz der verflossenen 20 Jahre der Bruchsack beim Essen einen sauren Magensaft
ab, der Fibrin verdaute und Milch koagulierte. Besonderes Interesse hat der Umstand, daß die Sekretion selbst schon allein beim Gespräch über schmackhafte Ge-
richte angeregt wurde. Die histologische Untersuchung zeigte eine normale Struktur
der Schleimhaut und ihrer Drüsen innerhalb des Bruchsacks.

Die Speiseröhre.

In welcher Beziehung die verschiedenen Reize der Schleimhaut der Speiseröhre zur Arbeit der Magendrüsen stehen, ist uns nicht genau bekannt. Wir
wissen nur, daß grobe mechanische Reize der Speiseröhre auf die Magensaftsekretion ohne Einfluß bleiben. So führte *Ketscher*[3]) in den oberen abgetrennten
Teil der Speiseröhre eines oesophagotomierten Hundes einen Finger ein und bedingte im Verlauf von 20 Minuten Schluckbewegungen. Eine Absonderung
von Magensaft erfolgte nicht. Aus den Arbeiten von Schüle[4]), Bulawinzow[5]),
Gurewitsch[6]) u. a. wissen wir, daß die Einführung einer Sonde in den Magen
des Menschen durch den Mund und die Speiseröhre eine Arbeit der Magendrüsen
nicht zur Folge hat.

---

[1]) Pawlow, Vorlesungen. Wiesbaden 1898 S. 48.
[2]) A. Cade et A. Latarjet, Réalisation pathologique du petit estomac de
Pawlow. Journ. de physiologie et pathologie générale 1905. T. VII, p. 221.
[3]) Ketscher, Diss. St. Petersburg. 1890. S. 14.
[4]) Schüle, Deutsches Archiv f. klin. Medizin 1901, Bd. LXXI, S. 120.
[5]) Bulawinzow, Diss. St. Petersburg 1903.
[6]) G. J. Gurewitsch, Neues Verfahren der Erlangung von Magensaft beim
Menschen. Diss. St. Petersburg 1903, S. 35.

Die Schleimhaut des Fundusteils des Magens.

Mithin erscheint der Akt der Nahrungsaufnahme als stärkster Erreger der Magendrüsen. Jedoch dauert der bei einer sich nur auf kurze Zeit erstreckenden Speiseaufnahme erzielte safttreibende Effekt 2—3, im äußersten Falle 4 Stunden. Indes wissen wir aus den Versuchen von *Chishin* (s. oben), daß verschiedene Speisearten im Magen innerhalb eines bedeutend längeren Zeitraumes verdaut werden (im Durchschnitt 200 g Fleisch in 8 Stunden, 200 g Brot in 10 Stunden, 600 ccm Milch in 6 Stunden). Außerdem fällt bei Milch das Maximum der Magensaftsekretion auf die 2.—3. Stunde, während die Anregung der Magendrüsen bei einmaliger Fütterung ihre höchste Anspannung in der ersten Stunde erreicht. Selbst wenn man einräumt, daß während der ersten Stunden des Vorhandenseins der Nahrung im Magen die Arbeit der Pepsindrüsen ausschließlich durch den vorhergehenden Nahrungsaufnahmeakt bedingt wird, so fragt es sich, was die Drüsen im Verlauf der späteren Stunden der Magenverdauung zur Anregung bringt. Somit entsteht die Frage, welchen Einfluß die verschiedenen bereits im Magen selbst befindlichen Erreger auf die Tätigkeit seines Drüsenapparates ausüben.

Hier sind folgende Annahmen denkbar: Jede der von uns betrachteten Speisesubstanzen stellt einen komplizierten Erreger dar; überall sind in diesen oder jenen Quantitäten Wasser, Salze und Eiweißsubstanzen vorhanden; im Fleisch gibt es außerdem extraktive und fettige Substanzen, im Brot Stärke und in der Milch Milchzucker und Fett. Diese Kompliziertheit wird dadurch noch erhöht, daß unter dem Einfluß der Fermente des sich beim Speiseaufnahmeakt absondernden Magensaftes sowie der Fermente des Speichels eine chemische Verarbeitung der genannten Substanzen vor sich geht: aus Eiweiß bilden sich dessen Verdauungsprodukte Albumosen, Peptone; Stärke zersetzt sich unter Bildung von Zucker, Fett spaltet sich und verwandelt sich dann in Seifen. Da alle diese Stoffe im Mageninhalt vorhanden sein können, so muß man behufs Aufklärung des Mechanismus der Wirkung der Magendrüsen wissen, welche von den aufgezählten Substanzen als Erreger der Magensaftsekretion erscheinen, und welche nicht. Folglich werden wir von den c h e m i s c h e n Er regern der Magensaftsekretion sprechen.

Allein jede einzelne Speisesubstanz stellt eine Masse von bestimmter Konsistenz dar. Indem die Speisesubstanz in den Magen gelangt und sich hier fortbewegt, drückt sie in diesem oder jenem Maße auf seine Wandungen und reizt auf mechanischem Wege seine Schleimhaut. Somit dürfte die Frage über den Einfluß der physischen Eigenschaften der Speise auf die Sekretion der Magendrüsen als völlig berechtigt erscheinen. Daher führt die Frage zum Studium der Wirkung der an die Magenoberfläche gebrachten chemischen und mechanischen Erreger auf die Arbeit der Fundusdrüsen. Da wir den Magen in zwei selbständige Teile zerlegen: den Fundus- und den Pylorusteil, so nehmen wir auch die Betrachtung der Wirkung der genannten Agenzien gesondert vor. Zunächst soll unsere Aufmerksamkeit durch das Studium des Einflusses der chemischen und mechanischen Erreger des Fundusteiles des Magens auf die Sekretion der darin belegenen Drüsen, sodann durch die Erforschung des analogen Einflusses eben jener Erreger, doch an den Pylorusteil gebracht, in Anspruch genommen werden.

Zum Schluß bleibt uns noch die Wechselbeziehungen zwischen dem Duodenum und den anderen Darmabschnitten und den Fundusdrüsen des Magens aufzuklären. Dies alles bietet um so geringere Schwierigkeiten, als das experimentelle Material, wie wir sofort sehen werden, hierzu die völlige Möglichkeit gibt.

Chemische Reizungen des Fundusteils des Magens.

Um auf die Wirkung der verschiedenen Erreger von der Oberfläche des Fundusteils des Magens auf die Arbeit der in seiner Schleimhaut gelegenen Drüsen schließen zu können, mußte man ein kompliziert operiertes Tier zur Hand haben. Solche Tiere (Hunde) standen denn auch *Groß*[1]), *Krshyschkowsky*[2]) und *Zeljony*[3]) zur Verfügung. Der Hund wurde mit einem isolierten kleinen Magen nach Heidenhain-Pawlow versehen und ihm eine gewöhnliche Fistel im Bereich des Magengrundes angelegt. Sodann wurde eine Abtrennung des Fundusteiles vom Pylorusteil vorgenommen. Der Schnitt durch sämtliche Schichten der Magenwand verlief gerade auf der Grenze zwischen beiden Teilen des Magens. Infolgedessen wurde das ganze Pylorusgebiet zum Darmkanal hin abgetrennt. Die Schnittränder des Fundus- und Pylorusteils wurden fest vernäht. Der abgesonderte Fundusteil des Magens stellte nunmehr einen geschlossenen Sack dar, in welchen die Speiseröhre endete. Den einzigen Ausgang aus jenem bildete die Magenfistel. Behufs Wiederherstellung der Kontinuität des Verdauungstrakts, sowohl zum Zwecke der Ernährung des Tieres als auch zu Experimentierzwecken, wurde noch eine zweite Fistel am Zwölffingerdarm angelegt. War ein Übergang der Speise aus dem Magen in die Därme erforderlich, so wurden die Magen- und Duodenalfisteln durch eine aus einem System breiter Gummi- und Glasröhrchen bestehende äußere Gastroenterostomose verbunden. Trotz der Kompliziertheit der Operation befanden sich die Tiere infolge besonderer und sorgfältiger Pflege im Verlaufe vieler Monate und selbst über ein Jahr lang bei bester Gesundheit.

Behufs Untersuchung der Wirkung der einen oder anderen Substanzen, wurden diese durch die Magenfistel in den abgesonderten Fundusteil des Magens oder durch die Darmfistel in das Duodenum eingeführt. Im letzteren Falle erreichte die zu untersuchende Substanz infolge der Bewegungen des Darmes und der Verbreitung der Flüssigkeit in ihm den Pylorusteil. Natürlich wurde in beiden Fällen die äußere Gastroenterostomose entfernt. Die Arbeit der Fundusdrüsen untersuchte man an der Hand der Saftabsonderung aus dem isolierten kleinen Magen. Bei allen diesen Versuchen wurde auf das gewissenhafteste das Augenmerk darauf gerichtet, daß der Anblick und Geruch der Speisesubstanzen nicht die Magendrüsen zur Arbeit anrege.

Die Einführung der verschiedenartigsten Substanzen in den abgesonderten Fundusteil des Magens durch die Fistel unter Umgehung der Mundhöhle und ihr Verbleiben daselbst im Verlauf von zwei und mehr Stunden hatte eine Anregung der Pepsindrüsentätigkeit nicht zur Folge. Aus dem isolierten kleinen Magen wurden entweder eine Sekretion gar nicht wahrgenommen oder, was die Regel war, unbedeutende Quantitäten alkalischen Schleimes ausgeschieden. In sehr seltenen Fällen zeigte sich eine geringfügige Magensaftabsonderung: z. B. 0,1—0,2 ccm im Verlauf von 2 Stunden. Gewöhnlich ließ sich diese Sekretion durch solche auf das Tier einwirkende Reize erklären, die mit dem Versuche in keinerlei Beziehung standen: beispielsweise durch die aus dem Nebenzimmer hörbaren Schritte des Dieners usw. (*Krshyschkowsky*). Untersucht wurden gewöhnliche Speisesubstanzen, wie Fleisch, Brot, Milch (*Krshyschkowsky*). Indem sie, ohne daß es der Hund merkte, in den Magen durch die Fistel eingeführt wurden, blieben sie dort stundenlang liegen, ohne eine sekretorische Arbeit der Fundusdrüsen hervorzurufen. Weiter erwiesen sich

---

[1]) W. Groß, Zur Physiologie der Pepsindrüsen. Verhandlungen der Gesellschaft russ. Ärzte zu St. Petersburg 1905—06. Februar.

[2]) K. N. Krshyschkowsky, Neues Material betreffs der Physiologie der Magendrüsen beim Hunde. Diss. St. Petersburg 1906.

[3]) G. P. Zeljony, Material zur Physiologie der Magendrüsen. Arch. d. Sciences Biol. 1912, Bd. XVII, Nr. 5.

als unwirksam Wasser (*Krshyschkowsky*), Lösungen NaCl, Natrii oleinici (Seife), Milchsäure und Galle (*Zeljony*). Endlich wurden noch mit gleichem Resultat die extraktiven Fleischbestandteile in Gestalt einer Lösung Liebigschen Fleischextraktes (*Groß*, *Krshyschkowsky*, *Zeljony*), Peptone in Gestalt von Pepton aus der Fabrik Chapoteaut (*Krshyschkowsky*), die Produkte der Verdauung von Liebigschem Fleischextrakt und Hühnereiweiß (*Krshyschkowsky*) durch den Magensaft unter natürlichen Bedingungen (im Magen eines anderen Hundes im Verlaufe von 2 Stunden), untersucht. Hierbei muß bemerkt werden, daß nach Beendigung des gewöhnlich nicht weniger als 2 Stunden dauernden Versuchs aus dem Magen annähernd die gleiche Flüssigkeitsmenge entnommen wurde, wie sie in ihn eingeführt worden war. Folglich fand eine irgendwie merkliche Aufsaugung im Fundusteil nicht statt. Eine alleinige Ausnahme machte Alkohol (*Groß*). Dieses wurde, wenn man es in den isolierten Fundusteil einführte, aufgesaugt und rief eine energische Magensaftsekretion aus dem kleinen Magen hervor.

Somit regen weder die Speisesubstanzen selbst mit ihren Bestandteilen noch die aus ihnen unter dem Einfluß des Magensaftes zur Bildung gelangenden Verdauungsprodukte, wenn sie mit der Schleimhaut des Fundusteils in Berührung kommen, die darin gelegenen Drüsen zur Arbeit an. Mit anderen Worten: die chemischen Reize der Oberfläche des Fundusteils des Magens rufen eine Arbeit der Pepsindrüsen nicht hervor.

Mechanische Reizung der Schleimhaut des Magenfundus.

Wir gehen nunmehr zu den mechanischen Reizen eben jenes Magenteils über. Regt vielleicht der Druck und das Reiben der Nahrung gegen die Magenwand die Tätigkeit der Fundusdrüsen an? Die oben angeführten Versuche mit Hineinlegen der Speise und Einführung der Flüssigkeit in den Fundusteil des Magens geben uns schon die Antwort auf diese Frage. Für Versuche mit mechanischen Einwirkungen auf den Fundusteil können, abgesehen von den oben beschriebenen, kompliziert operierten Hunden, besonders gut Hunde mit gewöhnlicher Magenfistel und Oesophagotomie dienen. Die Fistel wird gewöhnlich im Fundusteil selbst unweit der Curvatura major angelegt, und die Oesophagotomie verhütet ein Hineingeraten von Speichel und Schleim in den Magen, was natürlich den Versuchsbefund sehr verdunkeln kann. Auf Grund einer außerordentlich großen Zahl von Versuchen mit mechanischem Reiz der Schleimhaut des Fundusteils des Magens kamen *Pawlow* und dessen Schüler zur sicheren Überzeugung, daß ein mechanischer Reiz nicht als Erreger der Pepsindrsüen anzusehen ist. Zur Anwendung gelangten folgende Versuchsformen: 1. Reizung der Schleimhaut des leeren und Saft nicht ausscheidenden Magens durch die Magenfistel hindurch mittelst eines Federkiels oder eines Glasstäbchens; 2. recht starkes Hineinblasen feinen Sandes in ebensolchen Magen; 3. Aufblasen eines in die Magenhöhle eingeführten Gummiballons. Alle diese Maßnahmen konnten eine beliebig lange Zeit vorgenommen werden: $1/4$—1 Stunde. Aus dem Magen gelangte nur alkalischer Schleim und kein Tropfen Saft zur Ausscheidung[1].

In eben diesem Sinne sprechen auch folgende Beobachtungen: Durchweg nimmt man sowohl im großen wie auch im kleinen Magen eine alkalische Reaktion wahr, ungeachtet des Umstandes, daß sich im ersteren beständig die obere Scheibe der Magenfistel befindet und in den letzteren ein Gummiröhrchen zum Auffangen

---

[1] Pawlow, Vorlesungen. Wiesbaden 1898, S. 110ff.

des Saftes eingeführt wird. Folglich erweisen sich diese mechanischen Reize an und für sich nicht als wirksam. Man braucht jedoch nur die wahrhaften Erreger der Magensekretion in Wirksamkeit treten zu lassen, und die Drüsen kommen in Tätigkeit[1]).

Endlich überzeugt uns der negative safttreibende Effekt bei den oben angeführten Versuchen von *Groß*[2]), *Krshyschkowsky*[3]) und *Zeljony*[4]) mit Einführung verschiedener Substanzen, sowohl fester (z. B. Brot) als auch flüssiger (Lösungen) in den abgesonderten Fundusteil des Magens davon, daß der mechanische Reiz der Magenschleimhaut an sich nicht imstande ist, seinen sekretorischen Apparat in Tätigkeit zu setzen.

Sollen alle diese Versuche gelingen, so ist vor allem erforderlich, daß die Magendrüsen sich im Ruhezustand befinden, und der Magen von den Überresten der Speise und des Magensaftes ausgespült wird. Im entgegengesetzten Falle kann der mechanische Reiz infolge der Kontraktionen der Magenwand ein Herausdrängen des irgendwo in den Magenfalten angestauten Saftes nach sich ziehen. Ferner muß sorgfältig darauf geachtet werden, daß das Tier während des Versuches nicht durch den Anblick und Geruch der Nahrung, durch ein Anstoßen an das Gefäß, aus dem es gewöhnlich gefüttert wird, durch den Anblick des Dieners usw. gereizt wird. Andernfalls zeigt sich, wie wir bereits wissen, eine sehr energische Sekretion des Magensaftes. Vor *Pawlow* wurde dieser Umstand nicht berücksichtigt, die Versuche mit mechanischem Reiz der Magenschleimhaut ohne jegliche Vorsichtsmaßregeln (z. B. angesichts der Nahrung) vorgenommen, und der bisweilen erzielte positive Befund wurde fälschlicherweise dem mechanischen Reiz zugeschrieben. Infolge dieser methodischen Mängel geriet der völlig richtige Hinweis Blondlots[5]) (noch aus dem Jahre 1843) über die Unwirksamkeit des mechanischen Reizes der Schleimhaut als Erregers der Magendrüsen in Vergessenheit, und in der Physiologie griff eine diametral entgegengesetzte Auffassung Platz.

Endlich bilden, wie bereits oben gesagt, besonders geeignete Untersuchungsobjekte Hunde mit Magenfisteln und Oesophagotomie. Der verschluckte Speichel gelangt nicht in den Magen, wird durch den an den Wandungen haften bleibenden Magensaft nicht acidiert und simuliert nicht diesen letzteren. Übrigens gibt die hohe Acidität des reinen Magensaftes (gegen 0,5%) die sichersten Hinweise dafür, was für Flüssigkeit beim nichtgastrooesophagotomierten Hunde aus dem Magen ausgeschieden wird.

Die Unwirksamkeit einer mechanischen Reizung der Magenschleimhaut beim Menschen als Erreger der Magensaftsekretion wurde durch Spezialversuche von Schüle[6]) und Gurewitsch[7]) dargetan.

Der Einfluß der Konsistenz der Nahrung auf die Arbeit der Fundusdrüsen.

Somit reagiert die Schleimhaut des Magenfundus nicht mit Saftabsonderung auf mechanische Reize. Kann indes der Schleimhaut überhaupt die Fähigkeit abgesprochen werden, derartige Reize zu rezipieren? Aus unserer Lebenserfahrung wissen wir sehr wohl, daß wir subjektiv viele aus dem Magen in Gestalt dieser oder jener Empfindungen ausgehende Reize rezipieren (Hindurchgehen der genossenen Speise oder Flüssigkeit durch den Magen, Anfüllung des Magens usw.). Stehen nun diese Reize in irgendwelcher Beziehung zur sekretorischen Arbeit der Magendrüsen

---

[1]) Pawlow, Vorlesungen. Wiesbaden. 1898, S. 116.

[2]) Groß, Verhandlungen der Gesellschaft russischer Ärzte zu St. Petersburg 1905—06. Februar.

[3]) Krschyschkowsky, Diss. St. Petersburg 1906.

[4]) Zeljony, Arch. d. Sciences Biol. 1912, T. XVII, Nr. 5.

[5]) N. Blondlot, Traité analytique de la digestion. Paris 1843, S. 214 ff.

[6]) Schüle, Deutsches Archiv f. klin. Med. 1901, Bd. LXXI, S. 121.

[7]) Gurewitsch, Diss. St. Petersburg 1903, S. 35 ff.

oder nicht? Wenn sie auch an und für sich nicht die Fähigkeit besitzen, den Drüsen-apparat des Magens zur Tätigkeit anzuregen — beeinflussen sie nicht etwa diese Tätigkeit, sobald sie einmal im Gange ist, und ev. in welcher Weise?

Infolge der Operation der Isolierung des gesamten Fundusteiles des Magens und der Beurteilung seiner Tätigkeit nach der sekretorischen Arbeit des kleinen Magens ließen sich auf diese Fragen nicht theoretische, vielmehr völlig konkrete Antworten geben.

Wenn die chemischen Reize der Schleimhaut des Fundusgebietes die Drüsen-tätigkeit nicht anregt, was hindert, in der Tat an einem Hunde mit abgesondertem Fundusteil den Akt der Scheinfütterung so lange fortzusetzen, bis die Speise in den Fundusteil des Magens gelangt?

Zu diesem Zwecke braucht man nur die die Fisteln des Magens und des Duodenums verbindende äußere Gastroenterostomose aufzuheben und dem Hunde dieses oder jenes Futter zu fressen zu geben. Die Nahrung gelangt in den abgesonderten Fundusteil und bleibt dort eine beliebig lange Zeit liegen. (Um Erbrechen infolge Kontraktion des Magens zu verhüten, stellt man in die Magenfistel eine weite und lange nach oben gebogene Glasröhre. Bei jeder einzelnen Kontraktion des Magens steigt sein Mageninhalt teilweise in dieser Röhre empor; bei Erschlaffung der Magen-wände sinkt er wieder in den Magen zurück.)

Bei solcher Versuchsanordnung werden wir nicht nur das gewöhnliche Ergebnis des Speiseaufnahmeaktes, sondern auch den Einfluß auf den durch letzteren her-vorgerufenen sekretorischen Effekt, das Vorhandensein von Speise dieser oder jener Konsistenz im Magen selbst sehen.

Entsprechende Versuche wurden von *Krshyschkowsky*[1]) angestellt. Vor allem bringen wir die Befunde auf Genuß von Fleisch, Brot und Milch (Tab. XXXIII).

Dem Hunde wurde die eine oder andere Nahrung verabreicht. Die Speise wurde im abgesonderten Fundusteil des Magens während der ganzen Zeit belassen, wo der isolierte kleine Magen Saft absonderte. Nach Beendigung des Versuches wurde die Speisemasse aus dem Magen durch die Fistel nach außen herausgelassen. Ihr durch den sich in die Höhle des Fundusteiles absondernden Magensaft erhöhtes Volumen wurde gemessen. Die Versuche begannen stets bei völliger Ruhe der Drüsen.

Tabelle XXXIII.

Magensaftsekretion aus dem isolierten kleinen Magen eines Hundes mit abgesondertem Fundusteil des Magens bei Fütterung mit Fleisch, Brot und Milch (nach *Krschyschkowsky*).

Stunde	100 g rohes Fleisch	100 g gekochtes Fleisch	100 g Brot	300 ccm Milch
	Saftmenge in ccm	Saftmenge in ccm	Saftmenge in ccm	Saftmenge in ccm
I	3,2	3,1	3,0	1,3
II	1,7	1,6	1,15	0,35
III	0,5	0,65	0,4	—
Insgesamt	5,4	5,35	4,55	1,65
Dem großen Magen ent-nommen	312,0	299,0	376,0	415,0
Freßdauer	1′	1′	3½′	1′
Latente Periode	7½′	7′	5½′	8′

Wie aus Tabelle XXXIII ersichtlich, dauert die Sekretion bei Genuß von Fleisch und Brot 3 Stunden, bei Fütterung mit Milch im ganzen nur 2 Stunden. Anfäng-

---

[1]) Krshyschkowsky, Diss. St. Petersburg 1906, S. 100.

lich innerhalb der ersten Stunde steil ansteigend, sinkt die Saftsekretionskurve in den folgenden Stunden allmählich ab; schließlich hört die Sekretion der Fundusdrüsen ganz auf. Die allergrößte Saftmenge wird auf Genuß von Fleisch abgesondert, wobei ein wesentlicher Unterschied zwischen rohem und gekochtem Fleisch nicht besteht (5,4—5,35 ccm); die allergeringste Saftsekretion erfolgt auf Milch (1,65 ccm); Brot nimmt eine Mittelstellung ein (4,45 ccm). Vergegenwärtigen wir uns den Versuch von *Chishin* (Tab. XXIII), bei welchem einem Hunde mit isoliertem kleinem Magen die gleichen Speisesorten verabreicht wurden (ihre Quantität war zweimal so groß), so finden wir analoge Verhältnisse. Nehmen wir die ersten Stunden: Fleisch 11,2 ccm, Brot 10,6 ccm und Milch 4,0 ccm. Nur bei Brot beginnt bei den *Chishin*schen Versuchen von der zweiten Stunde an bereits ein Absinken der Saftsekretion; bei Fleisch kommt die zweite Stunde der ersten gleich oder überragt diese, und bei Milch ist die Sekretion während der zweiten Stunde auffallend stärker als in der ersten. Offensichtlich treten bei Fleisch und Milch bereits in der zweiten Stunde neue uns noch unbekannte Erreger der Magensaftsekretion in Wirksamkeit. Diese Daten werden uns weiterhin sehr zustatten kommen. Vorläufig können wir nur mit Gewißheit sagen, daß der Wirkungsort dieser neuen Erreger nicht die Schleimhaut des Fundusteiles ist.

Wir wenden uns nunmehr der Lösung jener Frage zu, die wir uns weiter oben gestellt haben: ob nämlich eine mechanische Reizung der Wanderungen des Fundusteiles des Magens in irgendwelcher Weise die durch den Speiseaufnahmeakt hervorgerufene Sekretion der Fundusdrüsen beeinflußt.

Krshyschkowsky gelangte zur Lösung dieser Frage unter Anwendung eines doppelten Verfahrens. Erstens gab er seinem Hunde Speisesubstanzen von ungleicher Konsistenz und zweitens fütterte er den Hund mit verschiedenartigen Substanzen bei geschlossener und geöffneter Fistel des abgesonderten Fundusteiles des Magens[1]).

Aus den Zahlen der Tabelle XXXIV ergibt sich, daß die Konsistenz der Speise eine wichtige Rolle spielt. Je reicher die Konsistenz der Nahrung ist, um so ge-

Tabelle XXXIV.

Sekretion des Magensaftes aus dem isolierten kleinen Magen eines Hundes mit abgesondertem Fundusteil des Magens bei Genuß von Substanzen verschiedener Konsistenz (nach *Krshyschkowsky*).
Die Ziffern geben die Menge der Kubikzentimeter an.

Stunde	100 g rohes Fleisch in Stücken	100 g zerriebenes Fleisch + 100 g Wasser	100 g Fleischpulver	100 g Fleischpulver + 300 g Wasser	100 g Brot	100 g Brot + 100 g Wasser	100 g Zwieback	100 g hart gekochtes Eiweiß	100 g rohes Eiweiß	100 g hart gekochtes Eigelb	100 g rohes Eigelb	100 g feste Sahnenbutter	100 g flüssige Sahnenbutter
I	3,2	1,4	3,85	1,1	3,2	2,1	3,9	3,4	0,6	2,4	1,4	2,15	0,85
II	1,7	0,5	2,5	0,95	1,3	0,7	2,7	2,0	0,5	1,7	0,6	1,0	0,6
III	0,5	0,1	1,1	0,4	0,5	0,5	1,7	0,3	0,3	1,2	0,3	1,01	0,1
IV	—	—	0,25	0,2	—	—	0,5	—	—	—	—	0,4	—
Insgesamt	5,4	2,0	7,70	2,65	5,0	3,3	8,8	5,7	1,4	5,3	2,3	4,56	1,55
Dem großen Magen entnommen	312,0	296,0	580,0	520,0	405,0	460,0	490,0	294,0	185,0	292,0	191,0	300,0	225,0
Freßdauer	1′	1′	3′	3′	3′	3½′	3′	1′ 15″	1′ 15″	1′ 15″	1′ 15″	1′	50″
Latente Periode	7½′	8′	8′	9′	9′	8′	8′	7½′	7′	8′	8′	7½′	8′

[1]) Vgl. Pawlow, Vorlesungen. Wiesbaden 1898, S. 120.

ringer ist die Magensaftsekretion, und umgekehrt. Um sich hiervon zu überzeugen, braucht man nur jedes Versuchspaar zu vergleichen: ein und dieselbe Speisesubstanz wurde dem Hunde bald in festerer, bald in weniger fester Form verabreicht. Daß hier nicht das Wasser in Frage kommen kann, vermittelst dessen die Speisekonsistenz gewöhnlich eine weichere wurde, wird durch die beiden letzten Rubriken eben jener Tabelle XXXIV bestätigt. Auf 100 g dem Hunde in fester Form verabreichter Sahnenbutter wurde mehr als dreimal so viel Magensaft ausgeschieden als auf eine gleiche Quantität Sahnenbutter, doch zerlassen. Der Wassergehalt in der Butter war in den beiden Fällen natürlich der gleiche.

Wodurch läßt sich diese Erscheinung erklären? Etwa durch die Dauer der Speiseaufnahme? Diese war jedoch annähernd die gleiche in jeder Versuchsgruppe. Oder etwa durch den „Grad der Schmackhaftigkeit“, den die eine oder andere Nahrung für den Hund hat? Allein wir sind keineswegs imstande, uns darüber ein Urteil zu bilden, was der Hund besonders gern hat: feste oder zerlassene Butter, hart gekochtes oder rohes Eigelb, wenn er sowohl das eine, wie das andere, wie endlich das dritte in eben jener Zeit von $1^1/_4$ Minuten verschlingt. Man muß — wie dies auch *Krshyschkowsky* tut — annehmen, daß eine wichtige Bedeutung der Speisekonsistenz zukommt. Was indes spielt hier eine Rolle? Der Unterschied in der mechanischen Reizung der Schleimhaut der Mundhöhle oder des Magens? Die Versuche mit Scheinfütterung oesophagotomierter Hunde mit flüssigen Speisesorten (Milch, Bouillon) sprechen gleichsam für die erstere Annahme. Ein Hund kann mit völlig gleicher Gier sowohl Fleisch und Brot als auch Milch verzehren; nichtsdestoweniger gelangt auf Scheinfütterung mit Fleisch und Brot eine größere Magensaftmenge zur Ausscheidung als auf Milch.

Folgende Versuche *Krshyschkowsky*s zeigen jedoch, daß eine gewisse Rolle in der uns interessierenden Frage auch die Reizung der Magenwand selbst spielt. Indem er seinem Hunde Fleisch in Stücken zu fressen gab, das eine Mal bei geöffneter Magenfistel (das ganze Fleisch fiel nach außen heraus), das andere Mal bei geschlossener Magenfistel (das Fleisch blieb in dem abgesonderten Fundusteil des Magens liegen), bemerkte er, daß im letzteren Falle mehr Saft abgesondert wird und die Sekretionsdauer beträchtlicher ist, als im ersteren. Allein es ergibt sich, daß es nicht möglich ist, alles auf den einfachen Druck der Nahrung auf die Magenwände zurückzuführen: der „Scheingenuß“ und der „wirkliche“ Genuß flüssiger Speisesubstanzen ergeben ein völlig identisches Resultat (Tab. XXXV).

Tabelle XXXV.

Magensaftsekretion aus dem isolierten kleinen Magen eines Hundes mit abgesondertem Fundusteil, hervorgerufen durch Genuß verschiedener Substanzen bei geöffneter („Scheinfütterung“) und geschlossener („wirklicher Fütterung“) Magenfistel (nach *Krshyschkowsky*).
Die Ziffern geben die Menge der Kubikzentimeter an.
(Versuche mit Genuß von Fleisch und Eiweiß wurden an dem einem, solche mit Genuß von Milch an dem andern Hunde vorgenommen.)

Stunde	„Scheinfütterung“			„Wirkliche Fütterung“		
	100 g rohes Fleisch in Stücken	300 ccm Milch	100 g flüssiges Hühnereiweiß	100 g rohes Fleisch in Stücken	300 ccm Milch	100 g flüssiges Hühnereiweiß
I	1,4	2,1	1,3	3,1	2,2	0,6
II	0,5	1,5	0,3	1,6	1,0	0,5
III	0,1	0,2	—	0,65	0,2	0,3
Insgesamt	2,0	3,8	1,6	5,35	3,4	1,4
Freßdauer	$1^1/_2'$	—	—	$1^1/_2'$	—	$1'15''$
Latente Periode	$7'$	$8'$	$6^1/_2'$	$6^1/_2'$	$8^1/_2'$	$7'$

Hieraus folgt, daß die Frage bedeutend komplizierter ist, als es auf den ersten Blick scheinen möchte. Sicher ist das eine, daß festere Speisesorten eine energischere Arbeit der Magendrüsen bedingen als weniger feste — eine von *Gordejew*[1]) festgestellte und, wie wir gesehen haben, von *Krshyschkowsky*[2]) verarbeitete Tatsache.

Was die Verdauungskraft und Acidität des bei verschiedener Konsistenz ein und derselben Speise sich absondernden Magensaftes anbetrifft, so vermochte *Krshyschkowsky*[3]) irgendwelche bedeutendere Schwankungen in ihm nicht wahrzunehmen.

2. Kapitel.

Die erste und zweite Phase der Magensaftabsonderung. — Untersuchungsmethodik hinsichtlich der Wirkung chemischer Erreger der Magendrüsen. — Hineinlegen rohen Fleisches in den Magen. — Hineinlegen in den Magen und Genuß von Gelatine und Hühnereiweiß. — Analyse der vom Fleisch hervorgerufenen Wirkung. — Wasser. — Kochsalz. — Die Extraktivstoffe des Fleisches. — Fett. — Verdauungsprodukte der Eiweißsubstanzen. — Die Verdauungskraft des Magensaftes bei Einwirkung chemischer Erreger. — Die chemischen Erreger im Brot. — Einfluß der Stärke auf die Fermentanhäufung im Safte. — Die chemischen Erreger in der Milch. — Die Verdauungskraft des Magensaftes bei Milch. — Speichel, Pankreassaft, Galle und Lösungen von Salz- und Essigsäure sowie CO_2. — Der Einfluß der chemischen Erreger auf die Magensekretion bei ihrer Einführung in den Zwölffingerdarm. — Das Fett. — Soda. — Zusammenfassende Übersicht der chemischen Erreger. — Der Einfluß einiger Stoffe vom Rectum aus auf die Magensaftsekretion. — Synthese der Sekretionskurve. — Die Acidität des Magensaftes.

Die erste und zweite Phase der Magensaftabsonderung.

Eine Zusammenfassung des oben dargelegten, sich auf Tatsachen stützenden Materials ergibt einwandfrei, daß wir es die ganze Zeit über lediglich mit einem einzigen, bestimmten Teile des Sekretionsakts zu tun hatten. Die Magendrüsen kamen in energische, vielstündige Erregung sowohl beim Anblick des Futters durch das Tier, als auch bei Hindurchgehen der Nahrung durch die Mundhöhle und den Rachen. Eine mechanische Einwirkung der Speisemasse auf die Wandung des Magenfundus erhöhte die Sekretion der in diesem gelegenen Drüsen. Umgekehrt blieben chemische Reize des Fundusteiles wirkungslos. Der hierbei zur Absonderung gelangende Magensaft zeichnete sich durch eine hohe Verdauungskraft aus. Allein, wie wir bereits gesehen haben, wurde durch eine derartige Absonderung die gesamte sekretorische Arbeit der Magendrüsen bei Genuß der verschiedenen Speisesorten bei weitem nicht gedeckt. Der ganze soeben geschilderte komplizierte Erscheinungskomplex kann unter der Bezeichnung erste Phase der Magensaftsekretion verallgemeinert werden. Wie wir weiter unten bei Erörterung des Mechanismus der Anregung der sekretorischen Magendrüsentätigkeit sehen werden, liegen für diese Verallgemeinerung und Abgrenzung der ersten Phase unleugbare Gründe vor. Vorläufig begnügen wir uns nur mit den obenerwähnten für die Anfangs-

---

[1]) J. M. Gordejew, Die Arbeit des Magens bei den verschiedenen Nahrungsmitteln. Diss. St. Petersburg 1906.

[2]) Krshyschkowsky, Diss. St. Petersburg 1906.

[3]) Krshyschkowsky, Diss. St. Petersburg 1906, S. 139.

periode der Magensekretion bei Genuß verschiedener Substanzen charakteristischen Kennzeichen, die uns dazu berechtigen, von ihrer ersten Phase zu sprechen.

Sonach läßt sich mit der ersten Phase der Magensaftabsonderung nur die Anfangsperiode der Sekretion bei verschiedenartiger Speiseaufnahme erklären; die gesamte Periode der Magensaftabsonderung mit ihr zu decken, ist nicht möglich. Offenbar müssen noch irgendwelche Ursachen vorhanden sein, welche die Magendrüsentätigkeit während der späteren Stunden der Sekretionsperiode bedingen. Das Naheliegendste ist, sie innerhalb der Substanzen zu suchen, aus denen die Nahrung zusammengesetzt ist, oder innerhalb ihrer Verdauungsprodukte. Eine direkte Stütze erfährt diese Annahme durch die Versuche mit Einführung von Nahrungssubstanzen (Fleisch, Milch) unmittelbar in den Magen unter Beseitigung der ersten Phase der Magensekretion. Obgleich die Speisesubstanz dem Tiere in den Magen eingeführt wurde, ohne daß es im geringsten etwas davon merkte und ohne daß die Nahrung in die Mundhöhle gelangte (beispielsweise durch die Magenfistel), ruft sie dennoch eine Arbeit der Magendrüsen hervor. Diese Arbeit unterscheidet sich zwar sowohl in quantitativer wie auch qualitativer Hinsicht von derjenigen, die durch den Genuß der in Frage kommenden Nahrung bedingt wird, nichtsdestoweniger ist sie jedoch vorhanden. Hieraus ergibt sich, daß wir mit vollem Recht von einer zweiten Phase der Magensaftsekretion sprechen können. Gerade die zweite Phase ist es, die die Magensaftabsonderung in den späteren Stunden der Sekretionsperiode bei Genuß verschiedenartiger Substanzen gewährleistet.

Indes ist die Frage komplizierter, als man von vornherein annehmen möchte. Vor allem ist es wichtig, zu wissen, welche Bestandteile der Nahrung oder welche Produkte ihrer Verdauung auf die Magendrüsen eine safttreibende Wirkung ausüben; in welchem Maße durch sie sowohl die quantitative als auch qualitative Drüsentätigkeit angeregt wird. Wir werden sehen, daß solche Erreger in großer Zahl vorhanden sind und eine typische Magendrüsenarbeit hervorrufen, die sich von derjenigen unterscheidet, welche wir in der ersten Phase gesehen haben. Die nächste Frage, die sich uns aufdrängt, lautet: von welchem Teile des Verdauungstrakts aus wirken diese Substanzen? Auf Grund dessen, was wir bereits über den Magenfundus wissen, können wir mit Sicherheit sagen, daß nicht er es ist, von wo aus diese Erreger ihre Wirkung ausüben. Es bleibt dann nur noch der Pylorus und der Zwölffingerdarm. In der Tat zeigt uns die Erfahrung, daß gerade von diesen Teilen des Verdauungstrakts aus denn auch verschiedene Substanzen ihre safttreibende Wirkung zur Entwicklung bringen. Hierbei muß die erste Stelle dem Pylorus eingeräumt werden; der Zwölffingerdarm kommt erst in zweiter Linie in Frage.

Da der Verlauf der Saftabsonderung bei den verschiedenen Nahrungssorten einen besonderen Charakter trägt, ihre Kurve für jede einzelne Speiseart typische Schwankungen aufweist, und der Fermentgehalt in den Stundenportionen ungleich ist, so entsteht von selbst die Frage, ob nicht unter den in den Nahrungssubstanzen befindlichen oder sich aus diesen bildenden Erregern solche vorhanden sind, die etwa nicht eine positive, sondern eine negative safttreibende Wirkung hervorbringen. Mit anderen Worten: besitzen nicht einzelne Bestandteile der Nahrung die Fähigkeit, die Magensaftabsonderung zu hemmen und dazu noch sowohl in quantitativer wie auch in qualitativer Hinsicht? Der Versuch gibt uns hierauf wiederum die Antwort, daß solche Erreger vorhanden sind. Als typisches Beispiel dieser letzteren ist Fett anzusehen. Jetzt fragt es sich, von wo sie ihre Wirkung ausüben. Wie wir weiter unten sehen werden, ist es hauptsächlich die Oberfläche der Duodenalschleimhaut, von der die Wirkung dieser Erreger ausgeht.

Mithin kann man nur bei sorgfältigem Studium der Wirkung der in der Nahrung befindlichen oder sich aus ihr bildenden Erreger sich über die Bedeutung der zweiten Phase der Magensekretion Klarheit verschaffen. Hiervon soll nun auch gleich unsere Aufmerksamkeit in Anspruch genommen werden.

Untersuchungsmethodik hinsichtlich der Wirkung chemischer Erreger der Magendrüsen.

Behufs Untersuchung des Einflusses verschiedener chemischer Reize des Pylorusteiles des Magens auf die sekretorische Arbeit der Fundusdrüsen kann man sich eines der folgenden methodischen Handgriffe bedienen.

Das Tier (Hund) muß einen aus dem Gebiet des Magenbodens herausgeschnittenen isolierten kleinen Magen mit aufrechterhaltener Innervation und eine gewöhnliche Fistel in eben jenem Magengebiet haben. Diese letztere ist deswegen unentbehrlich, weil sämtliche Substanzen in den Magen eingeführt werden müssen, ohne daß das Tier durch ihren Anblick, Geruch usw. gereizt werde. Mit anderen Worten: die erste Phase der Magensaftabsonderung muß vollständig eliminiert werden. (Selbstverständlich bietet die Einführung der Versuchssubstanzen in den Magen mittelst einer Sonde per vias naturales beträchtliche Unzuträglichkeiten [beispielsweise die Unmöglichkeit der Einführung fester Substanzen in den Magen]. Außerdem kann solch ein Einführungsverfahren die Entstehung einer reflektorischen Absonderung z. B. bei Wiederherausziehung der Sonde, deren Spitze stets mit der einzuführenden Flüssigkeit befeuchtet bleibt, aus dem Munde zur Folge haben.)

Der Magen kann mit dem Darm in Verbindung bleiben[1]), oder man kann, was noch bequemer ist, auf operativen Wege an der Stelle des Überganges des Pylorusteiles in den Zwölffingerdarm eine Trennung vornehmen. Die Schnittränder des Pylorus und Zwölffingerdarmes werden fest vernäht. Der Übertritt der Speise aus dem Magen in den Darm wird mit Hilfe einer äußeren Gastroenterostomose, die die Magenfistel in der in das Duodenum eingeführten Fistel verbindet, bewerkstelligt. Für die Dauer des Versuchs wird diese Gastroenterostomose entfernt (*Sokolow*[2]), *Lönnqvist*[3]), *Krshyschkowsky*[4])). Indem man dem auf diese Weise operierten Tiere verschiedene Substanzen in den Zwölffingerdarm einführt, kann man ihren Einfluß auf die Arbeit der Fundusdrüsen auch aus dem oberen Teil des Darmes erforschen (*Sokolow*[5]), *Lönnqvist*[6])). Endlich kann der Pylorusteil unter Aufrechterhaltung der Nervenverbindungen isoliert werden. Der Magen ist vermittelst einer inneren Gastroenterostomose mit dem Darm verbunden und mit einer Magenfistel versehen. Die Versuchssubstanzen werden in den isolierten Pylorus eingeführt; auf die Arbeit der Fundusdrüsen schließt man aus der Saftausscheidung aus der Magenfistel (*Zeljony* und *Sawitsch*[7])). In allen aufgezählten Fällen blieb das Tier lange Zeit am Leben, sich bester Gesundheit erfreuend, was im höchsten Maße wichtig erschien. Indes konnten eben jene Versuche auch an frisch operierten Tieren

---

[1]) Lobassow, Diss. St. Petersburg 1896.

[2]) A. P. Sokolow, Zur Analyse der sekretorischen Arbeit des Magens beim Hunde. Diss. St. Petersburg 1904.

[3]) B. Lönnqvist, Beiträge zur Kenntnis der Magensaftabsonderung. Skand. Archiv f. Physiol. 1906, Br. XVIII, S. 194.

[4]) Krshyschkowsky, Diss. St. Petersburg 1906.

[5]) Sokolow, Diss. St. Petersburg 1900.

[6]) Lönnqvist, Skand Archiv f. Physiol. 1906, Bd. XVIII, S. 194.

[7]) W. Sawitsch, und G. Zeljony Zur Physiologie des Pylorus. Pflügers Archiv, 1913, Bd. CL, S. 128. — G. P. Zeljony und W. Sawitsch, Über den Mechanismus der Magensekretion. Verhandlungen der Gesellschaft russ. Ärzte zu St. Petersburg. Januar—Mai 1911—1912.

angestellt werden, was Edkins und Tweedy[1]) denn auch taten. Bei einer chloroformierten Katze wurde durch den geöffneten Zwölffingerdarm in den Magen ein Ballon eingeführt, welcher den Fundusteil des Magens vom Pylorusteil absonderte. Durch die Kardia führte man in den Magenfundus eine Kanüle ein. Der Einfluß der Nn. vagi wurde beseitigt. Der Fundusteil wurde mit einer physiologischen Lösung NaCl angefüllt, nach deren Aciditätsveränderung man auf die Magensaftabsonderung schloß. In den Pylorus oder Zwölffingerdarm wurden verschiedene Lösungen eingegossen zum Zwecke der Untersuchung ihrer safttreibenden Eigenschaft.

Hineinlegen rohen Fleisches in den Magen.

In erster Linie betrachten wir die Wirkung der verschiedenen Substanzen gerade auf das Pylorusgebiet in der von uns auch früher schon beobachteten Reihenfolge. Mit anderen Worten: wir untersuchen den Einfluß einer durch Fleisch, Brot und Milch hervorgerufenen Reizung des Pylorusgebietes auf die Arbeit der Fundusdrüsen und vereinigen hiermit gleich eine Erörterung der Wirkung ihrer Bestandteile und Verdauungsprodukte.

Tabelle XXXVI enthält die Ergebnisse der Versuche mit Hineinlegen von 130 g gehackten rohen Fleisches durch die Fistel in den Magen (*Lobassow*[2])) und mit Genuß von 100 g ebensolchen Fleisches durch denselben Hund (*Chishin*[3])).

Das Fleisch wurde in den Magen durch die Fistel, ohne daß der Hund im geringsten etwas davon merkte, häufig während des Schlafes, eingeführt. Dies wurde in der Weise vorgenommen, daß man vorher eine weite Glasröhre mit einem etwas geringeren Durchmesser als bei dem Fistelrohr mit Fleisch anfüllte. Das eine Ende der Glasröhre wurde in die geöffnete Magenfistel hineingestellt, während man in das andere Ende derselben einen genau zugepaßten Kolben hineinführte. Der Inhalt der Röhre wurde rasch in den Magen hineingestoßen. Hierauf schloß man die Magenfistel mittelst eines Pfropfens. Die ganze Prozedur währte nicht länger als 20—30 Sekunden.

Tabelle XXXVI.

Die Absonderung des Magensaftes aus dem isolierten kleinen Magen eines Hundes bei Hineinlegen von 130 g Fleisch in den großen Magen (nach *Lobassow*) und bei Genuß von 100 g Fleisch (nach *Chishin*).

Stunde	Hineinlegen von 130 g Fleisch in den Magen			Genuß von 100 g Fleisch		
	Saftmenge in ccm	Acidität in % HCl	Verdauungskraft in mm	Saftmenge in ccm	Acidität in % HCl	Verdauungskraft in mm
I	2,5	0,339	3,75	10,5	0,538	4,69
II	6,1	0,482	1,75	8,6	0,560	3,46
III	2,3	0,459	3,13	4,8	0,547	4,87
IV	1,7	—	3,88	2,4	—	5,27
V	1,3	} 0,365	3,75	0,8	—	5,68
VI	1,0					
Insgesamt und im Durchschnitt	} 14,9	0,443	2,75	27,1	0,543	4,46
Latente Periode	30′	—	—	$8^{1}/_{2}$′	—	—
Sekretionsdauer	6 St.	—	—	$4^{1}/_{2}$ St.	—	—

[1]) J. S. Edkins and M. Tweedy, The naturel channels of absorption evoking the chemical mechanism of gastric secretion. Journ. of Physiology 1908, Vol. XXXVIII, p. 263.

[2]) Lobassow, Diss. St. Petersburg 1896, S. 50.

[3]) Chishin, Diss. St. Petersburg 1894, S. 71.

Wie aus Tabelle XXXVI und Kurven (Fig. 9 und 10) ersichtlich, ruft das Hineinlegen von Fleisch in gleicher Weise eine Magensaftsekretion hervor wie der Genuß von Fleisch. Jedoch ist in dem Verlauf der Magensaftabsonderung in dem einen und dem andern Falle ein wesentlicher Unterschied vorhanden.

Bei Hineinlegen des Fleisches beginnt die Absonderung des Magensaftes mit einer beträchtlichen Verspätung (die latente Periode beträgt 30 Minuten gegen $8^1/_2$ Minuten bei Fleischfütterung); sie steigt sehr allmählich an und erreicht ihre Maximalhöhe erst in der zweiten Stunde (bei Fleischfütterung bereits innerhalb der ersten Stunde). Die Gesamtmenge des Magensaftes beträgt anstatt 34,5 ccm, die im Einklang mit der *Chishin*schen Regel (s. S. 102) auf 130 g Fleisch zur Absonderung gelangen müßten, nur 14,9 ccm, d. h. 2,3 mal weniger als bei der Norm. Die Verdauungskraft ist sowohl in den einzelnen Stunden der Verdauungsperiode als auch im Durchschnittssaft beträchtlich niedriger ($2^1/_2$ mal) bei Hineinlegen des Fleisches als bei Fütterung damit (2,75 mm gegen 4,46 mm). Was die Sekretionsdauer anbetrifft, so kommt sie der Absonderungsdauer bei Fütterung mit 200 g Fleisch beinahe gleich ($6^1/_4$ Stun-

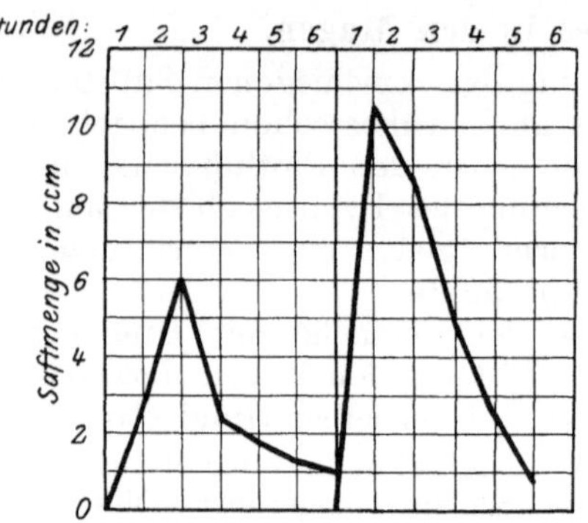

Fig. 9. Sekretionsverlauf bei Hineinlegen von 130 g Fleisch in den Magen und Genuß von 100 g Fleisch.

den; s. Tab. XXIII nach *Chishin*). Folglich haben wir durch Beseitigung der ersten Phase der Sekretion des Magensaftes seine Gesamtmenge vermindert und seine Verdauungskraft herabgesetzt. Nichtsdestoweniger können wir nicht umhin, anzuerkennen, daß im Fleische irgendwelche Erreger vorhanden sind, die die Fähigkeit haben, die Fundusdrüsen anzuregen.

Nicht weniger beweiskräftig ist eine andere Versuchsform. Durch sie wird gleichfalls das Vorhandensein von Erregern der Fundusdrüsen im Fleisch festgestellt und außerdem die Bedeutung der ersten Phase der Magensekretion hervorgehoben. *Lobassow*[1]) führte durch die Magenfistel in den Magen eines gastrooesophagotomierten Hundes rohes Fleisch in Stücken ein, die er an einem Faden befestigte. Dieser Faden wurde durch den Pfropfen in der Fistel festgeklemmt. Die Fleischstückchen wurden eine gewisse Zeit lang ($1^1/_2$—2 Stunden) im Ma-

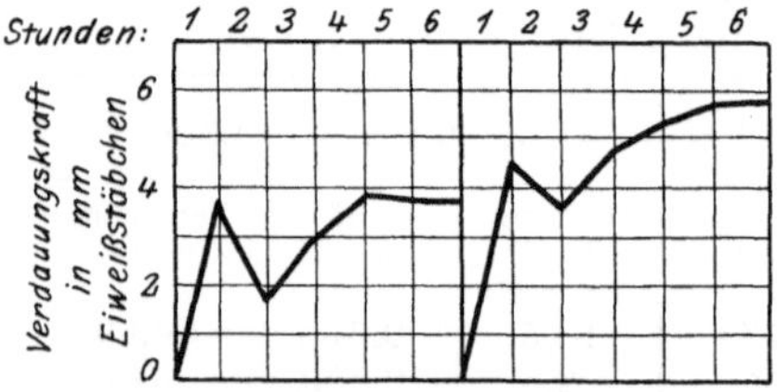

Fig. 10. Verdauungsvermögen des Magensaftes beim Hineinlegen von 130 g Fleisch und beim Genuß von 100 g Fleisch.

gen belassen. Hierbei wurde in einer Versuchsreihe an dem Hund eine Scheinfütterung vorgenommen, in der anderen geschah dies nicht. An der Hand des Gewichtsunterschiedes des Fleisches vor und nach der Versuchsvornahme ließ sich bestimmen, welche Fleischquantität in der gegebenen Zeit verdaut worden war. Es ergab sich ein höchst auffallender Unterschied. Während beispielsweise bei den zweistündigen Versuchen mit Scheinfütterung 31,5% Fleisch verdaut wurde, ließ sich ohne Scheinfütterung eine Verdauung von insgesamt nur 6,5% wahrnehmen.

---

[1]) Lobassow, Diss. St. Petersburg 1896, S. 59ff.

Analoge Resultate erhielten London und Pewsner[1]), indem sie eine Bestimmung des Stickstoffs im Mageninhalt eines Hundes eine bestimmte Zeit nach dem Fressen oder Hineinlegen des Fleisches in den Magen vornahmen. Im ersteren Falle hörte die Verdauung im Magen bedeutend früher auf als im zweiten.

Hineinlegen in den Magen und Genuß von Gelatine und Hühnereiweiß.

Gleiches gilt auch von den anderen Eiweißarten, z. B. Gelatine[2]). (Gelatinestückchen — aus 22 g Gelatine und 128 g Wasser — werden in den Magen durch die Fistel hineingelegt oder dem Tiere zu fressen gegeben.)

Tabelle XXVII.

Magensaftabsonderung aus dem isolierten kleinen Magen bei Hineinlegen von 150 g 15 proz. Gelatine in den großen Magen und beim Fressen der genannten Substanz (nach *Lobassow*).

Stunde	Hineinlegen von Gelatine in den Magen			Fressen von Gelatine		
	Saftmenge in ccm	Acidität in % HCl	Ver-dauungskraft in mm	Saftmenge in ccm	Acidität in % HCl	Ver-dauungskraft in mm
I	4,0	0,449	4,5	8,6	0,508	5,5
II	5,5	0,495	4,0	2,7	0,495	3,75
III	3,1	0,443	5,19	1,7	—	6,25
IV	0,3	—	—	—	—	—
Insgesamt und im Durchschnitt	12,9	0,448	4,75	13,0	0,508	5,5
Latente Periode	19 Min.	—	—	6 Min.	—	—
Sekretionsdauer	3 1/4 St.	—	—	3 St.	—	—

Alle Verhältnisse — abgesehen von der gleichen bei Hineinlegen von Gelatine in den Magen und beim Fressen von Gelatine zur Ausscheidung gelangenden Saftmenge — erinnern an die analogen Versuche mit Fleisch (Tab. XXXVI).

Ganz besondere Beziehungen lassen sich bei Hineinlegen von koaguliertem Hühnereiweiß in den Magen und Fütterung mit solchem beobachten[3]). Im ersteren Falle verlassen die Drüsen kaum ihren Zustand der Untätigkeit, im zweiten verrichten sie eine vielstündige energische Arbeit. Tabelle XXXVIII bringt entsprechende Daten. Das Eiweiß muß in den Magen bei völliger Ruhe seiner Drüsen, d. h. bei alkalischer Reaktion im Magen, hineingebracht werden.

Nach $1\frac{1}{2}$—2 Stunden nach Einführung des Eiweißes durch die Fistel fand *Lobassow* dasselbe im Magen in unveränderter Form, von alkalischer Reaktion, vor.

Was das rohe Hühnereiweiß anbetrifft, so ruft seine unmittelbare Einführung in den Magen eine sehr unbedeutende Magensaftabsonderung hervor, die die Wirkung einer gleichen Menge Wasser nicht übersteigt (s. weiter unten).

Somit erscheint Hühnereiweiß an und für sich nicht als Erreger der Magendrüsen. Wie wir jedoch weiter sehen werden, nimmt es bei längerem Aufenthalt im Magen untrügliche safttreibende Eigenschaften an.

---

[1]) E. S. London und J. D. Pewsner, Zum Chemismus der Verdauung im tierischen Körper. Mitt. XVIII. Zeitschr. f. physiol. Chemie, 1908, Bd. LVI, S. 384.

[2]) Lobassow, Diss. St. Petersburg 1896, S. 52.

[3]) Lobassow, Diss. St. Petersburg 1896, S. 54.

Tafel XXXVIII.

Magensaftabsonderung aus dem isolierten kleinen Magen bei Hineinlegen von 200 g hart gekochtem Hühnereiweiß in den Magen und bei Fütterung damit (nach *Lobassow*).

Stunde	Hineinlegen von Hühnereiweiß in den Magen			Genuß von Hühnereiweiß		
	Saftmenge in ccm	Acidität in % HCl	Verdauungskraft in mm	Saftmenge in ccm	Acidität in % HCl	Verdauungskraft in mm
I	0,6	—	2,25	9,3	—	6,5
II	—	—	—	10,3	0,547	6,75
III	—	—	—	8,7	0,547	6,25
IV	—	—	—	3,4	0,521	6,63
V	—	—	—	1,8	—	5,0
VI	—	—	—	0,6	—	5,5
Insgesamt und im Durchschnitt	0,6	—	2,25	34,1	0,538	6,0
Latente Periode	11′	—	—	7′	—	—
Sekretionsdauer	1 St.	—	—	6 St.	—	—

Analyse der vom Fleisch hervorgerufenen Wirkung.

Auf Grund sämtlicher hier angeführter Versuche muß man zu folgenden Schlußfolgerungen gelangen: 1. erscheint die erste Phase der Saftsekretion als außerordentlich wichtiges Moment bei der Verarbeitung der Eiweißnahrung im Magen; bei ihrer Beseitigung erfährt der Verlauf der Magenverdauung in diesem oder jenem Maße eine Störung; 2. sind die verschiedenen Sorten der Eiweißnahrung nicht in gleichem Maße befähigt, an und für sich die Fundusdrüsen anzuregen. Der letztere Umstand erleichtert bis zu einem gewissen Grade die Analyse ihrer Wirkung, indem er erkennen läßt, auf welche ihrer Bestandteile unsere Aufmerksamkeit gerichtet werden muß. Wir beginnen mit dem Fleisch. Worauf läßt sich seine safttreibende Wirkung zurückführen? Welche von seinen Bestandteilen besitzen die Fähigkeit, den Drüsenapparat des Magens zur Tätigkeit anzuregen? Von den Bestandteilen des Fleisches kennen wir Wasser, Salze, Extraktivstoffe und Fett. Außerdem können unter dem Einfluß des Pepsins aus den Eiweißsubstanzen des Fleisches die Produkte ihrer Verdauung zur Bildung gelangen (Albumose, Peptone usw.).

Der Einfluß jeder dieser Substanzen im einzelnen auf die Arbeit der Fundusdrüsen soll denn auch Gegenstand unserer Untersuchung sein.

Wasser.

Wasser erscheint, wenn auch nicht als starker, so doch immerhin als unzweifelhafter Erreger der Magensaftabsonderung. In den vom Zwölffingerdarm abgesonderten Magen (Fundusteil mitsamt dem Pylorus) in einer Quantität von 200 ccm eingeführt, ruft es aus dem isolierten kleinen Magen im Verlaufe von 2 Stunden die Sekretion eines in vollem Umfange wirksamen Magensafts (durchschnittlich 4,7 mm Verdauung) in einer Quantität von etwa 5,5 ccm hervor[1]).

---

[1]) S o k o l o w, Diss. St. Petersburg 1904, S. 119. — L ö n n q v i s t, Skand. Archiv f. Physiologie 1906, Bd. XVIII, S. 221.

Auf Tabelle XXXIX sind die mittleren Zahlen aus einigen von *Lönnqvist* angestellten Versuchen aufgeführt.

Tabelle XXXIX.

Magensaftabsonderung aus dem isolierten kleinen Magen eines Hundes bei Eingießung von 200 ccm destillierten Wassers in den abgesonderten Magen (Fundusteil mitsamt dem Pylorus). Mittlere Zahlen nach *Lönnqvist*.

Stunde	Saftmenge in ccm	Verdauungskraft in mm	Acidität in % HCl
I	3,4	4,03	0,45
II	2,03	4,73	0,47
Insgesamt und im Durchschnitt	5,43	4,38	0,46
Großer Magen	296,7	2,6	0,223

Da der Magen während des Versuches vom Zwölffingerdarm abgesondert war (die äußere Gastroenterostomose wurde entfernt), nahm sein Inhalt durch Beimengung von sich absonderndem Magensaft, Schleim usw. zu. An Stelle der in den Magen eingegossenen 200 ccm Wasser wurden bei den *Lönnqvist*schen Versuchen nach Beendigung des Experiments durchschnittlich 296,7 ccm Flüssigkeit herausgelassen mit einer Verdauungskraft von 2,6 mm und einer Acidität von 0,223 %.

Lönnqvist[1]) stellte folgende interessante Berechnung an, welche zeigte, daß im Magen eine Aufsaugung vor sich geht. Die mittleren Zahlen aus einigen Bestimmungen der nach zweistündigem Aufenthalt von 200 ccm Wasser im Magen entnommenen Flüssigkeitsmenge betrug bei den *Lönnqvist*schen Versuchen 296,7ccm. Wenn im Magen keinerlei Aufsaugung stattfände, so würde die Menge des im großen Magen zur Absonderung gelangten Saftes nur 96,7 ccm betragen. Die Acidität des Mageninhalts entsprach 0,223% HCl und folglich die Gesamtmenge der durch die Drüsen ausgeschiedenen Säure 0,6616 ccm. Bei Umrechnung auf den Magensaft zeigt sich, daß die obenerwähnten 96,7 ccm 0,68% HCl enthalten müssen. Da diese Zahl zu hoch ist, und da sich im großen Magen der Saft schwerlich mit einer anderen Acidität sezernierte als im kleinen Magen, d. h. etwa 0,46%, so liegt die Annahme sehr nahe, daß 0,6616 ccm Säure 138 ccm Saft entsprechen. Nun ist aber 138,0 — 96,7 = 41,3. Mit anderen Worten: im Magen wurden im Verlaufe von 2 Stunden gegen 40 ccm Flüssigkeit resorbiert. Weiter oben sahen wir (*Krshysch-kowsky*[2])), daß eine Aufsaugung im Fundusteil fast gar nicht stattfindet. Mithin muß man diese Fähigkeit dem Pylorusteil zuschreiben.

Bei ungehindertem Übergang aus dem Magen in die Därme verläßt das Wasser den Magen rasch, wobei es eine noch weniger bedeutende Magensaftsekretion hervorruft. Wir zitieren die mittleren Zahlen aus den *Chishin*schen Versuchen[3]) mit Einführung destillierten Wassers in den Magen eines Hundes (mit isoliertem kleinem Magen).

150 ccm Wasser verschwinden aus dem Magen in 50 Minuten, wobei sie aus dem isolierten kleinen Magen eine Sekretion im Umfange von 2,1 ccm hervorrufen; 500 ccm verlassen den Magen nach $1\frac{1}{2}$ Stunden, indem sie eine Absonderung von 7,2 ccm bedingen. Eine Magensaftsekretion nahmen auch

---

[1]) Lönnqvist, Skand. Archiv f. Physiologie 1906, Bd. XVIII, S. 220.
[2]) Krshyschkowski, Diss. St. Petersburg 1906.
[3]) Chishin, Diss. St. Petersburg 1894, S. 122.

Tabelle XL.

Die Sekretion des Magensaftes aus dem isolierten kleinen Magen bei Eingießung von 150 ccm und 500 Wasser (mittlere Zahlen nach *Chishin*).

	150 ccm	500 ccm
Saftmenge	2,1	7,2
Acidität des Saftes	0,420	0,450
Verdauungskraft	5,2	5,19
Erscheinen des erstens Tropfens nach:	11 Min.	29 Min.
Sekretionsdauer	50 Min.	91 Min.

Sawitsch und Zeljony[1]) bei Einführung von Wasser in den isolierten Pylorus wahr. Eine besonders starke Wirkung hatte das Wasser im Falle beständiger Ersetzung der in den Pylorus eingegossenen Portion durch eine frische.

Somit erscheint Wasser als Erreger der Magendrüsen. Es unterliegt keinem Zweifel, daß sowohl das Wasser des Fleisches als auch der Gelatine die Magendrüsen zur Arbeit anregen kann. Andrerseits jedoch ist es ebenso zweifellos, daß es unmöglich ist, die gesamte sekretorische Arbeit bei Hineinlegen von Fleisch (14,9 ccm) und Gelatine (12.9 ccm) einzig und allein auf die Wirkung des Wassers zurückzuführen. Daher muß man, abgesehen vom Wasser, noch nach anderen Erregern der Magensekretion suchen.

Jetzt fragt es sich: warum denn das im Fleisch enthaltene Wasser und das Wasser der Gelatine eine safttreibende Wirkung ausüben, das Wasser von hart gekochtem Eiereiweiß dagegen diese Wirkung nicht aufweist. Die Ursache ist aller Wahrscheinlichkeit nach darin zu sehen, daß sich im hart gekochten Eiereiweiß das Wasser in gebundenem Zustande befindet, während aus Fleisch, besonders aus gehacktem, ein „Fleischsaft" ausgeschieden wird; was die Gelatine anbetrifft, so geht sie im Magen leicht in Flüssigkeitszustand über.

In Anbetracht des safttreibenden Einflusses des Wassers muß man bei Erforschung der Wirkung der verschiedenen Substanzen auf die Arbeit der Magendrüsen mit dieser seiner Eigenschaft rechnen. Einige Substanzen vermögen die Magendrüsen nur dank dem in diesen enthaltenen Wasser anzuregen. Dieser Umstand ist von hoher Wichtigkeit und man darf ihn nie außer acht lassen.

Als Beispiel seien hier die Versuche *Chishins*[2]) mit rohem Eiereiweiß, das er seinem Hunde in den Magen einführte, zitiert. Auf die Arbeit der Magendrüsen schloß er aus der Sekretion aus dem isolierten kleinen Magen. Es ergab sich, daß flüssiges Eiweiß nur in beträchtlichen Quantitäten (500 ccm) eine Absonderung des Magensaftes hervorruft (6,7 ccm), die die Wirkung einer gleichgroßen Quantität destillierten Wassers nicht übersteigt (7,2 ccm). Geringere Mengen Eiweiß (120 bis 150 ccm), sowohl in reiner Form als auch in Wasser aufgelöst (25 : 100) oder mit HCl angesäuert, regen die Magendrüsen entweder überhaupt nicht zur Arbeit an oder rufen eine solche nur in geringem Umfange hervor (1,5 —2,0 ccm); infolgedessen sind wir berechtigt, die safttreibende Wirkung des rohen Hühnereiweiß dem in ihm enthaltenen Wasser, aber nicht der Eiweißsubstanz an sich zuzuschreiben.

Kochsalz.

Von den neutralen Salzen wurde der Einfluß verschiedener NaCl-Lösungen auf die Arbeit der Magendrüsen untersucht. Es zeigte sich, daß NaCl-Lösungen

---

[1]) Sawitsch und Zeljony, Pflügers Archiv 1913, Bd. CL, S. 137.
[2]) Chishin, Diss. St. Petersburg 1894, S. 127.

(von 0,5—7,5%) als Erreger der Magensekretion anzusehen sind. Die Energie ihrer Wirkung steht mit ihrer Konzentration in Beziehung. Die allergeringste Absonderung (geringer als bei der gleichen Quantität Wasser) ruft eine physiologische (0,9%) NaCl-Lösung hervor. Schwächere Lösungen NaCl nähern sich, was ihre Wirkung anbetrifft, der Wirkung des Wassers; in dem Maße, wie die Stärke der Lösungen zunimmt, steigt auch ihre Wirkung, und bei beträchtlicheren Konzentrationen übersteigt sie auch die safttreibende Wirkung des Wassers[1]).

Tabelle XLI zeigt uns eine Reihe von Versuchen, die *Lönnqvist* entlehnt sind und als Bestätigung des eben Gesagten dienen (die Ziffern sind z. T. mittlere). Vergl. Fig. 11.

Beim *Lönnqvist*schen Hunde war ein isolierter kleiner Magen hergestellt und außerdem der große Magen von dem Darm an der Grenze zwischen dem Pylorus und Zwölffingerdarm abgetrennt. Die Lösungen in einer Quantität von 200 ccm wurden in den großen Magen durch die Fistel eingegossen und verblieben dort während eines Zeitraums von zwei Stunden. Nach Ablauf dieser Zeit wurde der Mageninhalt herausgelassen und gemessen sowie seine Verdauungskraft (nach Mett) und Acidität bestimmt.

Bei näherer Betrachtung der sekretorischen Arbeit des isolierten kleinen Magens kann man, abgesehen von den obenerwähnten quantitativen Beziehungen, noch wahrnehmen, daß der Magensaft bei sämtlichen Konzentrationen der NaCl-Lösungen eine hohe Acidität be-

[1] Lönnqvist, Skand. Archiv f. Physiol. 1906, Bd. XVIII, S. 223ff.

Tabelle XLI

Die Magensaftabsonderung aus dem isolierten kleinen Magen eines Hundes bei Einführung von Wasser und NaCl-Lösungen verschiedener Konzentration in den abgesonderten großen Magen (Fundusteil mitsamt dem Pylorus). (Nach *Lönnqvist*).

Stunde	200 ccm Wasser			200 ccm 9,5 % NaCl			200 ccm 0,8 % NaCl			200 ccm 0,9 % NaCl			200 ccm 2,5 % NaCl			200 ccm 5 % NaCl			200 ccm 7,5 % NaCl		
	Saftmenge in ccm	Verdauungskraft in mm	Acidität in %	Saftmenge in ccm	Verdauungskraft in mm	Acidität in %	Saftmenge in ccm	Verdauungskraft in mm	Acidität in %	Saftmenge in ccm	Verdauungskraft in mm	Acidität in %	Saftmenge in ccm	Verdauungskraft in mm	Acidität in %	Saftmenge in ccm	Verdauungskraft in mm	Acidität in %	Saftmenge in ccm	Verdauungskraft in mm	Acidität in %
I	3,4	4,03	0,45	2,4	4,8	0,46	0,3	—	—	0,35	—	—	2,4	4,6	0,45	3,7	2,95	0,47	4,4	2,5	0,49
II	2,03	4,73	0,47	1,3	—	—	1,5	—	—	1,0	—	—	2,3	4,0	0,49	2,9	2,8	0,50	6,5	2,3	0,50
Insgesamt und im Durchschnitt	5,43	4,38	0,46	3,7	—	—	1,8	4,8	—	1,35	—	—	4,7	4,3	0,47	6,6	2,87	0,48	10,9	2,4	0,495
Großer Magen	296,7	2,6	0,223	290,0	2,2	0,20	240,0	2,1	0,09	235,0	2,7	0,09	315,0	2,0	0,17	355,0	0,9	0,12	420,0	Spuren	0,08

wahrte (0,46—0,50%). Ihre Schwankungen stehen, wie gewöhnlich, in direkter
Beziehung zur Geschwindigkeit der Saftabsonderung. Was die Verdauungskraft
anbetrifft, so sinkt sie bei höheren Konzentrationen. So ist noch bei 2,5 proz.
Lösung und bei Wasser die Verdauungskraft des Magensafts fast ein und dieselbe (4,3 und 4,38 mm); bei einer 5 proz. Lösung NaCl fällt sie bis auf 2,87 mm
und bei einer 7,5 proz. Lösung bis auf 2,4 mm herab.

Im großen Magen ließen sich folgende Verhältnisse beobachten (zur
Vergleichung nehmen wir Versuche mit Wasser, 2,5%, 5% und 7,5% NaCl):
Die Quantität des Inhalts nimmt mit einer Erhöhung der Stärke der Salzlösung zu (315,0 ccm, 355,0 ccm und 420,0 ccm) — eine Erscheinung, die
offenbar mit einer Steigerung der Magensaftsekretion bei höherer Konzentration
in Beziehung steht. Umgekehrt läßt sich bei der Verdauungskraft (2,0 mm,

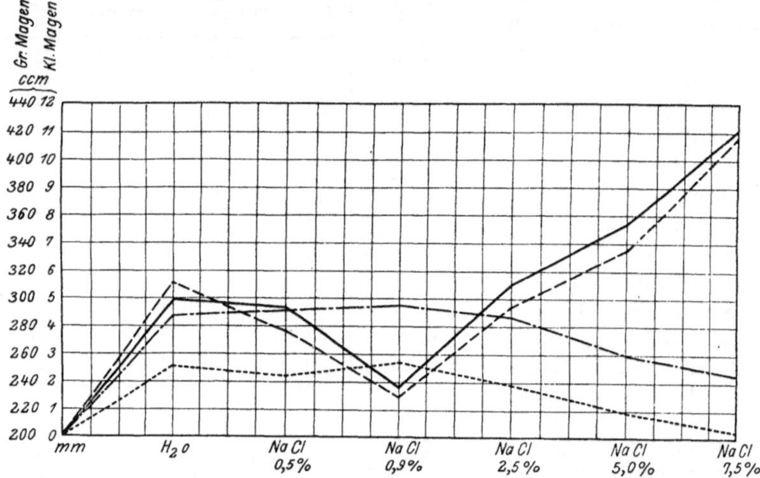

Fig. 11. Die Saftabsonderung aus dem kleinen Magen und in dem abgesonderten
Magen bei Einführung von Wasser und Kochsalzlösungen (nach *Lönnqvist*).

— — — — — Saftmenge, kleiner Magen ·—·—·—·— Verdauungskraft, kleiner Magen

—— ····· Flüssigkeitsmenge, großer Magen ········· Verdauungskraft, großer Magen.

0,9 mm, Spuren) und Acidität des Mageninhalts (0,17%, 0,12%, 0,08%)
eine Abnahme beobachten. Das Absinken der Verdauungskraft erklärt *Lönnqvist*[1]) durch den hemmenden Einfluß des Kochzalzes auf die Wirkung des
Pepsins (eine auch bis dahin wohlbekannte Tatsache[2])). Die Verringerung der
Acidität des Mageninhalts bei Steigerung der Konzentration der NaCl-Lösung
bringt er mit einer von ihm bei seinen Versuchen beobachteten erhöhten Magen-
schleimabsonderung sowie gleichfalls mit einer vermutlichen, reichlichen
Sekretion von alkalischem Pylorussaft in Zusammenhang. Hieraus folgt,
daß die Magendrüsen des großen Magens ein Sekret von gleicher Zusammensetzung zur Ausscheidung bringen, wie die Drüsen des kleinen Magens. Ihre
verschiedenen Eigenschaften lassen sich durch die oben erwähnten Neben-
umstände erklären.

---

[1]) Lönnqvist, Skand. Archiv f. Physiologie 1906, Bd. XVIII, S. 226.
[2]) Vgl. C. Oppenheimer, Die Fermente und ihre Wirkungen. Leipzig 1909.
3. Aufl. Spez. Teil. S. 277.

Diese Auslegung *Lönnqvists*[1]) hat viel für sich. Viel weniger Anspruch auf Wahrscheinlichkeit hat die Annahme einer besonderen „Verdünnungssekretion" in diesem Falle. Wenn im Magen Salz- oder Zuckerlösungen mit einem größeren oder geringeren osmotischen Druck vorhanden sind, als es der osmotische Blutdruck ist, so gleicht sich nach einiger Zeit ihr osmotischer Druck mit dem des Blutes aus. Hieraus läßt sich die Schlußfolgerung ziehen, daß der Magen bestrebt ist, eine Isotonie zwischen seinem Inhalt und dem Blut herzustellen. Speziell im Falle konzentrierter Lösungen gelangt im Magen ein hypotonisches „Verdünnungssekret" zur Ausscheidung (Roth und Strauß[2]), Pfeiffer und Sommer[3]), Pfeiffer[4]) und andere; vgl. auch Bönniger[5])).

Nachdem eine Zurückwerfung der in dem Zwölffingerdarm abfließenden Verdauungssäfte, deren Gefrierpunktserniedrigung derjenigen des Blutes sehr nahekommt, in den Magen festgestellt worden ist, muß die ganze Frage über die „Verdünnungssekretion" einer nochmaligen Durchsicht unterzogen werden, wie dies seitens *Migays*[6]) denn auch hinsichtlich der Salzsäurelösungen geschehen ist. Die *Lönnqvist*schen Versuche sind nicht nur in der Hinsicht von hohem Werte, als bei ihnen eine Zurückwerfung der Duodenalsäfte in den abgesonderten Magen nicht stattfinden konnte (gleiches erzielte auch Pfeiffer[7])), ihr Wert nimmt besonders noch dadurch zu, daß der abgesonderte Magen des Hundes sich in völlig normalem Zustande befand (alle Nervenverbindungen waren erhalten, das Tier war nicht frisch operiert, hatte seine Operation um viele Monate überlebt usw.) und man mit Sicherheit nach der sekretorischen Arbeit des isolierten kleinen Magens auf seine Tätigkeit schließen konnte.

Allein selbst bei Akzeptierung der Theorie einer „Verdünnungssekretion" müßte man in bezug auf die *Lönnqvist*schen Versuche anerkennen, daß eben jene Fundusdrüsen im großen Magen ein Sekret mit anderen Eigenschaften als im isolierten kleinen Magen absondern. Je höher hierbei die Acidität des durch den kleinen Magen hervorgebrachten Saftes ansteigt, um so tiefer sinkt sie in dem Safte, der sich in den großen Magen sezerniert. Dies muß um so weniger glaubhaft erscheinen, als sowohl die Fundusdrüsen des großen Magens wie auch die Drüsen des kleinen Magens infolge Berührung der Salzlösung nicht mit der Oberfläche des Fundusteiles, sondern mit der Oberfläche des Pylorusgebietes angeregt worden. Folglich ist die einzige Besonderheit in der Arbeit der Magendrüsen bei konzentrierten Salzlösungen darin zu sehen, daß die Fermentproduzierung schwächer wird. Die Acidität des Saftes nimmt hierbei nicht nur nicht ab, sondern läßt sogar ein Ansteigen erkennen.

Ein Zusatz von Kochsalz in größeren Quantitäten (10—30 g) zu der durch die Fistel in den Magen eingeführten Nahrung erhöht die Arbeit der Magendrüsen. Wir bringen hier Versuche von *Sokolow*[8]) und *Lönnqvist*[9]) mit Einführung einer Mischung aus 100 g gehackten Fleisches und 100 g Wasser in

---

[1]) Lönnqvist, Skand. Arch. f. Physiologie 1906, Bd. XVIII, S. 224.

[2]) W. Roth und H. Strauß, Untersuchungen über den Mechanismus der Resorption und Sekretion im menschlichen Magen. Zeitschr. f. klin. Medizin, Bd. XXXVII, S. 144.

[3]) Th. Pfeiffer und A. Sommer, Über die Resorption wässeriger Salzlösungen aus dem menschlichen Magen unter physiologischen und pathologischen Verhältnissen. Archiv f. exper. Pathol. und Pharmak. 1900, Bd. XLIII, S. 93.

[4]) Th. Pfeiffer, Über das Verhalten von Salzlösungen im Magen. Archiv f. exper. Pathol. und Pharmak. 1905, Bd. LIII, S. 261.

[5]) Bönniger, Über die Resorption im Magen und die sogenannte Verdünnungssekretion. Archiv f. exper. Pathol. und Pharmak. 1903, Bd. L, S. 76.

[6]) F. J. Migay, Über die Veränderung saurer Lösungen im Magen. Diss. St. Petersburg 1909.

[7]) Pfeiffer, Archiv f. exper. Pathol. und Pharmak. 1905, Bd. LIII, S. 272ff.

[8]) Sokolow, Diss. St. Petersburg 1904, S. 114.

[9]) Lönnqvist, Skand. Archiv f. Physiol. 1906, Bd. XVIII, S. 227.

den vom Zwölffingerdarm abgesonderten Magen ohne Beimengung von Kochsalz und mit Beimengung von solchem.

Tabelle XLII.

Die Magensaftabsonderung aus dem isolierten kleinen Magen bei Einführung von 100 g Fleisch und 100 g Wasser in den abgesonderten Magen (Fundusteil und Pylorus) mit Beimengung und ohne Beimengung von NaCl (nach *Sokolow* und *Lönnqvist*).

Stunde	Nach *Sokolow*						Nach *Lönnqvist*					
	100 g Fleisch + 100 g Wasser, mittl. Zahlen			100 g Fleisch + 100 g Wasser + 30 g NaCl			100 g Fleisch + 100 g Wasser, mittl. Zahlen			100 g Fleisch + 100 g Wasser + 10 g NaCl		
	Saftmenge in ccm	Verdauungskraft in mm	Acidität in %	Saftmenge in ccm	Verdauungskraft in mm	Acidität in %	Saftmenge in ccm	Verdauungskraft in mm	Acidität in %	Saftmenge in ccm	Verdauungskraft in mm	Acidität in %
I	11,2	3,37	0,511	15,2	3,0	0,539	4,93	3,53	0,47	6,7	3,1	0,46
II	11,0	3,65	0,538	27,0	3,0	0,581	5,53	3,43	0,49	6,4	2,3	0,51
Insgesamt u. im Durchschnitt	22,2	3,51	0,524	42,2	3,0	0,560	10,46	3,48	0,48	13,1	2,7	0,48
Großer Magen	—	—	—	760,0	Spuren	0,259	485,0	3,1	0,49	470,0	1,6	0,30

Bei Hinzufügung von 10 g NaCl zur Nahrungsmasse fand eine mäßige Sekretionserhöhung statt (13,1 ccm gegen 10,46 ccm im Verlauf von 2 Stunden). Eine Beimengung von 30 g steigerte die Arbeit der Magendrüsen fast um das Doppelte (42,2 ccm gegen 22,2 ccm während 2 Stunden). Die Acidität des Magensaftes blieb entweder dieselbe (0,48% nach Versuch von *Lönnqvist*) oder stieg ein wenig an, zweifellos im Zusammenhang mit der erhöhten Geschwindigkeit der Saftsekretion (0,56% anstatt 0,524% nach Versuch von *Sokolow*). Die Verdauungskraft verringerte sich um einiges bei den Versuchen mit Beimengung von Kochsalz (3,0 mm gegen 3,51 mm nach *Sokolow* und 2,7 mm gegen 3,48 mm nach *Lönnqvist*). Interessante Resultate ergab die Untersuchung des nach Ablauf von 2 Stunden aus dem Magen abgelassenen Mageninhalts. Die Acidität des letzteren sank unter die Norm herab (0,30% anstatt 0,49% nach *Lönnqvist*); die Verdauungskraft nahm auffallend ab (1,6 mm anstatt 3,1 mm). (Bei den *Sokolow*schen Versuchen ließ sie nur „Spuren" erkennen. Gewöhnlich betrug nach den Feststellungen dieses Autors die Verdauungskraft des Mageninhalts bei Fleisch und Wasser 3,0—4,0 mm. Leider hat er es unterlassen, die mittleren Zahlen zu berechnen.)

Somit wird in dem Falle, wo zusammen mit der Nahrung größere Quantitäten NaCl in den Magen eingeführt werden, die günstige safttreibende Wirkung des Saftes und seiner Acidität vollständig paralysiert.

Der Wirkungseffekt nicht starker (0,6—1,0%) Salzlösungen auf die Magendrüsen bei unbehindertem Übergang der Flüssigkeit aus dem Magen in die Därme ist noch weniger beträchtlich als im Falle ihrer Einschließung im abgesonderten Magen. So erhielt *Chishin*[1]) an einem Hunde mit isoliertem kleinem Magen bei 130—500 ccm einer 0,6proz. NaCl-Lösung nicht mehr als 1,8 ccm Saft. Hierbei können zweierlei Ursachen eine Rolle spielen: der rasche Übertritt der Flüssigkeit in die Därme und die hemmende Wirkung der NaCl-Lösungen vom Darm aus auf die Arbeit der Magendrüsen. Offenbar

---

[1]) Chishin, Diss. St. Petersburg 1894, S. 125.

ist die eine wie die andere Ursache von Wichtigkeit. Die letztere werden wir bei Betrachtung der vom Zwölffingerdarm auf die Tätigkeit des Magendrüsenapparats ausgeübten Einflüsse näher kennen lernen.

Das gerade das Pylorusgebiet bei der Weitergabe des Reizes an die Fundusdrüsen eine Hauptrolle spielt, zeigt folgender Versuch von *Sawitsch* und *Zeljony*[1]. Einem Hunde mit isoliertem Pylorusgebiet wurde in den Pylorus eine 7 proz. Lösung NaCl eingeführt und darin belassen. Die Arbeit der Fundusdrüsen wurde an der Hand der Saftsekretion aus der Magenfistel kontrolliert.

Zeit	Saftmenge in ccm
15′	2,0
15′	2,5
In den Pylorus eine 7 proz. Lösung NaCl eingeführt	
15′	6,5
15′	13,5
Die Lösung herausgelassen.	
15′	8,0

Die Extraktivstoffe des Fleisches.

Eine bedeutend energischere Erregung der Magensaftsekretion als Wasser und selbst starke Kochsalzlösungen rufen die Extraktivstoffe des Fleisches hervor. Sie können dem Hunde in den Magen entweder als Fleischbrühe (Bouillon) oder als Lösung von Liebigs Extrakt eingeführt werden. In der einen wie in der anderen Gestalt regen die Extraktivstoffe die Fundusdrüsen zur Arbeit an. Wir geben hier die Versuche von *Lobassow*[2] wieder, der die Wirkung der Fleischbrühe verschiedener Konzentration und einer 6,6 proz. Lösung von Liebigschem Fleischextrakt an einem Hunde mit isoliertem kleinem Magen untersuchte. Die Flüssigkeit wurde durch die Magenfistel in den Magen eingeführt.

Tabelle XLIII.

Die Absonderung des Magensaftes aus dem isolierten kleinen Magen eines Hundes bei Eingießung von 150 ccm Fleischbrühe verschiedener Konzentration und von 150 ccm einer 6,6 proz. Lösung Liebigschen Fleischextrakts durch die Fistel in den großen Magen (nach *Lobassow*).

Stunde	150 ccm gewöhnlicher Bouillon		150 ccm einer doppelt so starken Bouillon		150 ccm von 6,6 proz. Liebigschem Extrakt (mittlere Zahlen)		
	Saftmenge in ccm	Verdauungskraft in mm	Saftmenge in ccm	Verdauungskraft in mm	Saftmenge in ccm	Verdauungskraft in mm	Acidität in % HCl
I	4,1	—	6,8	—	4,5	4,0	0,4429
II	0,5	—	1,3	—	1,9	4,14	0,4924
III	—	—	—	—	1 Tropfen	—	—
Insgesamt und im Durchschnitt	} 4,6	3,25	8,1	2,25	6,4	4,0	0,4694
Sekretionsdauer	1³/₄ St.	—	1³/₄ St.	—	2 St.	—	—
Latende Periode	12 Min.	—	12 Min.	—	12 Min.	—	—

[1] Sawitsch und Zeljony, Pflügers Archiv 1913, Bd. CL, S. 137.
[2] Lobassow, Diss. St. Petersburg 1896, S. 74 ff.

Wenn wir uns vergegenwärtigen, daß an eben jenem Hunde *Chishin* (s. oben Tab. XL) eine sehr schwache Magensaftabsonderung (2,1 ccm) bei Eingießung von 150 ccm Wasser in den Magen wahrnahm, so wird uns ohne weiteres einleuchten, welch energischen Erreger die Extraktivstoffe des Fleisches darstellen. Je konzentrierter die Fleischbouillon ist, eine um so größere Saftmenge wird ausgeschieden (4,6 ccm und 8,1 ccm). Jedoch wird die schon an und für sich nicht hohe Verdauungskraft (3,25 mm) bei kräftiger Bouillon noch weiter herabgesetzt (2,25 mm). Bei Liebigs Fleischextrakt dauert die Sekretion etwa 2 Stunden, wobei sie im Durchschnitt gegen $6^1/_2$ ccm Magensaft hervorruft. Die Verdauungskraft dieses Saftes ist eine mittlere (4,0 mm); sie ist um einiges höher als bei Bouillon. Der ziemlich langsamen Saftabsonderung entsprechend ist seine Acidität nicht hoch (0,469 % durchschnittlich).

Die Versuche von *Sokolow*[1]) und *Lönnqvist*[2]) mit Eingießung einer Lösung von Liebigs Extrakt in den vom Zwölffingerdarm abgesonderten Magen (Fundusteil mitsamt dem Pylorus) sowie die Versuche von *Sawitsch* und *Zeljony*[3]) mit Einführung von Lösungen eben jenes Liebigschen Extrakts in den isolierten Pylorus führen uns zu der Annahme, daß die Extraktivstoffe des Fleisches ihre Wirkung hauptsächlich von der Oberfläche des Pylorusgebiets ausüben.

So erhielt beispielsweise *Sokolow* aus dem isolierten kleinen Magen im Verlaufe von 2 Stunden 14,5 ccm Saft bei Einführung von 200 ccm einer 5proz. Lösung des Liebigschen Extrakts. Eine gleichgroße Menge Wasser bedingte während ein und derselben Zeit eine Sekretion von nur 5,6 ccm, d. h. 2,5mal weniger.

Folgender Versuch wurde von *Sawitsch* und *Zeljony* angestellt. Eine 5proz. Lösung von Liebigs Extrakt wurde in den isolierten Pylorus eingeführt; über die Sekretion des Magensaftes gab der aus der Fistel des Fundusteiles zum Abflusse kommende Saft Aufschluß. Nach Entleerung des Pylorus von den Lösungen vermochte man noch einige Nachwirkungen zu beobachten.

Zeit	Saftmenge in ccm
15′	3,5

In den Pylorus eine 5proz. Lösung von Liebigs Extrakt eingeführt.

15′	5,5
15′	23,0

Das Liebigsche Extrakt herausgelassen.

15′	16,0

Analoge Resultate erzielten Edkins und Tweedy[4]) bei einem akuten Versuch an einer Katze (s. Methodik S. 127). Fleischextrakt, besonders das Herzensche Extrakt, erwies sich als einer der stärksten Erreger der Fundusdrüsen. Das Extrakt wurde in den durch einen Ballon vom Fundusteil abgesonderten Pylorus eingeführt. Wurde es jedoch nur in den Fundusteil des Magens eingeführt, so blieb jegliche Sekretion aus.

Beim Menschen sind in gleicher Weise wie beim Hunde Lösungen von Liebigs Fleischextrakt befähigt, eine Absonderung des Magensaftes hervorzurufen. Dieses wurde von vielen Autoren sowohl in dem Falle, wo Patienten solche Extraktlösungen tranken, als auch beim Eingießen derselben in den Magen durch eine Sonde konstatiert[5]).

---

[1]) Sokolow, Diss. St. Petersburg 1904, S. 49 und 131.
[2]) Lönnqvist, Skand. Archiv f. Physiologie 1906, Bd. XVIII, S. 253.
[3]) Sawitsch und Zeljony, Pflügers Archiv 1913, Bd. CL, S. 135.
[4]) Edkins and Tweedy, Journ. of Physiology 1908, Vol. XXXVIII, S. 263.
[5]) Talma, Zur Untersuchung der Säuresekretion des Magens. Berliner klin. Wochenschrift 1895, Nr. 36. — Troller, Zeitschr. f. klin. Medizin 1899, Bd. XXXVIII, S. 182. — Bulawinzow, Diss. St. Petersburg 1903, S. 49.

Sind es jedoch im rohen Fleisch, das man in den Magen hineinlegt, in Wirklichkeit seine Extraktivstoffe, die die Sekretion hervorrufen? Behufs Lösung dieser Frage nahm *Lobassow*[1]) folgende interessante Versuche vor. Er legte einem Hunde in den Magen Fleisch, das im Verlaufe von 6 Tagen unter beständiger Erneuerung des Wassers ausgekocht worden war. Solch Fleisch hatte, wenn es in den großen Magen hineingelegt wurde, eine Magensekretion aus dem isolierten kleinen Magen nicht zur Folge. Das Fleisch blieb im großen Magen liegen, ohne seine alkalische Reaktion im geringsten zu verändern. Weniger lange gekochtes Fleisch (2—3—4 Tage lang) hatte noch die Fähigkeit, die Magendrüsen anzuregen, freilich in einem um so geringeren Grade, je länger man das Auskochen des Fleisches fortgesetzt hatte.

11^h 45′ bis 11^h 48$^1/_2$′ wurde einem Hunde 100 g 6 Tage lang ausgekochtes Fleisch in den Magen hineingelegt. Um das Hineinlegen zu erleichtern, wurde das Fleisch mit 50 ccm Wasser angefeuchtet.

    11^h 55′ zeigte sich Schleim
    11^h 55′ bis 12^h 45′ Schleim kaum saurer Reaktion
    12^h 45′ ,, 1^h 45′ 0,3 ccm Saft mit Schleim
     1^h 45′ ,, 2^h 15′ 0,3 ccm fast ausschließlich Schleim
     2^h 15′ ,, 2^h 55′ Schleim.

Vergleichungshalber mag man sich vergegenwärtigen, daß bei Hineinlegen von rohem Fleisch eine ziemlich bedeutende Sekretion erzielt wurde (z. B. gelangte auf 130 g rohes Fleisch 14,9 ccm eines in vollem Umfange wirksamen Saftes zum Abfluß; s. Tab. XXXVI).

Allein dem ausgekochten Fleisch konnten seine safttreibenden Eigenschaften zurückgegeben werden: man brauchte nur zu diesem Zwecke Liebigs Fleischextrakt, d. h. gerade eben jene Extraktivstoffe, die aus dem Fleisch durch anhaltendes Kochen entfernt waren, hinzuzufügen. Der folgende Versuch von *Lobassow* bestätigt dies.

10^h 25′ legte man in den Magen 100 g 6 Tage lang ausgekochten, mit 50 ccm Wasser, in dem 20 g Liebigschen Fleischextrakts aufgelöst waren, angefeuchteten Fleisches. Der erste Tropfen zeigte sich um 10^h 40′.

Zeit	Saftmenge in ccm	Verdauungskraft in mm	Acidität in % HCl
10^h 25′ bis 11^h 25′	6,1	7,0	0,5015
11^h 25′ bis 12^h 25′	6,0	7,0	0,5471
12^h 25′ bis 1^h 25′	2,3	5,5	0,4820
1^h 25′ bis 2^h 25′	1,9	6,0	
2^h 25′ bis 3^h 25′	1,6	6,0	
3^h 25′ bis 4^h 25′	0,9	—	
4^h 25′ bis 5^h 25′	0,3	—	
Im Verlaufe von 7 St.	19,1 ccm	6,38 mm	0,5081%

Hieraus ergibt sich, daß die Absonderung des Magensaftes bei einer Kombination von ausgekochtem Fleisch mit Liebigs Extrakt nicht nur nicht geringer, sondern sogar größer ist, als bei Hineinlegen von 130 g rohen Fleisches (14,9 ccm, Tab. XXXVI).

Bei Untersuchung der Wirkung der Bestandteile des Liebigschen Fleischextrakts zeigte sich, daß kein einziger von den bekannten Extraktivstoffen (Kreatin, Kreatinin, Sarkin, Xantin, Karnin, sowie Leucin) eine irgendwie merkliche saft-

---

[1]) L o b a s s o w, Diss. St. Petersburg 1896, S. 77ff.

treibende Wirkung aufweist. Bei Behandlung des Liebigschen Extrakts mit absolutem Alkohol gelang es, jenes in zwei Teile zu scheiden. Derjenige Teil, der in den Alkoholauszug übergeht, stellte sich als unwirksam heraus, während der in den Auszug nicht übergehende Teil umgekehrt die Magendrüsen in energischem Maße anregte[1]).

Somit sind im Fleisch genügend Erreger vorhanden, die auch bei Beseitigung der ersten Phase der Magensaftabsonderung befähigt sind, den Drüsenapparat des Magens in Tätigkeit zu setzen. Die erste Stelle unter ihnen muß, was die Wirkungsstärke anbetrifft, den Extraktivstoffen des Fleisches zuerkannt werden. Es leuchtet durchaus ein, daß diejenigen Eiweißsubstanzen, die keine Extraktivstoffe enthalten, geringere safttreibende Eigenschaften aufweisen, als Fleisch, oder selbst solche Eigenschaften gänzlich entbehren. Als Beispiel solcher Substanzen läßt sich Hühnereiweiß anführen. Es enthält nicht diejenigen Extraktivstoffe, welche im Fleisch vorhanden sind; im hart gekochten Eiweiß befindet sich das Wasser in gebundenem Zustand; das rohe Eiereiweiß stellt zwar eine Flüssigkeit dar, ist jedoch in Häutchen eingeschlossen, die nach ihrer Zusammensetzung der Hornsubstanz nahekommen[2]). Diese Eigenschaften, sei es des hart gekochten, sei es des rohen Eiereiweiß, bedingen seine Unwirksamkeit in bezug auf die Magendrüsen.

Was die Gelatine anbetrifft, so kann die Absonderung des Magensaftes bei Einführung derselben in den Magen, wenigstens im Anfangsstadium, erstens durch Wasser und zweitens durch Extraktivstoffe erklärt werden. Wasser wird bei Herstellung der Gelatine in großer Menge verwendet (auf 22 g trockener Gelatine nahm *Lobassow* 128 g Wasser), und Extraktivstoffe geraten zweifellos in die käufliche Gelatine infolge ihres Herstellungsverfahrens[3]).

Fett.

An dieser Stelle müßten wir eigentlich nun den Einfluß des Fettes, das stets im Fleisch vorhanden ist, auf die Arbeit der Magendrüsen einer Betrachtung unterziehen. Doch es dürfte wohl zweckmäßiger erscheinen, auf diese Frage bei Erörterung der Wirkung des Fettes im allgemeinen auf einmal eine Antwort zu geben, um so mehr, als Fett nicht nur im Fleisch vorkommt, sondern auch einen der hauptsächlichsten Bestandteile der Milch ausmacht.

Verdauungsprodukte der Eiweißsubstanzen.

Allein die von uns erforschten Momente: der Speiseaufnahmeakt und die safttreibende Wirkung der oben aufgeführten Substanzen, vermögen immerhin nicht uns über die gesamte Saftabsonderungsperiode bei Genuß einiger Eiweißsubstanzen aufzuklären. Es genügt, auf das Eiereiweiß zurückzukommen. Bei Hineinlegen von hartgekochtem Eiereiweiß in den Magen erhalten wir keinerlei Sekretion. Folglich sind im Eiweiß solche Substanzen, die befähigt wären, die Magensaftabsonderung anzuregen, nicht vorhanden. Indes sezerniert sich jedoch beim Genuß von eben jenem Eiweiß der Magensaft nicht nur in energischem Maße, sondern auch während einer langen Zeit: etwa 6 Stunden (s. Tab. XXXVIII). Da sich einzig und allein durch die erste Phase der Magensekretion dieser Umstand offensichtlich nicht erklären läßt, so muß man an-

---

[1]) Lobassow, Diss. St. Petersburg 1896, S. 81 ff.
[2]) O. Hammarsten, Lehrbuch der physiologischen Chemie. St. Petersburg 1904, S. 461.
[3]) Lobassow, Diss. St. Petersburg 1896, S. 82.

nehmen, daß aus dem Eiweiß unter dem Einfluß von Pepsin und der Salzsäure des Magensafts irgendwelche neue Substanzen zur Bildung gelangen, welche die Fähigkeit besitzen, auch während der späteren Stunden der Verdauung die durch den Speiseaufnahmeakt hervorgerufene Magensaftabsonderung aufrechtzuerhalten.

In gleichem Sinne sprechen auch die *Sokolow*schen[1]) Versuche mit Einführung von 100 g rohes Eiereiweiß in den abgesonderten Magen (Fundusteil mitsamt dem Pylorus) eines Hundes. Im Verlaufe von 1 Stunde 10 Minuten fand aus dem isolierten kleinen Magen irgendwelche Absonderung nicht statt. Eine solche begann im ersten Viertel der zweiten Stunde und hielt sich in dieser und der folgenden Stunde innerhalb mäßiger Ziffern. Wir zitieren hier die entsprechenden Zahlen: I. Stunde 0; II. Stunde 1,4 ccm; III. Stunde 1,4 ccm; IV. Stunde 0,5 ccm. Mithin bildeten sich aus dem Eiereiweiß bereits im Magen Sekretionserreger, die den Drüsenapparat denn auch in Tätigkeit setzten. Aller Wahrscheinlichkeit nach rief das im Eiweiß enthaltene Wasser die Absonderung des Magensaftes hervor, und dieser letztere wirkte in dem Maße auf die Eiweißstoffe ein, daß sie safttreibende Eigenschaften annahmen.

Welches sind nun diese Substanzen? Am naheliegendsten ist die Annahme, daß es Produkte der Eiweißverdauung sind. Eine experimentelle Nachprüfung bestätigte diese Annahme.

Allein bis auf den heutigen Tag kann die Frage nicht als gelöst gelten, welche von den Produkten der Eiweißspaltung nämlich als Erreger der Magensekretion anzusehen sind. Die Albumosen können ihnen nicht zugerechnet werden. *Chishin*[2]) führte einem Hunde mit isoliertem kleinem Magen ohne sichtbaren Effekt eine Lösung „Pepton" von Stoll & Schmidt in St. Petersburg ein. Dieses „Pepton" bestand jedoch fast ausschließlich aus Albumosen. Andere Autoren (*Lobassow*[3]), *Sokolow*[4]), *Lönnqvist*[5])) konstatierten von eben jenem Präparat eine Wirkung, die derjenigen des Wassers nahekam. Die safttreibende Wirkung der Spaltungsprodukte des Eiweiß auf das Vorhandensein von Peptonen in ihnen zurückzuführen, gelang ebensowenig. Freilich wies „Pepton" der Firma Chapoteaut, das 50% Peptone und 50% Albumose enthielt, eine energische safttreibende Wirkung (*Chishin*[6])) auf. Als

Tabelle XLIV.

Die Magensaftabsonderung aus dem isolierten kleinen Magen eines Hundes bei Einführung von Lösungen Pepton Chapoteaut und Stoll & Schmidt in den abgesonderten Magen (nach *Lönnqvist*).

Stunde	200 ccm einer 5proz. Lösung Pepton Chapoteaut			200 ccm einer 5proz. Lösung Pepton Stoll & Schmidt		
	Saftmenge in ccm	Verdauungskraft in mm	Acidität in % HCl	Saftmenge in ccm	Verdauungskraft in mm	Acidität in % HCl
1	5,7	3,2	0,46	1,6	2,8	—
II	3,8	3,6	0,50	2,4	2,7	0,46
Insgesamt und im Durchnitt	} 9,5	3,4	0,48	4,0	2,75	—
Großer Magen	380,0	4,0	0,34	280,0	3,5	0,25

[1]) Sokolow, Diss. St. Petersburg 1904, S. 53.
[2]) Chishin, Diss. St. Petersburg 1894, S. 134.
[3]) Lobassow, Diss. St. Petersburg 1896, S. 72
[4]) Sokolow, Diss. St. Petersburg 1904, S. 125ff.
[5]) Lönnqvist, Skand. Archiv f. Physiologie 1906, Bd. XVIII, S. 251.
[6]) Chishin, Diss. St. Petersburg 1894, S. 130.

Tabelle XLV.

Die Magensaftabsonderung aus dem isolierten kleinen Magen eines Hundes bei Einführung der Produkte der Pepsinverdauung von Fibrin und Eiereiweiß in den abgesonderten Magen (nach *Lönnqvist*).

Stunde	100 g Fibrin + 100 ccm Magensaft 2 Stunden im Thermostat			100 g Fibrin + 100 ccm Magensaft, 12 Stunden im Thermostat			100 g Fibrin + 100 ccm Magensaft, 24 Stunden im Thermostat			100 g Fibrin + 100 ccm Magensaft, 24 Stunden im Thermostat; Mischung neutralisiert			100 ccm Eiereiweiß + 100 ccm Magensaft, 2 Stunden im Thermostat			100 ccm Eiereiweiß + 100 ccm Magensaft, 12 Stunden im Thermostat			100 ccm Eiereiweiß + 100 ccm Magensaft, 24 Stunden im Thermostat			100 ccm Eiereiweiß + 100 ccm Magensaft, 24 Stunden im Thermostat; Mischung neutralisiert		
	Saftmenge in ccm	Verdauungskraft in mm	Acidität in % HCl	Saftmenge in ccm	Verdauungskraft in mm	Acidität in % HCl	Saftmenge in ccm	Verdauungskraft in mm	Acidität in % HCl	Saftmenge in ccm	Verdauungskraft in mm	Acidität in % HCl	Saftmenge in ccm	Verdauungskraft in mm	Acidität in % HCl	Saftmenge in ccm	Verdauungskraft in mm	Acidität in % HCl	Saftmenge in ccm	Verdauungskraft in mm	Acidität in % HCl	Saftmenge in ccm	Verdauungskraft in mm	Acidität in % HCl
I	2,2	3,8	—	4,8	3,4	0,46	4,3	4,0	0,46	4,8	3,0	0,49	1,5	4,8	—	2,6	4,4	0,45	2,5	4,4	—	2,8	4,2	0,45
II	3,0	3,1	0,48	4,5	2,5	0,48	5,1	2,4	0,49	5,9	2,9	0,51	1,5	4,3	—	2,5	3,8	0,48	3,2	4,1	0,49	4,0	4,0	0,49
Insgesamt und durchschnittlich	5,2	3,45	—	9,3	2,95	0,47	9,4	3,2	0,47	10,7	2,95	0,50	3,0	4,5	—	5,1	4,1	0,46	5,7	4,25	—	6,8	4,1	0,47
Großer Magen	340,0	3,0	0,59	430,0	2,3	0,57	450,0	2,7	0,59	440,0	2,0	0,46	290,0	3,6	0,46	325,0	4,0	0,47	335,0	4,6	0,48	355,0	4,2	0,31

jedoch im Laboratorium von weiland M. W. Nencki aus diesem Präparat ein wirklich reines Pepton erzielt wurde, ergab selbst eine 15 proz. Lösung davon eine außerordentlich schwache Absonderung des Magensaftes aus dem isolierten kleinen Magen eines Hundes (durchschnittlich pro Stunde 1,25 ccm). *Lobassow*[1]), der diesen Versuch anstellte, ist der Meinung, daß das Chapoteautsche Präparat seine Wirkungen irgendwelchen Beimischungen verdankt.

Nichtsdestoweniger unterliegt es keinem Zweifel, daß die Produkte der Eiweißverdauung durch den Magensaft über ausgesprochene safttreibende Eigenschaften verfügen.

Auf Tabelle XLIV sind die *Lönnqvist*schen[2]) Versuche mit Eingießung von 200 ccm 5 proz. Lösungen von Pepton Chapoteaut und Stoll & Schmidt in den abgesonderten Magen eines Hundes (Fundusteil mitsamt dem Pylorus) dargestellt. Die Ziffern der Tabelle bezeichnen den Gang der Magensaftsekretion aus dem isolierten kleinen Magen. Bei Betrachtung dieser Versuche muß berücksichtigt werden, daß eine gleichgroße Quantität Wasser (200 ccm) im Durchschnitt im Verlaufe von 2 Stunden 5,43 ccm Magensaft ergab (s. Tab. XXXIX). Folglich rief Pepton von Stoll & Schmidt eine geringere Absonderung als Wasser (4,0 ccm), Pepton von Chapoteaut dagegen eine bedeutend größere (9,5 ccm) hervor.

Die nebenstehende Tabelle XLV enthält die Ergebnisse der Versuche mit Einführung der Produkte der Verdauung von Fibrin und rohem Eiereiweiß durch den Hundemagen-

---

[1]) Lobassow, Diss. St. Petersburg 196, S. 70.

[2]) Lönnqvist, Skand. Archiv f. Physiologie, 1906, Bd. XVIII, S. 251.

saft in den abgesonderten Magen eines Hundes (Fundusteil mitsamt dem Pylorus). Die Ziffern der Tabelle geben den Gang der Sekretion aus dem isolierten kleinen Magen an (nach *Lönnqvist*[1]).

Sowohl Fibrin wie auch Eiereiweiß wurden im Thermostat in verschiedenen Zeiträumen von 2 Stunden, 12 Stunden und 24 Stunden verdaut. In den von der Mischung abfiltrierten Proben untersuchte man die Biuretreaktion. Sie ergab eine rote Färbung. Die Uffelmannsche Reaktion (Anwesenheit von Milchsäure) ergab ein positives Resultat. Von freiem HCl waren nur Spuren wahrnehmbar. Die Mischung wurde in den abgesonderten Magen in ursprünglicher, d. h. saurer Form eingeführt oder vorher neutralisiert.

Aus diesen Versuchen ergibt sich, daß sowohl die Produkte der Fibrinverdauung durch den Magensaft als auch die Produkte der Eiweißverdauung die Fundusdrüsen zur Tätigkeit anregen. Die ersteren üben eine energischere Wirkung aus als die letzteren. Indes rufen die einen wie die andern eine um so größere Sekretion hervor, je länger sich das Eiweiß im Thermostat in Berührung mit dem Magensaft befindet. (Die Produkte der zweistündigen Verdauung von 100 g Eiereiweiß haben offenbar eine nicht größere Magensekretion zur Folge als eine entsprechende Menge Wasser.) Eine Neutralisation der Mischung erhöht etwas ihre Wirkung. Erwähnung verdient, daß auf die Produkte der Eiweißverdauung ein am Ferment reicherer Saft (gegen 4,0 mm) zur Ausscheidung gelangt, als auf die entsprechenden Produkte von Fibrin (etwa 3,0 mm).

Doch eine besonders starke Sekretion bedingten beim Versuch von *Lönnqvist*[1]), der den analogen *Lobassow*schen[2]) Versuch in erfolgreicher Weise abänderte, die Produkte einer natürlichen Verdauung von hart gekochtem Eiereiweiß.

Ein Hund mit abgesondertem Magen erhielt 3 Tage hintereinander je 100 g hartgekochtes Eiereiweiß. Der Mageninhalt wurde täglich entnommen und filtriert. Alle drei Filtrate wurden im Vakuum bis auf 200 ccm verdampft und in den abgesonderten Magen des *Lönnqvist*schen Hundes eingeführt. Man beobachtete die Absonderung aus dem isolierten kleinen Magen.

Zeit	Saftmenge in ccm	Verdauungskraft in ccm	Acidität in % HCl
I	13,0	2,0	0,51
II	12,0	2,6	0,52
Insgesamt und im Durchschnitt	25,0	2,3	0,515
Großer Magen	650,0	3,2	0,43

Somit kann kein Zweifel darüber bestehen, daß die Produkte der Eiweißverdauung die Magensaftsekretion anregen. Dieser Satz gilt, wie wir weiter unten sehen werden, nicht nur für tierische Eiweißstoffe, sondern auch für Pflanzeneiweiß.

Nunmehr ist uns der Verlauf der Magendrüsentätigkeit bei Genuß von Eiweißnahrung verständlich. Der Magensaft beginnt sich dank dem Speiseaufnahmeakt abzusondern; weiter wird dann seine Sekretion 1. durch die bereits in einigen Eiweißsorten z. B. im Fleisch vorhandenen (Wasser, Extraktivstoffe usw.) und 2. durch die aus Eiweißstoffen unter dem Einfluß des Magensafts zur Bildung gelangenden (Produkte der Eiweißverdauung) Erreger aufrechterhalten.

[1]) Lönnqvist, Skand. Archiv f. Physiologie 1906, Bd. XVIII, S. 251.
[2]) Lobassow, Diss. St. Petersburg 1896, S. 88.

Die Verdauungskraft des Magensaftes bei Einwirkung chemischer Erreger.

Während der bei Scheinfütterung mit Fleisch zur Absonderung gelangende Magensaft einen großen Fermentgehalt aufweist (nach den Bestimmungen von *Sanozki*[1]) im Durchschnitt 5,65 mm, nach *Konowalow*[2]) durchschnittlich 7,4 mm), ist er bei Anregung der Magensekretion durch chemische Erreger fermentärmer. So erhielt *Lobassow* bei Eingießung von 150 ccm einer 6,6 proz. Lösung Liebigschen Fleischextrakts einen Saft, der im Durchschnitt nur 4,0 mm Eiweißstäbchen verdaute (s. Tab. XLIII). Pepton Chapoteaut, Pepton Stoll & Schmidt, die Produkte einer Pepsinverdauung von Fibrin riefen bei den *Lönnqvist*schen Versuchen (s. Tab. XLIV und XLV) die Absonderung eines Magensaftes hervor, dessen Verdauungskraft um 3,0 mm herum schwankte (der Saft wurde mit einer 0,25 proz. HCl-Lösung viermal verdünnt). Dasselbe gilt auch von konzentrierteren NaCl-Lösungen (s. Tab. XLI). Die Verdauungsprodukte von Eiereiweiß (Tab. XLV und XLI) und schwache NaCl-Lösungen ergaben eine Verdauungskraft von 4,0 mm und darüber. Eine Saftsekretion mit größter Verdauungskraft rief Wasser hervor (nach den Versuchen von *Chishin* gegen 5,2 mm im nichtverdünnten Saft). Somit gelangt bei Einwirkung chemischer Erreger ein im Durchschnitt einen geringeren Fermentgehalt aufweisender Saft zur Absonderung als beim Speiseaufnahmeakt. In besonders markanter Weise treten diese Verhältnisse beispielsweise beim Hineinlegen von Fleisch in den Magen (unter Beseitigung der ersten Phase der Sekretion) und beim Genuß eben jenes Fleisches hervor. Auf Tabelle XXXVI sind nebeneinander zwei solcher Versuche dargestellt. Beim Hineinlegen des Fleisches in den Magen beträgt die Verdauungskraft des Durchschnittssaftes 2,75 mm, beim Genuß des Fleisches dagegen 4,46 mm.

Gleiche Verhältnisse beobachtete Bulawinzow[3]) auch am Menschen. Bei Einführung von Liebigschem Fleischextrakt in den Magen mittelst einer Sonde unter Beseitigung der ersten Phase wurde ein Saft sezerniert, dessen Verdauungskraft 2,5 mm Eiweißstäbchen gleichkam. Wenn jedoch der Patient hierbei einem speziellen Reiz durch den Anblick, Geruch usw. der Nahrung ausgesetzt wurde, so wuchs die Verdauungskraft des Saftes bis zu 7 mm an.

Allein sowohl beim Genuß von Fleisch als auch besonders beim Hineinlegen von Fleisch pflegt während einiger Stunden der Verdauungsperiode der Magensaft besonders fermentarm zu sein (dasselbe läßt sich beobachten, wenn man in den Magen anstatt Liebigschen Fleischextrakts Fleischbouillon eingießt [s. S. 137]). Dieses Absinken der Verdauungskraft auf die Wirkung der uns bekannten chemischen Erreger zurückzuführen, ist offenbar nicht möglich. Man muß nach einer andern Ursache suchen. Und solche Ursache ist vorhanden: nämlich die hemmende Wirkung des Fettes. Wir werden sie weiter unten noch eingehend kennen lernen.

Eine gewisse Abweichung von der soeben angeführten Regel stellt der Versuch mit Hineinlegen von ausgekochtem, mit Liebigs Fleischextrakt vermengten Fleisch in den Magen dar (s. S. 139). Die Verdauungskraft des Durchschnittssaftes war sehr hoch — 6,38 mm. Spielt hier nicht die feste Konsistenz des lange Zeit (6 Tage lang) gekochten Fleisches eine Rolle?

---

[1]) Sanozki, Diss. St. Petersburg 1893, S. 43.
[2]) Konowalow, Diss. St. Petersburg 1893, S. 13.
[3]) Bulawinzow, Diss. St. Petersburg 1903, S. 50.

Die chemischen Erreger im Brot.

Brot erwies sich als außerordentlich arm an chemischen Erregern. Einem Hunde in den Magen eingeführt (unter Ausschluß der ersten Phase), kann es dort — ähnlich dem hart gekochten Eiereiweiß — 2 bis 3 Stunden liegen, ohne eine irgendwie bedeutende Magensaftabsonderung hervorzurufen. Gleiches gilt auch vom Stärkekleister, den man unter eben denselben Voraussetzungen in den Magen hineinlegt.

Wir geben hier einen Versuch *Lobassow*s[1]) wieder.

Magen leer. Eine spontane Absonderung findet nicht statt. 9^h 15' in den Magen mit Hilfe einer Röhre mit genau eingepaßtem Kolben 125 g Brot, das man mit 100 ccm Wasser vermengt hatte (sonst läßt sich das Brot nicht durch die Röhre hindurchschieben), hineingestoßen. 9^h 55' zeigte sich Schleim saurer Reaktion. 11^h 15' hörte die Saftabsonderung auf. Insgesamt erhielt man 0,7 ccm Saft mit einer großen Menge Schleim. Auf die gleiche Quantität Brot würde der Hund, wenn man sie ihm zu fressen gäbe, etwa 20,0 ccm Saft aus dem isolierten kleinen Magen sezernieren.

Bei drei Versuchen mit Hineinlegen von 200 g Stärkekleister in den Magen erzielte man im Verlaufe von 2 Stunden eine Sekretion von 1,0—1,1 ccm Magensaft. Der Genuß eben jener 200 g Kleister ergab 15,8—16,8 ccm Magensaft aus dem isolierten kleinen Magen.

Somit sind weder Eiweißstoffe, noch Stärke, noch das Wasser des Brotes (letzteres vermutlich infolge seines gebundenen Zustandes) befähigt, die Magendrüsen zur Tätigkeit anzuregen.

Als unwirksam in bezug auf die Magendrüsen erwies sich sowohl Traubenzucker[2]) als auch Rohrzucker[3]). Ihre Lösungen riefen eine gleichstarke, sogar schwächere Magensaftsekretion aus dem isolierten kleinen Magen hervor als Wasser.

Indes vermochten Edkins und Tweedy[4]), indem sie sich der Methodik der akuten Versuche bedienten, festzustellen, daß bei Einführung von Dextrose- und Dextrinlösungen (5 %) in den vom Fundusteil des Magens einer Katze abgesonderten Pylorus die Magensaftabsonderung angeregt wurde. Bei Eingießung einer Dextroselösung in den Magenfundus verblieben seine Drüsen im Zustande der Untätigkeit.

Bei Genuß von Brot dehnt sich, wie wir wissen, die Sekretion bis auf 10 Stunden aus (s. Tab. XXIII). Rechnet man selbst die vier ersten Stunden auf die durch den Speiseaufnahmeakt hervorgerufene erste Phase der Magensaftabsonderung, so bleiben noch immerhin 5—6 Stunden, während welcher die Arbeit der Magendrüsen durch irgendwelche, sich aus dem Brot bildende Erreger aufrechterhalten werden muß. Am natürlichsten erscheint die Annahme, daß — in Analogie mit dem Fleisch — die Ursache in den Produkten der Pepsinverdauung der Eiweißstoffe des Brotes zu suchen ist. In Anbetracht ihrer schweren Verdaulichkeit gelangen diese Produkte langsam und in geringen Quantitäten zur Bildung, was auch die bei Genuß von Brot typische spärliche Magensaftabsonderung in den späteren Stunden der Sekretionsperiode bedingt[5]).

Stellt man sich auf den Standpunkt von Edkins und Tweedy (siehe oben) hinsichtlich der Wirksamkeit von Dextrin und Dextrose als Erreger der Magensekretion, so muß man zugeben, daß die zweite Phase des Saftsekretion bei

<hr>

[1]) Lobassow, Diss. St. Petersburg 1896, S. 56.
[2]) Pawlow, Vorlesungen. Wiesbaden 1898, S. 127.
[3]) Chishin, Diss. St. Petersburg 1894, S. 127.
[4]) Edkins and Tweedy, Journ. of Physiology 1908, Vol. XXXVIII, S. 263.
[5]) Pawlow, Nagels Handbuch der Physiologie 1907, Bd. II, 2. Hälfte, S. 716.

Genuß von Brot nicht nur von Produkten der Eiweißverdauung, sondern auch von Produkten der Stärkeumwandlung aufrechterhalten wird. Die Möglichkeit für eine solche Stärkeumwandlung im Magen ist, wie wir weiter unten sehen werden, gegeben. Das Ptyalin des Speichels vermag noch etwa $1/_2$ Stunde seine fermentative Arbeit im Mageninhalt fortzusetzen.

Einfluß der Stärke auf die Fermentanhäufung im Safte.

Wenn Stärke auch über keine safttreibenden Eigenschaften verfügt, so beeinflußt nichtsdestoweniger ein Stärkezusatz zur Speise den Fermentgehalt des Saftes in auffallender Weise. Schon eine nähere Betrachtung der Versuche mit Genuß von Brot (s. Tab. XXIII) zeigt, daß der in solchem Falle im Verlaufe einiger Stunden zur Sekretion gelangende Saft eine höhere Verdauungskraft besitzt als bei Scheinfütterung. Doch ganz besonders lenkt der Umstand unsere Aufmerksamkeit auf sich, daß die höchste Verdauungskraft der Saft nicht während der ersten Stunde seiner Sekretion (6,10 mm), sondern im Laufe der weiteren Stunden (z. B. zweite und dritte Stunde 7,97 und 7,51 mm), d. h. dann besitzt, wenn die erste Phase der Absonderung bereits ihrem Ende entgegengeht. Folglich sind im Brot selbst Stoffe vorhanden, welche eine Fermentansammlung im Saft befördern. Da die Produkte der Eiweißverdauung, wie wir bereits wissen, die Absonderung eines Saftes mit mittlerem und jedenfalls geringerem Fermentgehalt als der Speiseaufnahmeakt (Scheinfütterung) hervorrufen, so lag es nahe, sich der Stärke eingehender zuzuwenden. Dieser Satz fand durch folgende Versuche *Lobassows* Bestätigung[1]).

Da sich auf Fleisch ein Magensaft durchschnittlich mit geringerer Verdauungskraft absondert als auf Brot (3,65 mm und 6,14 mm, Tab. XXIII), so stellte *Lobassow* aus rohem Fleisch, Stärke und Wasser „künstliches Brot" her, in der Erwägung, daß die Beimengung von Stärke den Fermentgehalt im Saft erhöhen dürfte. So erwies es sich denn auch in Wirklichkeit.

Einem Hunde wurde eine aus 100 g Stärke (arrow-root) und 150 ccm kochendes Wasser hergestellte Masse, der man 100 g gehackten Fleisches beimischte, zu fressen gegeben. Die Masse war von außen leicht betrocknet. Der erste Tropfen Saft aus dem isolierten kleinen Magen zeigte sich nach 6 Minuten.

Stunde	Saftmenge in ccm	Verdauungskraft in mm
I	13,5	7,88
II	11,0	7,0
III	8,9	6,13
IV	4,9	5,63
V	4,3	5,0
VI	1,9	6,5
VII	1,2	6,0
Insgesamt und im Durchschnitt 7 St.	45,7	6,75

Beim Fressen von 200 g rohen Fleisches (s. Tab. XXIII) gelangte bei eben jenem Hunde durchschnittlich 40,5 ccm zur Ausscheidung, d. h. eine Menge, die der Quantität, die wir bei diesem Versuche sehen (45,7 ccm) nahekommt.

---

[1]) Lobassow, Diss. St. Petersburg 1896, S. 103.

Indes belief sich bei Fleisch allein die durchschnittliche Verdauungskraft im ganzen auf 3,65 mm, während sie bei Fleisch mit Stärke 6,75 mm ausmachte. Oder wir finden, wenn wir die Quadrate der Verdauungsmillimeter nehmen (12,96 und 45,39), daß eine Beimischung von Stärke zum Fleisch den Fermentgehalt im Safte um ein Dreifaches erhöhte.

Indes könnte man meinen, daß bei Genuß von Fleisch mit Stärke die Fermenteigenschaften des innerhalb der ersten Phase zur Absonderung kommenden Saftes aus irgendwelchem Grunde sich verändert hätten. Er ist an Pepsin reicher geworden, und dies hat die gesamte Saftsekretionsperiode beeinflußt. Um diesen Einwand zu entkräften, führte *Lobassow* in den Magen Stärkekleister zusammen mit Liebigs Fleischextrakt ein, nachdem er natürlich die erste Phase eliminiert hatte.

Es ergab sich ein gleiches Resultat: der Zusatz von Stärke zu Liebigs Extrakt erhöhte den Fermentgehalt im Magensaft.

Wir lassen hier zwei Versuche von *Lobassow*[1]) folgen: einen mit Einführung von 150 ccm Wasser, in dem 10 g Liebigschen Extrakts aufgelöst waren, in den Magen und sodann einen zweiten mit Einführung von 200 g einer Mischung aus 75 g Arrow-root, 10 g Liebigschen Extrakts und 150 ccm Wasser. Die Versuche sind insofern von Interesse, als die durch den isolierten kleinen Magen abgesonderten Saftmengen in beiden Fällen gleich waren (7,9 ccm und 7,7 ccm).

Tabelle XLVI.

Die Magensaftabsonderung aus dem isolierten kleinen Magen eines Hundes bei Einführung einer Lösung Liebigschen Extrakts und einer Mischung Liebigschen Extrakts mit Stärke in den großen Magen (nach *Lobassow*).

Stunde	In den Magen durch die Fistel 150 ccm Wasser eingegossen, in dem 10 g Liebigschen Fleischextrakts aufgelöst wurden. Erster Safttropfen nach 13 Minuten.			In den Magen durch die Fistel 200 g einer Mischung aus 75 g Arrow-root, 10 g Liebigschen Fleischextrakts und 150 ccm Wasser eingegossen. Erster Safttropfen nach 17 Minuten.		
	Saftmenge in ccm	Verdauungskraft in mm	Acidität in % HCl	Saftmenge in ccm	Verdauungskraft in mm	Acidität in % HCl
I	5,3	4,25	0,4429	2,2	5,75	—
II	2,6	4,0	0,5210	2,2	5,5	—
III	—	—	—	2,3	5,88	—
IV	—	—	—	1,0	5,25	—
Insgesamt und durchschnittlich	7,9	4,25	0,468	7,7	5,5	0,4559

Aus diesen Versuchen folgt, daß die Hinzufügung von Stärke zum Liebigschen Fleischextrakt den Fermentgehalt im Safte fast verdoppelte (die Quadrate der Verdauungszahlen 17,64 und 33,25).

Somit ist Stärke an und für sich nicht befähigt, die Absonderung des Magensaftes anzuregen, doch seine Anwesenheit im Magen veranlaßt die in Tätigkeit befindlichen Drüsen einen an Ferment besonders reichen Saft zu produzieren.

Die chemischen Erreger in der Milch.

Während Brot an chemischen Erregern arm ist, weist Milch einen großen Reichtum an solchen auf. Als direkter Beweis dieses Satzes können die Ver-

---

[1]) Lobassow, Diss. St. Petersburg 1896, S. 76 und 190.

suche mit Eingießung von Milch unmittelbar in den Magen dienen. Es ergab sich (nach den Befunden von *Chishin*[1])), daß bei Einführung von Milch in den Magen unter Beseitigung der ersten Phase die Magensaftsekretion nicht nur nicht geringer, sondern sogar stärker ist, als beim Verzehren der Milch. Dies ist aus Tabelle XLVII ersichtlich, wo nebeneinander die mittleren Zahlen der Geschwindigkeit der Magensaftsekretion, der Verdauungskraft und der Acidität bei Genuß und bei Einführung von 600 ccm gekochter Milch mittelst einer Sonde in den Magen aufgeführt sind.

Tabelle XLVII.

Die Magensaftabsonderung aus dem isolierten kleinen Magen eines Hundes bei Genuß und Eingießung von 600 ccm Milch in den Magen. (Mittlere Zahlen nach *Chishin*.)

Stunde	Genuß von 600 ccm Milch			Eingießung von 600 ccm Milch in den Magen		
	Saftmenge in ccm	Verdauungs- kraft in mm	Acidität in % HCl	Saftmenge in ccm	Verdauungs- kraft in mm	Acidität in % HCl
I	4,0	4,21	—	5,5	3,98	0,502
II	8,6	2,35	—	14,4	2,32	0,538
III	9,2	2,35	—	18,3	2,37	0,547
IV	7,7	2,65	—	13,5	2,34	0,556
V	4,0	4,68	—	3,3	4,34	—
VI	0,6	6,12	—	0,6	5,01	—
Durchschnittlich	33,9	3,25	0,493	55,8	2,89	0,547

Die Saftmenge bei Eingießung von Milch mittelst einer Sonde (55,8 ccm) ist $1^1/_2$ mal größer als bei Genuß derselben (33,9 ccm). Die Acidität ist entsprechend der größeren Geschwindigkeit der Magensaftsekretion im ersteren Falle (0,547 %) höher als im zweiten (0,493 %). Doch die Verdauungskraft bei Genuß von Milch ist um einiges beträchtlicher als bei Einführung derselben mittelst einer Sonde (3,25 mm gegen 2,89 mm). Der Absonderungsgang ist in beiden Fällen ein und derselbe.

Somit führt bei Milch die Beseitigung der ersten Phase nicht zu den Resultaten, die wir bei ihrer Beseitigung bei den Versuchen mit Fleisch und Brot beobachteten, d. h. zu einer Verminderung oder sogar einem Ausbleiben der Sekretion. Hieraus muß man zweierlei Schlußfolgerungen ziehen: einmal, daß die erste Phase bei Genuß von Milch unbedeutend ist, was wir auch oben bei den Versuchen von *Krshyschkowski* gesehen haben (s. Tab. XXXIII), und zweitens, daß in der Milch eine genügende Menge chemischer Erreger vorhanden sind.

Welches sind nun diese Erreger? An erster Stelle steht natürlich Wasser. Sodann sind zweifellos die in großer Menge zur Bildung gelangenden Produkte der Verdauung der Milcheiweißstoffe zu nennen. Weiter folgen dann, wie wir unten sehen werden, die Produkte der Fettumwandlung (Seifen). Schließlich kommen als Erreger der Magensaftabsonderung die Milchsäure und Buttersäure in Frage. Die erstere bildet sich leicht aus dem Milchzucker, wenn man die Milch in freier Luft dem Einfluß der Mikroorganismen aussetzt, die zweite macht einen Bestandteil des in der Milch enthaltenen Fettes aus.

---

[1]) Chishin, Diss. St. Petersburg 1894, S. 95 ff.

Die nachfolgenden Versuche *Sokolows*[1]) (Tab. XVIII) zeigen, daß die Milchsäure in einer einer 0,5proz. Salzsäurelösung äquivalenten Lösung über ziemlich schwache safttreibende Eigenschaften verfügt. Sie regt die Magendrüsen etwas stärker an, als eine entsprechende Quantität Wasser (14,6 ccm anstatt 11,1 ccm). Umgekehrt erscheint die Buttersäure in einer einer 0,5proz. Salzsäurelösung äquivalenten Lösung als energischer Erreger des Magendrüsenapparats (46,5 ccm).

Die Versuche wurden an einem Hunde mit isoliertem kleinem Magen und vom Zwölffingerdarm abgesondertem Magen (Fundusteil mitsamt dem Pylorus) vorgenommen. In den letzteren wurden die Lösungen eingegossen und daselbst 2 Stunden lang belassen.

Die Acidität ist um so höher, je größer die Geschwindigkeit der Saftabsonderung ist. Die durchschnittliche Verdauungskraft, die bei Wasser und Buttersäurelösung gleichgroß ist (4,5 mm), stellt sich etwas höher bei Milchsäure (5,2 mm).

Tabelle XLVIII.

Die Saftabsonderung aus dem isolierten kleinen Magen eines Hundes bei Einführung von 610 ccm Wasser und einer 0,5proz. HCl-Lösung äquivalenter Milchsäure- und Buttersäurelösungen in den abgesonderten Magen (nach *Sokolow*).

Stunde	Wasser			Milchsäure (mittlere Zahlen)			Buttersäure		
	Saftmenge in ccm	Verdauungskraft in mm	Acidität in % HCl	Saftmenge in ccm	Verdauungskraft in mm	Acidität in % HCl	Saftmenge in ccm	Verdauungskraft in mm	Acidität in % HCl
I	6,6	4,0	0,476	8,6	4,5	0,511	21,0	4,0	0,539
II	4,5	5,0	0,504	6,0	6,0	0,535	25,5	5,0	0,560
Insgesamt und durchschnittlich	11,1	4,5	0,490	14,6	5,2	0,523	46,5	4,5	0,549
Großer Magen	800,0	5,0	0,228	1000,0	4,7	0,514	1110,0	5,0	—

Die Verdauungskraft des Magensafts bei Milch.

Die Verdauungskraft des Magensaftes bei Genuß von Milch ist nur ganz unbedeutend höher als bei ihrer Eingießung in den Magen mittelst einer Sonde. Diese Tatsache legt erneut Zeugnis dafür ab, daß die erste Phase der Saftabsonderung eine wenig wichtige Rolle beim Genuß von Milch spielt. Eine weit größere Bedeutung ist einer anderen Eigentümlichkeit des Milchsaftes beizumessen, nämlich seiner allgemeinen Fermentarmut im Vergleich mit dem auf Fleisch und besonders auf Brot erzielten Magensaft (3,2 mm gegen 3,6 und 6,64 mm s. Tab. XXIII). Ebenso wie beim Fleisch können wir auch hier nicht die Verarmung des Saftes an Ferment dem Einfluß der in der Milch vorhandenen chemischen Erreger zuschreiben. Durchschnittlich rufen die chemischen Erreger die Sekretion eines Magensaftes mit einer Verdauungskraft von etwa 4,0 mm Eiweißstäbchen (in nicht verdünnten Saftportionen) hervor. Hieraus folgt, daß noch irgendeine andere Ursache für solche Erniedrigung der Verdauungskraft des Milchsaftes vorhanden sein muß. Und so ist es auch in der Tat — eine solche Ursache haben wir, wie weiter unten gezeigt werden soll, in dem Einfluß des in der Milch enthaltenen Fettes zu suchen.

---

[1]) **Sokolow**, Diss. St. Petersburg 1904, S. 105ff.

Speichel, Pankreassaft, Galle und Lösungen von Salz- und Essigsäure, sowie CO_2.

Die zusammenfassende Übersicht über die chemischen Erreger der Magensaftsekretion dürfte keinen Anspruch auf Vollständigkeit erheben können, wenn wir nicht auch den Einfluß des Speichels, des Pankreassaftes, der Galle und der Salzsäurelösungen, resp. des Magensaftes auf die Arbeit der Magendrüsen einer näheren Betrachtung unterzögen.

Diese sämtlichen Substanzen kommen bei normaler Verdauung im Magen vor. Der Speichel gelangt zusammen mit der verschluckten Speisemasse (in besonders großen Quantitäten mit Brot) in den Magen; der Pankreassaft und die Galle werden, wie wir weiter unten sehen werden, häufig in den Magen aus dem Duodenum zurückgeworfen. Salzsäure in 0,5 proz. Lösung bildet einen Bestandteil des Magensaftes.

Tabelle XLIX enthält Versuche von *Sokolow*[1]) mit Einführung der oben aufgeführten Flüssigkeiten in den abgesonderten Magen eines Hundes (Fundusteil mitsamt dem Pylorus), wobei diese Flüssigkeiten 2 Stunden lang im Magen belassen und dann durch die Magenfistel wieder aus dem Magen herausgelassen wurden. Die Ziffern der Tabelle geben die Magensaftsekretion aus dem isolierten kleinen Magen an.

Tabelle XLIX.

Die Magensaftabsonderung aus dem isolierten kleinen Magen eines Hundes bei Einführung von 200 ccm Speichel, Pankreassaft, Galle, 5proz. Salzsäurelösung und Wasser in den abgesonderten Magen (nach *Sokolow*).

Stunde	200 ccm Speichel			200 ccm Pankreassaft			200 ccm Galle			200ccm einer 0,5 proz. HCl-Lösung		200 ccm Wasser	
	Saftmenge in ccm	Verdauungskraft in mm	Acidität in % HCl	Saftmenge in ccm	Verdauungskraft in mm	Acidität in % HCl	Saftmenge in ccm	Verdauungskraft in mm	Acidität in % HCl	Saftmenge in ccm	Verdauungskraft in mm	Saftmenge in ccm	Verdauungskraft in mm
I	3,8	5,0	0,410	8,0	3,0	0,511	13,3	2,75	0,532	0	—	3,2	4,5
II	5,4	3,75	0,511	9,7	3,0	0,546	7,6	3,5	0,532	0,5	2,0	2,4	5,0
Insgesamt und im Durchschnitt	9,2	4,4	0,460	17,7	3,0	0,528	20,9	3,1	0,532	0,5	—	5,6	4,7
Großer Magen	500,0	3,0	0,233	525,0	2,0	0,525	650,0	0,6	0,238	230,0	—	390,0	4,5

Gleich dem Speichel sind auch der Pankreassaft und die Galle als Erreger der Magensekretion anzusehen. Als schwächerer Erreger (verglichen mit Wasser, das im Verlaufe von 2 Stunden eine Sekretion von 5,6 ccm hervorrief) erwies sich der Speichel (9,2 ccm), als stärkerer der Pankreassaft (17,7 ccm) und die Galle (20,9 ccm). Dieselben quantitativen Verhältnisse lassen sich auch hinsichtlich der Zunahme des nach 2 Stunden aus dem Magen wieder herausgelassenen Mageninhalts wahrnehmen. Die Verdauungskraft ist bei den Versuchen mit Speichel höher als bei denen mit Pankreassaft und Galle (4,4 mm gegen 3,0 und 3,1 mm). Im Mageninhalt beobachten wir eine auffallende Abnahme der Verdauungskraft bei Galle (0,6 mm). Erklären läßt sie sich durch

¹) Sokolow, Diss. St. Petersburg 1904.

den hemmenden Einfluß der Galle auf die Pepsinwirkung. Die Acidität des Saftes ist, wie es auch in der Regel zu sein pflegt, um so höher, je größer die Geschwindigkeit seiner Absonderung ist. Einen fördernden Einfluß des Speichels auf die durch die Nahrungsaufnahme hervorgerufene Magensaftsekretion sah auch Frouin[1]).

Eine 0,5 proz. Salzsäurelösung hatte eine so schwache Sekretion des Magensaftes zur Folge (0,5 ccm im Verlaufe von 2 Stunden), daß man hier nicht mehr von einer Anregung der Sekretion, sondern eher von einer Hemmung derselben sprechen muß. Das Wasser der Lösung hatte infolge der Anwesenheit der Säure in ihm seine Fähigkeit eingebüßt, safttreibend zu wirken.

Die hemmende Wirkung einer 0,5 proz. Salzsäurelösung wird durch folgenden interessanten Versuch von Sokolow[2]) bestätigt. Durch Eingießung von 610 ccm einer 0,5 proz. HCl-Lösung gelang es für längere Zeit (1 Stunde), eine ziemlich energische spontane (erste Phase?) Absonderung des Saftes aus dem isolierten kleinen Magen völlig zum Stillstand zu bringen.

	Saftmenge in ccm	Verdauungskraft in mm	Acidität in % HCl
Vor dem Versuch:	3,8 ccm	3,5	0,469

In den abgesonderten Magen 610 ccm einer 5 proz. HCl-Lösung eingegossen.

	Saftmenge in ccm	Verdauungskraft in mm	Acidität in % HCl
I. St.	0	—	—
II. St.	2,2 ccm	5,5	—
Großer Magen	750 ccm	2,5	0,536

Nur bei Eingießung einer 0,6 proz. Lösung HCl nahm Sokolow in der zweiten Stunde eine Hemmung der Sekretion nicht wahr (I. Stunde 0,2 ccm; II. Stunde 5,0 ccm). Infolge der Konzentration der Lösung nimmt Sokolow an, daß der durch diese Lösung auf die Schleimhaut ausgeübte Reiz an der Grenze eines pathologischen steht.

Die hemmende Wirkung der Salzsäure auf die Magensekretion wird nach Sokolow[3]) auch in folgendem Falle ausgelöst. Gibt man einem Hunde Fleisch mit Wasser zu fressen oder führt man solches in den abgesonderten und vom Zwölffingerdarm abgetrennten Magen ein, so sinkt die Magensaftabsonderung allmählich, trotzdem der Erreger der Magendrüsen die ganze Zeit über sich im Magen befindet. Häufig erfährt der Versuch durch Erbrechen ein vorzeitiges Ende. Aus den Kontrollversuchen ergab sich, daß die Ausdehnung der Magenwand durch den im Laufe einiger Stunden anwachsenden Mageninhalt hierbei keinerlei Rolle spielt. Ebensowenig läßt sich die beobachtete Erscheinung auf eine Aufsaugung und allmähliche Entfernung der Erreger der Magensekretion aus dem Magen zurückführen. Die direkten Versuche bestätigen, wie wir sahen, den hemmenden Einfluß der Salzsäure.

Edkins und Tweedy[4]), die einer Katze eine 0,2 proz. HCl-Lösung in den vom Fundusteil des Magens abgesonderten Pylorus einführten, beobachteten eine sehr schwache Magensaftabsonderung (Salzsäure nahm, was die Wirkungsstärke anbetrifft, die allerletzte Stelle unter den von ihnen untersuchten Erregern ein).

Außer den genannten Substanzen besitzen noch CO_2 sowie Essigsäure (Cohnheim und Marchand[5])) eine safttreibende Wirkung. Wolkowitsch[6]),

---

[1]) Frouin, Action de la salive sur la sécrétion et la digestion gastriques. Soc. Biol. 1907, T. LXII, p. 80.

[2]) Sokolow, Diss. St. Petersburg 1904, S. 101.

[3]) Sokolow, Diss. St. Petersburg 1904, S. 89 ff.

[4]) Edkins and Tweedy, Journ. of Physiology 1908, Vol. XXXVIII, p. 263.

[5]) O. Cohnheim und F. Marchand, Zur Pathologie der Magensaftsekretion. Zeitschr. f. physiol. Chemie 1909, Bd. LXIII, S. 41.

[6]) A. N. Wolkowitsch, Die Physiologie und Pathologie der Magendrüsen. Diss. St. Petersburg 1898, S. 50 ff.

der einem Hunde moussierende (CO_2) und nichtmoussierende Milch verabreichte, beobachtete, daß der isolierte Magen $1\frac{1}{2}$ mal mehr Saft im ersteren Falle sezernierte als im zweiten. *Sawitsch und Zeljony*[1]) fanden, daß Essigsäurelösungen eine energischere Wirkung ausüben als Butter- und besonders Milchsäure. Eine 1 proz. Lösung Essigsäure wurde in den isolierten Pylorus eingeführt; den zur Absonderung gelangenden Saft sammelte man aus der Fistel des Fundusteils. Ferner nahmen Cohnheim und Dreyfus[2]), die einem Hunde durch die Fistel des Zwölffingerdarms eine 4 proz. Lösung Mg SO_4 einführten, eine Diarrhöe und Steigerung der Magensekretion wahr.

Der Einfluß der chemischen Erreger auf die Magensekretion bei ihrer Einführung in den Zwölffingerdarm.

Wenn auch das oben angeführte experimentelle Material (Versuche mit abgesondertem Magen und insonderheit mit isoliertem Pylorus) dafür spricht, daß es der Pylorus ist, von wo aus die Wirkung der verschiedenen chemischen Erreger auf die Fundusdrüsen hauptsächlich zur Entwicklung gelangt, so erschien es jedoch nichtsdestoweniger höchst wünschenswert, direkte Beweise hierfür zu erbringen. Die Möglichkeit hierzu boten Hunde von *Sokolow* und *Lönnqvist* mit isoliertem kleinem Magen und abgesondertem großem Magen (d. h. Fundusteil mitsamt dem Pylorusgebiet). Indem man nach Entfernung der die Magenfistel mit der Fistel des Zwölffingerdarms verbindenden äußeren Gastroentorostomose die Untersuchungssubstanz einmal in den abgesonderten Magen, das andere Mal in das Duodenum einführte, vermochte man an der Hand der sekretorischen Arbeit des isolierten kleinen Magens auf die jedem einzelnen Teile zukommende Rolle einen Schluß zu ziehen. Hierbei stellte sich heraus, daß die hauptsächlichsten der von uns oben näher betrachteten Substanzen entweder die Fundusdrüsen des Magens vom Zwölffingerdarm aus sehr schwach anregen (Wasser, Lösungen Liebigschen Fleischextrakts, Fleisch und Wasser) oder sogar auf ihre Arbeit bis zu einem gewissen Grade hemmend einwirken (starke NaCl-Lösungen, Lösungen von Salzsäure (0,5%) und Glykose (25%)[3]).

Die entsprechende safttreibende Wirkung des Wassers aus dem abgesonderten Magen (Fundusteil und Pylorus) und aus dem Zwölffingerdarm ist aus den nachfolgenden Versuchen *Lönnqvists*[4]) ersichtlich. Die Ziffern geben die Saftabsonderung aus dem isolierten kleinen Magen an. ·

	I. Stunde	II. Stunde	Insgesamt
Eingießung von 200 ccm Wasser in den Magen	3,4 ccm	2,03 ccm	5,43 ccm
Eingießung von 200 ccm Wasser ins Duodenum	0,4 „	0,4 „	0,8 „

Im nächsten Versuch führte *Sokolow*[5]) zuerst 150 ccm einer 6,6 proz. Lösung von Liebigs Fleischextrakt in den Darm und sodann die gleiche Quantität derselben Lösung in den Magen ein. Im ersteren Falle war eine schwache safttreibende Wirkung im Verlaufe von $\frac{1}{4}$ Stunden bemerkbar, im zweiten wurden die Magendrüsen zu einer zweistündigen Arbeit angeregt.

---

[1]) Sawitsch und Zeljony, Pflügers Archiv 1913, Bd. CL, S. 136.

[2]) O. Cohnheim und G. L. Dreyfuß, Zur Physiologie und Pathologie der Magenverdauung. Zeitschr. f. physiol. Chemie 1908, Bd. LVIII, S. 50.

[3]) P. Leconte, Fonctions gastro-intestinales. La Cellule 1900, Vol. XVII, S. 307.

[4]) Lönnqvist, Skand. Archiv f. Physiologie, Bd. XVIII, S. 221—222.

[5]) Sokolow, Diss. St. Petersburg 1904, S. 50.

Stunde   Saftmenge aus dem isolierten kleinen Magen in ccm

Eingießung einerLösung Liebigschen Fleischextrakts (10 g auf 150 ccm Wasser) in den Zwölffingerdarm:

$$\left. \begin{array}{l} 0,1 \\ 0,4 \\ 0,1 \\ 0 \end{array} \right\} 0,6 \text{ ccm}$$

I

Eingießung einer Lösung Liebigschen Fleischextrakts (10 g auf 150 ccm Wasser) in den Magen:

I	2,3 ccm
II	2,5 ccm
15 Min.	0,4 ccm

Insgesamt 5,2 ccm

Die folgende Tabelle L zeigt die Versuche *Sokolows*[1]) mit Einführung einer Mischung aus 100 g gehackten rohen Fleisches und 100 ccm Wasser in den abgesonderten Magen und den Darm. Im ersteren Falle dauerte die Arbeit der Magendrüsen 7 Stunden und ergab (aus dem isolierten kleinen Magen) eine Gesamtsaftmenge von 10 ccm; im zweiten Falle hörte die Sekretion bereits nach 3 Stunden auf, und aus dem isolierten kleinen Magen erzielte man im ganzen 1,5 ccm Saft.

Tabelle L.

Die Magensaftabsonderung aus den isolierten kleinen Magen bei Einführung von 100 g Fleisch und 100 ccm Wasser in den abgesonderten Magen und den Zwölffingerdarm (nach *Sokolow*).

Stunde	100 g Fleisch + 100 ccm Wasser in den Magen eingeführt		100 g Fleisch + 100 ccm Wasser in den Zwölffingerdarm eingeführt	
	Saftmenge in ccm	Verdauungskraft in mm	Saftmenge in ccm	Verdauungskraft in mm
I	2,7	3,0	1,0	1,75
II	2,0	2,0	0,4	2,5
III	1,5	3,0	0,1	—
IV	1,4	3,0	—	—
V	1,2	3.0	—	—
IV	1,0	3,0	—	—
VII	0,2	—	—	—
Insgesamt und im Durchschnitt	10,0	2,8	1,5	2,12

Auf Tabelle LI sind dargestellt die Versuche mit Hemmung der durch Einführung von 100 g Fleisch und 100 ccm Wasser in den abgesonderten Magen hervorgerufenen Magensaftsekretion bei Eingießung von 20 ccm einer 25proz. NaCl-Lösung sowie 386 ccm Magensaft vom Hunde (Acidität ca. 0,5% HCl) in den Zwölffingerdarm. (Weniger konzentrierte Lösungen NaCl (0,9%, 2% nach *Lönnqvist*[2]), selbst in größeren Quantitäten (200 ccm) in den Darm eingeführt, hemmten die Magensekretion nicht. Eine schwache Hemmung konstatierte auch *Sokolow*[3]) bei Einführung von 20 ccm einer 15proz. Lösung NaCl in das Duodenum.)

Die 20 ccm einer 25proz. Lösung NaCl werden gleichzeitig mit der Eingießung der Mischung aus 100 g Fleisch und 100 ccm Wasser in den abgesonderten Magen in den Darm eingeführt. Mit der portionsweisen Eingießung des Magensaftes in

---

[1]) Sokolow, Diss. St. Petersburg 1904, S. 48.

[2]) Lönnqvist, Skand. Archiv f. Physiologie 1906, Bd. XVIII, S. 228.

[3]) Sokolow, Diss. St. Petersburg, 1904, S. 114.

den Darm wurde $^1/_4$ Stunde vor Einführung der Mischung in den abgesonderten Magen begonnen, und sie dauerte mit Unterbrechungen von je 2 Minuten 2 Stunden und 15 Minuten.

Abgesehen von diesen beiden Versuchen finden wir auf eben jener Tabelle einen Kontrollversuch mit Einführung einer Mischung aus Fleisch und Wasser in den abgesonderten Magen.

Tabelle LI.

Hemmung der Magensaftsekretion bei Einführung von 25 proz. NaCl-Lösung und Magensaft in den Zwölffingerdarm (nach *Sokolow*).

Stunde	In den Magen 100 g Fleisch + 100 g Wasser und in den Zwölffingerdarm 20 ccm einer 25 proz. Lösung NaCl eingeführt	In den Magen 100 g Fleisch + 100 ccm Wasser und in den Zwölffingerdarm 386 ccm Magensaft eingeführt	In den Magen 100 g Fleisch + 100 ccm Wasser eingeführt
	Saftmenge in ccm	Saftmenge in ccm	Saftmenge in ccm
I	5,9	2,5	11,2
II	9,8	9,6	11,0
Insgesamt	15,7	12,1	22,2

Somit setzte eine Reizung des Darmes durch Kochsalz fast um ein $1^1/_2$ faches (15,7 ccm gegen 22,2 ccm), eine Reizung durch Magensaft, resp. eine 0,5 proz. Lösung HCl fast um das Doppelte die Arbeit der Magendrüsen herab. Eine Hemmung der Magensekretion bei Einführung von NaCl-Lösungen in den Zwölffingerdarm beobachteten Cohnheim und Dreyfus[1]) und bei Einführung von HCl-Lösungen Cohnheim und Marchand[2]). Hieraus folgt, daß starke Kochsalzlösungen vom Pylorus aus die Magensaftsekretion anregen, vom Zwölffingerdarm aus dagegen hemmen. Was die 0,5 proz. Salzsäurelösung anbetrifft, so wirkt sie nicht nur von der Magenhöhle aus (vermutlich von der Oberfläche des Pylorus), was wir bereits oben gesehen haben, sondern auch von der Höhle des Duodenums aus hemmend auf die Magensaftsekretion ein.

Behufs Untersuchung der Wirkung der verschiedenen Substanzen aus dem Zwölffingerdarm auf die Arbeit der Magendrüsen benutzte Leconte[3]) Hunde mit Magenfisteln und Fisteln des Zwölffingerdarms. In die Darmhöhle wurde durch die Fistel in der Richtung des Pylorus ein Ballon eingeführt, die Lösungen in den Darm eingegossen und die aus der Magenfistel vor sich gehende Saftabsonderung beobachtet (bei einigen Versuchen fand ein Zurückwerfen von Galle in den Magen statt). Als Erreger erwiesen sich Peptonlösungen, Fleischsaft und „le fromage fermenté en suspension". Jegliche Wirkung blieb aus bei Milch, 14 Stunden lang verdauter saurer Milch, peptonisiertem Casein und Liebigschem Fleischextrakt. Eine hemmende Wirkung auf die Magensekretion übten Glykoselösungen (25%) und in geringerem Grade Lösungen von Sacharose (25%) aus.

Bei Anwendung der von uns schon des öfteren erwähnten Methodik der akuten Versuche beobachteten Edkins und Tweedy[4]) an einer Katze eine Absonderung des Magensaftes im Falle einer Eingießung von Herzenschem Fleischextrakt in den Zwölffingerdarm.

---

[1]) Cohnheim und Dreyfus, Zeitschrift f. physiol. Chemie 1908, Bd. LVIII, S. 50.

[2]) Cohnheim und Marchand, Zeitschrift für physiol. Chemie 1909, Bd. LXIII, S. 41.

[3]) Leconte, La Cellule 1900, Vol XVII, S. 297 ff.

[4]) Edkins and Tweedy, Journ. of Physiology 1908, Vol. XXXVIII, S. 263.

Das Fett.

Ganz besondere Verhältnisse weist das Fett auf.

Bei Einführung von neutralem Fett, z. B. Provenceröl, in den Magen lassen sich zwei diametral entgegengesetzte Phasen in der Arbeit der Magendrüsen beobachten. Im Verlaufe der ersten Phase, die 2—4 Stunden umfaßt, verbleiben — je nach Menge des in den Magen eingeführten Fettes — die Magendrüsen im Zustande der Untätigkeit. Während der zweiten, sich gleichfalls auf mehrere Stunden ausdehnenden Phase bringen sie mehr oder weniger bedeutende Quantitäten Saft mit schwacher Verdauungskraft zur Ausscheidung.

Auf Tabelle LII sind zwei Versuche *Piontkowskis*[1]) mit Eingießung von 100 ccm Provenceröl durch die Fistel in den Magen eines Hundes wiedergegeben. Stündlich wurde der Mageninhalt gemessen und dessen Reaktion bestimmt. Darauf wurde er wieder in den Magen zurückgegossen. Die im Versuche angegebenen Ziffern beziehen sich auf die Magensaftabsonderung aus dem isolierten kleinen Magen (s. Fig. 12).

Tabelle LII.

Die Magensaftabsonderung aus dem isolierten kleinen Magen eines Hundes bei Einführung von 100 ccm Provenceröl in den großen Magen (nach *Piontkowski*).

Stunde	100 ccm Provenceröl in den Magen eingeführt		100 ccm Provenceröl in den Magen eingeführt	
	Menge des aus dem isolierten kleinen Magen abgesonderten Saftes in ccm	Umfang und Reaktion des Inhalts des großen Magens	Menge des aus dem isolierten kleinen Magen abgesonderten Saftes in ccm	Umfang und Reaktion des Inhalts des großen Magens
I	0,2 (Schleim)	90 ccm	0,8 (Schleim)	105 ccm
II	0,2 (Schleim)	85 ccm	0,4 (Schleim)	125 ccm alk. Reakt.
III	0,2 (Schleim)	110 ccm alk. Reakt.	0,1 (Schleim)	75 ccm
IV	1,0 (Schleim, gegen Ende der Stunde saurer Reaktion)	60 ccm Beimisch. von Galle	1,2 (gegen Ende der Stunde sauer Reaktion)	110 ccm saurer Reakt. Beimisch. von Galle
V	8,8 (Saft)	10 ccm	7,0 (Saft)	15 ccm
VI	1,0 (Saft)	—	1,4 (Saft)	—
Insgesamt	11,4 ccm	—	10,9 ccm	—
Verdauungskraft in mm	1,9	—	1,9	—
Acidität in % HCl	0,575	—	0,378	—

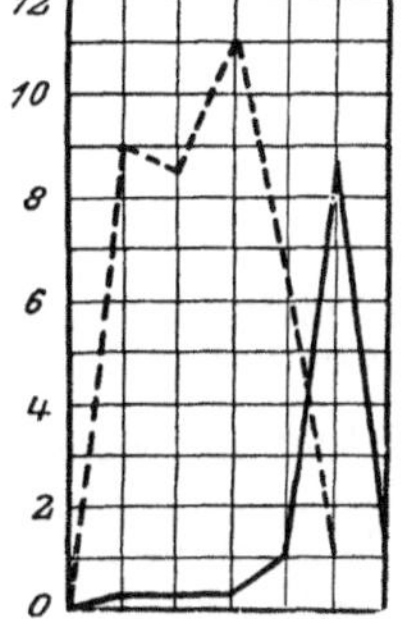

Fig. 12.

Die Magensaftabsonderung aus dem kleinen Magen bei Einführung von 100 ccm Provenceröl in den großen Magen und die Schwankungen des Inhalts des letzteren. (Für den Mageninhalt ist der Maßstab zehnmal verkleinert.)

——————— Magensaft   — — — — — Mageninhalt

---

[1]) L. Ph. Piontkowski, Der Einfluß von Seifen auf die Arbeit der Pepsindrüsen. Diss. St. Petersburg 1906, S. 19—20.

In beiden Versuchen begann die Sekretion erst gegen Ende der vierten Stunde, als sich zu dem aus dem isolierten kleinen Magen zur Ausscheidung gelangenden alkalischen Schleim saurer Magensaft beizumengen begann. Während der fünften Stunde befanden sich die Drüsen in energischer Tätigkeit, und in der sechsten Stunde hörte die Absonderung des Magensaftes ganz auf. Die Verdauungskraft beläuft sich auf etwa 2,0 mm.

Besonderes Interesse erwecken die Schwankungen hinsichtlich des Umfanges des Mageninhalts. Bei Eingießung von Fett in den Magen nimmt bekanntlich die Quantität seines Inhalts nach einer gewissen Zeit zu. Er nimmt eine grünliche Färbung an, wird dann sauer und verläßt allmählich den Magen. Der Mageninhalt nimmt vor allem durch Hinzutreten der sich in das Lumen des Zwölffingerdarmes ergießenden Verdauungssäfte (Galle, Pankreas- und Darmsaft), sodann aber auch durch Beimengung von Magensaft zu. Diese Tatsache wurde zuerst im Laboratorium von *J. P. Pawlow* im Jahre 1896 durch *Damaskin*[1]) konstatiert. Indem *Damaskin* in den Magen eines Hundes Provenceröl eingoß, um seinen Einfluß auf die Pankreassekretion zu erforschen, nahm er wahr, daß der Magen bisweilen bereits $^1/_2$ Stunde nach Einführung des Öls leer war. Allein nach einiger Zeit begann aus der Magenfistel eine alkalische Flüssigkeit von gelb-grüner Färbung mit einer Beimischung von emulgiertem Öl auszufließen. Zweifellos fand hier eine Zurückwerfung der Darmflüssigkeiten mitsamt dem in den Darm übergegangenen Öl in den Magen statt. Und noch etwas später (1 bis 2 Stunden) wurde die alkalische Reaktion im Magen durch eine saure ersetzt. Mit anderen Worten: es wurde eben jene Folge von Erscheinungen beobachtet, welche wir bei den *Piontkowski* schen Versuchen wahrnahmen.

Eine Beimischung von Fett zu anderen Nahrungssorten beeinflußt in gleich auffallender Weise den Verlauf der Magensaftsekretion. Die Kurve der Magensaftabsonderung nimmt einen eigenartigen Charakter an: die Sekretion dehnt

Tabelle LIII.

Die Arbeit der Magendrüsen bei fettem Fleisch und Brot. Mittlere Zahlen (nach *Gordejew*).

Stunde	100 g Fleisch		100 g Fleisch + 50 g Butter		100 g Brot		100 g Brot + 100 g Butter	
	Saftmenge in ccm	Verdauungskraft in mm	Saftmenge in ccm	Verdauungskraft in mm	Saftmenge in ccm	Verdauungskraft in mm	Saftmenge in ccm	Verdauungskraft in mm
I	7,4	4,0	1,8	4,0	3,8	4,3	1,6	2,4
II	7,2	3,4	0,9	3,6	2,2	5,7	0,9	2,4
III	4,6	4,2	1,0	3,0	1,3	6,1	0,6	2,6
IV	2,0	5,2	2,3	3,0	1,3	6,1	0,5	2,8
V	1,8	5,3	4,5	2,5	0,7	5,8	1,2	1,8
VI	0,9	5,9	2,2	3,6	0,3	5,9	2,0	1,4
VII	0,5	—	0,9	5,3	—	—	1,8	2,2
VIII	—	—	0,7	—	—	—	0,7	3,3
IX	—	—	0,2	—	—	—	0,3	—
Insgesamt und durchschnittlich	24,4	3,9	14,5	3,1	9,6	5,6	9,6	2,7
Sekretionsdauer	7 St.	—	9 St.	—	6 St.	—	9 St.	—

[1]) Pawlow, Vorlesungen, Wiesbaden 1898, S. 159. — Vgl. auch Damaskin, Die Wirkung des Fettes auf die Absonderung des Pankreassaftes. Verhandlungen der Gesellschaft russ. Ärzte zu St. Petersburg 1895—1896, 63. Jahrgang, Februar, S. 7.

sich auf einen bedeutend längeren Zeitraum aus, die Saftmenge ändert sich im Vergleich zur Norm, meist im Sinne einer Verringerung, und die Verdauungskraft des Saftes sowie seine Acidität sinkt[1]). Die latente Periode der Saftsekretion nimmt zu[2]).

Auf Tabelle LIII sehen wir die Versuche *Gordejews*[3]), der die Arbeit *Wirschubskis* wiederholte, mit fettem Fleisch (100 g Fleisch + 50 g Butter) und Brot (100 g Brot + 100 g Butter). Daneben sind Kontrollversuche mit Fleisch und Brot aufgeführt.

Bei Genuß von fettem Fleisch steigt die Kurve der Magensekretion zweimal an (in der 1. und dann 4. bis 5. Stunde) und sinkt in der Zwischenzeit (2. und 3. Stunde) wieder ab. Wenn wir den geringen Anstieg während der ersten Stunde auf die durch den Speiseaufnahmeakt hervorgerufene Sekretion zurückführen, so sehen wir auch bei den Versuchen mit fettem Fleisch die gleichen zwei typischen Phasen der Magensaftabsonderung, wie bei reinem Fett. Wenn auch in weniger prägnanter Form, so finden wir doch genau eben jene Verhältnisse auch bei fetter Brotnahrung. Die Saftmenge ist bei fettem Fleisch geringer als in der Norm; fettes Brot rief trotz einer Gewichtszunahme an Fett in Höhe von 50% keine lebhaftere Sekretion hervor als gewöhnliches Brot. Die Sekretionsdauer nahm in beiden Fällen zu, die Verdauungskraft dagegen ab. Somit wies trotz einer gewissen Steigerung der Saftsekretion innerhalb der zweiten Phase die Arbeit der Magendrüsen im allgemeinen eine Hemmung auf. Weiter unten werden wir noch Gelegenheit haben, eingehend auf die Fettnahrung zurückzukommen.

Milch stellt ein Nahrungsmittel dar, das schon an und für sich Fett enthält (gegen 3,5%). Durch die Gegenwart von Fett läßt sich zum Teil die langsame Sekretion auf Milch während der ersten und ihre Steigerung in der zweiten und dritten Stunde erklären. Mit anderen Worten: wir sehen bei Genuß von Milch eine Absonderung des Magensaftes vor uns, die nach ihrem Verlauf derjenigen ähnlich ist, die wir auch bei anderen Sorten fetter Nahrung beobachten konnten. Eine Fettzunahme in der Milch äußert sich in einer Hemmung der Magensekretion, in einer Ausdehnung dieser letzteren auf einen weit längeren Zeitraum sowie in einer Abnahme der Verdauungskraft.

Tabelle LIV (S. 158) enthält zweierlei Versuche: einen mit Genuß von 600 ccm Milch (nach *Chishin*[4])) und einen mit 600 ccm Sahne (nach *Lobassow*[5])). Sahne unterscheidet sich von Milch durch einen größeren Fettgehalt (20% gegen 3,6%).

Somit übt Fett, besonders während der ersten Phase seiner Wirkung, auf die quantitative Seite der Magensaftsekretion eine hemmenden Einfluß aus. Was die Verdauungskraft anbetrifft, so hält sie sich fast bis zum Ende der Sekretionsperiode in sehr schwachen, bedeutend schwächeren Grenzen als bei den chemischen Erregern. Ja, in einigen Fällen, wo die Absonderung während der zweiten Phase zunimmt, läßt sich sogar ein Absinken bei ihr wahrnehmen. (Wenn sich eine Erhöhung der Verdauungskraft überhaupt beobachten läßt, so geschieht das nur ganz gegen Ende der Verdauungsperiode.) Mithin divergiert sich gleichsam die Wirkung des Fettes innerhalb der zweiten Phase: die Sekretion der flüssigen Teile des Saftes wird stärker, die Fermentsekretion bleibt eine gleich niedrige wie in der ersten Phase oder nimmt sogar noch ab[6]).

---

[1]) A. M. Wirschubski, Die Arbeit der Magendrüsen bei verschiedenen Sorten fetter Speise. Diss. St. Petersburg 1900.

[2]) Lobassow, Diss. St. Petersburg 1896, S. 118.

[3]) J. M. Gordejew, Die Arbeit des Magens bei verschiedenen Speisesorten. Diss. St. Petersburg 1906, S. 102 u. 150.

[4]) Chishin, Diss. St. Petersburg 1894, S. 93.

[5]) Lobassow, Diss. St. Petersburg 1896, S. 131.

[6]) Lobassow, Diss. St. Petersburg 1896, S. 123.

Tabelle LIV.

Die Magensaftabsonderung aus dem isolierten kleinen Magen bei Genuß von 600 ccm Milch und 600 ccm Sahne durch ein und denselben Hund (nach *Chishin* und *Lobassow*).

Stunde	600 ccm Milch		600 ccm Sahne	
	Saftmenge in ccm	Verdauungskraft in mm	Saftmenge in ccm	Verdauungskraft in mm
I	4,0	4,21	2,4	2,2
II	8,6	2,35	3,4	2,0
III	9,2	2,35	4,1	2,0
IV	7,7	2,65	2,2	1,75
V	4,0	4,68	2,2	2,0
VI	0,6	6,12	1,8	1,38
VII	—	—	2,5	1,88
VIII	—	—	1,3	1,63
Durchschnittlich	39,9	3,25	19,9	1,63
Sekretionsdauer	$5^{1}/_{2}$ St.	—	$7^{3}/_{4}$ St.	—

Die Reihenfolge, die hinsichtlich der Einführung des Fettes und der Nahrungsaufnahme eingehalten wird, hat auf die hemmenden Eigenschaften des Fettes keinerlei Einfluß. Das Fett kann, wie in den oben zitierten Versuchen, mit der Nahrung vermischt sein; es kann jedoch auch 1—2 Stunden vor der Nahrungsaufnahme oder gleichzeitig mit der Nahrung (z. B. durch die Magenfistel) in den Magen eingeführt werden. In sämtlichen Fällen nimmt der Gang der Saftsekretion die für Fettnahrung typischen Züge an. Wird das Fett in den Magen im Höchststadium der sekretorischen Arbeit der Magendrüsen, d. h. nach der Speiseaufnahme eingeführt, so kommt von der ersten Viertelstunde an seine hemmende Wirkung zur Entwicklung[1]).

Bei Untersuchung der verschiedenen Fettsorten ergab sich, daß den stärksten hemmenden Einfluß auf die Arbeit der Magendrüsen Sahnenbutter, sodann Provenceröl und an dritter Stelle zerlassene Kuhbutter ausübt, und daß am schwächsten das Öl süßer Mandeln wirkt[2]).

Nunmehr drängen sich uns eine Reihe von Fragen auf. Wie kommt es, daß das Fett in seiner ersten Wirkungsphase hemmend auf die Arbeit der Magendrüsen einwirkt, während es innerhalb der zweiten sie gerade anregt? Welche Erscheinung liegt der hemmenden Wirkung des Fettes zugrunde? Von welchem Teile des Verdauungskanals aus gelangt sie zur Entwicklung? Welche Erreger der Magensekretion wirken innerhalb der zweiten Phase? Von wo aus regen sie die Arbeit der Fundusdrüsen an?

Wir wollen die erste und zweite Wirkungsphase des Fettes getrennt voneinander betrachten.

Die hemmende Wirkung des Fettes kann durch lokale Ursachen erklärt werden. Das Fett kann beispielsweise die Speiseteilchen einhüllen und die Einwirkung des Magensaftes auf sie, folglich auch die Vermischung der bereits vorhandenen chemischen Erreger mit dem Magensaft oder die Bildung neuer verhindern. Endlich kann man meinen, daß das Fett die Öffnung der Ausführungsgänge verstopft und es dem Safte unmöglich macht, sich in die Magenhöhle zu ergießen. Keine von diesen Annahmen hält einer experimentellen Kritik gegenüber stand.

---

[1]) Lobassow, Diss. St. Petersburg 1896, S. 118.
[2]) Lobassow, Diss. St. Petersburg 1896, S. 124.

Man kann die chemischen Erreger aus dem Versuch vollständig eliminieren, aber nichtsdestoweniger tritt die hemmende Wirkung des Fettes in vollem Umfange in die Erscheinung. Hierzu bedient man sich der durch den Speiseaufnahmeakt hervorgerufenen Absonderung des Magensaftes. Einem Hunde mit Oesophagotomie und einer Magenfistel gießt man in den Magen 50—100 g Provenceröl ein und nimmt dann 20—30 Minuten später in üblicher Weise eine Scheinfütterung mit Fleisch vor. Jetzt kann man das Öl aus dem Magen herauslassen und die Sekretion des Magensaftes beobachten. Im Gegensatz zu den unter normalen Umständen gemachten Beobachtungen setzt die Sekretion erstens außerordentlich spät ein — d. h. die latente Periode umfaßt anstatt der üblichen fünf bis sieben Minuten einen Zeitraum von $\frac{1}{4}$—$\frac{1}{2}$ Stunde — und zeigt sich zweitens von einer sehr schwachen Seite oder bleibt sogar ganz aus. Im Falle der Sekretion des Magensaftes verfügt letzterer über eine bedeutend geringere Verdauungskraft[1]).

Behufs Entkräftung der zweiten Annahme über die Verstopfung der Ausführungsgänge der Drüsen mit Fett wurden an einem Hunde nicht nur mit einer Oesophagotomie und Magenfistel, sondern auch mit isoliertem kleinem Magen analoge Versuche mit Scheinfütterung angestellt. Das in den großen Magen eingegossene Öl verblieb daselbst während der ganzen Versuchsdauer und kam natürlich mit der Schleimhaut des isolierten kleinen Magens nicht in Berührung. Gleichwohl gelängte aus dem isolierten kleinen Magen im Verlaufe eines Zeitraums von 2 Stunden, während dessen diese Beobachtung angestellt wurde, kein einziger, Tropfen Saft zur Ausscheidung. Selbstverständlich hatte beim Kontrollversuch die Scheinfütterung eines solchen Hundes eine lebhafte Arbeit der Magendrüsen zur Folge[2]).

Also verhindert das Fett die Saftsekretion nicht auf mechanischem Wege. Somit bleibt uns nichts weiter übrig, als das Fett den übrigen chemischen Erregern zuzurechnen, von denen die einen die Magensekretion anregen, die anderen hemmen.

Wir wenden uns nun der Frage zu, von wo aus die hemmende Wirkung des Fettes zur Entwicklung gelangt.

Die folgenden Versuche *Sokolows*[3]) (Tab. LV) zeigen, daß das Fett eine hemmende Wirkung nicht vom Magen, vielmehr vom Zwölffingerdarm aus zur Entwicklung bringt.

Einem Hunde mit isoliertem kleinem Magen wurde Fett (50 g Sahnenbutter) einmal in den abgesonderten Magen (Fundusteil mitsamt dem Pylorus), das andere Mal in das Duodenum eingeführt. (Die äußere Gastroenterostomose zwischen der Magen- und Duodenalfistel wurde entfernt.) Eine Stunde später wurde dann bei beiden Versuchen in den abgesonderten Magen 100 g Fleisch und 100 ccm Wasser eingeführt. Da Fett an sich weder bei seiner Einführung in den Magen noch bei seiner Einführung in den Darm eine Absonderung des Magensaftes zur Folge hatte, so konnte man nach der Veränderung der Saftsekretion, wie sie auf eine Mischung von Fleisch und Wasser eintrat, schließen, von wo aus es seine Wirkung ausübt, und welcher Art diese letztere ist.

Auf Tabelle LV ist neben diesen Versuchen ein Kontrollversuch mit Einführung einer gleichen Mischung von Fleisch und Wasser in den abgesonderten und vom Darm abgetrennten Magen dargestellt.

Wie aus Tabelle LV ersichtlich, übte das vorher in den Magen eingeführte Fett fast gar keinen Einfluß auf die Arbeit der Magendrüsen aus (im Verlaufe von

---

[1]) Lobassow, Diss. St. Petersburg 1896, S. 125.
[2]) Lobassow, Diss. St. Petersburg 1896, S. 127.
[3]) Sokolow, Diss. St. Petersburg 1904, S. 65.

4 Stunden 6,9 ccm gegen 7—6 ccm in der Norm). Umgekehrt hatte seine Einführung in den Zwölffingerdarm eine auffallende Hemmung der Magensaftsekretion
im Gefolge (3,9 ccm gegen 7,6 ccm).

Tabelle LV.

Hemmung der Magensekretion bei Einführung von Fett in den Zwölffingerdarm (nach *Sokolow*).

Stunde	In den Magen 50 g Sahnenbutter eingeführt	In das Duodenum 50 g Sahnenbutter eingeführt	Kontrollversuch
	Saftmenge in ccm	Saftmenge in ccm	Saftmenge in ccm
I	0,1	0	0,3
	In den Magen 100 g Fleisch + 100 ccm Wasser eingeführt	In den Magen 100 g Fleisch + 100 ccm Wasser eingeführt	In den Magen 100 g Fleisch + 100 ccm Wasser eingeführt
I	1,7	0,4	2,7
II	1,9	1,6	2,0
III	1,6	0,9	1,5
IV	1,7	1,0	1,4
Insgesamt	6,9	3,9	7,6

Als weiterer einwandfreier Beweis dafür, daß das Fett seine hemmende Wirkung gerade vom Zwölffingerdarm aus ausübt, dienen die Versuche mit Zurückhaltung von Milch im abgesonderten Magen.

Unter normalen Bedingungen, d. h. bei unbehindertem Übergang der Milch
aus dem Magen in die Därme, ist für die Kurve der Magensekretion, wie wir wissen,
in der ersten Stunde ein Tiefstand, ein leichtes Ansteigen während der zweiten
und ein Maximalanstieg innerhalb der dritten Stunde charakteristisch.

Weiter oben gingen wir davon aus, obs nicht ein solcher Verlauf der Magensekretion sich zum Teil auf den hemmenden Einfluß des in der Milch enthaltenen
Fettes zurückführen lasse. Und in der Tat bekommt die Kurve, wenn man die vom
Hunde verzehrte Milch im abgesonderten Magen zurückhält, ein völlig verändertes
Aussehen. Das Maximum der Sekretion entfällt nunmehr auf die erste Stunde;
im weiteren Verlaufe nimmt die Absonderung ab (*Sokolow*[1]), *Lönnqvist*[2])). Mit einem
Wort: das Bild der Kurve ist ein solches, als hätte man dem Hunde Fleisch zu fressen
gegeben.

Auf Tabelle LVI geben wir den entsprechenden *Lönnqvist*schen Versuch wieder.
Hier kann man sehen, daß eine vorhergehende Einführung von Fett in den abgesonderten Magen auf die durch den Genuß von Milch hervorgerufene Sekretion
ganz ohne jeglichen Einfluß geblieben ist, während seine Einführung in den Darm
jene nicht nur herabsetzt, sondern der Sekretionskurve auch ihren charakteristischen „Milch"-Typus zurückgegeben hat.

Wir wenden uns nun der zweiten Wirkungsphase des Fettes zu.

Wie wir oben gesehen haben, fällt bei Einführung von reinem Fett die
Absonderung des Magensaftes gewöhnlich mit einer Zurückwerfung von emulgiertem Fett mitsamt den sich in den Zwölffingerdarm ergießenden Verdauungssäften in den Magen und einem Anwachsen des Mageninhaltes zusammen.
Dies berechtigt zu der Annahme, daß als Erreger der Magensekretion
während der zweiten Phase die Produkte der Fettspaltung und
Fettumwandlung anzusehen sind. Die Versuche bestätigten diese
Auffassung.

---

[1]) Sokolow, Diss. St. Petersburg 1904, S. 70.
[2]) Lönnqvist, Skand. Archiv f. Physiologie 1906, Bd. XVIII, S. 213.

Tabelle LVI.

Die Arbeit der Magendrüsen bei Zurückhaltung der genossenen Milch im abgesonderten Magen und der Einfluß des in den Magen oder Zwölffingerdarm eingeführten Fettes auf den Verlauf der durch Milch hervorgerufenen Sekretion. (Hund mit isoliertem kleinen Magen und abgesondertem großem Magen, in dem bei allen drei Versuchen Milch zurückgehalten wird.) Nach *Lönnqvist*.

Stunde	Saftmenge in ccm	Saftmenge in ccm	Saftmenge in ccm
		In den Magen 40 ccm Provenceröl eingegossen	In den Zwölffingerdarm 40 ccm Provenceröl eingegosesn
I	Genuß von 600 ccm Milch	0	0
		Genuß von 600ccm Milch	Genuß von 600ccm Milch
I	7,05	7,3	0,8
II	4,9	5,6	2,0
III	2,9	1,4	2,4
Insgesamt	14,85	14,3	5,2
Großer Magen	925 ccm	1000 ccm	730 ccm

Während Glycerin[1]) keinerlei safttreibende Eigenschaften aufzuweisen vermochte, wurden solche bei Oleinsäure und besonders bei Seifen konstatiert.

Der safttreibende Einfluß von Seifenlösungen (beispielsweise von 2,5—10-proz. Lösungen Natrii oleinici) wurde von *Babkin*[2]) konstatiert und in eingehender Weise von *Piontkowski*[3]) untersucht.

Auf Tabelle LVII sehen wir die Versuche *Piontkowski*s an einem Hunde mit isoliertem kleinem Magen mit Eingießung von Wasser, einer 5 proz. Glycerinlösung einer 2 proz. Sodalösung sowie einer 10 proz. und 1 proz. Lösung von Natrium oleinicum durch die Fistel in den großen Magen.

Während eine Glycerinlösung eine ebenso starke (2,4 ccm) und eine Sodalösung eine geringere (1,5 ccm) Magensaftsekretion hervorrief als Wasser (2,2 ccm), zeigte Natrium oleinicum selbst in einer bereits eine deutlich-alkalische Reaktion aufweisenden 1 proz. Lösung energische safttreibende Eigenschaften (4,0 ccm; 10 proz. Lösung 12,8 ccm). Bei konzentrierteren Lösungen Natrii oleinici (5% und 10%) läßt sich eine vorübergehende Zunahme des Mageninhalts und ein Übergehen seiner alkalischen Reaktion in eine saure beobachten. Der sich auf Seifen absondernde Saft ist nicht reich an Fermenten.

Die Tatsache der safttreibenden Wirkung von Seife, als einem Produkt der Fettumwandlung, gewann besonders an Glaubwürdigkeit, als es *Piontkowski*[4]) gelang, den Nachweis zu erbringen, daß auch die sich bei Verarbeitung neutralen Fettes durch den Pankreassaft und Darmsaft in Vermischung mit Galle bildenden natürlichen Seifen die Magensaftabsonderung in energischer Weise anregen.

---

[1]) Piontkowski, Diss. St. Petersburg 1906, S. 23. — A. S. Bylina, Über den Einfluß von neutralem Fett und seinen Komponenten auf die Arbeit der Magendrüsen und des Pankreas. Russki Wratsch 1912, Nr. 9 u. 10.

[2]) B. P. Babkine, L'influence des savons sur la sécrétion du pancreas. Arch. d. Scienc. Biol. 1904, T. 11, Nr. 3.

[3]) Piontkowski, Diss. St. Petersburg 1906, S. 23ff.

[4]) Piontkowski, Diss. St. Petersburg 1906, S. 29ff.

Tabelle LVII.

Die Magensaftabsonderung aus dem isolierten kleinen Magen eines Hundes bei Einführung von Wasser und Lösungen von Glycerin, Soda und Natrium oleinicum in den großen Magen (nach *Piontkowski*).

Stunde	100 ccm Wasser	100 ccm einer 5 proz. Glycerinlösung	100 ccm e.ner 2 proz. Sodalösung	100 ccm einer 10 proz. Lösung N. oleinici.	100 ccm e ner 1 proz. Lösung N. oleinici.
	Saftmenge in ccm	Saftmenge in ccm	Saftmenge in ccm	Saftmenge in ccm	Saftmenge in ccm
I	1,6	1,8	1,0	5,6	3,4
II	0,6	0,6	0,5	5,0	0,6
III	—	—	—	2,2	—
Insgesamt	2,2	2,4	1,5	12,8	4,0
Verdauungskraft in mm	—	—	—	2,3	—
Acidität in Proz. HCl	—	—	—	0,4235	—

Die Versuche wurden in folgender Weise vorgenommen. Einem Hunde mit einer Fistel des Zwölffingerdarms entnahm man Pankreassaft, Darmsaft und Galle. Die an fettspaltenden Fermenten reiche Flüssigkeit wurde mit Provenceröl vermengt und mit einem Zusatz von Thymol für die Dauer von 10—20 Stunden in den Thermostat gestellt. Hierauf wurde sie gekocht, dann mit einer 5 proz. Sodalösung neutralisiert und schließlich das nicht in Zersetzung übergegangene Öl von ihr abgegossen. Die auf diese Weise erhaltene Flüssigkeit wurde in den großen Magen eines Hundes, bei dem ein isolierter kleiner Magen hergestellt war, in einer Quantität von 100 ccm eingeführt. Zu Kontrollzwecken goß man eben jenem Hunde 100 ccm von den Duodenalsäften ein, die im Thermostat mit Thymol 10 Stunden lang gestanden hatten.

Aus Tabelle LVIII ist ersichtlich, daß auch die natürlichen Produkte der Fettverwandlung, d. h. die Seifen, über eine deutliche safttreibende Wirkung verfügen (6,4 ccm pro 2 Stunden). Der Kontrollversuch mit einer Mischung aus den Duodenalsäften zeigte, daß auf sie ein nur sehr unbedeutender Teil des safttreibenden Effekts entfällt: auf ihre Mischung gelangte nur wenig mehr Saft zur Absonderung, als auf eine entsprechend große Quantität Wasser (3,0 ccm gegen 2,2 ccm).

Tabelle LVIII.

Die Magensaftsekretion aus dem isolierten kleinen Magen eines Hundes bei Einführung natürlicher Seifen und einer Mischung aus den sich in den Zwölffingerdarm ergießenden Säften (nach *Piontkowski*.)

Stunde	100 ccm der natürlichen Produkte der Fettumwandlung in den Magen eingeführt	100 ccm von den Duodenalsäften in den Magen eingeführt
	Saftmenge in ccm	Saftmenge in ccm
I	5,4	2,1
II	1,0	0,9
Insgesamt	6,4	3,0

Was den Teil des Verdauungskanals anbetrifft, von dem aus die Seifen ihre safttreibende Wirkung auf die Fundusdrüsen zur Entwicklung bringen, so ist als solcher der Pylorus zu betrachten. Wie wir weiter oben gesehen haben (S. 119), bleibt die Einführung einer Seifenlösung in den abgesonderten Magenfundus ergebnislos. Ebenso bleibt jegliche sekretorische Wirkung aus, wenn man die Seifen in den Zwölffingerdarm eines Hundes eingießt, dessen großer Magen abgesondert ist (*Zeljony*[1]). Umgekehrt ruft die Einführung einer Seifenlösung in den isolierten Pylorus eine ergiebige Magensaftsekretion hervor. Als Beispiel diene folgender Versuch von *Sawitsch* und *Zeljony*[2]).

Zeit	Saftmenge in ccm aus der Fistel des großen Magens
15′	0
15′	0
In den isolierten Pylorus eine 3 proz. Lösung N. oleinici eingeführt.	
15′	2,0
15′	10,0
15′	9,0
Lösung abgelassen.	
15′	4,5

Somit üben die Seifen — gleich vielen anderen chemischen Erregern — ihre Wirkung von der Oberfläche des Pylorus aus.

Großes Interesse bietet die Frage über den Einfluß der Fettsäuren (z. B. der Oleinsäure) auf die Magensekretion. Das Fett spaltet sich unter dem Einfluß lipolytischer Fermente in Glycerin und Fettsäure. Das erstere ist, wie wir wissen, unwirksam; die Fettsäure bedingt eine Absonderung des Magensaftes (*Piontkowski*[3]), *Babkin* und *Ishikawa*[4])). Allein hierbei entsteht die Frage: ob diese Wirkung der Fettsäure selbständig vor sich geht oder ob die Säure, um safttreibende Eigenschaften zu erhalten, vorerst alkalisches Salz, d. h. Seifen bilden muß. Die Möglichkeit für eine derartige Umwandlung der Säure ist im Duodenum infolge Vorhandenseins einer großen Quantität sich in dessen Lumen ergießender alkalischer Säfte gegeben.

Piontkowski vertrat gerade diesen letzteren Standpunkt. Nach seinen Versuchen ruft eine reine Oleinsäureemulsion bedeutend später eine Sekretion des Magensaftes hervor, als eine gleiche Emulsion doch mit Galle vermischt. Eine Seifenbildung in dieser letzteren Kombination annehmend, spricht *Piontkowski* der Oleinsäure die Fähigkeit, die Magendrüsen zur Arbeit anzuregen, ab. Indes waren diese Daten an einem Hunde mit Magen- und Duodenalfisteln erzielt worden; die Versuchslösungen wurden in den Zwölffingerdarm eingegossen; man beobachtete die Magensaftsekretion aus der Magenfistel. Diese Methodik begegnet einigen Einwendungen. Sowohl neutrales Fett, als auch Fettsäuren und Seifen rufen vom Zwölffingerdarm aus einen reflektorischen Verschluß des Pylorus hervor[5]). Allein wir wissen nicht, wer eine energischere Wirkung ausübt: Fettsäure, und zwar in Gestalt von Oleinsäure, oder Seife — mit anderen Worten: in welchem Falle der Sphincter pyloricus sich früher öffnet und die Flüssigkeit in den Pförtner hindurchläßt. Ferner üben, wie *Bylina*[6]) dargetan hat, nicht nur Fett, sondern auch Oleinsäure auf die durch den Speiseaufnahmeakt, beispielsweise den Genuß von Fleisch hervorgerufene Magensaftsekretion einen hemmenden Einfluß aus. Was die Seife an-

---

[1]) Zeljony, Arch. d. Sciences biol. 1912, T. XVII, Nr. 5.

[2]) Sawitsch und Zeljony, Pflügers Archiv 1913, Bd. CL, S. 133.

[3]) Piontkowski, Diss. St. Petersburg 1906, S. 35.

[4]) B. P. Babkin und H. Ishikawa, Zur Frage über den Mechanismus der Wirkung des Fettes als sekretorischen Erregers der Bauchspeicheldrüse. Pflügers Archiv 1912, Bd. CXLVII, S. 307.

[5]) S. J. Lintwarew, Über die Rolle der Fette beim Übergang des Mageninhalts in die Därme. Diss. St. Petersburg 1901.

[6]) Bylina, Russki Wratsch 1912, No. 9 u. 10.

betrifft, so hemmt sie in einem derartigen Falle die Arbeit der Drüsen nur während der ersten Phase der Magensekretion und auch hier lediglich innerhalb der ersten Stunde. Im allgemeinen aber gelangt bei Eingießung von Seife in den Magen und nachfolgendem Genuß von Fleisch selbst mehr Magensaft zur Absonderung als nur bei Genuß von Fleisch. Daher ist die Annahme durchaus zulässig, daß Oleinsäure gleich dem neutralen Fett vom Duodenum aus die Magensaftsekretion aufhält. Dies schließt natürlich die Möglichkeit nicht aus, daß vom Pylorus aus die Oleinsäure umgekehrt die Magendrüsen zur Tätigkeit anregt. Die Frage läßt sich eher unter Anwendung einer anderen Methodik entscheiden: beispielsweise bei Eingießung einer Oleinsäureemulsion in den isolierten Pylorus, wenngleich auch hier die Möglichkeit einer Bildung von Seifen mit Alkali des Pylorussaftes nicht ausgeschlossen ist.

Wir dürfen nicht unterlassen, noch der antagonistischen Wirkung des Fettes und der Seife auf die Magendrüsen Erwähnung zu tun. Neutrales Fett hemmt, wie wir wissen, die Magensekretion vom Zwölffingerdarm aus, Seife regt sie vom Pylorus aus an. Mischt man einer Seifenlösung Fett bei, so wird die Wirkung der Seife schwächer, während die Dauer der Sekretion zunimmt[1]. Dies erhellt aus Tabelle LIX, auf der nebeneinander dargestellt sind Versuche mit Eingießung von 100 ccm einer 10 proz. Lösung Natrii oleinici und Eingießung einer gleichen Lösung, doch mit Beimischung von 30 ccm Provenceröl. Die Saftmenge sank von 12,8 ccm bis auf 7,5 ccm, die Sekretionsdauer stieg dagegen von 3 auf 4 Stunden.

Tabelle LIX.

Der Einfluß einer Beimischung neutralen Fettes auf die durch eine 10 proz. Lösung Natrii oleinici hervorgerufene Arbeit der Magendrüsen (Absonderung aus dem isolierten kleinen Magen). (Nach *Piontkowski*.)

Stunde	In den großen Magen 100 ccm einer 10 proz. Lösung Natrii oleinici eingegossen	In den großen Magen 100 ccm einer 10 proz. Lösung Natrii oleinici + 30 ccm Provenceröl eingegossen
	Saftmenge in ccm	Saftmenge in ccm
I	5,6	0,5
II	5,0	1,1
III	2,2	4,0
IV	—	1,9
Insgesamt	12,8	7,5

Diesen antagonistischen Einflüssen des neutralen Fettes und der Seife auf die Arbeit der Magendrüsen muß man bei Beurteilung der Saftsekretion auf fette Nahrung Rechnung tragen. Zum mindesten muß in einigen Momenten der Saftsekretion hier ein Widerstreit stattfinden zwischen dem negativen und dem positiven Einfluß des Fettes und der gleichzeitig mit diesem im Magendarminhalt vorhandenen Produkten seiner Umwandlung.

Soda.

Kompliziert operierte Hunde mit abgesondertem Magen (Fundusteil mitsamt dem Pylorus), isoliertem kleinem Magen und Fisteln des Fundusteiles des abgesonderten Magens sowie des Zwölffingerdarmes, die auf Wunsch vermittels einer äußeren Gastroenterostomose verbunden werden konnten, gaben die Mög-

---

[1] Piontkowski, Diss. St. Petersburg 1906.

lichkeit, die höchststreitige Frage hinsichtlich der anregenden oder hemmenden Wirkung von Soda auf die Magendrüsen zu entscheiden. Die Wahrheit liegt, wie sich herausstellte, in der Mitte. Recht hatten sowohl diejenigen, welche behaupteten, daß Soda die Arbeit der Pepsindrüsen anrege, als auch die anderen, die in Soda eine die Tätigkeit jener Drüsen hemmende Substanz sahen. Alles hängt davon ab, von welcher Oberfläche des Magendarmkanals aus das Soda seine Wirkung hervorbringt. 0,5 proz. und stärkere Sodalösungen riefen, wenn sie in den abgesonderten Magen eines Hundes eingeführt wurden, eine Magensaftabsonderung hervor, während ihre Einführung in den Zwölffingerdarm auf die durch irgendeinen anderen Erreger bedingte Arbeit der Fundusdrüsen hemmend einwirkte (Lönnqvist[1])). Folglich regt Soda von der Oberfläche des Pylorus aus die Magendrüsen zur Arbeit an, während es von der Oberfläche des Zwölffingerdarmes aus hemmend auf sie einwirkt.

Auf der ersten Hälfte der Tabelle LX (vgl. Fig. 13) sind die Versuche Lönnqvists mit Einführung von 0,5-, 1,0- und 1,5proz. Sodalösungen in den abgesonderten Magen eines Hundes dargestellt. Weniger konzentrierte Lösungen wirkten annähernd in gleichem Maße, wie entsprechende Quantitäten Wasser (im Verlaufe von 2 Stunden 5,43 ccm; s. Tab. XXXIX). Auf der zweiten Hälfte eben jener Tabelle kann man sehen, wie Sodalösungen (0,5, 1,0 und 1,5%), in den Darm eingeführt, die durch Eingießung von Wasser in den abgesonderten Magen

[1] Lönnqvist, Skand. Archiv. f. Physiologie 1906, Bd. XVIII, S. 232ff.

Tabelle LX.

Die Sekretion aus dem isolierten kleinen Magen eines Hundes in dessen abgesonderten großen Magen, bei den ersten drei Versuchen Sodalösungen verschiedener Konzentration und bei den drei letzten Versuchen Wasser eingeführt wurde. In den Zwölffingerdarm werden eben solche Sodalösungen eingeführt (nach Lönnqvist).

Stunde	In den abgesonderten Magen 200 ccm einer 0,5 proz. Sodalösung eingegossen			In den abgesonderten Magen 200 ccm einer 1 proz. Sodalösung eingegossen			In den abgesonderten Magen eine 1,5 proz. Sodalösung eingegossen			In den abgesonderten Magen 200 ccm Wasser und in den Darm 200 ccm einer 5 proz. Sodalösung eingeführt.			In den abgesonderten Magen 200 ccm Wasser und in den Darm 200 ccm einer 1 proz. Sodalösung eingegossen			In den abgesonderten Magen 200 ccm Wasser und in den Darm 200 ccm einer 1,5 proz. Sodalösung eingegossen		
	Saftmenge in ccm	Verdauungskraft in mm	Acidität in %	Saftmenge in ccm	Verdauungskraft in mm	Acidität in %	Saftmenge in ccm	Verdauungskraft in mm	Acidität in %	Saftmenge in ccm	Verdauungskraft in mm	Acidität in %	Saftmenge in ccm	Verdauungskraft in mm	Acidität in %	Saftmenge in ccm	Verdauungskraft in mm	Acidität in %
I	4,2	4,0	0,46	4,7	3,5	0,48	5,4	2,7	0,48	2,1	4,4	0,43	2,4	4,0	0,44	2,3	3,8	—
II	2,0	3,8	—	6,4	2,6	0,50	7,1	2,4	0,50	0,7	—	—	0,8	—	—	0,7	—	—
Insgesamt und durchschnittlich	6,2	3,9	—	11,1	3,05	0,49	12,5	2,55	0,49	2,8	—	—	3,2	—	—	3,0	—	—
Großer Magen	340,0	2,8	0,14	380,0	2,9	0,06	410,0	2,0	0,012	250,0	2,8	0,17	260,0	3,2	0,165	250,0	2,4	0,15

eines Hundes hervorgerufene Arbeit der Magendrüsen hemmten. Je konzentrierter die in den Magen eingegossene Sodalösung ist, eine um so energischere Arbeit der Magendrüsen ruft sie hervor. Die Acidität (im Saft aus dem isolierten kleinen Magen) erhöht sich entsprechend der Geschwindigkeit der Sekretion. Die Verdauungskraft dagegen sinkt. Analoge Erscheinungen sahen wir auch bei Kochsalzlösungen (s. oben S. 132).

Sodalösungen, die man in den Zwölffingerdarm eingoß (ihre Konzentration spielte hierbei keine Rolle), setzten die Sekretion auf Wasser annähernd um ein

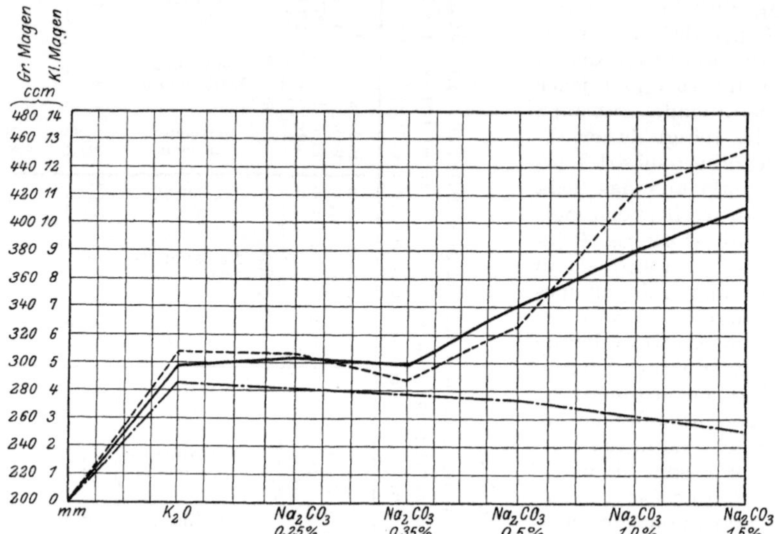

Fig. 13. Die Saftabsonderung aus dem kleinen Magen und in dem abgeschlossenen Magen bei Einführung von Wasser- und Sodalösungen in den letzteren (nach *Lönnqvist*).

— — — — — Saftmenge, kleiner Magen,
——————— Flüssigkeitsmenge, großer Magen,
—·——·——·— Verdauungskraft, kleiner Magen.

Doppeltes herab (im Durchschnitt 3,0 ccm gegen 5,4 ccm bei Wasser). Die Verdauungskraft des Saftes nahm mit einer Erhöhung der Konzentration der Lösung sehr unbedeutend ab. (0,5% Soda 4,4 mm; 1,0% 4,0 mm; 1,5% 3,8 mm . Durchschnittliche Verdauungskraft pro Stunde bei bloßem Wasser 4,03 mm.)

Als Beweis dafür, daß Soda seine safttreibende Wirkung gerade vom Pylorus aus entwickelt, dient folgender Versuch von *Sawitsch* und *Zeljony*[1]). Diese Forscher führten in den isolierten Pylorus 2,25- und 4 proz. Sodalösungen ein und gewahrten eine Magensaftsekretion aus den Drüsen des Fundusteiles.

Zeit	Saftmenge in ccm
15′	0
15′	0
In den Pylorus eine 2,25 proz. Sodalösung eingegossen.	
15′	5,0
15′	8,0
Soda abgelassen.	
15′	7,0
15′	3,5
In den Pylorus eine 4 proz Sodalösung eingegossen.	
15′	7,5
15′	11,0

---

[1]) Sawitsch und Zeljony, Pflügers Archiv 1913, Bd. CL, S. 136.

Dieser Versuch ist auch noch deswegen von großer Wichtigkeit, weil er in unzweifelhafter Weise die safttreibende Bedeutung von Soda hervorhebt. Bei den *Lönnqvist*schen Versuchen mit Einführung von Sodalösungen in den abgesonderten Magen konnte man den Einwand erheben, daß nicht Soda die safttreibende Wirkung ausübe, sondern NaCl und Kohlensäure, die aus Soda zusammen mit der Salzsäure des Magensaftes zur Bildung gelangen.

Wie wirken nun Sodalösungen bei ihrem unbehinderten Übergang aus dem Magen in die Därme? Im Einklang mit den Befunden von *Chishin*[1], *Soborow*[2] und anderen wirken 0,01—1,0 proz. Sodalösungen auf die Magensekretion hemmend ein. Diese Erscheinung findet ihre Erklärung darin, daß die alkalischen Flüssigkeiten außerordentlich rasch den Magen verlassen. (Im Gegensatz zu sauren Lösungen und Fett haben die alkalischen Flüssigkeiten einen Schließreflex des Pylorus nicht zur Folge.) Vom Darm aus bringen sie die ihnen eigentümliche hemmende Wirkung hervor.

Auf diese Daten gestützt, untersuchte *Pimenow*[3] an einem Hunde mit isoliertem kleinem Magen die Frage betreffs des Einflusses der Alkalien auf die Arbeit der Magendrüsen vom klinischen Standpunkt aus. Er goß einem Hunde in den großen Magen eine gewisse Zeit vor dem Fressen oder gleichzeitig mit dem Futter 300 ccm einer 0,5 proz. Sodalösung ein (annähernd den gleichen Sodagehalt finden wir in den Mineralwässern Vichy, Essentuki u. a.). Aus diesen Versuchen ergab sich, daß bei Einführung der Sodalösung vor dem Fressen (besonders $1^1/_2$ oder 2 Stunden vor der Fütterung) das Soda auf die Magensekretion einen hemmenden Einfluß hat, während es bei seiner Einführung zusammen mit der Nahrung die Absonderung erhöht. (Dieselbe Wirkung haben 0,1- und 1 proz. Sodalösungen.)

Aus Tabelle LXI folgt, daß die Einführung von Soda vor dem Fressen die Arbeit der Magendrüsen auffallend herabsetzt (bei Fleisch um ein $1^1/_2$ faches, bei Brot und Milch um ein Doppeltes). Die Kontrollversuche mit Wasser zeigen, daß diese

Tabelle LXI.

Der Einfluß einer 0,5 proz. Sodalösung, die 2 Stunden vor der Fütterung oder zusammen mit der Nahrung in den großen Magen eingeführt wird, auf die Arbeit der Magendrüsen. Saftabsonderung aus dem isolierten kleinen Magen (nach *Pimenow*).

Was und wann in den Magen eingegossen?	Saftmenge in ccm auf Genuß von 100 g Fleisch	Saftmenge in ccm auf Genuß von 100 g Brot	Saftmenge in ccm auf Genuß von 300 ccm Milch
—	24,2	14,0	25,8
300 ccm Wasser 2 Stunden vor der Speiseaufnahme eingegossen	21,6	16,5	25,0
300 ccm einer 0,5 proz. Sodalösung 2 Stunden vor der Speiseaufnahme eingegossen	16,4	7,8	13,4
300 ccm Wasser gleichzeitig mit der Nahrung eingegossen	34,2	25,0	24,8
300 ccm Soda gleichzeitig mit der Nahrung eingegossen	37,4	28,0	28,7

[1] Chishin, Diss. St. Petersburg 1894, S. 124.

[2] J. K. Soborow, Der isolierte kleine Magen bei pathologischen Zuständen des Verdauungskanals. Diss. St. Petersburg 1899, S. 25.

[3] P. P. Pimenow, Die Wirkung von Alkalien auf die Arbeit der Pepsindrüsen des Magens. Zentralblatt f. d. ges. Physiol. u. Pathol. des Stoffwechsels 1907, Nr. 12. Vgl. auch A. Bickel, Experimentelle Untersuchungen über den Einfluß der Mineralwässer auf die sekretorische Magenfunktion. Berl. klin. Wochenschrift 1906, Nr. 2 und Th. Borodenko, Zur Frage über die physiologische Wirkung kaukasischer Mineralwässer. Diss. Charkow 1908.

Wirkung einzig und allein auf das Soda zurückgeführt werden muß. Die Einführung von Soda in den Magen gleichzeitig mit der Nahrung erhöht die Absonderung des Magensaftes. Indes muß hier, wie aus den Kontrollversuchen mit Wasser ersichtlich, der Effekt zum größeren Teil der safttreibenden Wirkung des Wassers und nur in unbedeutendem Umfange (3—4 ccm) dem Soda zugeschrieben werden. Dies stimmt vollauf mit den oben zitierten Befunden *Lönnqvist*s überein, der auf eine 0,5proz. Sodalösung nur einen schwachen sekretorischen Effekt wahrnahm (s. Tab. LX). Bei größerer Konzentration der Sodalösung (z. B. Bestreuen von 100 g Fleisch mit 1,5 g Soda) nimmt die Magensaftsekretion zu (41 ccm).

Die Ursache einer so verschiedenen Wirkung der in den Magen vor Nahrungsaufnahme und zusammen mit der Nahrung eingegossenen Sodalösungen ist offenbar in dem Umstande zu suchen, daß sie im ersterem Falle unbehindert und rasch in den Darm übergehen, im letzteren dagegen im Magen zurückgehalten werden. Bei Verbindung von Soda mit der Salzsäure des Magensaftes bilden sich NaCl und CO_2, die, wie wir wissen, die Pepsindrüsen zur Arbeit anregen. *Pimenow* bestätigte dies an der Hand direkter Versuche, indem er in den Magen eines Hundes destilliertes Wasser und mit CO_2 gesättigtes Wasser einführte. 300 ccm vom ersteren ergaben 2,7 ccm, vom letzteren 5,9 ccm.

Es verdient hervorgehoben zu werden, daß Soda seine hemmende Wirkung nicht nur bei seiner Eingießung in den Magen, sondern auch bei Einführung seiner Lösungen direkt in den Darm ausübte. *Kasanski*[1]) führte einem Hunde mit isoliertem kleinen Magen täglich eine Stunde vor Fütterung 100 ccm einer $^1/_2$proz. Sodalösung in rectum ein und beobachtete eine Verringerung der Magensaftabsonderung um ein Doppeltes. Diese Beobachtung spricht deutlich dafür, daß Soda seine Wirkung auf die Magendrüsen durch das Blut ausübt, in das es nach der Resorption gelangt.

Zusammenfassende Übersicht der chemischen Erreger.

Also bildet der Pylorus denjenigen Teil des Verdauungstrakts, von dem aus die chemischen Erreger der Magensekretion ihre energischste Wirkung entfalten. Zu den Erregern der Sekretion rechnen wir: Wasser, Lösungen von NaCl und Na_2CO_3, die Extraktivstoffe des Fleisches, die Verdauungsprodukte des tierischen und Pflanzeneiweiß, den Speichel, den Pankreassaft, die Galle, CO_2, Essig-, Milch-, Butter- und Oleinsäure (?) sowie Seifen. Hinsichtlich einiger dieser Stoffe (Wasser, Extraktivstoffe des Fleisches) steht fest, daß sie eine sehr schwache safttreibende Wirkung vom Zwölffingerdarm aus entwickeln. Andere hinwiederum (Seifen) erwiesen sich unter ähnlichen Voraussetzungen als gänzlich unwirksam.

Allein außer den die Magensekretion anregenden Substanzen gibt es solche, die auf sie hemmend einwirken. An erster Stelle ist hier neutrales Fett zu nennen; sodann kommen Soda, Oleinsäure, Seifen, Salzsäure und Kochsalz. Die Oberfläche, von der aus Fett, Soda und Kochsalz ihre hemmende Wirkung entfalten, ist die Schleimhaut des Zwölffingerdarms. Offensichtlich ist sie es auch, von wo aus Oleinsäure und Seifen ihren hemmenden Einfluß ausüben. Salzsäure dagegen (in 0,5proz. Lösung) wirkt sowohl von der Oberfläche des Pylorus als auch vom Duodenum aus hemmend auf die Magensaftabsonderung ein.

Die von uns erörterte zweite Phase der Magensekretion erhielt infolge der Anregung der Pepsindrüsentätigkeit durch chemische Agenzien den Namen chemische Phase. Sie läßt sich ihrerseits in zwei weitere Phasen: die che-

---

[1]) N. P. **Kasanski**, Material zur experimentellen Pathologie und experimentellen Therapie der Magendrüsen eines Hundes. Diss. St. Petersburg 1901, S. 93.

mische Pylorusphase und die chemische Darmphase zerlegen. Im Verlaufe der ersteren wirken die Erreger, indem sie mit der Schleimhaut des Pylorus in Berührung kommen. Von hier aus entwickeln sie in der überwiegenden Mehrzahl der Fälle eine energische safttreibende Wirkung auf die Fundusdrüsen. Der hierbei zur Absonderung gelangende Saft besitzt eine mittlere Verdauungskraft. In Ausnahmefällen (0,5 proz. Salzsäurelösung) werden von der Oberfläche des Pylorus aus hemmende Impulse zu den Fundusdrüsen vermittelt.

Während der Darmphase gehen von der Schleimhaut gewöhnlich schwache Erregungsimpulse aus. Umgekehrt erreichen die hemmenden Einflüsse bei einigen Erregern eine sehr beträchtliche Stärke.

Der Einfluß einiger Stoffe vom Rectum aus auf die Magensaftsekretion.

Weder Wasser noch Lösungen Liebigschen Fleichextrakts regen bei ihrer Einführung in rectum die Arbeit der Magendrüsen an. Die Versuche wurden von *Lobassow*[1]) an Hunden mit einer Magenfistel und einem Heidenhain-*Pawlow*schen kleinen Magen oder einem kleinen Magen nach Heidenhain angestellt. Der Autor verwendete außerordentlich große Mengen von Liebigs Fleischextrakt (60 g in 600 ccm Wasser), gelangte aber gleichwohl zu einem negativen Resultat. Ein gleiches negatives Ergebnis erhält man bei Injektion von Milch, Dextrin und Pepton in rectum (*Sanozki*[2])). Sodalösungen, die in rectum eingegossen werden, wirken, wie wir bereits gesehen haben, hemmend auf die Arbeit der Magendrüsen ein (*Kasanski*[3])). Umgekehrt regen Alkohollösungen ihre Tätigkeit an. Dies ist sowohl in bezug auf Hunde als auch in bezug auf Menschen (Metzger[4])), Spiro[5]), Frouin und Molinier[6]), Radzikowski[7]), Pekelharing[8]), *Zitowitsch*[9])] nachgewiesen. Eingehender über Alkohol s. Abschnitt „Gifte der Magendrüsen".

Einige Kohlenhydrate (z. B. Dextrin) fördern bei ihrer Einführung in rectum nach Herzen[10]) die Fermentanhäufung im Magensaft.

Synthese der Sekretionskurve.

Nunmehr verfügen wir über eine große Anzahl von Daten, die die Arbeit der Magendrüsen bei verschiedenen mehr oder weniger elementaren Erregern

[1]) Lobassow, Diss. St. Petersburg 1896, S. 90.

[2]) Sanozki, Diss. St. Petersburg 1893, S. 69.

[3]) Kasanski, Diss. St. Petersburg 1901, S. 93.

[4]) L. Metzger, Über den Einfluß von Nährklysmen auf die Sekretion des Magens. Münch. med. Wochenschr. 1900, Nr. 45.

[5]) R. Spiro, Über die Wirkung der Alkoholklysmen auf die Magensaftsekretion beim Menschen. Münch. med. Wochenschr. 1901, Nr. 47.

[6]) A. Frouin et M. Molinier, Action de l'alcool sur la sécrétion gastrique. C. R. de l'Acad. des Sc. 1901, T. CXXXII, p. 1001.

[7]) C. Radzikowski, Ein rein safttreibender Stoff. Pflügers Archiv 1901, Bd. LXXXIV, S. 513.

[8]) C. Pekelharing, Over den invloed van alcohol op de afscheiding van maagsap. Weekblad van het nederlandsch tijdschrift voor geneeskunde 1902, Nr. 16.

[9]) J. S. Zitowitsch, Über den Einfluß des Alkohols auf die Magenverdauung. Berichte der Kaiserlichen Militär-Medizinischen Akademie 1905, Bd. XI, Nr. 1, 2 und 3.

[10]) A. Herzen, Einfluß einiger Nahrungsmittel und -stoffe auf die Quantität und Qualität des Magensaftes. Pflügers Archiv 1901, Bd. LXXXIV, S. 101.

charakterisieren. Im Besitze dieser Daten können wir zu dem Punkte zurückkehren, von dem wir ausgegangen sind, nämlich zur Arbeit der Magendrüsen bei den drei hauptsächlichsten Nahrungssorten: Fleisch, Brot und Milch, und sowohl den typischen Verlauf der Magensaftabsonderung in jedem einzelnen Falle als auch die Schwankungen in der Zusammensetzung des Saftes aufzuklären versuchen.

Die Kurve der Magensaftsekretion steigt bei Genuß von Fleisch, wie wir bereits wissen, steil an, erreicht ihr Maximum im Verlaufe der ersten oder zweiten Stunde und fällt dann allmählich ab, um ziemlich rasch auf den Nullpunkt hinüberzusinken (bei 200 g Fleisch in 6 Stunden seit der Nahrungsaufnahme). Die in der ersten Stunde hohe Verdauungskraft nimmt in der zweiten Stunde rasch ab, erreicht in 3 bis 4 Stunden ihr Minimum und steigt dann gegen Ende der Verdauungsperiode wieder langsam an.

Aus den Versuchen mit Scheinfütterung eines Hundes mit Fleisch einerseits und den Versuchen mit Hineinlegen von Fleisch in den Magen andererseits können wir mit Recht den Schluß ziehen, daß die erste Stunde der Magensaftsekretion bei Fleisch das Resultat des Speiseaufnahmeakts ist. Diese Stunde charakterisiert sich sowohl durch eine große Energie der Saftsekretion, als auch durch eine hohe Verdauungskraft, wie sie dem Safte der ersten Phase eigentümlich ist. Allein bereits in der zweiten Hälfte eben jener ersten Stunde beginnt die Wirkung der chemischen Erreger, an denen das Fleisch reich ist. In erster Linie müssen wir hier mit Wasser und den Extraktivstoffen des Fleisches rechnen; im weiteren Verlaufe gesellen sich ihnen die Verdauungsprodukte des Fleischeiweiß zu. Durch den Reichtum des Fleisches an chemischen Erregern erklärt es sich, warum die zweite Stunde bei Genuß von Fleisch, was die Geschwindigkeit der Magensaftsekretion anbetrifft, der ersten gleichzukommen oder sie selbst zu übertreffen pflegt. Die abflauende Sekretion der ersten Phase vereinigt sich mit einer energischen chemischen Absonderung. Durch den Einfluß der chemischen Erreger erklärt sich durch die Abnahme der Verdauungskraft von der zweiten Stunde ab. Der auf sie zur Absonderung gelangende Saft ist bedeutend ärmer an Fermenten als der Saft der ersten Phase. In der dritten und vierten Stunde nimmt die Verdauungskraft noch mehr ab. Freilich geht um diese Zeit die erste Phase der Sekretion zu Ende, und die chemischen Erreger wirken bereits allein. Jedoch ist das Absinken der Verdauungskraft immerhin allzu beträchtlich. Wir dürften kaum fehlgehen, wenn wir diese Erscheinung auf den Einfluß von Fett zurückführen, das stets im Fleisch vorhanden ist und um die dritte Stunde bereits in den Zwölffingerdarm überzugehen beginnt. Von hier aus vermutlich entwickelt sich denn auch sein hemmender Einfluß sowohl auf die Fermentproduzierung als auch auf die Saftabsonderung. Im weiteren Verlaufe geht der Mageninhalt allmählich in die Därme über, die Zahl der Erreger wird immer geringer und geringer, und schließlich hört die Sekretion ganz auf.

Pawlow[1]) entlehnen wir folgende interessante Synthese einer Kurve der Magensaftabsonderung auf Fleisch.

Stunde	Dem Hunde wird 200 g Fleisch zu fressen gegeben (*Chishin*)	Scheinfütterung mit Fleisch (*Lobassow*)	In den Magen wird 150 g Fleisch hineingelegt (*Lobassow*)	Summe aus den beiden letzten Versuchen
	Saftmenge	Saftmenge	Saftmenge	Saftmenge
I	12,4	7,7	5,0	12,7
II	13,5	4,5	7,8	12,3
III	7,5	0,6	6,4	7,0
IV	4,2	—	5,0	5,0

[1]) Pawlow, Vorlesungen, Wiesbaden 1898, S. 106.

Wenn man die sich bei Scheinfütterung mit Fleisch sezernierenden (erste Phase) und die bei Hineinlegen von Fleisch in den Magen zur Sekretion gelangenden (chemische Phase) stündlichen Saftmengen addiert, so ergeben sich Ziffern, die den wirklichen Ziffern der Magensaftabsonderung bei Genuß von Fleisch außerordentlich nahekommen (vgl. Fig. 14).

Die Kurve der Magensaftsekretion bei Genuß von Brot erreicht ihr Maximum im Laufe der ersten Stunde, fällt in der zweiten Stunde steil ab und hält sich dann sehr lange Zeit innerhalb niedriger Ziffern (bis zu 10 Stunden bei 200 g Brot). Die in der ersten Stunde hohe Verdauungskraft nimmt in der zweiten und dritten Stunde noch zu, um dann etwas abzusinken, bleibt jedoch immerhin bis zum Schluß des Versuches auf recht beträchtlicher Höhe.

Das Anschwellen der Saftsekretion innerhalb der ersten Stunde muß auf den Speiseaufnahmeakt zurückgeführt werden. Hierfür spricht sowohl die Geschwindigkeit der Saftabsonderung als auch die dem Safte der ersten Phase eigentümliche Verdauungskraft. Können nun schon innerhalb der ersten Stunde die chemischen Erreger zu wirken beginnen? Wie wir wissen, kann in den Magen durch die Fistel hineingelegtes Brot dort stundenlang liegen, ohne die geringste Sekretion hervorzurufen, d. h. es fehlt in ihm an präformierten chemischen Erregern. Allein der Genuß von Brot wird von einer reichlichen Speichelsekretion begleitet, und der Speichel erscheint, wenn auch nicht

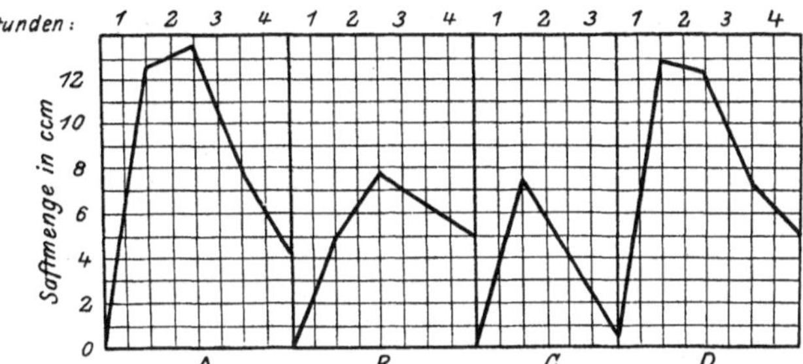

Fig. 14. *A* Sekretionsverlauf beim Genuß von 200 g Fleisch. — *B* Bei direkter Einführung in den Magen 150 g Fleisch. — *C* Bei der Scheinfütterung. — *D* Summationskurve von *B* und *C* (nach *Pawlow*).

als starker, so doch immerhin als Erreger der Magendrüsen. Folglich sind bereits innerhalb der ersten Stunde die Voraussetzungen für die Entstehung der chemischen Phase gegeben. Dank dem im Speichel vorhandenen Ptyalin kann sich aus Stärke bereits im Magen eine gewisse Quantität Dextrin und vielleicht auch Dextrose bilden. Im weiteren Verlaufe bilden sich unter dem Einfluß des Magensaftpepsins die Verdauungsprodukte des Broteiweiß. Alle diese Stoffe fördern auch die hauptsächlich durch den Speiseaufnahmeakt und teilweise durch den Speichel hervorgerufene Magensaftsekretion. Indes ist die Quantität der Umwandlungsprodukte von Stärke nicht bedeutend; die Bildung der Verdauungsprodukte des Eiweiß geht nur mit Mühe vor sich, die Drüsen werden nur schwach angeregt, und die Verdauungsperiode zieht sich in die Länge. Diese träge Sekretion kann zum Teil ebenfalls durch die vom Darm ausgehenden hemmenden Einflüsse erklärt werden (Glykose, Rohrzucker). Bei einigen Hunden nahm *Pawlow*[1]) einen fast vollständigen oder sogar vollständigen temporären Stillstand der Magensaftabsonderung nach der ersten Stunde wahr. Mit anderen Worten: es fand eine natürliche Teilung der Verdauungsperiode in zwei Phasen statt: die erste Phase hatte bereits ihr Ende erreicht, die chemische Phase aber hatte noch nicht Zeit gefunden sich zu entwickeln.

---

1) **Pawlow**, Nagels Handbuch der Physiologie 1907, Bd. II, S. 716.

Wie der Verlauf der Sekretion bei Genuß von Brot für uns jetzt verständlich ist, ebenso verständlich sind nunmehr auch die Schwankungen in der Verdauungskraft des Brotsaftes. Wie wir gesehen haben, begünstigt die Stärke, obwohl sie selbst nicht als Erreger der Magensekretion gelten kann, nichtsdestoweniger die Fermentanhäufung im Saft. Zweifellos ist es die Anwesenheit der Stärke im Brot, auf die wir den allgemeinen Reichtum des Brotsaftes an Pepsin zurückführen müssen. Was den Fermentgehalt in den stündlichen Saftportionen anbetrifft, so wird er durch folgende Bedingungen bestimmt. Im Safte der ersten Stunde ist viel Ferment enthalten, da es einmal ein Saft der ersten Phase ist und sodann ein Saft, dessen Absonderung durch den Genuß einer Speisesubstanz von fester Konsistenz hervorgerufen ist. In der zweiten und dritten Stunde beginnt auf der Grundlage einer durch den Speiseaufnahmeakt hervorgerufenen abflauenden Sekretion eine eigenartige Wirkung der Stärke in die Erscheinung zu treten: der Fermentreichtum des Saftes nimmt in äußerst hohem Maße zu. Sobald jedoch die chemischen Erreger zu wirken anfangen, sinkt der Fermentgehalt. Allein die Anwesenheit der Stärke im Magen fährt fort, die Arbeit der Drüsen bis zum Schluß zu beeinflussen. Die Verdauungskraft des Saftes sinkt nicht bis zu dem Grade, wie dies bei Wirkung anderer chemischer Erreger der Fall zu sein pflegt.

Die Bedeutung des zusammen mit den Speisesubstanzen und besonders mit Brot verschluckten Speichels beschränkt sich nicht allein auf die safttreibende Wirkung. Bei den Tieren, in deren Speichel Ptyalin enthalten ist, erfüllt der Speichel eine andere noch weit wichtigere Rolle: er spaltet die Stärke bereits im Magen. Grützner[1]) wies nach, daß die verschluckte Speise sich im Magen schichtenweise ablagert und nur sehr allmählich miteinander vermischt. Daher findet an der Peripherie der im Magen liegenden Speisemasse eine peptische Verdauung statt, während im Inneren derselben im Verlaufe von 20—40 Minuten das Ptyalin unbehindert zu wirken fortfährt. Auf die Möglichkeit einer fermentativen Wirkung des Speichels im Magen wies bereits Frerichs[2]) hin.

Nur ganz allmählich dringt der Magensaft in das Innere der Speisemasse ein und bringt die Wirkung des Ptyalins zum Stillstand. In sehr schwachen Konzentrationen (z. B. 0,14%) jedoch begünstigt sogar die Salzsäure die Wirkung dieses Ferments. So stellte beispielsweise Zebrowski[3]) fest, daß im Speichel der Ohrspeicheldrüse des Menschen bei Zusatz einer doppelten Quantität 0,14 proz. HCl-Lösung die Wirkung des Ptyalins in dem Falle zunimmt, wenn es an Asche und folglich auch an Alkalien reiche Speichelsorten waren, und gehemmt wird oder ganz aufhört, wenn man sich für den Versuch eines an Salzen armen Speichels bediente. Durch eine 0,2 proz. Lösung HCl wird die Fermentwirkung des Speichels sistiert, doch bei einigen Speichelsorten kann sie durch eine Neutralisation einer Mischung 0,3 proz. Na_2CO wiederhergestellt werden.

Zweifellos wird bei Brot, das längere Zeit im Magen als feste Masse liegt, die Bedingungen für Saccharifikation der Stärke außerordentlich günstig.

Die Kurve der Magensaftabsonderung bei Genuß von Milch charakterisiert sich durch ein mäßiges Ansteigen innerhalb der ersten Stunde, eine allmähliche Steigerung dieses Anstiegs in der zweiten und dritten Stunde,

---

[1]) P. Grützner, Ein Beitrag zum Mechanismus der Magenverdauung. Pflügers Archiv 1905, Bd. CVI, S. 463.

[2]) F. Frerichs, Verdauung. Wagners Handwörterbuch der Physiologie, Braunschweig 1846, Bd. III, Abt. I, S. 774. — Vgl. W. B. Cannon and H. F. Day, Salivary digestion in the stomach. Amer. Journ. of Physiologie 1903, Vol. IX, p. 396.

[3]) E. v. Zebrowski, Zur Frage der sekretorischen Funktion der Parotis beim Menschen. Pflügers Archiv 1905, .Bd. CX, S. 150 ff.

wo die Sekretion ihren Höhepunkt erreicht, und ein Absinken im Verlaufe der letzten Stunden. $5^1/_2$—6 Stunden nach Beginn der Nahrungsaufnahme hört die Sekretion auf (für 600 ccm Milch). Die während der ersten Stunde mäßige Verdauungskraft nimmt in der zweiten und dritten Stunde stark ab und steigt gegen Ende der Sekretionsperiode langsam an. Sie ist bei Milch geringer als bei den übrigen beiden Nahrungsarten.

Wie kommt es, daß bei Genuß von Milch innerhalb der ersten Stunde jenes auffallende Anschwellen der Sekretion ausbleibt, wie es stets bei Genuß von Fleisch und Brot beobachtet wird, und die Absonderung des Magensaftes erst zu Beginn der dritten Stunde allmählich zunimmt? Dies hat mehrere Gründe. Zunächst ist, wie uns bereits bekannt, die erste Phase bei Genuß von Milch recht wenig bedeutend, weit geringer, als bei Genuß von Fleisch und Brot.

Doch diese schon an und für sich schwache Sekretion wird noch durch das in der Milch vorhandene Fett gehemmt. Beim Trinken der Milch gehen seine ersten Portionen in unveränderter Form in den Zwölffingerdarm über, von wo aus das Fett seine hemmende Wirkung entwickeln kann. Im weiteren Verlaufe nimmt die Sekretion zu. Wir stehen hier wieder vor einer komplizierten Erscheinung. Einerseits bilden sich aus dem Casein der Milch unter dem Einfluß des Magensaftes, dessen Absonderung durch den Speiseaufnahmeakt und das in der Milch vorhandene Wasser angeregt ist, nach und nach die Verdauungsprodukte. Aber diese letzteren erscheinen als unverkennbare Erreger der Magensaftabsonderung. Andererseits spaltet sich das in der Milch enthaltene Fett unter dem Einfluß der lipolytischen Fermente des Pankreas- und Darmsaftes und verwandelt sich in Seifen. Ob diese Fettumwandlung im Pylorus dank den in diesen zurückgeworfenen Duodenalsäften vor sich geht oder ob die Produkte der Fettverdauung selbst aus dem Zwölffingerdarm in den Pylorus zurückgeworfen werden, ist im gegebenen Falle gleichgültig. Wichtig ist, daß das Fett infolge seiner Spaltung allmählich seine Fähigkeit, auf die Arbeit der Magendrüsen hemmend einzuwirken verliert, die sich aus ihm bildenden Seifen dagegen über hohe safttreibende Eigenschaften verfügen. Somit muß die Sekretionszunahme bei Genuß von Milch während der zweiten und dritten Stunde erstens auf den anregenden Einfluß der Produkte der Eiweißverdauung und zweitens auf die safttreibende Wirkung der Seife sowie die Abschwächung des hemmenden Einflusses des Fettes zurückgeführt werden. In dem Maße wie die Speisemengen den Magen verlassen, nimmt auch die Magensaftabsonderung ab.

Durch die soeben aufgezählten Einflüsse lassen sich auch die Schwankungen in der Verdauungskraft bei Milch erklären.

Infolge der unbedeutenden ersten Phase und dem hemmenden Einflusse des Fettes ist der Fermentgehalt in der ersten Stunde nicht hoch. Er muß im weiteren Verlaufe außerordentlich stark abfallen, da die durch den Speiseaufnahmeakt hervorgerufene Absonderung aufhört und die chemische Phase an ihre Stelle tritt. Die an und für sich nicht hohe Verdauungskraft des auf die chemischen Erreger zum Abfluß kommenden Saftes erfährt noch dadurch eine Erniedrigung, daß das Fett und die Produkte seiner Spaltung und Umwandlung zu wirken fortfahren. Erst gegen Ende der Sekretionsperiode wird die Wirkung des Fettes schwächer, was sich aus der Steigerung der Verdauungskraft des Saftes während der letzten Stunden schließen läßt.

Fassen wir das oben Gesagte noch einmal zusammen, so leuchtet ein, warum die Einführung von Milch den gleichen sekretorischen Effekt zur

Folge hat wie der Genuß der Milch (schwache erste Phase, Reichtum der Milch an chemischen Erregern, d. h. Wasser, Produkten der Eiweißverdauung usw.).

Auf die Anpassungsfähigkeit der Magendrüsen an die Art des Erregers erscheint es uns bequemer, weiter unten nach Erörterung der Arbeit der Pylorus- und und Brunnerschen Drüsen einzugehen. Die Tätigkeit der Drüsen des Magens, des Pylorus und des Anfangsteils des Duodenums stehen in engem funktionellem Zusammenhang.

Die Acidität des Magensaftes.

Weiter oben hatten wir zu wiederholten Malen Gelegenheit, uns davon zu überzeugen, daß sich die Acidität des Magensaftes parallel mit der Geschwindigkeit seiner Absonderung verändert: je größer die Schnelligkeit der Saftsekretion ist, um so höher ist seine Acidität, und umgekehrt. Wovon hängen nun diese Schwankungen in der Acidität des Saftes ab? Etwa davon, daß mit Erhöhung der Geschwindigkeit der Saftsekretion auch die Säureproduktion — analog dem Anwachsen des Gehalts an Salzen im Speichel unter gleichen Voraussetzungen — zunimmt oder die Pepsindrüsen stets Saft mit ein und demselben Säuregehalt produzieren, der jedoch in diesem oder jenem Grade von dem alkalischen Magenschleim neutralisiert wird[1]). Das Laboratorium von *J. P. Pawlow* schloß sich der zweiten Annahme an. *Ketscher*[2]) wies nach, daß die Acidität des Saftes damit in Zusammenhang steht, wie schnell er an der mit Schleim bedeckten Magenwand abfließt. Je größer die Geschwindigkeit seiner Sekretion ist, um so weniger vermag die Salzsäure sich zu neutralisieren, und um so höher ist die Acidität des Saftes, und umgekehrt. So ist zu Beginn des Versuches die Acidität des Saftes stets niedriger als um die Mitte desselben. Bei mehrmals wiederholter Scheinfütterung nimmt mit jedem einzelnen Male die Acidität des Saftes zu, mit der Einstellung der Fütterung und folglich mit der Abnahme der Sekretion wird sie niedriger. Allein man kann auch den Zusammenhang zwischen der Acidität und der Sekretionsgeschwindigkeit des Saftes aufheben. Man braucht beispielsweise nur die Scheinfütterung auf einen längeren Zeitraum auszudehnen. Der Schleim wird von dem reichlich zur Absonderung gelangenden Safte abgespült, und die Aciditätsschwankungen fallen bei Verzögerung der Absonderung fort.

Ketscher erbrachte auch direkte Beweise für die neutralisierende Wirkung des Schleims. Indem er den beim Hunde unter dem Einfluß einer Scheinfütterung zur Absonderung gelangenden Saft bald fünf Minuten lang im Magen zurückhielt, bald unbehindert nach außen hin abfließen ließ, beobachtete er jedesmal im ersteren Falle eine Verringerung der Acidität des Saftes, im zweiten Falle eine Erhöhung derselben. Somit setzte eine längere Berührung des Saftes mit dem Magenschleim seine Acidität herab.

In den Fällen, wo die Schleimhaut mehr Schleim absonderte, war die Acidität des Magensaftes bedeutend niedriger. So betrug beispielsweise bald nach der Anlegung einer Oesophagotomie und Magenfistel die höchste Acidität des Magensaftes eines Hundes bei Scheinfütterung im ganzen 0,267 %, einen Monat später stieg sie bis auf 0,489 % an und hielt sich dann weiterhin auf einer Höhe von 0,560 %.

---

[1]) Pawlow und Schumow-Simanowski. Wratsch 1890, Nr. 41.
[2]) Ketscher, Diss. St. Petersburg 1890, S. 45ff.

Im gleichen Sinne sprechen auch die Versuche *Pawlows*[1]) hinsichtlich der Magensekretion eines hungrigen Hundes.

Hunde mit Oesophagotomie und Magenfistel ließ man 17 Tage lang hungern. Eine Sekretion des Magensaftes wurde mittelst Scheinfütterung hervorgerufen. Die bei stets gleich langer Scheinfütterung erzielte Saftmenge sank täglich, bis die Absonderung am fünften Tage völlig zum Stillstand kam. Die Einführung destillierten Wassers gab den Drüsen ihre sekretorische Fähigkeit sofort zurück. Indes beginnt trotz täglich vorgenommener Eingießung des Wassers vom achten oder neunten Tage an ein neues Absinken der Magensaftsekretion. Dieses Absinken läßt sich durch Zusatz von NaCl (0,7%) zum Wasser vermeiden. Das Aussetzen und Erneuern der Sekretion konnte im Verlaufe ein und derselben Hungerperiode mehrmals wiederholt werden, indem man dem Hunde das Wasser und NaCl vorenthielt oder verabreichte.

Es ergab sich, daß die Acidität des Saftes ebenso wie seine Verdauungskraft während der gesamten Hungerperiode annähernd auf ein und derselben Höhe blieben. Entweder gelangte Saft überhaupt nicht zur Absonderung oder, wenn es geschah, so zeigte er eine völlig normale Zusammensetzung. Ließ sich auch eine gewisse Abnahme der Acidität des Saftes wahrnehmen (bis 0,4 %), so fiel sie stets mit einer Verringerung seiner Sekretionsgeschwindigkeit zusammen, d. h. geringere Saftmengen wurden vom Schleim in höherem Maße neutralisiert, als bedeutendere Saftportionen, die an der Magenwand schnell abflossen.

Auf Grund all dieser Daten lassen sich die Schwankungen in der Acidität des sich bei Genuß von Fleisch, Brot und Milch sezernierenden Saftes leicht erklären. Die allergrößte Saftmenge sondert sich bei Genuß von 200 g Fleisch ab (40,5 ccm in $6^1/_4$ Stunden durchschnittlich). Dementsprechend findet man die größte Acidität im Fleischsaft (0,561% durchschnittlich). Obwohl die Gesamtmenge des bei Genuß von 200 g Brot und 600 ccm Milch zum Abfluß gelangenden Saftes die gleiche ist (33,6 ccm und 33,9 ccm), so erstreckt sich die Absonderung bei Brot auf einen längeren Zeitraum als bei Milch (10 Stunden gegen 6 Stunden). Infolgedessen ist im Durchschnitt die stündliche Anspannung der Drüsentätigkeit bei Brot geringer als bei Milch. Hieraus folgt, daß bei Genuß von Brot der an der Magenwand langsam abfließende Saft vom Schleim in höherem Grade neutralisiert wird, als der an der Magenwandung rasch abfließende Saft auf Genuß von Milch. Dies tritt auch an der Acidität des entsprechenden Saftes in dem einen und anderen Falle klar hervor: in dem Brotsafte ist sie niedriger als im Milchsafte (0,471% gegen 0,493%). Außerdem sondert sich bei Genuß von Brot mehr Schleim ab, als bei Genuß von Fleisch und Milch. Dieser Umstand begünstigt natürlich ebenfalls ein Absinken der Acidität des Brotsaftes.

Von diesem Gesichtspunkt aus werden die Schwankungen in der Acidität der stündlichen Portionen bei Genuß ein und derselben Nahrung verständlich.

---

[1]) J. P. P a w l o w, Über die sekretorische Arbeit des Magens bei Hunger. Verhandlungen der Gesellschaft russ. Ärzte zu St. Petersburg, Jahrg. 65, 1897—1898, September.

3. Kapitel.

Der Mechanismus der Arbeit der Magendrüsen innerhalb der ersten Phase. — Der Mechanismus der Magensaftsekretion beim Anblick, Geruch usw. der Nahrung und bei Scheinfütterung. — Der reflektorische Bogen. — Der Mechanismus der Magendrüsenarbeit während der zweiten Phase. — Die sekretorische Arbeit der Magendrüsen ohne Beteiligung der Nn. vagi. — Theoretische Bemerkungen. — Die Schleimsekretion.

Der Mechanismus der Arbeit der Magendrüsen innerhalb der ersten Phase.

Wie wir gesehen haben, ruft eine ganze Reihe der mannigfachsten Erreger von den verschiedensten receptorischen Oberflächen aus (Auge, Nase, Mundhöhle, Pylorusteil des Magens, Zwölffingerdarm, Rectum) eine Absonderung des Magensaftes hervor. Auf welche Weise werden nun diese Reize an die Magendrüsen vermittelt? Hier sind folgende zwei Annahmen denkbar: Entweder werden die Reize an die Magendrüsen durch Vermittlung des Nervensystems geleitet, oder es ist das Blut, das diese Weitergabe vermittelt. Im letzteren Falle muß der Erreger — diese oder jene Substanz — im Verdauungskanal resorbiert werden, in das Blut gelangen und zusammen mit dem Blute den Drüsen zugeführt werden. Durch Vermittlung des Blutes können die Erreger unmittelbar auf die Drüsenelemente selbst oder mittelbar im Wege einer Reizung des zentralen oder peripheren Nervensystems der Drüsen einwirken.

Was den unmittelbaren mechanischen Reiz der Magenschleimhaut und folglich auch höchstwahrscheinlich den mechanischen Reiz (Druck, Stoß) des Drüsengewebes selbst anbetrifft, so ist er, wie wir bereits wissen, als Erreger der Magensaftsekretion unwirksam.

Den gesamten komplizierten Akt der Magensaftabsonderung haben wir in zwei Phasen zergliedert: die erste und die zweite Phase.

Hinsichtlich der ersten Phase ist man schon a priori geneigt, anzunehmen, daß die Weitergabe des Reizes hier durch Vermittlung des Nervensystems verwirklicht wird.

Und in der Tat, auf welche Weise sonst kann der durch den Anblick, Geruch usw. der Nahrung hervorgerufene Reiz an die Magendrüsen übermittelt werden, wenn nicht durch die Vermittlung der Nerven? Es dürfte wohl schwerlich jemand in Abrede stellen, daß der von den in der Mundhöhle befindlichen Stoffen ausgehende Reiz an die Magendrüsen durch Vermittlung des Nervensystems weitergegeben wird. Allzu kurze Zeit dauert der Speiseaufnahmeakt, allzu schwach ist die Resorptionsfähigkeit der Mundhöhle entwickelt — hauptsächlich aber — allzu große Ähnlichkeit besteht zwischen der durch Scheinfütterung hervorgerufenen Saftsekretion und dem durch den Anblick, Geruch usw. der Nahrung auf das Tier ausgeübten Reiz, als daß man die Weitergabe des Reizes durch das Blut für denkbar halten könnte.

Endlich werden von dem Magenfundus aus seinen Drüsen auf irgendwelchem komplizierten Wege nur mechanische, aber nicht chemische Reize vermittelt.

Die Wirklichkeit bestätigte diese Annahme. Während der ersten Phase der Magensaftabsonderung haben wir es, wenn auch mit einem sehr komplizierten, so doch immerhin reflektorischen Akt zu tun.

Als zentrifugaler, sekretorischer Nerv der Magendrüsen erwies sich der N. vagus.

Diese Tatsache wurde zuerst von *Pawlow* und *Schumow-Simanowski*[1]) an einem Hunde konstatiert. Die genannten Forscher bedienten sich zweier Versuchsformen zwecks Erhärtung dieses Satzes.

Erstens verschwand mit der Durchschneidung der Nn. vagi für immer jeglicher Reflex von der Mundhöhle aus auf die Magensaftsekretion (Scheinfütterung eines oesophagotomierten Hundes). Zweitens rief eine Reizung der Nn. vagi am Halse mittelst Induktionsstromes beim Hunde mit einer Oesophagotomie und Magenfistel eine Absonderung des Magensaftes hervor.

Das Gelingen der Versuche von *Pawlow* und *Schumow-Simanowski* — im Gegensatz zu den Mißerfolgen ihrer zahlreichen Vorgänger — hat seinen Grund in der Beseitigung der schwerwiegenden Folgen einer beiderseitigen Durchschneidung der Nn. vagi am Halse und der Vermeidung sensibler Reize, die für längere Zeit die Arbeit der Magendrüsen hemmen (Netschajew[2])).

Die Versuche mit Durchtrennung der Nn. vagi wurden folgendermaßen angestellt:

Einem Hunde wurde vorerst der rechte Vagus 1—2 cm unterhalb der Art. subclavia durchschnitten, wobei der oberhalb der Durchtrennungsstelle ausgehende N. laryngeus inferior und fast alle Herzäste des Vagus intakt blieben. Gleichzeitig mit dieser Operation wurde eine Magenfistel angelegt und einige Zeit später dann eine Oesophagotomie hergestellt. Eine Scheinfütterung rief bei solchem Tiere den üblichen Effekt: eine reichliche Magensaftsekretion aus der Magenfistel hervor. Wenn man jetzt bei solchem Hunde — natürlich ohne Narkose — auch den linken Vagus am Halse durchschneidet (hierzu braucht man 2—3 Minuten oder noch weniger, falls der Nerv im voraus abpräpariert ist[3])], so verlangsamt sich die Magensaftabsonderung sichtbar und kommt schließlich bald ganz zum Stillstand. Diese Erscheinung auf den schweren Zustand des Tieres infolge beiderseitiger Durchtrennung der Nn. vagi zurückzuführen, ist unmöglich. Da rechts die Nn. laryngei und die Herzäste des Vagus unversehrt geblieben waren, so wurde die Durchtrennung des zweiten N. vagus vom Tier vollauf gut überstanden. Die Temperatur stieg nicht an. Die Pulsfrequenz erhöhte sich nur sofort nach der Durchtrennung bis auf 20—30 Schläge pro Minute, kehrte jedoch darauf rasch zur Norm zurück. Die Atmung verlangsamte sich, doch nicht sehr beträchtlich (anstatt der üblichen 18 Atemzüge in der Minute — im Durchschnitt 12). Das Verhalten und der Appetit des Tieres zeigten keine Veränderungen: wie vorher konnte man längere Zeit eine Scheinfütterung vornehmen, jedoch nur mit einzigen dem wesentlichen Unterschiede, daß sich jetzt aus der Magenfistel kein Tropfen Magensaft absonderte. Somit kann kein Zweifel darüber bestehen, daß in den Nn. vagi zentrifugale Bahnen für die Magendrüsen verlaufen.

Bei der anderen Versuchsform — mit Reizung des Vagus — wurde das Tier gleichfalls in der oben beschriebenen Weise vorbereitet. Schon 2—3 Tage vor der Versuchsvornahme wurde am Halse der linke Vagus durchschnitten und das periphere Ende desselben abpräpariert, an einem Faden befestigt und unter der Haut in der Wunde belassen. Am Versuchstage nahm man ihn vorsichtig heraus, legte ihn auf die Elektroden und reizte ihn durch einzelne seltene Induktionsschläge (in Abständen von 1—2 Sekunden). (Das Tier ließ sich alle diese Manipulationen ganz ruhig gefallen.)

Nach Ablauf einer mehr oder weniger langen Latenzdauer begann sich aus dem völlig leeren Magen Saft abzusondern. Diese Sekretion stand zweifellos mit der Reizung in Zusammenhang, da sie mit Einstellung der letzteren aufhörte, mit ihrer Erneuerung abermals einsetzte.

---

[1]) **Pawlow** und **Schumow - Simanowski.** Wratsch 1890, Nr. 41.
[2]) **Netschajew,** Diss. St. Petersburg 1882.
[3]) **Pawlow,** Vorlesungen, Wiesbaden 1898, S. 64.

Wir geben hier einen der entsprechenden Versuche von *Pawlow* und *Schumow-Simanowski*[1]) wieder.

Hund mit Oesophagotomie, Magenfistel und durchschnittenen Nn. vagi: rechts unterhalb der Ausgangsstelle des Laryngeus inferior und der Herzäste des Vagus, links am Halse. Im Gestell befestigt. Aus der geöffneten Fistel im Verlaufe von 20 Minuten $\frac{1}{2}$ ccm Schleim gesammelt. Das periphere Ende des am Tage zuvor durchschnittenen linken Vagus auf die Elektroden gelegt. Um 12^h 30′ Reizung mit einzelnen Induktionsschlägen — in Abständen von je einer Sekunde — begonnen.

Um 12^h 36′ erscheint der erste Tropfen reinen Saftes.
Bis 12^h 40′ 5,0 ccm. Reizung eingestellt.
„ 12^h 45′ 2,5 „
„ 12^h 50′ 1,5 „
„ 12^h 55′ 0,5 „
„ 1^h — 2 Tropfen, zum größten Teil aus Schleim bestehend.
Um 1^h 1′ Erneuerung der Reizung.
„ 1^h 8′ erscheint der erste Tropfen Saft.
Bis 1^h 15′ 3,5 ccm. Reizung eingestellt.

Acidität des erhaltenen Saftes 0,370%, Verdauungskraft nach Mett 5,25 mm.

Folglich kommt bei Reizung des Vagus durch Induktionsstrom ein Magensaft mit hoher Verdauungskraft zur Ausscheidung. Die Acidität des Saftes ist infolge seiner langsamen Absonderung nicht bedeutend.

Diese Versuche von *Pawlow* und *Schumow-Simanowski* wurden von anderen Forschern an verschiedenen Tieren (Tauben, Reptilien, Hunden) in akuter Form wiederholt und ergaben gleichfalls ein positives Resultat (Axenfeld[2]), Contejean[3]), Schneyer[4])). Eine besonders genaue Methode zur Erlangung des Magensafts beim Hunde in einem akuten Versuch mittelst Reizung des N. vagus wurde von *Uschakow*[5]) ausgearbeitet.

Uschakow stellte seine Versuche an Hunden an, denen nach einer rasch ausgeführten Tracheotomie innerhalb einiger Sekunden das Rückenmark unterhalb des verlängerten Marks durchschnitten wurde. Auf diese Weise machte er das Tier nicht nur bewegungsunfähig, sondern beseitigte auch die reflektorischen Einflüsse auf die Magendrüsen, die die Arbeit der letzteren aufhalten könnten. Sodann wurden am Halse die Nn. vagi abpräpariert und durchschnitten, im Magen eine Fistel angelegt, der Pylorus und die Speiseröhre (am Halse) mittelst Ligaturen unterbunden und der Hund in stehender Stellung im Gestell festgebunden. Den Körper des Tieres umwickelte man mit Watte, um ihn vor Abkühlung zu schützen. Der gesamte operative Teil des Versuches nahm 10—15 Minuten in Anspruch. Er wurde ohne Narkose oder unter Anwendung einer nur kurzdauernden Narkose vorgenommen. Im letzteren Falle waren die Versuche von mehr Erfolg begleitet als im ersteren. (Ein Kontrollversuch an einem Hunde mit einer Oesophagotomie und Magenfistel gab *Uschakow* die Gewißheit, daß eine Chloroformierung von 10 bis 15 Minuten Dauer auf die Arbeit der Magendrüsen ohne jeglichen Einfluß ist. Sobald solch Hund sich von der Narkose erholt hat, frißt er gern das ihm vorgesetzte

---

[1]) Pawlow und Schumow-Simanowski, Archiv f. (Anatomie und) Physiol. 1895, S. 67.

[2]) Axenfeld, L'azione del nervo vago sulla secretione gastrica degli uccelli. Atti e rendic. della Accad. med. chirurg. di Perugia 1890. Zit. nach Uschakow.

[3]) Ch. Contejean, Contribution à l'étude de la physiologie de l'estomac. Thèse de Paris 1892.

[4]) J. Schneyer, Magensekretion unter Nerveneinflüssen. (Im Feuilleton: „Wiener Bericht".) Deutsche med. Wochenschr. 1896, S. 173.

[5]) W. G. Uschakow, Zur Frage über den Einfluß des Vagus auf die Absonderung des Magensaftes beim Hunde. Diss. St. Petersburg 1896.

Fleisch. 6 Minuten nach Beginn der Fütterung fängt aus der Magenfistel Magensaft sich zu sezernieren an. Im Verlaufe von 20 Minuten wurden 73 ccm Saft mit einer Acidität von 0,54—0,56% HCl und einer Verdauungskraft von 5,25—5,50 mm Eiweißstäbchen gesammelt.)

Die peripheren Enden der durchschnittenen Nn. vagi reizte man durch Induktionsschläge in Form rhythmischer Tetanisierung. (In die Kette schaltete man ein Metronom ein, das auf 60—70 Schläge in der Minute eingestellt war. Die Nn. vagi wurden abwechselnd gereizt, jeder einzelne 10—20 Minuten lang.)

Bald nach Beginn der Nervreizung (bereits innerhalb der ersten 5 Minuten) nahm *Uschakow* eine Erhöhung der Peristaltik des Magens wahr. Aus der Fistel wurde Schleim ausgestoßen, bisweilen mit Blut vermischt infolge Verletzung des Magens bei Anlegung der Fistel. Allmählich wurde der zunächst dickflüssige Schleim immer dünner und schließlich begann nach 40—45 Minuten — bisweilen auch 1—1½ Stunden — langer ununterbrochener Reizung der Nerven anfangs langsamer, dann aber rascher ein dünnflüssiger saurer Magensaft abzutropfen. Nunmehr ließ sich während vieler Stunden seine Sekretion aufrechterhalten. Diese Absonderung stand in unverkennbarem Zusammenhang mit der Nervreizung: mit Einstellung des Reizes kam sie zum Stillstand, mit Erneuerung des Reizes setzte sie von neuem ein. Indes war der sezernierte Saft niemals völlig rein; er war mehr oder weniger mit Schleim vermischt. (Um Bestimmungen im Safte vorzunehmen, mußte man diesen Schleim abfiltrieren.) Daher war seine Acidität nicht hoch und schwankte zwischen 0,02 und 0,42 % HCl. Die Verdauungskraft dagegen war sehr bedeutend, im Durchschnitt gegen 6 mm und erreichte in vereinzelten Portionen 9 mm. Eine Vergiftung des Tieres mit Atropin machte die Nervenreizung unwirksam: die Magensaftsekretion kam zum Stillstand.

Als Beispiel sei auf umstehender Tabelle LXII einer der *Uschakow*schen[1]) Versuche wiedergegeben.

Gegen diese Versuche lassen sich schwerlich irgendwelche Einwendungen erheben. Die lange Latenzperiode, während welcher die im Stamm des N. vagus verlaufenden motorischen und vasomotorischen Nervenfasern des Magens ihre Wirkung bereits zu entwickeln vermögen, spricht zugunsten eines wirklichen sekretorischen Einflusses einer Reizung des peripheren Endes des N. vagus auf die Magendrüsen. Sollte man es mit einem einfachen Herauspressen des in den Magenfalten sich anstauenden Saftes durch die Magenkontraktionen zu tun haben, so wäre dies zweifellos bereits früher eingetreten. Andrerseits spricht für einen wirklichen sekretorischen Prozeß auch die Sekretionsdauer (beispielsweise bei den Versuchen auf Tab. LXII über 4 Stunden). Endlich zeugt auch der Stillstand der Sekretion bei Anwendung von Atropin, das die sekretorischen Fasern paralysiert und die vasomotorischen nicht paralysiert — dafür, daß in den Nn. vagi sekretorische Äste für die Magendrüsen verlaufen. Außerdem nimmt *Uschakow* an, daß es auch spezielle im Stamm des Vagus verlaufende schleimtreibende Nerven gibt (s. unten).

Vergleicht man die Versuche mit künstlicher Reizung der sekretorischen Nerven der Speichel- und Magendrüsen miteinander, so tritt zwischen ihnen, ungeachtet einer Ähnlichkeit in den Grundzügen, eine wesentliche Verschiedenheit hervor, nämlich eine Differenz in der Latenzdauer des Reizes. Die Speicheldrüsen reagieren bei Anwendung eines Induktionsstromes auf das periphere Ende ihres zentrifugalen Nervs bereits nach einigen Sekunden mit einer Sekretabsonderung. Zwischen dem Beginn der Reizung des zentrifugalen Nervs der

---

1) Uschakow, Diss. St. Petersburg 1896, S. 15.

Tabelle LXII.

**Die Magensaftabsonderung bei Reizung der Nn. vagi eines Hundes
in akuter Versuchsform (nach *Uschakow*).**

Operation ohne Narkose. 10^h 50′ Hund im Gestell festgebunden. 11^h Beginn einer
rhythmischen Tetanisierung der Nn. vagi. R.-A. = 12 cm. 11^h 05′ bis 11^h 30′
kommt dickflüssiger Schleim. R.-A. = 11,5 cm. 11^h 45′ zeigen sich dünnflüssige
Tropfen. R.-A. = 11 cm.

NN der Portion	Zeit	Saftmenge in ccm	Sekretionsge-schwindigkeit	Menge des ab-filtrierten reinen Saftes	Acidität in % HCl	Verdauungs-kraft in mm	Bemerkungen
1	11^h 45′ bis 12^h 50′	10,0	65′	2,6	0,175	—	
2	12^h 50′ „ 1^h 20′	10,0	30′	4,0	0,331	7,25	
3	1^h 20′ „ 2^h 05′	10,0	45′	4,8	0,357	7,33	1^h 40′ R.-A. = 10,5 cm.
4	2^h 05′ „ 2^h 37′	10,0	32′	5,6	0,386	7,0	
5	2^h 37′ „ 4^h 20′	10,0	103′	4,8	0,196	6,0	2^h 37′ Nervreizung eingestellt.
6	4^h 28′ „ 4^h 47′	10,0	19′	3,8	0,138	—	4^h 28′ Wiederaufnahme der Nerv-reizung. R.-A. = 10,5 cm.
7	4^h 47′ „ 5^h 10′	10,0	23′	5,8	0,331	6,75	In Portion Nr. 6 viel Schleim enthalten.
8	5^h 10′ „ 5^h 35′	10,0	25′	7,4	0,335	6,0	
9	5^h 35′ „ 7^h 25′	10,0	110′	6,6	0,124	4,5	5^h 35′ Nervreizung eingestellt.
10	7^h 25′ „ 8^h —′	10,0	35′	4,6	0,109	7,5	7^h 25′ Wiederaufnahme der Nerv-reizung. R.-A. = 10,5 cm.
11	8^h —′ „ 8^h 26′	10,0	26′	7,0	0,277	5,5	
12	8^h 26′ „ 9^h 01′	5,0	35′	2,8	0,342	—	8^h 26′ Nervreizung eingestellt.
Ins-gesamt	9^h 16′	115,0	—	59,8	—	6,4	

Magendrüsen und dem Beginn ihrer Sekretion verläuft, selbst in den Fällen,
wo die Schmerzreize beseitigt werden, d. h. bei Anwendung von Chloroform,
eine beträchtliche Zeitspanne. Die Annahme erscheint durchaus berechtigt,
daß im Vagus neben den sekretorischen Fasern auch sekretionshemmende
Fasern verlaufen (*Uschakow*[1]). Man kann meinen, daß die hemmenden Fasern,
die gleichzeitig mit den sekretorischen einer Reizung durch Induktionsstrom
ausgesetzt werden, leichter erregt werden, als die sekretorischen, und ihre
Wirkung verdunkeln. Im weiteren Verlaufe büßen sie ihre Erregbarkeit früher
ein, und an die erste Stelle tritt die Wirkung der sekretorischen Fasern.

Die Annahme einer Existenz sekretionshemmender Fasern findet auch
von anderer Seite Bestätigung. Wie wir wissen, hemmt Fett die Arbeit der
Magendrüsen. Indem *Orbeli*[2]) die muskulär-seröse Verbindungsbrücke mitsamt
den darin verlaufenden Nerven durchschnitt, vermochte er eine hemmende
Wirkung des Fettes nicht zu beobachten. Da das Fett seine hemmende Wirkung
vom Zwölffingerdarm aus zur Entwicklung bringt, so war offenbar bei den
*Orbeli*schen Versuchen das zentrifugale Glied des reflektorischen Bogens, mit
anderen Worten: die sekretionshemmenden Nerven beschädigt. Wir werden
auf diese Versuche noch zurückkommen.

---

[1]) Uschakow, Diss. St. Petersburg 1896, S. 26.
[2]) L. A. Orbeli, De l'activité des glandes à pepsine avant et apres la section
des nerfs pneumogastriques. Arch. d. Scienc. Biol. 1906, T. XII, No. 1.

Somit führt der N. vagus sekretorische und sekretionshemmende Fasern für die Magendrüsen.

Ob der andere Magennerv, der Sympathicus, in irgendwelcher Beziehung zur Magensaftsekretion während der ersten Phase steht, läßt sich zurzeit nicht sagen. Die Durchtrennung der Nn. splanchnici hat auf die quantitative Seite der Magensekretion bei Scheinfütterung, wie dies *Pawlow* und *Schumow-Simanowski*[1]) feststellten, keinen Einfluß. Allein eben diese Forscher lenkten die Aufmerksamkeit darauf, daß eine Steigerung der Magensaftsekretion nicht sofort eine Zunahme des prozentualen Gehalts an festen Rückständen im Gefolge hatte, wie dies in ähnlichen Fällen bei Intaktheit der Splanchnici die Regel zu sein pflegt.

Nunmehr wenden wir uns der Arbeit der einzelnen Momente der ersten — reflektorischen — Phase zu.

Der Mechanismus der Magensaftsekretion beim Anblick, Geruch usw. der Nahrung und bei Scheinfütterung.

Wie wir bereits gesehen haben, kommen die Magendrüsen nicht nur bei Scheinfütterung, sondern auch schon allein beim Anblick, Geruch usw. der Nahrungssubstanzen in Tätigkeit. Ja, bei einigen besonders erregbaren Hunden steht die Magensaftabsonderung im letzteren Falle des öfteren der Sekretion bei Scheinfütterung nicht nach. In welcher Beziehung stehen nun diese Prozesse zueinander? Kommt die Hauptbedeutung im Akte der Scheinfütterung der Reizung der Mundhöhle und des Rachens durch diese oder jene Substanz zu oder ist die Scheinfütterung nur deshalb imstande, die Absonderung des Magensaftes hervorzurufen, weil die gegebene Speisesubstanz gleichzeitig durch ihr Aussehen, ihren Geruch usw. einen Reiz hervorbringt? Mit anderen Worten: spielen chemische und mechanische Reize der Mundhöhlenschleimhaut und des Rachens irgendwelche Rolle bei der Scheinfütterung oder nicht?

Lange Zeit neigte die Physiologie dazu, auf diese Frage eine verneinende Antwort zu geben. Nicht nur eine Reizung der Mundhöhle und des Rachens mittelst aller möglicher chemischer Agenzien (Lösungen von Salzsäure, Essigsäure, Chinin, Kochsalz, Senf, Pfeffer usw.[2])), sondern auch mittelst Fleischsaftes (Eingießung von Fleischsaft in den Mund, selbständiges Fressen eines solchen Fleischsaftes durch den Hund, Hindurchführung von Schwammstückchen, von Fleischsaft durchtränkt, durch die Mundhöhle[2])) rief eine Absonderung des Magensaftes hervor.

Ein gleiches Resultat ergab sich auch bei mechanischem Reiz der Mundhöhlenschleimhaut: weder die Eingießung von Wasser in den Mund, noch die Hindurchführung von Schwammstückchen, Siegellackkügelchen oder glatten Steinchen durch die Mundhöhle regte die Magendrüsen zur Tätigkeit an. Im Laboratorium von *J. P. Pawlow* kamen Hunde vor, die sich dazu abrichten ließen, aus der Hand glatte Steinchen zu nehmen und sie dann zu verschlucken. Die Steinchen fielen natürlich aus der oberen Öffnung der Speiseröhre heraus. Irgendwelche Sekretion des Magensaftes war nicht zu beobachten[3]). Somit zog auch der Prozeß des Schluckens eine Magensaftsekretion nicht nach sich. Schließlich regte auch das Kauen indifferenter Gegenstände (in das Maul des Hundes gesteckter Stock) die Magendrüsen nicht zur Tätigkeit an[4]).

Infolge dieser Ergebnisse wurde der ganze Schwerpunkt der Frage über das Wesen der Scheinfütterung auf die Reizung des Tieres durch den Anblick, Geruch usw.

---

[1]) Pawlow und Schumow-Simanowski, Archiv f. (Anat. und) Physiol. 1895, S. 67.

[2]) Ketscher, Diss. St. Petersburg 1890, S. 11—12. — Sanozki, Diss. St. Petersburg 1893, S. 23—45.

[3]) Lobassow, Diss. St. Petersburg 1896, S. 30.

[4]) Ketscher, Diss. St. Petersburg 1890, S. 13.

der Nahrung übertragen. Da jedoch in diesem letzteren Falle unwillkürlich der Gedanke an gewisse psychische Zustände des Tieres entgegentrat, so wurde das Resultat der Scheinfütterung als das Entstehen „eines leidenschaftlichen Verlangens nach Speise und des Gefühls der Befriedigung und Wonne bei ihrem Genuß"[1] empfunden.

Von diesem Standpunkte aus wurden viele Tatsachen verständlich. So fließt, wenn das Tier aus irgendwelchem Grunde sein Futter ungern frißt, bedeutend weniger Magensaft, als in dem Falle, wo es sich gierig auf eben jene Substanz stürzt. Auf beliebtere Speisesorten (die meisten Hunde ziehen Fleisch dem Brot vor) sondert sich energischer Saft ab, als auf weniger beliebte usw.

Jedoch uns zurzeit diesem Standpunkte anzuschließen, sind wir nicht in der Lage. Wenn rein mechanische und manche chemische Reize (mit nichtgenießbaren Substanzen) auf die Mundhöhle in der Tat keinen Einfluß auf die Arbeit der Magendrüsen ausüben, so läßt sich dieses nicht von allen chemischen Reizen überhaupt und von einer Kombination dieser letzteren mit mechanischen Reizen sagen. In überzeugender Form gelang es Zitowitsch[2]), den Nachweis zu führen, daß einige chemische Erreger und besonders ihre Verbindung mit einem mechanischen Reiz der Mundhöhle zweifellos die Arbeit der Magendrüsen anregen. Aber in derselben Zeit waren die von eben jenen Substanzen ausgehenden Reize des Auges und der Nase unwirksam. Mit anderen Worten: die receptorische Oberfläche der Mundhöhlenschleimhaut spielte eine Hauptrolle beim Akte der Scheinfütterung und der durch diese hervorgerufenen Magensaftsekretion.

Zitowitsch zog junge Hunde im Verlaufe mehrerer Monate ausschließlich mit Milch auf. 2—3 Monate nach der Geburt wurden den Tieren Magenfisteln angelegt; später unterzog man sie dann der Operation der Oesophagotomie. Die Versuche wurden in der Weise angestellt, daß man dem jungen Hunde durch ein hohles Röhrchen, das dem Tiere wie ein Zaumeisen in den Mund gesteckt war, Milch oder einen Aufguß von Substanz, die ihnen noch unbekannt waren (Fleisch, Brot) eingoß. Zu Kontrollzwecken wurde durch eben solches Röhrchen, an das sich der Hund vollständig gewöhnte, Wasser eingegossen. In einer anderen Versuchsreihe wurde eine einfache Scheinfütterung mit Substanzen, die dem Tiere noch neu waren (Fleisch, Brot), vorgenommen. Wir lassen hier Beispiele solcher Versuche folgen:

Zeit	Saftmenge in ccm	Acidität in %	Verdauungskraft in mm
10 h25′	0,8⎱		—
10h 35′	0,7⎰	0,2062	

Dem Hund wird Fleisch gezeigt und zu riechen gegeben.

Zeit	Saftmenge in ccm	Acidität in %	Verdauungskraft in mm
10h 45′	0,6⎱		—
10h 55′	0,6⎰	0,1718	

Viermaliges Eingießen von Wasser im Verlaufe von 2 Minuten.

Zeit	Saftmenge in ccm	Acidität in %	Verdauungskraft in mm
11h 05′	0,5		
11h 15′	0,4		
Wasser eingegossen		0,1718	3,0
11h 25′	0,2		
11h 35′	0,2		

Viermaliges Eingießen von Fleischsaft im Verlaufe von 2 Minuten.

Zeit	Saftmenge in ccm	Acidität in %	Verdauungskraft in mm
11h 45′	2,2	0,3437	3,6
11h 55′	1,0⎱		—
12h 05′	0,8⎰	0,2406	

Eingießung von Wasser.

Zeit	Saftmenge in ccm	Acidität in %	Verdauungskraft in mm
12h 15′	0,8⎱		3,6
12h 25′	0,5⎰	0,2406	

---

[1]) Pawlow, Vorlesungen, Wiesbaden 1898, S. 92.

[2]) I. S. Zitowitsch, Entstehung und Bildung natürlicher bedingter Reflexe. Diss. St. Petersburg 1911, S. 154ff.

Aus dem Versuche ergibt sich, daß 1. der Anblick und Geruch von Fleisch, das dem jungen Hunde zum erstenmal in seinem Leben vorgesetzt wurde, eine Erhöhung der Magensaftsekretion nicht hervorrief; 2. das Eingießen und folglich auch das Hinunterschlucken von Wasser ebenfalls die Arbeit der Drüsen nicht beeinflußte (eine bereits von *Ketscher*[1]) beobachtete Tatsache); 3. dagegen das Eingießen von Fleischsaft in gleichen Quantitäten, wie man sie bei Eingießung des Wassers benutzt hatte, eine auffallende Zunahme der Magensaftsekretion hervorrief.

Ähnlich dem Fleischsaft übte auch ein Brotinfus eine safttreibende Wirkung aus. Allein einen bedeutend größeren Effekt erzielt man, wie aus dem nachfolgenden Versuch an eben jenem jungen Hunde ersichtlich ist, bei Scheinfütterung mit Substanzen, die das Tier noch nicht kennt.

Zeit	Saftmenge in ccm	Acidität in %	Verdauungskraft in mm
10^h 50′	0,6		
11^h —′	0,2		
11^h 10′	0,2		
Dem Hund wird Fleisch gezeigt und zu riechen gegeben		0,1718	4,0
11^h 20′	0,5		
11^h 30′	0,2		

Scheinfütterung mit Fleisch im Verlaufe von 5 Minuten.

Zeit	Saftmenge in ccm	Acidität in %		Verdauungskraft in mm
11^h 40′	12,4	3,4	0,2400	3,8
		9,0	0,4870	4,0
11^h 50′	16,0			
12^h —′	10,5			
12^h 10′	10,0		0,5490	3,1
12^h 20′	10,0			
12^h 30′	8,5			
12^h 40′	7,4			
12^h 50′	4,5			
1^h —′	3,5			
1^h 10′	3,5			
1^h 20′	3,5			

Der Versuch ist auch noch insofern interessant, als der Anblick und Geruch von Fleisch eine ganz unbedeutende Steigerung der Magensaftsekretion hervorriefen, trotzdem dem Hunde bereits kurz zuvor einigemal Fleischaufguß in den Mund eingegossen und selbst eine Scheinfütterung mit Fleisch vorgenommen worden war. Folglich erhöhte die Kombination eines chemischen Reizes durch die Bestandteile des Fleisches mit einem mechanischen Reiz infolge Hindurchgehens des Fleisches durch die Mundhöhle und den Rachen bedeutend den Effekt der Scheinfütterung. (Der Einfluß der Festigkeit der die Mundhöhle passierenden Nahrung auf den Effekt der Scheinfütterung wurde bereits von *Pawlow* und *Schumow - Simanowski*[2]), *Ketscher*[3]) und besonders von *Gordejew*[4]) hervorgehoben; hiervon ist bereits oben gesprochen worden.)

Hieraus folgt, daß die Reaktion der Magendrüsen auf bestimmte chemische Reize offensichtlich angeboren ist.

Um den Mechanismus der Magensaftsekretion bei Reizung des Tieres durch den Anblick, Geruch usw. der Nahrung oder bei Scheinfütterung zu

---

[1]) Ketscher, Diss. St. Petersburg 1890, S. 13, 15.

[2]) Pawlow und Schumow - Simanowski, Archiv f. (Anat. u.) Physiol. 1895, S. 67.

[3]) Ketscher, Diss. St. Petersburg 1890.

[4]) J. M. Gordejew, Die Arbeit des Magens bei verschiedenartigen Speisesorten. Diss. St. Petersburg 1906.

verstehen, muß man in Betracht ziehen, daß die Oberfläche des Mundes die primäre, hauptsächlichste receptorische Oberfläche ist, von wo aus in erster Linie der Reflex auf die Magendrüsen seine Entstehung nimmt. Nur beim Zusammenfallen einer Reizung der Mundhöhle durch irgendwelche Substanz mit einer durch eben diese Substanz hervorgerufenen Reizung anderer receptorischer Oberflächen (Auge, Nase, Ohr) ergibt sich die Möglichkeit einer Anregung der Magendrüsen durch den Anblick, Geruch usw. der gegebenen Substanz.

Zweifellos haben wir dieselbe Erscheinung vor uns, wie sie uns auch an den Speicheldrüsen entgegentritt: eine Absonderung des Speichels nicht nur bei Vorhandensein der Substanz in der Mundhöhle, sondern auch bei Reizung anderer receptorischer Oberflächen (Auge, Nase, Ohr) durch sie. Überdies ist gerade der Mechanismus der Bildung dieser reflektorischen Verbindungen in beiden Fällen völlig übereinstimmend. Daher können wir mit vollem Recht von unbedingten und bedingten Reflexen auf die Magendrüsen sprechen. Die Sekretion des Magensaftes beim Anblick, Geruch usw. der Nahrung ist ein bedingter Reflex. Die Magensaftabsonderung bei Scheinfütterung stellt sich als Verbindung eines bedingten Reflexes mit einem unbedingten dar. Ein unbedingter Reflex entsteht bei Reizung der Mundhöhle durch chemische und vielleicht auch physische Eigenschaften derjenigen Substanz, die das Tier im gegebenen Moment frißt. Bedingte Reflexe bei Genuß eben dieser Substanz werden an die Magendrüsen von den receptorischen Oberflächen des Auges, des Ohres und der Nase sowie auch vermutlich von der Mundhöhle aus vermittelt.

Ebenso wie an den Speicheldrüsen konnte man auch an den Magendrüsen künstliche bedingte Reflexe zur Bildung bringen. So erhielt beispielsweise Bogen[1]) an einem $3^1/_2$ jährigen Knaben mit einer Stenose der Speiseröhre und einer Magenfistel einen bedingten Reflex auf den Klang einer Trompete, in die man gerade während des Essens von Fleisch hineinblies (das verschluckte Fleisch wurde im Diverticulum der Speiseröhre aufgehalten und dann nach außen hinausgestoßen). An der Hand von Vorversuchen war der Autor zur Gewißheit gelangt, daß das Passieren des Fleisches durch den Mund eine Absonderung des Magensaftes bedingt. Nach vierzig Kombinationen des Trompetenklanges (bedingter Reiz) mit dem Essen von Fleisch (unbedingter Reiz) rief bereits der Trompetenklang allein eine Absonderung des Magensaftes hervor. Mit anderen Worten: es bildete sich ein künstlicher bedingter Schallreflex auf die Magendrüsen. Dieser bedingte Reflex erfuhr sowohl durch den Zustand zorniger Erregung des Knaben als auch durch Schmerz (Anwendung eines starken elektrischen Stromes!) eine Hemmung.

Zitowitsch[2]) bildete bei jungen Hunden, die ausschließlich mit Milch aufgezogen worden waren, künstliche bedingte Reflexe auf die Magendrüsen aus dem Glockenklang, dem Geruch von Campher und dem Klopfen des Metronoms. Nach 40—50 maligem Zusammenbringen dieser Erreger mit dem Genuß von Milch vermochte Zitowitsch wahrzunehmen, daß schon allein die bedingten Erreger die Magensaftabsonderung auffallend erhöhten. Ferner konnte er diese bedingten Reflexe zum Erlöschen bringen, wiederherstellen, enthemmen und differenzieren. Somit konnten die hauptsächlichsten Eigenschaften der bedingten Speichelreflexe auch an den Magendrüsen beobachtet werden.

Cohnheim und Soetbeer[3]) sahen eine Absonderung des Magensaftes bei oesophagotomierten, 1—4 Tage alten Hunden nicht nur in dem Falle, wo sie an den Zitzen der Mutter, sondern auch dann, wenn sie an den Zitzen einer tragenden

---

[1]) Bogen, Pflügers Archiv 1907, Bd. CXVII, S. 150.

[2]) Zitowitsch, Diss. St. Petersburg 1911, S. 134ff.

[3]) O. Cohnheim und F. Soetbeer, Die Magensaftsekretion des Neugeborenen. Zeitschr. f. physiol. Chemie 1902, Bd. XXXVII, S. 467.

Hündin saugten. Ob im letzteren Falle der Reflex ein unbedingter und angeborener oder ein bedingter war, läßt sich schwer sagen, da auch der einen Tag alte Hund in der Nacht zur Welt gekommen war und sich bis zur Operation 9 Stunden lang bei der Mutter befunden hatte.

Der reflektorische Bogen.

Welches ist nun der Weg, den die bedingten und unbedingten Reflexe auf die Magendrüsen im Nervensystem nehmen?

Das zentrifugale Glied dieses Bogens kennen wir bereits: es sind die Nn. vagi. Als zentripetale Nerven erscheinen offenbar die den Reiz von den receptorischen Oberflächen der Mundhöhle, des Auges, des Ohres, der Nase an das Zentralnervensystem weitergebenden Nervenfasern, d. h. die Geschmacks-, Gefühls-, Seh-, Geruchs- und Gehörnerven.

Wo aber verläuft im Zentralnervensystem der Bogen des unbedingten und derjenige des bedingten Reflexes?

An einem der Großhirnrinde beraubten Hunde beobachtete *Zeljony*[1]), daß, während der Reiz durch den Anblick, Geruch usw. der Speisesubstanzen eine Absonderung des Magensaftes nicht hervorrief, die Scheinfütterung stets ein positives Resultat ergab. Diese Versuche bestätigen erstens die Richtigkeit des Gedankens einer Zergliederung der Reflexe auf die Magendrüsen in unbedingte und bedingte und sprechen zweitens dafür, daß zur Bildung bedingter Reflexe die Anwesenheit der Hirnrinde unerläßlich ist, während der Weg der unbedingten Reflexe irgendwo unterhalb der Rinde verläuft.

Als saftsekretorisches Arbeitszentrum sind offenbar die Kerne des Vagus anzusehen, in denen denn auch die zentripetalen Bahnen (im weitesten Sinne dieses Wortes zu verstehen) mit den zentrifugalen Bahnen sich vereinigen.

Die Versuche, das Rindenzentrum der Magensaftsekretion aufzufinden, erwiesen sich als erfolglos. Gerwer[2]) behauptete, daß bei Reizung des in den unteren Teilen des Gyrus sygmoideus vor dem Sulcus cruciatus gelegenen Hirnrindengebietes eines Hundes mittelst Induktionsstromes in der Regel bereits nach Verlauf von 2 Minuten eine deutliche Sekretion des Magensaftes eintritt. Indem Gerwer dieses Rindengebiet beim Hunde entfernte und das Tier weiterleben ließ, vermochte er beim Anblick, Geruch usw. der Nahrung keine Absonderung des Magensaftes mehr zu erzielen. Hieraus zog der Forscher die Schlußfolgerung, daß das bezeichnete Rindengebiet als oberstes Zentrum zu betrachten sei, das die saftsekretorische Tätigkeit der Magendrüsen beherrsche. Allein *Tichomirow*[3]) und später dann *Pawlow*[4]) vermochten die Befunde Gerwers nicht zu bestätigen. Hunde, denen das „Gerwersche Rindenzentrum der Magensaftsekretion" entfernt war, reagierten sowohl beim Anblick und Geruch der Nahrung als auch bei Scheinfütterung mit einer gleich energischen Sekretion.

---

[1]) Zeljony, Verhandlungen der Gesellschaft russ. Ärzte zu St. Petersburg 1911—1912, S. 50 u. 147.

[2]) A. W. Gerwer, Über den Einfluß des Gehirns auf die Sekretion des Magensaftes. Rundschau f. Psychiatrie, Neurologie u. experim. Psychologie (russ.) 1900, S. 191 und 275; vgl. R. A. Greker, Demonstrierung von Hunden, denen die Zentren der Magensaftsekretion entfernt worden waren. Ibidem 1909, p. 121.

[3]) N. P. Tichomirow, Ein Versuch streng objektiver Untersuchung der Funktionen des Großhirns. Diss. St. Petersburg 1906. S. 113ff.

[4]) J. P. Pawlow, Die bedingten Reflexe bei Zerstörung verschiedener Bezirke der Großhirnhemisphären bei Hunden. Verhandlungen der Gesellsch. russ. Ärzte zu St. Petersburg 1907—1908, S. 148.

Die Magensaftsekretion der ersten Phase ist, wie wir wissen, starken Schwankungen unterworfen: der Zustand des Sattseins und des Hungers beim Tiere, die Auswahl der Nahrungssubstanz, der Einfluß äußerer Reize — all dies beeinflußt die sekretorische Reaktion der Magendrüsen. Bis in die jüngste Zeit hinein wurden diese außerordentlich komplizierten Wechselbeziehungen zwischen dem Organismus und der Außenwelt nur vom subjektiven Gesichtspunkte aus erklärt[1]). Dieser oder jener Grad des „Appetits" bestimmte das Vorhandensein oder das Fehlen einer sekretorischen Reaktion, ihre Stärke oder Schwäche. Das „Interesse" des Tieres für diese oder jene Substanz, sein „Geschmack" usw. wurde in Berücksichtigung gezogen.

Gegenwärtig können wir den Schwankungen in der Saftabsonderung während der ersten Phase eine objektive Erklärung geben, indem wir uns der Lehre über die bedingten Reflexe bedienen. Von einer solchen Wendung der Frage kann die Sache nur gewinnen. Vor unseren Augen zeigt sich der feine physiologische Mechanismus, der die komplizierte Reaktion des Tieres hinsichtlich der Nahrungssubstanz beherrscht. Dies war natürlich nicht möglich bei subjektiver Behandlung des Gegenstandes.

Einen außerordentlich interessanten Versuch solch objektiver Erklärung der Nahrungsreaktion des Tieres machte *Pawlow*[2]), indem er die Lehre vom „Nahrungszentrum" aufstellte.

Es ist zweifellos, daß bei den höheren Tieren die Ernährungsfunktion unter Kontrolle des Zentralnervensystems steht. Nach Analogie mit dem „Atmungszentrum", das die Gasernährung beherrscht, ist man berechtigt, die Existenz eines besonderen „Nahrungszentrums" im Zentralnervensystem anzunehmen, dessen Tätigkeit auf Regulierung der anderen Ernährungsarten gerichtet ist. Nach außen hin tritt die Tätigkeit des Nahrungszentrums in zweierlei Form hervor: in Gestalt einer motorischen Reaktion, gerichtet auf das Nahrungsobjekt zum Zwecke seiner Habhaftwerdung, Festhaltung und Weiterführung in das Innere des Verdauungskanals und in Gestalt einer sekretorischen Reaktion der Drüsen des oberen Teiles des Verdauungstrakts (Speichel-, Magendrüsen).

Subjektiv perzipieren wir den erregten Zustand des Nahrungszentrums als Appetitempfindung; bei sehr starkem Erregungsgrad des Nahrungszentrums verspüren wir Hunger.

Was aber regt die Tätigkeit des Nahrungszentrums an? Nach Analogie mit dem Atmungszentrum könnte man annehmen, daß auch das Nahrungszentrum auf zweierlei Weise erregt wird: einmal automatisch durch das Blut und dann reflektorisch seitens der verschiedenen receptorischen Oberflächen, von denen aus die Reize durch die zahlreichen zentripetalen Nerven an das Zentralnervensystem vermittelt werden. Im letzteren Falle ist nicht nur eine reflektorische Erregung des Nahrungszentrums, sondern auch seine reflektorische Hemmung denkbar — eine Erscheinung, die sich auch am Atmungszentrum beobachten läßt.

---

[1]) A. Meisel, Über die Beziehungen zwischen Appetit und Speichelsekretion. Klinisch-therap. Wochenschr. 1903, Nr. 32. — A. Mayer, Influence des images sur les sécrétions. Journal de Psychol. normale et pathologique 1904, No. 3, p. 255. — W. Sternberg, Die Schmackhaftigkeit und der Appetit. Zeitschr. f. Sinnesphysiologie 1909, Bd. XLIII, S. 224. — Geschmack und Appetit. Ibidem 1909, Bd. XLIII, S. 315. — Physiologische Psychologie des Appetits. Ibidem 1910, Bd. XLIV, S. 524. — Physiologische Grundlage des Hungergefühls. Ibidem 1911, Bd. XLV, S. 71. — Der Appetit in der exakten Medizin. Ibidem 1911, Bd. XLV, S. 433. — R. Turro, Die physiologische Psychologie des Hungers. I. Teil. Ibidem 1910, Bd. XLIV, S. 330. — II. Teil. Ibidem 1911, Bd. XLV, S. 217 u. 327.

[2]) J. P. Pawlow, Über das Nahrungszentrum. Verhandlungen der Gesellschaft russ. Ärzte zu St. Petersburg 1910—1911, Dezember.

Wie das Atmungszentrum durch das Blut, in dem eine unzureichende Menge Sauerstoff und ein Überfluß an Kohlensäure (und dies ist sein hauptsächlichster Erreger) vorhanden ist, automatisch zur Erregung gebracht wird, so kommt auch das Nahrungszentrum in Tätigkeitszustand bei Verarmung des Blutes an Nahrungsstoffen und einer besonderen chemischen Veränderung desselben. Die „Hungerzusammensetzung" des Blutes erscheint denn auch als stärkster Erreger des Nahrungszentrums bei einem Tier, das eine gewisse Zeit lang keine Nahrung zu sich genommen hat. Dies erhellt schon daraus, daß die Durchschneidung der verschiedenen vom Verdauungstrakt ausgehenden (Nn. vagi, splanchnici, glossopharyngei und linguales) und die Reize dem Zentralnervensystem und folglich auch dem Nahrungszentrum zuleitenden Nerven nicht zu einem Verschwinden der positiven Reaktion des Tieres auf die Nahrungssubstanz führt. Bei Sättigung des Tieres wird das Blut mit dem Nahrungsmaterial reichlich versehen, und das Nahrungszentrum kommt in Untätigkeitszustand. Diese Erscheinung ist der Apnöe analog. Da vermittelst der chemischen Bestandteile des Blutes der Bedarf des Organismus an Nahrungsstoffen reguliert wird, so kann bei Veränderung des Chemismus des Körpers (Schwangerschaft, einige Geisteskrankheiten usw.) ein Bedürfnis an solchen Substanzen eintreten, die unter normalen Bedingungen keine Verwendung finden (z. B. Kalk).

Unter den reflektorischen Erregern, die das Nahrungszentrum zur Erregung bringen, müssen hervorgehoben werden: das Leersein des Magens, der Anblick und Geruch der Nahrungsstoffe, Laute und Geräusche, wie sie der Speiseaufnahmeakt in der Regel mit sich bringt, und schließlich der mächtige Einfluß der Reize der zentripetalen (hauptsächlich der Geschmacks-)Nerven der Mundhöhle. Wer wüßte nicht, daß selbst bei Abwesenheit von Appetit sich ein solcher sofort einstellt, sobald nur die ersten Speiseportionen in den Mund kommen. In solchen Fällen findet eine starke Erregung des Nahrungszentrums auf reflektorischem Wege von der Mundhöhle aus statt. „Der Appetit kommt mit dem Essen." (Bedeutung pikanter Vorspeisen.)

Eine andere Form reflektorischer Einwirkung auf das Nahrungszentrum ist die Hemmung seiner Tätigkeit durch die von dem sich mit Speise anfüllenden Magen ausgehenden peripherischen Reize. Subjektiv perzipieren wir dies in Gestalt eines Nachlassens des Appetits — öfters bereits gleich zu Beginn des Essens („den Appetit verderben"), objektiv dagegen kann eben diese Erscheinung an einem bedingten Speichelreflex auf irgendwelche Nahrungssubstanz bei häufiger Anwendung dieses Reflexes unter gleichzeitigem Genuß eben jener Substanz beobachtet werden.

Von der Annahme ausgehend, daß die Abschwächung des bedingten Speichelreflexes im gegebenen Falle auf die in dem sich mit Speise anfüllenden Magen zur Entstehung gelangenden hemmenden Impulse zurückzuführen sei, wiederholte *Boldyreff*[1]) diese Versuche an einem oesophagotomierten Hunde. Und in der Tat schwand bei einer derartigen Versuchsanordnung die Abschwächung des bedingten Speichelreflexes im Verlaufe des Versuches.

Außerdem hat auf die Erregbarkeit des Nahrungszentrums der Zustand der Erregung oder Hemmung anderer Zentren Einfluß. Hier beobachtet man komplizierte Wechselbeziehungen, Erscheinungen der Hemmung, Enthemmung usw. Weiter oben haben wir bereits die Fälle einer Hemmung der sekretorischen Reaktion des Magens beim Erschrecken des Tieres, beim „Affekt" u. a. m. erwähnt (Leconte[2]), Bickel[3])). Sie müssen sämtlich dieser Kategorie von Tatsachen eingereiht werden.

Das Nahrungszentrum ist nach *Pawlow*s Meinung ein receptorisches Zentrum und gleich den anderen receptorischen Zentren (Seh-, Hörzentrum usw.) sehr kompliziert. Es ist ähnlich dem Atmungszentrum offenbar in verschiedenen Teilen

---

[1]) W. N. Boldyreff, Die bedingten Reflexe und ihre Fähigkeit sich zu verstärken und abzuschwächen. Charkowsche Med. Zeitschrift (russ.) 1907.

[2]) Leconte, La Cellule, 1900. Vol. XVII, p. 291.

[3]) Bickel, Deutsch. med. Wochenschr. 1905, Jahrg. 31, S. 1829.

des Zentralnervensystems, beginnend mit der Hirnrinde, gelegen. Allerdings lassen jedoch auch Tiere, denen die Hirnrinde entfernt ist, beim Eintritt des Hungerzustandes eine gewisse Unruhe (lebhaftere Bewegungen) erkennen. Folglich stehen auch die niederen Abschnitte des Zentralnervensystems mit der Ernährung des Tieres in Beziehung.

Geht man von der Existenz eines Nahrungszentrums aus, so muß man zugeben, daß der Bogen des bedingten Speichel- und Magenreflexes durch jenes Zentrum seinen Weg nimmt. Es bildet das Mittelglied zwischen den Zellen des Gehirnendes des entsprechenden Analysators und den Zellen des saftabsondernden Arbeitszentrums.

Somit haben wir es während der ersten Phase der Magensaftsekretion mit einem komplizierten Reflex zu tun. Daher ist diese Phase denn auch reflektorische Phase genannt worden.

Der im Verlaufe der reflektorischen Phase zur Sekretion gelangende Saft besitzt eine hohe Verdauungskraft. Wir haben dies sowohl bei den Versuchen mit Scheinfütterung als auch im Falle einer unmittelbaren Reizung der zentrifugalen Nerven des Magens gesehen. Bei Genuß irgendwelcher Substanz weist während der ersten Stunden der Sekretion der Saft deswegen eine hohe Verdauungskraft auf, weil die Fermentproduzierung hier unter dem Einfluß der Nn. vagi vor sich geht.

Zwei Besonderheiten kennzeichnen den nervösen Mechanismus, der die Magendrüsen im Verlaufe der ersten Phase in Tätigkeit setzt: eine lange Latenzdauer und eine leichte Hemmbarkeit. Die Ursache der ersteren ist uns nicht klar. Ob wir hier ein Spiel antagonistischer Einflüsse der sekretorischen und sekretionshemmenden Nerven, was wir besonders geneigt sind anzunehmen (s. S. 180), oder eine verlangsamte Reizleitung von einem Gliede des Nervenbogens an das andere oder endlich eine Besonderheit des Drüsengewebes selbst (das letztere ist am wenigsten wahrscheinlich) vor uns haben, läßt sich nicht entscheiden.

Auf Grund der Versuche von *Pawlow* und *Schumow-Simanowski*[1]) erscheint jedoch die Annahme zulässig, daß die Hemmung in der Weitergabe des Impulses an die Magendrüsen auch an der Peripherie vor sich gehen kann. Bei Reizung des vorher durchtrennten Vagus am Halse eines Hundes mit permanenter Magenfistel setzte die Sekretion ebenso wie in der Norm nach Ablauf von 6—7 Minuten ein (s. S. 178). Man könnte meinen, daß bei einer solchen Versuchsanordnung die weniger widerstandsfähigen sekretionshemmenden Fasern bereits einer Degeneration unterlagen, während die sekretorischen Fasern noch wirksam waren. In solchem Falle muß die lange Latenzperiode auf eine Hemmung in der Weitergabe des Reizes an die Drüsenelemente irgendwo in den peripheren Nervengebilden zurückgeführt werden.

Die leichte Hemmbarkeit der Magensaftsekretion während der ersten Phase steht in vollem Einklang mit der Annahme einer Existenz sekretionshemmender Fasern für die Magendrüsen. Es lassen sich nicht nur die bedingten Reflexe auf die Magendrüsen, sondern auch die unbedingten leicht hemmen. Eine leichte Hemmung der bedingten sekretorischen Reaktion sahen wir auch bei den Speicheldrüsen, doch eine Hemmung der unbedingten Reaktionen trat dort durchaus nicht so leicht ein wie bei den Magendrüsen. Demgemäß kann auch die Existenz sekretionshemmender Nerven der Speicheldrüsen an und für sich nicht als endgültig erwiesen angesehen werden.

---

[1]) Pawlow und Schumow - Simanowski, Archiv f. (Anat. u.) Physiol. 1895 S. 67.

Der Mechanismus der Magendrüsenarbeit während der zweiten Phase.

Während der Mechanismus der Magendrüsentätigkeit innerhalb der ersten Phase mehr oder weniger verständlich erscheint, ist die Frage über die Art der Erregung des Magendrüsenapparates während der zweiten Phase völlig unaufgeklärt. Wie stets in derartigen Fällen begegnen wir einer großen Anzahl von Hypothesen, die auf Schritt und Tritt sich gegenseitig ausschließen.

Die grundlegende Tatsache, von der man bei Darstellung des Mechanismus der Magendrüsentätigkeit während der zweiten Phase ausgehen muß, ist, daß die chemischen Erreger aus einem der extragastralen Nerven beraubten Magen eine Saftabsonderung hervorrufen kann. Eine Sekretion des Magensaftes aus dem der Nn. vagi beraubten ganzen Magen eines Hundes oder einem ebenfalls dieser Nerven beraubten Teil des Magens unter dem Einfluß chemischer Erreger beobachteten *Jürgens*[1]) (Durchtrennung der Nn. vagi unterhalb des Diaphragmas), *Tscheschkow*[2]) (Durchtrennung der Nn. vagi am Halse), Heidenhain[3]), *Sanozki*[4]), *Lobassow*[5]), *Orbeli*[6]), Borodenko[7]) und Rheinboldt[8]) (isolierter kleiner Magen nach Heidenhain; Rheinboldt durchtrennte nach Möglichkeit sämtliche zu einem solchen kleinen Magen führenden Mesenterialnerven; er nennt ihn einen „nervenlosen Magen"). Endlich vermochte Popielski[9]) eine Magensaftsekretion auf chemische Erreger nach Durchschneidung der Nn. vagi, Entfernung des Rückenmarks, des Plexus coeliacus und des Grenzstranges des Sympathicus unterhalb des Diaphragmas zu konstatieren.

Somit bewahrten trotz Zerstörung sämtlicher Nervenverbindungen zwischen dem Magen und dem Zentralnervensystem die chemischen Erreger die Fähigkeit, eine Sekretion des Magensaftes hervorzurufen. Demzufolge lassen sich folgende Hypothesen aufstellen: entweder sind im Magen selbst Nervengebilde vorhanden, die die Rolle lokaler Zentren spielen können, oder aber die Drüsenelemente werden durch die in das Gebiet übergehenden chemischen Erreger unmittelbar ohne irgendwelche Beteiligung des Nervensystems zur Erregung gebracht. Möglich ist auch noch ein dazwischenliegender Weg: die chemischen Stoffe werden resorbiert und zusammen mit dem Blut dem peripheren Nervensystem der Drüsen (beispielsweise ihren Nervenendigungen) zugeführt, das sie dann zur Anregung bringen.

---

[1]) N. P. Jürgens, Über den Zustand des Verdauungskanals bei chronischer Paralyse der Nn. vagi. Diss. St. Petersburg 1892.

[2]) A. M. Tscheschkow, Neunzehn Monate lange Lebensfristung eines Hundes nach gleichzeitiger Durchschneidung beider Nn. vagi am Halse. Diss. St. Petersburg 1902.

[3]) R. Heidenhain, Über die Absonderung der Fundusdrüsen des Magens. Pflügers Archiv 1879, Bd. XIX, S. 148.

[4]) Sanozki, Diss. St. Petersburg 1892.

[5]) Lobassow, Diss. St. Petersburg 1896.

[6]) Orbeli, Arch. d. Scienc. biol. 1906, T. XII, No. 1.

[7]) Th. Borodenko, Untersuchungen über den nervösen Regulationsmechanismus der Magensaftsekretion, insbesondere über das Regulationszentrum in der Regio pylorica. Internationale Beiträge zur Pathologie u. Therapie der Ernährungsstörungen 1910, Bd. I, S. 48.

[8]) M. Rheinboldt, Über den Sekretionsablauf an dem der extragastralen Nerven beraubten Magenblindsack. Ibidem 1910, Bd. I, S. 65.

[9]) L. Popielski, Über das peripherische reflektorische Zentrum der Magendrüsen. Zentralblatt f. Physiol. 1902, Bd. XVI, S. 121.

In der Tat sind in der Magenwandung Anhäufungen von Nervenzellen vorhanden (z. B. im Gebiet des Pylorus), und man findet hier so komplizierte Nervengebilde wie den Auerbachschen Plexus. Ein Anhänger der lokalen reflektorischen Zentren ist Popielski[1]). Indes wissen wir nicht, ob die Nervenzellen der Magenwandung eine derartige Rolle spielen können: die Magenschleimhaut Reize zu rezipieren und sie dann an die Drüsenelemente weiterzugeben.

Zugunsten einer rein humoralen Wirkung der chemischen Erreger sprechen die Edkinsschen[2]) Versuche. Dieser Autor ist nach Analogie mit der Wirkung der Salzsäure auf die Arbeit der Bauchspeicheldrüse (hiervon später) der Meinung, daß die chemischen Erreger, indem sie im Pylorus zur Resorption gelangen, eine in seiner Schleimhaut vorhandene besondere Substanz, das „Prosecretin" in sich aufnehmen, sich mit diesem verbinden und das „Secretin" (Magensecretin) bilden. Dieses Secretin wird mit dem Blute den Fundusdrüsen des Magens zugetragen und regt ihre Arbeit an. Atropin paralysiert nicht die durch das Magensecretin hervorgerufene Arbeit der Magendrüsen. Nach Edkins nimmt das Nervensystem an dem gesamten sekretorischen Prozeß keinen Anteil.

Edkins bediente sich der Methodik der akuten Versuche. Der Magen einer mit Chloroform und Äther betäubten Katze wurde (zusammen mit den Nn. vagi) im Gebiete der Kardia vermittelst einer Ligatur unterbunden. Durch eine Öffnung im Zwölffingerdarm wurde in den Pylorus eine Kanüle eingeführt, die mit einem mit einer physiologischen Kochsalzlösung angefüllten Behälter in Verbindung stand. In den Magen wurde eine genau abgemessene Quantität der physiologischen Lösung eingegossen, die nach der Ansicht des Forschers eine Sekretion des Magensaftes nicht anregte und nicht resorbiert wurde. Nach Einstellung des Versuches wurde die Lösung aus dem Magen abgegossen, durch Titrierung seine Acidität sowie auch der Pepsingehalt in ihm bestimmt. Das „Magensecretin" wurde in der Weise hergestellt, daß man aus der Schleimhaut des Pylorus mit verschiedenen Lösungen Extrakte bildete. (Durch Kochen wurde die Wirkung solcher Extrakte nicht nur nicht aufgehoben, sondern vielmehr erhöht.) Zu Kontrollzwecken stellte man aus anderen Teilen des Magens: der Kardia und dem Fundus Extrakte her. All diese Extrakte wurden in das Blut (durch die Vena jugularis) eingeführt. Zum Zwecke der Kontrolle wurden auch diejenigen Substanzen in das Blut eingeführt, mit deren Lösungen die Extrakte hergerichtet worden waren. Hierbei ergab sich, daß über eine safttreibende Wirkung nur die Extrakte der Schleimhaut des Pylorusteiles auf Pepton Witte, 0,4% HCl, 5% Glykose, 5% Dextrin und Glycerin, verfügen (wässerige Extrakte wiesen eine zweifelhafte Wirkung auf). Extrakte aus der Schleimhaut der Kardia und des Fundus sowie die Substanzen selbst, die zur Herstellung der Extrakte gedient hatten, riefen eine Sekretion des Magensaftes nicht hervor. Atropin übte auf die durch ein Extrakt aus der Pylorusschleimhaut auf 0,4% HCl hervorgerufene Sekretion keinen hemmenden Einfluß aus.

Dasselbe beobachtete auch Maydell[3]) bei einem chronischen Versuche an einem Hunde mit einer Magenfistel und Oesophagotomie. Die subcutane Injektion eines Extraktes der Pylorusschleimhaut von einem Hunde, einem Schweine oder einer Katze auf HCl-Lösung rief eine energische Arbeit der Magendrüsen hervor. Extrakte der Schleimhaut des Magenfundes, des Zwölffingerdarms, eine physiologische Lösung NaCl sowie neutralisierter Magensaft hatten im Falle ihrer sub-

---

[1]) Popielski, Zentralblatt f. Physiol. 1902, Bd. XVI, S. 121.

[2]) J. S. Edkins, The chemical mechanism of gastric secretion. Journal of Physiol. 1906, Vol. XXXIV, p. 183.

[3]) E. Maydell, Zur Frage des Magensekretins. Pflügers Archiv 1913, Bd. CL, S. 390.

cutanen Injektion eine Saftabsonderung aus dem Magen nicht zur Folge. Da der Forscher eine Vergiftung des Tieres mit Atropin nicht zur Anwendung brachte, so läßt sich auch nicht sagen, auf welche Teile des nervösen Drüsenapparats oder die Drüsenzelle selbst ein Extrakt der Pylorusschleimhaut einwirkte.

Endlich nimmt Eisenhardt[1]) an, daß die Magensaftsekretion durch den zur Resorption gelangenden Magensaft angeregt wird. Das wirksame Agens befindet sich in dem aus dem gesamten Magen, aber nicht aus seinem Fundusteil erzielten Saft. „Diese Tatsache," sagt er, „deckt sich mit den Befunden von Edkins." Die Versuche wurden an Hunden mit einem kleinen Magen nach Heidenhain und einem „nervenlosen" kleinen Magen angestellt. Der alkalisierte Saft aus dem ganzen Magen wurde den Tieren subcutan injiziert. Eine Absonderung des Magensaftes beim Hunde im Falle einer subcutanen Injektion von neutralisiertem Magensaft beobachtete schon vor Eisenhardt Frouin[2]).

Die außerordentliche Bedeutung der Edkinsschen Versuche unterliegt keinem Zweifel. Seine Auffassung vom Mechanismus der Saftsekretion während der zweiten Phase hat sehr viel für sich. Nichtsdestoweniger begegnet sie ernsthaften Einwendungen.

Vor allem wird die Möglichkeit einer Einwirkung des „Secretins" durch die Nerven durch die Versuche mit Atropin immerhin nicht ausgeschlossen. Wenn das sympathische Nervensystem des Magens irgendwelche Beziehung zu seiner Sekretion hat, so muß doch die Annahme durchaus berechtigt erscheinen, daß es ähnlich dem sympathischen Nervensystem der Speicheldrüsen durch Atropin überhaupt nicht (Hund) oder doch nur durch sehr große Dosen dieses Giftes (Katze) paralysiert wird. In solchem Falle könnte das „Secretin" auch an einem mit Atropin vergifteten Tier seine Wirkung ausüben, indem es beispielsweise die Endigungen der sekretorischen Fasern des Sympathicus anregt.

Ein anderer Einwand, der sich gegen die Edkinssche Auffassung anführen läßt, ist folgender. Über einen safttreibenden Effekt verfügten die Extrakte aus der Schleimhaut des Pylorus nicht nur, wenn sie mit Hilfe von Lösungen chemischer Erreger der Magensekretion (Pepton, Glykose, Dextrin), sondern auch dann, wenn sie mit Hilfe indifferenter Substanzen (Glycerin, HCl-Lösungen; die letzteren hemmen nach *Sokolow*[3]) und Rheinboldt[4]) eher sogar die Absonderung des Magensaftes) hergestellt worden waren. Mit anderen Worten: für die Bildung des Secretins war es belanglos, ob das Prosecretin mit einer unter normalen Bedingungen die Magensaftsekretion anregenden Substanz oder mit solchen Stoffen, die sie nicht anregen und selbst hemmen, in Berührung kam.

Endlich darf nicht außer acht gelassen werden, daß eine subcutane Injektion verschiedener Substanzen oder in noch höherem Maße ihre Einführung in das Blut in einigen Fällen zu auffallenden Störungen des chemischen Gleichgewichts im Organismus führen kann. Als Reaktion hierauf kann eine Absonderung vieler Drüsen des Verdauungskanals einsetzen behufs Befreiung des Organismus von der ihm fremdartigen Substanz. Umgekehrt können die bekannten Erreger der Magensekretion sich unter derartigen Bedingungen als

---

[1]) W. Eisenhardt, Beitrag zur Kenntnis des Magensekretins. Intern. Beiträge zur Pathol. u. Therapie der Ernährungsstörungen 1910, Bd. I, S. 358.

[2]) A. Frouin, Action sécrétoire du suc gastrique sur la sécrétion stomacale. Soc. Biol. 1905, T. LVIII, p. 887.

[3]) Sokolow, Diss. St. Petersburg 1904, S. 97 ff.

[4]) Rheinboldt, Intern. Beiträge zur Pathol. u. Therapie der Ernährungsstörungen 1910, Bd. I, S. 76.

unwirksam erweisen. So beobachtete beispielsweise Eisenhardt[1]) keine safttreibende Wirkung bei subcutaner Injektion von Wasser, Natrium oleinicum, Trauben- und Rohrzuckerlösungen, Produkten der Verdauung von Casein durch den Saft aus dem isolierten kleinen Magen eines Hundes und eine sehr schwache Wirkung von den Produkten der Verdauung von Casein und Lactalbumin durch den aus dem ganzen Magen erhaltenen Saft. Alle diese Substanzen erscheinen jedoch, wie wir wissen, als unzweifelhafte Erreger der Magensaftsekretion im Falle ihrer Einführung in den Magen. Einige von ihnen, wie z. B. oleinsaures Natrium und die Produkte der Eiweißverdauung, regen die Arbeit der Magendrüsen sehr energisch an.

Daher erscheinen neue Untersuchungen zum Zwecke allseitiger Aufklärung der Frage über den Ursprung und die Wirkung des „Magensecretins" — wie dies hinsichtlich des „Pankreassecretins" bereits geschehen ist — höchst wünschenswert. Wie wir weiter unten sehen werden, ist das Vorhandensein eines humoralen Mechanismus der Wirkung einiger Erreger der Pankreassekretion dargetan.

Also kann zurzeit der Mechanismus der Magendrüsenarbeit während der zweiten Phase nicht als aufgeklärt angesehen werden. Zweifellos ist nur, daß die chemischen Erreger befähigt sind, die Arbeit eines Magens, der sämtlicher von außen zugeleiteter Nerven beraubt ist, zur Anregung zu bringen. Somit kommen wir naturgemäß zu der Frage, wie diese Arbeit vor sich geht und welches ihre Besonderheiten sind.

Bevor wir uns jedoch der erwähnten Frage zuwenden, wollen wir vorerst noch die interessante Auffassung von *Zeljony* und *Sawitsch* über den Mechanismus der Magensekretion während der zweiten Phase und die Bickelsche Theorie der Magensaftabsonderung einer näheren Betrachtung unterziehen.

Zeljony und *Sawitsch*[2]) verneinen den humoralen Charakter der Magensaftabsonderung während der zweiten Phase und sind geneigt, ihr auf folgender Grundlage einen nervösen Charakter zuzuerkennen. An einem Hunde mit isoliertem Pylorus und einer Magenfistel sahen sie, daß die subcutane Injektion von Atropin die safttreibende Wirkung einer in den Pylorus eingeführten Lösung Liebigschen Fleischextrakts oder Natrii oleinici zum Stillstand bringt. Da Atropin die durch Einführung von Liebigs Fleischextrakt in das Blut oder unter die Haut hervorgerufene Magensaftsekretion nicht hemmt (Molnár[3]), *Zeljony* und *Sawitsch*[4])), so ist seine unmittelbare Einwirkung auf die Drüsenzellen des Magens selbst ausgeschlossen. Die genannten Forscher sind der Ansicht, daß Atropin den zentrifugalen Teil des reflektorischen Bogens paralysiert. Einen Stillstand der Magensaftsekretion bei Einführung von Liebigschem Fleischextrakt in den Pylorus beobachteten *Zeljony* und *Sawitsch* auch in dem Falle, wo man in den Pylorus zuvor 2—4 proz. Cocainlösungen eingoß. Sie nehmen an, daß in diesem Falle die in der Schleimhaut des Pylorus gelegenen Nervenendigungen der zentripetalen Nerven

---

[1]) Eisenhardt, Intern. Beiträge zur Pathol. u. Therapie der Ernährungsstörungen 1910, Bd. I, S. 358. — Über die hämatogene Anregung der Magensaftsekretion durch verschiedene Bestandteile der Nahrung. Ibidem 1911, Bd. II, S. 206.

[2]) G. P. Zeljony und W. W. Sawitsch, Über den Mechanismus der Magensekretion. Verhandlungen der Gesellsch. russ. Ärzte zu St. Petersburg 1911—1912, Januar—Mai.

[3]) B. Molnár, Zur Analyse des Erregungs- und Hemmungsmechanismus der Magendrüsen. Deutsche med. Wochenschr. 1909, S. 754.

[4]) G. P. Zeljony und W. W. Sawitsch, Verhandlungen der Gesellsch. russ. Ärzte zu St. Petersburg 1911—1912, Januar—Mai.

paralysiert worden waren. Daß die paralysierende Wirkung von Cocain nicht auf eine Gefäßverengung und mithin einem schwachen Zutritt von hypothetischen Secretin zum Blut beruht, weisen sie an der Hand von Versuchen mit Adrenalin nach, das die Sekretion auf eine in den Pylorus eingeführte Lösung von Liebigs Fleischextrakt nicht hemmte.

Bickel[1]) vertritt die Ansicht, daß die Magendrüsen auf zweierlei Weise angeregt werden: einmal durch Vermittlung der extragastralen Nerven (N. vagus und vermutlich N. sympathicus) und sodann durch das Blut (hierbei ist nicht bekannt, ob die chemischen Erreger auf die Drüsenelemente direkt einwirken oder durch Vermittlung der intragastralen sympathischen Plexus). Die erstere Sekretionsart („cephalogene Sekretion") läßt sich bei Reizung der Nn. vagi (Scheinfütterung, künstliche Reizung der Vagi usw.), die letztere („chemische Sekretion") bei Einführung der Erreger (beispielsweise Liebigschen Fleischextrakts) in das Blut beobachten. Diese Sekretionsart wird durch Atropin nicht paralysiert. Die chemische Sekretion ist den vom extragastralen Nervensystem ausgehenden nervösen Hemmungseinflüssen unterworfen. An und für sich ist diese Sekretion permanent, da im Blut stets chemische Erreger enthalten sind. Normaliter zeigt sie jedoch einen ausgesprochen intermittierenden Charakter gerade infolge der nervösen Hemmungseinflüsse, die von dem in der Pars pylorica gelegenen Regulationszentrum ausgehen[2]). Beseitigt man den Einfluß dieses Zentrums, indem man die von ihm zu den Drüsen führenden Nerven durchschneidet (z. B. im isolierten kleinen Magen nach Heidenhain), so wird die Sekretion eine ununterbrochene. Atropin bringt diese Sekretion zum Stillstand, indem es den Hemmungsfasern abermals ein Übergewicht verleiht.

Wenn der erste Teil des Bickelschen Theorie über die Trennung der Magensaftsekretion in eine cephalogene und chemische sich mit den allgemein anerkannten Ansichten hinsichtlich dieses Gegenstandes deckt und natürlich Einwendungen nicht begegnet, so entspricht der zweite originelle Teil seines Gebildes von der permanenten chemischen Sekretion und ihrer Regulierung durch ein besonderes Zentrum in der Pars pylorica nicht völlig den wirklichen Verhältnissen. Bickel stützt sich auf die Versuche Molnárs und Borodenkos, die eine ununterbrochene permanente Sekretion aus dem nach dem Heidenhainschen Verfahren (siehe S. 90) hergestellten isolierten kleinen Magen (sowie aus dem „nervenlosen" kleinen Magen) wahrnahmen. Indes läßt sich solche permanente Sekretion aus dem Heidenhainschen kleinen Magen durchaus nicht immer beobachten. Heidenhain vermochte sie nur bei einem von zwei Versuchshunden und nur während eines gewissen Zeitraums nach der Operation festzustellen. Lobassow[3]) und Orbeli[4]), die die Arbeit des isolierten kleinen Magens nach Heidenhain auf das sorgfältigste untersuchten, kommen auf seine permanente Sekretion mit keinem Worte zu sprechen. Umgekehrt registrieren sie überall die Zeit des Erscheinens des ersten Tropfens bei Einführung dieser oder jener Erreger in den großen Magen. Dafür erwähnen beide Autoren die hypersekretorische postoperative Periode, die stets vorübergehender Natur ist und nach ihrer Meinung mit der infolge des Traumas erhöhten Erregbarkeit des nervösen Drüsenapparats in Zusammenhang steht. Die Menge des auf gewöhnliche eßbare Stoffe zur Absonderung gelangenden Saftes ist im vorliegenden Falle erhöht, ebenso wie auch die Dauer der Sekretionsperiode. Ein solcher hypersekretorischer Zustand wird bisweilen auch bei Anlegung einer einfachen Magenfistel beobachtet (*Orbeli*), wo natürlich von einer Beseitigung des Einflusses des Regulationszentrums des Pylorus keine Rede sein kann.

---

[1]) A. Bickel, Theorie der Magensaftsekretion. Sitzungsberichte der Königl. Preuß. Akademie der Wissenschaften, Jahrg. 1908, 2. Halbbd., S. 1144.

[2]) Borodenko, Intern. Beiträge zur Pathol. u. Therapie der Ernährungsstörungen 1910, Bd. I, S. 48.

[3]) Lobassow, Diss. St. Petersburg 1896, S. 154.

[4]) Orbeli, Arch. d. Scienc. biol. 1906, T. XII, No. 1.

Endlich standen *Krshyschkowski*[1]) Hunde mit abgesondertem Fundusteil des Magens (der Pylorus verblieb beim Zwölffingerdarm) und mit abgesondertem Magen (der Schnitt verlief an der Grenze zwischen dem Pylorus und Zwölffingerdarm) zur Verfügung. Einer der Hunde mit abgesondertem Magen sezernierte in der Tat geringe Quantitäten Saft in permanenter Form, dafür begann der Forscher bei dem anderen Hunde die Versuche fast immer bei Ruhezustand der Drüsen sowohl im isolierten kleinen Magen als auch im großen Magen. Besonderes Interesse verdient jedoch, daß der Hund mit abgesondertem Magen (wo folglich das regulierende Pyloruszentrum vom Fundusteil nicht abgetrennt war) selbständig in nicht großen Quantitäten Magensaft absonderte.

Auf Grund des Gesagten sind wir der Meinung, daß man gegenwärtig schwerlich berechtigt ist, ohne weitere Forschungen das Vorhandensein eines besonderen Regulationszentrums im Gebiete des Pylorus anzunehmen.

Die sekretorische Arbeit der Magendrüsen ohne Beteiligung der Nn. vagi.

Das bequemste Verfahren einer Erforschung der Tätigkeit der ihrer Nn. vagi beraubten Magendrüsen ist die Betrachtung der Arbeit des isolierten kleinen Magens nach Heidenhain beim Hunde unter der Bedingung einer normalen Ernährung des Tieres.

Bekanntlich werden bei Exstirpation des kleinen Magens nach der Heidenhainschen Methode die in der Muskelschicht verlaufenden Fasern des Vagus durchschnitten. Nur ein sehr unbedeutender Teil von ihnen — auch ist dies offenbar nicht bei allen Hunden der Fall — erreicht jedoch vom Mesenterium aus den Magen (*Orbeli*[2]), Molnár[3])). Um den Heidenhainschen kleinen Magen auch dieser Ästchen sowie ferner sämtlicher übrigen extragastralen Nerven zu berauben, durchschnitt Rheinboldt[4]) im Mesenterium eines Heidenhainschen isolierten kleinen Magens alle Nervenäste, soweit sie nur mit der Lupe irgendwie sichtbar waren. Abgesehen von einem völligen Fortfall der reflektorischen Phase, wie man ihn auch bei einigen Hunden mit Heidenhainschem kleinem Magen beobachten konnte, wies ein solcher „nervenloser“ kleiner Magen — im Vergleich mit dem ersteren — in seiner Arbeit irgendwelche auffallenden Besonderheiten nicht auf.

Unserer weiteren Darlegung sollen hauptsächlich die Arbeiten von *Lobassow*[5]) und *Orbeli*[6]) zugrunde gelegt werden, die mit der größten Sorgfalt ausgeführt wurden und identische Resultate ergaben. Besonderes Interesse verdient die Untersuchung von *Orbeli*, die uns die Möglichkeit gibt, an ein und demselben Tiere die Arbeit des isolierten kleinen Magens vor und nach Durchschneidung der Nn. vagi genau zu vergleichen. *Orbeli* hatte zwei Hunde mit Magenfisteln und isolierten kleinen Magen nach Heidenhain - *Pawlow*. Nachdem die Norm der Magendrüsenarbeit bestimmt worden war, wurden die Hunde der Operation der Durchtrennung der muskulären Verbindungsbrücke zwischen dem großen und dem kleinen Magen unterzogen. Somit war der größte Teil der zum isolierten kleinen Magen führenden Fasern des Vagus durchtrennt und aus dem Heidenhain - *Pawlow*schen kleinen Magen war ein Heidenhainscher geworden. Selbstverständlich hatte der große Magen seine gesamte Innervation in völliger Intaktheit bewahrt. Die Versuchsbefunde hinsichtlich beider Tiere deckten sich vollständig.

Die Arbeit des der Hauptmasse der Fasern der Nn. vagi beraubten Heidenhainschen isolierten kleinen Magens bietet folgende Besonderheiten.

[1]) Krshyschkowski, Diss. St. Petersburg 1906.
[2]) Orbeli, Arch. d. Scienc. biol. 1906, T. XII, No. 1.
[3]) Molnár, Deutsche med. Wochenschr. 1909, S. 754.
[4]) Rheinboldt, Intern. Beiträge zur Pathol. u. Therapie der Ernährungsstörungen 1910, Bd. I, S. 15.
[5]) Lobassow, Diss. St. Petersburg 1896, S. 139 ff.
[6]) Orbeli, Arch. d. Scienc. biol. 1906, T. XII, No. 1.

Nach einer bisweilen der Operation folgenden kurzen Periode der Hypersekretion bei Genuß verschiedener Nahrungssorten tritt ein allmähliches, von Tag zu Tag wahrnehmbares Absinken der Arbeit des isolierten kleinen Magens ein, das dann auf einer sehr niedrigen Norm zum Stehen kommt.

So erhielt man beispielsweise bei einem der *Orbeli*schen Hunde, wo die Abnahme der Saftsekretion aus dem isolierten kleinen Magen eine besonders auffallende war, folgende Durchschnittsziffern bei Genuß verschiedener Nahrungssorten vor und nach Durchtrennung der Nn. vagi.

	Vor	Nach	Abnahme um ein
600 cm Milch	18,0 ccm	7,7 ccm	2,3 faches
100 g Fleisch	20,6 ,,	3,9 ,,	5,6 ,,
100 g Brot	8,0 ,,	0,9 ,,	8,9 ,,

Als Ursache des allmählichen Sinkens der Sekretion aus dem isolierten kleinen Magen kann nicht eine Atrophie der denervierten Drüsenelemente angesehen werden. Hier handelt es sich eher um eine Abnahme der Erregbar-

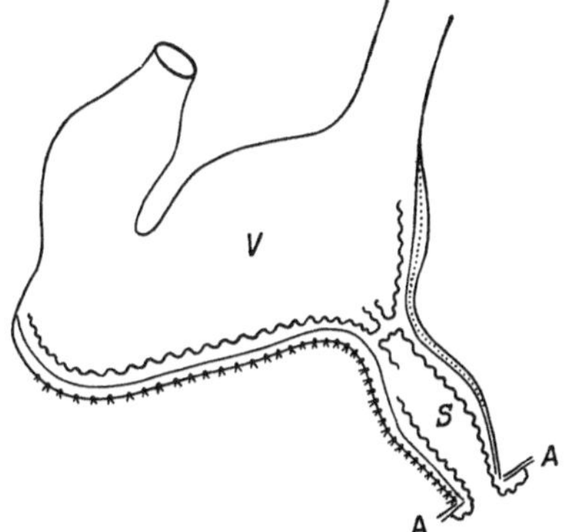

Fig. 15. Isolierter kleiner Magen
nach Heidenhain-*Pawlow*.

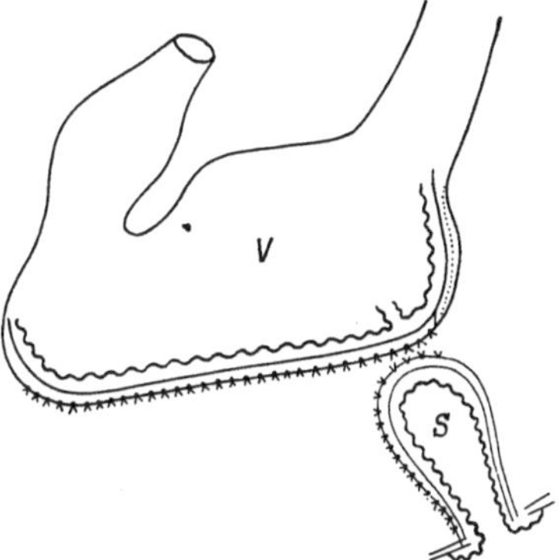

Fig. 16. Isolierter kleiner Magen
nach Heidenhain-*Pawlow* mit
durchschnittener muskulärer Verbindungsbrücke (nach *Orbeli*).

keit des Drüsenapparats infolge Beseitigung der allerstärksten durch die Nn. vagi den Zellen zugeleiteten Impulse. Während schwächere Reize schon fast gar nicht mehr die Arbeit des isolierten kleinen Magens anregen, geben stärkere Reize (z. B. Verdoppelung der Nahrungsportion, Alkohol) und besonders ihre wiederholte Anwendung seinen Drüsen bis zu einem gewissen Grade die sekretorische Fähigkeit zurück (*Lobassow, Orbeli*). So nahm beispielsweise *Lobassow*, der seinen Hund mit einer an chemischen Erregern — wie wir weiter unten sehen werden, den einzigen Erregern der Drüsen des Heidenhainschen isolierten Magensackes — armen Nahrung fütterte, ein auffallendes Absinken der Sekretion wahr. Man brauchte dem Hunde jedoch nur ein an chemischen Erregern reiches Futter zu geben, z. B. Fleisch, und die Sekretion nahm sofort bedeutend zu.

Andererseits stellte sich die mikroskopische Struktur der Drüsen des im Laufe von 1 Jahr und 9 Monaten seiner Innervation beraubten isolierten Magensacks als völlig normal dar (*Orbeli*).

Die Arbeit der der Nn. vagi beraubten Magendrüsen muß sich vor allem durch Fortfall der reflektorischen Phase charakterisieren. Und in der Tat

werden sowohl die unbedingten als auch die bedingten Reflexe auf die Drüsen des
Heidenhainschen isolierten Magensackes entweder überhaupt nicht geleitet
(*Sanozki*[1]), *Lobassow*[2])) oder aber nur in außerordentlich abgeschwächtem Maße
(*Orbeli*[3]), Molnár[4])). Im Zusammenhang mit dem Fortfall der reflektorischen
Phase steht auch die ungewöhnlich lange Latenzdauer (10—35 Minuten) bei
Genuß verschiedener Nahrungssorten. Sie nähert sich der latenten Periode,
wie sie beim Hineinlegen der Nahrung in den Magen durch die Fistel beob-
achtet wird (10—40 Minuten).

Die Wirkung der chemischen Erreger bleibt bestehen. In quantitativer
Hinsicht nimmt sie jedoch etwas ab. In qualitativer Beziehung (Fermentgehalt)
erleidet der Saft unbedeutende Veränderungen (s. Tab. LXIII).

Tabelle LXIII.

Die Absonderung des Magensaftes aus dem isolierten kleinen Magen
eines Hundes vor und nach Durchschneidung der Nn. vagi bei Einführung verschiedener chemischer Erreger in den großen Magen.
Mittlere Zahlen (nach *Orbeli*).

Erreger	Vor Durchschneidung		Nach Durchschneidung	
	Saftmenge in ccm	Verdauungs- kraft in mm	Saftmenge in ccm	Verdauungs- kraft in mm
600 ccm Wasser	7,2	2,5	3,6	3,75
10 : 150 Liebigs Extrakt . .	7,7	3,9	4,5	3,2
150 ccm 5proz. Alkohol . . .	8,4	4,2	6,6	3,35

Ob dieses Sinken der Sekretion auf chemische Erreger ohne weiteres
dem Ausschluß der Nn. vagi zugeschrieben werden kann, vermögen wir nicht
zu sagen. Natürlich ist die Annahme denkbar, daß die chemischen Erreger
zum Teil auf die Drüsenelemente durch Vermittlung der Vagi einwirken,
andererseits jedoch ist es möglich, daß die Ursache dieser Sekretionsabnahme
in eben jener Verringerung der Erregbarkeit der Drüsenzellen zu sehen ist,
von der bereits oben die Rede war.

Der Verlauf der stündlichen Magensaftabsonderung aus dem nach Heidenhain isolierten kleinen Magen auf die verschiedenen Nahrungssorten (Fleisch,
Brot und Milch) ist infolge Fortfalls der reflektorischen Phase bedeutend verändert. Die größten Abweichungen erfährt er bei Brot, die geringsten bei
Milch. Diese Erscheinung ist für uns vollauf verständlich, da Brot die geringste,
Milch die größte Menge chemischer Erreger enthält. Bei Genuß von Brot
hörte oft bereits 3—4 Stunden nach der Nahrungsaufnahme die Sekretion
aus dem der Nn. vagi beraubten isolierten kleinen Magen auf, während der
große Magen noch mit Brot angefüllt war. Dies ist ein treffender Beweis dafür,
eine wie unbedeutende Menge und noch dazu schwach wirkender chemischer
Erreger im Brot vorhanden sind!

Entsprechende Veränderungen finden wir auch in der Verdauungskraft
des Saftes eines der Nn. vagi beraubten Magens. Im allgemeinen ist der Fermentgehalt niedriger als in der Norm. Sein stärkstes Absinken beobachtet
man bei Brot (2—3mal), das schwächste bei Milch (fast unverändert); eine

---

[1]) Sanozki, Diss. St. Petersburg 1893, S. 81.
[2]) Lobassow, Diss. St. Petersburg 1896, S. 146.
[3]) Orbeli, Arch. d. Scienc. biol. 1906, T. XII, No. 1.
[4]) Molnár, Deutsche med. Wochenschr. 1909, S. 754.

Mittelstellung nimmt Fleisch ein (1,5 mal). Diese Veränderungen stehen ohne Zweifel auch mit dem Fortfall der reflektorischen Phase der Sekretion im Zusammenhang. Die besonders starke Abnahme der Verdauungskraft bei Brot spricht nach *Orbeli* außerdem dafür, daß der Einfluß von Stärke auf die Fermentproduzierung nur bei Intaktheit der Nn. vagi ins Leben tritt. Was die Acidität des Saftes anbetrifft, so erfährt sie keine besonderen Veränderungen und schwankt wie gewöhnlich parallel mit der Sekretionsgeschwindigkeit. All diese Beziehungen lassen sich auf Tabelle LXIV wahrnehmen.

Tabelle LXIV.

Die Sekretion des Magensaftes aus dem isolierten kleinen Magen eines Hundes vor und nach Durchschneidung der Nn. vagi bei Genuß von Fleisch, Brot und Milch (nach *Orbeli*).

Stunde	100 g Fleisch		100 g Brot		600 ccm Milch	
	Vor Durchschneidung	Nach	Vor	Nach Durchschneidung	Vor Durchschneidung	Nach
	Saftmenge in ccm	Saftmenge in ccm	Saftmenge in ccm	Saftmenge in ccm	Saftmenge in ccm	Saftmenge in ccm
I	5,0	1,6	3,3	0,2 (Saft)	3,4	4,7
II	5,3	1,5	1,2	0,1 (alk. Schleim)	5,6	3,0
III	5,0	1,0	1,3	0,1 „ „	5,6	1,1
IV	3,8	0,2	0,9	1,0 (sauerer Schl.)	5,3	0,2
V	2,2	—	0,6	0,6 (alk. Schleim)	1,2	—
VI	2,3	—	0,2	0,1 „ „	1,2	—
VII	0,2	—	—	—	—	—
Insgesamt	23,8	4,3	7,5	2,1	22,3	9,0
Durchschnittliche Verdauungskraft in mm	6,2	3,6	6,4	2,2	4,6	3,9

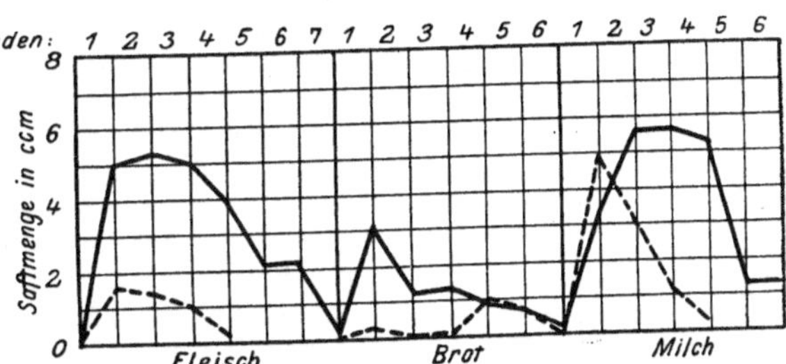

Fig. 17.
Magensaftabsonderung vor und nach Durchschneidung der Nn. vagi.

——— Vor Durchschneidung,
— — — nach Durchschneidung.

Eine weitere interessante Beobachtung machte *Orbeli* an Hunden mit einem der Vagi beraubten isolierten kleinen Magen. Es ergab sich, daß Fett seine Fähigkeit, die Sekretion des Magensaftes zu hemmen und dessen Verdauungskraft herabzusetzen, einbüßte. Eine Beimengung von Fett zur Nahrung in dieser oder jener Form hatte nur eine Verlängerung der Sekretionsperiode zur Folge (vermutlich infolge der safttreibenden Wirkung der Produkte der Spaltung und Umwandlung des Fettes). Die Latenzdauer hatte nicht zugenommen, die Saftmenge und die Verdauungskraft waren nicht herabgesetzt, wie dies bei Fett gewöhnlich der Fall zu sein pflegt.

Wir geben hier zwei Versuche von *Orbeli* an Hunden wieder: einen mit Genuß von 100 g Fleisch und einen anderen mit Genuß von 100 g Fleisch nach Eingießung von 50 ccm Provenceröl in den Magen (Tab. LXV).

Tabelle LXV.

Die Saftabsonderung aus dem der Nn. vagi beraubten isolierten kleinen Magen bei Genuß von 100 g Fleisch und 100 g Fleisch nach vorheriger Eingießung von 50 ccm Provenceröl in den Magen (nach *Orbeli*).

Stunden	100 g Fleisch		100 g Fleisch nach vorheriger Eingießung von 50 ccm Provenceröl in den Magen	
	Saftmenge in ccm	Verdauungskraft in mm	Saftmenge in ccm	Verdauungskraft in mm
I	3,9	2,1	3,2	3,1
II	2,8	2,1	3,1	2,1
III	1,9	3,1	3,3	2,0
IV	0,2	—	1,9	2,1
V	—	—	0,3	—
VI	—	—	—	—
Insgesamt und durchschnittlich	8,8	2,4	11,8	2,3

Da sich das Fett in dem großen Magen befand, der seine Innervation bewahrt hatte, und nur der kleine Magen der Nn. vagi beraubt war, so konnten die zentripetalen Reize in das Zentralnervensystem gelangen und taten es natürlich auch. Allein den kleinen Magen vermochten die zentrifugalen Hemmungsimpulse infolge der Unterbrechung seiner Nervenbahnen nicht zu erreichen. Demzufolge könnte man meinen, daß der hemmende Einfluß beim Fett durch die Nn. vagi an die Magendrüsen geleitet wird.

Theoretische Bemerkungen.

Aus dem oben Dargelegten folgt, daß die Absonderung des Magensaftes ein sekretorischer Vorgang ist. Ebenso wie bei den Speicheldrüsen beobachten wir hier mit einer Verstärkung des Reizes eine Zunahme der Fermentproduktion (*Ketscher*[1]); ferner findet bei Einwirkung einiger Erreger (besonders von Fett und Stärke) eine Divergenz zwischen der Geschwindigkeit der Saftsekretion und der Menge des Ferments sowie der festen Substanzen statt (*Lobassow*[2]). Da die Fundusdrüsen des Magens mit zweierlei Arten von Zellen: Haupt- und Belegzellen versehen sind und es höchst wahrscheinlich ist, daß die ersteren Pepsin, die letzteren Salzsäure ausscheiden, so dürfte die einfachste Erklärung der an den Magendrüsen beobachteten Erscheinungen folgende sein. (Als Beispiel nehmen wir uns den als besser bekannten Mechanismus der Sekretion der reflektorischen Phase.) Zu jeder einzelnen Art von Zellen der Magendrüsen führen sekretorische Fasern, durch welche diesen Zellen nur quantitativ verschiedene Impulse vermittelt werden. Die Belegzellen sezernieren eine Salzsäurelösung von stets ein und derselben Konzentration, doch nur in verschiedenen Quantitäten: bald mehr, bald weniger. Die Hauptzellen geben dem sich in das Lumen der Drüsen ergießenden Saft bald eine größere, bald eine geringere Fermentmenge ab. Bei einer gewissen Unabhängigkeit des einen oder anderen sekretorischen Prozesses können sich alle möglichen Kombinationen zwischen der Quantität des zur Absonderung kommenden Saftes und seinem Fer-

---

[1] Ketscher, Diss. St. Petersburg 1893.
[2] Lobassow, Diss. St. Petersburg 1896.

mentgehalt ergeben. So verhält es sich denn auch in Wirklichkeit, wenn durch die zentripetalen Nerven aus dem Magen den zentralen Innervationsherden verschiedene, die Arbeit einer jeden Zellenart im einzelnen bestimmenden Reize zugetragen werden. Abgesehen von den sekretorischen Fasern, werden sowohl den Haupt- wie den Belegzellen offensichtlich auch sekretionshemmende Fasern zugesandt.

Von diesem Gesichtspunkte aus erscheint die Annahme einer Existenz besonderer trophischer Fasern im Sinne Heidenhains entbehrlich.

Es versteht sich von selbst, daß die Aufstellung irgendwelcher Theorien über die Magensaftsekretion zurzeit noch als verfrüht angesehen werden muß, da ihr Mechanismus noch lange nicht aufgeklärt ist.

Die Schleimsekretion.

Das die obere Schicht der Magenschleimhaut bildende Epithel scheidet einen Schleim aus, der sich dem Magensafte beimengt. Im allerreinsten Safte, wie man ihn aus dem isolierten kleinen Magen erhält, kann man stets Schleimflocken finden. Besonders reichlich ist er in den ersten Portionen des sich abzusondern beginnenden Magensaftes vorhanden. Der in den Magengrübchen sich ansammelnde und anstauende Schleim wird durch den an den Magenwänden abfließenden Magensaft abgespült und gelangt zusammen mit diesem in den an die Fistelöffnung gebundenen Behälter.

Die physiologische Aufgabe des Schleims besteht offenbar darin,

1. die Magenschleimhaut vor mechanischen und chemischen Reizen zu schützen und
2. die Magensaftsäuren zu neutralisieren.

Eine mechanische Reizung der Magenschleimhaut ruft, wie dies schon lange im Laboratorium von *J. P. Pawlow* bekannt ist, eine Schleimabsonderung hervor. Auf diese Weise kann der Schleim die harten und groben Teilchen der in den Magen gelangenden eßbaren und nichtgenießbaren Stoffe einhüllen und dadurch die Schleimhaut vor Beschädigungen schützen.

Andererseits rufen scharfe chemische Reize der Magenschleimhaut durch absoluten Alkohol, Senfölemulsion, Sublimatlösung (1 : 500), Äther, Lösung Argenti nitrici (10%) (*Sawriew*[1])), Tinctura jodi (Bickel[2])) eine reichliche Absonderung alkalischen Schleimes hervor. Eine analoge Erscheinung läßt sich auch bei Einführung von heisem Wasser von 60° R für die Dauer von 1—2 Minuten in den Magen wahrnehmen (*Soborow*[3])). Der Zweck dieser Erscheinung ist vermutlich gleichfalls im Schutz der Schleimhaut vor schädlichen chemischen und physischen Agenzien zu sehen. Somit wird eine gewisse Analogie zwischen der Schutzsekretion der Speicheldrüsen und der Tätigkeit des Magenepithels hergestellt.

Die Bedeutung des Schleims für die Neutralisation des sauren Magensaftes bei normaler Verdauung ist noch wenig erforscht. Allein es fehlt nicht an Hinweisen darauf, daß eine solche Neutralisation bei einigen Nahrungssorten stattfindet. So weist beispielsweise *Pawlow*[4]) darauf hin, daß die verhältnismäßig niedrige Acidität des bei Genuß von Brot zur Absonderung gelangenden Magensaftes zum Teil dem Schleim zugeschrieben werden muß, der bei Genuß

---

[1]) Sawriew, Diss. St. Petersburg 1900.

[2]) A. Bickel, Zur Kenntnis der Jodwirkung. Klin.-therap. Wochenschr. 1907, Nr. 48.

[3]) J. K. Soborow, Der isolierte kleine Magen bei pathologischen Zuständen des Verdauungskanals. Diss. St. Petersburg 1899.

[4]) Pawlow, Nagels Handbuch der Physiologie 1907, Bd. II, S. 721.

von Brot in reichlicherem Maße als bei Genuß von Fleisch und Milch sezerniert wird. Vergegenwärtigt man sich, daß gerade bei Brot die Wirkung des diastatischen Speichelferments im Magen auch noch in schwach saurer Reaktion fortdauert, so wird die Bedeutung der Verringerung der Acidität des Mageninhalts in diesem Falle verständlich. Außerdem gibt der Schleim, indem er die Acidität der Speisemassen herabsetzt, dem Pylorus die Möglichkeit, diese aus dem Magen ohne Schaden für den Zwölffingerdarm herauszulassen, dessen Schleimhaut auf eine 0,5 proz. Lösung HCl. krankhaft reagiert (*Kaznelson*[1])).

Gibt es spezielle schleimtreibende Magennerven? *Uschakow*[2]) beobachtete eine vielstündige Absonderung eines dünnflüssigen Schleimes aus dem Magen eines Hundes bei Reizung der Nn. vagi mittelst Induktionsstromes und neigt zu der wahrscheinlichen Annahme, daß es spezielle sekretorische Nervenfasern gibt, die die Schleimabsonderung bedingen. Diese Erklärung wird jedoch von Bickel[3]) bestritten, der der Meinung ist, daß es sich bei den Versuchen *Uschakows* nicht um eine Neubildung eines Schleimsekrets, sondern um eine Auswaschung des vorher in den Magenfältchen zur Ansammlung gelangten Schleimes durch den Magensaft handelte.

4. Kapitel.

Die Arbeit der Magendrüsen bei den verschiedenen Nahrungssorten. — Hühnereier. — Milchprodukte. — Fleischprodukte. — Fleisch in mundgerechter Zubereitung. — Die Produkte der vegetabilischen Nahrung. — Die Fischprodukte. — Die Calorien bei ungemischter und gemischter Nahrung. — Der Einfluß der Muskelarbeit auf die Magendrüsentätigkeit. — Die Magendrüsengifte. — Der Einfluß des Alkohols auf die durch die verschiedenen Nahrungsmittel hervorgerufene Arbeit der Magendrüsen. — Einige pathologische Beobachtungen und Untersuchungen an Hunden mit isoliertem kleinem Magen.

Die Arbeit der Magendrüsen bei den verschiedenen Nahrungssorten.

Bisher hatten wir es nur mit drei typischen Vertretern der Nahrungssubstanzen: Fleisch, Brot und Milch zu tun. Ein nicht geringeres theoretisches und besonders praktisches Interesse bietet die Frage, wie die Arbeit der Magendrüsen bei den verschiedenen vom Menschen als Nahrung verwendeten Stoffen vor sich geht. Wie groß ist die Saftmenge, die auf diese oder jene Nahrung zum Abfluß gelangt? Im Verlaufe welcher Zeit wird diese Saftmenge abgesondert, und wie groß ist ihr Fermentgehalt? Wie schnell wird die Nahrung einer Verarbeitung im Magen unterworfen? Wie rasch verläßt sie diesen letzteren? Kurz — mit welchem Kraftaufwand verarbeitet der Magen die eine oder andere Nahrungssubstanz? Es unterliegt keinem Zweifel, daß nur eine genaue Kenntnis der Magendrüsentätigkeit bei diesen oder jenen Nahrungsmitteln als Unterlage für die Aufstellung diätetischer Regeln sowohl für den gesunden wie auch den kranken Magen dienen kann.

---

[1]) L. S. Kaznelson, Die normale und pathologische Erregbarkeit der Duodenalschleimhaut. Diss. St. Petersburg 1904.

[2]) Uschakow, Diss. St. Petersburg 1896, S. 28.

[3]) A. Bickel, Magen und Magensaft. Oppenheimers Handbuch der Biochemie 1910, Bd. III, 1. Hälfte, S. 55.

Die Untersuchung des Einflusses der verschiedenen Nahrungsmittel auf die Arbeit der Magendrüsen wurde im Laboratorium von *J. P. Pawlow* an Hunden mit isoliertem kleinem Magen vorgenommen. Als grundlegende Arbeit in dieser Frage ist die umfangreiche und sorgfältige Untersuchung von *Gordejew*[1] zu betrachten. Dann folgen die Arbeiten von *Wolkowitsch*[2] (verschiedene Milchsorten), *Wirschubski*[3] (Fettnahrung), *Boldyreff*[4] (Fischprodukte), *Zitowitsch*[5] (Einfluß des Alkohols auf die Magenverdauung).

Selbstverständlich sollen hier die Ergebnisse dieser Arbeiten nur in den allgemeinsten Zügen angeführt werden. *Gordejew*, auf dessen Arbeit wir uns hauptsächlich stützen werden, bestimmte die Verdauungskraft des Saftes nach der Mettschen Methode, wobei er stets den Saft viermal in 0,2—0,4 proz. HCl verdünnte. Außerdem berechnete er (s. oben S. 94) die Menge der Fermenteinheiten sowohl in den stündlichen Portionen als auch im Durchschnittssaft während der genannten Sekretionsperiode.

Die Bestimmungen der chemischen Zusammensetzung der Nahrungsmittel sind König[6] und Piper[7] entnommen.

Hühnereier.

Untersucht wurde die Saftsekretion aus dem isolierten kleinen Magen eines Hundes bei Genuß von 1. rohem Eiweiß, 2. hart gekochtem Eiweiß, 3. rohem Eigelb, 4. hart gekochtem Eigelb, 5. rohen Eiern, 6. hartgekochten Eiern und 7. weich gekochten Eiern.

Die chemische Zusammensetzung der Eibestandteile ist nach König folgende:

	Eiweiß (roh)	Eigelb (roh)	Eier (roh)
Wasser	85,9%	50,9%	73,67%
Eiweiß	12,9%	16,2%	12,55%
Fett	0,3%	31,7%	12,11%
Asche	0,9%	1,1%	0,55%

Die Arbeit der Magendrüsen bei Eiprodukten (außer weich gekochten Eiern) wurde an ein und demselben Hunde („Phryne") untersucht und ist auf Tabelle LXVI dargestellt.

Nach der Quantität des auf ein und dieselbe Gewichtsmenge der verschiedenen Eiprodukte sezernierten Saftes lassen sich diese in folgender ansteigender Reihenfolge anordnen: 1. rohes Eiweiß, 2. hartgekochtes Eiweiß,

---

[1] J. M. Gordejew, Die Arbeit des Magens bei den verschiedenen Nahrungsmitteln. Diss. St. Petersburg 1906.

[2] A. N. Wolkowitsch, Physiologie und Pathologie der Magendrüsen. Diss. St. Petersburg 1898.

[3] A. M. Wirschubski, Die Arbeit der Magendrüsen bei verschiedenen Sorten von Fettnahrung. Diss. St. Petersburg 1900.

[4] W. N. Boldyreff, Die Arbeit der wichtigsten Verdauungsdrüsen, der Magendrüsen und der Bauchspeicheldrüse bei Fisch- und Fleischnahrung. Archiv f. Verdauungskrankheiten 1909, Bd. XV, S. 1 und 268.

[5] J. S. Zitowitsch, Über den Einfluß des Alkohols auf die Magenverdauung. Nachrichten der Kaiserl. Militär-Med. Akademie in St. Petersburg 1905, Bd. XI, Nr. 1, 2 und 3.

[6] König, Chemie der menschlichen Nahrungs- und Genußmittel 1903. Zitiert nach Gordejew.

[7] Piper, Untersuchung von saurer Sahne, Quark und saurer Milch. Diss. St. Petersburg 1889. Zitiert nach Gordejew.

Tabelle LXVI.

Die Arbeit der Magendrüsen eines Hundes („Phryne") bei Genuß von Eiprodukten. Mittlere Zahlen (nach *Gordejew*).

Stunde	100 g rohes Eiweiß			100 g hart gekochtes Eiweiß			100 g rohes Eigelb			100 g hartgekochtes Eigelb			100 g rohe Eier			100 g hart gekochte Eier		
	Saftmenge [1]	Verdauungskraft [2]	Fermenteinheiten	Saftmenge	Verdauungskraft	Fermenteinheiten	Saftmenge	Verdauungskraft	Fermenteinheiten	Saftmenge	Verdauungskraft	Fermenteinheiten	Saftmenge	Verdauungskraft	Fermenteinheiten	Saftmenge	Verdauungskraft	Fermenteinheiten
I	9,3	3,3	120	9,0	6,0	390	5,5	3,6	85	7,7	4,7	204	10,0	3,1	115	6,8	5,1	212
II	1,9	3,1	18	5,4	5,4	157	16,0	1,2	23	12,0	2,7	87	11,7	2,8	92	7,0	4,1	118
III	0,9	2,8	7	2,2	6,4	90	14,7	2,0	59	12,3	3,2	126	3,5	3,4	40	6,9	3,4	80
IV	0,3	2,4	2	1,1	5,7	36	6,1	3,5	75	6,8	3,4	79	2,3	4,5	47	2,8	3,9	43
V	—	—	—	0,7	—	—	3,0	4,3	55	3,3	4,4	64	0,8	4,5	16	1,2	4,0	19
VI	—	—	—	0,4	—	—	1,2	4,5	24	1,7	4,8	39	—	—	—	0,7	—	—
VII	—	—	—	—	—	—	—	—	—	0,8	5,4	23	—	—	—	—	—	—
Insgesamt und durchschnittlich	12,4	3,2	137	18,8	5,5	620	46,5	2,3	280	44,6	3,3	515	28,3	3,1	291	25,4	4,0	440

3. rohe Eier, 4. hart gekochte Eier, 5. hartgekochtes Eigelb und 6. rohes Eigelb. (Weich gekochte Eier nahmen, was die Menge des auf sie abgesonderten Saftes anbetrifft, einen Platz zwischen rohen und hart gekochten Eiern ein. Ein anderer Hund.)

Das Eigelb erhält mehr Erreger als das Eiweiß (man braucht nur an die Seifenbildung aus dem Fett der Fermente zu denken). Hart gekochtes Eiweiß ruft eine lebhaftere Sekretion hervor als rohes; gleiches läßt sich auch bei rohem und hart gekochtem Eigelb beobachten.

Die Verdauungskraft des Saftes ist höher bei Genuß von Eiweiß als bei Genuß von Eigelb. Die gesamte Fermentmenge (Fermenteinheiten) ist jedoch bei Eigelb größer. Gekochte Produkte erfordern zu ihrer Verarbeitung stärkeren Saft als rohe. Am raschesten verlassen den Magen rohes Eiweiß und rohe Eier (4 Stunden und 5 Stunden); hart gekochtes Eiweiß und harte Eier sowie rohes Eigelb verbleiben im Magen 6 Stunden, hart gekochtes Eigelb 7 Stunden lang.

Milchprodukte.

Von den Milchprodukten untersuchte *Gordejew* an eben jenem Hunde: 1. Vollmilch, 2. abgesahnte Milch, 3. Sahne, 4. saure Sahne, 5. saure Milch (geronnene), 6. Sahnenbutter und 7. Quark.

Wir führen hier die chemische Zusammensetzung einiger von diesen Produkten an:

	Vollmilch	Sahne	Saure Sahne	Saure (geronnene) Milch	Quark
Wasser	87,4%	71,7%	57,21%	88,77%	80,64%
Eiweiß	3,4%	3,1%	3,91%	3,09%	14,58%
Fett	3,6%	20,0%	35,06%	2,28%	0,59%
Milchzucker	4,8%	4,6%	—	3,56%	1,16%
Milchsäure	—	—	0,7 %	0,52%	1,22%
Asche	0,8%	—	—	—	—

[1]) In ccm.
[2]) In mm Eiweißstäbchen.

Abgesahnte Milch unterscheidet sich von Vollmilch durch einen geringeren, Sahne dagegen durch einen größeren Fettgehalt. Saure Sahne ist nichts weiter als sauer gewordene Sahne, saure (geronnene) Milch nichts weiter als Milch in gesäuertem Zustande. Charakteristisch für diese wie für jene ist die Anwesenheit von Milchsäure. Sahnenbutter charakterisiert sich durch einen überaus großen Fettgehalt (gegen 84%). Quark umgekehrt ist sehr arm an Fett (im ganzen 0,59%), dafür jedoch reich an Eiweißstoffen (14,58%).

Auf Tabelle LXVII ist die Magensaftsekretion bei Genuß aller dieser Substanzen dargestellt. Die Versuche wurden an demselben Hunde („Phryne") wie die vorherigen ausgeführt.

Außerdem untersuchte *Gordejew* von den Milchprodukten noch Mager- und Fettkäse (ein anderer Hund, „Jack"). Ihre Zusammensetzung ist folgende:

	Mager-käse	Fett-käse
Wasser	48,0%	35,7%
Eiweiß	32,6%	27,2%
Fett	8,4%	30,4%
Milch-zucker	6,8%	2,5%
Asche	4,1%	4,1%

Tabelle LXVII.

Die Arbeit der Magendrüsen eines Hundes („Phryne") bei Genuß von Milchprodukten. Mittlere Zahlen (nach *Gordejew*).

Stunde	300 ccm Vollmilch			300 ccm abgesahnte Milch			300 ccm Sahne			100 g saure Sahne			300 g saure (geronnene) Milch			300 ccm Sahnenbutter			300 g Quark		
	Saftmenge	Verdauungskraft	Ferment-einheiten	Saftmenge	Verdauungskraft	Ferment-einheiten	Saftmenge	Verdauungskraft	Ferment-einheiten	Saftmenge	Verdauungskraft	Ferment-einheiten	Saftmenge	Verdauungskraft	Ferment-einheiten	Saftmenge	Verdauungskraft	Ferment-einheiten	Saftmenge	Verdauungskraft	Ferment-einheiten
I	5,7	4,5	138	14,6	2,6	119	1,0	6,3	48	2,9	5,0	86	7,2	3,1	81	1,1	1,9	5	10,9	2,9	110
II	8,8	2,6	59	11,2	3,0	101	1,1	5,1	29	4,0	2,7	29	14,9	1,7	43	0,5	3,0	5	13,7	2,0	55
III	4,8	3,2	49	4,3	4,5	87	1,5	3,7	21	3,9	1,7	11	5,9	2,4	34	1,2	2,9	10	10,0	2,0	40
IV	1,6	3,5	20	2,1	4,5	43	3,0	2,6	20	3,3	1,5	7	2,3	3,8	33	1,8	2,5	11	4,6	1,8	15
V	0,9	5,0	22	1,1	4,9	26	3,4	1,8	11	2,6	2,2	13	1,1	4,8	25	2,9	1,7	8	3,3	2,3	17
VI	—	—	—	—	—	—	2,7	1,0	3	1,5	2,9	13	—	—	—	2,6	1,2	4	2,3	2,3	12
VII	—	—	—	—	—	—	2,5	1,7	7	1,6	0,7	5	—	—	—	3,7	1,1	4	1,1	2,6	7
VIII	—	—	—	—	—	—	1,2	3,3	10	0,7	—	—	—	—	—	4,9	1,0	5	0,7	3,3	8
IX	—	—	—	—	—	—	0,5	3,8	7	—	—	—	—	—	—	3,5	0,9	3	—	—	—
X	—	—	—	—	—	—	—	—	—	—	—	—	—	—	—	1,6	—	—	—	—	—
XI	—	—	—	—	—	—	—	—	—	—	—	—	—	—	—	0,6	—	—	—	—	—
Insgesamt und im Durchschnitt	21,8	3,2	260	33,3	3,2	358	16,9	2,6	135	20,5	2,5	145	31,4	2,4	195	24,4	1,3	48	46,6	2,2	245

Tabelle LXVIII.

Die Arbeit der Magendrüsen eines Hundes („Jack") bei Genuß von Milch und Käse (mager und fett). Mittlere Zahlen (nach *Gordejew*).

Stunde	300 ccm Milch			100 g Fettkäse			100 g Magerkäse		
	Saftmenge	Verdauungskraft	Fermenteinheiten	Saftmenge	Verdauungskraft	Fermenteinheiten	Saftmenge	Verdauungskraft	Fermenteinheiten
I	20,2	2,5	151	26,0	2,8	246	30,0	2,7	260
II	20,1	2,9	169	24,0	2,0	96	27,2	1,3	46
III	5,0	3,7	68	12,5	2,1	55	21,0	1,2	30
IV	3,5	3,6	45	11,0	1,4	22	12,0	2,9	100
V	2,4	3,7	43	4,7	3,3	51	7,5	4,3	138
VI	—	—	—	3,5	4,2	62	4,7	5,5	102
VII	—	—	—	1,7	—	—	3,7	—	—
VIII	—	—	—	—	—	—	2,7	—	—
Insgesamt und im Durchschnitt	51,2	2,9	448	83,4	2,3	486	108,8	2,3	626

Die Wirkung von Käse wurde von einem anderen Hunde („Jack"), dessen isolierter kleiner Magen eine bedeutend größere Saftmenge absonderte, als dies beim ersteren der Fall war, geprüft. Zwecks Vergleichung wird ein Versuch mit Genuß von 300 ccm Milch angeführt.

Die Besonderheiten in der Arbeit der Magendrüsen bei Genuß von Milchprodukten werden vor allem durch den Gehalt der letzteren an Fett und Milchsäure bestimmt. Das erstere hemmt die Drüsentätigkeit, die letztere erhöht sie. So gelangt bei Genuß einer gleichen Quantität abgesahnter Milch mehr Saft zur Absonderung (33,3 ccm), als bei Genuß von Vollmilch (22,8 ccm) und erst recht von Sahne (16,9 ccm). (Vgl. ebenfalls Mager- und Fettkäse: 108,8 ccm und 83,4 ccm.) Umgekehrt erhöht das Vorhandensein von Milchsäure in saurer Sahne und saurer (geronnener) Milch ihren safttreibenden Effekt im Vergleich mit Sahne und Milch (20,5 ccm gegen 16,9 ccm und 31,4 ccm gegen 22,8 ccm). In saurer (geronnener) Milch ist außerdem etwas weniger Fett enthalten als in Milch (2,28% gegen 3,6%). An und für sich ruft Fett (Sahnenbutter) eine andauernde Arbeit der Magendrüsen hervor (11 Stunden). Die stündliche Anspannung der Drüsen ist nicht beträchtlich. Die gesamte Saftmenge ist etwas görßer (24,4 ccm) als bei Milch (22,8 ccm).

Sowohl die Verdauungskraft des Saftes als auch die Menge der Fermenteinheiten in den bedeutende Quantitäten Fett enthaltenden Milchprodukten ist herabgesetzt. Die Milchsäure übt offensichtlich in dieser Richtung keinen Einfluß aus. Die Anwesenheit von Fett im Nahrungsmittel und dessen festere Konsistenz verlängern die Aufenthaltszeit der Nahrung im Magen (beispielsweise Milch 5 Stunden und Käse 7—8 Stunden). Ein gleiches läßt sich nicht von der Milchsäure sagen. Je fester die Substanz ist, um so reicher ist der auf sie zur Absonderung kommende Saft an Fermenten.

Die verschiedenen Milchsorten (rohe warme Milch von 40° C, rohe kalte Milch von 1—4° C, mit CO_2 gesättigte und sterilisierte Milch, beide letzteren von 18—22° C) rufen, wie dies *Wolkowitsch*[1]) dargetan hat, eine ungleichartige Arbeit der Magendrüsen hervor.

---

[1]) Wolkowitsch, Diss. St. Petersburg 1898.

Tabelle LXIX.

Die Gesamtmenge des Saftes, seine Verdauungskraft, die Dauer der Sekretion und die Latenzperiode bei Genuß von 550 ccm Milch verschiedener Sorte. Mittlere Zahlen (nach *Wolkowitsch*).

	Warme Milch	Kalte Milch	Mit CO_2 gesättigte Milch	Sterilisierte Milch
Gesamte Saftmenge	43,1 ccm	39,1 ccm	87,7 ccm	67,4 ccm
Verdauungskraft	5,49 mm	5,43 mm	4,37 mm	4,16 mm
Sekretionsdauer	$4^7/_8$ Std.	6 Std.	$6^1/_4$ Std	$5^4/_5$ Std.
Dauer der latenten Periode	$5^4/_9$ Min.	7 Min.	$7^1/_3$ Min.	$8^7/_{10}$ Min.

Die Saftabsonderung bei kalter Milch beginnt später, erstreckt sich auf einen größeren Zeitraum und ist im allgemeinen weniger ergiebig als bei warmer Milch. Die Kurve der Magensaftsekretion beträgt in beiden Fällen einen für Milch typischen und übereinstimmenden Charakter. Die lange Dauer der Magensaftsekretion bei kalter Milch ist der Autor geneigt, durch eine Verlangsamung der motorischen Tätigkeit des Magens zu erklären. Zwar ist bei Genuß kalter Milch die Saftmenge um einiges geringer, als bei Genuß warmer Milch (gleichsam ein Haushalten mit Ferment), doch spricht die größere Sekretionsdauer schwerlich zugunsten einer Anwendung von kalter Milch.

Mit CO_2 gesättigte Milch ruft die energischste Magendrüsentätigkeit hervor. Sie verdankt diese Wirkung hauptsächlich der CO_2, die sich als Erreger der Magensaftsekretion darstellt. (Es muß noch bemerkt werden, daß der Hund mit CO_2 gesättigte Milch lieber fraß, als sterilisierte.) Der Verlauf der Sekretion nimmt bei ihr eine andere Richtung, man erhält eine für Fleisch typische Sekretionskurve, „Fleisch"-Sekretionskurve, mit dem Maximum innerhalb der ersten Stunde. Die Magensaftabsonderung bei sterilisierter Milch ist eine für Milch typische — mit dem Maximum während der 2.—3. Stunde. Sterilisierte Milch hat eine energischere Arbeit der Magendrüsen zur Folge als rohe warme. Die Sekretionsdauer ist bei ihr gleichfalls höher, als bei roher warmer Milch. Die mittlere Verdauungskraft bei mit CO_2 gesättigter und sterilisierter Milch ist niedriger als bei roher, vermutlich infolge der größeren Geschwindigkeit der Saftabsonderung.

Fleischprodukte.

Untersucht wurde die safttreibende Wirkung bei Genuß folgender Fleischprodukte (in rohem Zustande): 1. Pferdefleisch, 2. Kalbfleisch, 3. Hammelfleisch, 4. Magergans, 5. Fettgans, 6. Rinderfett und 7. kleinrussischer Schweinespeck. Außerdem wurden Versuche gemacht mit Genuß von Fleisch in Kombination mit einer verschieden großen Quantität Sahnenbutter. Die chemische Zusammensetzung der genannten Nahrungsmittel ist folgende:

	Pferdefleisch	Kalbfleisch	Hammelfleisch	Fettgans
Wasser	74,27%	78,8%	76%	40,87%
Eiweiß	21,71%	19,8%	18,1%	14,21%
Fett	2,55%	0,8%	5,8%	44,26%[1]
Extraktivstoffe	0,46%	—	—	—
Asche	1,01%	0,5%	1,3%	0,66%

Die Zusammensetzung des Rinderfettes und Schweinespecks stellt sich folgendermaßen dar:

	Rinderfett	Schweinespeck
Wasser	9,9%	6,4%
Bindegewebe	1,6%	1,4%
Fett	88,4%	92,2%

[1] In magerem Gänsefleisch ist etwa 15% Fett enthalten.

Zu den Versuchen wurde kleinrussischer, d. h. gesalzener Schweinespeck verwendet.

Auf Tabelle LXX sehen wir Versuche mit Genuß verschiedener Fleischsorten und Rinderfettes durch ein und denselben Hund („Osman"). Die dann folgende Tabelle LXXI zeigt uns einen Versuch mit Genuß von 100 g Schweinespeck und zur Kontrolle einen Versuch mit Genuß von 100 g Pferdefleisch durch einen anderen Hund („Sjery"). Am letzteren Hunde wurden auch die Versuche mit Genuß von Fleisch in Kombination mit Sahnenbutter vorgenommen (s. oben Tab. LIII).

Tabelle LXX.

Die Arbeit der Magendrüsen eines Hundes („Osman") bei verschiedenen Sorten rohen Fleisches. Mittlere Zahlen (nach *Gordejew*).

Stunde	100 g Pferdefleisch			100 g Kalbfleisch			100 g Hammelfleisch			100 g mageres Gänsefleisch			100 g fettes Gänsefleisch			100 g Rinderfett		
	Saftmenge	Verdauungskraft	Fermenteinheiten	Saftmenge	Verdauungskraft	Fermenteinheiten	Saftmenge	Verdauungskraft	Fermenteinheiten	Saftmenge	Verdauungskraft	Fermenteinheiten	Saftmenge	Verdauungskraft	Fermenteinheiten	Saftmenge	Verdauungskraft	Fermenteinheiten
I	5,6	2,2	37	5,3	1,8	20	5,7	2,0	28	6,4	2,3	41	2,3	2,6	19	1,9	2,9	19
II	3,6	1,8	12	2,6	2,4	15	3,2	2,4	18	4,2	1,7	12	1,8	1,9	6	0,2	2,8	16
III	0,8	2,7	6	0,7	3,3	8	1,0	3,6	13	1,9	2,0	8	3,2	1,6	8	0,1	2,3	5
IV	0,2	4,0	3	0,5	3,6	6	0,4	3,4	5	0,6	2,2	3	6,6	1,3	11	1,0	3,8	14
V	—	—	—	—	—	—	0,2	—	—	1,5	2,6	10	3,8	1,3	6	3,0	3,6	29
VI	—	—	—	—	—	—	—	—	—	0,6	—	—	2,4	1,7	7	3,0	2,0	12
VII	—	—	—	—	—	—	—	—	—	—	—	—	1,7	2,1	7	2,6	1,4	5
VIII	—	—	—	—	—	—	—	—	—	—	—	—	0,5	2,4	3	1,7	1,1	2
IX	—	—	—	—	—	—	—	—	—	—	—	—	—	—	—	0,4	—	—
Insgesamt und durchschnittlich	10,2	2,1	48	9,1	2,1	45	10,5	2,3	60	15,2	2,0	67	22,3	1,6	62	13,9	2,3	88

Tabelle LXXI.

Die Arbeit der Magendrüsen eines Hundes („Sjery") bei Genuß von Pferdefleisch und Schweinespeck. Mittlere Zahlen (nach *Gordejew*).

Stunde	100 g Pferdefleisch			100 g Schweinespeck		
	Saftmenge	Verdauungskraft	Fermenteinheiten	Saftmenge	Verdauungskraft	Fermenteinheiten
I	7,4	4,0	138	5,0	4,7	132
II	7,2	3,4	83	2,9	3,2	30
III	4,6	4,2	81	1,7	2,7	12
IV	2,0	5,2	54	1,4	1,8	5
V	1,8	5,3	50	1,2	2,8	9
VI	0,9	5,9	31	0,7	1,7	2
VII	0,5	—	—	0,3	2,1	2
VIII	—	—	—	0,3	1,8	1
Insgesamt und durchschnittlich	} 24,4	3,9	400	13,7	3,8	198

Bei den Fleischprodukten spielt eine wichtige Rolle der Gehalt an Extraktivstoffen, die die Saftabsonderung erhöhen, und der Gehalt an Fett, das die Arbeit der Magendrüsen hemmt. So enthält Kalbfleisch wenig Extraktivstoffe. Es bedingt behufs seiner Verarbeitung etwas weniger Saft (9,3 ccm) als das Fleisch ausgewachsener Tiere (10,2 ccm). Der etwas verlangsamte Charakter der Magensaftsekretion bei Hammelfleisch (5 Stunden) kann auf seinen Fettgehalt zurückgeführt werden.

Die Magensaftabsonderung bei fetter Fleischnahrung charakterisiert sich durch eine Verzögerung innerhalb der ersten Phase (Wirkung des neutralen Fettes) und eine Steigerung der zweiten (Wirkung der Fettprodukte). Je größer die Fettbeimischung zur Nahrung ist, um so stärker ist solch ein Sekretionstypus ausgeprägt (vgl. beispielsweise die Sekretion bei Genuß von fettem und magerem Gänsefleisch; Tab. LXX).

Die Verdauungskraft des Saftes sinkt bei fetter Eiweißnahrung im Vergleich zur Norm, die Sekretionsdauer nimmt einen größeren Umfang an.

Bei Rinderfett ist die Magensaftabsonderung eine für Fettnahrung typische (Absinken in der II. und III. Stunde und Ansteigen in der V., VI. und VII. Stunde). Die Fermentmenge ist jedoch im Vergleich mit Fleisch nicht herabgesetzt (Tab. LXX). Die Kurve der Magensaftsekretion bei Schweinespeck (Tab. LXXI) beträgt einen für Fleisch typischen Charakter, d. h. das Maximum entfällt auf die erste Stunde. Dieser Umstand muß mit der Anwesenheit des die Magendrüsen anregenden Kochsalzes im Speck in Verbindung gebracht werden. Den verhältnismäßig hohen Fermentgehalt in dem sowohl auf Rinder- als auch auf Schweinefett zur Absonderung gelangenden Saft muß man zum Teil der Festigkeit dieser Produkte zuschreiben (vgl. z. B. den Gehalt an Fermenten in dem sich auf Genuß von Sahnenbutter sezernierenden Saft; Tab. LXVII). Andererseits können auch die positiven geschmackverleihenden Eigenschaften dieses oder jenes Specks eine Rolle spielen.

Fleisch in mundgerechter Zubereitung.

Zum Vergleiche wurde die Arbeit der Magendrüsen bei rohem Rindfleisch herangezogen. Dann verabreichte man dasselbe Fleisch in gebratenem und gekochtem Zustande. Das Fleisch wurde zum Kochen entweder in bereits siedendes Wasser gelegt (boeuf-bouilli), oder aber man legte es in kaltes Wasser und ließ es dann 5—10 Stunden lang kochen (Suppenfleisch).

Beim Braten des Fleisches bilden sich auf dessen Oberfläche besondere geschmackverleihende Stoffe, was beim Genuß jenes Fleisches zu einer Steigerung der ersten Sekretionsphase führt. Das im Fleisch enthaltene Wasser verliert sich hierbei teilweise, die Extraktivstoffe jedoch bleiben im Innern des Stückes erhalten. Die Saftmenge bei Genuß gebratenen Fleisches ist größer als bei Genuß von rohem Fleisch, die Verdauungskraft etwas höher, die Aufenthaltsdauer im Magen jedoch gleichgroß.

Die Wirkung des in siedendes Wasser gelegten und auf diese Weise gekochten Fleisches ist der Wirkung gebratenen Fleisches sehr ähnlich. Dagegen ruft in kaltem Wasser aufgesetzes und dann — besonders 10 Stunden lang — gekochtes Fleisch eine geringere Magensaftsekretion hervor und hält sich längere Zeit im Magen als andere Fleischsorten. Dieser Umstand ist aller Wahrscheinlichkeit nach darauf zurückzuführen, daß solches Fleisch einen Teil seiner Extraktivstoffe, die in die Brühe übergehen, einbüßt, eine größere Festigkeit annimmt und vielleicht seine geschmackverleihenden Eigenschaften verliert.

Alle diese Verhältnisse lassen sich auf Tab. LXXII erkennen. (Die Versuche wurden am Hunde „Sjery" angestellt.)

Tabelle LXXII.

Die Arbeit der Magendrüsen eines Hundes („Sjery") bei Genuß von Rindfleisch verschiedener Zubereitung. Mittlere Zahlen (nach *Gordejew*).

Stunde	100 g rohes Fleisch			100 g gebratenes Fleisch			100 g gekochtes Fleisch (in kochendem Wasser aufgesetzt)			100 g fünf Stunden lang gekochten Fleisches			100 g zehn Stunden lang gekochten Fleisches		
	Saftmenge	Verdauungskraft	Fermenteinheiten	Saftmenge	Verdauungskraft	Fermenteinheiten	Saftmenge	Verdauungskraft	Fermenteinheiten	Saftmenge	Verdauungskraft	Fermenteinheiten	Saftmenge	Verdauungskraft	Fermenteinheiten
I	7,6	3,2	94	9,7	3,5	143	10,4	3,1	120	8,8	3,9	161	6,9	3,5	102
II	5,8	3,0	52	8,7	2,8	68	8,9	3,4	103	8,0	3,7	110	6,0	3,4	69
III	4,9	3,2	50	6,8	2,9	57	7,9	3,1	76	6,9	3,6	87	4,9	3,3	53
IV	2,6	3,3	28	5,3	3,0	48	5,2	3,0	47	4,7	3,4	54	2,6	4,0	42
V	2,6	3,5	32	3,3	3,2	34	3,6	2,8	28	3,0	3,3	33	2,2	3,8	32
VI	1,5	3,9	23	1,0	3,0	9	2,3	2,9	19	1,4	3,2	14	1,3	3,4	15
VII	0,8	3,6	10	0,3	—	—	1,4	4,1	23	0,4	—	—	0,7	4,4	13
VIII	—	—	—	—	—	—	—	—	—	—	—	—	0,4	—	—
Insgesamt und im Durchschnitt	25,8	3,2	276	35,1	3,1	346	39,7	3,2	411	33,2	3,6	450	25,0	3,5	316

Außerdem wurden folgende Fleischprodukte einer Untersuchung unterzogen: Fleisch mit Salz, Schinken (mager), „Teewurst" (gekochte Wurst). und geräucherte Wurst. Die entsprechenden Versuche sind auf Tabelle LXXIII wiedergegeben. (Hund „Osmann".)

Tabelle LXXIII.

Die Arbeit der Magendrüsen eines Hundes („Osman") bei Genuß von Fleisch mit Salz, Schinken, gekochter und geräucherter Wurst. Mittlere Zahlen (nach *Gordejew*).

Stunde	100 g Pferdefleisch			100 g Pferdefleisch + 5,0 g NaCl			100 g magerer Schinken			100 g gekochte Wurst („Teewurst")			100 g geräucherte Wurst		
	Saftmenge	Verdauungskraft	Fermenteinheiten	Saftmenge	Verdauungskraft	Fermenteinheiten	Saftmenge	Verdauungskraft	Fermenteinheiten	Saftmenge	Verdauungskraft	Fermenteinheiten	Saftmenge	Verdauungskraft	Fermenteinheiten
I	5,6	2,2	31	11,0	1,6	33	5,4	2,1	29	3,7	3,6	58	10,3	1,4	24
II	3,6	1,8	12	1,1	1,0	1	4,3	1,4	8	1,9	3,0	17	10,8	0,8	7
III	0,8	2,7	6	0,1	0,9	1	4,0	1,4	8	0,8	3,8	12	4,0	1,2	6
IV	0,2	4,0	3	0,6	4,6	12	1,8	1,5	4	0,4	3,7	5	1,3	1,5	3
V	—	—	—	0,2	—	—	0,6	2,1	3	—	—	—	0,8	1,6	2
VI	—	—	—	13,0	—	—	0,2	—	—	—	—	—	0,4	2,0	2
VII	—	—	—	—	—	—	—	—	—	—	—	—	0,2	—	—
Insgesamt und im Durchschnitt	10,2	2,1	48	13,0	1,6	40	16,3	1,7	49	6,8	3,4	85	27,8	1,1	39

Die Beimengung von Kochsalz zum Fleisch selbst in einer Quantität von 5% erhöht, wie wir bereits wissen, die Magensaftsekretion, verlängert die Aufenthaltszeit der Nahrung im Magen und setzt die Fermentkraft des Saftes herab. Bei magerem Schinken hat, teils infolge des Gehalts an Salz, teils infolge des größeren Fettgehaltes in ihm, als im Fleisch (gegen 8%), die Saftmenge $1^1/_2$ mal zugenommen, die Verdauungskraft sich verringert und die Dauer der Magensaftsekretionsperiode im Vergleich mit rohem Fleisch eine Ausdehnung erfahren (um 2 Stunden).

Gekochte Wurst („Teewurst") ruft eine unbedeutende Arbeit der Magendrüsen hervor (6,8 ccm) und verläßt rasch den Magen (4 Stunden). Umgekehrt regt geräucherte Wurst die Magendrüsen zu einer außerordentlich energischen und anhaltenden Arbeit an (27,8 ccm in 7 Stunden). Der auf sie zur Absonderung gelangende Saft ist jedoch auffallend fermentarm (1,1 mm). Die Zusammensetzung der geräucherten Wurst ist sehr kompliziert: geschmackverleihende Stoffe, Fleisch, Kochsalz und Fett. Ohne weitere Analyse ist es schwer, den Einfluß jedes einzelnen dieser Bestandteile festzustellen.

Die Produkte der vegetabilischen Nahrung.

Folgende an Kohlenhydraten reiche Produkte der vegetabilischen Nahrung werden einer Untersuchung unterzogen: Weißbrot, Hirsegrütze, Buchweizengrütze, gekochter Reis und gekochte Kartoffeln.

Die chemische Zusammensetzung der vegetabilischen Produkte stellt sich folgendermaßen dar:

	Brot	Hirse	Buchweizen	Reis	Kartoffel
Wasser	35,59%	12,82%	12,7%	14,4 %	76,9 %
Stickstoffsubstanzen	7,06%	7,25%	2,6%	6,94%	2,08%
Fett	0,46%	1,15%	0,9%	0,51%	0,8 %
Zucker	4,02%	—	—	—	—
Kohlehydrate	52,56%	76,19%	81,8%	77,61%	21,6 %
Cellulose	0,32%	1,0 %	0,7%	0,2 %	0,69%
Asche	1,0 %	—	—	—	0,19%

Auf Tabelle LXXIV sind entsprechende Versuche dargestellt (Hund „Jack").

Tabelle LXXIV.

Die Arbeit der Magendrüsen bei einem Hunde („Jack") bei Genuß von vegetabilischen Nahrungsmitteln. Mittlere Zahlen (nach *Gordejew*).

Stunde	200 g Weißbrot			200 g Hirsebrei			200 g Buchweizenbrei			200 g gekochter Reis			200 g gekochte Kartoffeln		
	Saftmenge	Verdauungskraft	Fermenteinheiten	Saftmenge	Verdauungskraft	Fermenteinheiten	Saftmenge	Verdauungskraft	Fermenteinheiten	Saftmenge	Verdauungskraft	Fermenteinheiten	Saftmenge	Verdauungskraft	Fermenteinheiten
I	24,8	4,7	660	19,5	4,6	495	25,0	4,5	606	17,2	4,1	347	31,5	4,0	606
II	14,7	5,3	413	11,9	5,8	400	18,2	5,3	511	14,3	6,2	550	22,0	4,8	507
III	10,5	5,0	263	7,5	5,7	244	15,0	5,0	375	10,7	5,7	348	6,8	5,6	213
IV	10,4	4,7	230	5,2	5,5	157	7,7	4,6	163	5,2	5,6	163	4,8	6,1	179
V	8,0	4,8	192	4,2	4,9	100	4,7	4,7	104	4,2	5,2	113	2,7	4,6	57
VI	6,2	5,0	155	2,9	4,1	49	4,0	3,6	52	4,0	4,6	85	1,3	—	—
VII	4,3	4,2	76	—	—	—	2,5	3,1	24	3,0	3,2	31	—	—	—
VIII	2,4	—	—	—	—	—	—	—	—	—	—	—	—	—	—
Insgesamt und durchschnittlich	81,3	4,9	1952	51,2	5,1	1388	77,1	4,7	1769	58,6	5,1	1580	69,1	4,5	1480

14

Die Magensaftabsonderung bei Genuß verschiedener Breiarten usw. kommt sowohl in quantitativer als auch qualitativer Hinsicht der Saftsekretion auf Brot sehr nahe. Bei Genuß einer gleichen Menge Brot ist sie nur um einiges ergiebiger. Der Fermentgehalt im Saft ist hoch; er steigt besonders während der 2. und 3. Stunde an, was für Stärkenahrung typisch ist.

Dieselben Verhältnisse lassen sich auch bei Genuß von Kartoffeln beobachten. Infolge ihrer Armut an chemischen Erregern hört die Saftsekretion bei ihnen früher auf als bei Brot (6 Stunden statt 8 Stunden).

Was die Kombination von Brot mit Fett (Sahnenbutter) anbetrifft, so ergab sie eine für Fettnahrung weniger typische Sekretionskurve als eine Kombination von Fleisch mit Fett. Der abermalige Anstieg der Kurve in den späteren Stunden, besonders bei mäßigen Buttermengen (z. B. 50%), war hier nicht so erheblich, wie bei fettem Fleisch. Sonst waren Abweichungen nicht wahrnehmbar. Die Fermentmenge bei fettem Fleisch sank, die Sekretionsdauer dagegen nahm zu. Diesbezügliche Versuche findet man oben auf Tabelle LIII.

Die Fischprodukte.

Die Untersuchung der Fischprodukte hat gezeigt, daß sie über eine bedeutende safttreibende Wirkung verfügen. Die Fähigkeit, die Magensaftabsonderung anzuregen, verdanken sie nicht nur — soweit es die gesalzenen Fischsorten anbetrifft — dem in diesen letzteren enthaltenen Kochsalz, sondern auch den Extraktivstoffen und den Verdauungsprodukten der Fischsubstanz selbst.

Gordejew untersuchte den Einfluß des Genusses von gesalzenem und von ausgewässertem Hering auf die Magensaftsekretion beim Hunde.

Die Zusammensetzung eines gesalzenen Herings ist nach König folgende:

Wasser	46,23%
Eiweiß	18,9 %
Fett	16,9 %
Asche	16,4 %

Auf Tabelle LXXV sind Versuche mit Genuß von 150 g salzigen Herings, 150 g eines in fließendem Wasser 10 Stunden lang abgewässerten Salzherings und 150 g Pferdefleisch dargestellt. Aus den Zahlen dieser Tabelle ergibt sich, daß salziger Hering eine außerordentlich starke Absonderung (200,2 ccm) eines an Fermenten sehr armen Magensaftes hervorrief (durchschnittliche Verdauungskraft 0,9 mm; Anzahl der Fermenteinheiten 192). Sowohl das eine wie das andere läßt sich zweifellos bis zu einem gewissen Grade auf den hohen Gehalt des Herings an Kochsalz zurückführen. Da indes der in fließendem Wasser zehn Stunden lang abgewässerte Hering zwar eine dreimal so schwache Magensaftabsonderung (66,5 ccm) hervorrief als salziger Hering, die durch ihn bedingte Sekretion andererseits jedoch der Magensaftabsonderung bei Genuß von 100 g Pferdefleisch (72,0 ccm) fast gleichkam, so kommen offensichtlich auch der Fischsubstanz selbst safttreibende Eigenschaften zu.

Boldyreff[1]) arbeitete die Frage weiter aus und fand in der Tat, daß sowohl die Extraktivstoffe der Fische als auch die Produkte ihrer tryptischen Verdauung über auffallend hohe safttreibende Eigenschaften verfügen. So ruft beispielsweise die Einführung einer Fischextraktivstoffe enthaltenden Fisch-

---

[1]) Boldyreff, Archiv f. Verdauungskrankheiten 1909. Bd. XV. S. 1 u. 268.

Tabelle LXXV.

Die Arbeit der Magendrüsen eines Hundes („Jack") bei Genuß von salzigem und abgewässertem Hering und rohem Pferdefleisch (nach *Gordejew*).

Stunde	150 g salziger Heringe			150 g eines 10 Stunden lang in fließendem Wasser abgewässerten Herings			100 g rohes Pferdefleisch		
	Saftmenge	Verdauungskraft	Fermenteinheiten	Saftmenge	Verdauungskraft	Fermenteinheiten	Saftmenge	Verdauungskraft	Fermenteinheiten
I	54,4	1,4	128	15,0	4,4	348	36,0	2,7	312
II	65,2	0,5	16	24,0	1,3	41	18,9	3,2	194
III	39,5	0,5	10	12,0	1,8	39	6,6	4,1	111
IV	14,3	0,7	7	5,5	5,1	143	4,4	4,1	74
V	6,0	1,0	6	5,0	6,2	192	3,6	3,1	35
VI	6,2	1,9	22	3,0	6,8	139	2,5	2,6	17
VII	5,3	1,9	19	2,0	5,6	63	—	—	—
VIII	4,9	1,7	14	—	—	—	—	—	—
IX	4,4	—	—	—	—	—	—	—	—
Insgesamt und durchschnittlich	200,2	0,9	192	66,5	3,0	598	72	3,1	716

bouillon durch die Magenfistel (unter Ausschließung der reflektorischen Phase) eines Hundes mit isoliertem kleinem Magen im Durchschnitt eine lebhaftere Magensaftsekretion hervor als Fleischbouillon. Besonders energisch regt die Arbeit der Magendrüsen eine aus kleinen Fischen wie Kaulbarsch, Anchovis, Meerbarbe hergestellte Fischbouillon an (durchschnittlich gegen 12,3 ccm Saft auf 150 ccm Fischbouillon. Vergl. mit den Zahlen der Tab. LXXVI). Fischbouillon aus großen Fischen (Wels, Zander, Stockfisch) ruft zwar eine lebhaftere Magensaftabsonderung hervor als Fleischbouillon, jedoch ist die durch sie bedingte Sekretion geringer als bei Genuß von Fischbouillon aus kleinen Fischen. Die Produkte der Fischverdauung rufen gleichfalls eine lebhaftere Sekretion hervor als die Produkte der Fleischverdauung.

Tabelle LXXVI zeigt den Absonderungsverlauf nach Stunden und die Gesamtmenge des Magensaftes bei Eingießung von 150 ccm Fischbouillon (Durchschnitt für sämtliche Fischsorten), 150 ccm Fleischbouillon und 150 ccm einer 8 proz. Lösung Liebigschen Fleischextrakts in den Magen, sowie die bei Einführung der Produkte der Fischverdauung (Durchschnitt für einige Fischsorten) und Fleischverdauung erhaltenen analogen Daten.

Tabelle LXXVI.

Die safttreibende Wirkung der Extraktivstoffe und Verdauungsprodukte von verschiedenen Fischen und Fleisch. Isolierter kleiner Magen eines Hundes. Mittlere Zahlen (nach *Boldyreff*).

Stunde	150 ccm Fischbouillon	150 ccm Fleischbouillon	150 ccm einer 8 proz. Lösung Liebigschen Fleischextrakts	Verdauungsprodukte von 100 g Fisch	Verdauungsprodukte von 100 g Fleisch	150—200 ccm Wasser
I	6,3	3,8	7,4	6,6	4,2	0,24
II	3,0	1,0	3,4	2,8	2,8	0,18
III	0,3	—	0,4	0,3	0,3	—
Insgesamt	9,6	4,8	11,2	9,7	7,3	0,42

Demgemäß gelangt bei Genuß von Fisch (in einer an N 100 g Fleisch äquivalenten Menge) mehr Magensaft zur Absonderung, und dies innerhalb einer längeren Zeit, als bei Fleischnahrung, wenngleich die reflektorische Phase bei Genuß von Fisch etwas geringer ist als bei Fleisch. Dies ergibt sich aus den nachfolgenden Versuchen *Boldyreffs* an einem Hunde mit isoliertem kleinem Magen (angeführt sind die mittleren Zahlen für alle Fisch- und Fleischsorten).

Stunde	Genuß von Fisch	Genuß von Fleisch
I	18,2 ccm	9,8 ccm
II	18,5 ,,	8,4 ,,
III	9,7 ,,	5,7 ,,
IV	4,2 ,,	3,5 ,,
V	2,4 ,,	2,2 ,,
VI	2,2 ,,	1,3 ,,
IVI	1,3 ,,	0,5 ,,
VIII	0,2 ,,	—
Insgesamt	56,7 ccm	31,4 ccm

Wenn auch der Magensaft bei Fischgenuß durchschnittlich einen etwas geringeren Pepsingehalt aufweist als der Saft auf Fleischnahrung (3,4 mm gegen 4,5 mm), so ist doch immerhin die Gesamtmenge der Fermenteinheiten im ersteren größer als im zweiten (690 gegen 608).

Die Calorien bei ungemischter und gemischter Nahrung.

Gordejew machte einen interessanten und praktisch wichtigen Versuch behufs Bestimmung der Arbeit der Magendrüsen bei verschiedenen in calori-metrischer Hinsicht gleichen Nahrungsmitteln. 300 Calorien waren enthalten in 100 g Brot, 430 g Milch, 310 g Fleisch, 125 g Magerkäse, 190 g hart gesottener Eier und 35 g Sahnenbutter.

Sie riefen, wie dies auf Tabelle LXXVII ersichtlich (Hund „Osman"), eine in quantitativer und qualitativer Beziehung keineswegs gleichartige Arbeit der Magendrüsen hervor. So verwendete beispielsweise auf die Verarbeitung von 430 ccm Milch der Magen eine fünfstündige Arbeitsleistung und brachte insgesamt 34 Fermenteinheiten zur Ausscheidung, auf die Verarbeitung von 310 g Fleisch dagegen eine Arbeitsleistung von acht Stunden und dreimal mehr Fermenteinheiten (106)!

Tabelle LXXVII.

Die Arbeit der Magendrüsen bei verschiedenen Nahrungsmitteln, deren entsprechende Gewichtsmengen 300 Calorien ergaben (nach *Gordejew*).

Nahrungssorte	100 g Brot	430 ccm Milch	310 g Fleisch (Pferdefleisch)	125 g Magerkäse	190 g hart ge-kochter Eier	35 g Sahnen-butter
Gesamtmenge des Safts in ccm	4,9	23,3	62,8	22,2	15,3	11,0
Verdauungskraft in mm	4,3	1,2	1,3	1,5	3,4	1,6
Fermenteinheiten	91	34	106	50	176	28
Dauer der Magensaftsekretion	6 St.	5 St.	8 St.	8 St.	6 St.	6 St.

Ferner erbrachte *Gordejew* den Nachweis, daß die in einer bestimmten Weise gemischte Nahrung vom Magen mit einem geringeren Kräfteaufwand verarbeitet wird, als entsprechende (nach dem Caloriengehalt) Quantitäten reiner Nahrungsmittel. Die Ursache dieser Erscheinung ist vermutlich zum Teil darin zu sehen, daß die gemischte Nahrung in vielen Fällen sich zur Verarbeitung durch den Magensaft als geeigneter erweist (beispielsweise die Auflockerung des Brotes durch Milch oder Fleisch), zum Teil darin, daß sie mehr chemische Erreger enthält (Brot und Käse) usw.

Auf Tabelle LXXVIII sind diesbezügliche Versuche dargestellt (eben jener Hund „Osman").

Tabelle LXXVIII.

Die Arbeit der Magendrüsen bei Mischnahrung; jede einzelne Kombination derselben enthielt 300 Calorien (nach *Gordejew*).

Art der Mischung	50 g Brot + 215 ccm Milch	50 g Brot + 155 g Fleisch	50 g Brot + 63 g Käse	50 g Brot + 95 g Ei	50 g Brot + 18 g Butter
Gesamtmenge des Saftes in ccm	19,0	30,6	17,1	11,0	4,4
Verdauungskraft in mm . . .	1,2	1,7	1,6	2,9	2,9
Fermenteinheiten	27	88	44	93	37
Dauer der Saftsekretion . . .	5 St.	6 St.	7 St.	5 St.	6 St.

Der Einfluß der Muskelarbeit auf die Magendrüsentätigkeit.

Hunde mit isoliertem kleinem Magen boten ein sehr geeignetes Objekt für die Untersuchung des Einflusses der Muskelarbeit auf die Tätigkeit der Magendrüsen. *Kadygrobow*[1]) spannte einen Hund mit isoliertem kleinem Magen vor ein Wägelchen und ließ ihn eine Last von 12—24 Pfd. ziehen. Der Hund bekam unmittelbar vor dem Ziehen oder gleich darauf zu fressen. Im ersteren Falle wurde der Einfluß der Muskelanspannung auf die in Tätigkeit befindlichen Magendrüsen untersucht. (Der Hund zog den Wagen mit geringen Erholungspausen während der ganzen Verdauungsperiode; der Magensaft wurde in einem an die Öffnung des kleinen Magens gebundenen Zylinderchen gesammelt.) Im zweiten Falle wurde der Einfluß der auf die physische Arbeit eintretenden Nachwirkung untersucht. Während in der letzteren Versuchsreihe die Muskelarbeit keinerlei Einfluß auf die Magendrüsentätigkeit ausübte, wurden in den ersteren einige Abweichungen vom normalen Sekretionsverlauf konstatiert. Die Gesamtmenge des Saftes, seine Verdauungskraft und Acidität stellten keine merklichen Abweichungen von der Norm dar. Dafür jedoch nahm die Magensaftsekretion einen anormalen Verlauf: Innerhalb der ersten Stunden der Verdauungsperiode beobachtete man eine Hyposekretion, die von einer Hypersekretion in den letzten Stunden kompensiert wurde. Indes wurden diese Abweichungen vom normalen Verlaufe der Magensaftabsonderung nicht immer wahrgenommen. *Kadygrobow* weist darauf hin, daß sie am häufigsten zu Beginn jeder einzelnen Versuchsserie auftreten und dann später je nach dem Grade der Gewöhnung des Tieres an die Arbeit allmählich ausgeglichen werden. Die Ursache der beschriebenen Abweichungen blieb unaufgeklärt. Jedenfalls kam der genannte Forscher auf Grund von Spezialversuchen zu der Überzeugung, daß die Erhöhung der Saftsekretion nicht auf die Entstehung einer Welle reflektorischer Sekretion („psychischer Saft") während der späteren

---

[1]) J. S. Kadygrobow, Der Einfluß der Muskelarbeit auf die Pepsindrüsentätigkeit. Diss. St. Petersburg 1905.

Stunden der Verdauung zurückzuführen ist. Ebenso erachtet er es für unmöglich, die oben beschriebenen Abweichungen im Sekretionsverlauf durch die veränderte Verteilung des Wassers zwischen den arbeitenden Muskeln und den Drüsen zu erklären. Bei den Versuchen mit Wasserentziehung und Eingießung des Wassers in rectum erhielt man gleichfalls bisweilen einen anormalen Verlauf der Sekretion.

Bei Muskelarbeit erfährt der Übergang des Mageninhalts in den Darm eine Beschleunigung.

Die Magendrüsengifte.

Als Gift, das die Sekretion der Magendrüsen paralysiert, verwendet man zum Zwecke einer Erforschung des Mechanismus ihrer Arbeit häufig das Atropin (Netschajew[1]). Atropin paralysiert die durch Reizung der Nn. vagi hervorgerufene Sekretion, mag diese Reizung in einer Scheinfütterung oder einer künstlichen Erregung der Vagi, beispielsweise mittelst Induktionsstromes, bestehen ((*Uschakow*[2])). Somit kommt die erste Phase der Magensekretion unter dem Einfluß des Atropins zum Fortfall. Was die zweite Phase der Magendrüsentätigkeit, d. h. die Wirkung der chemischen Erreger anbetrifft, so verhindert Atropin ihre Einwirkung in dem Falle, wo sie sich im Magen (*Sanozki*[3]) oder im isolierten Pylorus (*Zeljony* und *Sawitsch*[4]) befinden. Bei Einführung der chemischen Erreger (z. B. einer Lösung Liebigschen Fleichextrakts) subcutan oder direkt in das Blut hat jedoch das Atropin nicht die Kraft, ihre safttreibende Wirkung aufzuhalten (Molnár[5], *Zeljony* und *Sawitsch*[6]).

Hieraus folgt, daß Atropin die Drüsenelemente nicht selbst paralysiert. Der Mechanismus seiner Wirkung bei chemischen Erregern bleibt jedoch nichtsdestoweniger unaufgeklärt.

Es muß noch hinzugefügt werden, daß die Wirkung des Edkinsschen „Magensecretins" vom Atropin gleichfalls nicht paralysiert wird[7].

Unter den die Magensaftsekretion anregenden Giften verdient vom physiologischen Standpunkte aus ein besonderes Interesse Pilocarpin und Muscarin. Sowohl ein physiologisches als auch praktisches Interesse bieten Nicotin (im Tabak) und Alkohol. Ohne natürlich auf die Einzelheiten der Wirkung all dieser Gifte näher eingehen zu können, möchten wir nur auf die Grundzüge in ihrer Wirkung hinweisen. Unserer Darlegung sollen vornehmlich die aus dem Laboratorium von *J. P. Pawlow* hervorgegangenen und an Hunden mit einer Oesophagotomie und Magenfistel oder einem isolierten kleinen Magen nach Heidenhain-*Pawlow* in Verbindung mit einer Magenfistel oder einem abgesonderten Magen zugrunde gelegt werden (*Tschurilow*[8], *Zitowitsch*[9],[10], *Groß*[11], *Lönnqvist*[12]).

[1]) Netschajew, Diss. St. Petersburg 1882.

[2]) Uschakow, Diss. St. Petersburg 1896, S. 20ff.

[3]) Sanozki, Diss. St. Peterburg 1893, S. 80.

[4]) Zeljony und Sawitsch, Verhandlungen der Gesellsch. russ. Ärzte zu St. Petersburg 1911—1912, Januar—Mai.

[5]) Molnár, Deutsche Med. Wochenschr. 1909, Nr. 17.

[6]) Zeljony und Sawitsch, Verhandlungen der Gesellschaft russ. Ärzte zu St. Petersburg, 1911—1912, Januar—Mai.

[7]) Edkins, Journal of Physiology. 1906. Vol. XXXIV, p. 133.

[8]) J. A. Tschurilow, Sekretorische Gifte hinsichtlich der Magensaftsekretion. Diss. St. Petersburg. 1894.

[9]) J. S. Zitowitsch, Über den Einfluß des Pilocarpins auf die Sekretion der Magendrüsen. Verhandlungen der Gesellsch. russ. Ärzte zu St. Petersburg. 1902.

[10]) Zitowitsch, Nachrichten der Kaiserl. Militär-Medizinischen Akademie. 1905. Bd. XI. Nr. 1, 2 und 3.

[11]) Groß, Verhandl. der Gesellsch. russ. Ärzte zu St. Petersburg, 1906, Februar.

[12]) Lönnqvist, Skandin. Arch. f. Physiol. 1906. Bd. XVIII. S. 241ff.

Pilocarpin, bekanntlich ein energischer Erreger der Speichelsekretion, erwies sich als sehr schwacher Erreger der Magendrüsen. In einer Dosis von 0,003 bis 0,005 g (Pilocarpini muriatici subcutan) ruft er eine Absonderung des Magensaftes überhaupt nicht hervor, während Speichel und Schleim aus Nase und Magen reichlich sezerniert werden (*Tschurilow*). In größeren Dosen (0,006—0,01 g oder 0,1—0,2 mg auf ein Kilogramm Körpergewicht des Hundes) regt es die Arbeit der Magendrüsen an, wenn auch bedeutend schwächer (um ein Zehnfaches) als die Arbeit der Speicheldrüsen (*Zitowitsch*). So wurde beispielsweise bei einer großen Dosis Pilocarpin (0,001 g subcutan) an Speichel gegen 700 ccm, an Magensaft dagegen im ganzen 42,5 ccm ausgeschieden. Indes wurden bei dieser Dosis bereits Nebenerscheinungen einer Vergiftung beobachtet: eine heftige starke Peristaltik, Hustenreiz infolge Absonderung des Bronchialschleimes usw. Der erste Tropfen Magensaft enttropft der Magenfistel nach Verlauf von 8—16 Minuten (je nach der Größe der Dosis).

Die Acidität des auf Pilocarpin erhaltenen Magensaftes war um so niedriger, je mehr Magenschleim abgesondert wurde; im allgemeinen war sie herabgesetzt. Die Verdauungskraft erreichte in den Portionen mit nicht stark erniedrigter Acidität 4—5 mm Eiweißstäbchen. Die nach Beendigung der Pilocarpinsekretion begonnene Scheinfütterung ergab ihren üblichen Effekt (*Zitowitsch*).

Muscarin in Dosen von 0,005—0,02 g (Muscarinum nitricum subcutan) ruft eine etwas stärkere Magensaftsekretion hervor als Pilocarpin (z. B. bei 0,01 g Musc. nitr. bei zwei Hunden 93,0 ccm und 123,5 ccm Saft, bei 0,02 g Musc. nitr. 203,0 ccm Saft). Die Speichelabsonderung bei Muscarin ist jedoch geringer als bei Pilocarpin: sie kommt der Magensaftsekretion gleich oder überragt diese anderthalbmal — im Höchstfalle um ein Doppeltes. Die Latenzdauer der Magensaftsekretion bei 0,005 g Muscarin beträgt etwa 20—25 Minuten, bei 0,1 gegen 10—12 Minuten und bei 0,02 6—7 Minuten. Die Acidität des Magensaftes ist — sei es, weil bei Muscarin nicht viel Schleim abgesondert wird, oder sei es, weil der Saft reichlich zum Abfluß gelangt, normal (gegen 0,5% HCl). Die Verdauungskraft des Saftes ist hoch (bis 6 mm). Die nach Beendigung der Muscarinsekretion vorgenommene Scheinfütterung ergab das übliche Resultat. Bei größeren Dosen Muscarin (0,01—0,02) läßt sich außerdem ein Zittern im Körper des Tieres wahrnehmen (*Tschurilow*).

Nicotin (Nicotinum bitartaricum subcutan) in einer Dosis von 0,005 g bedingt einen nur schwachen schleim- und speicheltreibenden Effekt. Bei 0,01—0,02 g erhält man bereits eine Magensaftsekretion. Diese Absonderung tritt nach einer sehr langen Latenzdauer ein (von 45 Minuten bis zu 1 Stunde 20 Minuten), und stets geht ihr ein Ausstoßen von 25—30 ccm Galle aus der Magenfistel voraus. (Dieses Ausstoßen von Galle findet gewöhnlich 6—15 Minuten nach der Nicotininjektion statt.) Im Magendarmkanal vernimmt man ein Knurren. Magensaft wird in größerer Menge abgesondert als Speichel. (So wurde beispielsweise in einem Versuche bei 0,02 g Nicotin 62 ccm Magensaft, 12 ccm Speichel und 32 ccm Galle ausgeschieden.) Die Acidität des Magensaftes belief sich auf 0,328—0,4% HCl, die Verdauungskraft auf 3,0—5,5 mm. Die Scheinfütterung wies nach Beendigung der Magensaftsekretion auf Nicotin den üblichen Effekt auf. Sie überragt, was die Stärke ihrer safttreibenden Wirkung anbetrifft, die durch Nicotin hervorgerufene Sekretion um ein Bedeutendes (ebenso wie die Absonderung auf Pilocarpin und Muscarin).

Die safttreibende Wirkung des Alkohols in bezug auf die Magendrüsen war bereits von Frerichs[1]) und Cl. Bernard[2]) hervorgehoben worden. Der letztere nahm mit vollem Recht an, daß kleine Dosen die Absonderung des Magensaftes anregen, große sie hemmen. Die safttreibende Wirkung des Alkohols wurde von vielen Autoren bestätigt. In einer besonders einwandfreien Form wurden die Ver-

---

[1]) Frerichs, Wagners Handwörterbuch der Physiologie 1846, Bd. III, 1 Teil S. 808.

[2]) Cl. Bernard, Leçons sur les effets des substances toxiques et médicamenteuses. Paris 1857.

suche von *Lönnqvist*[1]) an einem Hunde mit einem isolierten kleinen Magen und einem abgesonderten großen Magen (Fundusteil mitsamt dem Pylorus) angestellt.

Auf Tabelle LXXIX sind Versuche mit Einführung von 3-, 6- und 10 proz. Alkohollösung in einer Quantität von 200 ccm in den abgesonderten Magen eines Hundes dargestellt.

Vergleicht man die Arbeit des isolierten kleinen Magens bei Alkohol mit seiner Tätigkeit bei einer gleichen Quantität Wasser (5,43 ccm pro 2 Stunden; siehe Tab. XXXIX), so ergibt sich, daß schon eine Beimengung von 6 g Alkohol dieselbe erhöht. Bei 20 g Alkohol ist sie doppelt so groß als bei Wasser (10,7 ccm gegen 5,43 ccm).

Tabelle LXXIX.

Die Magensaftabsonderung aus dem isolierten kleinen Magen eines Hundes, in dessen abgesonderten großen Magen Alkohollösungen verschiedener Konzentration eingegossen sind (nach *Lönnqvist*).

Stunde	200 cm 3% Alkohol			200 ccm 6% Alkohol			200 ccm 10% Alkohol		
	Saftmenge in ccm	Verdauungskraft in mm	Acidität in %	Saftmenge in cm	Verdauungskraft in mm	Acidität in %	Saftmenge in ccm	Verdauungskraft in mm	Acidität in %
I	5,1	4,3	0,47	7,3	3,1	0,50	9,1	2,5	0,51
II	1,5	4,7	—	1,4	4,2	—	1,6	2,8	—
Insgesamt und durchschnittlich	} 6,6	4,5	—	8,7	3,65	—	10,7	2,65	—
Großer Magen	295,0	3,0	0,20	270,0	2,6	0,13	265,0	2,2	0,11

Die Verdauungskraft sinkt progressiv mit einer Erhöhung der Konzentration (4,5 mm, 3,65 mm und 2,65 mm), die Acidität dagegen steigt in Verbindung mit einer Beschleunigung der Sekretion an. Im großen Magen umgekehrt nimmt die Acidität ab, was mit der durch stärkere Alkohollösungen hervorgerufenen Schleimabsonderung im Zusammenhang steht. Ferner konnte *Lönnqvist* aus seinen Versuchen den Schluß ziehen, daß eine Resorption sowohl von Alkohol als auch von Wasser im Magen vor sich geht. (Es wurden die Alkoholmengen im Mageninhalt nach Ablauf verschiedener Zeiträume bestimmt.) *Groß*[2]) beobachtete eine Sekretion des Magensaftes und Resorption des Alkohols bei seiner Einführung in den isolierten Fundusteil des Magens.

Ein ganz anderes Bild bietet die Anwendung konzentrierter Alkohollösungen. Indem *Sawrijew*[3]) für die Zeit von 5 bis 10 Minuten in den isolierten kleinen Magen eines Hundes eine 95 proz. Alkohollösung einführte, sah er eine ergiebige andauernde Sekretion eines über eine geringfügige Verdauungskraft (0,4—0,8 mm) verfügenden alkalischen Schleimes aus dem isolierten kleinen Magen. So erzielte er beispielsweise in einem Falle nach 5 Minuten langer Einwirkung einer 95 proz. Alkohollösung auf die Schleimhaut des isolierten kleinen Magens aus diesem während eines Zeitraums von 1½ Stunden 14,6 ccm alkalischen Schleimes. Die Drüsen des großen Magens kamen bei diesen Versuchen in Tätigkeitszustand (für die Dauer von 1 bis 1½ Stunden) und sezernierten Magensaft in nicht großer Quantität, aber mit entsprechender Acidität und mittlerer Verdauungskraft (gegen 3,0 mm). Als Folge solcher Einwirkung starker Alkohollösungen war, abgesehen von einer Schleimsekretion, eine Hemmung der Magendrüsentätigkeit in dem Teile der Schleimhaut,

---

[1]) Lönnqvist, Skandin. Archiv f. Physiol. 1906, Bd. XVIII, S. 241.

[2]) Groß, Verhandlungen der Gesellsch. russ. Ärzte zu St. Petersburg 1906, Februar.

[3]) J. Ch. Sawrijew, Material zur Physiologie und Pathologie der Magendrüsen beim Hunde. Diss. St. Petersburg 1900. S. 167ff.

mit dem der Alkohol in Berührung kam, wahrzunehmen. Dem Hemmungsstadium folgt eine mehrere Tage anhaltende Erregungsperiode.

Was den Mechanismus der Wirkung der die Magensekretion anregenden schwachen Alkohollösungen anbetrifft, so kann er noch nicht als aufgeklärt gelten. Bekanntlich wirkt Alkohol safttreibend nicht nur bei Einführung sowohl in den ganzen Magen als auch in dessen Fundusteil (*Groß*), sondern auch bei Einführung in rectum (s. oben S. 169). Folglich kann es auch durch das Blut wirken. Ferner kann es bei Einführung seiner Lösungen in den großen Magen eine Sekretion aus dem Heidenhainschen isolierten kleinen Magen anregen. Somit ist die Intaktheit der Vagusinnervation für seine Wirkung nicht erforderlich (*Orbeli*[1]), obwohl bei Vorhandensein der Nerven sein sekretorischer Effekt bedeutend energischer ist. Atropin hebt den safttreibenden Effekt der in den Magen eines Hundes mit Heidenhainschem Blindsack eingeführten Alkohollösungen gänzlich auf (*Orbeli*[2])).

Der Einfluß des Alkohols auf die durch die verschiedenen Nahrungsmittel hervorgerufene Arbeit der Magendrüsen.

Ein Hund mit isoliertem kleinem Magen erhielt dieses oder jenes Futter, und gleichzeitig wurde ihm in den Magen 100 ccm einer 5—10 proz. Alkohollösung oder Wasser (bei den Kontrollversuchen) eingegossen. Die Verdauungskraft wurde nach Mett bestimmt. Der Saft wurde mit einer 0,5 proz. HCl-Lösung zweimal verdünnt (*Zitowitsch*[3])).

Tabelle LXXX enthält Versuche mit Genuß von Milch, Fleisch, Brot und Brot mit Butter ohne und mit Einführung von Alkohol in den Magen.

Aus den Versuchen folgt, daß bereits 7—10 Minuten nach Eingießung der Alkohollösungen in den Magen eine auffallende Sekretionssteigerung eintritt.

Tabelle LXXX.

Die Arbeit der Magendrüsen bei Genuß verschiedener Substanzen und der Einfluß des Alkohols auf diese (nach Zitowitsch).

Stunde	200 ccm Milch + 100 ccm Wasser		200 ccm Milch + 100 ccm 10% Alk.		100 g Fleisch + 100 ccm Wasser		100 g Fleisch + 100 ccm 5% Alk.		100 g Brot + 100 ccm Wasser		100 g Brot + 100 ccm 5% Alk.		100 g Brot + 50 g Butter + 100 ccm Wasser		100 g Brot + 50 g Butter + 100 ccm 5% Alk.	
	Saftmenge	Verdauungskraft	Saftmenge	Verdauungskraft	Saftmenge	Verdauungskraft	Saftmenge	Verdauungskraft	Saftmenge	Verdauungskraft	Saftmenge	Verdauungskraft	Saftmenge	Verdauungskraft	Saftmenge	Verdauungskraft
I	3,0	2,8	10,2	2,0	5,0	3,0	11,0	3,5	3,9	3,5	7,2	2,5	1,3	4,0	7,4	2,0
II	2,1	2,7	5,0	2,7	5,5	3,8	5,1	4,7	1,5	4,2	4,0	2,2	0,6	3,7	2,3	2,4
III	0,7	4,1	1,9	3,8	3,1	4,2	2,1	4,8	1,1	5,0	1,6	2,7	0,8		0,4	4,0
IV	0,7		1,0	4,3	1,6	4,2	0,5	4,7	1,2		0,5	5,3	0,7	3,0	0,8	4,4
V	0,4	4,0	1,2		1,2	1,0	0,7		0,8		0,4		1,1		0,8	
VI	—	—	0,8	4,0	1,1	2,0	0,1	—	0,4	6,0	—	—	0,4	3,3	0,5	6,3
VII	—	—	0,3		—	—	—	—	0,1		—	—	0,3		0,4	
VIII	—	—	—	—	—	—	—	—	—	—	—	—	0,3		0,5	
IX	—	—	—	—	—	—	—	—	—	—	—	—	0,7		0,3	
X	—	—	—	—	—	—	—	—	—	—	—	—	0,3		0,2	—
Insgesamt	6,9	—	20,4	—	17,5	—	19,5	—	9,0	—	13,7	—	6,5	—	13,6	—

[1]) Orbeli, Arch. d. Scienc. biol. 1906, Bd. XII, No. 1.
[2]) Orbeli, Arch. d. Scienc. biol. 1906, Bd. XII, No. 1.
[3]) Zitowitsch, Nachrichten der Kaiserl. militär-medizinischen Akademie 1905, Bd. XI, Nr. 1, 2 u. 3.

Sie erstreckt sich hauptsächlich auf die beiden ersten Stunden. Sowohl 0,5 proz.
als auch ganz besonders 10 proz. Alkohollösungen erhöhen bedeutend die Saftmenge. Die Acidität des Saftes (wir lassen sie unangeführt) ist, seiner größeren
Sekretionsgeschwindigkeit entsprechend, bei Alkohol höher als in dem Falle,
wo Alkohol nicht eingeführt wird. Die Verdauungskraft ist unter normal.
Die Menge der Fermenteinheiten jedoch ist größer als bei der Norm.

Ferner ergab sich aus den Spezialversuchen von *Zitowitsch*, daß Vorhandensein einer 1 proz. und 2 proz. Alkohollösung im Magensaft die Wirkung des
Pepsins nicht beeinträchtigt. Da jedoch im Mageninhalt die Alkoholkonzentration
schwerlich 1% übersteigen dürfte, so fand auch dort offenbar eine Störung in
der Verdauung nicht statt.

Nichtsdestoweniger erweist sich Alkohol in geringen Mengen für den Organismus bei normaler Arbeit der Magendrüsen zum mindesten als unnützlich.
Der Magen leistet ohne Alkohol in derselben Zeit und mit geringerem Aufwand
an Fermentmaterial genau die gleiche Arbeit.

Etwas anderes ist es, wenn die Saftsekretion im Magen aus irgendwelchem
Grunde eine Störung erfährt; und zwar in Form einer Verringerung der Sekretion. Indem der Alkohol die Magensaftabsonderung erhöht, schafft er für
die fehlende Saftmenge Ersatz. Dies aber beschleunigt seinerseits den Verdauungsprozeß im Magen. Fällt beispielsweise die erste Phase der Magensekretion
aus (Appetitmangel), so rufen kleinere Dosen Alkohol eine energische Magensaftabsonderung während der ersten Stunden hervor und gewährleisten somit
den normalen Verlauf der Sekretion. Beim Hunde kann diese Form des Versuches beim Hineinlegen der Nahrung in den Magen durch die Fistel mit Beseitigung der ersten Phase verwirklicht werden. Die Einführung des Alkohols
verleiht der Sekretion wieder ihren normalen Verlauf. Als Beispiel mögen hier
zwei Versuche mit Einführung 1. von Fleisch und Wasser und 2. von Fleisch
und einer 5 proz. Alkohollösung in den Magen eines Hundes angeführt werden.
Bei anderen Nahrungsmitteln erhält man völlig analoge Resultate.

Stunde	In den Magen 100 g Fleisch + 100 ccm Wasser eingeführt		In den Magen 100 g Fleisch + 100 ccm einer 5 proz. Alkohollösung eingeführt	
	Saftmenge	Verdauungskraft	Saftmenge	Verdauungskraft
I	0,5 ccm	—	5,6 ccm	1,5
II	0,5 „	} 3,2 mm	7,3 „	1,7
III	1,6 „		2,1 „	3,0
IV	0,7 „	} 4,0 „	0,5 „	} 3,9
V	1,5 „		1,1 „	
VI	1,0 „	} 3,6 „	0,2 „	4,0
VII	0,8 „		—	—
Insgesamt	6,6 ccm	—	16,8 ccm	—

Die Saftmenge kam der Norm fast gleich (Fleischgenuß 17,5 ccm Tab.
LXXX). Die Dauer der Verdauungsperiode nahm um eine Stunde ab.

Sonach fördert in pathologischen Fällen, die den Charakter einer Hyposekretion tragen, eine einmalige Einführung einer nicht großen Dosis Alkohol
die Magenverdauung.

Allein selbst einmalige Alkoholportionen lassen eine markante Nachwirkung erkennen. So vermochte *Zitowitsch*, indem er einem Hunde in den Magen
oder per rectum beispielsweise 100 ccm einer 5—10 proz. Alkohollösung ein-

führte und das Ende der durch solche Lösung hervorgerufenen Saftabsonderung (nach Ablauf von 3 Stunden) abwartete, einen normalen Sekretionsverlauf bei nachfolgender Nahrungsaufnahme zu beobachten. Diese Abweichungen von der Norm bestanden darin, daß während der ersten Stunden eine Hyposekretion wahrgenommen wurde, die dann in den folgenden Stunden durch eine Hypersekretion abgelöst wurde und sich (bei Genuß von Brot und Milch) in der Mehrzahl der Fälle durch eine Erhöhung der Gesamtmenge des Saftes und eine Ausdehnung der Verdauungsperiode charakterisierte. Bei Genuß von Fleisch läßt sich eben jener unregelmäßige Sekretionstypus beobachten, doch wird anstatt einer Erhöhung der Gesamtmenge des Saftes umgekehrt eine Abnahme derselben wahrgenommen. Dieser anormale Sekretionsverlauf wird nur sehr allmählich ausgeglichen, und erst nach 8—10 Tagen ist der normale Zustand wiederhergestellt.

Als Beispiel sei hier ein Versuch mit Genuß von 200 g Brot vor und nach dreimaliger Einführung von Alkohol (*Zitowitsch*) wiedergegeben.

Stunde	Norm bei 200 g Brot	15./VI.	18./VI.	18./VI.	21./VI. 200 g Brot	24./VI. 200 g Brot	28./VI. 200 g Brot
I	10,8 ccm	In den Magen 100 ccm einer 5proz. Alkohollösung eingeführt	Per rectum 100 ccm einer 10proz. Alkohollösung eingeführt	Per rectum 100 ccm einer 5proz. Alkohollösung eingeführt	2,0 ccm	6,5 ccm	9,8 ccm
II	6,4 ,,				1,7 ,,	7,3 ,,	5,9 ,,
III	2,8 ,,				2,2 ,,	4,8 ,,	4,6 ,,
IV	2,7 ,,				1,3 ,,	3,4 ,,	2,2 ,,
V	0,9 ,,				4,3 ,,	2,4 ,,	1,9 ,,
VI	1,0 ,,				2,9 ,,	1,2 ,,	1,5 ,,
VII	0,7 ,,				2,8 ,,	1,3 ,,	1,4 ,,
VIII	—				2,5 ,,	1,5 ,,	1,0 ,,
IX	—				1,1 ,,	3,0 ,,	0,7 ,,
X	—				0,9 ,,	1,5 ,,	0,2 ,,
XI	—				—	0,4 ,,	—
Insgesamt	25,3 ccm				21,7 ccm	33,3 ccm	29,2 ccm

Somit haben wir im Alkohol einen der stärksten Erreger der Magensaftsekretion vor uns. Seine Anwendung jedoch stört für längere Zeit die normale Arbeit des Magendrüsenapparats.

Einige pathologische Beobachtungen und Untersuchungen an Hunden mit isoliertem kleinem Magen.

In Anbetracht des Interesses, das sowohl die Beobachtungen zufälliger Erkrankungen an Hunden mit isoliertem kleinem Magen als auch die im Laboratorium von *J. P. Pawlow* zum Zwecke der Aufklärung einiger Fragen der Magenpathologie angestellten Versuche bieten, führen wir in Kürze diejenigen von ihnen an, die in der vorhergehenden Darstellung keine Aufnahme gefunden haben[1]).

Wolkowitsch[2]) untersuchte den pathologischen Zustand eines isolierten kleinen Magens, in dem sich ein Ulcus rotundum gebildet hatte, das zum Tode des Tieres

---

[1]) Die pathologischen Beobachtungen aus dem Laboratorium von J. P. Pawlow, soweit sie nicht die sekretorische Arbeit der Verdauungsdrüsen betreffen, sind von B. P. Babkin gesammelt: Material zur experimentellen Pathologie und Therapie der Hunde. Zentralblatt f. d. ges. Physiol. u. Pathol. des Stoffwechsels 1910, Nr. 15.

[2]) Wolkowitsch, Diss. St. Petersburg 1898.

führte. Die Erkrankung charakterisierte sich durch eine Hypersekretion des Magensaftes und reichliche wiederholte Blutungen. Bei Analyse der sekretorischen Arbeit des isolierten kleinen Magens ergab sich, daß in der reflektorischen Phase der Saftabsonderung keinerlei besondere Abweichungen vorhanden waren, während im Laufe der chemischen Phase die Saftmenge sich bei sämtlichen Nahrungssorten verdoppelte. In qualitativer Hinsicht erfuhr der Saft keine Veränderung. Infolgedessen nimmt *Wolkowitsch* an, daß nicht die Zentren der Magensekretion, nicht die zentrifugalen Fasern der sekretorischen Nerven und nicht die Drüsenzellen selbst in Mitleidenschaft gezogen worden waren, sondern die zentripetalen Bahnen, die den Reiz von der Oberfläche der Magenschleimhaut an die zentralen Innervationsherde vermitteln.

Sokolow[1]) beobachtete die Staupe eines Hundes (febris catarrhalis epizootica canum) mit isoliertem kleinen Magen. Es ging eine Affektion der sichtbaren Schleimhäute sowie ferner des isolierten kleinen Magens vor sich, wovon eine Beimengung von Eiter zum Sekret Zeugnis ablegte. Am reichlichsten gelangte Eiter bei Genuß von Brot zur Absonderung; bei Milch mengte er sich dem Safte in geringer Menge bei. Da der Verlauf der Magensaftsekretion und die Verdauungskraft des Saftes normal waren, so erschien die Annahme am naheliegendsten, daß sich beim Hunde eine diffuse, möglicherweise Infektionserkrankung in nicht tiefen Schichten der Magenschleimhaut entwickelt hatte. Der fermentreiche, auf Brot zur Absonderung kommende Saft reizt das in Mitleidenschaft gezogene Deckepithel stärker als der an Fermenten arme Saft auf Milch.

Soborow[2]) untersuchte die Arbeit des isolierten kleinen Magens bei speziell hervorgerufenen pathologischen Zuständen des großen Magens (Einführung von gefrorener Milch, Eiswasser, Eis, heißem Wasser von 60° R und einer 10proz. Lösung Arg. nitric. in den großen Magen). In sämtlichen Fällen reagierte die Schleimhaut des großen Magens auf die Einwirkung der krankheitserregenden Agenzien mit einer Verminderung oder sogar Aussetzung der Sekretion. Diese hyposekretorische Phase wurde im Laufe der Zeit von einer hypersekretorischen Phase abgelöst. In dem der Einwirkung der oben genannten Erreger nicht unterworfenen Magenblindsack entwickeln sich Erscheinungen, die den im großen Magen beobachteten entgegengesetzt sind. Je mehr sich die sekretorische Arbeit des großen Magens verringerte, um so bedeutender wurde die Arbeit des Magenblindsacks, die in äußersten Fällen die Norm um ein Zwanzigfaches überstieg. Häufig trat an die Stelle dieser Hypersekretion des isolierten kleinen Magens eine Hyposekretion, die mit einer Hypersekretion des großen Magens zusammenfiel. Diese Daten fanden von seiten *Mixa*s[3]) volle Bestätigung.

Sawrijew[4]) und *Kasanski*[5]) brachten die Reizmittel an die Schleimhaut des isolierten kleinen Magens. Die Arbeit des letzteren wurde bei Genuß verschiedenartiger Substanzen untersucht. Zur Anwendung gelangten folgende Erreger: Eiswasser, Eis, heißes Wasser von 50—60° C, Sublimat (1 : 500), eine 10proz. Lösung $AgNO_3$, Äther, Alkohol, Senföl und endlich traumatische Verletzungen.

Die erste Erscheinung, die uns bei Ausübung des Reizes — besonders durch chemische Substanzen — auf den isolierten kleinen Magen entgegentritt, ist eine reichliche Absonderung von Schleim, offensichtlich zum Zwecke des Schutzes seiner Schleimhaut (hiervon war bereits oben anläßlich der Erörterung über den Magen-

---

[1]) A. P. Sokolow, Die sekretorische Arbeit des Magens bei einem kranken Hunde. Verhandlungen d. Gesellsch. russ. Ärzte zu St. Petersburg 1902—1903, Oktober.

[2]) J. K. Soborow, Der isolierte kleine Magen bei pathologischen Zuständen des Verdauungskanals. Diss. St. Petersburg 1899.

[3]) M. Mixa, O vikarujici činnosti žaludku. Časopisu Lékařův Českych 1910.

[4]) J. Ch. Sawrijew, Material zur Physiologie und Pathologie der Magendrüsen beim Hunde. Diss. St. Petersburg 1900.

[5]) N. P. Kasanski, Material zur experimentellen Pathologie und experimentellen Therapie der Magendrüsen beim Hunde. Diss. St. Petersburg 1901.

schleim die Rede gewesen). Bei Anwendung eines stärkeren Reizes kann man schon eine Erkrankung der Pepsindrüsen beobachten. Nach Vornahme des Reizes erfahren die Drüsen zunächst eine Hemmung, die allmählich in einen erregten Zustand übergeht. Bei einigen Erregern (Lösung Arg. nitrici, heißes Wasser) kommt ein asthenischer Zustand der Magendrüsen zur Entwicklung. Die Drüsen reagieren auf den Übertritt dieser oder jener Substanzen in den großen Magen mit einer erhöhten Arbeit; jedoch ist dies nur ganz zu Beginn der Absonderungsperiode der Fall. Im Verlaufe der weiteren Stunden vollbringen sie eine geringere Arbeit als bei der Norm; die Gesamtmenge des Saftes weist eine Abnahme auf.

Bei anderen Erregern (Kälte) hat die Störung der Tätigkeit der Pepsindrüsen umgekehrt einen trägen Charakter ihrer Arbeit zu Anfang der Sekretionsperiode und ein Anwachsen ihrer Energie während der späteren Stunden der Verdauung zur Folge. Die Gesamtmenge des sich auf diese oder jene Nahrung sezernierenden Saftes zeigt eine bedeutende Steigerung im Vergleich zur Norm. Mäßige Quantitäten Fett und Soda schwächen den hypersekretorischen Zustand der Drüsen ab.

Shegalow[1]) untersuchte die Arbeit eines isolierten kleinen Hundemagens bei Unterbindung der Gänge der Bauchspeicheldrüse. Die größte Abweichung zeigte die sekretorische Arbeit bei Milch, die geringste eine solche bei Fleisch; Brot nahm eine mittlere Stellung ein. Diese Abweichungen äußerten sich in einer Verlangsamung der Sekretion, einer Verschiebung des Maximums von einer Stunde auf eine andere (Milch), einem intermittierenden Charakter der Absonderung und selbst einem Stillstand derselben, zu einer Zeit, wo die Nahrung (Brot) sich noch im Magen befand. Die Hauptgründe für eine solche Veränderung der Magendrüsentätigkeit liegen in der Beseitigung einer raschen und vollständigen fermentativen Verarbeitung der Speisemassen im Zwölffingerdarm — insonderheit des Fettes — und einer Störung ihres in der Norm durch den Pankreassaft regulierten Übertritts aus dem Magen in den Darm.

Simnizki[2]) nahm analoge Beobachtungen an der Arbeit der Magendrüsen eines Hundes bei Unterbindung der Ducti choledochi vor. Die Zurückhaltung von Galle im Organismus rief eine Hypersekretion hervor, die sich auf beide Phasen der Sekretion: die reflektorische und die chemische, erstreckte. Der Typus der Kurven hat sich verändert: die Kurve der Absonderung auf Milch hat den Charakter der Kurve bei Fleischnahrung angenommen, und in den Sekretionskurven bei Fleisch und Brot ist ein abermaliger Anstieg wahrzunehmen. Die Dauer der Sekretionsperiode ist nur bei Brot normal geblieben, bei Milch und Fleisch hat sie eine Zunahme aufzuweisen. Die Arbeit der Magendrüsen trug einen asthenischen Charakter, was durch ein auffallendes Übergewicht der ersten Stunde der Sekretionsperiode über die übrigen zutage trat.

---

[1]) J. P. S h e g a l o w, Die sekretorische Arbeit des Magens bei Unterbindung der Gänge der Bauchspeicheldrüse und über das Eiweißferment in der Galle. Diss. St. Petersburg 1900.

[2]) S. S. S i m n i z k i, Die sekretorische Arbeit der Magendrüsen bei Zurückhaltung von Galle im Organismus. Diss. St. Petersburg 1901.

III. Die Pars pylorica des Magens und der Brunnersche Teil des Zwölffingerdarms.

Der Pylorusteil des Magens. — Die Eigenschaften des Pylorussaftes. — Die Saftabsonderung aus dem Pylorusteil. — Der Brunnersche Teil des Zwölffingerdarms. — Die Eigenschaften des Saftes des Brunnerschen Teiles. — Die Saftsekretion aus dem Brunnerschen Teil. — Die Bedeutung des Pylorus- und Brunnerschen Saftes für die Verdauung fetthaltiger Nahrungssorten. — Die Anpassungsfähigkeit der Arbeit der Pepsindrüsen an die Art des Erregers.

Aus dem Magen werden die Speisemassen allmählich in den Zwölffingerdarm weiterbefördert.

Zu diesem Zwecke müssen sie zwei Abschnitte des Verdauungskanals
passieren: den Pylorus und den Brunnerschen Teil des Zwölffingerdarms.
Der Pylorus ist uns als Oberfläche bekannt, von der aus die chemischen Erreger
der Magensaftsekretion ihre Wirkung entfalten. Außerdem jedoch ist er mit
einem selbständigen Drüsenapparat versehen ebenso wie der Brunnersche
Teil. Diese beiden Teile gehören verschiedenen anatomischen Gebilden an:
dem Magen und dem Darm, stehen jedoch funktionell, nämlich in sekretorischer
Hinsicht, einander sehr nahe. Hier wie dort gelangt im Saft ein und dasselbe
Ferment-Pepsin in geringer Konzentration und in alkalischer Reaktion zur
Absonderung. Unter den Erregern der Saftsekretion des einen und des
andern Teiles lenkt eine besondere Aufmerksamkeit das Fett auf sich. Unwill-
kürlich drängt sich einem die Frage auf: warum auf Fett in erhöhtem Maße
Säfte zum Abfluß gelangen, die entweder überhaupt kein Fettferment, wie
der Pylorussaft oder doch nur eine sehr geringe Quantität davon, wie der
Saft des Brunnerschen Teils, enthalten. Dies bringt auf den Gedanken einer
Gemeinsamkeit der Aufgaben dieser beiden nicht umfangreichen Drüsengebiete.
Daher dürfte es wohl zweckmäßig erscheinen, ihre Tätigkeit gleichzeitig einer
Betrachtung zu unterziehen. Hierbei darf nicht außer acht gelassen werden,
daß während der Tätigkeit des Magens der Pylorus vermittelst des Sphincter
praepyloricus vom Fundusteil des Magens abgetrennt wird. Dieser Sphincter
praepyloricus reguliert den Eintritt der Speisemassen in das Pylorusgebiet.
Er sowie der den Pylorus vom Zwölffingerdarm abtrennende Sphincter pyloricus
bewirken, daß das Pylorusgebiet (Pars pylorica) einen abgesonderten Teil des
Verdauungstrakts darstellt[1]).

[1]) A. J. Schemjakin, Die Physiologie des Pylorusteils des Magens beim
Hunde. Diss. St. Petersburg 1901. — Kelling, Zur Chirurgie der chronischen
nichtmalignen Magenleiden. Archiv f. Verdauungskrankh. 1900, Bd. VI, Heft 4. —
W. R. Cannon, The movements of the stomach studies bei means of the Röntgen
rays. Amer. Journ. of Physiology 1898, Vol. I, p. 389. — E. P. Cathcart, The
pre-pyloric sphincter. Journ. of Physiol. 1911, Vol. XLII, p. 93.

Der Pylorusteil des Magens.

Ebenso wie bei Erforschung der sekretorischen Tätigkeit der andern Teile des Verdauungskanals konnte man eine klare Vorstellung von der Funktion des Pylorusteils des Magens erst erlangen, nachdem es gelungen war, dieses Gebiet zu isolieren und sein reines Sekret zu erhalten.

Zuallererst isolierte Klemensiewicz[1]) den Pylorusteil des Magens beim Hunde nach der Thiryschen Methode (Bildung eines Blindsacks aus einem Abschnitt des Dünndarms). Diese Versuche wurden von Heidenhain[2]) und Akermann[3]) wiederholt. Später arbeiteten dann Kresteff[4]), *Schemjakin*[5]), *Ponomarew*[6]) und *Dobromyslow*[7]) an Hunden mit einem aus dem Pylorusteil hergestellten isolierten kleinen Magen nach Heidenhain - *Pawlow*. Solch ein kleiner aus der großen oder kleinen Kurvatur des Pylorusteils herausgeschnittener Magen bewahrte seine sämtlichen Nervenverbindungen dank der ihn mit dem übrigen Magen verbindenden muskulären Brücke. In solcher Brücke verliefen die Äste des linken Vagus, wenn der kleine Magen aus der Curvatura major des Pylorusteils hergestellt war und die Äste des rechten Vagus, wenn der kleine Magen aus der Curvatura minor herausgeschnitten wurde. Die eingehendste Untersuchung der sekretorischen Tätigkeit des Pylorusteils hat *Schemjakin* (l. c.) angestellt. Seine Befunde sollen denn auch unserer Erörterung zugrunde gelegt werden. Es sei jedoch gleich hier bemerkt, daß *Schemjakin* irgendwelchen wesentlichen Unterschied in der Arbeit des aus der Curvatura major oder Curvatura minor des Pylorus herausgeschnittenen isolierten kleinen Magens nicht wahrzunehmen vermochte. Nur infolge des geringeren Umfangs des letzteren sonderte dieser eine weniger bedeutende Saftmenge ab.

Somit hat weder der eine noch der andere Nn. vagus eine besondere Beziehung zur Innervation der Pylorusdrüsen. Es verdient jedoch besonders hervorgehoben zu werden, daß in dem nach Klemensiewicz - Heidenhain isolierten Pylorus trotz Durchschneidung vermutlich des größeren Teils der Nn. vagi alle funktionellen Beziehungen des Drüsenapparats dieselben bleiben wie bei ihrer Intaktheit (*Schemjakin*).

Die Eigenschaften des Pylorussaftes.

Die Drüsen des Pylorusgebietes gehören den tubulösen Drüsen an. Ihre Zellen sind zylindrisch, feinkörnig und den Hauptzellen der Fundusdrüsen ähnlich. Die Anzahl der Drüsen im Pylorusteil ist bedeutend geringer als im Fundusteil (Heidenhain[8]) nimmt an, daß auf eine Gewichtseinheit der Pylorusschleimhaut ungefähr $1/4$ Drüsensubstanz, auf eine Gewichtseinheit der Fundusschleimhaut dagegen etwa $7/8$ Drüsensubstanz kommt). Die Oberfläche des Pylorusgebietes ist mit schleimabsonderndem Epithel bedeckt.

Der Saft des Pylorusteils des Magens beim Hunde stellt eine sirupartige, durchsichtige, farblose Flüssigkeit mit einer Beimischung von Schleimklümp-

---

[1]) R. Klemensiewicz, Über den Succus pyloricus. Sitzungsberichte d. Kaiserl. Akad. d. Wissensch. Wien. Jahrg. 1875, Bd. LXXI, Abt. III, S. 249.

[2]) R. Heidenhain, Über die Pepsinbildung in den Pylorusdrüsen. Pflügers Archiv 1878, Bd. XVIII, S. 169.

[3]) J. H. Akermann, Experimentale Beiträge zur Kenntnis des Pylorussekrets beim Hunde. Skand. Archiv f. Physiologie 1895, Bd. V, S. 134.

[4]) St. Kresteff, Contribution à l'étude de la sécrétion du suc pylorique. Revue Méd. de la Suisse Romande. 1899, T. XIX, p. 452 u. 496.

[5]) Schemjakin, Diss. St. Petersburg 1901.

[6]) S. J. Ponomarew, Die Physiologie des Brunnerschen Teiles des Zwölffingerdarms. Diss. St. Petersburg 1902.

[7]) W. D. Dobromyslow, Die physiologische Rolle der Pepsin in alkalischer Reaktion enthaltenden Verdauungssäfte. Diss. St. Petersburg 1903.

[8]) Heidenhain, Hermanns Handbuch der Physiologie 1883, Bd. V, T. 1, S. 92.

chen und Schleimflocken dar. Seine Reaktion ist alkalisch (Klemensiewicz). Die Alkalität des Saftes ist nicht hoch, durchschnittlich 0,048% Na_2CO_3 und sehr unbedeutenden Schwankungen unter den verschiedenen Bedingungen seiner Sekretion unterworfen (*Schemjakin*). Der Pylorussaft an und für sich übt bei alkalischer Reaktion weder auf Fibrin noch Eiereiweiß irgendwelchen Einfluß. Er verdaut Eiweiß nur in saurer Reaktion. Die für Entfaltung seiner Wirkung günstigste Acidität ist 0,1% HCl. Der Säurecharakter spielt hierbei keinerlei Rolle, da das Ferment seine Wirkung auch bei gleichstarker Ansäuerung durch Milch- oder Phosphorsäure entfaltet. Die Verdauungskraft des Pylorussaftes ist annähernd 4 mal geringer als die Verdauungskraft des Fundussaftes (1,0—1,5 mm Eiweißstäbchen nach Mett). In Milch läßt der Pylorussaft einen feinflockigen Niederschlag zurück, auf Fett bleibt er ohne jede Wirkung. Der filtrierte Saft wirkt genau so wie der unfiltrierte. Der dünnflüssige Teil des Saftes wirkt stärker als der in ihm vorhandene dickflüssige Schleim. Außerdem behauptet Kresteff, daß der Saft auf Stärke eine Wirkung ausübt. Erepsin findet sich nur in Extrakten der Pylorusschleimhaut, doch nicht im Pylorussaft (Cohnheim[1])). Bei Vermischung des Pylorussaftes mit dem Fundus-, Pankreas- und Darmsaft läßt sich eine Erhöhung der Verdauungskraft der genannten Säfte nicht beobachten. Selbst eine unbedeutende Beimengung von Galle zum Pylorussaft hebt seine proteolytische Fähigkeit auf.

Die Saftabsonderung aus dem Pylorusteil.

Die Drüsen des Pylorusteiles sondern ununterbrochen Saft ab unabhängig davon, ob das Tier hungrig ist oder gefressen hat. Eine mechanische Reizung der Pylorusschleimhaut erhöht diese Sekretion. *Schemjakin* (Diss. S. 34) sammelte den Saft aus dem Pylorusblindsack bald mittelst eines Trichters, den er an dem Bauch des Hundes gerade unterhalb der nach außen führenden Öffnung des kleinen Magens befestigte, bald mittelst einer in seine Höhle eingeführten Glasröhre. Im letzteren Falle gelangte etwa 3 mal mehr Saft zur Absonderung als im ersteren, wie dies an dem nachfolgenden Versuche ersichtlich ist. (Die Zahlen dieses sowie aller folgenden Versuche beziehen sich auf die Sekretion aus dem isolierten kleinen Pylorusmagen, der aus der Curvatura major des Pförtners unter Aufrechterhaltung der Nervenverbindungen herausgeschnitten wurde.)

Stunde	Der Saft wird mit einem Trichter aufgefangen.
I	0,2 ccm
II	0,2 „
III	0,6 „
	Insgesamt 1,0 ccm (durchschnittlich 0,33 ccm in der Stunde).
	Der Saft wird mit einem Röhrchen aufgefangen.
IV	0,8 ccm
V	1,1 „
VI	1,6 „
	Insgesamt 3,5 ccm (durchschnittlich 1,17 ccm in einer Stunde).

Die stündliche Saftmenge beim Auffangen des Saftes mit einem Trichter schwankte bei diesem Hunde zwischen 0,2 und 2,5 ccm, beim Auffangen mittelst eines Glasröhrchens zwischen 0,5 und 6,0 ccm. Beim Knurren in den Därmen nimmt die Saftabsonderung zu.

---

[1]) O. Cohnheim, Beobachtungen über Magenverdauung. München. med. Wochenschr. 1907, S. 2581.

Eine Reizung durch den Anblick, Geruch usw. der Nahrung läßt, im Widerspruch mit der Ansicht Kresteffs, die Sekretion des Pylorussaftes nicht ansteigen (*Schemjakin, Dobromyslow*). Mit Beginn der Fütterung jedoch wird die Magensaftabsonderung merklich schwächer. Die stündliche Arbeitsleistung der Drüsen nimmt um 2—3mal ab. Diese Abnahme läßt sich bei jeder Nahrungssorte beobachten, steht jedoch in Beziehung zu ihrer Quantität und Qualität. Je größer die Menge der genossenen Nahrung ist, eine um so längere Zeit hält die Hemmung der Pylorusdrüsentätigkeit an, und umgekehrt. (Vgl. auf Tab. LXXXI die Versuche mit Genuß von 100 g und 250 g Brot.) Die Hemmungsdauer fällt mit der Aufenthaltszeit der einen oder anderen Nahrungsmenge im Magen zusammen. Bei fetten Nahrungsmitteln tritt die Hemmung schärfer hervor als bei nichtfetten. Die Verdauungskraft des Saftes sinkt gleichfalls parallel mit der Abnahme der Saftsekretion.

Alle diese Beziehungen lassen sich auf Tabelle LXXXI wahrnehmen, wo die Saftsekretion aus dem Pylorusblindsack vor und nach Genuß verschiedener Nahrungssorten dargestellt ist. Der Saft wurde die ganze Zeit über in einem Röhrchen gesammelt. Behufs Bestimmung der Wirkungskraft des Eiweißferments wurden 3 Teile des Saftes mit 1 Teil einer 0,5 proz. HCl-Lösung verdünnt.

Diese Daten stehen im Widerspruch mit den von Heidenhain[1]) und Kresteff[2]) gemachten Beobachtungen. Der erstere Forscher behauptet, daß der Saft gleich

Tabelle LXXXI.

Die Saftsekretion aus dem Pylorusblindsack, wie sie selbständig und bei Genuß verschiedener Nahrungsmittel vor sich geht (nach *Schemjakin*).

Stunde	Spontane Sekretion (Röhrchen) Saftmenge in ccm	Genuß von 100 g Fleisch Saftmenge in ccm	Genuß von 100 g Fleisch Verdauungskraft in mm	Genuß von 100 g Brot Saftmenge in ccm	Genuß von 100 g Brot Verdauungskraft in mm	Genuß von 250 g Brot Saftmenge in ccm	Genuß von 250 g Brot Verdauungskraft in mm	Genuß von 600 ccm Milch Saftmenge in ccm	Genuß von 600 ccm Milch Verdauungskraft in mm	Genuß von 400 g Fleisch + 100 g Sahnenbutter Saftmenge in ccm	Genuß von 400 g Fleisch + 100 g Sahnenbutter Verdauungskraft in mm	Genuß von 600 ccm Sahne Saftmenge in ccm	Genuß von 600 ccm Sahne Verdauungskraft in mm
Vor Genuß													
III	—	—		—		—		—		1,8		3,7	
II	—	1,5	} 1,1	1,9	} 1,05	1,7	} 0,75	3,2	} 0,8	0,6	} 1,0	3,7	} 0,8
I	—	1,4		3,2		2,3		3,5		1,5		3,7	
Durchschnitt pro St.	—	1,45	—	2,55	—	2,0	—	3,35		1,3	—	3,7	—
Nach Genuß[3])													
I	2,7	1,0	0,45	1,2	} 0,6	1,0	} 0,55	1,1	} 0,25	0,5	} 0,4	1,3	} 0,3
II	2,7	0,6	} 0,45	0,9		1,1		1,3		0,4		1,4	
III	0,9	1,1		0,9	0,5	1,1		1,4		0,3		1,2	
IV	2,0	0,9	0,6	1,2	0,5	1,1	} 0,4	1,7		0,3		1,8	
V	2,4	2,3	1,15	1,5	0,45	1,2		1,7		0,3		2,2	
VI	1,6	2,1	1,1	2,4	0,9	1,2	0,3	1,7		—	—	—	—
VII	2,1	—	—	2,0	0,75	0,8	0,35	1,7		—	—	—	—
VIII	2,0	—	—	2,3	0,95	2,0	0,8	2,5	—	—	—	—	—
IX	—	—	—	2,5	1,0	0,9	0,5	—	—	—	—	—	—
X	—	—	—	1,5	0,45	2,0	1,0	—	—	—	—	—	—

[1]) Heidenhain. Pflügers Archiv 1878, Bd. XVIII, S. 169.
[2]) Kresteff. Revue méd. de la Suisse Romande. 1899, T. XIX, p. 452 u. 496.
[3]) Natürlich mit Ausnahme der spontanen Sekretion.

nach der Fütterung sich abzusondern beginnt und das Maximum der Saftsekretion in die 5. bis 6. Stunde nach der Nahrungsaufnahme entfällt. Der letztere spricht bereits von einer Saftsekretion aus dem Pylorusblindsack während des Hungerns. Innerhalb der Verdauungszeit bleibt die Sekretion 5—6 Stunden lang die gleiche wie beim Hungern. Erst um diese Zeit wird sie ergiebiger. Da die Befunde *Schemjakins* hinsichtlich einer Hemmung der Pylorusdrüsenarbeit bei Nahrungsaufnahme von ihm selbst am Hunde mit einem nach Klemensiewicz - Heidenhainscher Methode isolierten Pylorus sowie ferner von ihm und anderen Forschern (*Ponomarew*, *Dobromyslow*) an einem Pylorusblindsack bei anderen Hunden bestätigt wurden, so sind wir geneigt, sie als richtig anzuerkennen.

Indem *Schemjakin* die Tatsache der Hemmung der Saftsekretion bei Nahrungsaufnahme analysierte, fand er, daß bei Einführung von Lösungen einiger Substanzen in den großen Magen die Arbeit der Pylorusdrüsen ungleichmäßigen Veränderungen unterworfen wird. Man erhält zwei Gruppen von Versuchen. Zu der ersteren gehören die Versuche mit Fett, einer 10proz. Lösung Natrii oleinici (*Ponomarew*) und einer 0,5proz. HCl-Lösung. In diesem Falle wird die Saftsekretion aus dem Pylorusblindsack gehemmt, was besonders stark bei Fett der Fall ist. Der zweiten Gruppe gehören die Versuche mit einer 0,5proz. Sodalösung, einer physiologischen Kochsalzlösung und destilliertem Wasser an. Soda erhöht die Arbeit der Pylorusdrüsen in auffallender Weise, die physiologische Kochsalzlösung und Wasser jedoch nur unbedeutend. Die beiden letzteren Flüssigkeiten erscheinen folglich eher als indifferent.

Tabelle LXXXII bringt diesbezügliche Versuche.

Tabelle LXXXII.

Die Arbeit der Pylorusdrüsen bei Einführung von Fett, Lösungen von Salzsäure, Soda, Kochsalz sowie destilliertem Wasser in den großen Magen (nach *Schemjakin*)[1].

Stunde	Einmalige Einführung von 100 ccm Provenceröl in den Magen		Dreimalige Einführung (in der 1.,2.u.3.Stunde) von je 100 ccm einer 0,5proz. HCl-Lösung in den Magen (insgesamt 300 ccm)		Dreimalige Einführung (in der 1.,2.u.3.Stunde) von je 100 ccm einer 0,5proz. Lösung Na_2CO_3 in den Magen (insgesamt 300 ccm)		Dreimalige Einführung (in der 1.,2.u.3.Stunde) von je 100 ccm einer 0,8proz. Lösung NaCl in den Magen (insgesamt 300 ccm)		Dreimalige Einführung (in der 1., 2.u.3. Stunde) von je 100 ccm destillierten Wassers in den Magen (insgesamt 300 ccm	
	Saftmenge in ccm	Verdauungskraft in mm	Saftmenge in ccm	Verdauungskraft in mm	Saftmenge in ccm	Verdauungskraft in mm	Saftmenge in ccm	Verdauungskraft in mm	Saftmenge in ccm	Verdauungskraft in mm
Vor Einführung										
III	2,8	} 0,65	2,0	} 1,05	2,5	} 0,75	1,0	} 1,05	—	—
II	3,7		2,6		1,5		1,6		1,1	} 1,1
I	3,2		3,0		2,5		1,0		0,9	
Im Durchschnitt pro Stunde	} 3,23	—	2,53	—	2,17	—	1,2	—	1,0	—
Nach Einführung										
I	1,2	} 0,55	1,5	} 1,1	4,1	} 1,0	1,7	} 1,45	1,4	} 1,4
II	1,5		1,8		3,3		1,8		1,1	
III	1,3		1,65		3,5		1,4		1,3	
IV	1,6		3,4	} 1,1	1,6	} 0,75	2,1	} 1,2	1,3	} 1,25
V	1,6		1,3		2,7		0,9		0,8	
VI	—	—	2,4		—	—	—	—	—	—

[1] Bei sämtlichen Versuchen wurde der Saft mit einem Glasröhrchen gesammelt. Um die Wirkung der Lösungen zu verstärken, wurden diese in den Magen in drei Portionen zu je 100 ccm zu Beginn der 1., 2. und 3. Stunde, insgesamt in einer Quantität von 300 ccm eingeführt.

Sobald jedoch eben jene Substanzen sowie ferner der Fundusmagensaft und Pankreassaft lokal auf die Schleimhaut des Pylorusblindsacks einwirkten, erhielt man stets eine Steigerung seiner sekretorischen Arbeit in diesem oder jenem Grade. Keines der Reizmittel hatte eine Hemmung der Saftsekretion zur Folge, und nur die physiologische Kochsalzlösung erwies sich auch hier als indifferent. Dasselbe ist auch vom Brotaufguß zu sagen (Kresteff, *Schemjakin*).

Auf Tabelle LXXXIII sind entsprechende Versuche dargestellt. Die Versuchssubstanz wurde stets in flüssiger Form durch das Glasröhrchen in den Pylorusblindsack eingegossen und dort während eines Zeitraums von 10 Minuten belassen. Hierauf wurde dann der Pylorussaft in üblicher Weise gesammelt. (Die Einführung des Glasröhrchens in den kleinen Magen für die Dauer von 10 Minuten hatte an und für sich keinerlei Einfluß auf die nachfolgende Arbeit des Blindsacks.)

Die allerstärkste Sekretion aus dem Pylorusblindsack tritt bei Eingießung einer 0,5 proz. HCl-Lösung oder von Fundussaft in letzteren ein. Allein die Salzsäure in dieser Konzentration als normalen Erreger der Drüsengebilde des Pylorusgebietes anzusehen ist nicht möglich. Die Schleimhaut des Pylorus schwillt nach Eingießung einer Salzsäurelösung oder von Magensaft an, bekommt eine auffallend rote Färbung, die Wandungen des isolierten kleinen Magens ziehen sich stark zusammen, und beim Hunde tritt hierbei oft Erbrechen ein. Der Pylorussaft wird arm an Fermenten. Dies steht vollauf im Einklang mit dem, was wir bereits hinsichtlich der Neutralisation saurer Lösungen im Magen wissen (*Migay*[1])). In den Zwölffingerdarm und

Tabelle LXXXIII.

Die Arbeit der Pylorusdrüsen bei lokaler Einwirkung verschiedener Substanzen (nach *Schemjakin*).

Stunde	0,5 proz. Lösung HCl[2])		0,5 proz. Sodalösung[2])		0,8 proz. Lösung NaCl		Lösung Extracti Liebig (10g auf 150ccm Wasser)		Brotaufguß		Milch		Provenceröl	
	Saftmenge in ccm	Verdauungskraft in mm	Saftmenge in ccm	Verdauungskraft in mm	Saftmenge in ccm	Verdauungskraft in mm	Saftmenge in ccm	Verdauungskraft in mm	Saftmenge in ccm	Verdauungskraft in mm	Saftmenge in ccm	Verdauungskraft in mm	Saftmenge in ccm	Verdauungskraft in mm
Vor Eingießung														
II	0,9	}0,95	1,2	}0,4	0,9	}0,75	0,8	—	2,0	}0,75	1,5	}0,5	1,7	}0,6
I	1,8		0,8		2,1		1,0	—	2,0		1,7		2,2	
Im Durchschnitt pro Stunde	1,35	—	1,0	—	1,5	—	0,9	—	2,0	—	1,6	—	1,95	—
Nach Eingießung														
I	3,9	}0,25	2,2	}0,85	1,1	}0,8	1,6	—	2,3	}0,85	3,3	}0,65	3,4	}0,95
II	3,3		2,2		2,4		2,2	—	1,5		3,3		2,5	
III	3,1		1,1		1,6		1,2	—	2,1		1,5		1,3	}0,85
IV	1,8		2,3		2,1		2,3	—	2,9		2,9		2,8	
V	3,0		2,0		2,3		—	—	1,6		2,1		2,9	
Im Durchschnitt pro Stunde	3,02	—	1,96	—	1,9	—	1,8	—	2,08	—	2,62	—	2,58	—

[1]) Migay. Diss. St. Petersburg 1909.
[2]) Die Wirkung des fundalen Magensaftes des Hundes kommt der Wirkung einer 0,5 proz. HCl-Lösung gleich, die Wirkung des Pankreassaftes ist etwas schwächer als die Wirkung einer 0,5 proz. Sodalösung.

vermutlich auch in den Pylorusteil werden nur Säurelösungen von bedeutend geringerer Stärke hindurchgelassen. Es unterliegt keinem Zweifel, daß saure Lösungen von geringerer Konzentration (0,1—0,2%) als normale Erreger der Pylorussekretion anzusehen sind. Eine etwa derartige Acidität läßt sich im Speisegemisch des Magens beobachten. Bei anderen gleichfalls wirksamen Erregern, beispielsweise einer 0,5 proz. Sodalösung, Milch und Provenceröl, treten so heftige Erscheinungen nicht auf. Die Fermentkraft des Saftes steigt jedoch merklich an. Demzufolge müssen diese Substanzen den normalen Erregern der Pylorussekretion zugerechnet werden.

Somit erhöht sich die Tätigkeit der Pylorusdrüsen bei lokaler Einwirkung der Lösungen verschiedener Substanzen.

Schemjakin stellt sich die sekretorische Tätigkeit des Pylorusteils als aus zwei sich rhythmisch ablösenden Phasen bestehend vor. Die erste — sekretorische, lokale Phase hängt von einer unmittelbaren Reizung der Pylorusschleimhaut durch das aus dem Magen in die Därme übertretende saure Speisegemisch ab. Die zweite Phase, die sich durch Hemmung der Saftsekretion charakterisiert, ist eine reflektorische. Die entsprechenden Impulse gehen vom Zwölffingerdarm aus und werden beim Übertritt der sauren oder fetthaltigen Massen aus dem Magen dorthin ausgelöst.

Seine Erklärung stützt *Schemjakin* auf folgende Tatsachen. Die lokalen — sei es mechanischen, sei es chemischen — Reize erhöhen die Arbeit der Pylorusdrüsen. Bei den Versuchen mit Genuß verschiedener Substanzen wird jedoch die Saftabsonderung aus dem Pylorusblindsack gehemmt. Dies hängt damit zusammen, daß die Nahrung während ihres Aufenthalts im Magen natürlich mit der Schleimhaut des isolierten kleinen Magens nicht in Berührung kommt. Beim Übertreten in den Zwölffingerdarm ruft sie jedoch sofort einen reflektorischen Verschluß des Pylorus und eine Hemmung der sekretorischen Tätigkeit der Pylorusdrüsen hervor. Nach Neutralisation der sauren Speisemassen im Duodenum erschlafft der Pylorus und läßt weitere Portionen davon passieren. Der isolierte Teil des Pylorus gibt, wie leicht verständlich, nur ein Bild der zweiten Phase, was auch in der vielstündigen Hemmung der Arbeit seines Drüsenapparats hervortritt. Wenn die Verdauung im Magen aufhört und der Pylorus erschlafft, stellt sich auch der frühere Charakter der Saftsekretion aus seinem isolierten Teil wieder her.

Es verdient hervorgehoben zu werden, daß hemmend auf die Sekretion der Pylorusdrüsen eben jene Substanzen einwirken, die aus dem Zwölffingerdarm einen reflektorischen Verschluß des Pylorus hervorrufen, d. h. Salzsäurelösungen und Fett. Umgekehrt haben die Substanzen, die einen Schließreflex nicht hervorrufen, wie eine physiologische Kochsalzlösung, destilliertes Wasser und eine Sodalösung, auf die Saftsekretion keinerlei hemmenden Einfluß oder erhöhen sie sogar (Soda). Diese Beziehungen erhellen deutlich aus den Versuchen mit Eingießung von Lösungen der genannten Substanzen in den Magen.

Der Brunnersche Teil des Zwölffingerdarms.

Die Isolierung des Brunnerschen Teiles des Zwölffingerdarms beim Hunde wird in folgender Weise vorgenommen. Die Trennungswand zwischen dem Magen und dem Duodenum wird an der Grenze des letzteren mit dem Pylorus nur mit Hilfe der Schleimhaut hergestellt. Zu diesem Zwecke führt man an der Grenze zwischen dem Pylorus und dem Darm an der Längsachse des letzteren einen Schnitt von 2 cm Länge, der nur die seröse und muskuläre Membran durchdringt. Die Schleimhaut wird rings herum absepariert und zwischen zwei angebrachten Ligaturen durchschnitten. Der Längsschnitt am Darm wird vernäht. Darauf wird der Zwölffinger-

darm oberhalb der Stelle, wo der kleine Pankreas- und Gallegang in ihn einmündet,
quer durchschnitten. Sein peripheres Ende wird vernäht und in die Bauchhöhle
hinabgeführt, sein zentrales Ende dagegen nach außen herausgebracht und in der
Bauchwunde eingeheilt. Von hier gelangt der Saft dieses Teiles auch zur Ausscheidung. Die Kontinuierlichkeit des Verdauungstrakts wird mit Hilfe einer Gastroenterostomose wiederhergestellt.

Der auf diese Weise isolierte Teil des Duodenums enthält nicht nur Brunnersche, sondern auch Lieberkühnsche Drüsen. Die letzteren kommen auch in anderen Teilen des Darms vor. Daher stellt der von einem auf diese Weise operierten
Hunde erzielte Saft ein Gemisch von Sekreten dieser beiden Arten von Drüsen-
gebilden dar. Nur diejenigen Eigenschaften des Saftes des „Brunnerschen Teiles"
können mit Sicherheit dem, einen Bestandteil desselben bildenden Sekret der
Brunnerschen Drüsen zugeschrieben werden, die nicht dem Safte anderer Teile des
Dünndarms zukommen.

Der erste, der mit dem Safte des Brunnerschen Teiles, jedoch nicht mit Extrakten seiner Schleimhaut arbeitete, war *Ponomarew*[1]).

Die Eigenschaften des Saftes des Brunnerschen Teiles.

Die Brunnerschen Drüsen stellen verzweigte, gewundene, in Läppchen ge-
sammelte Röhrchen dar; ihre Zellen sind zylindrisch. Sie sind hauptsächlich in der
Submucosa gelegen. Die Lieberkühnschen Drüsen haben das Aussehen von
einfachen röhrenförmigen Vertiefungen der Schleimhaut. Während die Lieberkühnschen Drüsen sich über den ganzen Dünndarm ausbreiten, beschränken sich
die Brunnerschen Drüsen auf ein bestimmtes Gebiet im oberen Ende des Duodenums. Bei den verschiedenen Tieren erstrecken sie sich über ungleichgroße Gebiete
unterhalb des Pylorus.

Der Saft des Brunnerschen Teiles des Zwölffingerdarms stellt eine farblose, dickflüssige sirupartige Flüssigkeit dar. Er besteht aus einem dünn-
flüssigeren durchsichtigen Teile und Schleim von hellgrauer Farbe. Die Alkalität
des Saftes beträgt im Durchschnitt 0,09—0,15% Na_2CO_3. Sie ist niedriger
als die Alkalität des Pankreassaftes und höher als die Alkalität des Pylorussaftes. Der Saft des Brunnerschen Teiles enthält ein proteolytisches Ferment,
das nur in saurer Reaktion wirksam ist. Seine allerhöchste Wirkung entfaltet
dieses Ferment, analog dem Pepsin der Pylorusdrüsen, bei einer Acidität
von 0,1% HCl. (Es wird auch bei Ansäuerung mittelst Milchsäure wirksam.)
Die Verdauungskraft ist ungefähr 5 mal geringer als die Verdauungskraft des
Fundussaftes; sie beträgt 0,5—1,0 mm. Eiweißstäbchen nach Mett. Schleim-
freier Saft verdaut besser als mit Schleim durchsetzter Saft. Der Saft bringt
Milch sehr langsam zur Gerinnung. Er muß zu diesem Zwecke zuvor mit
einer 0,5 proz. HCl-Lösung aktiviert sein. Außerdem übt er auf Fette, Stärke
und Rohrzucker eine Wirkung aus und aktiviert die Fermente des Pankreassaftes: am stärksten das Eiweißferment, schwach das Fettferment und nicht-
konstant das Stärkeferment (Enterokinase). Bei Vermischung des Saftes des
Brunnerschen Teiles mit dem Fundussaft hemmt er die Verdauung des
Eiweiß durch diesen letzteren. Er bringt nicht dieselbe Wirkung auf das proteolytische Ferment des Pylorussaftes hervor. Selbst eine unbedeutende Beimengung von Galle hebt die Wirkung des Ferments auf Eiweiß auf.

Die Ansicht Gläßners[2]), daß die Pylorus- und Brunnerschen Drüsen ein
besonderes, bei alkalischer Reaktion wirksames Ferment, das „Pseudopepsin" aus-

---

[1]) Ponomarew. Diss. St. Petersburg 1902.

[2]) K. Gläßner, Über die örtliche Verbreitung der Profermente in der Magenschleimhaut. Hofmeisters Beiträge 1901, Bd. I, S. 24. — Über die Funktion der
Brunnerschen Drüsen. Ibidem 1902, Bd. I, S. 105.

scheiden, fand durch die späteren Untersuchungen keine Bestätigung. *Pawlow* und *Parastschuk*[1]) haben dargetan, daß das proteolytische Ferment im Saft der einen und der anderen Drüsen zuvor mit Salzsäure aktiviert sein muß. In demselben Sinne sprechen auch die Versuche von Abderhalden und Rona[2]). Das proteolytische Ferment des Pylorus- und Brunnerschen Saftes gehört zur Gruppe des Pepsins, aber nicht der des Trypsins. Es spaltet nicht das Dipeptid Glycyl-l-tyrosin, das sich von Trypsin leicht spalten läßt. Da Gläßner Extrakte der Schleimhaut der genannten Teile benutzte, so hatte er es vermutlich mit den Gewebsfermenten zu tun.

Die Saftsekretion aus dem Brunnerschen Teil.

Der Brunnersche Teil des Zwölffingerdarms sondert ununterbrochen Saft ab, unabhängig davon, ob das Tier sich satt gefressen hat oder hungrig ist. Bei einem seiner Hunde beobachtete *Ponomarew* eine Sekretion des Magensaftes nach 83 stündigem Hungern. Die durchschnittliche Menge des sich spontan absondernden Saftes schwankte bei einem seiner Hunde (die Mehrzahl der hier angeführten Versuche beziehen sich gerade auf diesen) zwischen 0,23—1,3 ccm in der Stunde, bei einem anderen zwischen 0,06 und 1,08 ccm. Sobald sich ein Knurren in den Därmen einstellte, nahm die spontane Sekretion bisweilen um ein Vielfaches zu.

Eine mechanische Reizung erhöht die Absonderung aus dem isolierten Duodenalabschnitt. Genuß von Brot ruft eine schwache und unbeständige Erhöhung der Sekretion in der ersten Stunde hervor. Fleischgenuß wirkt auf die Saftsekretion eher hemmend als anregend ein. Dafür hat Milch eine deutliche Steigerung der Sekretion innerhalb der ersten Stunde nach Genuß derselben zur Folge. Analoge Verhältnisse lassen sich auch bei anderen fetthaltigen Nahrungssorten (Sahne, Eigelb, Schweinefleisch, Gänsefleisch, Kartoffel mit Sahnenbutter) beobachten. Indes tritt bei einigen von ihnen (festen Nahrungssorten) eine Erhöhung der Sekretion erst in späteren Stunden ein (Gänsefleisch, Kartoffel mit Butter). Die Verdauungskraft des Saftes bleibt die gleiche wie in dem vor der Nahrungsaufnahme zur Absonderung gelangenden Saft, oder wennschon eine Erhöhung oder Abnahme eintritt, so ist eine solche sehr unbedeutend. Da jedoch bei Fettnahrung die Menge des sich während einer Zeiteinheit sezernierenden Saftes erhöht ist, so kann man von einer gewissen Steigerung der Produktion des Eiweißferments (sowie auch der Kinase) bei Fetten sprechen.

Entsprechende Versuche finden wir auf Tabelle LXXXIV.

Bei weiterer Untersuchung stellte sich heraus, daß weder Wasser, noch eine 0,5 proz. Sodalösung, noch eine 15 proz. Lösung Liebigschen Fleischextrakts bei ihrer Einführung in den Magen irgendwelchen Einfluß auf die Saftsekretion aus dem isolierten Darmabschnitt ausüben. Eine 5 proz. HCl-Lösung steigert die Saftabsonderung — hauptsächlich jedoch innerhalb der ersten Stunde — während Provenceröl und Lösungen (5 % und 10 %) Natrii oleinici sehr unbedeutend die Sekretion im Verlaufe der ersten drei Stunden nach ihrer Einführung in den Magen ansteigen lassen. In dem auf HCl-Lösungen zum

---

[1]) J. P. Pawlow und S. W. Parastschuk, Über die ein und demselben Eiweißfermente zukommende proteolytische und milchkoagulierende Wirkung verschiedener Verdauungssäfte. Zeitschr. f. Phys. Chemie 1904, Bd. XLII, S. 415.

[2]) E. Abderhalden und P. Rona, Zur Kenntnis des proteolytischen Ferments des Pylorus- und des Duodenalsaftes. Zeitschr. f. physiol. Chemie 1906, Bd. XLVII, S. 359.

Tabelle LXXXIV.

Die Saftabsonderung aus dem isolierten Brunnerschen Teil des Zwölffingerdarms bei Genuß verschiedener Nahrungssorten (nach *Ponomarew*).

Stunde	200 g Brot + 300 ccm Wasser		200 g Fleisch		600 ccm Milch		600 ccm Rahm		200 ccm rohes Hühnereigelb [1]		200 g Schweinefleisch		200 g Gänsefleisch		200 g Kartoffeln + 100 g Sahnenbutter	
	Saftmenge in ccm	Verdauungskraft in mm	Saftmenge in ccm	Verdauungskraft in mm	Saftmenge in ccm	Verdauungskraft in mm	Saftmenge in ccm	Verdauungskraft in mm	Saftmenge in ccm	Verdauungskraft in mm	Saftmenge in ccm	Verdauungskraft in mm	Saftmenge in ccm	Verdauungskraft in mm	Saftmenge in ccm	Verdauungskraft in mm
Vor Speisenaufnahme																
IV	1,7	0,2	0,6	0,4	0,5	0,25	0,6	0,3	0,8	0,25	0,6	0,2	0,7	0,25	0,6	0,15
III	0,6		0,6		0,7		0,5		0,4		0,6		0,3		0,6	
II	0,1		0,4		0,5		0,7		0,6		0,5		0,6		0,9	
I	0,1		0,6		0,5		0,4		0,9		0,5		—		0,3	
Im Durchschnitt pro Stunde	0,6	—	0,5	—	0,5	—	0,6	—	0,6	—	0,5	—	0,5	—	0,6	—
Nach Speisenaufnahme																
I	0,7	0,3	0,4	0,35	1,3	0,35	1,8	0,25	1,3	0,2	1,8	0,25	0,9	0,3	0,5	0,25
II	0,6		0,5		0,4	0,35	1,0	0,25	3,5	0,25	1,1		1,6		0,6	
III	0,5		0,6		0,2		0,7		1,2	0,35	0,4		0,9		0,5	
IV	0,5		0,7		0,3		1,3		0,6		1,0		0,7		1,3	
V	1,2		0,4		0,4		1,0		0,5		0,7		1,0		1,3	
VI	0,4		—		0,5		1,2		1,1		1,1		1,6		1,3	
VII	0,2		—		0,1		1,0		0,8		2,8		0,8		1,4	
VIII	—		—		—		—		—		—		1,6		0,6	
IX	—		—		—		—		—		—		1,0		0,6	
X	—		—		—		—		—		—		0,3		0,4	
Im Durchschnitt pro Stunde	0,5	—	0,5	—	0,4	—	1,1	—	1,2	—	1,2	—	1,0	—	0,8	—

[1]) Der Hund fraß nicht rohes Eigelb, und man goß ihm dasselbe vermittelst einer Sonde in den Magen.

Abfluß gelangenden Safte beobachtete man innerhalb der ersten Stunde nach Eingießung nicht selten eine Abnahme des Eiweißferments sowie auch der Kinase. Lösungen Natrii oleinici steigerten, indem sie die Saftsekretion erhöhten, oft auch die proteolytische Wirkung des Saftes; die Kinase wurde gewöhnlich schwächer. Alle diese Veränderungen in der Wirkungskraft der Fermente sind indes sehr unbedeutend. Auf Tabelle LXXXV sind Versuche mit Eingießung von Provenceröl, einer 0,5 proz. Lösung HCl und einer 10 proz. Lösung Natrii oleinici wiedergegeben.

Tabelle LXXXV.

Die Saftabsonderung aus dem isolierten Brunnerschen Teil des Zwölffingerdarms bei Eingießung von Provenceröl sowie Lösungen von Salzsäure und Natrium oleinicum in den Magen (nach *Ponomarew*).

Stunde	100 ccm Provenceröl		200 ccm einer 0,5 proz. Lösung H Cl		100 ccm einer 10 proz. Lösung Natrii oleinici	
	Saftmenge in ccm	Verdauungskraft in mm	Saftmenge in cm	Verdauungskraft in mm	Saftmenge in ccm	Verdauungskraft in mm
Vor Eingießung						
V	—		0,4		—	
IV	0,6		0,6		0,6	
III	0,9	} 0,2	0,1	} 0,4	0,4	
II	0,4		0,5		0,3	} 0,15
I	0,3		0,2		0,4	
Im Durchschnitt pro Stunde	} 0,5	—	0,3	—	0,4	—
Nach Eingießung						
I	0,7	} 0,25	1,3	0,25	1,6	
II	1,4		0,4		2,6	
III	2,7	0,22	0,3		1,6	
IV	0,8		0,2	} 0,35	0,7	} 0,25
V	0,8	} 0,35	0,2		0,9	
VI	0,9		0,3		0,3	
VII	0,6		0,7		0,3	
Im Durchschnitt pro Stunde	} 1,1	—	0,4	—	1,0	—

Bei lokaler Reizung des Brunnerschen Teiles des Zwölffingerdarms ergaben sich Verhältnisse, die den bei Eingießung von Lösungen verschiedener Substanzen in den Magen beobachteten Beziehungen entgegengesetzt waren. Die Sekretion aus dem isolierten Darmabschnitt nahm bedeutend zu, sobald in diesen für die Dauer von 10 Minuten eingeführt wurden: unverdünnter Fundussaft, eine 0,25 proz. HCl-Lösung, die Produkte der Fibrinverdauung durch den Fundussaft, Senföl, (1 Tropfen auf 200 ccm Wasser) und sogar eine physiologische Kochsalzlösung. Bei diesen Eingießungen (abgesehen von einer NaCl-Lösung) stellte sich beim Hunde ziemlich häufig Erbrechen ein. Umgekehrt erhöhten Fettsubstanzen: Provenceröl, Emulsion aus Provenceröl mit Pankreassaft, Kuhbutter und ihre Emulsion, Milch, Sahne, Eiweiß zwar die Arbeit der Drüsen des Brunnerschen Teiles, doch weniger auffallend stark und weniger lange als die erstere Gruppe von Substanzen. Brecherscheinungen werden hier nicht wahrgenommen. Eine stärkere Reizwirkung zeigten

Tabelle LXXXVI.

Die Saftsekretion aus dem isolierten Brunnerschen Teil des Zwölffingerdarms bei Einführung verschiedener Substanzen in denselben (nach *Ponomarew*)[1]

Stunde	Fundussaft		¼ proz. HCl-Lösung		Produkte der Fibrinverdauung durch den Magensaft		Senföl (1 Tropfen auf 200 ccm Wasser)		0,8 proz. NaCl-Lösung		Provenceröl		Emulsion aus Provenceröl mit Pankreasaft		Hühnereigelb		Hühnereigelb mit Milchsäure (1 Teil Eigelb und 3 Teile Milchsäure)		0,5 proz. Buttersäurelösung	
	Saftmenge in ccm	Verdauungskraft in ccm	Saftmenge in ccm	Verdauungskraft in ccm	Saftmenge in ccm	Verdauungskraft in ccm	Saftmenge in ccm	Verdauungskraft in ccm	Saftmenge in ccm	Verdauungskraft in ccm	Saftmenge in ccm	Verdauungskraft in ccm	Saftmenge in ccm	Verdauungskraft in ccm	Saftmenge in ccm	Verdauungskraft in ccm	Saftmenge in ccm	Verdauungskraft in ccm	Saftmenge in ccm	Verdauungskraft in ccm
Vor Eingießung																				
IV	—	—	—	—	0,3	—	2,8	—	0,4	—	—	—	—	—	—	—	—	—	—	—
III	2,1	—	0,2		0,7		0,8		1,0		2,0	0,05	1,6	0,2	—	—	0,6	0,35	0,4	0,3
II	2,0	—	0,7	} 0,25	0,4	} 0,25	1,4	} Spuren	0,4	} 0,2	1,9	0,05	0,3	0,3	0,4	0,25	0,5	0,3	0,5	0,55
I	1,1	—	0,3		0,8		0,4		0,3		1,4	0,05	0,8	0,25	0,2	0	0,4	0,3	0,3	0,45
Im Durchschnitt pro Stunde	1,7	—	0,4	—	0,5	—	1,3	—	0,5	—	1,7	—	0,9	—	0,3	—	0,5	—	0,4	—
Nach Eingießung																				
I	4,7	—	3,2	0,07-0[2]	4,9	0,5-0,2[2]	6,8	0,05-0,1[2]	1,6	Spuren	2,4	0,2	0,7	0,25	0,5	0,15	2,6	0,35	1,2	0,15-0,1[2]
II	2,1	—	1,8	0,1	1,6	0,25	2,8	0,15	1,7	} 0,4	1,6	0,2	2,1	0,4	0,9	0,17	1,2	0,35	1,1	0,15
III	1,5	—	1,8	Spuren	1,8	0,2	2,6	0,15	0,1		0,6	Spuren	2,2	0,55	1,2	0,22	2,7	0,4	1,5	0,05
IV	—	—	1,8	0,1	3,6	0,2	2,0	0,35	0,3	—	0,4	0,1	0,5	0,4	1,3	0,37	1,1	} 0,35	1,2	0,3
V	—	—	1,2	0,07	0,6	0,05	1,8	0,2	0,2	—	2,6	0,1	2,4	0,5	1,5	0,37	0,3		1,9	0,2
VI	—	—	2,8	0,70	0,3	—	—	—	0,2	—	—	—	0,3	0,3	0,2	—	0,4	0,37	—	—
VII	—	—	—	—	—	—	—	—	—	—	—	—	—	—	—	—	—	—	—	—
Im Durchschnitt pro Stunde	3,7	—	2,0	—	2,1	—	3,2	—	0,6	—	1,5	—	1,3	—	0,9	—	1,3	—	1,3	—

[1] Die Versuche sind an einem anderen Hunde angestellt. Der Saft wurde im Verlaufe sämtlicher Versuche mittelst eines Trichters gesammelt, mit Ausnahme des Versuches mit Eingießung des Fundussaftes, wo man das Sekret des Brunnerschen Teiles in einem Glasröhrchen auffing.

[2] Die erste Ziffer gibt die Verdauungskraft innerhalb der ersten Hälfte der ersten Stunde, die zweite die Verdauungskraft während der zweiten Hälfte der ersten Stunde an.

Milch- und Buttersäure. Was die Verdauungskraft des Eiweißferments anbetrifft, so stieg sie nach Eingießung der Substanzen der ersten Gruppe in den
isolierten Abschnitt des Darms nicht an, sank vielmehr in einigen Fällen sogar
ab. Bei Fettsubstanzen dagegen ließ sie bei vielen Versuchen eine Tendenz
zur Erhöhung erkennen. Diese Erhöhung war jedoch unbedeutend und nicht-
konstant.

Einige besonders typische von den diesbezüglichen Versuchen sind auf
Tabelle LXXXVI dargestellt.

Somit werden die Drüsen des Brunnerschen Teiles des Zwölffingerdarms
lokal durch Fettsubstanzen schwach angeregt. Die Wirkung dieser letzteren
ist stärker, wenn sie sich in anderen Teilen des Verdauungskanals befinden.

Die Bedeutung des Pylorus- und Brunnerschen Saftes für die Verdauung fetthaltiger Nahrungssorten.

Wenn auch die Drüsen des Pylorus und Brunnerschen Teiles des Zwölffingerdarms durch verschiedenartige Erreger in Tätigkeit gesetzt werden,
so lenkt doch die safttreibende Wirkung der einen Gruppe derselben — nämlich
der Fettsubstanzen — eine besondere Aufmerksamkeit auf sich. Die Fettsubstanzen erhöhen die Sekretion des Pylorus- und Brunnerschen Saftes —
des ersteren bei ihrer lokalen Berührung mit der Pylorusschleimhaut, des
zweiten bei Einwirkung aus anderen Teilen des Darmkanals. Oft nimmt auch
die Konzentration des Eiweißferments in dem auf Fettsubstanzen zum Abfluß
kommenden Saft zu. All dies gibt uns die Berechtigung, die sekretorische
Tätigkeit dieser Teile des Verdauungskanals in gewisser Hinsicht zusammenzufassen. Die so eigenartige Beziehung dieser Drüsengebiete zu den Fettsubstanzen findet im Laboratorium von *J. P. Pawlow* (*Ponomarew, Dobromyslow*)
folgende Erklärung. Die fleischfressenden Tiere erhalten das Fett zusammen
mit dem Fleisch derjenigen Tiere, die ihnen als Nahrung dienen. Das Fett ist
hier hauptsächlich in Gestalt von Fettgewebe vorhanden, das aus Fetteilchen
und Bindegewebe besteht. Behufs Auflösung des bindegewebigen Stroma des
Fettgewebes und Freilegung des Fettes ist das Eiweißferment des Pylorus-
und Brunnerschen Saftes erforderlich. Obwohl der fundale Magensaft das
Bindegewebe sehr rasch — schneller als der Pylorus und Brunnersche Saft—
auflöst (*Dobromyslow*), so hat er doch immerhin unter natürlichen Verdauungsbedingungen nicht immer die Möglichkeit, zu wirken. Uns ist bekannt, daß
bei fetten Nahrungssorten — wenigstens während einiger Stunden — das Eiweißferment des Fundussaftes fast bis auf Null herabsinkt. Da weder der Pankreassaft noch Galle befähigt sind, das Bindegewebe aufzulösen, so mußte das
tierische Fett unter diesen Bedingungen unverdaut bleiben. Doch hier greifen
die Säfte der Pylorus- und Brunnerschen Drüsen helfend ein. Die Fette
erscheinen als Erreger dieser Drüsen, und das Eiweißferment beider Säfte ist
in schwach saurer Reaktion, die im Magen, besonders während der ersten
Stunden nach Genuß der fetten Nahrung, vorhanden ist, wirksam. Infolge
Einwirkung dieser Säfte wird das tierische Fett freigelegt und kann der Verarbeitung durch das Fettferment des Pankreas- und Darmsaftes ausgesetzt
werden. Auf diese Weise wird die Kontinuierlichkeit der Verdauung aufrechterhalten.

Es muß bemerkt werden, daß das Eiweißferment des Pylorus- und Brunnerschen Saftes befähigt ist, in einer Mischung mit dem Pankreassaft bei gewissem
Grade ihrer Acidität (etwa 0,1% HCl oder Milchsäure) wirksam zu sein. Der nicht-

verdünnte Fundussaft verhindert bei saurer Reaktion die Wirkung des Pankreassaftes, indem er seine Fermente zerstört. Dies hängt jedoch nicht von der besonderen Natur des Pepsins des Fundussaftes, vielmehr nur von seiner Konzentration ab, da man bei Reduzierung seiner Stärke bis zu einem Millimeter Eiweißstäbchen mittelst Verdünnung die gleichen Verhältnisse erhält, wie mit dem Pylorus- und Brunnerschen Saft (*Dobromyslow*). Da aber bei Fettnahrung die Fundusdrüsen einen Saft mit einer Verdauungskraft von 1,0—2,0 mm Eiweißstäbchen ausscheiden, so kann auch der Fundussaft neben dem Pylorus- und Brunnerschen Saft bei gewissen Bedingungen an der Verarbeitung des Fettgewebes teilnehmen. Eine Beimengung von Galle zum sauren (0,1%) Pylorus- oder Brunnerschen Saft erniedrigt seine Verdauungskraft bis zu bloßen Spuren oder selbst bis auf Null, genau so, wie dies mit dem fundalen Magensaft der Fall zu sein pflegt. Demnach müßte die Verdauung des Bindegewebes durch den Pylorus- oder Brunnerschen Saft offensichtlich auf Null herabgesetzt werden, um so mehr, als gerade bei fetter Nahrung eine Zurückwerfung von Galle und anderen sich in den Zwölffingerdarm ergießenden Säften in den Magen stattfindet. Aus den Versuchen *Dobromyslows* jedoch erhellte, daß eine Gallebeimischung zum Pylorus-, Brunnerschen oder Fundussaft vor Hineinlegung des Fettgewebes in diese Säfte seine Verdauung 2—3 mal verlangsamt, während eine Beimengung von Galle nach 40—60 Minuten langer Einwirkung dieser Säfte auf das Fettgewebe in keinerlei Weise die Zeit verlängert, die das Fett zu seiner Befreiung vom bindegewebigen Stroma braucht.

Die Anpassungsfähigkeit der Arbeit der Pepsindrüsen an die Art des Erregers.

Die Frage über die Bedeutung des einen oder andern Verlaufs der Sekretion des Magensaftes und seiner Fermente zum Zwecke einer möglichst vollständigen Ausnutzung der verschiedenen Nahrungssubstanzen durch den Organismus wurde von *Pawlow*[1]) aufgeworfen. Nach seiner Meinung reagiert die Magenschleimhaut nicht auf jeden beliebigen Reiz mit einer Saftabsonderung. Sie ist mit einer spezifischen Erregbarkeit ausgestattet. Nur gewisse Substanzen rufen, wenn sie mit ihr in Berührung kommen, eine bestimmte Arbeit der in ihr gelegenen Drüsen hervor. Als Resultat erhält man eine für jeden einzelnen Erreger charakteristische sekretorische Reaktion. Nimmt man als Beispiel die typischen Nahrungsmittelsorten: Fleisch, Brot und Milch, von denen jede einzelne eine Kombination bestimmter Erreger darstellt, so läßt sich in diesem oder jenem Verlauf der Drüsenarbeit bei jedem einzelnen von ihnen ein gewisser Sinn und Nutzen für den Organismus erkennen. Und dies wiederum führt uns zu der Frage über die Anpassungsfähigkeit der Arbeit der Pepsindrüsen an die Nahrungsart. Wenn auch *Pawlow*[2]) selbst zugibt, daß wir gegenwärtig nicht über ein Material verfügen, das uns gestattete, auf diese Frage eine streng wissenschaftliche Antwort zu geben, so leiten nichtsdestoweniger viele der von uns beobachteten Tatsachen nach dieser Richtung hin.

So lenkt vor allem die reflektorische Phase der Magensaftsekretion die Aufmerksamkeit auf sich. Die Bedeutung der bedingten und unbedingten Reflexe auf die Magendrüsen ist leicht einzuschätzen. Fällt die reflektorische Phase aus, so beginnt die Speise im Magen bedeutend später verarbeitet zu werden und erfordert zu ihrer Verarbeitung längere Zeit (Fleisch) oder wird sogar überhaupt nicht verarbeitet (Brot). Umgekehrt spielt bei dünnflüssiger Speise der Fortfall der reflektorischen Phase keinerlei Rolle: die chemischen

---

[1]) Pawlow, Vorlesungen. Wiesbaden 1898 und Nagels Handbuch der Physiol. 1907, Bd. II, S. 706.
[2]) Pawlow. Nagels Handbuch der Physiol. 1907, Bd. II, S. 708.

Erreger ersetzen vollauf die Wirkung des reflektorischen Reizes. Hierbei muß man sich unwillkürlich der Tatsache erinnern, daß flüssige Nahrungssorten eine viel geringere reflektorische Sekretion hervorrufen als feste!

Bei Milch sondert sich ein den geringsten Pepsingehalt aufweisender Saft, bei Brot ein Saft mit dem größten Pepsinreichtum ab; der Fleischsaft nimmt eine Mittelstellung ein. Nach *Pawlow* steht hiermit im Einklang, daß das Milcheiweiß — das Casein — am leichtesten verdaut wird, die vegetabilischen Eiweißkörper des Brotes dagegen am schwersten. Die Eiweißkörper des Fleisches stehen, was die Schwierigkeiten des Verdauung anbetrifft, zwischen den Eiweißkörpern der Milch und des Brotes; ebenso verhält es sich auch mit der Fermentkraft des auf sie zum Abfluß gelangenden Saftes.

Die Acidität des Saftes ist bei Fleisch höher als bei Brot. Während für die Lösung der Eiweißkörper des Fleisches eine stark saure Reaktion am geeignetsten erscheint, wäre eine solche für die Brotstärke zweifellos schädlich, da sie die Wirkung des Speichelptyalins zum Stillstand bringt.

Ganz besondere Verhältnisse lassen sich bei Genuß fetthaltiger Substanzen beobachten: die Sekretion des Magensaftes und seine Verdauungskraft werden in den ersten Stunden der Verdauung gehemmt, die Absonderung des Pylorus- und Brunnerschen Saftes dagegen gesteigert. Der Zweck dieser Erscheinung ist offenbar darin zu suchen, dem Fettferment des Pankreassaftes die Möglichkeit zu geben, auf die im Magen befindlichen Fette einzuwirken. Wie wir bereits wissen, findet bei Einführung von Fett in den Magen eine Zurückwerfung der sich in das Duodenum ergießenden Säfte in den Magen statt. Magensaft mit hoher Pepsinkonzentration und großer Acidität sistiert die Wirkung der Fermente des Pankreassaftes. Umgekehrt zerstört ein an Pepsin armer Saft mit geringer Acidität die Fermente des Pankreassaftes nicht. Demnach ist in schwach saurer Reaktion die Mitwirkung eines schwachen Magen-, Pylorus- und Brunnerschen Saftes in Gemeinschaft mit dem Pankreassaft wohl möglich, d. h. es sind die Voraussetzungen für eine gleichzeitige Wirkung des proteolytischen und lipolytischen Ferments gegeben. Gerade solche Verhältnisse trifft man im Magen während der ersten Stunden nach Genuß fetter Nahrung an. In den späteren Stunden beobachtet man ein Anwachsen der Sekretion der Magendrüsen.

Pawlow nimmt an, daß beispielsweise bei Milch die Aufgabe des Magensaftes während der zweiten Hälfte der Verdauungsperiode in der Verarbeitung der im Magen zurückgebliebenen Caseingerinnsel zu sehen sei, da die flüssigen Bestandteile der Milch und unter anderem auch das Fett bereits in die Därme übergetreten sind. Außerdem sei die reichliche Säuremenge vielleicht dazu erforderlich, gerade um diese Zeit eine ergiebigere Arbeit der Bauchspeicheldrüse anzuregen.

IV. Pankreas.

1. Kapitel.

Anatomische Bemerkungen. — Methodik. — Die Zusammensetzung des Pankreassaftes. — Das Eiweißferment (Trypsin). — Das Fettferment (Steapsin). — Das
Stärkeferment (Amylopsin). — Die Arbeit der Bauchspeicheldrüse bei Genuß von
Fleisch, Brot und Milch. — Die Eigenschaften der auf Fleisch, Brot und Milch zum
Abfluß gelangenden Säfte. — Die festen und organischen Substanzen und Asche
des Pankreassaftes. — Die Anpassungsfähigkeit der Arbeit der Bauchspeicheldrüse
an die Nahrungssorte.

Anatomische Bemerkungen.

Die aus dem Magen in den Zwölffingerdarm übertretenden Speisemassen
werden hier einer weiteren Verarbeitung unterworfen. Eins der wichtigsten sich
in das Lumen des Zwölffingerdarms ergießenden Reagenzien ist der Pankreassaft. Dieses alkalische Sekret enthält Fermente, die auf sämtliche Hauptbestandteile der Nahrung: Eiweißkörper, Kohlenhydrate und Fette einwirken,
und wird durch ein großes, acinöse Struktur aufweisendes Drüsenorgan — die
Bauchspeicheldrüse ausgeschieden.

Die Bauchspeicheldrüse ist zum Teil längs des Zwölffingerdarms, zum
Teil hinter dem Magen gelegen. Sie ergießt ihr Sekret in den Zwölffingerdarm
durch einen Haupt- und mehrere Nebengänge. Beim Hunde sind gewöhnlich
zwei solcher Gänge vorhanden: ein größerer, in den mittleren Teil des Duodenums und ein kleinerer in dessen oberen Teil neben dem Ductus choledochus
einmündender.

Mikroskopisch besteht die Bauchspeicheldrüse aus zwei Arten von Zellen-
gebilden: den Zellen der Pankreasinseln (Langerhanssche Zellen) und den
echten Drüsenzellen, die den Pankreassaft sezernieren. Die ersteren stehen
mit den Ausführungsgängen der Bauchspeicheldrüse nicht in Verbindung.
Offensichtlich haben sie Beziehung zur inneren Sekretion. Die letzteren haben
eine kegelförmige Gestalt und bestehen aus zwei Schichten: einer äußeren,
auf den ersten Blick fast homogenen, an die Membrana propria angrenzenden
und einer inneren, deutlich körnigen, dem Lumen des Alveolus zugekehrten.
An der Grenze zwischen beiden Schichten liegt der Zellkern. Bei Untätigkeit
der Drüse nimmt die innere körnige Schicht den größeren Teil des Zelleibes ein;
während der Sekretion verringert sich die körnige Schicht allmählich und beschränkt sich schließlich nur auf die Spitze des in das Lumen des Alveolus
gerichteten Zellenkegels. Dementsprechend wächst die äußere Schicht an.
Nach Beendigung der Sekretion wird nach und nach das frühere Verhältnis
zwischen den Schichten wiederhergestellt. Im Lumen der Alveoli nehmen die
Ausführungsgänge, die sich vereinigen und den die Wand des Zwölffingerdarms durchbrechenden Ausführungsgang der Drüse bilden, ihren Anfang.

Die Bauchspeicheldrüse ist mit Gefäßen und Nerven reichlich versehen (s. unten).

Methodik.

Den Saft der Bauchspeicheldrüse kann man aus ihrem Gange mittelst Anlegung einer Fistel an diesem letzteren erhalten. Die Fistel kann eine temporäre oder permanente sein.

Die Anbringung einer temporären Fistel wird gewöhnlich in einem akuten Versuch bewerkstelligt. Die Operation besteht darin, daß in den aufgeschnittenen Gang (beim Hunde in der Regel den größeren) eine Glaskanüle eingeführt und mittelst einer Ligatur darin befestigt wird. Der Saft der Bauchspeicheldrüse kommt nunmehr mit der Schleimhaut des Zwölffingerdarms nicht in Berührung und wird durch die Kanüle in völlig reiner Gestalt ausgeschieden. Zum ersten Male war eine temporäre Fistel der Bauchspeicheldrüse im Jahre 1662 von Régnier de Graf[1]) hergestellt worden. Seit dieser Zeit wurde und wird sie von allen die Sekretion der Bauchspeicheldrüse studierenden Physiologen angewandt.

Von den für die Anlegung permanenter Fisteln des Ductus pancreaticus vorhandenen Methoden bedient man sich meist nur der von *J. P. Pawlow*[2]) in Vorschlag gebrachten. Diese besteht darin, daß aus dem Zwölffingerdarm ein rhombenförmiges Stück mit der in diesem einmündenden Öffnung des großen oder kleinen Ganges der Bauchspeicheldrüse herausgeschnitten wird. Die Kontinuierlichkeit des Darmes wird durch Nähte wiederhergestellt; das obenerwähnte Stück des Darmes mit der natürlichen Gangmündung — die Papilla — läßt man in der Bauchwunde einheilen. Der jetzt nach außen abfließende Saft wird vermittelst eines an die Bauchfläche des Hundes gebundenen Trichters gesammelt. Bei derartig operierten Hunden beobachtet man nicht eine Obliterierung des Ganges, was stets der Fall zu sein pflegt, wenn er ohne die ihn umgebende Schleimhaut nach außen geführt worden ist. Die Tiere erholen sich nach der Operation und können einige Jahre lang in bester Gesundheit am Leben bleiben. Die Anlegungsmethode einer „permanenten‟, doch in Wirklichkeit temporären Fistel von Weinmann[3]) und Bernstein[4]) hat nur historisches Interesse. Das Heidenhainsche[5]) Verfahren deckt sich der Idee nach mit der vor ihm von *Pawlow* vorgeschlagenen Methode: aus dem Zwölffingerdarm wird nicht ein rhombenförmiges Stück zusammen mit der in dieses einmündenden Gangöffnung, sondern ein entsprechender Teil des Zwölffingerdarms von 4—5 cm Länge herausgeschnitten. Dieser Zylinder wird der Länge nach der Gangöffnung gegenüber durchschnitten und in der Bauchwunde eingeheilt. Die Kontinuierlichkeit des Darmes wird durch Vernähung des oberen und unteren Endes des Zwölffingerdarms wiederhergestellt. Diese Methode ist weniger praktisch als die *Pawlow*sche und wurde nur vom Erfinder selbst zur Anwendung gebracht.

Die Methode von Foderà[6]) mit Befestigung einer besonderen Kanüle im Gange der Bauchspeicheldrüse, die die Möglichkeit gibt, den Saft bald nach außen hinausleiten, bald ihn in den Darm fließen zu lassen, fand ebenfalls keine Verbreitung.

Die *Pawlow*sche Methode hat zwei Mängel: 1. Der Pankreassaft, der gewöhnlich durch die Drüse in unwirksamem, zymogenem Zustande abgesondert wird,

---

[1]) Zitiert nach Cl. Bernard, Mémoire sur le pancréas 1856, p. 37.

[2]) J. P. Pawlow, Neue Methoden der Anlegung einer Pankreasfistel. Verhandlungen der XI. Naturforschervereinigung in St. Petersburg 1879, Bd. XI, S. 51.

[3]) A. Weinmann, Über die Absonderung des Bauchspeichels. Zeitschr. f. rat. Med. 1853, N. F. III, S. 247.

[4]) N. O. Bernstein, Zur Physiologie der Bauchspeichelabsonderung. Arbeiten aus der physiol. Anstalt zu Leipzig 1869, S. 1.

[5]) Heidenhain, Hermanns Handbuch der Physiologie 1883, Bd. V, T. 1, S. 177 ff.

[6]) Ph. A. Foderà, Permanente Pankreasfistel. Moleschotts Untersuchungen zur Naturlehre 1896, Bd. XVI, S. 79.

kommt mit der Schleimhaut der Papilla in Berührung. Die letztere enthält als Teil der Duodenalschleimhaut Drüsen, die unter anderem ein besonderes Ferment — die Enterokinase ausscheiden (*Schepowalnikow*). Diese Enterokinase aktiviert, d. h. versetzt aus einem unwirksamen Zustand in einen wirksamen die Fermente des Pankreassaftes, hauptsächlich das Eiweißferment. Demzufolge hat es der Forscher nicht mit einem reinen Sekret der Bauchspeicheldrüse, sondern mit einem Gemisch von Säften zu tun, was natürlich zu Fehlschlüssen führen kann — ein Umstand, dem Delezenne und Frouin[1]) Beachtung schenkten. Außerdem übt der wirksame Pankreassaft, indem er mit der Haut des Bauches und der Extremitäten, auf der er sich außerhalb des Versuches ausbreitet, in Berührung kommt, einen Reiz auf die Haut aus. Es kommt zu den weitgehendsten, außerordentlich hartnäckigen und für das Tier quälenden Ekzemen. Schließlich kann der Tod des Tieres infolge Entkräftung eintreten[2]).

2. Ein Hund mit chronischer Fistel des Ductus pancreaticus verliert den größeren Teil seines Pankreassaftes durch Abfluß nach außen. Nur ein kleinerer Teil von ihm ergießt sich durch den kleinen Gang in den Zwölffingerdarm. Es tritt infolge der überaus großen Verluste an alkalischem Sekret eine starke Störung des Körperchemismus ein. Als Folgeerscheinung kommt bei vielen Hunden eine besondere Erkrankung zur Entwicklung, auf die bereits Cl. Bernard[3]) hinwies, dann Heidenhain[4]) seine Aufmerksamkeit lenkte und die schließlich von *Jablonski*[5]) in eingehender Weise untersucht wurde. Die Saftreksetion steigt rasch an. Anfänglich nimmt die Saftmenge nur bei Nahrungsaufnahme auffallend zu, bald jedoch wird die Sekretion eine kontinuierliche. Der Saft sondert sich reichlich und außerhalb der Verdauung ab. Hierbei werden die Eigenschaften des Saftes selbst verändert: er wird dünnflüssig und sein Gehalt an festen Substanzen sinkt stark ab. Offenbar geht mit einer Hypersekretion des Pankreassaftes eine Hypersekretion des Magensaftes Hand in Hand[6]). Manchmal kommen die geschilderten Erscheinungen bereits am 2.—3. Tage nach der Operation zur Entwicklung, gewöhnlich aber später. Dieser schwere Zustand führt zum Tode des Tieres, nicht selten unter Krampferscheinungen. Milch- und Brotdiät sowie eine Behandlung mit Soda bessert den Zustand des Tieres und schiebt in einigen Fällen, doch bei weitem nicht immer, den tödlichen Ausgang hinaus[7]). Bisweilen übt eine Verstopfung der Gangöffnung mittelst eines kurzen Glasstäbchens und dessen Befestigung daselbst während des Tages mit Hilfe eines Verbandes eine gute Wirkung aus[8]).

Daher ist es bei Anlegung einer Pankreasfistel nach der *Pawlow*schen Methode nicht leicht, einen Hund zur Verfügung zu haben, der sich in dem Maße den chronischen Verlusten des Pankreassaftes und folglich der Störung des Körperchemismus angepaßt hat, daß die Arbeit seines Verdauungsapparates der Norm nahekommt. Immerhin kamen solche Tiere vor. Möglicherweise handelte es sich bei diesen letzteren um Exemplare mit stärker entwickeltem kleinem Gang als gewöhnlich. Infolge-

---

[1]) C. Delezenne et A. Frouin, La sécrétion physiologique du pancréas ne possède d'action digestive propre vis-à-vis d'albumine. Compt. rend. de la Soc. de Biol. 1902, T. LIV, p. 691. — Nouvelles observations sur la sécrétion physiologique du pancréas. Le suc pancréatique des bovides. Ibidem 1903, T. LV, S. 455.

[2]) Pawlow, Vorlesungen, Wiesbaden 1898, S. 7ff.

[3]) Cl. Bernard, Mémoire sur le pancréas. Paris 1856, p. 45. — Leçons sur les propriétés physiologiques des liquides de l'organisme. Paris 1859, T. II, p. 339.

[4]) Heidenhain, Hermanns Handbuch der Physiologie 1883, Bd. V, T. 1, S. 180.

[5]) J. M. Jablonski, Spezifische Erkrankung von Hunden, die chronisch Pankreassaft verlieren. Diss. St. Petersburg 1894.

[6]) Walther, Die sekretorische Arbeit der Bauchspeicheldrüse. Diss. St. Petersburg 1897, S. 111.

[7]) Pawlow, Vorlesungen, Wiesbaden 1898, S. 9ff.

[8]) B. P. Babkin und W. W. Sawitsch, Zur Frage über den Gehalt an festen Bestandteilen in dem auf verschiedene Sekretionserreger erhaltenen pankreatischen Saft. Zeitschr. f. physiol. Chemie 1908, Bd. LVI, S. 327.

dessen vermochte sich bei ihnen die Ausscheidung des Pankreassaftes durch den einen und den anderen Gang gleichmäßiger zu verteilen.

Von welch außerordentlicher Wichtigkeit es ist, sich für die Versuche gerade eines solchen Tieres zu bedienen, liegt auf der Hand. Nur in solchem Falle kann man die Gewißheit haben, daß die erhaltenen Befunde den tatsächlichen Verhältnissen entsprechen. Umgekehrt muß ein Experimentieren mit einem Tier, das auch nur in allerleichtester Form an Hypersekretion des Pankreassaftes leidet, unvermeidlich zu Trugschlüssen führen.

Diese Mängel der permanenten Pankreasfistel nach *Pawlow* lassen sich bis zu einem gewissen Grade durch Vornahme folgender Abänderung beseitigen[1]). Dem Hunde wird eine Pankreasfistel nach der *Pawlow*schen Methode angelegt. Sobald die Bauchwunde verheilt und die Papilla sich in der Narbe befestigt hat, schneidet man sie heraus und vernäht die Gangränder mit den Rändern der Wunde. Um es zu verhüten, daß die sich entwickelnden Granulationen den Fistelgang verstopfen, muß man diesen letzteren täglich sondieren. Mit der Zeit bildet sich eine Narbe, die wie ein Ventil die Gangöffnung schließt. Während des Versuches wird der Saft vermittelst eines Glasröhrchens (von etwa 3 mm Durchmesser), das man ungefähr 1,5 cm tief in den Ductus hineinführt, aufgefangen. Außerhalb der Versuchszeit schließt sich die Narbe und läßt den Saft nicht nach außen hin abfließen. Auf diese Weise erspart das Tier sehr große Saftmengen, die sich nunmehr durch den kleinen Gang in den Darm ausscheiden.

Somit wird mit Hilfe dieser Vervollkommnung: 1. die Möglichkeit gewonnen, einen vollkommen reinen Saft der Bauchspeicheldrüse zu erzielen; 2. der Entwicklung eines Ekzems auf der Haut des Tieres vorgebeugt, da das Eiweiß- und Fettferment im reinen Pankreassaft in unwirksamer Form ausgeschieden wird; 3. eine Erkrankung der Tiere auf Grund chronischer Saftverluste für längere Zeit (3—4 Jahre) verhütet wird.

Die Exstirpation der Papilla läßt sich in keinem Falle durch Abschaben ihrer Schleimhaut ersetzen. Das Drüsenepithel regeneriert sich offenbar sehr leicht und rasch aus den geringfügigsten Rückständen der Schleimhaut. Daher ist selbst sofort nach Vornahme der Abschabung keine Garantie dafür gegeben, daß sich dem Safte der Bauchspeicheldrüse Darmsaft nicht beimengt[2]).

Eine Katheterisation des Ductus an die Stelle der oben erwähnten Vervollkommnung der *Pawlow*schen Pankreasfistel zu setzen, wie dies Delezenne und Frouin[3]) anraten, ist gleichfalls nicht möglich. Eine Katheterisation des Ductus, besonders eine tiefere (6,0—8,0 cm), zieht eine Erkrankung desselben nach sich. Die Wandungen des Ganges schwellen an und sondern Schleim ab. Nach Entfernung des Katheters aus dem Gange sezerniert sich nicht nur im Laufe desselben Tages, sondern nicht selten auch während der folgenden Tage der Pankreassaft in spärlicher Quantität und mit außerordentlich schwacher Verdauungskraft. Dies ist darauf zurückzuführen, daß die geringfügigen Mengen des Pankreassaftes durch den von der Schleimhaut der Papilla abgesonderten Darmsaft verdünnt werden[4]).

Als Beispiel mögen hier zwei Versuche an einem Hunde mit Genuß von 100 g Fleisch angeführt werden. In dem einen Falle wurde der Pankreassaft die ganze Zeit über vermittelst eines Trichters gesammelt, im anderen wurde für die Dauer einer halben Stunde (innerhalb der zweiten Stunde) ein Katheter eingeführt. Die Sekretion sank nach der Katheterisation ab, ebenso wie die Verdauungskraft des Saftes.

---

[1]) B. P. Babkin, Zur Frage über die sekretorische Arbeit der Bauchspeicheldrüse. Nachrichten der Kaiserl. Militär-Med. Akademie 1904, Bd. IX, S. 113. Siehe ferner Tigerstedts Handbuch der physiologischen Methodik 1908, Bd. II, Abt. 2, S. 177.

[2]) Babkin, Nachrichten der Kaiserl. Militär-Med. Akademie 1904, Bd. IX, S. 113.

[3]) Delezenne et Frouin, Compt. rend. de la Soc. de Biol. 1902, T. LIV, p. 691.

[4]) Babkin, Nachrichten der Kaiserl. Militär-Med. Akademie 1904, Bd. IX, S. 105ff.

| | Kontrollversuch. | | Katheterisation (30′). | |
Stunde	Saftmenge	Verdauungskraft[1]	Saftmenge	Verdauungskraft[1]
I	6,4 ccm	5,1 mm	5,8 ccm	4,7 mm
II	14,2 ,,	4,5 ,,	2,8—3,3 ccm[2]	4,9—4,7 mm[2]
III	9,7 ,,	4,8 ,,	1,0 ,,	1,0 ,,
IV	7,6 ,,	4,6 ,,	0,9 ,,	1,5 ,,
V	7,7 ,,	4,9 ,,	0,8 ,,	1,8 ,,
VI	4,5 ,,	3,8 ,,	0,8 ,,	2,0 ,,
Insgesamt	50,1 ccm	—	15,4 ccm	—

Wir sind absichtlich auf die Methodik etwas näher eingegangen. Ihre außerordentliche Bedeutung tritt deutlich hervor. Nur an einem Tier, das sich den chronischen Pankreassaftverlusten völlig angepaßt hat, wie dies beispielsweise bei den Versuchen von *Walther*[3]) der Fall war, oder an Hunden mit einer in oben beschriebener Weise abgeänderten Pankreasfistel vermag man eine gesetzmäßige, den normalen Bedingungen entsprechende Arbeit der Bauchspeicheldrüse beobachten. Leider wird dieser schon an sich einleuchtende Satz von einigen Autoren ignoriert. Wir werden uns in unserer weiteren Darlegung nur eines in dieser Hinsicht einwandfreien experimentellen Materials bedienen.

Die Zusammensetzung des Pankreassaftes.

Der reine Pankreassaft stellt eine farblose, durchsichtige, ziemlich bewegliche alkalische Flüssigkeit dar. Seine Alkalität schwankt beim Hunde bei den verschiedenen Erregern nach *Walther*[4]) von 0,29—0,65 % $Na_2 CO_3$, sein Gehalt an festen Substanzen von 1,52—6,60 %. Die Menge der anorganischen Bestandteile ist geringen Schwankungen unterworfen (von 0,816—0,920 %). Umgekehrt ist der Gehalt an organischen Substanzen unter den verschiedenen Voraussetzungen ungleich hoch. Die Hauptmasse der organischen Bestandteile bilden offensichtlich die Eiweißkörper, von denen ein Teil nach de Zilwa[5]) den Nucleoproteiden angehört. Die Gefrierpunktserniedrigung des Saftes beim Hunde beträgt 0,61 (de Zilwa[6])). Die Zusammensetzung des Pankreassaftes beim Menschen kommt der des Saftes beim Hunde nahe (Schumm[7]) Gläßner[8])). Mit dem Pankreassaft wird in den Verdauungskanal eine ziemliche bedeutende Menge Eiweiß ausgeschieden, beim Hunde im Durchschnitt nicht weniger als 8—10 g im Verlaufe von 24 Stunden.

Die genaueste Untersuchung in dieser Richtung stellte *Jablonski*[9]) an, der bei Hunden den Pankreassaft im Verlaufe von 24 Stunden sammelte. Allein er bestimmte

---

[1]) Die Verdauungskraft des Saftes nach Mett. Der Pankreassaft war vom Darmsaft aktiviert.

[2]) Die Katheterisation wurde während der zweiten Hälfte der zweiten Stunde vorgenommen. Die Verdauungskraft des durch den Katheter abgeflossenen Saftes ist in der folgenden Rubrik angeführt.

[3]) A. A. Walther, Die sekretorische Arbeit der Bauchspeicheldrüse. Diss. St. Petersburg 1897.

[4]) Walther. Diss. St. Petersburg 1897, S. 119.

[5]) A. E. de Zilwa, On the composition of pancreatic juice. Journ. of Physiol. 1904, Bd. XXXI, p. 230.

[6]) A. E. de Zilwa. Journ. of Physiol. 1904, Bd. XXXI, p. 230.

[7]) O Schumm, Über menschliches Pankreassekret. Zeitschrift f. physiol. Chemie 1902, Bd. XXXVI, S. 292.

[8]) K. Gläßner, Über menschliches Pankreassekret. Zeitschr. f. physiol. Chemie 1903, Bd. XL, S. 465.

[9]) Jablonski, Diss. St. Petersburg 1894.

nur einen Bruchteil des Pankreassaftes, nämlich den Teil, der durch die Fistel des großen Ganges der Bauchspeicheldrüse zum Abfluß gelangte. Der übrige Teil des Saftes dagegen wurde in den Darm durch den kleinen Gang ausgeschieden, und wenn auch Cl. Bernard[1]) der Ansicht ist, daß das Sekret aus diesem Gang leichter seinen Weg in den großen Gang als in das Duodenum findet, so haben wir doch immerhin keine irgendwie sicheren Anhaltspunkte, auf Grund deren wir auf die Durchlaßfähigkeit des einen und des anderen bei verschiedenen Bedingungen der Drüsentätigkeit schließen könnten. Somit sind die Ziffern *Jablonskis* niedriger als die der Wirklichkeit entsprechenden. (In dieser Hinsicht dürften die Ergebnisse von *Kuwschinski*[2]) wohl mehr Anspruch auf Exaktheit erheben können, der die Pankreassaftmenge pro 24 Stunden bei einem Hunde bestimmte, dem der große Gang der Bauchspeicheldrüse nach außen geleitet worden war, während er an dem kleinen Gange eine Ligatur angebracht hatte. Leider nahm er jedoch keine Analyse des von ihm erzielten Saftes vor. Durchschnittlich gelangte bei seinem Hunde im Verlaufe von 24 Stunden 335,1 ccm Saft zur Ausscheidung. Rechnet man diese Saftmenge auf das Durchschnittsgewicht des Hundes um (19,4 kg), so erhält man auf ein Kilo Körpergewicht 17,2 ccm Saft.)

Nach *Jablonski* beträgt die durchschnittliche Menge des Pankreassaftes auf Grund von vier 24stündigen Versuchen 390,5 ccm. (Der Hund erhielt täglich 1200 ccm Milch und 600 g Weißbrot.) Auf ein Kilo Körpergewicht des Tieres (Durchschnittsgewicht 17,8 kg) kommt durchschnittlich 21,9 ccm Saft. In 100 Teilen des Pankreassaftes waren 97,2 Teile Wasser, 2,8 Teile fester Substanzen, 2,0 Teile organischer Substanzen und 0,8 Teile Salze; der Eiweißniederschlag auf Alkohol — 2,3. In einer Pankreassaftmenge pro 24 Stunden fand *Jablonski* im Durchschnitt: an festem Rückstand 10,655 g, an organischen Bestandteilen 7,737 g, an Salzen 3,167 g und an Eiweißniederschlag auf Alkohol 8,599 g.

Analoge Resultate erzielte auch *Babkin*[2]). Er verabreichte einem Hunde die Hälfte der ihm für die Dauer von 24 Stunden zukommenden Nahrungsportion (750 ccm Milch und 400 g Brot), sammelte den Saft während der gesamten Sekretionsperiode und bestimmte in ihm (durch Ausfällung mittels Essigsäure) den Eiweißgehalt. Im Verlaufe einer 9stündigen Absonderungsperiode wurden 315 ccm eines 4,12 g Eiweiß enthaltenden Pankreassaftes aufgefangen. Folglich müßte bei diesem Hunde die Saftmenge pro 24 Stunden ungefähr 630 ccm und die Eiweißmenge pro 24 Stunden 8,25 g betragen. Rechnet man die Pankreassaftmenge pro 24 Stunden auf ein Kilo des Körpergewichts des Hundes (28 kg) um, so ergeben sich 22,5 ccm. Zweifellos sind jedoch alle diese Zahlen, wovon bereits die Rede war, mit der Wirklichkeit verglichen, etwas zu niedrig angegeben.

Jablonski stellte außerdem an seinem Hunde mit einer Fistel der Bauchspeicheldrüse folgende interessante Untersuchung der Stickstoffbilanz an. Während eines Zeitraumes von 24 Stunden erhielt das Tier mit dem Futter 12,537 g Stickstoff, schied aber aus dem Organismus mit dem Harn 10,905 g und mit dem Kot 0,375 g, im ganzen 12,280 g Stickstoff aus. Folglich blieben 1,257 g Stickstoff unverausgabt. Da indes die vom genannten Forscher in der pro 24 Stunden erzielten Pankreassaftmenge festgestellte Stickstoffquantität durchschnittlich 1,168 g betrug, so muß man annehmen, daß im Organismus täglich ein Stickstoffansatz von nur 0,089 g stattfand.

Im Safte der Bauchspeicheldrüse sind folgende Fermente enthalten: das **Eiweißferment**, das **Fettferment** und das **Stärkeferment**. Die beiden ersteren werden durch die Drüse in „zymogenen" (unwirksamem, latentem), das dritte in aktivem (wirksamem, offenem) Zustande ausgeschieden. Die Cymogenität des Eiweiß- und Fettferments weist verschiedene Gradabstufungen

---

[1]) Cl. Bernard, Mémoire sur le pancréas 1856, p. 9.

[2]) P. D. Kuwschinski, Über den Einfluß einiger Nahrungs- und Heilmittel auf die Sekretion des Pankreassaftes. Diss. St. Petersburg 1888, S. 14.

[3]) Nicht veröffentlichte Versuche.

auf. Es gibt Säfte, die nicht befähigt sind, auf die entsprechenden Substrate (Eiweiß, Fett) eine Wirkung hervorzubringen, und es gibt auf der anderen Seite Säfte, die einen, wenn auch nicht starken, so doch immerhin deutlich erkennbaren Einfluß auf sie ausüben. Will man, daß das Ferment aus einem inaktiven, latenten Zustande in einen aktiven, offenen übergehe, so muß man es „aktivieren". Beim Eiweißferment ist es ein besonderes Ferment des Darmsaftes — die „Enterokinase" — das diese Aktivierung bewerkstelligt; beim Fettferment übernimmt diese Rolle die Galle. Andererseits muß von der Aktivierung des Ferments die Förderung seiner Wirkung unterschieden werden. Als solche erscheint beispielsweise die Erhöhung der Wirkung des Stärkeferments des Pankreassaftes im Falle einer Beimengung von Darmsaft zu diesem. Das diastatische Ferment löst selbständig die Stärke, der Darmsaft fördert nur ihre Wirkung, indem er ihren Einfluß steigert.

Das Eiweißferment (Trypsin).

Das Trypsin bewirkt, im Gegensatz zum Pepsin, eine tiefgehende Spaltung des Eiweißmoleküls. Unter seinem Einfluß spaltet sich das Eiweiß zu seinem größeren Teil rasch in Aminosäure und niedere Peptone. Dies kennzeichnet seine hohe Bedeutung für die Verdauung und Verwertung der Eiweißstoffe. Es ist in schwach alkalischer, neutraler oder schwach saurer Reaktion wirksam. Auf die Einzelheiten seiner Wirkung vermögen wir hier nicht einzugehen.

Das Trypsin kann einen doppelten Zustand aufweisen: einen inaktiven, zymogenen (Protrypsin) und einen aktiven, wirkungsfähigen (eigentlich Trypsin). Seit der Zeit Heidenhains[1]), der diese Lehre aufgestellt hat, nahm man an, daß nur in der Drüse selbst oder in ihren Extrakten sich das Ferment in latentem Zustande befinden kann. Im Safte dagegen ist es stets in aktiver Form vorhanden. Die im Jahre 1899 *Schepowalnikow*[2]) gelungene Entdeckung eines besonderen Ferments — der Enterokinase —, das von der Schleimhaut des Dünndarms sezerniert wird und eine selbständige Wirkung auf das Eiweiß nicht ausübt, jedoch das inaktive Protrypsin in aktives übergehen läßt, hat unsere Vorstellung von den Eigenschaften des Pankreassaftes von Grund auf geändert. Mit Entdeckung der Enterokinase wurde augenfällig, daß außer einem aktiven offenen Teil des Ferments im Safte der Bauchspeicheldrüse noch ein anderer, gewöhnlich größerer, passiver, latenter Teil desselben vorhanden sein kann. Auf diesen Umstand wies insonderheit *Lintwarew*[3]) in seiner Untersuchung hin.

Er zeigte die eminente Bedeutung der Enterokinase bei Bestimmung der Verdauungskraft des Eiweiß sowie Fettferments im Pankreassafte eines Hundes mit chronischer Fistel der Bauchspeicheldrüse nach *Pawlow*. Bei Fleischdiät gelangte sowohl das eine wie das andere Ferment in offener Form zur Ausscheidung, und folglich bedurfte es nicht ihrer Aktivierung durch Enterokinase. Umgekehrt brachte bei Milch- und Brotdiät der Pankreassaft von Hunden eine sehr schwache Wirkung auf koaguliertes Eiweiß und auf Fett hervor. Eine Beimischung von Darmsaft erhöhte in besonderem Maße

---

[1]) R. Heidenhain, Beiträge zur Kenntnis des Pankreas. Pflügers Archiv 1875, Bd. X, S. 557.

[2]) N. P. Schepowalnikow, Die Physiologie des Darmsaftes. Diss. St. Petersburg 1899.

[3]) J. J. Lintwarew, Der Einfluß der verschiedenen physiologischen Bedingungen auf den Zustand und die Menge des Ferments im Safte der Bauchspeicheldrüse. Diss. St. Petersburg 1901.

die Verdauung sowohl des einen wie des anderen. Die Eigenschaften des diastatischen Ferments erfuhren in qualitativer Hinsicht bei den verschiedenen
Nahrungsregimes keine merkliche Veränderung.

Später wurde dann folgende Tatsache festgestellt. Indem Delezenne
und Frouin[1]) einem Hunde in den Gang einer nach *Pawlow*scher Methode
angelegten Pankreasfistel einen Katheter einführte, fanden sie, daß der auf
solche Weise erzielte Saft in bezug auf koaguliertes Hühnereiweiß wirkungslos
war. Eine Beimengung von Darmsaft machte ihn aktiv. Eben derselbe Saft,
vom Hunde vermittelst eines Trichters gesammelt, verdaute selbständig Eiweiß.
Hieraus zogen die genannten Forscher die Schlußfolgerung, daß die Drüse
einen Saft hervorbringt, dessen Eiweißferment sich in zymogenem Zustande
befindet. Dieser Saft fließt bei Hunden, die nach der *Pawlow*schen Methode
operiert sind, durch den nach außen geführten Teil des Darmes — die Enterokinase sezernierende Papilla, und gelangt infolgedessen zur Trypsinisierung.
Bei Auffangen des Saftes vermittelst eines Katheters wird die Berührung des
Pankreassekrets mit der Schleimhaut der Papilla vermieden. Man erhält einen
Saft, der ohne Beimischung von Darmsaft koaguliertes Hühnereiweiß nicht
verdaut. Diese Beobachtung fand durch weitere Untersuchungen an Hunden
(Popielski[2]), Bayliß und Starling[3]), *Babkin*[4]), Prym[5]), Belgowski[6]))
sowie auch an Menschen mit zufälligen Fisteln der Bauchspeicheldrüse (Gläßner[7]), Ellinger und Cohn[8]), Wohlgemuth[9])) ihre Bestätigung.

Delezenne verallgemeinerte die Wechselbeziehungen zwischen dem
Trypsin und der Enterokinase und stellte folgende Sätze auf: 1. Im reinen Sekret
der Bauchspeicheldrüse ist das Eiweißferment stets, unter allen Bedingungen
der Drüsentätigkeit, in absolut latenter Form vorhanden. 2. Die das Trypsin
aktivierende Enterokinase wird durch die weißen Blutkörperchen hervorgebracht. Demgemäß muß in den Fällen, wo sich eine selbständige Wirkung
des Pankreassaftes auf die Eiweißstoffe ohne Beteiligung des Darmsaftes beobachten läßt (z. B. Verdauung des Fibrins, Lösung des koagulierten Hühnereiweiß durch den auf Pilocarpininjektion in das Blut usw. erhaltenen Saft),
diese durch Anwesenheit von Leukocyten im Substrat oder im Safte erklärt
werden. 3. Die Beziehungen zwischen dem Trypsinogen und der Enterokinase
sind die gleichen wie zwischen dem Komplement und Amboceptors in hämolytischem Serum. Ohne die Rolle eines Amboceptors spielende Kinase
kann das Trypsinogen auf das Eiweißmolekül nicht einwirken. Diese letztere

[1]) Delezenne et Frouin. Compt. rend de la Soc. de Biol. 1902, T. LIV,
p. 691.

[2]) Popielski, Über die Grundeigenschaften des Pankreassaftes. Russki
Wratsch. 1903, Nr. 16, sowie Zentralbl. f. Physiol. 1903, Bd. XVII, p. 65.

[3]) W. M. Bayliß and E. Starling, The proteolytic activities of the pancreatic
juice. Journ. of Physiol. 1903, Vol. XXX, p. 61.

[4]) Babkin, Nachrichten der Kaiserl. Militär-Med. Akademie 1904, Bd. IX,
S. 93.

[5]) O. Prym, Milz und Pankreas. Versuche an Hunden mit permanenter
Pankreasfistel. Pflügers Archiv 1904, Bd. CIV, S. 433.

[6]) J. W. Belgowski, Zur Lehre von der Verdauungstätigkeit der Bauchspeicheldrüse. Kiew 1907.

[7]) Gläßner, Zeitschr. f. physiol. Chemie 1904, Bd. XL, S. 464.

[8]) A. Ellinger und M. Cohn, Beiträge zur Kenntnis der Pankreassekretion
beim Menschen. Zeitschr. f. physiol. Chemie 1905, Bd. XLV, S. 28.

[9]) J. Wohlgemuth, Zur Frage der Aktivierung des tryptischen Ferments im
menschlichen Körper. Biochemische Zeitschr. 1906, Bd. II, S. 264.

Auffassung wurde von Dastre und Stassano unterstützt und von Metschnikow sowie der Ehrlichschen Schule akzeptiert[1]).

Indes geht Delezenne zweifellos viel zu weit. Er ist denn auch von verschiedener Seite auf Opposition gestoßen.

Camus und Gley[2]) gelang es nicht, den zymogenen Pankreassaft durch die aus der Cysterna chyli erhaltenen Leukocyten zu aktivieren. Bayliß und Starling[3]) vermochten weder in den Leukocyten noch in den Lymphocyten, noch im Fibrin eine Kinase zu entdecken. Ebenso verneinen die Anwesenheit einer Enterokinase in den Leukocyten Hekma[4]) und Foà[5]). Ferner sind Bayliß und Starling[6]) der Ansicht, daß die Ehrlichsche „Seitenkettentheorie" auf den Vorgang der Trypsinaktivierung durch die Enterokinase nicht anwendbar ist. Eine ihrer Haupteinwendungen besteht in folgendem. Wenn das Trypsin eine Verbindung des Trypsinogens mit der Enterokinase darstellte, wie dies Delezenne annimmt, so sollte man erwarten, daß eine bestimmte Quantität der Enterokinase nur eine bestimmte Trypsinogenmenge aktivieren könnte. (Hierauf wiesen unter anderen Hamburger und Hekma[7]) sowie Dastre und Stassano[8]) hin). Nach den Befunden von Bayliß und Starling jedoch üben kleine Quantitäten Darmsaft bei langdauernder Wirkung auf den Pankreassaft einen gleichen Einfluß aus, wie große Mengen desselben bei kurzdauernder Einwirkung. Nimmt man frischen Pankreassaft und aktiviert man ihn mittelst einer sehr geringen Quantität Darmsaft, so löst die Saftmischung bei entsprechend langer Verdauungszeit ebenso viel Eiweiß, wie innerhalb einer kürzeren Zeitdauer durch eine gleiche, doch vermittelst einer größeren Menge Darmsaft aktivierte Quantität Pankreassaft zur Lösung gebracht wird. Mit anderen Worten: die Enterokinase wirkt auf das Trypsin als Ferment ein. Auf diesen Umstand wies bereits *Schepowalnikow*[9])

---

[1]) C. Delezenne, Sur la distribution et l'origine de l'entérokinase. Compt. rend. de la Soc. de Biol. 1902, T. LIV, p. 281. — Sur la présence dans les leucocytes et les ganglions lymphatiques d'une diastase favorisante la digestion tryptique des matières albuminoides. Ibidem T. LIV, p. 283. — Sur l'action protéolytique de certains sucs pancréatiques de fistule temporaire. Ibidem T. LIV, p. 693. — Les kinases leucocytaires et la digestion de la fibrine par les sucs pancréatiques inactifs. Ibidem T. LIV, p. 590. — Nouvelles observations sur l'action kinasique de la fibrine. Ibidem T. LVI, p. 166. — Sur l'action protéolytique des sucs pancréatiques de pilocarpine. Ibidem T. LIV, p. 890. — Action du suc pancréatique et du suc intestinal sur les hématies. Ibidem 1903, T. LV, p. 171. — A. Dastre et H. Stassano, Les facteurs de la digestion pancréatique. Suc pancréatique, kinase et trypsine, anti-kinase. Archives internationales de Physiologie 1904, Vol. I, p. 86. — J. J. Metschnikow, Immunität bei den Infektionskrankheiten. St. Petersburg 1903, S. 62ff. — L. Aschow, Ehrlichs Seitenkettentheorie und ihre Anwendung auf die künstlichen Immunisierungsprozesse. Jena 1902, S. 150ff.

[2]) J. Camus et E. Gley, Sur la sécrétion pancréatique active. Compt. rend. de la Soc. de Biol 1902, T. LIV, p. 895.

[3]) Bayliß and Starling, Journ. of Physiol. 1903, Vol XXX, p. 61.

[4]) E. Hekma, Über die Umwandlung des Trypsinzymogens in Trypsin. Archiv f. (Anat. und) Physiol. 1904, S. 433.

[5]) C. Foà, Sulla digestione panreatica ed intestinale della sostano proteiche. Arch. de Fisiol. 1907, Vol. IV, 1.

[6]) Bayliß and Starling, Journ. of Physiol. 1903, Vol. XXX, p. 61.

[7]) H. Hamburger et E. Hekma, Sur le suc intestinal de l'homme. Journ. de Physiol. et Pathol. génér. 1902, Vol. IV, p. 805.

[8]) Dastre et Stassano, Archives Internat. de Physiologie 1904, Vol. I, p. 86.

[9]) Schepowalnikow. Diss. St. Petersburg 1899, p. 115.

hin, der die Enterokinase als „Ferment des Ferments" definierte. Schon bei
Zusatz eines einzigen Tropfens Darmsaft zu einem Liter um die Hälfte verdünnten Pankreassafts (500 ccm Saft + 500 ccm Wasser) zeigten sich deutliche Spuren der Verdauung von koaguliertem Hühnereiweiß (nach Mett).

Allein auch mit dem grundlegenden Satze Delezennes, daß das Eiweißferment im Pankreassaft stets in absolut latenter Form ausgeschieden wird,
kann man sich nicht einverstanden erklären. *Babkin*[1]) und *Sawitsch*[2]) vertreten
in dieser Hinsicht eine andere Auffassung. Nach ihrer Meinung kann das
Eiweiß- ebenso wie das Fettferment des Pankreassaftes durch die Drüse in verschiedenen Abstufungen der Zymogenität zur Ausscheidung gebracht werden.
Hierbei lassen sich gesetzmäßige Beziehungen zwischen der Konzentration
des einen oder anderen Ferments und der Größe seines offenen Teiles wahrnehmen: je höher die Konzentration des Ferments ist, um so energischer wirkt
es ohne Beteiligung eines Aktivators auf das entsprechende Substrat ein, und
umgekehrt. Demgemäß kann man den Satz aufstellen, daß der offene Teil
des Ferments eine Funktion seiner Konzentration ist.

Zur Bekräftigung des Gesagten sei hier eine Tabelle aus der Arbeit von
Babkin wiedergegeben (Tab. LXXXVII). Sie enthält die mittleren Zahlen
aus den Bestimmungen der drei Fermente in den stündlichen Portionen des
Pankreassaftes, der auf Genuß von Fleisch, Milch und Brot bei einem Hunde
mit einer Fistel des Bauchspeicheldrüsenganges (verbesserte *Pawlow*sche
Methode) zur Absonderung gelangte. In sämtlichen Fällen war der Pankreas-
saft allein nicht imstande, koaguliertes Eiweiß zu verdauen; nach der Mettschen
Methode erhielt man in solchem Falle 0. Die Größe des offenen Teils des
Eiweißferments oder seine relative Stärke bestimmte- man an der Hand der
Verdauung einer bestimmten Gewichtsquantität des Fibrins. Die absolute
Stärke des Eiweißferments wurde in Portionen des durch Darmsaft aktivierten
Pankreassaftes bestimmt. Die Bestimmung des Fettferments wurde mit Hilfe
von Monobutyrin vorgenommen: sein offener Teil in reinem Saft, die absolute
Stärke in dem durch Galle aktivierten Saft. Das Stärkeferment wurde nach
der *Glinski-Walter*schen Methode entweder in reinem Saft oder nach Zusatz
von Darmsaft bestimmt. (Über die Einzelheiten der Methodik der Fermentbestimmung siehe weiter unten.)

Der Gruppierung der Zahlengrößen der relativen und absoluten Fermentkraft ist die Bestimmung der absoluten Kraft des Eiweißferments (nach Mett)
zugrunde gelegt. Es werden acht Reihen hergestellt, die sich voneinander
hinsichtlich der Verdauungskraft des Eiweißferments um 0,4 mm Eiweißstäbchen unterschieden. Die Bestimmungen der relativen Kraft des Eiweißferments sowie der relativen und absoluten Kraft der beiden anderen Fermente
ein und derselben Stundenportion des Saftes wurden in eine entsprechende
Reihe gebracht. Aus den Zahlen einer jeden Reihe wurden die Durchschnitts-
größen festgestellt.

Aus der Tabelle LXXXVII ist ersichtlich, daß der offene Teil aller drei
Fermente in dem Maße anwächst, wie ihre absolute Kraft zunimmt.

Wie bereits oben gesagt, können wir im Falle des Eiweiß- und Fettferments
von einer Entfaltung ihrer latenten Wirkung durch Enterokinase und Galle

---

[1]) **Babkin**, Nachrichten der Kaiserl. Militär-Med. Akademie 1904, Bd. IX,
S. 134, sowie ferner **Babkin**, Einige Grundeigenschaften der Fermente des Pankreassaftes. Zentralbl. f. die ges. Physiol. u. Pathol. des Stoffwechsels 1906, Nr. 4.

[2]) **W. W. Sawitsch**, Beiträge zur Physiologie der Pankreassekretion. Zentralbl.
f. d. ges. Physiol. u. Pathol. d. Stoffwechsels 1909, Nr. 1.

sprechen. Was das Stärkeferment anbetrifft, so muß nur das eine konstatiert werden, daß der Darmsaft seine Wirkung befördert. Von proportionalen Verhältnissen zwischen der relativen und absoluten Kraft der Fermente vermögen wir nicht zu sprechen. Dies liegt jedoch zweifellos nur an der Unvollkommenheit unserer Methoden für die Bestimmung der Fermentwirkung (besonders z. B. mit Hilfe von Fibrin). Daher können wir niemals sagen, ob das Ferment zur völligen Entfaltung seiner Wirksamkeit gebracht worden ist, ob es nicht während der Vornahme der Bestimmung einer Zerstörung anheimgefallen ist usw.

Tabelle LXXXVII.

Die Erhöhung des offenen Teiles der Fermente in Abhängigkeit von dem Anwachsen ihrer absoluten Kraft und der parallele Verlauf der Fermentsekretion. Mittlere Zahlen (nach *Babkin*).

Die absolute Kraft des Eiweißferments nach Mett $P + D^3$)	Saftmenge pro Stunde in ccm	Geschwindigkeit der Fibrinverdauung	Fettferment		Stärkeferment	
			P^1)	$P + G^2$)	P^1)	$P + D^3$)
Bis 2,5 mm	71,4	6^h 40′	0,4	3,2	2,1	3,8
Von 2,5 mm bis 3,0 „	47,9	5^h 40′	0,5	3,25	2,6	3,95
„ 3,1 „ „ 3,5 „	35,3	5^h 40′	0,8	3,4	3,1	4,7
„ 3,6 „ „ 4,0 „	23,9	4^h 40′	0,9	3,5	3,0	5,0
„ 4,1 „ „ 4,5 „	22,2	4^h 40′	1,1	3,8	3,6	5,6
„ 4,6 „ „ 5,0 „	14,9	4^h 35′	1,3	4,1	3,6	6,1
„ 5,1 „ „ 5,5 „	12,9	3^h 20′	1,5	4,5	3,8	7,1
„ 5,6 „ „ 6,0 „	10,3	3^h 30′	1,6	4,7	3,8	7,2

Andererseits ergibt sich aus den Zahlen eben dieser Tabelle, daß mit dem Anwachsen der absoluten Kraft des Eiweißferments ein Ansteigen der Kraft des Fett- und Stärkeferments Hand in Hand geht. Mit anderen Worten: die Fermente werden im Pankreas parallel miteinander abgesondert. Eingehender soll hiervon weiter unten die Rede sein.

Hier muß noch bemerkt werden, daß das Anwachsen der Saftmenge der Erhöhung der Konzentration der Fermente umgekehrt proportional ist. Der Zusammenhang zwischen der Geschwindigkeit der Saftsekretion und der Konzentration der Fermente trägt jedoch nur den allgemeinsten Charakter. Weiter unten werden wir sehen, daß sehr häufig bei ein und derselben Schnelligkeit der Saftabsonderung der Reichtum des Saftes an Fermenten ein höchst verschiedener ist.

Gegen die hier geäußerte Ansicht über den Zusammenhang zwischen der Konzentration des Ferments und der Größe seines offenen Teiles spricht die Unwirksamkeit des reinen Pankreassaftes in bezug auf koaguliertes Hühnereiweiß und seine Wirkung auf Fibrin. Dieser Umstand veranlaßte Bayliß und Starling[4]), anzunehmen, daß im Pankreassaft zwei Fermente vorhanden sind: ein dem Erepsin analoges Ferment, das befähigt ist, selbständig ohne Aktivierung Fibrin und Casein zu verdauen, und sodann das eigentliche Trypsin,

---

[1]) Pankreassaft.

[2]) Pankreassaft mit Galle.

[3]) Pankreassaft mit Darmsaft. Die gleichen Bezeichnungen gelten auch für die übrigen Tabellen.

[4]) Bayliß and Starling, Journ. of Physiol. 1903, Vol. XXX, p. 61.

das durch die Drüse in zymogener Form ausgeschieden wird; er verdaut Eiweißstoffe nur nach seiner Aktivierung[1]).

Dieser Widerspruch ist indes nur ein scheinbarer. Nach unserer Meinung müßten wir bei stets fortschreitender Konzentration des Ferments schließlich einen solchen Saft erhalten, bei dem der offene Teil des Eiweißferments so beträchtlich wäre, daß er selbständig koaguliertes Eiereiweiß verdauen könnte. Und in der Tat läßt sich ein solcher Pankreassaft erzielen. Bei Hunden mit einer permanenten Fistel der Bauchspeicheldrüse kommt er nicht vor. Doch kann man an einem akuten Versuche im Falle einer Reizung der sekretorischen Nerven der Bauchspeicheldrüse, wenn ein an Trypsin außerordentlich reicher Saft sezerniert wird, häufig eine deutliche Lösung von koaguliertem Eiweiß Mettscher Stäbchen durch völlig reinen Pankreassaft wahrnehmen (*Sawitsch*[2])). Es ist sehr wohl möglich, daß die Abhängigkeit des Grades der Saftzymogenität von der Konzentration seiner Fermente darauf zurückzuführen ist, daß starke Säfte leichter in eine offene Form übergehen als schwache (beispielsweise während der Zeit, wo eine Bestimmung der Fermentkraft des Saftes vorgenommen wird).

Ebensowenig besteht eine dringende Notwendigkeit, im Pankreassaft — in Anbetracht des Umstandes, daß der reine Saft nur auf Fibrin und Casein eine Wirkung ausübt — das Vorhandensein zweier eiweißlösender Fermente anzunehmen. Viel einfacher ist es, diese Erscheinung ebenfalls auf die Konzentration des Ferments zurückzuführen. So kann man beispielsweise mittelst einer Lösung HCl den Magensaft in solchem Grade verdünnen, daß er selbst im Verlaufe von 24 Stunden koaguliertes Eiereiweiß nicht verdaut; nichtsdestoweniger bewahrt er jedoch die Fähigkeit, Fibrin zu lösen (*Sawitsch*[2])).

Andererseits wird in den an Fermenten sehr armen Pankreassäften die Lipase in absolut latenter Form ausgeschieden. Sie wird durch Galle aktiviert (*Babkin*[3]), *Buchstab*[4]), *Sawitsch*[5])). Mit einer Erhöhung der Konzentration des Ferments nimmt auch sein offener Teil zu. Allein in solchem Falle wird doch schwerlich jemand von zwei Fettfermenten des Pankreassaftes sprechen. Überdies hat in letzter Zeit Terroine[6]) dargetan, daß im Pankreassaft überhaupt nur eine Lipase vorhanden ist. Das Vorkommen eines besonderen Erepsins im Pankreassaft wird auch von Mays[7]) in Abrede gestellt. Ob die hohe

---

[1]) Über das Pankreaserepsin siehe H. M. Vernon, The pepton splitting ferments of the pancreas and intestine. Journ. of Physiol. 1903, Vol. XXX, p. 330. — Das Vorkommen von Erepsin im Pankreas. Zeitschr. f. physiolog. Chemie 1907, Bd. L, p. 440. — G. Schaeffer et E. F. Terroine, Les ferments protéolytiques du suc pancréatique. Trypsin et érepsin. 1er mémoire. Journ. de physiol. et pathol. génér. 1910, No. 6, p. 884. — 2me mémoire. Ibidem, p. 905. — E, Zunz, Action du suc pancréatique sur les protéines et les protéoses. Archives Internat. de physiologie 1911, Vol. XI, p. 191.

[2]) Sawitsch, Zentralbl. f. d. ges. Physiol. u. Pathol. d. Stoffwechsels 1909, Nr.1.

[3]) B. P. Babkin, Die latente Form des Steapsins. Verhandlungen der Gesellsch. russ. Ärzte zu St. Petersburg 1903. September—Oktober.

[4]) J. A. Buchstab, Die Arbeit der Bauchspeicheldrüse nach Durchtrennung der Nn. vagi und Nn. splanchnici. Diss. St. Petersburg 1904, p. 53.

[5]) Sawitsch, Centralbl. f. d. ges. Physiol. u. Pathol. d. Stoffwechsels 1909, Nr.1.

[6]) E. F. Terroine, Le suc pancréatique contient-il un ou pluiseurs ferments saponifiants? Journ. de physiol. et pathol. génér. 1911, No. 6, p. 857.

[7]) K. Mays, Beiträge zur Kenntnis der Trypsinwirkung. III. Mitt. Die Wirkung des frischen Hundepankreassaftes. Zeitschr. f. physiol. Chemie 1908, Bd. XLIX, p. 187.

Konzentration des Eiweiß- und Fettferments im Pankreassaft die einzige Ursache ihrer selbständigen Wirkung auf entsprechende Substanzen, resp. eines leichten Übergangs dieser Fermente aus einer latenten in eine offene Form ist, vermögen wir nicht zu sagen. Die Frage erfordert eine weitere Bearbeitung.

Somit wird das Trypsin durch die Drüse in verschiedenen Gradabstufungen der Konzentration sezerniert, verdaut jedoch unter gewöhnlichen Bedingungen koaguliertes Hühnereiweiß nicht und bedarf behufs Entfaltung seiner Wirksamkeit der Mithilfe von Aktivatoren. Als solche erscheinen in erster Linie die Enterokinase des Darmsaftes, von der bereits oben die Rede war, und in geringerem Maße die Galle[1]).

Was die Aktivierung des zymogenen Pankreassaftes durch anorganische und organische Salze, Bakterien usw. anbetrifft, so sind wir hier nicht imstande, näher auf diese Einzelheiten einzugehen. (Siehe hierüber die Handbücher der physiologischen Chemie.)

Das Pankreaserepsin ist bereits oben besprochen worden.

Die Nuclease wurde in der Bauchspeicheldrüse aufgefunden. Dasselbe läßt sich nicht sagen hinsichtlich ihres Vorkommens im Safte der Bauchspeicheldrüse[2]).

Das Chymosin — das Labferment des Pankreassaftes — koaguliert Milch in alkalischer, neutraler und saurer Reaktion. Nach den Befunden von *Pawlow* und *Paraschtschuk*[3]) ist die Labwirkung des Pankreassaftes demselben Ferment zuzuschreiben, wie die eiweißspaltende Wirkung, nämlich dem Trypsin. Hierauf gestützt, ersetzte *Sawitsch*[4]) zum Zwecke der Untersuchung der proteolytischen Kraft des Pankreassaftes in einigen Fällen mit vollem Erfolg die Eiweißverdauung durch Milchgerinnung.

Reiner Pankreassaft hat keine milchkoagulierende Wirkung. Erst nach Zusatz von Darmsaft, in dem Enterokinase enthalten ist, erwirbt er die Fähigkeit, eine Gerinnung der Milch hervorzurufen.

Gläßner[5]) stellte das Vorhandensein von Chymosin im menschlichen Pankreassaft in Abrede; Wohlgemuth[6]) hat jedoch sein Vorkommen an der Hand einwandfreier Versuche dargetan. Auch hier ist ebenso wie im reinen

---

[1]) B. K. Rachford and Southgate, Influence of bile on the proteolytic action of pancreas juice. Medical Record 1895, No. 5. — G. G. Bruno, Die Galle als wichtiges Verdauungsagens. Diss. St. Petersburg 1898. — B. K. Rachford, The influence of bile, of acids and of alkalies on the proteolytic action of pancreas juice. Journ. of Physiol. 1900, Vol. XXV, p. 165. — Ussow, Über die Einwirkung der Galle auf die Verdauungsvorgänge. Archiv f. (Anat. und) Physiol. 1900, p. 380. — C. Delezenne, L'action favorisante de la bile sur le suc pancréatique dans la digestion de l'albumine. Compt. rend. de la Soc. de Biol. 1902, T. LIV, p. 592. — Gläßner, Zeitschr. f. physiol. Chemie 1904, Bd. XL, p. 465. — Wohlgemuth. Biochem. Zeitschr. 1906, Bd. II, p. 264.

[2]) E. Abderhalden und A. Schittenhelm, Der Abbau und Aufbau der Nucleinsäure im tierischen Organismus. Zeitschrift f. physiol. Chemie 1906, Bd. XLVII, S. 452.

[3]) J. P. Pawlow und S. W. Parastschuk, Über die ein und demselben Eiweißferment zukommende proteolytische und milchkoagulierende Wirkung verschiedener Verdauungssäfte. Zeitschr. f. physiol. Chemie 1904, Bd. XLII, p. 415.

[4]) Sawitsch, Centralbl. f. d. ges. Physiol. u. Pathol. d. Stoffwechsels 1909, Nr. 1.

[5]) Gläßner, Zeitschr. f. physiol. Chemie 1904, Bd. XL, p. 471.

[6]) J. Wohlgemuth, Untersuchungen über den Pankreassaft des Menschen Mitt. III. Über das Labferment. Biochem. Zeitschr. 1907, Bd. II, S. 350.

Pankreassaft des Hundes das Chymosin als Proferment enthalten. Um seine Wirkung entfalten zu können, muß es — beispielsweise durch den Darmsaft — aktiviert werden.

Das gebräuchlichste Verfahren zur Bestimmung der Wirkung des Eiweißferments ist das von Mett in Vorschlag gebrachte — eben jenes Verfahren, das schon bei Bestimmung der Verdauungskraft des Magensaftes Anwendung fand (s. S. 93). Behufs Bestimmung der relativen und absoluten Kraft des proteolytischen Ferments nimmt man zwei Portionen des Pankreassafts von je 1,0 ccm, legt in beide Eiweißstäbchen und setzt außerdem zu einer der beiden Portionen 0,1 ccm Darmsaft hinzu. Dann stellt man alles für den Zeitraum von 10 Stunden in den Thermostat.

Der offene Teil des Eiweißferments, mit anderen Worten seine Zymogenität, wird außerdem an der Hand der Verdauung einer bestimmten Quantität (z. B. 0,1 g) ausgewaschenen und zerfaserten Fibrins durch eine gewisse Menge (z. B. 1,0 ccm) reinen Saftes im Wasserthermostat bei 38° C bestimmt. Je längere Zeit das Fibrin verdaut wird, um so geringer ist der offene Teil oder die relative Kraft des Eiweißferments, um so größer dagegen seine Zymogenität.

Das Fettferment (Steapsin).

Der Pankreassaft übt auf Fette eine doppelte Wirkung aus. Erstens spaltet er unter Wasseraufnahme neutrales Fett in Fettsäure und Glycerin. Diese Wirkung verdankt er der in ihm enthaltenen Lipase — dem Steapsin. Die Fettsäure bildet im Verein mit den Alkalien der sich in den Zwölffingerdarm ergießenden Säfte ein Salz — die Seife. Zweitens emulgiert der Pankreassaft die Fette.

Das Fettferment wird in den Pankreassaft des Hundes in zymogenem Zustande ausgeschieden. Seine Wirkung wird durch Zusatz von Galle — gleichviel ob roh oder gekocht — zum Pankreassaft auffallend gesteigert (Nencki[1], Bruno[2]). Die Bedeutung der fördernden Wirkung der Galle in den zymogenen Pankreassäften wurde von *Lintwarew*[3]) dargetan. Die der Galle innewohnende Wirkung ist auf glykokolsaures Natrium, nämlich Cholalsäurekomponenten zurückzuführen, worauf schon Rachford[4]) hinwies und was in jüngster Zeit von v. Fürth und Schütz[5]) und Magnus[6]) bestätigt wurde.

Nachdem es *Babkin*[7]) und später dann *Buchstab*[8]) und *Sawitsch*[9]) gelungen war, Pankreassäfte zu erzielen, die in bezug auf Monobutyrin absolut unwirksam waren, konnte man von einer Aktivierung des zymogenen latenten Teiles des Fettferments durch die Galle sprechen. Bis dahin mußte man mit Recht an-

---

[1]) M. Nencki, Über die Spaltung der Säureester der Fettreihe und der aromatischen Verbindungen im Organismus und durch das Pankreas. Archiv f. exper. Pathol. u. Pharmakol 1886, Bd. XX, S. 367.

[2]) Bruno. Diss. St. Petersburg 1898.

[3]) Lintwarew. Diss. St. Petersburg 1901.

[4]) Rachford, The influence of bile on the fatsplitting influence of pancreatic juice. Journ. of Physiol. 1891, Bd. XVII, p. 72.

[5]) O. v. Fürth und J. Schütz, Über den Einfluß der Galle auf die fett- und eiweißspaltenden Fermente des Pankreas. Hofm. Beiträge 1907, Bd. IX, S. 28.

[6]) R. Magnus, Die Wirkung synthetischer Gallesäure auf die pankreatische Fettspaltung. Zeitschr. f. physiol. Chemie 1906, Bd. XLVIII, S. 376.

[7]) Babkin, Verhandlungen der Gesellsch. russ. Ärzte zu St. Petersburg 1903. September—Oktober.

[8]) Buchstab. Diss. St. Petersburg 1904, S. 53.

[9]) Sawitsch, Centralbl. f. d. ges. Physiol. u. Pathol. d. Stoffwechsels 1909, Nr. 1.

nehmen, daß die Galle auf die Wirkung eines offenen Teiles lediglich einen fördernden Einfluß ausübe.

Der Zusatz von Darmsaft zum zymogenen Pankreassaft erhöht die Wirkung des letzteren auf Fette (*Schepowalnikow*[1])). Diese Erhöhung kann jedoch nicht auf die Enterokinase zurückgeführt werden, da der Darmsaft bei einer Erhitzung bis zu 78° C (*Sawitsch*[2])), d. h. bis zu einer Temperatur, in der die Enterokinase zerstört wird, die Fähigkeit bewahrt, die Steapsinwirkung zu verstärken. Die Galle wirkt bei diesen Bedingungen auch bedeutend energischer als der Darmsaft.

Die Behauptung Belgowskis[3]), daß im reinen Pankreassaft das Fettferment in offener Form ausgeschieden wird, basiert auf einem Irrtum. Erstens aktivierte der Autor den Pankreassaft durch Darmsaft, aber nicht durch Galle; folglich konnte er auch nicht wissen, wie groß dessen absolute Kraft war. Zweitens schabte er offenbar, um reinen Pankreassaft zu erhalten, die Schleimhaut von der Papilla ab (S. 240); dieses Verfahren ist jedoch außerordentlich unzuverlässig, worauf wir bereits Gelegenheit hatten hinzuweisen[4]).

Über die Wechselbeziehung zwischen der Konzentration des Fettferments im Pankreassaft und der Größe seines offenen Teiles ist bereits oben bei Besprechung des Trypsins die Rede gewesen.

Die Bestimmung des Fettferments wurde in letzter Zeit im Laboratorium von *J. P. Pawlow* mit Hilfe des Monobutyrins vorgenommen (Hanriot und Camus[5]) brachten ursprünglich das Monobutyrin für die Bestimmung des Fettferments im Blutserum in Vorschlag). Man bedient sich einer 1 proz. wässerigen, filtrierten Monobutyrinlösung. Vom Safte werden zwei Portionen entnommen. In jedes Reagenzgläschen gießt man je 0,3 ccm Pankreassaft und je 10 ccm der Monobutyrinlösung. Außerdem werden dem Inhalt des einen der Reagenzgläschen zwecks Bestimmung der absoluten Kraft des Ferments noch 0,3 ccm frisch gesammelter Galle hinzugesetzt. Alles wird dann für eine bestimmte Zeit, z. B. 20 Minuten, in einen Wasserthermostat gestellt. Die innerhalb dieses Zeitraums zur Bildung gelangende Buttersäure titrierte man mittelst einer Lithiumlösung. Die Quantität des verbrauchten Titers in Kubikzentimeter ließ dann die fettspaltende Wirkung des betreffenden Saftes erkennen.

Das Stärkeferment (Amylopsin).

Der Pankreassaft wirkt sowohl auf gekochte als auch auf rohe Stärke energisch ein, indem er sie in Dextrin und sodann in Maltose umwandelt. Diese Wirkung ist dem in ihm vorhandenen diastatischen Ferment — der Amylase (Amylopsin) zuzuschreiben. Ferner nehmen Bierry und Terroine[6]) sowie Bierry und Giaja[7]) an, daß sich im Pankreassaft noch Maltase findet, die Maltose in Traubenzucker überführt.

---

[1]) Schepowalnikow. Diss. St. Petersburg 1899, S. 138.

[2]) W. W. Sawitsch, Die Absonderung des Darmsaftes. Diss. St. Petersburg 1904, S. 45.

[3]) J. W. Belgowski, Zur Lehre über die Verdauungstätigkeit der Bauchspeicheldrüse. Kiew 1907, S. 136.

[4]) Babkin, Nachrichten der Kaiserl. Militair-Med. Akademie 1904, Bd. IX, S. 107.

[5]) Hanriot et Camus, Sur le dosage de la lipase. Compt. rend. de la Soc. de Biol. 1897, No. 4. — Influence de carbonate de soude et de la phénolphtaléine sur le dosage de la lipase. Ibidem 1897, No. 7.

[6]) H. Bierry et E. F. Terroine, Le suc pancréatique de sécrétine contient-il de la maltase? Compt. rend. de la Soc. de Biol. 1905, T. LVIII, p. 869.

[7]) H. Bierry et Giaja, Sur l'amilase et la maltase du suc pancréatique. Compt. rend. de l'Acad. des Sc. 1906, Vol. CXLIII, p. 300.

Was die von Weinland[1]) im Pankreassaft — besonders reichlich nach Fütterung der Tiere mit Milch oder Lactose (Bainbridge[2])) — aufgefundene Lactase anbetrifft, so wird ihr Vorkommen zurzeit in Abrede gestellt (Bierry[3]), Bierry und Salazar[4]), Plimmer[5])).

Im Gegensatz zum Trypsin und Steapsin wird das Amylopsin im Pankreassaft in offener Form ausgeschieden (*Lintwarew*[6])). Seine Wirkung erhöht sich jedoch bei Zusatz von Darmsaft zum Pankreassaft (*Schepowalnikow*[7]), *Sawitsch*[8]), *Babkin*[9]); s. auch Tab. LXXXVII). Hierbei spielt die Enterokinase keine Rolle, da der Darmsaft beim Sieden die Fähigkeit, die Wirkung der Diastase des Pankreassaftes zu fördern, nicht einbüßt. Offensichtlich sind hier geeignete Bedingungen für die Wirkung dieser letzteren vorhanden (Pozerski[10]), *Sawitsch*[11])).

Das Stärkeferment wurde im Laboratorium von *J. P. Pawlow* mit Hilfe der „Stärkestäbchen" bestimmt. Dieses von *Walther*[12]) ausgearbeitete Verfahren erfuhr im Laboratorium einige Abänderungen[13]). Der Pankreassaft wurde stets mit einer 0,3proz. Lösung Na_2CO_3 verdünnt. Man stellte zwei Mischungen her aus 0,25 ccm Saft und 0,75 ccm einer 0,3proz. Lösung Na_2CO_3. Die eine Portion wurde mit den Stärkestäbchen 30 Minuten lang in den Wasserthermostat (38° C) gestellt; der anderen Portion setzte man vorher (15 Min. vor Hineinstellen in den Thermostat) 0,1 ccm Darmsaft hinzu. Die Summe der Millimeter der verdauten Stärkestäbchen (in jeder Portion wurde nur ein Ende des Stäbchens verdaut) bestimmte dann die amylolytische Kraft dieses oder jenes Saftes.

Zum Schluß muß noch erwähnt werden, daß alle drei Fermente des Pankreassaftes sehr leicht der Zerstörung anheimfallen. Besonders wenig widerstandsfähig ist das Fettferment, dann kommt das Stärkeferment, und die größte Widerstandsfähigkeit besitzt das Eiweißferment (*Hanike*[14])).

Zusatz von Darmsaft zum Pankreassaft erhöht zwar die Wirkung aller drei Fermente, beschleunigt jedoch gleichzeitig ihren Zerstörungsprozeß. Die Galle, die einen fördernden Einfluß auf die Fermente ausübt, bewahrt sie für eine gewisse Zeit vor Zerstörung. Offensichtlich zerstört Trypsin die beiden anderen Fermente.

---

[1]) E. Weiland, Über die Laktase des Pancreas. Zeitschr. f. Biol. 1899, Bd. XXXVIII, S. 607. und Über die Laktase. Ibidem 1900, Bd. XL, S. 383.

[2]) F. A. Bainbridge, On the adaptation of the Pancreas. Journ. of Physiol. 1904, Vol. XXXI, p. 98.

[3]) H. Bierry, Le suc pancréatique contient-il de la lactase? Compt. rend. de la Soc. de Biol. 1905, T. LVIII, p. 701.

[4]) H. Bierry et Gmo - Salazar, Recherches sur la lactase animal. Compt. rend. de l'Acad. des Sc. 1904, Vol. CXXXIX, p. 381.

[5]) R. N. A. Plimmer, On the allegad adaptation of the pancreas to lactase. Journ. of Physiol. 1906, Vol. XXXIV, p. 93.

[6]) Lintwarew, Diss. St. Petersburg 1901.

[7]) Schepowalnikow, Diss. St. Petersburg 1899, S. 141.

[8]) Sawitsch, Diss. St. Petersburg 1904, S. 47.

[9]) Babkin, Nachrichten der Kaiserl. Militair-Med. Akademie 1904, Bd. IX, S. 93.

[10]) E. Pozerski, De l'action favorisante du suc intestinal sur l'amylase su suc pancréatique. Soc. Biol. 1902, T. LIV, p. 965.

[11]) Sawitsch. Diss. St. Petersburg 1904, S. 48.

[12]) Walther. Diss. St. Petersburg 1897, S. 52.

[13]) Lintwarew. Diss. St. Petersburg 1901, S. 39. — B. P. Babkine, L'influence des savons sur la sécrétion du pancréas. Arch. des Sciences Biol. 1904, T. XI, No. 3.

[14]) E. A. Hanike, Über die physiologischen Bedingungen der Zerstörung und Erhaltung der Fermente im Pankreassaft. Botkins Hospitalzeitung (russ.), 1901.

Zusatz von rohem Hühnereiweiß zum Saft hindert die Wirkung des Trypins und schützt das Steapsin und Amylopsin vor dessen schädlichem Einfluß. All diesen Verhältnissen muß man bei Bestimmung der Verdauungskraft der Pankreassäfte Rechnung tragen.

Die Arbeit der Bauchspeicheldrüse bei Genuß von Fleisch, Brot und Milch.

Die Arbeit der Bauchspeicheldrüse trägt einen intermittierenden Charakter. Sie kommt außerhalb der Verdauungszeit gänzlich oder fast vollständig zum Stillstand und steigt mit der Nahrungsaufnahme rasch an. Auf den Zusammenhang zwischen der Nahrungsaufnahme und der sekretorischen Tätigkeit der Bauchspeicheldrüse wurde zuerst von Cl. Bernard[1]) hingewiesen. Bernstein[2]), Heidenhain[3]) und *Kuwschinski*[4]) bestätigten dieses Abhängigkeitsverhältnis und konstatierten einen bestimmten Verlauf der Pankreassaftsekretion bei gemischter Nahrung. Allein erst *Walther*[5]) gelang es, typische Kurven der Sekretion bei den drei hauptsächlichsten Nahrungssorten: Fleisch, Brot und Milch zu erhalten.

Seine Befunde sind in dieser Hinsicht von ganz besonderem Werte, da der von ihm benutzte Hund mit einer nach *Pawlow*scher Methode angelegten Bauchspeichelfistel sich den Verlusten an Pankreassaft vollständig angepaßt hatte und im Laboratorium bei bester Gesundheit mehrere Jahre lang lebte. Somit vollbrachte *Walther* in der Physiologie der Bauchspeicheldrüse, was *Chishin* in der Physiologie der Magendrüse geleistet hatte.

Auf Tabelle LXXXVIII sind Versuche mit Genuß von 100 g Fleisch, 250 g Brot und 600 ccm Milch (hinsichtlich N äquivalente Quantitäten) wiedergegeben. Ein gleiches stellen auch die Kurven dar. Die Zahlen und Kurven sind der Arbeit von *Walther* entnommen.

Tabelle LXXXVIII.

Die Arbeit der Bauchspeicheldrüse eines Hundes bei Genuß von 100 g Fleisch, 250 g Brot und 600 ccm Milch (nach *Walther*[6])).

Stunde	100 g Fleisch Saftmenge in ccm	250 g Brot Saftmenge in ccm	600 ccm Milch Saftmenge in ccm
I	37,0	34,8	8,25
II	46,4	50,8	6,0
III	35,4	22,9	23,0
IV	16,4	15,0	6,25
V	0,5	15,0	1,75
VI	—	13,0	—
VII	—	9,7	—
VIII	—	5,5	—
IX	—	0,3	—
Gesamtmenge	135,7	167,0	45,0
Sekretionsdauer	4 St.	7 St. 35 Min.	4³/₄ St.
Durchschnittsgeschwindigkeit der Sekretion pro 5 Min. in ccm .	2,83	1,84	0,79

[1]) Cl. Bernard, Mémoires sur le pancréas. Paris 1856, p. 43.

[2]) N. O. Bernstein, Arbeiten aus der physiologischen Anstalt zu Leipzig 1869.

[3]) Heidenhain, Hermanns Handbuch der Physiologie. St. Petersburg 1883, Bd. V, T. 1. S. 173ff.

[4]) Kuwschinski. Diss. St. Petersburg 1888.

[5]) Walther. Diss. St. Petersburg 1897.

[6]) Für Fleisch und Brot sind die Durchschnittsziffern entnommen. Für Milch ist einer von mehreren besonders typischen Versuchen angeführt.

Die Ziffern der Tabelle LXXXVIII und die Kurven (Fig. 18) deuten zweifellos darauf hin, daß auf jede einzelne Nahrungssorte eine bestimmte Saftmenge sezerniert wird, und daß der Verlauf und die Dauer der Absonderung für jede einzelne von ihnen typisch ist.

Bei Fleisch setzt bereits 2—3 Minuten nach Beginn der Nahrungsaufnahme die Sekretion des Pankreassaftes ein. Während der beiden ersten Viertelstunden sich innerhalb bescheidener Grenzen haltend, steigt sie im Verlaufe der zweiten Hälfte der ersten Stunde zu sehr beträchtlicher Höhe an. Der Zeitpunkt, in dem das Maximum der saftsekretorischen Arbeit erreicht wird, fällt in die zweite Stunde. Während der dritten Stunde wird die Sekretion etwas schwächer und sinkt dann im Verlaufe der vierten Stunde steil auf Null herab.

Die Anfangsperiode der Pankreassaftsekretion bei Genuß von Brot erinnert lebhaft an die gleiche Periode bei Fleischnahrung: ebenfalls eine hohe Geschwindigkeit zu Beginn der Sekretion und ein Anwachsen der Absonderung gegen Ende der ersten Stunde, sowie ein Entfallen der Maximalleistung der Drüsentätigkeit in die zweite Stunde. Diese Maximalleistung übersteigt im Durchschnitt das Höchstmaß der Absonderung bei Genuß von Fleisch. Von der dritten Stunde an macht sich jedoch in der Saftsekretion auf Fleisch und auf Brot ein wesentlicher Unterschied bemerkbar. Die Absonderungskurve bei Brot dehnt sich, nachdem sie

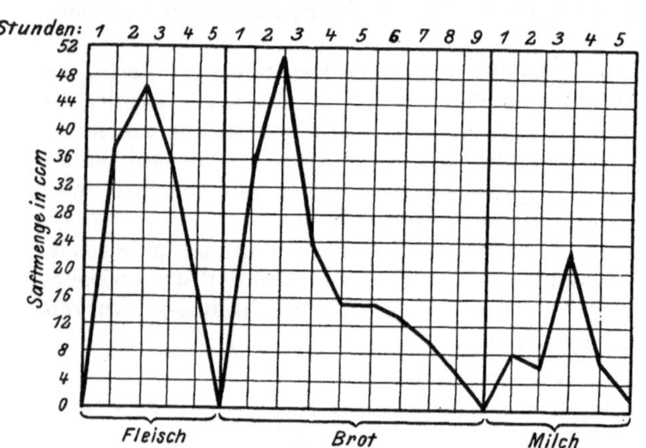

Fig. 18. Absonderungsverlauf des Pankreassaftes nach Fleisch-, Brot- und Milchgenuß.

innerhalb der dritten Stunde rasch abgesunken ist, unter beständigem weiterem Absinken mit einigen Schwankungen noch auf einen Zeitraum von mehr als vier Stunden aus. Bei Fleisch erreicht, wie wir soeben gesehen haben, die Sekretionsperiode in der vierten Stunde ihr Ende. Die Gesamtmenge des Saftes ist bei Brot größer als bei Fleisch (167,0 ccm gegen 135,7 ccm).

Am eigenartigsten ist der Verlauf der Saftsekretion bei Genuß von Milch. Die Absonderung setzt auch hier 2—3 Minuten nach Beginn der Nahrungsaufnahme ein, jedoch ist die Anfangsperiode der Sekretion hier im Vergleich mit der Absonderung auf Fleisch- und Brotnahrung unbedeutend. Sie charakterisiert sich durch einen geringen Anstieg der Sekretion in der ersten Zeit und durch andauerndes Sichhalten innerhalb niedriger Ziffern. Außerordentlich typisch für die auf Milch eintretende Sekretion ist das, allerdings nicht bei allen Versuchen anzutreffende Absinken der Kurve während der zweiten Stunde. Charakteristisch bei Genuß von Milch ist auch das Eintreten der Maximalsekretion innerhalb der dritten Stunde. Hierbei erreicht im Falle von Milchnahrung das Maximum eine doppelt so geringe Höhe (23,0 ccm) als bei Fleisch und Brot (46,4 ccm und 50,8 ccm). Die Endperiode der Absonderung bei Milch kennzeichnet sich durch ein allmähliches Absinken der

Sekretion. Im Verlaufe der fünften Stunde erreicht die sekretorische Arbeit der Bauchspeicheldrüse ihr Ende. Die Gesamtmenge des Saftes ist bei Milch dreimal geringer (45,0 ccm), als bei Fleischnahrung (135,7 ccm) und bei Brot (167,0 ccm). Stellt man alle oben angeführten Daten hinsichtlich der Sekretion des Pankreassaftes bei Genuß der verschiedenen Nahrungssorten zusammen, so erhält man folgende Tabelle. Die Daten sind in absinkender Reihenfolge angeordnet.

	Saftmenge	Sekretionsdauer	Mittlere Sekretionsgeschwindigkeit
I	Brot	Brot	Fleisch
II	Fleisch	Milch	Brot
III	Milch	Fleisch	Milch

Die Tabelle LXXXVIII und die daraufbezüglichen Kurven geben den typischen Verlauf der Pankreassaftsekretion bei Genuß von Fleisch, Brot und Milch wieder. Bei der Mehrzahl der Versuche beobachtete *Walther* eine Wiederholung des typischen Verlaufs der Pankreassaftsekretion bezüglich jeder einzelnen Nahrungssorte. Durchweg vermochte man eine beinahe stereotype Wiederholung ein und derselben Zahlenbefunde wahrzunehmen. Allerdings ließen sich auch — im allgemeinen unwesentliche — Abweichungen von der oben geschilderten Arbeit der Bauchspeicheldrüse, sei es hinsichtlich des Verlaufs der Saftsekretion, sei es bezüglich der Gesamtmenge des Saftes beobachten. Sie waren zahlreicher bei Genuß von Milch, als bei Genuß von Fleisch und besonders von Brot, was zweifellos mit der größeren Kompliziertheit der Milch als Erregers in Zusammenhang zu bringen ist. So blieb beispielsweise bei Milch bisweilen das Absinken der Sekretionkurve innerhalb der zweiten Stunde infolge vorzeitigen Eintritts der Maximalabsonderung aus. In anderen Fällen verzögerte sich die Maximalsekretion um einiges gegenüber der Norm, d. h. sie stellte sich erst im Laufe der dritten oder vierten Stunde ein. Deswegen zeigt die auf mittleren Ziffern basierende Kurve der Saftsekretion bei Milch ein etwas anderes Aussehen, als die auf Zeichnung 18 dargestellte typische Kurve. Ihre Abweichung besteht darin, daß die 2. Stunde etwas höher ist, als die erste, das Maximum der dritten Stunde aber um einiges abfällt. Wie aus den hier angeführten Durchschnittsziffern für sämtliche Versuche (24) mit Milch ersichtlich ist, sind diese Abweichungen von der typischen Kurve nicht erheblich.

Genuß von 600 ccm Milch

Stunden	I	II	III	IV	V	VI	Insgesamt	Sekretionsdauer	Durchschnittliche Sekretionsgeschwindigkeit pro 5 Minuten
	8,2	9,3	18,8	10,8	3,2	0,4	50,7	4 St. 30 Min.	0,94

Bei den Versuchen mit Genuß von Fleisch und Brot bestehen die Abweichungen hauptsächlich in einer Verschiebung der Maximalsekretion und der Höhe ihrer abermaligen Anschwellung. So verteilt sich beispielsweise bei Fleisch die Maximalsekretion, die gewöhnlich in die zweite Stunde fällt, bisweilen gleichmäßig zwischen der ersten und zweiten Stunde oder wird sogar ganz in die erste Stunde verlegt. In anderen Fällen hinwiederum verzögert sich der Eintritt der Maximalsekretion, und die Kurve erreicht ihren Gipfelpunkt gegen Ende der zweiten Stunde. Analoge Verhältnisse lassen sich auch beim Brotgenuß wahrnehmen. Im allgemeinen jedoch bedingt jede einzelne Nahrungssorte einen für sie ganz typischen Verlauf der Pankreassaftsekretion.

Die Ursachen dieser Abweichungen sollen weiter unten erörtert werden, wenn wir die einzelnen Erreger der Pankreassekretion kennen gelernt haben. Hier sei nur bemerkt, daß die Arbeit der Bauchspeicheldrüse in höchstem Grade sowohl von der sekretorischen als auch von der motorischen Magentätigkeit abhängt. Daher muß es als völlig in der Natur der Sache liegend betrachtet werden, wenn die sekretoische Tätigkeit der Bauchspeichelsrüse nicht nur bei verschiedenen Tieren, sondern auch bei ein und demselben Individuum Schwankungen unterworfen ist. Nichtsdestoweniger wurden die Befunde *Walthers* in ihren Grundzügen auch von anderen Forschern bestätigt (*Krewer*[1]), *Babkin*[2])).

Als Beispiel mögen hier die mittleren Ziffern aus den von *Babkin* an einem Hunde mit einer Pankreasfistel angestellten Versuchen wiedergegeben werden. Die Papilla des Bauchspeicheldrüsenganges war entfernt worden, und das Tier verlor Saft nur während des Versuches. Der Hund war die ganze Zeit über bei bester Gesundheit und lebte im Laboratorium mehr als drei Jahre; sein Verenden hatte eine zufällige Ursache. Daher bieten die Resultate der Versuche an einem solchen Hunde ganz besonderes Interesse (Tab. LXXXIX).

Tabelle LXXXIX.

Die Arbeit der Bauchspeicheldrüse eines Hundes bei Genuß von 100 g Fleisch, 250 g Brot und 600 ccm Milch. Mittlere Zahlen (nach *Babkin*).

Stunde	100 g Fleisch Saftmenge in ccm	250 g Brot Saftmenge in ccm	600 ccm Milch Saftmenge in ccm
I	32,8	46,2	18,8
II	54,5	102,4	20,5
III	27,1	52,7	16,2
IV	17,7	30,2	18,8
V	7,8	26,0	11,4
VI	1,1	18,1	5,2
VII	—	14,3	1,2
VIII	—	20,4	—
IX	—	9,9	—
Insgesamt	141,0	320,2	92,1
Sekretionsdauer . .	4 St. 30 Min.	8 St. 50 Min.	5 St. 15 Min.

Nach der Intensivität der durch sie hervorgerufenen Sekretion lassen sich die Nahrungssorten folgendermaßen anordnen: Brot (320,2 ccm), Fleisch (141,0 ccm) und Milch (92,1 ccm); nach der Dauer der sekretorischen Periode: Brot (8 St. 50 Min.), Milch (5 St. 15 Min.) und Fleisch (4 St. 30 Min.). Somit beobachtet man die gleichen Wechselbeziehungen, wie sie auch *Walther* konstatierte, nur mit dem Unterschied, daß der Genuß von Fleisch bei unseren Versuchen eine relativ geringere Absonderung hervorrief als beim *Walther*schen Hunde. Eine Erklärung für diese Erscheinung ebenso wie für die bei unseren Versuchen im Typus der Milchkurve beobachtete Abweichung soll weiter unten gegeben werden. Der Verlauf der Saftsekretion bei Fleisch und Brot war ein vollauf typischer.

Mit den Einwendungen, die Belgowski[3]) auf Grund seiner experimentellen Befunde gegen den typischen Charakter der sekretorischen Arbeit der Bauchspeicheldrüse anführte, können wir uns nicht einverstanden erklären. Erstens beschränkt der Autor ganz willkürlich die Beobachtungsperiode der sekretorischen Arbeit der Bauchspeicheldrüse des Hundes auf 7 Stunden, und zweitens ist es in Anbetracht der langen Dauer der Sekretion bei seinen Hunden, der nicht selten starken spontanen Absonderung usw. zweifellos, daß seine Hunde die Verluste an Pankreassaft schlecht überstanden.

Somit rufen die einzelnen Nahrungsmittel eine für sie typische Arbeit der Bauchspeicheldrüse hervor. Dies gilt sowohl von der Quan-

---

[1]) A. R. Krewer, Zur Analyse der sekretorischen Arbeit der Bauchspeicheldrüse. Diss. St. Petersburg 1899.

[2]) Babkin, Nachrichten der Kaiserl. Milit.-Med. Akademie 1904, Bd. IX, S. 93.

[3]) J. W. Belgowski, Zur Lehre über die Verdauungstätigkeit der Bauchspeicheldrüse. Kiew 1907.

tität des sezernierten Saftes, als auch von der Dauer und dem Verlaufe der Sekretion.

Völlig identische Verhältnisse ergaben sich auch hinsichtlich der sekretorischen Tätigkeit der Bauchspeicheldrüse beim Menschen. Die scharfsinnigste und am sorgfältigsten ausgeführte Untersuchung an Patienten mit einer zufälligen Fistel der Bauchspeicheldrüse verdanken wir Wohlgemuth[1]).

Der Patient erhielt eine an Eiweiß (300 g Fleisch in Gestalt eines Beefsteaks), Kohlehydraten (Zwieback und eine Tasse Tee mit Zucker; an Kohlehydraten waren hierin 135 g enthalten) und Fett (250 ccm Milch + 250 ccm Sahne) reiche Nahrung. Die Ziffern der Tabelle geben die aus der Pankreasfistel im Verlaufe von vier Stunden vor sich gehende Sekretion an.

Tabelle XC.

Die Arbeit der Bauchspeicheldrüse des Menschen bei Genuß einer an Eiweiß, Kohlehydraten und Fetten reichen Nahrung (nach Wohlgemuth).

Stunde	Fleisch. Saftmenge in ccm	Zwieback mit Tee. Saftmenge in ccm	Milch mit Sahne. Saftmenge in ccm
I	17,0	20	7
II	18,0	26	6
III	17,0	15	12
IV	14,0	14	10
Insgesamt im Verlaufe von 4 St.	66,0	75	35

Ein Gleiches stellen die Kurven dar (Fig. 19).

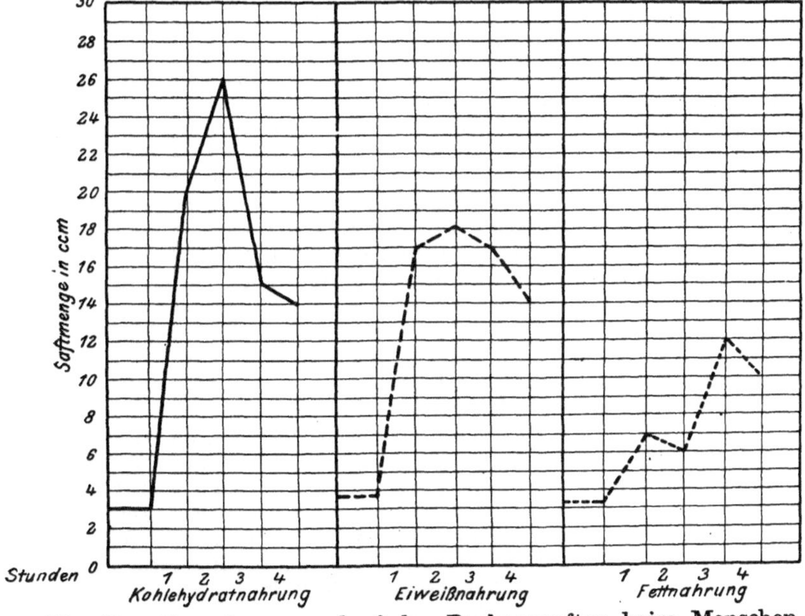

Fig. 19. Absonderungsverlauf des Pankreassaftes beim Menschen nach dem Genuß kohlehydrat-, eiweiß- und fettreicher Nahrung (nach Wohlgemuth).

[1]) J. Wohlgemuth, Untersuchungen über das Pankreas des Menschen. Mitt. II. Einfluß der Zusammensetzung der Nahrung auf die Saftmenge und die Fermentkonzentration. Berliner klin. Wochenschr. 1907, Nr. 2.

Aus den Ziffern der Tabelle XC und den Kurven folgt, daß der Verlauf der Saftsekretion für jede einzelne Nahrungssorte typisch ist und im höchsten Grade an die entsprechende Arbeit der Bauchspeicheldrüse beim Hunde erinnert. Bei Eiweiß- und Kohlehydratnahrung entfällt das Maximum der Saftsekretion in die zweite Stunde, bei Fettnahrung in die dritte; bei Eiweißnahrung übersteigt es $1\frac{1}{2}$ mal, bei Kohlehydratnahrung um ein Doppeltes dasjenige bei Fettnahrung. Die Kurve der Saftsekretion bei Genuß von Milch und Sahne zeigt ein typisches Absinken innerhalb der zweiten Stunde. Die Gesamtmenge des Saftes ist am höchsten bei Kohlehydratnahrung (75,0 ccm), am geringsten bei Fettnahrung (35,0 ccm); die Eiweißnahrung nimmt eine Mittelstellung ein (66,0 ccm). Die letzteren Daten haben lediglich eine relative Bedeutung, da die Saftsekretion im ganzen nur während eines Zeitraumes von vier Stunden beobachtet wurde.

Die Eigenschaften der auf Fleisch, Brot und Milch zum Abfluß gelangenden Säfte.

Wie auf jede Nahrungssorte eine ganz bestimmte Saftmenge zur Absonderung gelangt, ebenso ruft jeder Nahrungserreger die Sekretion eines Pankreassaftes von ganz bestimmter Zusammensetzung hervor. Das erstere ist in dem Maße typisch, wie das letztere charakteristisch ist.

Früher, vor Auffindung der Enterokinase des Darmsaftes und Erlangung eingehenderer Kenntnis über den fördernden Einfluß der Galle in bezug auf das Steapsin, hatten die mit Pankreasfisteln nach *Pawlow* arbeitenden Forscher es naturgemäß mit einem Pankreassaft zu tun, dessen Fermente unter den verschiedenen Bedingungen der Drüsentätigkeit nicht in gleichem Grade aktiviert waren. So stand beispielsweise *Walther*[1]), der die Frage über die Fermentzusammensetzung der Säfte bei den verschiedenen Nahrungssorten am sorgfältigsten bearbeitet hat, ein Hund mit permanenter Pankreasfistel nach *Pawlow* zur Verfügung. Der aus dieser Fistel zur Ausscheidung gelangende Pankreassaft wurde durch die Anwesenheit eines Stückchens der Darmschleimhaut zur Aktivierung gebracht. Infolgedessen wurde in der Mehrzahl der Fälle das Eiweißferment bei zehnstündigem Stehen im Thermostat (mit Eiweißstäbchen) vollständig aktiviert. Zwecks Entfaltung der gesamten Kraft des Fettferments war eine Beimischung von Darmsaft nicht ausreichend, besonders bei großer Sekretionsgeschwindigkeit des Pankreassaftes (z. B. bei Genuß von Brot). Nur die Galle vermag das Steapsin vollständig zu aktivieren. Somit bestimmte *Walther* nur den offenen Teil des Fettferments, der natürlich etwas größer war als im reinen Saft; besonders war dies bei langsamem Saftabfluß (z. B. bei Milch) der Fall. Bei den Bestimmungen des Stärkeferments konnte schwerlich ein Fehler unterlaufen sein, da dieses in Pankreassäften selbst mit geringer Beimischung von Darmsaft seine Wirksamkeit vollauf zur Entfaltung bringt.

Infolge dieser speziellen Verhältnisse und des Umstandes, daß ihm die aktivierende Wirkung der Enterokinase und Galle nicht bekannt war, erhielt *Walther* ganz besondere Wechselbeziehungen zwischen den Fermentwirkungen in den verschiedenen Pankreassäften. Hierauf gestützt, stellte er die für seine Zeit vollauf berechtigte Lehre von der Anpassungsfähigkeit der Fermente der Bauchspeichelsrüse an die Art des Erregers auf. So zeigte beispielsweise den größten Reichtum an Fettferment der sich bei Genuß von Milch absondernde Saft; umgekehrt war bei Brot ein eminentes Übergewicht des Stärke- und Eiweißferments bemerkbar usw.

Nachdem einmal die dem Darmsaft und der Galle in bezug auf die Fermente des Pankreassaftes zukommende Rolle aufgeklärt worden war, stellte sich die Durchsicht der Frage über den Zusammenhang zwischen der Art der Nahrung und

---

[1]) Walther, Diss. St. Petersburg. 1897.

den Fermenteigenschaften der auf sie zum Abfluß kommenden Säfte als unumgänglich heraus. Dies ist denn auch im Laboratorium von *J. P. Pawlow* zur Ausführung gebracht worden[1]).

Die Untersuchung der Fermenteigenschaften des Pankreassaftes muß in reinem, von jeglichem Darmsaftzusatz freiem Safte vorgenommen werden. Ein Saft, der diesen Anforderungen gerecht wird, läßt sich von einem Hunde erzielen, bei dem die Papilla des Ductus pancreaticus entfernt worden ist. Ferner muß nicht nur der offene Teil des Ferments, sondern auch seine absolute Kraft bestimmt werden. Daher ist es erforderlich, die Fermentwirkung nicht allein im reinen Saft der Bauchspeicheldrüse, vielmehr auch in dem in einem gewissen Verhältnisse mit Darmsaft (bei Bestimmung der Kraft des Eiweiß- und Stärkeferments) und mit Galle (bei Bestimmung der Kraft des Fettferments) vermischten Saft zu untersuchen. Alle diese Bedingungen werden von *Babkin* (l. c.) erfüllt, dessen Befunde weiter unten angeführt werden sollen.

Aus diesen Versuchen ergab sich: 1. daß alle drei Fermente ihre höchste Konzentration in dem auf Milch, ihre niedrigste in dem auf Fleisch zur Absonderung gelangenden Pankreassaft erreichen; der auf Brot sezernierte Saft nimmt eine Mittelstellung ein; 2. daß die Fermente parallel zueinander abgesondert werden. Je reicher der Saft an irgendeinem Ferment ist, um so reicher ist er auch an den beiden übrigen. Der letztere Satz wurde gleichzeitig im Laboratorium von *J. P. Pawlow* von *Sawitsch*[2]) bestätigt, der sich für seine Zwecke der Methodik der akuten Versuche bediente. Einige Hinweise auf den parallelen Verlauf der Sekretion der Fermente des Pankreassaftes finden wir bereits bei *Kudrewezki*[3]).

Tabelle XCI enthält die mittleren Zahlen hinsichtlich des Gehalts an allen drei Fermenten im Durchschnittssaft bei Genuß von 600 ccm Milch, 100 g Fleisch und 250 g Brot bei zwei Hunden.

Tabelle XCI.

Der Fermentgehalt im Durchschnittssaft bei Genuß von 600 ccm Milch, 100 g Fleisch und 250 g Brot (nach *Babkin*).

Nahrungs-sorte	Erster Hund							Zweiter Hund						
	Saft-menge in ccm	Eiweiß-ferment		Fett-ferment		Stärke-ferment		Saft-menge in ccm	Eiweiß-ferment		Fett-ferment		Stärke-ferment	
		P	P+D	P	P+G	P	P+D		P	P+D	P	P+G	P	P+D
Milch . .	92,0	0	5,3	1,6	4,3	4,1	6,5	98,5	0	4,25	1,5	4,6	5,8	7,1
Fleisch .	141,4	0	3,8	0,9	3,6	3,0	4,6	108,3	0	3,5	0,5	3,3	4,7	5,5
Brot . .	320,3	0	4,1	—	—	—	—	167,1	0	3,85	0,65	4,4	5,1	5,8

Aus den Ziffern der Tabelle XCI folgt, daß bei Genuß von Milch ein an Fermenten bedeutend reicherer Saft zur Absonderung gelangt als bei Fleischnahrung. Die Konzentration der Fermente in dem auf Milch sezernierten Saft des einen wie des anderen Hundes übersteigt annähernd 1,2—1,4 mal die Konzentration der Fermente in dem Safte, wie er auf Fleisch zum Abfluß gelangt. Der bei Genuß von Brot abgesonderte Saft steht, was seinen Fermentgehalt

---

[1]) **B a b k i n**, Nachrichten der Kaiserl. Milit. Med. Akademie 1904, Bd. IX, S. 93.

[2]) **S a w i t s c h**, Centralbl. f. d. ges. Physiol. u. Pathol. d. Stoffwechsels 1909, Nr. 1.

[3]) **W. W. K u d r e w e z k i**, Beiträge zur Physiologie der Absonderung. **Archiv** f. (Anat. und) Physiol. 1894, S. 112.

anbetrifft, hinter dem auf Milch sezernierten Saft zurück und ist etwas fermentreicher als der Saft bei Fleischnahrung. Die im Vergleich mit dem auf Fleisch
zur Sekretion gelangenden Saft um einiges höhere Verdauungskraft des Saftes
auf Brot ist zum Teil der zweiten Sekretionsperiode auf Genuß von Brot zuzuschreiben, wo die Drüse im Verlaufe von 4—5 Stunden geringe Quantitäten
eines jedoch an Fermenten reichen Saftes produziert. Gerade diese Periode
ist bei Fleischnahrung von sehr kurzer Dauer. Wie wir wissen, fällt die Sekretionskurve bei Fleisch, sobald sie ihren Höhepunkt erreicht hat, steil ab und
hört rasch auf, während sie umgekehrt bei Brot sich noch lange innerhalb
niedriger Grenzen hält. Eine andere Ursache des größeren Fermentreichtums
in dem auf Brot erhaltenen Saft als im Safte auf Fleisch ist in den Besonderheiten des Brotes und Fleisches als Erreger der Pankreassekretion zu sehen,
wovon weiter unten die Rede sein soll.

Diese Beziehungen leuchten aus der folgenden Tabelle XCII ein, auf der
Versuche mit Genuß von 100 g Fleisch und 250 g Brot (zweiter Hund) dargestellt sind.

Tabelle XCII.

**Der stündliche Verlauf der Sekretion der drei Fermente des Pankreas-
saftes bei Genuß von 100 g Fleisch und 250 g Brot (nach *Babkin*).**

Stunde	Fleisch							Brot						
	Saft-menge in ccm	Eiweiß-ferment		Fett-ferment		Stärke-ferment		Saft-menge in ccm	Eiweiß-ferment		Fett-ferment		Stärke-ferment	
		P	P+D	P	P+G	P	P+D		P	P+D	P	P+G	P	P+D
I	14,1	0	4,1	1,0	3,6	5,1	5,8	30,5	0	3,1	0,3	4,4	4,3	5,1
II	23,0	0	3,25	0,75	3,0	4,4	4,7	32,1	0	3,1	0,1	4,3	3,9	4,3
III	32,8	0	2,4	0,2	2,5	3,4	4,0	19,5	0	3,55	0,3	4,5	4,3	5,6
IV	13,0	0	3,65	0,35	3,4	4,5	5,2	16,0	0	3,5	0,2	4,5	4,8	5,2
V	17,0	0	2,9	0,3	3,2	4,5	4,3	13,0	0	4,0	0,7	4,85	5,3	5,5
VI	8,0	0	4,1	1,0	3,5	5,5	5,3	12,5	0	4,0	0,6	4,7	5,1	5,6
VII	0,4	—	—	—	—	—	—	14,0	0	3,8	0,6	4,7	—	5,0
VIII	—	—	—	—	—	—	—	10,1	0	3,9	1,1	4,5	6,4	7,0
IX	—	—	—	—	—	—	—	16,0	0	3,65	0,7	4,4	4,9	5,0
X	—	—	—	—	—	—	—	3,4	—	4,1	—	—	—	—
Insgesamt und im Durchschnitt	108,3	0	3,5	0,5	3,3	4,7	5,5	167,1	0	3,85	0,65	4,4	5,1	5,8

Gibt man jedoch dem Hunde weniger Brot zu fressen (100—125 g), so
erreicht der Versuch bedeutend rascher sein Ende. Die Sekretion ist in diesem
Falle derjenigen sehr ähnlich, welche sich bei Genuß von 100 g Fleisch beobachten läßt, und die Verdauungskraft des Saftes kann in solchem Falle sogar
niedriger sein, als bei den Versuchen mit Fleischnahrung.

Zur Bekräftigung des Gesagten seien hier Versuche mit Genuß von 100 g
Fleisch, 125 g Brot und 600 ccm Milch angeführt (Tab. XCIII; erster Hund).
Die Konzentration der Fermente im Durchschnittssaft bei Genuß von Fleisch
stellt sich in diesem Falle etwas höher als bei Genuß von Brot, allerdings
jedoch niedriger als bei Milch.

Die Befunde dieses Versuchs sind auch in Gestalt von Kurven dargestellt
(Fig. 20). Aus der Betrachtung von Ziffern der Tabelle XCIII und der Kurven
erhellt ferner, daß die Fermente im Pankreassaft parallel zueinander
abgesondert werden. So nimmt in den Durchschnittssäften, was die Kraft

des Eiweißferments anbetrifft, der Saft auf Milch die erste Stelle ein (5,5), dann kommt der Saft auf Fleisch (4,2) und endlich der auf Brot (3,2). Ebenso sind auch die beiden anderen Fermente — das Fett- und Stärkeferment—am reichlichsten in dem auf Milch zum Abfluß gelangenden Saft (4,7 und 8,0), spärlicher im Safte auf Fleisch (4,0 und 5,5) und in geringster Stärke in dem auf Brot sezernierten Saft (3,5 und 4,4) vertreten.

Bei Vergleichung des Fermentgehalts in den Stundenportionen kann man überall ein gleichmäßiges paralleles Schwanken wahrnehmen. Jene geringen Abweichungen nach der einen oder anderen Seite hin, welche hierbei beobachtet werden, müssen der Mangelhaftigkeit unserer Untersuchungsmethoden hinsichtlich der Fermentkraft der Säfte zugeschrieben werden. Eben diese Versuche sprechen dafür, daß mit einer Erhöhung der Fermentkonzentration eine Erhöhung des offenen Teiles der Fermente Hand in Hand geht.

Von der Parallelität der Fermente des Pankreassaftes und von dem Zusammenhang zwischen ihrem offenen Teile und der Konzentration des Ferments im Safte legt auch die zusammenfassende Tab. LXXXVII Zeugnis ab.

Weiter unten soll die Bestimmung der Fermente in dem an einem akuten Versuche unter Anwendung verschiedenartiger Reize erzielten Pankreassaft angeführt werden (*Sawitsch*). Auch dort tritt in der überzeugendsten Form der parallele Verlauf in der Sekretion aller drei Fermente zutage.

Aus sämtlichen hier zitierten Versuchen läßt sich noch die weitere Schlußfolgerung ziehen, daß in dem Maße, wie die Sekretionsgeschwindigkeit des Saftes anwächst, seine Verdauungskraft abnimmt, und umge-

Tabelle XCIII.

Der stündliche Verlauf der Fermentabsonderung nach Genuß von 100 g Fleisch, 125 g Brot und 600 ccm Milch (nach *Babkin*).

Stunde	600 ccm Milch							125 g Brot							100 g Fleisch						
	Saft-menge	Fett-ferment		Stärke-ferment		Eiweißferment		Saft-menge	Fett-ferment		Stärke-ferment		Eiweißferment		Saft-menge	Fett-ferment		Stärke-ferment		Eiweißferment	
		P	P+G	P	P+D	Fibrin	Nach Mett P+D		P	P+G	P	P+D	Fibrin	Nach Mett P+D		P	P+G	P	P+D	Fibrin	Nach Mett P+D
I	18,9	1,5	4,7	3,8	7,4	4 St. 20′	5,6	12,7	1,5	4,5	4,2	7,9	3 St. 25′	5,4	29,6	1,3	4,2	3,7	5,4	3 St. 35′	4,8
II	18,0	1,6	4,6	3,5	8,2	3 St. 55′	5,7	88,4	0,3	3,2	1,6	3,3	6 St. 20′	2,4	62,3	0,4	3,4	2,2	3,7	6 St. —	2,8
III	13,4	1,4	4,7	4,3	8,2	3 St. 25′	5,4	67,0	0,4	3,5	2,4	3,9	5 St. 50′	2,7	14,8	1,4	4,4	3,2	6,6	3 St. 15′	5,3
IV	6,5	1,5	4,8	4,2	7,8	3 St. 30′	5,6	45,5	0,5	3,5	3,0	4,1	4 St. 40′	2,85	5,2	1,7	4,6	4,0	6,5	3 St. —	5,9
V	3,0	—	—	—	—	—	5,4	11,1	1,3	3,8	3,6	5,1	—	3,2	3,2	2,0	5,0	3,4	6,4	2 St. 40′	5,8
Insgesamt und durchschnittl.	59,8	1,5	4,7	4,1	8,0	—	5,5	224,7	0,6	3,5	2,5	4,4	—	3,2	115,1	0,95	4,0	3,6	5,5	—	4,3

kehrt. Allein der Zusammenhang zwischen der Sekretionsgeschwindigkeit des Saftes und seinem Fermentreichtum erfährt auf Schritt und Tritt eine Störung: bei ein und derselben Absonderungsgeschwindigkeit kann die Fermentkonzentration im Safte eine verschiedene sein. Beispiele hierfür lassen sich in den oben angeführten Versuchen finden. So betrug beispielsweise auf Tabelle XCII das Eiweißferment beim Versuch mit Brotnahrung in der zweiten Stunde (32,1 ccm) 3,1 mm, beim Versuch mit Fleisch dagegen in der dritten Stunde (32,8 ccm) im ganzen nur 2,4 mm. Oder die fünfte Stunde der Sekretion auf Brot und die vierte Stunde der Sekretion bei Fleischnahrung ergaben ein und

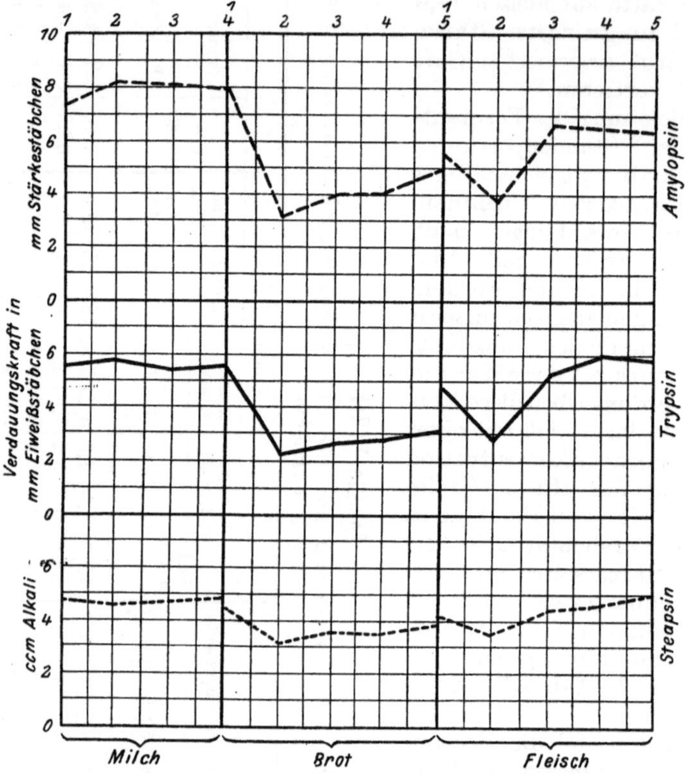

Fig. 20. Stündlicher Verlauf der Fermentabsonderung nach Genuß von Milch, Brot und Fleisch.

dieselbe Saftmenge — 13,0 ccm, die Verdauungskraft belief sich jedoch im ersteren Falle auf 4,0 mm, im zweiten auf 3,65 mm.

Ein Fehler in der Bestimmung war ausgeschlossen, da analoge Verhältnisse auch mit anderen Fermenten erzielt wurden.

Hieraus folgt, daß die Verhältnisse bedeutend komplizierter sind, als es auf den ersten Blick scheinen möchte. Dies steht in vollem Einklang damit, was die Mehrzahl der Forscher, die sich jemals mit der Fermentfunktion der Bauchspeicheldrüse beschäftigt haben, wahrnahmen: indem sie eine ganz allgemeine Beziehung zwischen der Sekretionsgeschwindigkeit des Pankreassaftes und dessen Fermentreichtum feststellten, bemerkten sie eine häufige Divergenz dieser beiden Funktionen.

Somit kommt auf jede Nahrungssorte der Pankreassaft nicht nur in bestimmter Quantität, sondern auch mit einem ganz bestimmten Fermentgehalt zum Abfluß.

Die an Hunden erzielten Resultate fanden auch am Menschen ihre Bestätigung. Wir führen hier die Befunde der Fermentbestimmung aus der oben zitierten Arbeit von Wohlgemuth[1]) an.

Wohlgemuth bediente sich bei Bestimmung der Fermente derselben Methoden, wie sie auch im Laboratorium von *J. P. Pawlow* Anwendung finden. Das Eiweißferment wurde durch menschlichen Darmpreßsaft, das Fettferment durch menschliche Galle aktiviert. Die Bestimmung des Stärkeferments wurde in reinem Pankreassaft vorgenommen.

Tabelle XCIV.

Die durchschnittliche Konzentration der Fermente im Safte der Bauchspeicheldrüse eines Menschen bei Genuß verschiedener Nahrungssorten (nach Wohlgemuth).

Nahrungssorte	Saftmenge in ccm	Sekretionsdauer	Eiweißferment	Fettferment	Stärkeferment
Milch und Sahne .	35,0	4 St.	14,97	954,8	10,89
Fleisch	66,0	4 St.	10,89	529,0	6,25
Zwieback und Tee	75,0	4 St.	5,3	225,0	4,8

Auf Tabelle XCIV sehen wir die Befunde hinsichtlich der Konzentration aller drei Fermente bei Genuß verschiedener Nahrungssorten. Unter Konzentration versteht der Autor das Quadrat der Millimeteranzahl des Eiweiß- oder Stärkestäbchens oder das Quadrat der Anzahl der Kubikzentimeter des bei Titrierung der Fettsäure verbrauchten alkalischen Titers (vgl. Fig. 21).

Ebenso wie beim Hunde zeigt den größten Reichtum an allen drei Fermenten der auf fetthaltige Nahrung (Milch und Sahne) zur Absonderung gelangende Panktreassaft. Der Genuß von Fleisch und Zwieback — letzterer zusammen mit Tee — ruft die Sekretion eines an Fermenten weniger reichen Saftes hervor. Da die Versuche sich nur auf einen Zeitraum von vier Stunden beschränkten, so war, analog den entsprechenden Versuchen

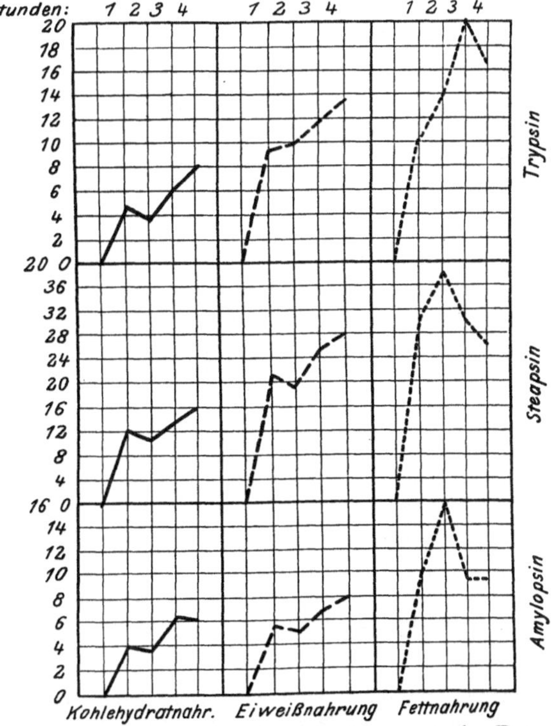

Fig. 21. Konzentration der Fermente im Pankreassafte eines Menschen bei Genuß verschiedener Nahrungssorten (nach Wohlgemuth).

----

[1]) Wohlgemuth, Berliner klin. Wochenschr. 1907, Nr. 2.

mit Fütterung eines Hundes mit kleinen Brotportionen (125 g; s. Tab. XCIII), der auf Fleisch sezernierte Saft fermentreicher als der auf Brot zum Abfluß kommende. Eine gewisse Bedeutung kann hierbei auch der zusammen mit den Zwiebäcken genossenen Tasse Tee beigemessen werden. Die Fermente kommen parallel zueinander zur Sekretion. In ihrem stündlichen Verlauf kommen, wie aus den Kurven ersichtlich, einige Abweichungen vor, die man wohl richtiger auf die Ungenauigkeit der Methoden zur Bestimmung der Fermente als auf Besonderheiten des sekretorischen Prozesses zurückführen muß.

Die festen und organischen Substanzen und Asche des Pankreassaftes.

Die Untersuchung der festen, organischen und mineralischen Bestandteile der bei Genuß verschiedener Nahrungssorten erhaltenen Pankreassafte hat gezeigt, daß auf jede Nahrungssorte ein Saft von bestimmter Zusammensetzung zum Abfluß gelangt. Den größten Reichtum an festen und organischen Substanzen weist der auf Milch zur Absonderung kommende Saft auf; am spärlichsten sind sie im Safte auf Fleisch vorhanden; der auf Brot abgesonderte Saft nimmt eine Mittelstellung ein. In bezug auf Asche und Alkalität rangieren die Säfte in anderer Reihenfolge. Am niedrigsten ist der Gehalt an Aschebestandteilen im Safte auf Milch, am höchsten im Safte auf Brot; der Saft auf Fleisch steht in der Mitte. Die höchste Alkalität findet man in dem auf Fleisch sezernierten Safte; etwas niedriger ist sie beim Safte auf Genuß von Brot, und die geringste Alkalität besitzt der Saft auf Milch. Alle diese Verhältnisse sind auf Tabelle XCV dargestellt.

Tabelle XCV.

Die Zusammensetzung des Pankreassaftes eines Hundes bei Genuß verschiedener Substanzen. Mittlere Zahlen (nach *Walther*).

Erreger	Saftmenge in ccm	Sekretions-dauer	Durchschnittsgeschwindigkeit pro 5 Min.	Prozent an festen Substanzen	Prozent an organischen Substanzen	Prozent an Asche	Alkalität in % Na_2CO_3 (in Asche)
600 ccm Milch	45,7	4^h 30′	0,85	5,268	4,399	0,869	0,348
250 g Brot . .	162,4	7^h 45′	1,75	3,223	2,298	0,925	0,564
100 g Fleisch .	131,6	4^h 12′	2,61	2,465	1,558	0,907	0,588

Vergleicht man den Gehalt der verschiedenen Säfte an organischen Substanzen, die hauptsächlich den Eiweißkörpern angehören, resp. an Stickstoff mit dem Reichtum der Säfte an Fermenten, so kann man sehen, daß der Saft um so reicher an Fermenten ist, je größer sein Gehalt an organischen Substanzen, resp. Stickstofff ist (*Babkin* und *Tichomirow*[1])).

Zwischen der Verdauungskraft des Pankreassaftes und dem Gehalt an festen, resp. organischen Substanzen in ihm wurden von *Babkin* und *Tichomirow* Beziehungen festgestellt, die denjenigen analog sind, die *Kersten*[2]) und *Hanike*[3]) im Magen-

---

[1]) B. P. Babkin und N. P. Tichomirow, Zur Frage der gegenseitigen Beziehungen zwischen der proteolytischen Kraft, dem Stickstoffgehalt und dem Gehalt an festen Bestandteilen im Safte der Bauchspeicheldrüse. Zeitschr. f. physiol. Chemie 1909, Bd. LXII, S. 468.

[2]) Kersten, Diss. St. Petersburg 1902.

[3]) Hanike, Förhandlingar vid Nordiska Naturforskaremötet usw. i Helsingfors 1902, p. 15.

safte wahrnahmen: je höher die absolute Kraft des Eiweißferments ist, um so reicher ist der Saft an festen, resp. organischen Substanzen, und umgekehrt. Hierbei ergab sich, daß diese Verhältnisse sich sehr dem einfachen Verhältnis zwischen den Mengen verdauten Eiweiß (in Millimetern der Eiweißstäbchen) und den Zahlen der festen Bestandteile nähern, dagegen stark von den Verhältnissen der Quadrate der Millimeter der Verdauung abweichen. Ferner stellten sie fest, daß der Stickstoffgehalt im Pankreassaft um so höher ist, eine je größere proteolytische Kraft der Saft besitzt und je reicher er mithin an festen, resp. organischen Substanzen ist, und umgekehrt. Bei Vergleichung der verschiedenen Pankreassaftportionen stellte sich heraus, daß das Verhältnis der Menge an Stickstoff und organischen Substanzen von den einfachen Verhältnissen zwischen den Millimetern der Verdauung abweicht und sich am meisten den Verhältnissen zwischen den Quadraten der Millimeter der Verdauung in den entsprechenden Saftportionen nähert.

In Anbetracht des engsten Zusammenhangs zwischen den stickstoffhaltigen Substanzen im Pankreassafte und seiner Fermentkraft machten *Babkin* und *Tichomirow* den Vorschlag, die Bestimmung des Stickstoffgehalts verschiedener Pankreassäfte als Maß ihrer proteolytischen Kraft zu benutzen.

Somit reagiert die Bauchspeicheldrüse auf jede einzelne Nahrungssorte mit der Sekretion einer bestimmten Saftmenge; der Sekretionsverlauf ist für jede Art der Nahrungsmittel konstant und charakteristisch; dasselbe gilt auch von der Dauer der Absonderung; der Gehalt des Saftes an Fermenten, festen, organischen und anorganischen Bestandteilen sowie die Alkalität des Saftes sind für jede einzelne Saftsorte typisch.

Mazurkiewicz[1]) vermochte, indem er die festen Rückstände bei einem Hunde mit einer Pankreasfistel nach *Pawlow* untersuchte, die Ergebnisse *Walthers* nicht zu bestätigen. Nach seiner Meinung ist der Gesamtgehalt an festen Substanzen im Pankreassaft für seine einzelnen Sorten nicht typisch, vielmehr bedeutenden Schwankungen nicht nur bei jeder einzelnen Nahrungssorte (Milch, Brot, Fleisch), sondern auch im Verlaufe ein und desselben Versuches unterworfen. Der Gehalt an festen Substanzen im reinen Pankreassaft übersteigt nicht 3,740%.

Den Mazurkiewiczschen Daten kann keine Bedeutung beigemessen werden, da die Hunde, deren er sich bei seinen Versuchen bediente, sich den Pankreassaftverlusten zweifellos nicht angepaßt hatten. Hierauf deuten die außerordentlich starken Schwankungen in der Quantität des auf ein und dieselbe Nahrung im Verlaufe ein und desselben Zeitraums zur Absonderung gelangenden Pankreassaftes hin, die man bei den Versuchen von Mazurkiewicz wahrnehmen kann. So sezernierte sich z. B. auf Genuß von 600 ccm Milch im Laufe von 4 Stunden 16 ccm bis 40 ccm (Hund „Burek"), 15 ccm bis 32 ccm (Hund „Schwarze") und 13 ccm bis 38 ccm (Hund „Kruczek") Pankreassaft (Tab. I; S. 85); auf Genuß von 250 g Brot im Laufe von 4 Stunden 12 ccm bis 90 ccm (Hund „Burek"; Tab. II; S. 86) und auf Genuß von 100 g Fleisch im Laufe von 4 Stunden 9,3 ccm (in 6 Stunden — 14 ccm) bis 65 ccm Saft (Hund „Schwarze"; Tab. III; S. 87).

Somit war hier eine der Grundbedingungen nicht erfüllt: bei den Mazurkiewiczschen Versuchen reagierte die Bauchspeicheldrüse, wenigstens innerhalb gewisser Grenzen, nicht mit einer hinsichtlich der Saftmenge typischen Sekretion auf jeden einzelnen Erreger. Wenn dies aber der Fall ist, so kann man natürlich nicht erwarten, daß die Arbeit der Bauchspeicheldrüse auch in qualitativer Hinsicht typisch wäre. Bei Erkrankung der Hunde mit permanenter Pankreasfistel überragt infolge der hierbei entstehenden Hypersekretion des Magensaftes alle anderen Erreger der Bauchspeicheldrüse die Wirkung des, wie wir weiter unten sehen werden, stärksten unter ihnen — der Salzsäure. Diese letztere ruft die Absonderung eines

---

[1]) W. Mazurkiewicz, Die festen Bestandteile des Bauchspeichels und die Theorie der Sekretionstätigkeit des Pankreas. Pflügers Archiv 1907, Bd. CXXI, S. 75.

an festen Substanzen armen Pankreassaftes hervor. Hierdurch erklärt sich auch zum Teil der niedrige Gehalt an festen Substanzen in den von Mazurkiewicz erzielten Säften. Andererseits sammelte er fast niemals den Pankreassaft der gesamten Sekretionsperiode, indem er sich hauptsächlich nur auf die ersten vier Stunden beschränkte, wo die Wirkung der Salzsäure, die die Absonderung eines an festen Bestandteilen armen Saftes hervorruft, wie weiter unten gezeigt werden soll, besonders stark ist.

Die *Walther*schen Versuche wurden von *Babkin* und *Sawitsch*[1]) wiederholt. Der reine Pankreassaft wurde von einem Hunde mit permanenter Pankreasfistel, doch ohne Papilla durch eine Kanüle gesammelt[2]). Als Beispiel bringen wir auf Tab. XCVI Versuche mit Genuß von 600 ccm Milch und 100 g Fleisch, bei denen der Pankreassaft während der gesamten Sekretionsperiode gesammelt worden war.

Tabelle XCVI.

Die Zusammensetzung des reinen Hundepankreassaftes bei Genuß von Milch und Fleisch (nach *Babkin* und *Sawitsch*).

Art der Safterzielung	Saft-menge in ccm	Sekre-tions-dauer	Durchschnittsgeschwindigkeit der Absonderung pro 5 Min.	Prozent an festen Substanzen	Prozent an organischen Substanzen	Prozent an Asche
100 g Brot	26,9	5^h —	0,44	5,148	4,302	0,846
600 ccm Milch	33,8	6^h 30′	0,43	2,486	1,624	0,862

Die erhaltenen Ziffern kommen den *Walther*schen Zahlen sehr nahe (s.Tab.XCV). Es verdient hervorgehoben zu werden, daß die durchschnittliche Sekretionsgeschwindigkeit des Saftes bei beiden Versuchen fast die gleiche war (0,44 ccm und 0,43 ccm im Laufe von 5 Minuten), während hinsichtlich des Gehalts an organischen Bestandteilen der auf Milch erzielte Saft mehr als $2^1/_2$ mal den auf Fleisch sezernierten Saft überragt.

Die Anpassungsfähigkeit der Arbeit der Bauchspeicheldrüse an die Nahrungssorte.

Die Lehre von der Anpassungsfähigkeit der Bauchspeicheldrüsenarbeit an die Nahrungssorte wurde von *Wassiljew*[3]) und *Jablonski*[4]) aufgestellt und in eingehender Weise von *Lintwarew*[5]) bearbeitet. In ihrer endgültigen Gestalt beruht sie auf folgendem. Bei ausschließlicher Fleischnahrung gelangen das Eiweiß- und Fettferment des Pankreassaftes in offener Form zur Ausscheidung und bedürfen keiner Verstärkung ihrer Wirkung durch Enterokinase und Galle. Besteht die Nahrung nur aus Milch und Brot, so nimmt der Saft einen zymogenen Charakter an, und zur Entfaltung der absoluten Kraft des Eiweiß- und Fettferments ist ein Zusatz von Darmsaft und Galle zum Safte erforderlich. Die Eigenschaften des diastatischen Ferments erfahren keine merkliche Veränderung im Falle der Verwendung der einen oder anderen Nahrungsmittel: es ist im Pankreassaft stets in offener Form vorhanden.

Nachdem es jedoch gelungen war, die Aufgabe zu bestimmen, die der Papilla des Ductus pancreaticus bei nach *Pawlow*scher Methode operierten Hunden in dem

---

[1]) **Babkin** und **Sawitsch**, Zeitschr. f. physiol. Chemie 1908, Bd. LVI, S. 341.

[2]) Bei einigen Versuchen filtrierte **Mazurkiewicz** den Pankreassaft durch den **Chamberlain - Pasteur**schen Filter oder zentrifugierte ihn. Der Gehalt an festen Substanzen war in solchem Safte niedriger um 0,030%—0,970%. Im Durchschnitt war die Abnahme der festen Bestandteile nicht bedeutend.

[3]) W. N. **Wassiljew**, Über den Einfluß verschiedenartiger Nahrungssorten auf die Tätigkeit der Bauchspeicheldrüse. Diss. St. Petersburg 1893.

[4]) **Jablonski**, Diss. St. Petersburg 1894.

[5]) **Lintwarew**, Diss. St. Petersburg 1901.

Aktivierungsprozeß des durch sie abfließenden Pankreassaftes zukommt, wurden Bedenken hinsichtlich der Richtigkeit der *Lintwarew*schen Auffassung geltend gemacht. Wie wir bereits wissen, stellte sich die Mehrzahl der Forscher (Delezenne und Frouin[1]), Popielski[2]), Belgowski[3]) und andere) auf den Standpunkt, daß das Eiweißferment des Pankreassaftes stets in absolut latenter Form ausgeschieden wird, folglich auch von seiner Anpassung an die Nahrungsgattung nicht die Rede sein kann.

Indem wir eine Nachprüfung der *Lintwarew*schen Befunde für im höchsten Grade geboten erachten, haben wir nur eine sehr beschränkte Anzahl von Untersuchungen zur Verfügung, die in der Frage Aufklärung geben könnten. So zeigte Frouin[4]), daß die Verdauungskraft des Eiweißferments bei Anwendung jedes einzelnen Nahrungsmittels gleichhoch ist. Umgekehrt ist die Fähigkeit, zur Aktivierung zu gelangen, bei den verschiedenen Pankreassäften verschieden. Während eine gewisse Quantität Pankreassaft von einem ausschließlich mit Fleisch gefütterten Hunde ihre Maximalwirksamkeit bereits bei Zusatz von Darmsaft im Betrage von $1/_{500}$ bis $1/_{1000}$ ihres Volumens entfaltet, ist bei einer gleichgroßen bei Fütterung mit Brot erlangten Pankreassaftmenge zu ihrer vollständigen Aktivierung ein Darmsaftzusatz in Höhe von $1/_{20}$ bis $1/_{10}$ ihres Volumens erforderlich.

Andererseits nehmen Camus und Gley[5]) an, daß außer der extrapankreatischen Aktivierung des Protrypsins durch die Enterokinase noch eine intrapankreatische Aktivierung desselben durch verschiedene Substanzen existiert. Eine solche Aktivierung läßt sich nach ihrer Meinung bei Injektion von Pilocarpin, Peptonen, Albumosen usw. in das Blut beobachten. Als Beispiel einer intrapankreatischen Aktivierung diene folgender Versuch von Camus und Gley[6]): sie legten einem Hunde eine temporäre Pankreasfistel an und fütterten ihn nach Ablauf von 16—17 Stunden mit Fleisch. Der innerhalb der ersten drei Stunden nach der Fütterung zur Absonderung gelangte reine Pankreassaft begann nach 48 stündigem Stehen im Thermostat gerade erst koaguliertes Eiereiweiß zu verdauen. Der Saft der folgenden Stunden brachte im Laufe von 48 Stunden einen Eiweißwürfel vollständig zur Zersetzung. Die Autoren meinen, daß in den späteren Stunden der Verdauungsperiode eine intrapankreatische Aktivierung durch die zur Aufsaugung kommenden Albumosen vor sich ging.

2. Kapitel.

Analyse der Arbeit der Bauchspeicheldrüse. — Säure. — Wasser. — Fett. — Alkohol, Äther, Chloralhydrat, Senföl u. a. — Substanzen, die auf die Pankreassekretion einen hemmenden Einfluß ausüben. — Die reflektorische Phase der Pankreassekretion. — Die Zusammensetzung des Pankreassaftes bei verschiedenen Erregern. — Die Synthese der Sekretionskurve.

Analyse der Arbeit der Bauchspeicheldrüse.

Bei Analyse der Arbeit der Bauchspeicheldrüse müssen wir, ebenso wie bei Erörterung der Tätigkeit der Magendrüsen, uns einer Betrachtung der Wirkung der einzelnen, die Bestandteile der Nahrung und der Speisemassen

---

[1]) Delezenne et Frouin, Compt. rend. de la Soc. de Biol. 1902, T. LIV, p. 691.

[2]) Popielski, Centralbl. f. Physiol. 1903, Bd. XVII, S. 65.

[3]) J. W. Belgowski, Kiew 1907.

[4]) A. Frouin, Sur l'activibilité des sucs pancréatiques de fistules permanentes chez des animaux soumis à des régimes différents. Compt. rend. de la Soc. de Biol. 1907, T. LXIII, p. 473.

[5]) L. Camus et E. Gley, Sécrétion pancréatique active et sécrétion inactive. Soc. Biol. 1902, T. LIV, p. 241.

[6]) L. Camus et E. Gley, Variation de l'activité protéolytique du suc pancréatique. Journ. de physiol. et pathol. génér. 1907, T. IX, p. 994.

bildenden Substanzen zuwenden. Außerdem ist jedoch erforderlich, festzustellen, von welchen Teilen des Verdauungstrakts aus die elementaren Erreger befähigt sind, die Bauchspeicheldrüse in Tätigkeit zu setzen. Wie wir weiter unten sehen werden, sind die Verhältnisse, die sich an der Bauchspeicheldrüse beobachten lassen, bedeutend einfacher, als diejenigen, die wir an den Magendrüsen kennen gelernt haben.

Die elementaren natürlichen Erreger der Bauchspeicheldrüse sind nicht zahlreich; es sind dies Säure, Wasser, Fett und die Produkte seiner Spaltung und Umwandlung (Fettsäuren und Seifen). Die Salzsäure des Magensaftes und Wasser sind in sämtlichen Speisemassen vorhanden, die den Magen verlassen und in den Zwölffingerdarm übertreten. Fett kommt in vielen Nahrungssorten vor (Milch, Fleisch), und die Produkte seiner Spaltung und Umwandlung können sich aus ihm bereits im Magen bilden.

Keine einzige von den anderen Substanzen, die mit der Nahrung in den Magen eintreten oder in diesem letzteren resp. im Zwölffingerdarm unter dem Einfluß der dort vorhandenen Fermente zur Bildung gelangen können (Stärke, Zucker, Albumosen, Peptone, Extraktivstoffe des Fleisches, neutrale Salze, wie z. B. NaCl), ist befähigt, unter normalen Bedingungen die sekretorische Tätigkeit der Bauchspeicheldrüse anzuregen. Ihre safttreibende Wirkung kommt der Wirkung einer entsprechenden Quantität Wasser, in dem sie zur Lösung gebracht worden waren, gleich oder ist geringer als sie.

Eine Sonderstellung nehmen Lösungen alkalischer Salze — z. B. Soda — ein. In schwachen Konzentrationen hemmen sie zweifellos die Tätigkeit der Bauchspeicheldrüse, in bedeutenderen Konzentrationen regen sie dieselbe offensichtlich an. Von den dem Organismus fremdartigen Substanzen müssen zu den Erregern gerechnet werden: Alkohol, Äther, Senföl, Chloralhydrat, Pilocarpin und Physostigmin.

Allein abgesehen von dieser, sozusagen „chemischen Phase" der Pankreassekretion, die in einem so tief gelegenen Teil des Verdauungstrakts naturgemäß überwiegt, haben wir offenbar die Möglichkeit, hier auch eine — freilich sehr schwach ausgeprägte — „reflektorische Phase" zu beobachten. Der Nahrungsaufnahmeakt ruft eine Absonderung des Pankreassaftes hervor.

Wir gehen nunmehr von dieser schematischen Abhandlung zur Darstellung des Tatsachenmaterials über.

Säure.

Die Säure ist der stärkste Erreger der Pankreassekretion. Hierbei ist irgendein besonderer Unterschied in der safttreibenden Wirkung der verschiedenen Säuren, z. B. der sich unter normalen Bedingungen im Magensafte findenden Salzsäure, Phosphorsäure, Zitronensäure, Milch- und Essigsäure nicht vorhanden. Ausschlaggebend ist die Konzentration der betreffenden Lösung: je höher die Konzentration der in den Magen eingeführten Säurelösung — bei ein und derselben Quantität — ist, mit einer um so energischeren Sekretion reagiert die Bauchspeicheldrüse (*Dolinski*[1])).

Auf Tabelle XCVII ist ein Versuch mit Eingießung von 200 ccm einer 0,5 proz. HCl-Lösung in den Magen angeführt. Die Absonderung des Pankreassaftes wird alle 5 Minuten, alle 15 Minuten und stündlich notiert (nach *Walther*[2])).

---

[1]) J. L. Dolinski, Über den Einfluß der Säuren auf die Saftabsonderung der Bauchspeicheldrüse. Diss. St. Petersburg 1894.

[2]) Walther, Diss. St. Petersburg 1897, S. 108.

Tabelle XCVII.

**Die safttreibende Wirkung einer 0,5 proz. Lösung HCl auf die Bauch-
speicheldrüse (nach *Walther*).**

Stunde	Alle 5 Minuten	Alle 15 Minuten	Stündlich
I	3,0 9,5 8,75	21,25	97,25 ccm
	9,25 9,5 9,5	28,25	
	10,25 8,5 7,75	26,5	
	6,25 6,75 8,25	21,25	
II	7,0 8,75 5,75	21,5	40,75 ccm
	6,25 5,5 4,5	16,25	
	1,5 1,0 0,25	2,75	
	0,25 0 0	0,25	
Gesamte Saftmenge	—	—	138,0 ccm

Somit erreicht die Sekretion bei 200 ccm einer 0,5 proz. Salzsäurelösung
bereits innerhalb der ersten Stunde ihr Maximum; in der zweiten Stunde ist
sie um die Hälfte geringer als in der ersten. Gewöhnlich hört sie gegen Ende der
zweiten Stunde auf.

Im Durchschnitt erhielt *Walther* auf 200 ccm im Verlaufe 1 Stunde 52 Minuten 90 ccm + 43 ccm = 133 ccm Pankreassaft, der sich mit einer mittleren
Geschwindigkeit von 5,9 ccm pro 5 Minuten absonderte.

Es ist interessant, diese Zahlen mit denjenigen zu vergleichen, die man bei
den Versuchen mit Genuß verschiedenartiger Substanzen erhält (s. Tab.
LXXXVIII). 200 ccm einer 0,5 proz. Salzsäurelösung rufen im Verlaufe von
1 Stunde 52 Minuten eine Saftsekretion hervor, die in quantitativer Hinsicht
(133 ccm) einer fünfstündigen Absonderung auf 100 g Fleisch (135,7 ccm)
gleichkommt. Bei keiner Nahrungssubstanz erreicht jedoch sowohl die stündliche Arbeitsleistung der Drüse (90,0 ccm Saft) als auch eine solche im Laufe
von 5 Minuten (5,9 ccm) jene Höhe, wie bei einer 0,5 proz. Salzsäurelösung
— ein Umstand, der von der außerordentlichen Energie des „Säureerregers"
Zeugnis gibt.

Ebenso wie beim Hunde stellen sich auch beim Menschen Salzsäurelösungen
als energische Erreger der Pankreassekretion dar (Gläßner[1]), Wohlgemuth[2])).

<hr>

[1]) Gläßner, Zeitschr. f. physiol. Chemie 1904, Bd. XL, S. 465.
[2]) Wohlgemuth, Berl. klin. Wochenschrift 1907, Nr. 2.

Tabelle XCVIII enthält die Ergebnisse *Dolinskis*[1]) betreffs Absonderung des Pankreassaftes im Verlaufe von 1 Stunde bei Einführung von 250 ccm folgender Säurelösungen: Salzsäure, Phosphorsäure, Milch- und Essigsäure in verschiedenen Konzentrationen sowie 250 ccm destillierten Wassers.

Tabelle XCVIII.

Die Sekretion des Pankreassaftes bei einem Hunde mit permanenter Pankreasfistel im Verlaufe von 1 Stunde bei Einführung von Lösungen verschiedener Säuren und von Wasser in den Magen (zum Teil mittlere Zahlen nach *Dolinski*).

	0,5 %	0,3 %	0,1 %	0,05 %	—
Salzsäure	83,8	—	28,1	20,5	—
Phosphorsäure .	—	42,0	—	—	—
Milchsäure . . .	—	45,8	—	—	—
Essigsäure . . .	—	—	27,0	—	—
Wasser	—	—	—	—	5,5

Die geringste Pankreassaftsekretion ruft Wasser hervor. Säurelösungen wirken um so energischer ein, je konzentrierter sie sind. Diesen Daten muß noch hinzugefügt werden, daß auch mit CO_2 gesättigtes Wasser eine bedeutend ergiebigere Pankreassekretion hervorruft, als destilliertes Wasser (*Bekker*[2])). Diese Tatsache gab denn auch den Anstoß dazu, den Einfluß der verschiedenen Säuren auf die Pankreassaftabsonderung zu untersuchen.

Die Salzsäure entfaltet außerordentlich rasch ihre safttreibende Wirkung vom Zwölffingerdarm aus. In besonders überzeugender Form hat dies *Krewer*[3]) dargetan. Er führte einem Hunde mit permanenter Pankreasfistel und einer Fistel des Zwölffingerdarms durch diese letztere in das Duodenum eine 0,25 proz. Lösung HCl ein. Die latente Periode der Säurewirkung betrug im Durchschnitt 1 Minute 30 Sekunden. Sie schwankte bei den einzelnen Versuchen sehr wenig.

Somit kann kein Zweifel darüber bestehen, daß Säuren als energische Erreger der sekretorischen Arbeit der Bauchspeicheldrüse anzusehen sind. Da der Magensaft eine 0,5 proz. (im Durchschnitt) Salzsäurelösung darstellt, so entsteht naturgemäß die Frage, wie die Bauchspeicheldrüse auf dieses natürliche Produkt der Magendrüsentätigkeit reagiert. Wie man erwarten mußte, rief der Magensaft eines Hundes, diesem mittels einer Sonde in den Magen eingeführt, eine außerordentlich starke Absonderung des Pankreassaftes hervor, die der Sekretion bei Einführung einer 0,5 proz. Lösung HCl nicht nachgab.

Der nachfolgende, *Dolinski*[4]) entlehnte Versuch zeigt die sekretorische Arbeit der Bauchspeicheldrüse bei Einführung von 250 ccm destillierten Wassers und 250 ccm Hundemagensaft in den Magen (mittels Sonde). Die Saftabsonderung wird alle 20 Minuten registriert.

---

[1]) Dolinski, Diss. St. Petersburg 1894, S. 15.
[2]) N. M. Bekker, Zur Pharmakologie der Alkalien. Diss. St. Petersburg 1893.
[3]) A. R. Krewer, Zur Analyse der sekretorischen Arbeit der Bauchspeicheldrüse. Diss. St. Petersburg 1899, S. 71.
[4]) Dolinski, Diss. St. Petersburg 1894, S. 20.

	Stunde	Saftmenge in ccm

Um 7^h 05′ in den Magen 250 ccm destillierten Wassers eingegossen.

I	1,6 \	
	1,2 }	4,8 ccm
	2,0 /	
II	0,8 ccm	
	0,0 ,,	

Insgesamt im Verlaufe 1 Stunde 40 Min.   5,6 ccm

Um 8^h 45′ in den Magen 250 ccm Hundemagensaft eingegossen

I	16,0 ccm \	
	25,5 ,, }	72,0 ccm
	30,5 ,, /	
II	29,0 ,, \	
	11,0 ,, }	44,5 ccm
	4,5 ,, /	

Insgesamt im Verlaufe von 2 Stunden   116,5 ccm

Von der safttreibenden Wirkung des Magensaftes konnte sich *Dolinski* auch in anderer Weise überzeugen. Ihm standen Hunde mit Magenfisteln, Fisteln der Bauchspeicheldrüse und Oesophagotomie zur Verfügung. Indem er bei geschlossener Magenfistel eine Scheinfütterung vornahm, folglich im Magen Magensaft zur Ansammlung brachte und diesem die Möglichkeit gab, in die weiteren Teile des Darmes überzutreten, erhielt er eine außerordentlich starke Absonderung des Pankreassaftes (die Sekretionsgeschwindigkeit erreichte 6,0—7,0 ccm in 5 Min.). Man brauchte jedoch nur die Magenfistel zu öffnen und dem zur Absonderung gelangten Magensaft die Möglichkeit zu geben, nach außen hin abzufließen, und die Pankreassekretion zeigte eine unbedeutende Höhe.

Daß gerade die Magensaftsäure es ist, die die Pankreassekretion anregt, beweist der Umstand, daß die Einführung von Alkali (Lösungen von Soda, von Pankreassaft) in den im Höchststadium der sekretorischen Arbeit befindlichen Magen die Pankreassaftabsonderung verlangsamt. Dies ersieht man beispielsweise aus dem nachfolgenden Versuch *Dolinskis*[1]).

Hund mit einer Magenfistel, Fistel der Bauchspeicheldrüse und Oesophagotomie. Es wurde eine 15 Minuten lange Scheinfütterung bei geschlossener Magenfistel vorgenommen. Die Absonderung des Pankreassaftes wurde alle 5 Minuten notiert.

1,0 ccm	2,2 ccm
1,0 ,,	1,4 ,,
0,6 ,,	1,0 ,,
3,4 ,,	1,0 ,,
5,6 ,,	1,1 ,,
6,6 ,,	1,1 ,,
7,2 ,,	1,5 ,,
7,4 ,,	1,6 ,,
7,2 ,,	5,0 ,,
6,8 ,,	6,8 ,,
In den Magen 70 ccm Pankreassaft	6,0 ,,
von eben jenem Hunde eingegossen	5,7 ,,
5,6 ccm	usw.

---

[1]) Dolinski, Diss. St. Petersburg 1894, S. 30

Durch diese Versuche wird der außerordentlich wichtige Satz aufgestellt, daß der Magensaft das Bindeglied zwischen der Magen- und Pankreasverdauung bildet. Folglich sind die vom saurem Magensafte durchtränkten Speisemassen befähigt, eine reichliche Absonderung des Pankreassaftes hervorzurufen. Die Bedeutung des Magensaftes für die Tätigkeit der Bauchspeicheldrüse ist deswegen besonders groß, weil die Anzahl der Erreger der Pankreassekretion außerordentlich gering ist. In der Mehrzahl der Fälle braucht man nur die Absonderung des Magensaftes auf diese oder jene Nahrungssubstanz zu beschränken oder den sauren Mageninhalt zu neutralisieren, und die Arbeit der Bauchspeicheldrüse verringert sich um vielemal. Umgekehrt macht eine Ansäuerung der bekannten Nichterreger der Pankreassekretion sie zu sehr energischen Erregern (*Dolinski*).

Auf Tabelle XCIX sind Versuche dargestellt mit Einführung von Eiereiweiß und einem Gemisch aus gehacktem Fleisch und Wasser in den Magen (mittels einer Sonde) und mit Genuß eben jener Substanzen (das Gemisch aus gehacktem Fleisch und Wasser war in Anbetracht seiner sauren Reaktion in beiden Fällen mit 2 g Soda neutralisiert). Wie wir bereits aus dem Vorstehenden wissen, beschränkt die Einführung von Substanzen in den Magen bei Beseitigung der reflektorischen Phase der Magensekretion die Menge des zur Absonderung gelangenden Magensaftes, besonders bei solchen Erregern, wie es das Eiereiweiß ist.

Tabelle XCIX.

Die Absonderung des Pankreassaftes beim Hunde mit permanenter Pankreasfistel bei Einführung von Eiereiweiß und einem Gemisch aus gehacktem Fleisch und Wasser in den Magen und bei Genuß derselben (nach *Dolinski*).

Stunde	Einführung von 250 ccm Eiereiweiß in den Magen	Genuß von 250 ccm Eiereiweiß	Einführung eines Gemisches aus 155 g Fleisch und 250 ccm Wasser	Genuß eines Gemisches aus 155 g Fleisch und 250 ccm Wasser
I	6,9 ccm	22,9 ccm	6,0 ccm	35,7 ccm
II	5,5 „	14,3 „	5,5 „	50,5 „
III	6,0 „	33,0 „	—	—
Insgesamt . . .	18,4 ccm	70,2 ccm	11,5 ccm	86,2 ccm

Wie aus Tabelle XCIX ersichtlich, geht mit einer Verringerung der Magensekretion eine Abnahme der Absonderung des Pankreassaftes Hand in Hand. Durch Einführung einer Alkalilösung (z. B. 250—400 ccm Mineralwasser „Essentuki" Nr. 17) in den Magen eines Hundes vor Fütterung erzielt man eine Abschwächung der Pankreassekretion um 20—25% gegenüber der Norm (*Bekker*[1]). Hierbei übt Wasser an sich keinen hemmenden Einfluß aus, da die Einführung einer entsprechenden Quantität destillierten Wassers in den Magen vor Fütterung nicht nur die Pankreassaftabsonderung nicht verringert, sie vielmehr um einiges erhöht.

Daß es möglich ist, aus einem sehr schwachen Erreger der Bauchspeicheldrüse durch Ansäuerung desselben einen starken Erreger zu erhalten, zeigt nachfolgender Versuch. Eine 1 proz. Peptonlösung ruft eine ebenso starke oder etwas stärkere Pankreassaftsekretion hervor als Wasser. (Letzteres kann darauf

---

[1] Bekker, Diss. St. Petersburg 1893, S. 27.

zurückgeführt werden, daß durch Pepton die Absonderung des Magensafts angeregt wird.) Wenn man jedoch diese Lösung mit HCl ansäuert, bis der Säuregrad des Magensaftes erreicht ist, so erhöht sich die Arbeit der Bauchspeicheldrüse um 8—9 mal (*Dolinski*[1]).

In den Magen eines Hundes mit permanenter Pankreasfistel 250 ccm einer 1proz. Peptonlösung eingegossen.

Im Verlaufe von 1 Stunde wurden 8,2 ccm Pankreassaft ausgeschieden.

Darauf wurde in den Magen 250 ccm einer gleichen Peptonlösung, die jedoch mit HCl bis zur Erreichung des Säuregrades des Magensaftes angesäuert war, eingegossen.

Im Verlaufe von 50 Minuten wurden nun 59,0 ccm Pankreassaft abgesondert.

Hieraus folgt, daß die Magensaftsäure ein außerordentlich starker und konstanter Erreger der Bauchspeicheldrüse ist.

Von welchen Teilen des Verdauungstrakts aus regt die Magensaftsäure die sekretorische Tätigkeit der Bauchspeicheldrüse an?

Schon die oben angeführten Versuche von *Dolinski* mit Scheinfütterung eines Hundes bei offener Magenfistel haben gezeigt, daß nicht von der Schleimhautoberfläche des Fundus- und Pylorusteiles des Magens die Säure ihre sekretorische Wirkung entfaltet. Ihre endgültige Lösung verdankt diese Frage *Popielski*[2]). Ihm stand ein Hund zur Verfügung, dessen Magen im Bereiche des Pylorus in zwei Teile geteilt war. An der Schnittstelle führte man in beide Teile Fistelrohre ein und ließ sie hier einheilen. Außerdem hatte das Tier eine permanente Fistel der Bauchspeicheldrüse. Die Eingießung einer Säurelösung in den Magen hatte eine Pankreassekretion nicht zur Folge. Die Einführung einer gleichen Lösung durch den Pylorus in den Zwölffingerdarm regte die Arbeit der Bauchspeicheldrüse in gewöhnlicher Weise an. Weiter zeigte *Popielski*[3]), daß eine Säureeingießung in den Zwölffingerdarm eines Hundes bei einem akuten Versuche eine energische und langandauernde Pankreassaftabsonderung hervorruft. Später wiesen dann Popielski[4]) und Wertheimer und Lepage[5]) nach, daß die Säure vom Zwölffingerdarm und vom gesamten Dünndarm aus ihre safttreibende Wirkung ausübt. Nach Wertheimer und Lepage nimmt ihre Wirkung allmählich ab, je näher dem Dickdarm die Einführung der Säure erfolgt: vom Ileum ebenso wie vom Rectum aus bringe sie eine Wirkung nicht mehr hervor. Bereits früher beobachtete Gottlieb[6]) bei Kaninchen an einem akuten Versuche eine Verstärkung der Pankreassekretion bei Eingießung von Schwefelsäurelösungen in den Zwölffingerdarm. Jedoch sieht er in der Säure keinen speziellen Erreger der Bauchspeicheldrüse, setzt ihre Wirkung vielmehr dem Einfluß anderer lokal reizender Substanzen (Pfeffer, Senf, starke Alkalien usw.) gleich.

---

[1]) Dolinski, Diss. St. Petersburg 1894, S. 9.

[2]) L. B. Popielski, Über die sekretionshemmenden Nerven der Bauchspeicheldrüse. Diss. St. Petersburg 1896, S. 100 ff.

[3]) Popielski, Diss. St. Petersburg 1896, S. 97 ff.

[4]) L. Popielski, Über das peripherische reflektorische Nervenzentrum des Pankreas. Pflügers Archiv 1901, Bd. LXXXVI, S. 231.

[5]) E. Wertheimer et Lepage, Sur l'association réflexe du pancréas avec l'intestin grêle. 1er mémoire. Journ. de physiol. et pathol. génér. 1901, T. III. p. 693.

[6]) R. Gottlieb, Beiträge zur Physiologie und Pharmakologie der Pankreassekretion. Archiv f. experim. Pathol. u. Pharm. 1894, Bd. XXXIII, S. 261.

Wasser.

Wasser ist ein ebenso selbständiger, doch sehr schwacher Erreger der Pankreassekretion. Da Wasser, in den Magen eingegossen, eine Magensaftsekretion hervorruft, so kann man sich über seinen safttreibenden Einfluß auf die Bauchspeicheldrüse nur in dem Falle volle Gewißheit verschaffen, wenn die Möglichkeit einer Magensaftabsonderung ausgeschlossen ist. Am einfachsten läßt sich dies dadurch erreichen, daß man einem Hunde mit permanenter Pankreasfistel in den Magen durch die Magenfistel bei völliger Ruhe der Magendrüsen geringe Quantitäten Wasser (100—200 ccm — im Höchstfall 500 ccm Wasser) eingießt. Das Wasser tritt rasch in den Darm über, indem es nicht die Zeit findet, eine Sekretion des Magensaftes hervorzurufen, jedoch bereits nach 2—3 Minuten eine deutliche Absonderung des Pankreassaftes anregt. Bisweilen kommt es vor, daß die Pankreassekretion noch einige Zeit fortdauert, nachdem bereits die letzten Wasserreste — gewöhnlich von neutraler oder selbst alkalischer Reaktion — herausgelassen sind (*Damaskin*[1])).

Wir geben hier Versuche von *Babkin*[2]) wieder, die entsprechend dieser Methodik mit verschiedenen Quantitäten destillierten Wassers vorgenommen wurden. Die Reaktion im Magen war vor Eingießung in sämtlichen Fällen schwach alkalisch, nach Eingießung neutral.

Tabelle C.

Die Absonderung des Pankreassaftes beim Hunde im Falle einer Eingießung von 100—250—500 ccm Wasser in den Magen (nach *Babkin*).

Stunde	100 ccm Wasser	250 ccm Wasser	500 ccm Wasser
I	0,6 ccm	2,4 ccm	5,3 ccm
II	3,1 ,,	3,6 ,,	3,3 ,,
Insgesamt	3,7 ccm	6,0 ccm	8,6 ccm
Sekretionsdauer . . .	1 St. 45 Min.	1 St. 30 Min.	1 St. 30 Min.

Somit nimmt mit einer Erhöhung der in den Magen eingeführten Wassermenge auch die Arbeit der Bauchspeicheldrüse zu.

Endgültig und in positivem Sinne wurde die Frage über die selbständige safttreibende Wirkung des Wassers von *Bylina*[3]) entschieden. Er nahm bei einem Hunde mit permanenter Pankreasfistel ein Verbrühen der Magenschleimhaut mittels heißen Wassers von 70° R vor. Das Wasser führte er in den Magen durch die Fistel für die Dauer von 18—25″ in einer Quantität von 600 ccm ein. Als Folge des Verbrühens trat eine vollständige Achylie der Magenschleimhaut im Verlaufe von 6—7 Tagen ein. Sobald sich das Tier vom Trauma etwas erholt hatte, benutzte *Bylina* diese Zeit, um die Wirkung des Wassers sowie auch anderer, unter normalen Bedingungen sowohl die Magen- als auch die Pankreassekretion anregender Sunstanzen zu erproben. Jetzt trat die selbständige Wirkung nur der Erreger der Bauchspeicheldrüse völlig klar und deutlich zutage.

Auf Tabelle CI sehen wir Versuche mit Einführung von Wasser und Liebigschem Fleischextrakt in den Magen vor und nach Verbrennung der Magen-

---

[1]) Pawlow, Vorlesungen. Wiesbaden 1898. S. 164.

[2]) Babkin, Archives des Sciences Biologiques 1904, Bd. XI, Nr. 3.

[3]) A. S. Bylina, Die Arbeit der Bauchspeicheldrüse eines Hundes bei künstlich hervorgerufener Achylia gastrica. Praktischer Arzt (russ.) 1911, Nr. 44—49.

schleimhaut. Bei normaler Tätigkeit der Magenschleimhaut werden die in den Magen eingeführten Flüssigkeiten bereits im Laufe der ersten Stunde sauer. Bei Untätigkeit der Magenschleimhaut war im Verlaufe des ganzen Versuches die Reaktion der Flüssigkeit schwach alkalisch (Wasser) oder schwach sauer (Liebigs Extrakt). Allein auch im letzteren Falle war es unmöglich, mit Hilfe der entsprechenden Reaktionen selbst Spuren der Anwesenheit von Salzsäure zu entdecken.

Wie ersichtlich, bewahrte das Wasser, wenn auch in verringertem Maße, seine safttreibende Wirkung sogar nach Ausschluß der Magendrüsentätigkeit. Die Wirkung des Liebigschen Extrakts unter analogen Bedingungen wurde mit der Wirkung des Wassers verglichen. Hieraus ergibt sich, daß die Extraktivstoffe des Fleisches — im Gegensatz zum Wasser — nicht über die Fähigkeit verfügen, die sekretorische Arbeit der Bauchspeicheldrüse anzuregen.

Tabelle CI.

Die Arbeit der Bauchspeicheldrüse eines Hundes bei Eingießung von 300 ccm destillierten Wassers und 300 ccm einer 5 proz. Lösung Liebigschen Fleischextrakts in den Magen vor und nach Verbrühen seiner Schleimhaut (nach Bylina.)

Stunde	Vor Verbrühen		Nach Verbrühen	
	Eingießung von 300 ccm Wasser. Pankreassaftmenge in ccm[1])	Eingießung von 300 ccm 5 proz. Liebigs Extrakt. Pankreassaftmenge in ccm[1])	Eingießung von 300 ccm Wasser. Pankreassaftmenge in ccm	Eingießung von 300 ccm 5 proz. Liebigs Extrakt. Pankreassaftmenge in ccm
I	15,5	14,5	9,6	7,8
II	5,7	22,1	2,3	2,2
III	0,3	4,9	—	—
Insgesamt . . .	21,5	41,5	11,9	10,0
Sekretionsdauer	2 St. 08 Min.	2 St. 55 Min.	1 St. 45 Min.	1 St. 45 Min.

Es verdient hervorgehoben zu werden, daß bei Beseitigung der Tätigkeit der Magenschleimhaut und folglich auch des Einflusses der Magensaftsäure der Typus der Sekretion auf Liebigs Extrakt selbst eine Veränderung erfuhr. Die Sekretionskurve erinnert jetzt ganz an die Kurve der Absonderung auf eine entsprechende Wassermenge.

Fett.

Einen etwas weniger energischen Erreger der Bauchspeicheldrüse als die Salzsäure, doch einen bedeutend stärkeren Erreger als das Wasser bildet das Fett.

Zuerst wurde die safttreibende Wirkung des Fettes von *Dolinski*[2]) wahrgenommen, dann von *Damaskin*[3]) endgültig festgestellt.

Gießt man Fett, beispielsweise Provenceröl, durch die Fistel in den Magen eines Hundes mit permanenter Pankreasfistel, so beginnt bereits nach einigen

---

[1]) Mittlere Zahlen.

[2]) Dolinski, Diss. St. Petersburg 1894.

[3]) Damaskin, Die Wirkung des Fettes auf die Absonderung des Pankreassaftes. Verhandlungen der Gesellsch. russ. Ärzte zu St. Petersburg 1895—1896, Februar, S. 7.

Minuten (3—4—5) eine energische Absonderung des Pankreassaftes, trotzdem die Magenschleimhaut alkalisch reagiert und keinen Tropfen Magensaft ausscheidet. Bisweilen tritt bereits ziemlich rasch, selbst schon nach Ablauf einer halben Stunde (*Damaskin*), der Mageninhalt in den Darm über, nichtsdestoweniger hält die Absonderung des Pankreassaftes eine ziemlich lange Zeit (1 Stunde bis $1^1/_4$ Stunde) an. Das Fett geht jedoch nicht endgültig in den Darm über. Stellt man die Beobachtung bei offener Magenfistel an, so kann man sehen, wie aus dem Magen eine alkalische gelbgrüne Flüssigkeit, die aus emulgiertem Fett und sich in das Lumen des Zwölffingerdarms ergießenden Verdauungssäften (Pankreassaft, Galle, Darmsaft usw.) besteht, abzufließen beginnt. Bald nach dem Beginn der Zurückwerfung jedoch geht die Reaktion der Magenschleimhaut von einer alkalischen in eine saure über. Eine saure Reaktion nehmen auch die zurückgeworfenen Flüssigkeiten an. Die Zurückwerfung wird allmählich geringer, die Absonderung des Magensaftes dagegen steigt an. Schließlich nehmen alle beobachteten Erscheinungen ab, und die Arbeit sowohl der Bauchspeicheldrüse als auch der Magendrüsen kommt zum Stillstand.

Wird der Versuch mit Fett jedoch bei geschlossener Magenfistel vorgenommen, so führt die Zurückwerfung aus dem Zwölffingerdarm dazu, daß der Mageninhalt von einem bestimmten Augenblick an zunimmt, immer noch eine neutrale oder alkalische Reaktion aufweisend. Diese Reaktion geht jedoch bald in eine saure über. Die Absonderung des Pankreassaftes wird um diese Zeit stärker, um dann gleichzeitig mit dem allmählichen Übertritt des Mageninhaltes in den Darm schwächer zu werden und endlich zur ursprünglichen Höhe zurückzukehren. Dieser Umstand veranlaßte *Boldyreff*[1]), die Funktion der Bauchspeicheldrüse beim Menschen mittels Ergießung von Öl in den Magen und nachfolgender Auspumpung des Mageninhalts zu untersuchen. Es gelingt, aus dem Magen ein Gemisch von Öl mit den sich in das Lumen des Zwölffingerdarms ergießenden Säften und unter anderem auch mit Pankreassaft zu erzielen.

Als Beispiel seien hier angeführt zwei Versuche von *Damaskin* mit Eingießung von 100 ccm Provenceröl durch die Magenfistel in den Magen eines Hundes mit permanenter Pankreasfistel. Selbstverständlich war die reflektorische Phase der Magensekretion hierbei beseitigt.

Stunde	I. Versuch Saftmenge	II. Versuch Saftmenge
I	20,8 ccm	18,5 ccm
II	27,5 ,,	20,5 ,,
III	13,5 ,,	11,5 ,,
IV	—	2,5 ,,
Insgesamt	61,8 ccm	53,0 ccm

Um den Zusammenhang zwischen dem Erscheinen des Fettes im Zwölffingerdarm und dem Beginn der Pankreassekretion genau zu bestimmen, sowie ferner die Erscheinungen der Zurückwerfung der Darmflüssigkeiten in den Magen beobachten zu können, bedienten sich *Babkin* und *Ishikawa*[2]) eines kompliziert operierten Tieres. Dem Hunde war eine Magen-, Duodenal- und Pankreasfistel angelegt. 100 ccm

---

[1]) W. N. Boldyreff, Der Übertritt des natürlichen Gemisches aus Pankreassaft und Galle in den Magen. Pflügers Archiv 1907, Bd. CXXI, S. 19.

[2]) B. P. Babkin und H. Ishikawa, Zur Frage über den Mechanismus der Wirkung des Fettes als sekretorischen Erregers der Bauchspeicheldrüse. Pflügers Archiv 1912, Bd. CXLVII, S. 324.

neutralen Mohnöls wurden durch die Magenfistel in den Magen bei alkalischer Reaktion seiner Schleimhaut eingegossen. Sobald sich das Öl in der bis dahin offenen Duodenalfistel zeigte, wurde diese letztere mittelst eines Pfropfens, durch den ein Glasröhrchen führte, geschlossen. Auf das Ende des Glasröhrchens war ein mittelst einer Klemme geschlossener Gummischlauch gezogen. Der Mageninhalt wurde jede halbe Stunde aus der Magenfistel in ein graduiertes Gläschen entleert und nach Bestimmung seiner Reaktion auf demselben Wege wieder in den Magen zurückgegossen. Die ganze Prozedur beanspruchte nicht mehr als 2—3 Minuten.

Wir geben als Beispiel folgenden Versuch wieder.

Zeit	Pankreassaftmenge in ccm		Bemerkungen
10^h 50′—11^h 05′	0,3		Reaktion im Magen von 11^h 10′ an schwach
11^h 20′	0,3		alkalisch.
Um 11^h 21′ in den Magen 100 ccm neutralen Mohnöls eingeführt.			
11^h 20′—11^h 35′	2,6		Um 11^h 23′ zeigte sich in der Duodenalfistel durch-
11^h 50′	5,1	12,3	sichtiges Öl.
12^h 05′	2,8		Fistel geschlossen.
12^h 20′	1,8		Um 11^h 27′ Beginn der Pankreassekretion.
12^h 20′—12^h 35′	1,5		Um 11^h 40′ färbte sich der Inhalt der Duodenal-
12^h 50′	1,0	5,0	fistel mit Galle. Um 12^h 12′ Gallebeimischung
1^h 05′	1,3		zum Mageninhalt; um diese Zeit geht seine Re-
1^h 20′	1,2		aktion von einer neutralen in eine saure über.
1^h 20′— 1^h 35′	1,5		Um 1^h 35′ aus dem Magen 40 ccm eines Gemisches aus Fett und verschiedenen Säften saurer Re- aktion herausgelassen.

Insgesamt im
  Laufe von 2$^1/_4$
  Stunden . . 18,8 ccm Versuch eingestellt.

Aus dem Versuche ist ersichtlich, daß das Öl bereits 2 Minuten nach seiner Ein-gießung in den Magen in den Zwölffingerdarm übertrat und 4 Minuten darauf eine energische Pankreassekretion einsetzte. Nach Verlauf einer nicht ganz vollen Stunde wurde im Mageninhalt die Anwesenheit von Galle und folglich auch anderer sich in den Zwölffingerdarm ergießender Säfte wahrgenommen. Bald darauf begann sich Magensaft abzusondern, und die Reaktion des Mageninhalts wurde sauer. Demnach ist die latente Periode der Pankreassekretion bei Fett nicht groß und beträgt im ganzen 3—4 Minuten. Sie ist jedoch größer als die Latenzdauer bei Säure (1′ 30″).

Somit lassen sich in der safttreibenden Wirkung des Fettes zwei Phasen beobachten: die erste Phase, in deren Verlauf das Fett die Bauchspeicheldrüse bei neutraler oder alkalischer Reaktion des Mageninhalts zur Tätigkeit anregt, und die zweite Phase, in deren Verlauf der Mageninhalt sauer wird und sich der Wirkung des Fettes die Wirkung der Salzsäure des Magensaftes hinzugesellt.

Um jegliche Bedenken hinsichtlich der selbständigen safttreibenden Wir-kung des Fettes auf die Bauchspeicheldrüse zu beseitigen, erprobte *Bylina*[1]) die Wirkung von neutralem Mohnöl an einem Hunde, dessen Magenschleimhaut mittels Verbrühen in untätigen Zustand versetzt worden war. Der Ver-such wurde genau ebenso angestellt, wie der analoge Versuch mit Wasser. Daneben ist ein Versuch mit Einführung von 100 ccm neutralen Möhnols in den Magen eben desselben Hundes bei normaler Tätigkeit seiner Schleimhaut angeführt.

---

[1]) **Bylina**, Praktischer Arzt (russ.) 1911, Nr. 44—49.

Eingießung von 100 ccm neutralen Mohnöls in den Magen.

Stunde	Nach Verbrühen Pankreassaftmenge	Vor Verbrühen Pankreassaftmenge
I	14,1 ccm	10,0 ccm
II	12,5 „	7,6 „
III	Aus dem Magen 50 ccm neutralen Inhalts herausgelassen. HCl nicht wahrgenommen	5,3 „
Insgesamt	26,6 ccm	22,9 ccm

Aus diesem Versuche folgt, daß das Fett als selbständiger Erreger der Bauchspeicheldrüse anzusehen ist. Bei unbedingter Beseitigung der Salzsäure des Magensaftes regte das Fett eine energische Absonderung des Pankreassaftes an. Die höchste stündliche Leistung der sekretorischen Arbeit der Drüse überstieg jetzt sogar eine solche bei unbeschädigter Magenschleimhaut (14,1 ccm gegen 10,0 ccm). (Auf die Gesamtmenge des in dem einen und anderen Falle zur Absonderung gelangenden Saftes einen Schluß zu ziehen, ist nicht möglich, da die Versuche nicht zu Ende geführt worden sind.)

Um eine Vorstellung von der safttreibenden Wirkung des Fettes zu erhalten, braucht man nur die folgenden Daten zu betrachten. Hier sind die mittleren Zahlen bei Einführung von 200 ccm einer 0,5 proz. HCl-Lösung, 100 ccm Proveneeröl und 100 ccm Wasser in den Magen eines Hundes mit permanenter Pankreasfistel gegenübergestellt[1]).

	Salzsäure	Provenceröl	Wasser
Gesamte Saftmenge . . .	23,4 ccm	8,97 ccm	1,3 ccm
Höchste stündliche Leistung	13,05 „	4,86 „	1,3 „
Sekretionsdauer	2 St. 37 Min.	2 St. 33 Min.	1 St.

(Die absoluten Ziffern sind nicht hoch, da dem Tiere eine Pankreasfistel nach der Methode *Sanozkis*[2]), bei der nur ein Teil des Pankreassaftes nach außen hin abgesondert wird, angelegt worden war.)

Säure bildet den stärksten Erreger der Bauchspeicheldrüse. Verringert man selbst um ein Doppeltes die entsprechenden Zahlen, da an Säure 200 ccm, an Fett und Wasser dagegen nur 100 ccm eingegossen wurden, so überragt sie auch dann noch das Fett an Wirkung fast $1\frac{1}{2}$ mal. Am schwächsten wirkt Wasser.

Somit unterliegt die safttreibende Wirkung des Fettes auf die Bauchspeicheldrüse keinem Zweifel. Das Fett stellt jedoch einen komplizierten Erreger dar. Über safttreibende Eigenschaften können sowohl neutrales Fett selbst als auch die Produkte seiner Spaltung — Glycerin und Fettsäuren sowie die Produkte seiner Umwandlung — Seifen verfügen. Die Bedingungen für die Bildung aller dieser Substanzen sind im Zwölffingerdarm gegeben, wohin das Fett aus dem Magen übertritt. Die lipolytischen Fermente der sich in das Lumen des Zwölffingerdarms ergießenden Säfte (Pankreassaft, Darmsaft) spalten neutrales Fett in Glycerin und Fettsäure, und aus dieser letzteren in Verbindung mit den Alkalien eben jener Säfte bildet sich Salz — Seife.

Bei Untersuchung der safttreibenden Wirkung dieser Substanzen ergab sich, daß Glycerin über solche Eigenschaften nicht verfügt (*Babkin*[3]), Stud-

---

[1]) Babkin, Archives des Sciences Biologiques 1904, T. XI, No. 3.

[2]) J. P. Pawlow, Die physiologische Chirurgie des Verdauungskanals. Ergebnisse der Physiologie 1902, Jahrg. I, Abt. 1, S. 271.

[3]) Babkin, Archives des Sciences Biologiques 1904, T. XI, No. 3.

sinski[1])), umgekehrt Fettsäure — Oleinsäure (Studsinski[2]), *Bylina*[3]), *Babkin* und *Ishikawa*[4])) und Seifen (*Babkin*[5]), *Sawitsch*[6]), Fleig[7]), *Buchstab*[8]), Studsinski[9]), *Bylina*[10])) sehr energische safttreibende Eigenschaften aufweisen.

Bereits eine 2proz. Oleinsäureemulsion ruft eine Pankreassaftabsonderung hervor. Mit einer Erhöhung der Quantität der im Wasser suspendierten Oleinsäure nimmt auch ihre safttreibende Wirkung zu. Die Latenzdauer ist bei Wirkung von Oleinsäure sehr unbedeutend — 2—3 Minuten.

Indem sich *Babkin* und *Ishikawa*[11]) des oben beschriebenen kompliziert operierten Hundes mit einer Magen-, Duodenal- und Pankreasfistel bedienten, vermochten sie den Beginn der Pankreassekretion nach Übertritt der Oleinsäureemulsion in den Zwölffingerdarm aus dem Magen genau zu bestimmen. Wir lassen hier einen diesbezüglichen Versuch folgen.

Zeit	Pankreassaftmenge in ccm	Bemerkungen
12ʰ 40′—12ʰ 55′	0,1	Reaktion im Magen alkalisch.
Um 12ʰ 57′ in den Magen		100 ccm einer 20proz. Oleinsäureemulsion eingegossen.
12ʰ 57′— 1ʰ 12′	1,6	Um 12ʰ 59′ zeigte sich eine Emulsion im Zwölf-
1ʰ 27′	3,8	fingerdarm. Fistel ist geschlossen. Um 1ʰ 02′ die
1ʰ 42′	2,3	ersten Tropfen Pankreassaft.
1ʰ 57′	0,9	Um 1ʰ 13′ Reaktion der Magenschleimhaut sauer. Um 1ʰ 42′ Mageninhalt mit Galle gefärbt.
Im Laufe 1 Stunde	8,6 ccm	Um 1ʰ 57′ Versuch eingestellt. Aus dem Magen 40 ccm saurer Flüssigkeit herausgelassen.

Aus dem Versuche folgt, daß die Latenzdauer bei der Wirkung von Oleinsäure nach ihrem Übertritt in den Zwölffingerdarm im ganzen 3 Minuten beträgt.

Die safttreibende Wirkung der Seifen (1proz. bis 10proz. Lösungen Natrii oleinici) wurde zuerst an Hunden mit einer Magenfistel und einer permanenten Pankreasfistel nachgewiesen (*Babkin*[12])). Je konzentrierter die Seifenlösung ist, mit einer um so energischeren und anhaltenderen Sekretion reagiert die

---

[1]) J. B. Studsinski, Über den Einfluß der Fette und Seifen auf die sekretorische Tätigkeit des Pankreas. Russki Wratsch 1911, Nr. 1, 2 und 3.

[2]) Studsinski, Russki Wratsch 1911, Nr. 1, 2 und 3.

[3]) A. S. Bylina, Über den Einfluß von neutralem Fett und seinen Komponenten auf die Arbeit der Magendrüsen und des Pankreas.. Russki Wratsch 1912, Nr. 9 und 10.

[4]) Babkin und Ishikawa, Pflügers Archiv 1912, Bd. CXLVII, S. 288.

[5]) B. P. Babkin, L'influence des solutions des savons alcalins sur la sécrétion du pancréas. Förhandlingar vid nordiska Naturforskare — och Läkaremötet. Helsingfors 1902, p. 4. — Archives des Sciences Biologiques 1904, T. XI, No. 3.

[6]) W. W. Sawitsch, Der Mechanismus der normalen Pankreassekretion. Verhandl. d. Gesellsch. russ. Ärzte zu St. Petersburg 1903, Mai.

[7]) C. Fleig, Mode d'action chimique des savons alcalins sur la sécrétion pancréatique. Soc. Biol. 1903, T. LV, p. 1201. — Intervation d'un processus humoral dans l'action des savons alcalins sur la sécrétion pancréatique. Journ. de physiol. et pathol. génér. 1904, T. VI, p. 32.

[8]) J. A. Buchstab, Die Arbeit der Bauchspeicheldrüse nach Durchschneidung der Nn. vagi und Nn. splanchnici. Diss. St. Petersburg 1904.

[9]) Studsinski, Russki Wratsch 1911, Nr. 1, 2 und 3.

[10]) Bylina, Russki Wratsch 1912, Nr. 9 und 10.

[11]) Babkin, und Ishikawa, Pflügers Archiv 1912, Bd. CXLVII, S. 302.

[12]) Babkin, Förhandlingar vid Nordiska Naturforskare — och Läkaremötet. Helsingfors 1902, p. 4. — Archives des Sciences Biologiques 1904, T. XI, No. 3.

Bauchspeicheldrüse auf deren Einführung in den Magen. Schwächere Lösungen (1—2,5 proz.) Natrii oleinici veranlassen den Magen unter Bewahrung ihrer alkalischen Reaktion; 5—10 proz. Lösungen, die längere Zeit — etwa 3 bis 4 Stunden — im Magen zurückgehalten werden, nehmen eine saure Reaktion an. Daher kann man bei konzentrierteren Lösungen die sekretorische Arbeit der Bauchspeicheldrüse in zwei Perioden zerlegen: die Sekretion bei alkalischer Reaktion des Mageninhalts und die Sekretion bei saurer Reaktion des letzteren. Die Arbeit der Bauchspeicheldrüse ist innerhalb der ersten Periode nicht nur nicht geringer, sondern bisweilen sogar energischer als in der zweiten. Hand in Hand mit der Veränderung der Reaktion der in den Magen eingegossenen Seife gehen Schwankungen in ihrer Quantität. Diese sind unbedeutend bei niedrigeren Konzentrationen und gehen nicht über den ursprünglichen Umfang der in den Magen eingeführten Flüssigkeit hinaus. Bei Versuchen mit einer 10 proz. Lösung erreichen sie sehr beträchtliche Höhen: bald zunehmend bald abnehmend, wächst der Mageninhalt um ein $1^1/_2$—2faches, bisweilen jedoch auch um ein 3faches im Vergleich mit der ursprünglichen Höhe an. Sobald der Mageninhalt eine saure Reaktion angenommen hat, beginnt er mehr oder weniger gleichmäßig in den Darm überzutreten.

Diese Zunahme des Mageninhalts ist der Zurückwerfung der sich in das Lumen des Zwölffingerdarms ergießenden Säfte (Pankreassaft, Darmsaft, Galle usw.) zuzuschreiben, was durch die entsprechenden Untersuchungen des Mageninhalts nachgewiesen worden war. Je konzentrierter die Seifelösung ist, um so energischer regt sie die Sekretion der genannten Säfte an, um so mehr nimmt die Quantität der ursprünglich in den Magen eingeführten Seifenlösung zu. Die Bedeutung dieser Erscheinung liegt offenbar in einer Neutralisation des überaus stark alkalischen Mageninhalts zum Zwecke des Schutzes der sehr empfindlichen Duodenalschleimhaut.

Der Übergang der Reaktion des Mageninhalts aus einer alkalischen in eine saure ist auf den safttreibenden Einfluß einerseits der Seifenlösung, andererseits des in den Magen zurückgeworfenen Pankreassaftes und der Galle auf die Magendrüsen zurückzuführen.

Die bei den Kontrollversuchen durch Lösungen Na_2CO_3 und $NaHCO_3$, die Seifenlösungen an Alkalität äquivalent und an Quantität identisch waren, hervorgerufene Pankreassaftsekretion kann mit der durch Seifen bedingten Absonderung in keinerlei Weise verglichen werden.

Als Beispiel bringen wir nebenstehenden Versuch mit Eingießung von 100 ccm einer 10 proz. Lösung Natrii oleinici in den Magen eines Hundes mit permanenter Pankreasfistel nach *Sanozki*. Die Quantität des Mageninhalts und seine Reaktion werden jede Viertelstunde notiert (nach *Babkin*[1]).

Von der Gesamtmenge des Pankreassaftes (19,1 ccm) gelangte die Hälfte (9,9 ccm) im Laufe von 2 Stunden 15 Minuten bei alkalischer Reaktion des Mageninhalts, die andere Hälfte (9,2 ccm) im Laufe von 2 Stunden 45 Minuten bei saurer Reaktion desselben zur Ausscheidung. Hierbei war die Anspannung der sekretorischen Arbeit während der „alkalischen" Periode größer, als während der „sauren" (Durchschnittsgeschwindigkeit pro 15 Minuten: 1,4 ccm gegen 1,0 ccm). Somit stellt Seife einen selbständigen energischen Erreger der Bauchspeicheldrüse dar.

Die folgenden Daten charakterisieren in quantitativer Hinsicht die Arbeit der Bauchspeicheldrüse bei Einwirkung von 100 ccm einer 10 proz. Lösung

---

[1] Babkin, Archives des Sc. Biol. 1904, T. XI, No. 3.

Eingießung von 100 ccm Natrii oleinici in den Magen.

Stunde	Pankreassaftmenge in ccm		Mageninhalt	
			seine Reaktion	seine Quantität
I	1,4 / 0,9 / 1,1 / 0,5	3,9	stark alkalisch / stark alkalisch Gallebeimischung / stark alkalisch / „ „	90 ccm / 85 „ / 106 „ / 102 „
II	0,9 / 0,9 / 1,6 / 0,9	4,3	alkalisch / „ / „ / schwach alkalisch	110 „ / 110 „ / 110 „ / 130 „
III	1,7 / 0,9 / 0,6 / 1,2	4,4	sehr schwach alkalisch / amphot. / schwach sauer / sauer	140 „ / 150 „ / 145 „ / 150 „
IV	0,7 / 0,7 / 1,2 / 1,0	3,6	„ / — / — / „	100 „ / — / — / 95 „
V	1,0 / 1,0 / 0,4 / 0,5	2,9	„ / „ / „ / „	70 „ / 25 „ / 16 „ / 15 „

Insgesamt 19,1 ccm Magen leer. Reaktion in ihm sauer.

Natrii oleinici, dieser letzteren an Alkalität äquavilenter Lösungen $NaCO_3$ und $NaHCO_3$ und Wasser, sowie von 200 ccm einer 0,5 proz. Salzsäurelösung (teils mittlere Zahlen). Die Versuche sind an ein und demselben Hunde mit einer Pankreasfistel nach *Sanozki* vorgenommen[1]).

	10% Natrii oleinici	1,74% Na_2CO_3	2,76% $NaHCO_3$	Wasser	Salzsäure
Geasmtmenge	16,9 ccm	0,9 ccm	1,2 ccm	1,3 ccm	23,4 ccm
Stündl. Maximum . .	4,2 „	0,9 „	1,0 „	1,3 „	13,05 „
Sekretionsdauer . . .	5 St.	1 St.	1 St. 30 Min.	1 St.	2 St. 37 Min.

Folglich verdankt die Seife ihre safttreibende Wirkung nicht dem Wasser und nicht dem Alkali, sondern dem einen Bestandteil von ihr bildenden Fettsäuremolekül. An Wirkungsstärke steht sie hinter der Salzsäure zurück, die somit den stärksten Erreger der Bauchspeicheldrüse darstellt.

Die Seifen regen die Absonderung des Pankreassaftes beim Hunde an, indem sie mit der Duodenalschleimhaut und der Schleimhaut des Dünndarms in Berührung kommen; dies hat *Sawitsch*[2]) an akuten Versuchen nachgewiesen.

Nun entsteht die Frage, was die Arbeit der Bauchspeicheldrüse bei Einführung neutralen Fettes in den Magen anrege. Etwa neutrales Fett selbst oder die sich aus ihm im Zwölffingerdarm bildenden Fettsäuren und Seifen? *Popielski*[3]) und *Studsinski*[4]) stellen die safttreibende Wirkung neutralen Fettes in Abrede und verlegen den Schwerpunkt der Frage auf die Anwesenheit von Fettsäuren im käuflichen Öl oder auf ihre Bildung aus Fett im Duodenum

<hr>

[1]) Babkiß, Archives des Sc. Biol. 1904, T. XI, No. 3.
[2]) Sawitsch, Verhandlungen d. Gesellsch. russ. Ärzte zu St. Petersburg 1903, Mai.
[3]) Popielski, Diss. St. Petersburg 1896, S. 92.
[4]) Studsinski, Russki Wratsch 1911, Nr. 1, 2 und 3.

unter dem Einfluß lipolytischer Fermente. Übrigens erkennt Studsinski auch safttreibende Eigenschaften der Seifen an. Was die safttreibende Wirkung des käuflichen Öles (z. B. Provenceröl) infolge Anwesenheit von Fettsäuren in ihm anbetrifft, so machen die Versuche von *Bylina*[1]) diese Annahme hinfällig. Man kann einem Hunde in den Magen bei völliger Ruhe seiner Drüsen reines neutrales Öl oder solches mit rohem Eiereiweiß vermischt zum Zwecke einer Neutralisation der möglicherweise zur Entstehung gelangenden Fettsäuren eingießen, nichtsdestoweniger jedoch beginnt die Arbeit der Bauchspeicheldrüse ebenso schnell und geht in gleicher Weise vor sich, wie bei käuflichem Öl. Beispielsweise gossen bei dem oben angeführten Versuch (s. S. 277) *Babkin* und *Ishikawa*[2]) in den Magen eines Hundes neutrales Möhnöl, das selbst keine Spuren von Fettsäuren enthielt. Die Bauchspeicheldrüse begann bereits 4 Minuten nach Übertritt des Öles in den Zwölffingerdarm Saft abzusondern.

Von weit größerer Wichtigkeit ist eine andere Frage, auf die besonders Pflüger[3]) hinwies: Wie schnell können sich aus neutralem Fett im Zwölffingerdarm Fettsäuren abspalten, und sind sie dort in Vermischung mit Seifen vorhanden? Mit anderen Worten: Vermag die ganze zur Abspaltung gelangende Fettsäure sich durch die Alkalien der in das Duodenum abfließenden Säfte zu neutralisieren und in Seife umzuwandeln?

Eine endgültige Antwort auf diese Frage zu geben, ist zurzeit nicht möglich. Die einen Autoren führen die Pankreassekretion sowohl bei Fett (Cohnheim und Klee[4])), als auch bei Oleinsäure (*Bylina*[5])) auf die safttreibende Wirkung der sich aus ihnen bildenden Seifen zurück. Andererseits sahen *Babkin* und *Ishikawa*[6]) eine außerordentlich rasche Spaltung von neutralem Mohnöl mit Fettsäurebildung in vitro unter dem Einfluß von aktivem Pankreassaft bei reichlichem Vorhandensein von Alkalien (Beimischung von Eiereiweiß) nicht nur bei Brutschranktemeperatur, sondern auch bei Zimmertemperatur. Natürlich muß in vivo die Neutralisation der sich vom Fett abspaltenden Fettsäuren und die Bildung von Seifen energischer vor sich gehen, als in vitro infolge der außerordentlich großen Menge alkalischer Säfte, die sich auf Fett in das Lumen des Zwölffingerdarms ergießen. Immerhin ist es jedoch sehr wohl möglich, daß im Darm neben Seifen auch Fettsäuren vorhanden sind. Daher erfordert die Frage weitere Bearbeitung.

Ebensowenig können wir zurzeit eine — vielleicht auch nur sehr schwache — safttreibende Wirkung von neutralem Fett selbst in Abrede stellen, wie dies Studsinski[7]) tut. Wie wir weiter unten sehen werden, sondert sich auf Fett ein ganz eigenartiger Saft ab, der an Fermenten und organischen Substanzen bedeutend reicher ist als der Saft auf Seife und Fettsäure (*Bylina*[5])).

---

[1]) Bylina, Russki Wratsch 1912, Nr. 9 und 10.
[2]) Babkin und Ishikawa, Pflügers Archiv 1912, Bd. CXLVII, S. 288.
[3]) E. Pflüger, Über die Verseifung, welche durch die Galle vermittelt wird, und die Bestimmung von Seifen neben Fettsäuren in Gallemischungen. Pflügers Archiv 1902, Bd. XC, S. 1.
[4]) O. Cohnheim und Ph. Klee, Zur Physiologie des Pankreas. Zeitschrift für physiolog. Chemie 1912, Bd. LXXVIII, S. 464.
[5]) Bylina, Russki Wratsch 1912, Nr. 9 und 10.
[6]) Babkin und Ishikawa, Pflügers Archiv 1912, Bd. CXLVII, S. 320.
[7]) Studsinski, Russki Wratsch 1911, Nr. 1, 2 und 3.

Alkohol, Äther, Chloralhydrat, Senföl u. a.

Alkohol regt bei seiner Einführung in den Magen die Pankreassekretion an (*Kuwschinski*[1]), Gizelt[2])). Dieser Effekt kann jedoch vom Übertritt des sauren Magensaftes, dessen Absonderung vom Alkohol hervorgerufen ist, in den Zwölffingerdarm abhängen. *Zitowitsch*[3]), Fleig[4]) und Gizelt[5]) haben nachgewiesen, daß Alkohol die Arbeit der Bauchspeicheldrüse bei unmittelbarer Einführung von Alkohollösungen in den Zwölffingerdarm eines Hundes bei einem akuten Versuch anregt. Außerdem sah Gizelt[5]) bei einem akuten Versuche eine Absonderung des Pankreassaftes bei Einführung von Alkohol in rectum und subcutan (doch nicht ins Blut). Die Möglichkeit des Magensaftübertritts in den Zwölffingerdarm wurde durch Unterbindung im Bereiche des Pylorus verhütet.

Alkohol in kleinen Mengen und geringer Konzentration (bis 40—50%) erhöht die Fähigkeit des Trypsins, koaguliertes Eiereiweiß zu verdauen (*Zitowitsch*[6])). Diese Erscheinung beruht vermutlich darauf, daß Alkohol Trypsin vor Selbstzerstörung bewahrt. Alkohol aktiviert nicht das Zymogen des Trypsins (*Zitowitsch*[6])), sondern erhöht die Wirkung des Steapsins (Gizelt[5])). Die safttreibende Wirkung des Äthers, die noch von Cl. Bernard[7]) festgestellte, wurde neuerdings durch Bayliß und Starling[8]) und Fleig[9]) bestätigt.

Wertheimer und Lepage[10]) sahen bei einem akuten Versuche am Hunde eine safttreibende Wirkung von Chloralhydrat, bei dessen Einführung in das Duodenums und den Dünndarm; aus dem unteren Teile des Ileums jedoch übt es eine Wirkung bereits nicht mehr aus. Die Absonderung des Pankreassaftes setzt rasch ein. Die Wirkung von Chloralhydrat bei einem akuten Versuche ist nach Wertheimer und Lepage stärker als die Wirkung von Salzsäure. Chloralhydrat regt bei seiner Einführung in das Blut die Bauchspeicheldrüse zur Sekretion an. Noch früher hatte Gottlieb[11]) die safttreibende Wirkung von Chloralhydrat auf die Bauchspeicheldrüse beim Kaninchen konstatiert.

------

[1]) Kuwschinski, Diss. St. Petersburg 1888, S. 32.

[2]) A. Gizelt, Über den Einfluß des Alkohols auf die sekretorische Tätigkeit und die Verdauungsfermente der Bauchspeicheldrüse. Pflügers Archiv 1906, Bd. CXI, S. 620.

[3]) J. S. Zitowitsch, Über den Einfluß des Alkohols auf die Magenverdauung. Nachrichten der Kaiserl. Milit.-Med. Akademie 1905, T. XI, Nr. 1, 2 und 3.

[4]) C. Fleig, Intervation d'un processus humoral dans la sécrétion pancréatique par action de l'alcool sur la muqueuse intestinale. Soc. Biol. 1903, T. LV, p. 1277.

[5]) Gizelt, Pflügers Archiv 1906, Bd. CXI, S. 620.

[6]) Zitowitsch, Nachrichten der Kaiserl. Milit.-Med. Akademie 1905, Bd. XI, Nr. 1, 2 und 3.

[7]) Cl. Bernard, Leçons de physiologie expérimantale. Paris 1856, p. 226.

[8]) Bayliß and Starling, Journal of Physiologie 1902, Vol. XXVIII, p. 343.

[9]) C. Fleig, Du mode d'action des excitants chimiques des glandes digestives. Archiv Internat. de Physiologie 1904, Vol. I, p. 286.

[10]) E. Wertheimer et Lepage, Journ. de Physiol. et de Pathol. génér. 1901, T. III, p. 698.

[11]) Gottlieb, Archiv f. experim. Pathol. u. Pharmakol. 1894, Bd. XXXIII, S. 261.

Wertheimer und Lepage[1]) sahen ferner eine Sekretion des Pankreassaftes bei Einführung einer Emulsion aus Senföl (1—2 Tropfen auf 5—10 ccm
Wasser) in den Zwölffingerdarm eines Hundes bei einem akuten Versuch.
(Die Injektion der Emulsion in das Blut des Tieres war wirkungslos.) Diese
Daten decken sich mit dem Befunde Gottliebs[2]), der bei Einführung von Senföl
in den Zwölffingerdarm eines Kaninchens eine Pankreassaftsekretion beobachtete, und stehen im Widerspruch mit den Versuchen von *Schirokich*[3]).

Schirokich goß in den Magen eines Hundes mit permanenter Pankreasfistel 100—150 ccm Wasser, dem 2—3 Tropfen Senföl hinzugesetzt waren. Nur
in solcher Verdünnung wurde Senföl vom Tiere ohne Erbrechen vertragen. In
sämtlichen Fällen erhielt man ein negatives Resultat — die Arbeit der Bauchspeicheldrüse nahm nicht zu.

Endlich verfügt Pfefferextrakt, das nach Gottlieb[2]) eine Sekretion der
Bauchspeicheldrüse hervorruft, auf Grund der Untersuchungen von *Schirokich*
und Wertheimer und Lepage[4]) über solche Eigenschaften ebensowenig
wie Oleum crotonis (Wertheimer und Lepage[4])).

Substanzen, die auf die Pankreassekretion einen hemmenden Einfluß ausüben.

Bekker[5]) hat dargetan, daß Lösungen der Alkalisalze die Sekretion
der Bauchspeicheldrüse hemmen. Diese Hemmung entsteht nicht nur infolge
Neutralisation der sauren Massen im Magen durch Alkali, sondern auch infolge
unmittelbarer Aufhaltung der sekretorischen Arbeit der Bauchspeicheldrüse.
So riefen beispielsweise 0,8 proz., 0,4 proz. und 0,2 proz. Lösungen von doppeltkohlensaurem Natrium in Wasser eine geringere Pankreassaftabsonderung
hervor, als entsprechende Mengen destillierten Wassers. Die späteren Untersuchungen[6]) bestätigten diese Daten vollauf. Hierbei stellte es sich jedoch
heraus, daß konzentriertere Lösungen alkalischer Salze in einigen Fällen stärker
einwirken als entsprechende Quantitäten destillierten Wassers. Näher wurden
die Bedingungen der safttreibenden Wirkung solcher Lösungen nicht bestimmt.

Beim Menschen hemmen, wie dies Wohlgemuth[7]) an einem Patienten
mit einer Pankreasfistel beobachtete, Sodalösungen gleichfalls die Pankreassekretion.

Da *Walther*[8]) die Ursache der schwachen Pankreassekretion während der
Anfangsperiode bei Genuß von Milch aufklären wollte, so richtete er seine Aufmerksamkeit auf das Milchserum. Und in der Tat gelang es ihm, nachzuweisen,
daß mittels Salzsäure angesäuertes Milchserum eine bedeutend schwächere
Pankreassaftabsonderung hervorruft, als eine Salzsäurelösung von gleicher

---

[1]) Wertheimer et Lepage, Journ. de Physiol. et de Pathol. génér. 1901,
T. III, p. 700.

[2]) Gottlieb, Archiv f. experim. Pathol. u. Pharmak. 1894, Bd. XXXIII,
S. 261.

[3]) J. Schirokich, Die Unwirksamkeit der lokal reizenden Substanzen als
Erreger der Bauchspeicheldrüse unter normalen Bedingungen. Archives des sciences
biologiques 1895, Bd. III, Nr. 5.

[4]) Wertheimer et Lepage, Journ. de Physiol. et de Pathol. génér. 1901,
T. III, p. 701.

[5]) Bekker, Diss. St. Petersburg 1893.

[6]) Babkin, Arch. des Sc. Biol. 1904, T. XI, No. 3.

[7]) Wohlgemuth, Berliner klin. Wochenschr. 1907, Nr. 2.

[8]) Walther, Diss. St. Petersburg 1897, S. 170 ff.

Konzentration in Wasser. Später stellte dann *Krewer*[1]) fest, daß von den hauptsächlichsten Bestandteilen des Serums: Eiweiß, Milchzucker und Salzen nur die letzteren an und für sich über einen hemmenden Einfluß auf die Pankreassekretion verfügen. Die Eiweißstoffe, von denen im Milchserum nur eine sehr geringe Quantität enthalten ist — etwa 0,5% —, weisen solche Eigenschaften nicht auf. Eine Kombination von Salzen des Serums mit dessen Eiweißkörpern jedoch hemmt die Pankreassekretion stärker, als Salze allein. Somit erhöhen die Eiweißstoffe des Serums die hemmende Wirkung seiner Salze. Was den Milchzucker anbetrifft, so hatte ein Zusatz davon in einer Quantität von 4% zu sauren Lösungen einen merklichen verringernden Einfluß auf die Absonderung des Pankreassaftes nicht zur Folge. Eine Beimischung von Eiweiß in größerer Menge zur Salzsäurelösung schwächt jedoch sehr bedeutend ihre safttreibenden Eigenschaften ab (*Krewer*[2])). So gelangte beispielsweise auf 10 ccm folgender aus dem Magen in den Zwölffingerdarm übergetretenen Flüssigkeiten, wie 1. eines Gemisches von rohem Eiereiweiß mit Wasser zu gleichen Teilen, 2. eines Gemisches von rohem Eiereiweiß mit Salzsäure zu gleichen Teilen und 3. einer reinen Salzsäurelösung derselben Konzentration wie die vorhergehende Mischung im Durchschnitt auf reine Salzsäurelösung 10 mal mehr Pankreassaft zur Absonderung als auf Wasser mit Eiweiß und 4—5 mal mehr als auf eine Salzsäurelösung mit Eiweiß. Dies ersieht man aus nachfolgenden Ziffern:

Auf 10 ccm Eiereiweiß mit Wasser sezernierte sich 0,3 ccm Pankreassaft
„ 10 „   „   „ HCl   „   „ 0,67 „   „
„ 10 „ reine HCl-Lösung   „   „ 3,2 „   „

Demnach ist die Wirkung von freier und gebundener Säure keineswegs ein und dieselbe.

Völlig analoge Resultate erhielt später auch Frouin[3]). Magensaft, in dem Eiweiß zur Verdauung gelangte, und eine Lösung Salzsäure mit einer Beimischung von Pepton Witte (5—15%) rief bei einem Hunde mit permanenter Pankreasfistel eine geringere Pankreassekretion hervor, als reine Salzsäurelösungen. Umgekehrt erhöhte ein Zusatz von Lactose, Rohrzucker und Maltose zur Salzsäurelösung bisweilen sogar um einiges die safttreibende Wirkung der Säure. Frouin und Marbé[4]) erklären diese Tatsache damit, daß Pepton die Bildung von Secretin (s. unten) mit Mineralsäuren (doch nicht mit organischen) verhindert. Ist dies jedoch nicht eher darauf zurückzuführen, daß sich die Salzsäure in reinen Lösungen natürlich in freiem Zustande befindet, dagegen in Lösungen, die Eiereiweiß oder Pepton enthalten, gebunden ist (*Krewer*)? Die Fähigkeit der Eiweißstoffe des Fleisches (Albumose, Peptone) die Salzsäure zu binden, wurde unlängst von Cohnheim[5]) bestätigt. Er sammelte aus der Duodenalfistel den Speisebrei bei Fütterung eines Hundes mit Fleisch und Brot. Im ersteren Falle war in den Speisemassen, die aus Albumosen und hauptsächlich aus Peptonen bestanden, freie Salzsäure nicht vorhanden, im zweiten Falle enthielten die Speisemassen eine solche.

---

[1]) A. R. Krewer, Zur Analyse der sekretorischen Arbeit der Bauchspeicheldrüse. Diss. St. Petersburg 1899, S. 49 ff.

[2]) Krewer, Diss. St. Petersburg 1898, S. 65 ff.

[3]) A. Frouin, Influence des produits de la digestion des albuminoides et des sucres sur l'action sécrétoire de l'HCl sur la sécrétion pancréatique. Soc. Biol. 1907, T. LXIII, p. 519.

[4]) A. Frouin et S. Marbé, Influence de la peptone sur l'action sécrétoire des acides minéraux et organiques sur la sécrétion pancréatique. Soc. Biol. 1910, T. LXVIII, p. 176.

[5]) O. Cohnheim, Beobachtungen über Magenverdauung. Münch. med. Wochenschr. 1907, p. 2581.

Die reflektorische Phase der Pankreassekretion.

Abgesehen von der soeben erörterten „chemischen" Phase der Pankreassaftabsonderung gibt es jedoch offenbar auch eine „reflektorische" Phase derselben. Sie ist sehr unbedeutend und kann natürlich der reflektorischen Phase der Magensaftsekretion in keiner Weise zur Seite gestellt werden.

Die Absonderung des Pankreassaftes wird durch den Nahrungsaufnahmeakt in derselben Weise zur Anregung gebracht, wie durch ihn die Magensaftsekretion angeregt wird. Um eine solche Pankreassekretion beobachten zu können, muß man natürlich die Möglichkeit des Übertritts des sauren Magensaftes in den Zwölffingerdarm beseitigen. Dies wurde bei den Versuchen von *Walther*[1]) und *Krewer*[2]) dadurch erreicht, daß man während der Scheinfütterung eines Hundes mit permanenter Pankreasfistel und Oesophagotomie die Magenfistel die ganze Zeit über offen hielt und der zur Absonderung gelangende Magensaft unbehindert nach außen abfließen konnte. Bei solchen Hunden beginnt bereits 1—2 Minuten nach Anfang der Scheinfütterung sich aus der Pankreasfistel Saft abzusondern. Diese Erscheinung läßt sich gewöhnlich 5—10 Minuten lang beobachten; nach Ablauf dieser Zeit wird die Sekretion etwas langsamer. Nach 15—20 Minuten nimmt die Absonderung einen äußerst spärlichen Charakter an und kommt zeitweise für 10—15 Minuten gänzlich zum Stillstand. Die Sekretion des Magensaftes beginnt erst 6—9 Minuten nach Anfang der Scheinfütterung und nimmt im weiteren Verlaufe allmählich zu.

Schon aus der Tatsache, daß die Pankreassekretion sich im Verlaufe des Versuches verlangsamte, die Magensekretion dagegen an Geschwindigkeit zunahm, kann man ersehen, daß die Magensaftsäure bei der „reflektorischen" Pankreassekretion keine Rolle spielt, eine Ansicht von der **Starling**[3]) abweicht.

Von dem Vorhandensein seiner Pankreassaftabsonderung, die von den aus dem Magen in den Zwölffingerdarm übertretenden chemischen Erregern unabhängig ist, vermochte sich *Krewer*[4]) noch auf eine andere Weise zu überzeugen. Bei einem Hunde mit permanenter Fistel der Bauchspeicheldrüse und Duodenalfistel beginnt sich der Pankreassaft schon $1—1\frac{1}{2}$ Minuten nach Beginn des Genusses von Fleisch und Brot zu sezernieren. Diese Sekretion dauert 10—15 Minuten bei leerem Zwölffingerdarm und alkalischer Reaktion in ihm.

Die Zusammensetzung des Pankreassaftes bei verschiedenen Erregern.

Wie wir oben sahen, reagiert die Bauchspeicheldrüse auf jede einzelne Nahrungssorte mit der Absonderung nicht nur einer bestimmten Saftmenge, sondern auch eines Saftes von bestimmter Zusammensetzung. Am reichsten an Fermenten und festen Substanzen ist der auf Milch zur Absonderung gelangende Saft, am ärmsten — der auf Fleisch sezernierte Saft. Der Saft auf Brot nimmt eine Mittelstellung ein. Hierbei bestimmt bei weitem nicht immer die Geschwindigkeit der Saftsekretion den Gehalt des Saftes an den einen oder anderen.

---

[1]) Walther, Diss. St. Petersburg 1897, S. 162.

[2]) Krewer, Diss. St. Petersburg 1899, S. 40ff.

[3]) E. H. Starling, Recent advances in the physiology of digestion. London 1906, p. 85.

[4]) Krewer, Diss. St. Petersburg 1899, S. 72ff.

Jetzt ist es für uns von der größten Wichtigkeit, zu wissen, mit der Absonderung was für eines Saftes die Bauchspeicheldrüse auf jeden einzelnen Erreger reagiert. Diese Daten werden uns die Möglichkeit geben, die Besonderheiten in der Fermentzusammensetzung des sich auf Genuß von Milch, Brot und Fleisch sezernierenden Saftes und ihre Schwankungen im Laufe des Versuches zu verstehen.

Die Bestimmung der festen Substanzen und Fermente in den auf die einzelnen Erreger der Bauchspeicheldrüse zum Abfluß kommenden Säften hat gezeigt, daß ihr Gehalt für jeden einzelnen von ihnen völlig typisch ist. Einen Zusammenhang mit der Sekretionsgeschwindigkeit beobachtet man nur bei ein und demselben Erreger, und zwar in dem Sinne, daß der Gehalt an festen Substanzen und Fermenten im Safte seiner Sekretionsgeschwindigkeit umgekehrt proportional ist. Allein bei verschiedenen Erregern spielt die Sekretionsgeschwindigkeit keine Rolle.

Als äußerste Typen stellen sich, was ihre Eigenschaften anbetrifft, einerseits die auf Fett, resp. Seifen, andererseits die auf Salzsäurelösungen zur Sekretion gelangenden Säfte dar. Die Säfte der ersteren Art sind reich an organischen Substanzen und Fermenten, doch arm an Salzen; ihre Alkalität ist nicht hoch. Die Säfte der zweiten Art sind umgekehrt arm an organischen Substanzen und Fermenten, enthalten jedoch eine bedeutendere Menge Salze und verfügen über eine größere Alkalität.

Tabelle CII enthält die Ergebnisse der Bestimmung der festen, organischen Substanzen und der Asche in den verschiedenen Pankreassäften bei Einführung verschiedenartiger Substanzen in den Magen eines Hundes mit permanenter Pankreasfistel[1]). Am reichsten an festen Substanzen ist der auf Provenceröl sezernierte Saft, am ärmsten der Saft, wie er auf Säure zur Ausscheidung gelangt. Aus eben jener Tabelle CII ist ersichtlich, daß auf Säure — trotz der verschiedenen Geschwindigkeit (1,54 ccm und 5,51 ccm im Laufe von 5 Minuten) — stets ein an festen Bestandteilen armer Saft zum Abfluß kommt. Jedoch bei größerer Sekretionsgeschwindigkeit wird der Saft an ihnen noch ärmer.

Tabelle CII.

Die Zusammensetzung des Hundepankreassaftes bei verschiedenen Erregern (nach *Walther* und *Babkin* und *Sawitsch*).

Art der Safterzielung	Saftmenge in ccm	Sekretionsdauer	Durchschnittsgeschwindigkeit pro 5 Min. in ccm	Prozent an festen Substanzen	Prozent an organischen Substanzen	Prozent an Asche	Alkalität in % Na_2CO_3
100 ccm Provenceröl	10,75	1 St. 35′	0,63	6,60	5,784	0,816	0,29
600 „ Wasser	4,5	25′	0,90	5,69	4,850	0,840	0,30
200 „ 0,05 proz. HCl . . .	10,75	35′	1,54	2,00	0,912	0,912	0,62
200 „ 0,5 proz. HCl . . .	124,0	1 St. 52′	5,51	1,52	0,605	0,920	0,65
200 „ 5 proz. Natrii oleinici	33,3	2 St.	1,38	3,402	2,544	0,858	—

Bei analoger Geschwindigkeit der Pankreassekretion auf 0,05% HCl und eine 5 proz. Lösung Natrii oleinici (1,54 ccm und 1,38 ccm im Laufe von 5 Minuten) ist der prozentuale Gehalt an organischen Substanzen im ersteren

---

[1]) Walther, Diss. St. Petersburg 1897, S. 125ff. — Babkin und Sawitsch, Zeitschr. f. physiolog. Chemie 1908, Bd. LVI, S. 341.

Falle fast dreimal geringer als im letzteren. Außerdem kommt auf Salzsäure ein an Alkalien reichster Saft zur Ausscheidung. Dieser Umstand hat ohne Zweifel eine außerordentliche Bedeutung bei Neutralisation sowohl des reinen Magensaftes als auch der durch ihn angesäuerten, aus dem Magen in das Duodenum übertretenden Speisemassen (*Walther*).

Es ist interessant, diese Daten mit denjenigen auf Tabelle XCV zu vergleichen. So sondert sich beispielsweise bei Genuß von Brot und Fleisch der Saft mit gleicher oder größerer Durchschnittsgeschwindigkeit ab, als auf eine 0,05proz. Lösung HCl, während der Gehalt an organischen Substanzen im ersteren Falle 1,5—2 mal größer ist als im zweiten.

Bei Vergleichung der auf neutrales Fett, Oleinsäure und Seife zur Absonderung kommenden Pankreassäfte fand *Bylina*[1]), daß bei ein und derselben Sekretionsgeschwindigkeit der Gehalt an Stickstoff und folglich auch an festen, resp. organischen Substanzen bei den verschiedenen Säften nicht gleich ist. Die Stickstoffmenge in dem sich auf Oleinsäure und Seife sezernierenden Safte ist fast dieselbe, doch geringer als im Safte auf Fett.

Sekretion, hervorgerufen durch	Neutrales Fett	Oleinsäure	Seife
Saftmenge im Verlaufe 1 St. . . .	8,8 ccm	9,1 ccm	9,7 ccm
Stickstoffmenge	0,57232 g	0,40992 g	0,38304 g

Der Reichtum an Stickstoff in dem auf neutrales Fett zum Abfluß kommenden Saft deutet nach *Bylina* darauf hin, daß neutrales Fett ein selbständiger Erreger der Bauchspeicheldrüse ist.

Nicht weniger lehrreich sind nachfolgende zwei Versuche, die an einem Hunde mit einer Magenfistel und permanenter Pankreasfistel angestellt wurden. Die Schleimhaut war von der Papilla entfernt worden, was die Möglichkeit gab, im Pankreassaft nicht nur die absolute Kraft aller drei Fermente, sondern auch ihren offenen Teil zu bestimmen[2]).

Bei einem der Versuche goß man dem Hunde 200 ccm einer 5proz. Lösung Natrii oleinici in den Magen. Bei dem anderen Versuche führte man in den Magen 200 ccm einer 0,25proz. Lösung HCl ein; nachdem dann die durch die Säure hervorgerufene Pankreassaftabsonderung ihr Ende erreicht hatte, wartete man noch eine Stunde und gab darauf dem Tiere 250 g Weißbrot zu fressen.

Bei Vergleichung der Zahlen auf Tabelle CIII ist ersichtlich, daß bei ein und derselben Sekretionsgeschwindigkeit die Fermentproduzierung durch die Bauchspeicheldrüse bei Seife energischer vor sich geht als bei Säure. So kommen beispielsweise die 1. Stunde beim Versuch mit Seife und die 2. Stunde beim Versuch mit Säure — was die Sekretionsgeschwindigkeit anbetrifft — einander sehr nahe (17,5 ccm und 16,7 ccm), während hinsichtlich der Fermentwirkung auf Eiweiß, Fett und Stärke der auf Seife sezernierte Saft den Saft auf Säure bedeutend überragt. Gleiche Verhältnisse lassen sich auch bei den Versuchen mit Einführung von Salzsäure in den Magen und Genuß von Brot beobachten. Im letzteren Falle stieg trotz gleicher oder selbst größerer Geschwindigkeit der Saftsekretion als bei Säure (2. Stunde) die Fermentwirkung an. Man brauchte in den Versuch jedoch nur den Speiseaufnahmeakt aufzunehmen, sowie der Magensaftsäure Stärke und Broteiweiß beizufügen — und die Drüse begann im Sinne einer Fermentproduzierung völlig anders zu arbeiten!

---

[1]) Bylina, Russki Wratsch 1912, Nr. 9 und 12.

[2]) Babkin, Nachrichten der Kaiserl. Milit.-Med. Akademie 1904, Bd. IX, S. 127 ff.

Die Eigenartigkeit der Bauchspeicheldrüsenarbeit bei den verschiedenen Erregern wird auch noch in folgender Weise bestätigt. Bei eben jenen Versuchen mit Seife und Säure ist die Gesamtmenge des Pankreassaftes bei ersterer geringer (30,2 ccm) als bei der letzteren (52,4 ccm). Nichtsdestoweniger ergibt sich jedoch, wenn man die Menge der Fermenteinheiten nach der Schütz-Borrissowschen Regel in jedem einzelnen Saft berechnet, daß der auf Seife zur Absonderung kommende Safte 1,6—1,8 mal fermentreicher ist als der Saft auf Säure.

Wir lassen hier in runden Zahlen den Gehalt an Fermenten in jedem einzelnen Safte folgen.

Erreger	Saftmenge in ccm	Eiweißferment	Stärkeferment	Fettferment
Seife	30,2	720	1550	840
Säure	52,4	400	960	500

Folglich geht keine einfache Verdünnung des Pankreassaftes bei seiner rascheren Absonderung auf Säure und keine Konzentrierung bei langsamerer Absonderung auf Seife vor sich, sondern eine Divergenz zweier Drüsenfunktionen: Absonderung von Wasser und Absonderung von Fermenten, resp. festen Bestandteilen. Bei Säure hat die erstere Funktion ein Übergewicht vor der zweiten, bei Seife nimmt gerade umgekehrt besonders die Fermentproduzierung im Vergleich mit der wasserabsondernden Funktion zu.

Babkin, Sekretion.

Tabelle CIII.

Der Fermentgehalt im Pankreassaft eines Hundes mit permanenter Fistel der Bauchspeicheldrüse bei Eingießung von 200 ccm einer 5 proz. Lösung Natrii oleinici und einer 0,25 proz. Lösung HCl in den Magen sowie bei Genuß von Brot (nach *Babkin*).

Stunde	Natrium oleinicum							HCl und Brot						
	Saftmenge in ccm	Fettferment		Stärkeferment		Eiweißferment		Saftmenge in ccm	Fettferment		Stärkeferment		Eiweißferment	
		P	P + G	P	P + D	Geschwindigkeit der Fibrinauflösung	nach Mett P + D		P	P + G	P	P + D	Geschwindigkeit der Fibrinauflösung	nach Mett P + D
I	17,5	0,8	5,1	4,3	5,9	3 St. 15 Min.	4,4	35,1	0,3	3,2	4,3	4,3	8 St. 5 Min.	2,7
II	6,5	1,2	5,3	6,5	7,4	2 St. 40 Min.	5,15	16,7	0,25	3,1	4,0	4,4	8 St. 10 Min.	2,7
III	4,2	1,6	5,5	6,0	8,3	—	5,2	0,6	—	—	—	—	—	—
IV	2,0	—	—	—	—	—	—	Durchschnittssaft	0,3	3,1	4,2	4,35	—	2,8
								250 g Brot verabreicht						
I	—	—	—	—	—	—	—	21,0	0,6	4,2	5,1	5,8	—	3,9
II	—	—	—	—	—	—	—	22,8	0,4	4,1	5,1	5,7	—	3,7
III	—	—	—	—	—	—	—	25,1	0,3	3,25	4,5	5,4	—	3,6
Insgesamt und durchschnittlich	30,2	1,2	5,3	5,6	7,2	—	4,9	68,9	—	—	—	—	—	—

Endlich sahen *Babkin* und *Sawitsch*[1]), daß auf eine konzentrierte und angesäuerte Zuckerlösung bei ein und derselben Sekretionsgeschwindigkeit ein an Eiweißferment reicherer Pankreassaft zur Ausscheidung gelangt, als auf eine reine Salzsäurelösung von gleicher Acidität.

Somit können wir mit vollem Recht annehmen, daß die Erreger der Pankreassekretion spezifisch sind. Sie lassen sich in zwei Kategorien zerlegen. Ein typischer Vertreter der einen Kategorie ist die Salzsäure, ein nicht weniger typischer Vertreter der anderen Fett, resp. Seife. Ein und dieselbe Quantität des im Safte enthaltenen Wassers ist bei Säure bedeutend ärmer an organischen Substanzen und Fermenten als bei Fett, resp. Seife. Umgekehrt ist die Alkalität des Saftes im ersteren Falle höher als im zweiten.

Im Gegensatz zu der Vorstellung von einer spezifischen Natur der Pankreaserreger stellte Popielski[2]) den Satz von einem Zusammenhang zwischen der Quantität und Stärke des Erregers und der Menge und Qualität des sich auf ihn sezernierenden Pankreassaftes auf. Wir zweifeln nicht, daß die Quantität des Erregers und seine Kraft bei ein und demselben Erreger eine Rolle spielen. Je konzentrierter z. B. die Salzsäurelösung ist, eine um so größere Sekretion und einen um so weniger fermentreichen Saft ruft sie hervor. Wie kann man jedoch darüber urteilen, welcher von zwei Erregern der stärkere ist, wenn sowohl der eine wie der andere die Absonderung ein und derselben Quantität Saft in derselben Zeit, doch von völlig verschiedener Zusammensetzung hervorruft? Warum stellt beispielsweise eine 0,25 proz. Salzsäurelösung einen stärkernen Erreger dar, als eine 5 proz. Lösung Natrii oleinici, oder umgekehrt? Zweifellos können nur durch die Eigenartigkeit der Reaktion der Bauchspeicheldrüse auf jeden einzelnen Erreger die charakteristischen Eigenschaften der Säfte in typischen Fällen erklärt werden. Auf eben dieser Grundlage kann man sich nur in dem Falle mit der Mazurkiewiczschen[3]) Behauptung, daß der Gehalt an festen Substanzen in Pankreassaft von der Stärke des Erregers abhänge und in umgekehrtem Verhältnis zu ihr stehe, einverstanden erklären, wenn man diese Behauptung auf einen einzigen Erreger beschränkt. Sobald ein neuer Erreger in Wirksamkeit tritt, ändern sich sofort alle Beziehungen, was wir aus den obenangeführten Beispielen zu ersehen vermochten.

Die Wechselbeziehung zwischen der Quantität der genossenen Nahrung oder der Quantität der in den Magen eingeführten Lösung des einen oder anderen Erregers und der Quantität des hierbei zum Abfluß kommenden Pankreassaftes ist nach Arrhenius[4]) den gleichen Gesetzen unterworfen wie die Absonderung des Magensaftes. Für seine Berechnungen bediente sich Arrhenius der Versuche von *Dolinski* und *Walther*. Er ist der Ansicht, daß die Wirkungszeit der Quadratwurzel aus der wirkenden Menge proportional, ebenso die pro Stunde abgesonderte Saftmenge dieser Quadratwurzel proportional sei.

Die Synthese der Sekretionskurve.

Ebenso wie bei Erörterung der Magendrüsentätigkeit können wir an der Hand der oben angeführten analytischen Daten den Versuch machen, den

---

[1]) Siehe Babkin und Tichomirow, Zeitschr. f. physiol. Chemie 1909, Bd. LXII, S. 478.

[2]) L. P. Popielski, Die Ursachen der Verschiedenartigkeit der Eigenschaften des Pankreassaftes in bezug auf das Eiweißferment. Russki Wratsch 1902, S. 679.

[3]) Mazurkiewicz, Pflügers Archiv 1907, Bd. CXXI, S. 75.

[4]) S. Arrhenius, Die Gesetze der Verdauung und Resorption. Zeitschr. f. physiol. Chemie 1909, Bd. LXIII, S. 360ff.

Absonderungsverlauf des Pankreassaftes bei jedem einzelnen der drei typischen Nahrungssorten: Fleisch, Brot und Milch, aufzuklären.

Mit welcher dieser Nahrungssorten wir es auch zu tun haben mögen, vor allem müssen wir damit rechnen, daß der Nahrungsaufnahmeakt in jedem einzelnen Falle in diesem oder jenem Maße die Sekretion des Magensaftes anregt. Da die Salzsäure des Magensaftes den stärksten Erreger der Absonderung charakteristischen Pankreassaftes (mit geringem Gehalt an festen Substanzen und Fermenten) darstellt, so ist es für die Arbeit der Bauchspeicheldrüse von außerordentlicher Bedeutung, wie groß die reflektorische Magensaftsekretion ist. Wenn sie bedeutend ist, so ist der Verlauf der Pankreassekretion sowohl in quantitativer als auch qualitativer Hinsicht wenigstens in seinen ersten Stunden bis zu einem gewissen Grade bereits im voraus bestimmt. In solchem Falle sehen wir reichliche Mengen eines an Fermenten nicht reichen Saftes. Gerade solche Verhältnisse lassen sich auch während der ersten Stunden der Absonderung auf Fleisch und Brot wahrnehmen. Wenn der Nahrungsaufnahmeakt eine schwache Magensaftsekretion hervorruft, wie dies beispielsweise gewöhnlich bei Genuß von Milch der Fall zu sein pflegt, so weist naturgemäß die Anfangsperiode der Pankreassekretion hier niedrige Ziffern auf. Im weiteren Verlaufe tritt dann, besonders bei Milch, doch ebenso auch bei anderen Nahrungssorten, die Wirkung der in den Nahrungssubstanzen selbst vorhandenen oder aus ihnen im Laufe der Magenverdauung zur Bildung gelangenden Erreger zutage. Die erste Stelle unter solchen Erregern kommt natürlich dem Fette und den Produkten seiner Spaltung und Umwandlung zu.

Eine andere allgemeine Bedingung, die auf den Gang der Pankreassekretion einen Einfluß ausübt und von der Nahrungssorte bereits völlig unabhängig ist, ist der Wassergehalt im Körper. Bei Verarmung des Organismus an Wasser erfährt, wie dies *Walther*[1]) beobachtete, die sekretorische Arbeit der Bauchspeicheldrüse bei den verschiedenen Nahrungssorten eine auffallende Verringerung. Die Einführung von Wasser in den Körper gibt ihr den normalen Charakter zurück. Doch auch im Falle einer Beschränkung der Wasserzufuhr handelt es sich um eine Abnahme der Magensaftsekretion. Das Absinken der Pankreassekretion ist eine sekundäre Erscheinung, die auf die Abkürzung der Magensekretion folgt. Sie beruht auf einem Mangel am Haupterreger der Pankreassekretion — der Salzsäure.

Von diesen allgemeinen Bemerkungen gehen wir nunmehr zu den Einzelheiten über.

Die Kurve der Pankreassaftabsonderung bei **Genuß von Fleisch** steigt, wie wir bereits sahen, steil an, erreicht ihr Maximum innerhalb der zweiten Stunde und fällt dann rasch ab. Die Saftsekretion erreicht ihr Ende 4 bis 5 Stunden nach Beginn der Nahrungsaufnahme.

Die Absonderung des Pankreassaftes bei Genuß von Fleisch setzt sehr rasch ein — 1 bis $1\frac{1}{2}$ Minuten nach Beginn der Nahrungsaufnahme. Ein so rascher Beginn ist nicht auf den Übertritt der sauren Massen aus dem Magen in den Zwölffingerdarm zurückzuführen, da 1. die Sekretion des Magensaftes bedeutend später (6—9 Minuten) ihren Anfang nimmt und 2. um diese Zeit noch nichts aus dem Magen in den Zwölffingerdarm übertritt und dieser seine alkalische Reaktion bewahrt. Diese Anfangsperiode der allmählich schwächer werden Pankreassekretion dauert etwa 19 Minuten, wo man im Zwölffinger-

---

[1]) Walther, Diss. St. Petersburg 1897, S. 111ff.

darm bereits das Erscheinen saurer Massen aus dem Magen konstatieren kann. Von diesem Augenblick an nimmt die Arbeit der Bauchspeicheldrüse auffallend zu (*Krewer*[1])).

Im weiteren Verlaufe bestimmt sich ihr Charakter bei Fleisch mehr als bei irgendwelcher anderen Nahrungssubstanz durch die Menge der in den Zwölffingerdarm übertretenden Salzsäure und die Variationen dieses Übertrittes.

Je energischer der reflektorische Magensaft zur Absonderung gelangt, um so ergiebiger ist auch die Pankreassekretion. Je früher die sauren Speisemassen aus dem Magen in das Duodenum überzutreten beginnen, um so schneller erreicht die Pankreassekretion ihr Maximum. In der Regel erreicht die Kurve der Pankreassekretion ihren Gipfelpunkt im Laufe der zweiten Stunde. Dies steht vollauf damit im Einklang, daß das Maximum der Magensekretion innerhalb der ersten Stunde eintritt. Die Abweichungen vom normalen Typus der Pankreassekretion, von denen bereits oben die Rede war, hängen von den Abweichungen im Übertritt des sauren Mageninhalts in den Zwölffingerdarm ab. Eine nicht geringe Rolle hierbei spielt bei einigen Hunden mit permanenter Pankreasfistel die Nachaußenleitung einer großen Menge alkalischen Sekrets. Der Übertritt des sauren Mageninhalts in den Zwölffingerdarm wird hauptsächlich durch den Pankreassaft reguliert (*Shegalow*[2])). Erst dann läßt der Pylorus die folgende Portion sauren Chymus durch, wenn die vorhergehende neutralisiert ist (*Serdjukow*[3])). Bei Hunden mit permanenter Pankreasfistel gelangt die Magensaftsäure im Duodenum nicht so rasch zur Neutralisation wie bei der Norm. Infolgedessen bleibt der Pylorus eine längere Zeit geschlossen, und der Übertritt neuer Portionen des Mageninhalts in das Duodenum wird verzögert.

Was die im Fleisch selbst vorhandenen Erreger anbetrifft, so ist jenes arm an solchen. Die safttreibende Wirkung des Wassers und möglicherweise der Peptone kann dem energischen Einfluß der Salzsäure in keiner Weise zur Seite gestellt werden. Das vom Hunde bei Achylie der Magendrüsen (infolge Verbrühen der Magenschleimhaut mittels heißen Wassers) gefressene Fleisch erhöht die Arbeit der Bauchspeicheldrüse nicht trotz des unbehinderten Übertritts der Speisemassen aus dem Magen in den Darm (*Bylina*[4])).

Somit übt die Salzsäure des Magensaftes bei Fleischnahrung einen dominierenden Einfluß aus. Dies tritt auch bei der Zusammensetzung des Pankreassaftes zutage. Der auf Fleisch zum Abfluß gelangende Saft ist arm an Fermenten und festen Substanzen.

Bei Genuß von Brot erinnert die erste Hälfte der Sekretionskurve lebhaft an die Absonderungskurve bei Genuß von Fleisch: Anwachsen der Sekretion innerhalb der ersten Stunde, Maximalhöhe während der zweiten und Absinken der Sekretion von der driten Stunde an. Dafür hebt sich die zweite Hälfte der Sekretionskurve bei Brot von dem entsprechenden Teil der Kurve bei Fleischnahrung auffallend ab. Während bei Fleisch die Absonderung des Pankreassaftes rasch in der vierten bis fünften Stunde ihr Ende erreicht, zieht sie sich bei Brot noch einige Stunden lang innerhalb niedriger

---

[1] Krewer, Diss. St. Petersburg 1899, S. 68ff.

[2] J. P. Shegalow, Die sekretorische Arbeit des Magens bei Unterbindung der Pankreasgänge und über das Eiweißferment der Galle. Diss. St. Petersburg 1900.

[3] A. S. Serdjukow, Eine der Hauptbedingungen des Übertritts des Mageninhalts in den Darm. Diss. St. Petersburg 1899.

[4] Bylina, Praktischer Arzt (russ.) 1911, Nr. 44—49.

Ziffern hin. Die Ähnlichkeit und die Verschiedenheit im Verlaufe der Pankreassekretion bei diesen Nahrungssorten erklärt sich folgendermaßen. Die Anfangsperiode der durch Genuß von Brot hervorgerufenen Pankreassaftabsonderung ist ebenso wie bei Fleisch nicht groß (*Krewer*[1]). Sekretorische Erreger für die Bauchspeicheldrüse enthält das Brot nicht. *Bylina*[2] gab einem Hunde mit permanenter Pankreasfistel bei vollständiger Achylie der Magendrüsen (infolge Verbrühen) Brot zu fressen und vermochte ein Ansteigen der spontanen Sekretion nicht wahrzunehmen, obwohl der Mageninhalt in den Darm übertrat. Folglich muß das außerordentlich starke Anwachsen der Sekretion in der ersten Hälfte des Versuchs mit Brotnahrung ebenso wie auch bei den Versuchen mit Fleisch auf die safttreibende Wirkung der Salzsäure des Magensaftes, dessen Absonderung durch den Nahrungsaufnahmeakt hervorgerufen worden ist, zurückgeführt werden. Dies findet auch durch die Untersuchung der Zusammensetzung des während der ersten Hälfte des Versuches mit Brotnahrung sezernierten Saftes seine Bestätigung. Ein solcher Saft ist im Gegensatz zum Saft der zweiten Versuchshälfte arm an Fermenten und festen Substanzen. Nach seiner Zusammensetzung kommt er dem sich auf Fleisch sezernierenden Saft sehr nahe. Gibt man z. B. einem Tiere eine geringe Quantität Brot zu fressen (100—125 g), so erreicht die Sekretion rasch ihr Ende (4—5 Stunden). Die Sekretionskurve erinnert lebhaft an diejenige, die wir bei Fleischnahrung beobachten, und die Verdauungskraft des Saftes kann in diesem Falle sogar geringer sein als bei den Versuchen mit Fleischgenuß (*Babkin*[3]); s. ferner Tab. XCIII dieses Buches).

Die zweite Hälfte der Absonderungsperiode auf Brot, die bei den Versuchen mit Fleischnahrung fortfällt, charakterisiert sich durch geringe Quantitäten eines an Fermenten reichen Pankreassaftes. Wie wir wissen, verweilt Brot lange Zeit im Magen und verläßt ihn nur ganz allmählich. Somit kann die Pankreassekretion in der zweiten Hälfte des Versuchs mit Brotnahrung durch den Eintritt des sauren Brotbreis in den Zwölffingerdarm erklärt werden. Allein der hohe Gehalt an Fermenten im Safte gerade dieser Stunden der Sekretionsperiode, der eine bedeutende Erhöhung der Fermentkraft des Durchschnittssaftes zur Folge hat, spricht dafür, daß, abgesehen von der Salzsäure, hier auch andere Erreger wirksam sind. Diese Erreger erhöhen offensichtlich weniger die Absonderung des Pankreassaftes, als sie die Bauchspeicheldrüse veranlassen, einen an Fermenten reicheren Saft auszuscheiden. Näher sind diese aus Brot zur Bildung gelangenden Erreger nicht bekannt. Wir finden nur einen dahingehenden Hinweis von *Babkin* und *Sawitsch*, daß auf saure Zuckerlösungen bei ein und derselben Sekretionsgeschwindigkeit ein an Ferment reicherer Pankreassaft zum Abfluß gelangt, als auf eine reine Salzsäurelösung von gleicher Konzentration (s. S. 290).

Die Maximalsekretion des Magensaftes bei Genuß von Brot entfällt auf die erste Stunde; die Absonderung des Pankreassaftes erreicht ihre größte Höhe innerhalb der zweiten Stunde. Dies steht zweifellos damit im Zusammenhang, daß der saure Brotbrei in großer Menge erst während der zweiten Hälfte oder sogar gegen Ende der ersten Stunde nach der Nahrungsaufnahme in den Zwölffingerdarm überzutreten beginnt (*Krewer*[1]).

---

[1]) K r e w e r , Diss. St. Petersburg 1899, S. 68ff.
[2]) B y l i n a , Praktischer Arzt (russ.) 1911, Nr. 44—49.
[3]) B a b k i n , Nachrichten der Kaiserl. Milit.-Med. Akademie 1904, Bd. IX, S. 133.

Die maximale Magensaftsekretion bei Genuß von Fleisch ist größer als bei Brotnahrung, während umgekehrt die maximale Pankreassekretion bei Genuß von Brot größer ist als bei Fleischnahrung. Diesen scheinbaren Widerspruch erklärt *Pawlow*[1] damit, daß die Salzsäure des Magensaftes sich in höherem Grade mit den Eiweißkörpern des Fleisches bindet, als mit den Eiweißkörpern des Brotes, die mit einer bedeutenden Menge Stärke vermengt sind. Dies deckt sich vollauf mit der Beobachtung Cohnheims[2], der den Inhalt des Zwölffingerdarms bei einem Hunde bei Genuß von Fleisch und Brot untersuchte. Im ersteren Falle war die Salzsäure in gebundenem Zustande, im zweiten vermochte der Autor in den Speisemassen die Anwesenheit freier Salzsäure zu konstatieren.

Der Verlauf der Pankreassekretion auf Milchgenuß charakterisiert sich durch eine schwache, $1\frac{1}{2}$—2 Stunden anhaltende Anfangsperiode, Erreichung des Maximums innerhalb der dritten Stunde und eine Endperiode von etwa 2 Stunden, bei der die Sekretion allmählich unter Schwankungen schwächer wird und schließlich ganz zum Stillstand kommt.

Für die unbedeutende Pankreassekretion während der Anfangsperiode sind zwei Ursachen vorhanden: die schwache reflektorische Absonderung des Magensaftes auf Milch und die hemmende Wirkung des Milchserums. Beobachtet man bei einem Hunde mit einer Fistel des Zwölffingerdarms den Übertritt des Mageninhalts in den Darm, so kann man sehen, daß bei Genuß von Milch noch während der Fütterung selbst im Verlaufe einiger Minuten Milch in unverändertem Zustande aus der Fistel abfließt. Sobald die Milch im Magen zur Gerinnung gelangt, beginnt in den Darm Serum überzutreten. Bei Genuß von 600 ccm Milch dauert dieser Übertritt des Serums $1\frac{1}{2}$—2 Stunden. Obwohl sich dem Serum immer größere Quantitäten Magensaft beimengen, dessen Absonderung allmählich anwächst, so ist seine safttreibende Wirkung, wie wir bereits wissen, nichtsdestoweniger eine schwache. Infolgedessen hält sich die Pankreassekretion im Laufe der ersten beiden Stunden innerhalb niedriger Ziffern. Erst gegen die dritte Stunde nimmt sie zu, da um diese Zeit die halb verdauten Caseingerinnsel zusammen mit großen Mengen Magensaft in den Darm überzutreten beginnen. Wie wir wissen, erreicht die Absonderung des Magensaftes um diese Zeit ihre größte Anspannung (*Walther*[3]).

Außerdem gelangen um eben diese Zeit im Zwölffingerdarm aus dem in der Milch enthaltenen Fett zweifellos bedeutende Mengen Fettsäuren und Seifen zur Bildung, die gleichfalls ein Ansteigen der Pankreassekretion befördern. (Die Selbständigkeit der Milch als Erreger der Bauchspeicheldrüse wurde von *Bylina*[4] an einem Hunde mit vollständiger Achylie der Magendrüsen [infolge Verbrühen] nachgewiesen. Der Genuß von Milch rief bei einem solchen Tiere zwar eine geringere als bei der Norm, aber nichtsdestoweniger energische Pankreassaftabsonderung hervor.)

Dieser typische Verlauf der Pankreassekretion bei Genuß von Milch kann eine Abänderung erfahren, wenn die reflektorische Phase der Magensekretion auf irgendwelche Weise gesteigert wird. Infolge der reichlicheren Magensaftabsonderung in solchem Falle verschiebt sich das Maximum der Pankreassekretion von der dritten Stunde in die zweite und selbst erste; die Gesamt-

---

[1] Pawlow, Nagels Handbuch der Physiologie 1907, Bd. II, S. 737.
[2] Cohnheim, Münch. med. Wochenschr. 1907, S. 2581.
[3] Walther, Diss. St. Petersburg 1897, S. 166.
[4] Bylina, Praktischer Arzt (russ.) 1911, Nr. 44—49.

menge des Pankreassaftes nimmt zu. Dieses beobachtete auch *Krewer*[1]), indem er einem Hunde mit permanenter Pankreasfistel, Magenfistel und Oesophagotomie Milch in den Magen eingoß und gleichzeitig eine Scheinfütterung mit Fleisch vornahm. Bereits bei zwei Minuten langer Scheinfütterung mit Fleisch nahm die auf 600 ccm Milch, die man in den Magen einführte, zum Abfluß gelangende Pankreassaftmenge mehr als um ein Doppeltes zu im Vergleich mit der Pankreassaftmenge, deren Absonderung durch Genuß einer gleichen Milchquantität hervorgerufen worden war (durchschnittlich 71,0 ccm gegen 29,2 ccm). Die Kurve der Pankreassekretion hatte das Aussehen einer typischen „Milch"-Kurve eingebüßt und erinnerte nunmehr an die Absonderungskurve auf Fleisch oder Brot.

Da Milch eine bedeutende Menge von Stoffen enthält, die befähigt sind, die Pankreassekretion anzuregen (Wasser, Fett und die Produkte seiner Spaltung und Umwandlung) und zu hemmen (Milchserum), so stellt sie offensichtlich einen sehr komplizierten Erreger der Bauchspeicheldrüse dar. Die Wirkung der Milch wird jedoch noch dadurch komplizierter, daß sie die Absonderung des Magensaftes hervorruft, dessen Säure der stärkste Erreger der Pankreassekretion ist.

Der Kampf zwischen den die Pankreassekretion anregenden und hemmenden Substanzen, die Schwankungen in der Absonderung des Magensaftes, die Variationen beim Übertritt des Mageninhalts in den Darm, all dies bewirkt, daß der typische Verlauf der Pankreassekretion, wie ihn *Walther* schilderte, nicht immer angetroffen wird. Charakteristisch für die Versuche mit Milch ist in sämtlichen Fällen die im Vergleich mit Fleisch und Brot geringere Saftmenge und das nicht beträchtliche Maximum. Sowohl das eine wie auch das andere steht im Zusammenhang mit der auf Milch eintretenden geringeren Sekretion des Magensaftes, der hauptsächlich für die Arbeit der Bauchspeicheldrüse maßgebend ist.

Was den stündlichen Verlauf der Sekretion anbetrifft, so kann er vom normalen Typus beträchtlich abweichen (s. Tab. LXXXIX). Möglicherweise spielt hierbei bei Hunden, die sich an Fütterung mit Milch noch nicht gewöhnt haben und sich gierig auf diese stürzen, eine gewisse Rolle die reichlichere Absonderung eines reflektorischen Magensaftes, die den gesamten Verlauf der Bauchspeicheldrüsenarbeit abändert (*Babkin*[2])).

Der auf Milch zur Absonderung gelangende Pankreassaft weist den größten Reichtum an Fermenten und festen Substanzen auf. Dieser Umstand steht in unzweifelhaftem Zusammenhang mit der Anwesenheit von Fett in der Milch und der Bildung von Seifen aus diesem Fett: sowohl das eine wie auch das andere regt die Absonderung eines an Fermenten und festen Substanzen reichen Pankreassaftes an. Andererseits ruft eine mäßige Absonderung sauren Magensaftes bei Milch eine mäßige Sekretion eines für die Säure charakteristischen flüssigen Pankreassaftes hervor. Folglich wird der unter dem Einfluß von Fett, resp. Seifen zur Absonderung kommende an Fermenten reiche Saft durch eine geringe Menge des auf Säure sezernierten, an Fermenten armen Saftes verdünnt. Der Gehalt an Fermenten und festen Substanzen in dem auf Genuß von Milch sich absondernden Pankreassaft bleibt ein hoher.

Weiter oben haben wir konstatiert, daß die Erreger der Pankreassekretion spezifisch sind und daß sie sich, was die Zusammensetzung des auf sie zum

---

[1]) Krewer, Diss. St. Petersburg 1899, S. 38ff.
[2]) Babkin, Nachrichten der Kaiserl. Milit.-Med. Akademie 1904, Bd. IX, S. 122.

Abfluß kommenden Pankreassaftes anbetrifft, in zwei Kategorien zerlegen lassen. Als Beispiel der einen Kategorie muß man die Salzsäure, als Beispiel der zweiten Fett, resp. Seife nennen. Bei Analyse der safttreibenden Wirkung der verschiedenen Nahrungssorten kann man den Einfluß der Erreger der einen oder anderen Kategorie unterscheiden. Fleisch trägt, was den Wirkungseffekt auf die Bauchspeicheldrüse anbetrifft, den Charakter des ersteren Erregers — der Salzsäure, Milch bietet Vergleichungspunkte mit Fett, resp. Seife. Die Sekretion bei Brot zerfällt in zwei Phasen: die erstere wird durch Salzsäure bedingt, die zweite durch Erreger, die hinsichtlich ihres Einflusses Fett, resp. Seife analog sind. Dementsprechend ist am reichsten an Fermenten der sich auf Milchgenuß sezernierende Pankreassaft, am ärmsten an Fermenten der auf Fleischnahrung zur Ausscheidung gelangende Saft, und der Saft auf Brot nimmt eine Mittelstellung ein (*Babkin*[1]).

3. Kapitel.

Der Mechanismus der Pankreassekretion. — Der nervöse Mechanismus der Pankreassekretion. — Die sekretorischen Fasern der Nn. vagi. — Die sekretionshemmenden Nerven. — Die Zusammensetzung des bei Reizung der Nn. vagi erzielten Saftes. — Die sekretorischen Fasern des Sympathicus. — In den Nn. vagi und sympathici verlaufen die wirklichen sekretorischen Fasern für die Bauchspeicheldrüse. — Der humorale Mechanismus der Pankreassekretion. — Die Secretinbildung mittels verschiedener chemischer Substanzen. — Die Spezifizität des Secretins. — Die chemische Zusammensetzung des Secretins. — Die Eigenschaften des bei Secretinwirkung zur Absonderung gelangenden Pankreassaftes. — Der Mechanismus der safttreibenden Wirkung der Salzsäure. — Der Mechanismus der safttreibenden Wirkung des Fettes. — Mikroskopische Veränderungen.

Der Mechanismus der Pankreassekretion.

Trotz der Kompliziertheit der Beziehungen, die die Tätigkeit der Bauchspeicheldrüse darstellt, sind wir zurzeit in der Lage, die Prinzipien festzustellen, die für die äußere Sekretion dieser Drüse maßgebend sind.

Der sekretorischen Tätigkeit der Bauchspeicheldrüse liegt ein zweifacher Mechanismus zugrunde: ein nervöser und ein humoraler. Mit Hilfe dieser Mechanismen bringen die mit der Schleimhaut des Duodenums und eines Teiles des Dünndarms in Berührung kommenden Erreger der Pankreassekretion die Drüsenelemente in Tätigkeit.

In dem einen der beiden Mechanismen — dem nervösen — kommt eine wichtige Rolle den Nn. vagi und sympathici zu, die als sekretorische Nerven der Bauchspeicheldrüse anerkannt werden müssen (*Pawlow*[2], *Mett*[3], *Kudrewezki*[4], Morat[5],

[1]) Babkin, Nachrichten der Kaiserl. Milit.-Med. Akademie 1904, Bd. IX, S. 133.

[2]) J. P. Pawlow, Die Innervation der Bauchspeicheldrüse. Klinisches Wochenblatt (russ.) 1888.

[3]) S. G. Mett, Zur Innervation der Bauchspeicheldrüse. Diss. St. Petersburg 1889.

[4]) W. W. Kudrewezki, Material zur Physiologie der Bauchspeicheldrüse. Diss. St. Petersburg 1890.

[5]) J. P. Morat, Nerfs sécreteurs du pancréas. Soc. Biol. 1894, p. 440.

Popielski[1]), *Sawitsch*[2]), Modrakowski[3]), *Babkin* und *Sawitsch*[4])). Der andere Mechanismus — der humorale — wird mittels der flüssigen Bestandteile des Organismus ins Leben gerufen. In besonders typischen Fällen besteht er darin, daß die Salzsäure des Magensaftes, indem sie mit der Schleimhaut des Zwölffingerdarms in Berührung kommt, eine besondere Substanz, das „Secretin" bildet, die zur Aufsaugung gelangt und mit dem Blute den Zellen der Bauchspeicheldrüse zugetragen wird. Das Secretin bringt die Drüsenelemente unmittelbar, ohne irgendwelche Beteiligung des Nervensystems, zur Anregung (Bayliß und Starling[5])).

Der nervöse Mechanismus der Pankreassekretion.

Hinweise auf die Abhängigkeit der Arbeit der Bauchspeicheldrüse vom Nervensystem existieren schon lange. So stellte Cl. Bernard fest, daß Erbrechen die Sekretion hemmend beeinflußt[6]), dagegen die Durchschneidung der sympathischen Fasern oder die Exstirpation des Plexus solaris eine Hypersekretion der Drüse zur Folge hat[7]). Bernstein[8]) beobachtete einen Stillstand der normalen Absonderung bei einem Hunde mit permanenter Pankreasfistel im Falle einer Reizung des zentralen Endes des Vagus. *Pawlow* und *Afanassiew*[9]) sowie *Pawlow*[10]) wiesen nach, daß eine solche Hemmung der Sekretion nicht nur bei Reizung des zentralen Endes des N. vagus, sondern auch bei Reizung anderer zentripetaler Nerven (beispielsweise der sensiblen Nerven der Haut) stattfindet. Außerdem sahen diese Autoren ein Aufhören der Pankreassaftabsonderung bei Vergiftung des Tieres mit Atropin.

Die ersten direkten Hinweise auf die Abhängigkeit der Pankreassaftabsonderung vom Nervensystem finden sich bei Landau[11]), der unter Heidenhains Leitung arbeitete, und bei Heidenhain[12]) selbst.

[1]) L. B. Popielski, Über die sekretionshemmenden Nerven der Bauchspeicheldrüse. Diss. St. Petersburg 1896.

[2]) W. W. Sawitsch, Die Wirkung des Vagus auf das Pankreas. Förhandl. vid Nordiska Naturforskare-och Läkaremötet, Helsingfors 1902, p. 41. — Der Mechanismus der Pankreassaftabsonderung. Verhandlungen der Gesellsch. russ. Ärzte zu St. Petersburg 1903—1904, S. 99. — Beiträge zur Physiologie der Pankreassaftsekretion. Centralblatt f. d. ges. Physiol. u. Pathol. des Stoffwechsels 1909, Nr. 1.

[3]) G. Modrakowski, Zur Innervation des Pankreas. Wirkung des Atropins auf die Bauchspeicheldrüse. Pflügers Archiv 1906, Bd. CXIV, S. 487.

[4]) B. P. Babkin und W. W. Sawitsch, Zur Frage über den Gehalt an festen Bestandteilen in dem auf verschiedene Sekretionserreger erhaltenen pankreatischen Saft. Zeitschr. f. physiol. Chemie 1908, Bd. LVI, S. 231.

[5]) W. M. Bayliss and E. H. Starling, The mechanism of pancreatic secretion. Journal of Physiol. 1902, Vol. XXVIII, S. 325.

[6]) Cl. Bernard, Mémoire sur le pancréas. Paris 1856, p. 49, 52.

[7]) Cl. Bernard, Leçons sur les propriétés physiologiques des liquides de l'organisme. Paris 1859, T. II, p. 341.

[8]) Bernstein, Arbeiten aus der physiologischen Anstalt zu Leipzig 1869, S. 1.

[9]) M. Afanassiew und J. P. Pawlow, Beiträge zur Physiologie des Pankreas. Pflügers Archiv 1878, Bd. XVI, S. 123.

[10]) J. Pawlow, Weitere Beiträge zur Physiologie der Bauchspeicheldrüse. Pflügers Archiv 1878, Bd. XVII, S. 555.

[11]) L. Landau, Zur Physiologie der Bauchspeichelabsonderung. Inaug.-Diss. Breslau 1873. Zitiert nach Heidenhain in Hermanns Handbuch der Physiologie 1883, Bd. V, T. 1, S. 195ff.

[12]) R. Heidenhain, Beiträge zur Kenntnis des Pankreas. Pflügers Archiv 1875, Bd. X, S. 557.

Diese Autoren sahen bei einer Reihe von Fällen, doch bei weitem nicht
immer, den Beginn der Pankreassekretion oder ihre Verstärkung bei Reizung
des verlängerten Marks mittels Induktionsstromes. Was jedoch von besonderer
Wichtigkeit ist — Heidenhain beobachtete bei einigen Versuchen gleichzeitig mit einer Erhöhung der Geschwindigkeit der Saftabsonderung auch
eine Zunahme des prozentualen Gehalts des Saftes an festen Substanzen (bis
um ein 2,5faches): ein Umstand, der das Vorhandensein von sekretorischen
Nerven bei der Bauchspeicheldrüse erkennen läßt.

Allein erst *Pawlow*[1]) ist es gelungen, den einwandfreien Nachweis zu lie-
fern, daß die Nn. vagi und sympathici sekretorische Fasern für die Bauchspeicheldrüse enthalten. Indem er die peripheren Enden der durchschnittenen
Nn. vagi und sympathici reizte, vermochte er stets eine Absonderung des
Bauchspeicheldrüsensaftes wahrzunehmen. Dieses positive Ergebnis, das von
keinem seiner Vorgänger erzielt worden war, ist auf eine besondere, von *Pawlow*
ausgearbeitete Versuchsanordnung zurückzuführen. Da bis jetzt die Existenz
sekretorischer Nerven der Bauchspeicheldrüse in Abrede gestellt wird, so
erscheint es angebracht, auf diese Frage näher einzugehen.

Die sekretorischen Fasern der Nn. vagi.

Pawlow[2]) ging von dem Gedanken aus, daß der Mißerfolg der früheren
Untersuchungen dem Umstande zuzuschreiben sei, daß in den Versuch
Einflüsse eingriffen, die der Wirkung der sekretorischen Fasern auf die
Bauchspeicheldrüse antagonistisch seien. Schon die ersten Forscher, die an
diesem Organ Untersuchungen anstellten, hoben seine äußerste Empfindlichkeit hervor: selbst eine kurzdauernde (2—3 Minuten) Anämie der Drüse oder
Schmerzreize, die eine reflektorische Verengung der Gefäße nach sich ziehen,
brachten für lange Zeit ihre Tätigkeit zum Stillstand. Um alle nur denkbaren
hemmenden Einflüsse zu beseitigen, beschränkte *Pawlow* bei Vorbereitung
des Tieres für den Versuch die sensiblen Reize auf ein Mindestmaß. Er wandte
zwei Versuchsformen an: die chronische und die akute. Die letztere erscheint
besonders beweiskräftig.

Bei der chronischen Versuchsform wurde einem Hunde mit permanenter
Fistel der Bauchspeicheldrüse eine beträchtliche Zeit (4—5 Tage) vor der Anstellung des Versuchs einer der Vagi am Halse durchschnitten und dessen peripheres Ende unter der Haut befestigt. Der Zweck dieser Manipulation ist darin
zu sehen, daß man den gefäßverengenden sowie den sekretionshemmenden
Fasern, falls sich das Vorhandensein dieser letzteren bei der Bauchspeicheldrüse
herausstellen solle, Gelegenheit geben wollte, in der Zwischenzeit zur Degeneration zu gelangen, während die sekretorischen Fasern — als die widerstands-
fähigeren — ihre Funktionsfähigkeit bewahren. Die Wirklichkeit rechtfertigte
die Erwartungen: eine Reizung des peripheren Endes des N. vagus mittels
Induktionsstromes ergab stets eine reichliche Saftabsonderung. Hierbei ließ
sich das Tier alle mit der Nervreizung verbundenen Manipulationen ganz ruhig
gefallen; bisweilen schlief er sogar dabei ein. Eine Verlangsamung der Herz-
schläge (am 4.—5. Tage nach Durchschneidung des Nervs) wurde nicht beobachtet.

---

[1]) J. P. Pawlow, Die Innervation der Bauchspeicheldrüse. Klinisches Wochenblatt (russ.) 1888.

[2]) Pawlow, Klinisches Wochenblatt (russ.) 1888.

Die akute Versuchsform mit den geringen Abänderungen, wie sie die nachfolgenden Untersuchungen mit sich brachten, besteht in folgendem:

Der Hund muß ungefähr 24 Stunden lang unter Verabreichung von Wasser hungern. (Wird ihm kein Wasser gegeben, so kann es sein, daß die Saftabsonderung sehr gering ist.) Der Versuch beginnt mit einer nicht zu tiefen Chloroformnarkose zu dem Zwecke, die Tracheotomie und die gleich darauf vorgenommene Durchtrennung des Rückenmarks unterhalb des verlängerten Marks schmerzlos vollziehen zu können. Die Durchtrennung des Rückenmarks ist eins der wichtigsten Momente der Operation. Sie wird in der Öffnung zwischen dem Os occipitale und dem ersten Halswirbel ausgeführt. Hat man mit Hilfe eines Messers die Haut, die Muskeln und die Membran, die die obenerwähnte Öffnung überdeckt, durchschnitten, so wird das Rückenmark einfach mit dem Finger durchquetscht. Auf diese Weise tritt eine geringere Blutung aus den Gefäßen des Rückenmarks ein, als im Falle einer Durchschneidung des letzteren mittelst eines Messers. Bei Durchquetschung des Rückenmarks müssen zwei Momente beobachtet werden: 1. muß man den Finger nach unten, aber nicht nach oben zum Gehirn pressen, um Beschädigungen der Medulla oblongata zu verhüten, und 2. muß das Rückenmark von der Medulla oblongata vollständig abgetrennt sein. Die Haut- und Muskelwunde (doch nicht den Vertebralkanal) füllt man, um Blutungen zu verhindern, mit Wattetampons und schließt die Hautwunde mit Pinzetten. Hierauf hört man mit dem Narkotisieren auf und leitet eine künstliche Atmung ein. Weiter kann man schon ruhiger operieren. Nunmehr folgt eins nach dem anderen: 1. Unterbindung der Speiseröhre am Halse, damit kein Speichel in den Magen gelangt; 2. Resektion von 4—5 Rippen auf der rechten Seite des Brustkorbes (zur Vermeidung von Blutungen werden die Rippen vorerst fest verbunden); 3. Präparierung und Durchschneidung des rechten und linken Vagus und, wenn nötig, auch der N. sympathici (die Nerven werden mittelst warmer physiologischer Kochsalzlösung feucht erhalten; die Öffnung in der Brusthöhle wird zu demselben Zwecke mit feuchter Watte verlegt); 4. Eröffnung des Bauches längs der Linea alba; 5. Abtrennung des Magens vom Duodenum (diese muß in der Weise bewerkstelligt werden, daß die in der Muskelschicht des Pylorus verlaufenden Vagusfasern nicht beschädigt werden; zu diesem Zwecke führt man parallel zur Bahn der Vagusfasern in der Mitte des Pylorusteils des Magens durch alle Schichten einen nicht großen Längsschnitt; 6. ist im Magen irgend etwas enthalten, so wird der Mageninhalt entfernt; 7. mittelst Nadel und Faden umsticht man nur die Mucosa und Submucosa mit einer Kissettnaht und zieht die Enden des Fadens dann fest zu; 8. es wird in den Pylorus ein mit 0,5- bis 1 proz. Sodalösung benetzter Wattetampon eingelegt und 9. die Magenwunde festgenäht. Die Abtrennung des Zwölffingerdarms vom Pylorus zwecks Verhütung eines Übertritts des sauren Mageninhalts in die Därme wurde im Laboratorium von *J. P. Pawlow* bereits im Jahre 1896 zur Anwendung gebracht (*Popielski*[1])) und ist seitdem zu einem unentbehrlichen methodischen Handgriff geworden (*Sawitsch, Babkin und Sawitsch* u. a.). Daher fällt die Bemerkung von Bayliß und Starling[2]), daß bei den Versuchen von *Pawlow* und seinen Schülern die Absonderung des Pankreassafts bei Reizung der Nn. vagi oder splanchnici nur sekundärer Natur war, hervorgerufen durch den Übertritt des sauren Mageninhalts in den Zwölffingerdarm, infolge der Kontraktionen des Magens in sich selbst zusammen. Und endlich das letzte Moment der Operation: 10. Einführung einer Kanüle in den großen Ductus pancreaticus. Damit das Tier im Verlaufe des viele Stunden umfassenden Versuchs nicht abkühle, wird es mit einer Watteumhüllung versehen.

Infolge Durchtrennung des Rückenmarks wird der hemmende Einfluß der sensiblen Reize auf die Arbeit der Bauchspeicheldrüse beseitigt und die Anwendung einer Narkose vermieden. Andererseits bewirkt eine Reizung der

---

[1]) Popielski, Diss. St. Petersburg 1896, S. 83.

[2]) W. M. Bayliß and E. H. Starling, Die chemische Koordination der Funktion des Körpers. Ergebnisse der Physiologie 1906, Jahrg. 5, S. 675.

Nn. vagi in der Brusthöhle, unterhalb des Ausgangspunktes der Herzfasern,
daß während des ganzen Versuches die Herztätigkeit eine völlig regelmäßige
ist. Bei solcher Versuchsanordnung versagen die Nerven im Falle ihrer Reizung mittels Induktionsstromes niemals in ihrer Wirkung. Es mag hier nur
bemerkt werden, daß die Erzielung von Pankreassaft mittels Reizung der
Nerven ein Demonstrierungsversuch geworden ist und als solcher von Prof.
J. P. Pawlow Jahr für Jahr den Studenten vorgeführt wird.

In der nachfolgenden Darstellung werden wir uns in erster Linie der Daten
von *Sawitsch*[1]) und *Babkin* und *Sawitsch*[2]) bedienen, da in ihren Arbeiten die
Ergebnisse von Bayliß und Starling hinsichtlich des humoralen Charakters
der Salzsäurewirkung berücksichtigt sind und ferner sowohl die relative als
auch die absolute Kraft der Fermente des Pankreassaftes bei verschiedenartigen
Reizen bestimmt worden ist — was natürlich bei ihren Vorgängern, die vor
Entdeckung der Enterokinase gearbeitet haben, nicht der Fall ist.

Bei Reizung der Nn. vagi eines Hundes in einem akuten Versuche
beginnt die Sekretion des Pankreassaftes niemals sofort. Es vergeht erst eine
gewisse latente Periode (von einigen Sekunden bis zu 2—4 Minuten und bisweilen noch darüber). Nach Einstellung des Reizes läßt sich eine deutlich hervortretende Nachwirkung beobachten: trotz Einstellung der Reizung wird
der Saft weiter sezerniert. Nicht selten tritt überdies die Maximalsekretion
erst nach 2—3 Minuten langer Nervreizung ein (*Pawlow*). Gewöhnlich werden
solche Verzögerungen in der Sekretion häufiger zu Beginn des Versuchs als
gegen dessen Ende wahrgenommen. Bei Wiederholung der Reizung nimmt die
latente Periode ab, und es gelangt bei ein und derselben Stromstärke im Verlaufe ein und desselben Zeitraums mehr Saft zur Absonderung als vorher. Atropin bringt die durch Reizung der Nn. vagi hervorgerufene Sekretion zum Stillstand (*Pawlow*[3]), *Sawitsch*[4]), Modrakowski[5])).

Bei einigen Versuchen, wo von einem Übertritt des sauren Inhaltes aus
dem Magen in das Duodenum nicht im entferntesten die Rede sein kann, beobachtet man eine spontane Pankreassaftabsonderung. Sie muß den von der
Markwunde ausgehenden Reizen zugeschrieben werden und ist derjenigen Sekretion analog, die Heidenhain bei Reizung des verlängerten Marks wahrnahm. In der Regel kommt die spontane Sekretion nach einiger Zeit zum Stillstand. Der hierbei zur Absonderung gelangende Saft ist reich an festen Substanzen und Fermenten. Nach *Pawlow*[6]) hört die spontane Sekretion nach
Durchschneidung der Vagi auf.

Popielski[7]) verfolgte den Weg der sekretorischen Äste des N. vagus bis zur
Bauchspeicheldrüse. Er durchschnitt nacheinander die einen oder anderen Äste
der Vagi und bestimmte ihre Beziehung zur Bauchspeicheldrüse durch Reizung des
ganzen Stammes in der Brusthöhle. Es zeigte sich, daß nach Durchschneidung der
an der Magenoberfläche verlaufenden größeren Äste sowie der ihre Richtung zur

---

[1]) Sawitsch, Centralblatt f. d. ges. Physiol. u. Pathol. des Stoffwechsels
1909, Nr. 1.

[2]) Babkin und Sawitsch, Zeitschrift f. physiol. Chemie 1908, Bd. LVI, S. 321.

[3]) Pawlow, Klinisches Wochenblatt (russ.) 1888.

[4]) Sawitsch, Verhandlungen der Gesellsch. russ. Ärzte in St. Petersburg
1903—1904, S. 99. — Centralblatt f. d. ges. Physiol. u. Pathol. des Stoffwechsels
1909, Nr. 1.

[5]) Modrakowski, Pflügers Archiv 1906, Bd. CXIV, S. 487.

[6]) Pawlow, Klinisches Wochenblatt (russ.) 1888.

[7]) Popielski, Diss. St. Petersburg 1896, S. 82.

Leber nehmenden Äste in der durch Reizung des Vagusstammes hervorgerufenen Sekretion Veränderungen irgendwelcher Art nicht Platz griffen. Offensichtlich werden die sekretorischen Impulse durch die feinen Fasern des N. vagus, die in die Dicke der Magenwand eindringen, und in ihr bis zur Bauchspeicheldrüse gelangen, weitergegeben. In der Tat blieb bei Durchschneidung des Zwölffingerdarms beim Pylorus in der Höhe des oberen Randes des Lig. hepato-gastroduodenalis eine Reizung des Vagus in der Brusthöhle ohne Wirkung. Umgekehrt rief ein Anlegen von Elektroden an einige Teile des peripheren Darmstücks eine lebhafte Pankreassaftabsonderung hervor. Somit gehen die sekretorischen Nerven für die Bauchspeicheldrüse durch den Pylorus und verlaufen in der Drüse in gerader Linie parallel zum Zwölffingerdarm. *Popielski* fand ein zusammen mit der Arterie und Vene der Drüsen gelegenes Nervenbündel, bei dessen Reizung mittelst Induktionsstromes die Sekretion des Pankreassafts ohne wahrnehmbare Latenzperiode eintrat und vollständig gleichmäßig verlief. Er bezeichnete dieses Nervenbündel als rein-sekretorischen Nerv der Bauchspeicheldrüse. Es gelang ihm, in der Brusthöhle zentraler gelegene Teile dieses rein-sekretorischen Nervs sowohl für den rechten als auch für den linken Vagus zu isolieren.

Die sekretionshemmenden Nerven.

Die lange Latenzdauer und die Besonderheiten in der Absonderung des Pankreassaftes bei Reizung der Vagi können nicht durch die gleichzeitig vor sich gehenden vasomotorischen Erscheinungen erklärt werden. Indem sich François-Frank und Hallion[1]) der plethysmographischen Methode bedienten, erbrachten sie den Nachweis, daß sich bei Reizung der Vagi das Volumen der Bauchspeicheldrüse erhöht. Folglich ist es nicht möglich, von einer der Wirksamkeit der sekretorischen Fasern der Vagi entgegenstehenden Verengerung der Drüsengefäße zu sprechen. Andererseits verändert eine vorherige (5—7 Tage vor dem Versuch) Durchschneidung des Vagus, bei welcher man damit rechnen kann, daß die hypothetischen Vasoconstrictoren bereits degeneriert sind, den Charakter der Pankreassekretion bei Reizung der Vagi nicht (*Kudrewezki*). Daher ist man eher geneigt, anzuerkennen, daß im Vagus neben den eigentlichen sekretorischen Fasern für die Bauchspeicheldrüse auch sekretionshemmende Fasern vorhanden sind.

Die Frage über die sekretionshemmenden Nerven wurde zuerst im Laboratorium von *J. P. Pawlow* durch *Kudrewezki*[2]) aufgeworfen; sie wurde dann eben daselbst von *Popielski*[3]) einer eingehenden Bearbeitung unterworfen.

Wir bringen hier die grundlegenden Tatsachen, abgesehen von den bereits oben erwähnten (lange Latenzperiode, ihre allmähliche Verkürzung, Erhöhung der sekretorischen Arbeit der Bauchspeicheldrüse bei wiederholten Reizungen der Vagi, Nachwirkung usw.), auf die sich die Lehre von den sekretionshemmenden Nerven stützt.

Die durch Reizung des einen Vagus hervorgerufene Sekretion kann in der Regel durch Reizung eines anderen Vagus zum Stillstand gebracht werden (*Mett, Kudrewezki*).

Ein erneuter Reiz ein und desselben Vagus bringt stets eine hemmende Wirkung auf die durch den vorhergehenden Reiz hervorgerufene Sekretion hervor oder bringt sie sogar zur völligen Sistierung. Die Maximaldauer des

---

[1]) François-Frank et L. Hallion, Recherches sur l'innervation vasomotrice du pancréas. Soc. Biol. 1896, T. XLVIII, S. 561.

[2]) Kudrewezki, Diss. St. Petersburg 1890.

[3]) Popielski, Diss. St. Petersburg 1896.

Sekretionsstillstandes beträgt nicht mehr als 2 Minuten. Sie tritt 5—7 Sekunden nach Beginn der Nervreizung ein (*Popielski*).

Die Reizung des Vagus sistiert für 2—4 Minuten die durch Einführung einer Salzsäurelösung in den Zwölffingerdarm hervorgerufene Sekretion.

Unter den Ästen, in die der N. vagus in der Brusthöhle zerfällt, gelang es *Popielski*, stets ein Ästchen aufzufinden, das hemmende Nerven in reiner Form enthielt. Die Reizung dieses rein hemmenden Astes hat keinerlei Absonderung aus der Bauchspeicheldrüse zur Folge, hemmt jedoch in auffallender Weise eine bereits vorhandene Sekretion.

Wir führen hier einen entsprechenden Versuch von *Popielski*[1]) an.

Zeit	Anzahl der Einteilungsstriche des Röhrchens (je 1 mm entsprechend)	Bemerkungen
11[h] 14′	3	
16′	2	
17′	1	In das Duodenum 30 ccm 5 proz.
18′	8	HCl eingegossen.
19′	9	
20′	18	
21′	22	
22′	34	
23′	34	Reizung des hemmenden Nervs.
24′	5	
25′	0	
25$^{1}/_{2}$′	0	
26′	20	
27′	28	
28′	32	

Den Weg, den die Hemmungsfasern nehmen, vermochte *Popielski* nicht festzustellen. Er bemerkt nur, daß die Extraktion des Plexus solaris die hemmende Wirkung des Vagus nicht ändert. Die Durchschneidung der Pankreasnerven hebt gleichfalls ihren hemmenden Effekt nicht auf. Allerdings hält *Popielski* diese Durchtrennung keinesfalls für eine vollständige.

Popielski nimmt hinsichtlich der Frage, wodurch die Hemmung der Pankreassekretion bei Reizung der Vagi verursacht werden könnte, drei Möglichkeiten an. Die Ursache kann zu sehen sein 1. in dem Einfluß der im N. vagus zusammen mit den sekretorischen Nerven zur Reizung gelangenden Vasoconstrictoren oder 2. in dem Einfluß der gleichfalls in der Dicke der Vagi verlaufenden motorischen Nerven der Muskulatur der Bauchspeicheldrüsengänge; infolge Kontraktion der glatten Muskeln schließen sich die Gänge; oder 3. in dem Einfluß besonderer sekretionshemmender Nerven.

Die erste Annahme hinsichtlich der Wirkung der gefäßverengenden Fasern wird hinfällig in Anbetracht der oben erwähnten Erwägungen sowie ferner infolge des Umstandes, daß die Reizung des Sympathicus, der der Drüse gefäßverengende Fasern zuführt, keine Hemmung der Sekretion hervorbringt (*Popielski*). Umgekehrt sah Edmunds[2]) bei Splanchnicus-Reizung eine Hemmung der Pankreassekretion.

Die zweite Annahme über die Kontraktion der Muskulatur der Gänge wird von *Popielski* mit der Begründung zurückgewiesen, daß das die Kontraktion der Gänge hervorrufende Physostigmin gleichzeitig die Sekretion der Bauchspeicheldrüse erhöht.

---

[1]) Popielski, Diss. St. Petersburg 1896, S. 66.

[2]) C. W. Edmunds, The antagonism of the adrenal glands against the Pancreas. Journal of Pharmacology and Experimental Therapeutics 1909, Vol. I, p. 135. — Further study of the relation of the adrenals to pancreatic activity. Ibidem 1911, Vol. II, p. 599.

Somit bleibt nach *Popielski* nur die dritte Annahme über die Existenz spezieller sekretionshemmender Nerven der Bauchspeicheldrüse übrig. *Popielski* bestätigt sie durch die Entdeckung eines rein sekretorischen Ästchens für die Bauchspeicheldrüse, von dem wir bereits oben gesprochen haben.

Es muß noch bemerkt werden, daß Atropin die hemmende Wirkung einer Reizung der Nn. vagi bei der durch Säure hervorgerufenen Sekretion nicht aufhebt[1]).

Die Zusammensetzung des bei Reizung der Nn. vagi erzielten Saftes.

Wir gehen nunmehr zu einer Erörterung der Eigenschaften des unter dem Einfluß einer Reizung der Nn. vagi zur Absonderung gelangenden Pankreassaftes über.

Ein solcher Saft zeigt einen großen Reichtum an festen Substanzen und Fermenten (*Kudrewezki*[2]), *Sawitsch*[3]), *Babkin* und *Sawitsch*[4])). So hohen Ziffern begegnen wir niemals bei Bestimmung der entsprechenden Eigenschaften des Saftes bei einem Hunde mit permanenter Fistel der Bauchspeicheldrüse. Offenbar haben wir es bei Reizung der Nerven mit einer äußersten Anspannung der trophischen (im Sinne Heidenhains) Funktionen der Drüsenelemente zu tun. Die Hauptmasse der festen Bestandteile bilden organische Stoffe, die den Eiweißkörpern angehören. Der Gehalt an Salzen und die Alkalität des bei Reizung der Nn. vagi erzielten Saftes sind nicht hoch. Im Laufe der Absonderung verarmt der Saft allmählich an festen, resp. organischen Bestandteilen und Fermenten, oft unabhängig von der Sekretionsgeschwindigkeit. Dieser Umstand kann zum Teil mit einer Verarmung der Drüsenzellen an löslichen Bestandteilen in Zusammenhang gebracht werden (*Kudrewezki*), zum Teil läßt er sich auf das allmähliche Erlöschen der Lebensprozesse, besonders der Restitutionsprozesse in den Drüsenzellen des langsam dahinsterbenden Tieres zurückführen (*Sawitsch*). So erhielt beispielsweise *Kudrewezki*[5]) nicht selten zu Beginn des Versuches einen 8,0—9,0% fester Substanzen enthaltenden Saft; gegen Ende des Versuches sank der Gehalt an festen Bestandteilen zuweilen bis auf 2,2% herab.

Am markantesten tritt der Reichtum an organischen Substanzen und Fermenten in dem bei Reizung der Nn. vagi erzielten Pankreassaft hervor, wenn man ihn mit dem Safte vergleicht, dessen Absonderung durch Einführung einer 0,4—0,5 proz. Salzsäurelösung in den Zwölffingerdarm hervorgerufen worden war. Hierbei spielt die Geschwindigkeit der Sekretabsonderung in dem einen wie in dem anderen Falle keine Rolle: bei ein und derselben Sekretionsgeschwindigkeit weist der „Nerven“-Saft einen Reichtum an organischen Substanzen und Fermenten auf, während der „Säure“-Saft an solchen arm ist.

Hieraus ergibt sich, daß wir es zweifellos mit zwei verschiedenen Bedingungen der Tätigkeit der Drüsenelemente zu tun haben.

Zur Erhärtung des Gesagten mag hier nachfolgende Tabelle CIV wiedergegeben werden.

---

[1]) J. P. Pawlow, Vorlesungen über Verdauungsphysiologie, gehalten vor den Studierenden der Kaiserl. Milit.-Med. Akademie zu St. Petersburg 1906—1907. A. P. Orlows Verlag, Petersburg 1908, S. 39.

[2]) Kudrewezki, Diss. St. Petersburg 1890.

[3]) Sawitsch, Centralbl. f. d. ges. Physiol. u. Pathol. des Stoffwechsels 1909, Nr. 1.

[4]) Babkin und Sawitsch, Zeitschr. f. physiol. Chemie 1908, Bd. LVI, S. 321.

[5]) Kudrewezki, Diss. St. Petersburg 1890.

Tabelle CIV.

Die Zusammensetzung des mittelst Reizung der Vagi und bei Einführung einer 0,5proz. HCl - Lösung in das Duodenum erzielten Pankreassaftes. Akute Versuche (nach *Babkin* und *Sawitsch*).

Hund	Art der Safterzielung	Durchschnittl. Sekretionsgeschwindigkeit pro 5 Minuten in ccm	Prozent an festen Substanzen	Prozent an organischen Substanzen	Prozent an Asche
1	Reizung des N. vagus	0,14	6,884	6,012	0,872
2	do.	0,47	6,943	6,173	0,770
3	do.	0,25	7,430	6,647	0,783
4	Eingießung von 0,5proz. HCl in das Duodenum	0,29	1,382	0,556	0,826
5	do.	0,52	1,560	0,726	0,834

Aus Tabelle CIV folgt, daß der mittelst Nervreizung erzielte Saft in der Regel bei ein und derselben Sekretionsgeschwindigkeit 8—10 mal reicher an organischen Bestandteilen ist, als der bei Einführung von Säure zur Absonderung gelangende Saft. (Um im Falle der Säurewirkung auch nur irgendwelche Beteiligung des Nervensystems auszuschließen, wurde den Tieren 15 mg Atropin in das Blut injiziert.)

Völlig gleiche Verhältnisse lassen sich auch für die Fermente beobachten, wie dies aus Tabelle CV ersichtlich. Der bei Reizung der Nerven erzielte

Tabelle CV.

Der Gehalt an Eiweißferment in dem auf Reizung der Nn. vagi und auf Eingießung einer 0,4—0,5proz. Lösung HCl in den Zwölffingerdarm erzielten Pankreassaft beim Hunde. Akute Versuche (nach *Sawitsch*).

1. Versuch Art der Safterzielung	Durchschnittliche Sekretionsgeschwindigkeit pro 1 Minute[1]	Eiweißferment P + D in mm[2]	2. Versuch Art der Safterzielung	Durchschnittliche Sekretionsgeschwindigkeit pro 1 Minute[1]	Eiweißferment P + D in mm[2]
Spontane Sekretion	14,5	4,8	Vagusreizung	9	5,8
do.	16	5,3	do.	14	5,5
Vagusreizung	8	5,8	do.	31	5,3
do.	14	5,4	do.	22	5,4
do.	16	5,2	do.	19	5,3
do.	18	4,9	do.	13	5,0
Salzsäure	82	2,6	Salzsäure	10	4,0
do.	11	2,1	do.	17	3,7
Vagusreizung	16	4,3	do.	14	4,1
do.	9	4,8	do.	36	4,4
do.	8	5,3	do.	13	3,8
Salzsäure	60	3,0	do.	3	4,0
do.	78	2,2	Vagusreizung	16	5,1
do.	54	0,9	do.	21	4,9
do.	11	0,8			
Vagusreizung	22	3,6			
do.	19	4,3			

[1] In Einteilungseinheiten des Röhrchens, durch das der Pankreassaft aufgefangen wurde.

[2] Es wurde nach der Mettschen Methode die absolute Kraft des durch Enterokinase aktivierten Eiweißferments bestimmt.

Saft ist reich, der auf Säure zum Abfluß kommende Saft arm an Fermenten. Auch hier, bei gleicher oder sogar höherer Sekretionsgeschwindigkeit des Saftes an ein und demselben Tier führt die Reizung der Vagi stets zu einer reichlichen Fermentausscheidung.

Tabelle CV zeigt, daß nach einer reichlichen Sekretion auf Säure der Saft besonders arm an Fermenten wird. Eine nachfolgende Vagusreizung erhöht sofort ihren Gehalt. Allein auch bei geringerer Absonderungsgeschwindigkeit (2. Versuch) löst der auf Säureeinführung erhaltene Saft Eiweiß weniger energisch als der mittelst Nervreizung erzielte.

Tabelle CVI.

Der Gehalt an Fett-, Eiweiß- und Stärkeferment in dem bei Reizung der Nn. vagi und bei Einführung einer 0,5proz. Lösung HCl in den Zwölffingerdarm erzielten Pankreassaft eines Hundes (nach *Sawitsch*).

Art der Safterzielung	Sekretionsgeschwindigkeit	Fettferment		Stärkeferment	Gerinnungsgeschwindigkeit[1]	Eiweißferment P + D
		P	P + G			
Vagusreizung	5	2,4	7,8	—	20″	6,1
Salzsäure	53	0,8	4,9	4,6	270″	2,8
do.	58	0,7	4,7	4,6	285″	2,2
do.	60	0,5	4,1	3,0	—	1,7
do.	41	0,5	3,7	2,8	$18^1/_2$″	1,4
do.	7	1,2	5,3	4,8	165″	3,0
Vagusreizung	11	1,9	6,9	6,8	45″	5,6
do.	11	2,0	7,3	—	45″	5,4
do.	13	2,0	6,9	7,2	50″	5,4
Salzsäure	60	—	—	3,4	450″	1,7
do.	60	0,6	3,0	2,0	—	1,0
do.	59	0,2	1,9	2,0	Innerhalb eines Zeitraums von mehr als einer ganzen Stunde nicht zur Gerinnung gelangt	0,5
do.	41	0,1	1,3	1,4		0,2
do.	9	0,3	3,0	2,8		1,0
Vagusreizung	7	1,9	7,0	—	—	—
do.	8	—	—	6,0	45″	5,2
do.	11	2,0	7,0	5,4	50″	5,1

Die gleichen Schwankungen weisen auch die beiden anderen Fermente auf. Tabelle CVI demonstriert den Verlauf der Saftsekretion und den Gehalt des Saftes an allen drei Fermenten bei Reizung der Nn. vagi und Einführung einer 0,4—0,5 proz. Lösung HCl in das Duodenum. Sowohl dieser Versuch als auch die beigefügte Kurve (Fig. 22) lassen erkennen, daß die Fermente von der Bauchspeicheldrüse parallel zueinander abgesondert werden.

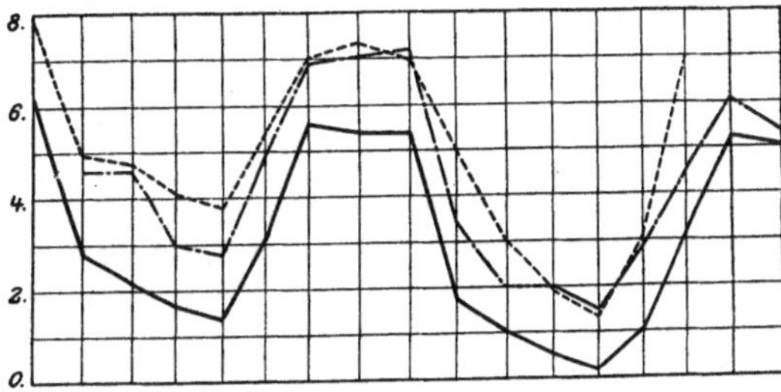

Fig. 22. Gehalt an Ferment in den bei Reizung der Nn. vagi und bei Einführung 0,5 proz. HCl erzielten Pankreassaft (nach *Sawitsch*).
———— Trypsin, · · · · · · Steapsin, —·—·— Amylopsin.

---

[1] Um die Milch zur Gerinnung zu bringen, wurde eine Mischung aus 0,5 ccm Pankreassaft, 2,0 ccm einer physiologischen Kochsalzlösung und 0,1 ccm Darmsaft hergestellt. Zu 10 ccm mit 1,0 ccm 0,5 proz. Lösung HCl angesäuerter Milch wurde 0,5 ccm der eben beschriebenen Mischung zugesetzt.

Um definitive Gewißheit zu erlangen, daß der Gehalt an festen, resp. organischen Substanzen und Fermenten bei den verschiedenen Erregern der Bauchspeicheldrüse hauptsächlich von der Art des Erregers, aber nicht von der Geschwindigkeit der Saftsekretion abhängt, stellten *Babkin* und *Sawitsch*[1]) folgenden Versuch an. Bei einem Hunde wurde in einem akuten Versuche die Absonderung des Pankreassaftes durch Einführung einer 0,4—0,5 proz. Lösung HCl in den Zwölffingerdarm hervorgerufen. Als diese Sekretion ihr Höchststadium erreichte, wurde eine Reizung der Nn. vagi vorgenommen. Auf diese Weise erhielt man bei fast ein und derselben Sekretionsgeschwindigkeit einen auf Säure allein und auf Säureeinführung + Nervreizung sezernierten Pankreassaft. Die Untersuchung dieser Säfte ergab, daß in dem bei kombinierter Reizung (Säure + Nn. vagi) erzielten Saft die Menge der festen Substanzen und die Kraft des Fettferments (und folglich auch der beiden anderen Fermente) fast um ein Doppeltes größer war, als in dem auf Säure allein erhaltenen Saft. Vergleicht man jedoch den Gehalt an organischen Substanzen und die Quadrate der Verdauung, so steigt dieser Unterschied bis zu einem 4—5 fachen an. Entsprechende Daten sind auf Tabelle CVII wiedergegeben.

Tabelle CVII.

Bereicherung des auf Salzsäureeinführung erzielten Hundepankreassaftes an festen Substanzen und Fermenten bei Reizung der Nn. vagi. Akuter Versuch (nach *Babkin* und *Sawitsch*).

Art der Safterzielung	Saftmenge in ccm	Sekretionsdauer in Minuten	Durchschnittsgeschwindigkeit pro 5 Min.	Fettferment P+G	Prozent an festen Substanzen	Prozent an organischen Substanzen	Prozent an Asche
0,5 proz. HCl	2,8	7	2,00	1,810	1,110	0,285	0,825
0,5 proz. HCl + Reizung der Nn. vagi . . .	2,7	8	1,92	3,801	2,285	1,470	0,815

Somit ergibt sich aus dem oben Dargelegten, daß durch die Nn. vagi an die Bauchspeicheldrüse besondere Impulse vermittelt werden. Auf eine Reizung dieser Nerven kommt ein an festen, resp. organischen Substanzen und Fermenten außerordentlich reicher Saft zur Ausscheidung.

Eine weitere Besonderheit des bei Reizung der Vagi erzielten Saftes besteht darin, daß er sehr oft ohne Beteiligung des Darmsaftes befähigt ist, koaguliertes Eiereiweiß zu verdauen. Zusatz von Darmsaft zum Pankreassaft erhöht bedeutend seine eiweißspaltende Fähigkeit (*Sawitsch*[2])).

Wir entnehmen Beispiele der Arbeit von *Sawitsch*. Den Pankreassaft erhielt er in einem akuten Versuche von einem Hunde mittelst Einführung einer 0,5 proz. Lösung HCl in den Zwölffingerdarm und bei Reizung der Nn. vagi.

Art der Erzielung	Durchschnittsgeschwindigkeit pro Minute	Eiweißferment (nach Mett) P	Eiweißferment (nach Mett) P + D
Eingießung von 0,5 proz. HCl	14	0	3,8
do.	7	0	4,3
do.	12	0	4,0
Reizung der Nn. vagi	4	1,3	5,8
do.	4	1,5	5,2
do.	10	0,6	5,5

[1]) Babkin und Sawitsch, Zeitschr. f. physiol. Chemie 1908 Bd. LVI, S. 337.

[2]) W. Sawitsch, Die Wirkung des Vagus auf das Pankreas. Förhandlingar vid Nordiska Naturforskare-och Läkaremötet i Helsingfors 1902, S. 41. — Centralblatt f. d. ges. Physiol. u. Pathol. des Stoffwechsels 1909, Nr. 1.

Bei ein und derselben oder selbst bei größerer Sekretionsgeschwindigkeit ist der im Falle einer Reizung der Vagi sezernierte Saft aktiv, während der auf Säure erzielte Saft in latenter Form ausgeschieden wird. Die absolute Kraft des Eiweißferments ist beim ersteren höher als beim zweiten.

Sawitsch[1]) beobachtete die Absonderung eines aktiven auf Reizung der Vagi zum Abfluß kommenden Pankreassaftes gewöhnlich bei Anwendung schwacher Induktionsströme, wenn die Sekretion nicht beträchtlich ist und der Saft einen großen Reichtum an Fermenten und Eiweiß aufweist. Umgekehrt wird bei starken Strömen und andauernder Tetanisierung ein und derselben Nervstelle der reine Saft wiederum in bezug auf koaguliertes Eiereiweiß unwirksam. Es verdient Erwähnung, daß *Kudrewezki*[2]), der nur den offenen Teil des Eiweißferments in den bei Nervreizung erhaltenen Pankreassäften bestimmte, hervorhob, daß solche Säfte koaguliertes Eiereiweiß verdauen und dazu im allgemeinen um so energischer, je reicher der Saft an festem Rückstand ist. Die Alkalität des Saftes dagegen steht in umgekehrtem Verhältnis zu seiner proteolytischen Kraft.

Über die Ursachen des aktiven Zustandes einiger Pankreassaftsorten ein endgültiges Urteil auszusprechen, sind wir, worauf bereits oben hingewiesen, nicht imstande. Wir sind der Ansicht, daß sich die Aktivität des Saftes durch den selbständigen Übergang des latenten Teiles des Ferments in einen offenen erklären läßt; diese Fähigkeit nahmen wir bei Säften mit größerem Fermentreichtum wahr. Demzufolge nehmen wir an, daß ein gewisser Zusammenhang zwischen der Fermentkonzentration des Saftes und seinem offenen Teile vorhanden ist.

Zwar haben viele Autoren unter verschiedenen Bedingungen einen Pankreassaft erhalten, der die Fähigkeit besitzt, ohne Beteiligung des Darmsaftes koaguliertes Eiereiweiß zu verdauen, doch hat niemand die Bedingungen näher aufgeklärt, unter denen der Saft in aktivem Zustande ausgeschieden wird und, was besonders von Wichtigkeit wäre, den Zusammenhang zwischen dem offenen Teile seiner Fermente und deren absoluter Kraft festgestellt. So erhielten Wertheimer[3]), Camus und Gley[4]) einen aktiven Saft bei Einführung von Pilocarpin in das Blut; Camus und Gley[5]), Zunz[6]) bei Einführung von Pepton (Pepton Witte); Wertheimer und Dubois[7]) bei Einführung von Physostigmin; Desgrez[8]) bei Einführung von Cholin. Indirekte Hinweise auf den Zusammenhang zwischen der Fermentkonzentration und der Aktivität des Saftes finden wir bei Camus und Gley[9]). So enthielt der auf Injektion von Pilocarpin erzielte Pankreassaft auf 1 ccm durchschnittlich 0,074 g festen Rückstand, der gewöhnlich inaktive Saft auf Secretin dagegen nur 0,022 g. Wir haben jedoch bereits gesehen (s. oben S. 264), daß der Ferment-

<hr>

[1]) Sawitsch, Centralblatt f. d. ges. Physiol. u. Pathol. des Stoffwechsels 1909, Nr. 1.

[2]) Kudrewezki, Diss. St. Petersburg 1890.

[3]) E. Wertheimer, Sur les propriétes digestives du suc pancréatique des animaux à jeun. Soc. Biol. 1901, T. LIII, p. 139.

[4]) L. Camus et E. Gley, Sur la sécrétion pancréatique des chiens à jeun. Soc. Biol. 1901, T. LIII, p. 194. — Variation de l'activité protéolytique du suc pancréatique. Journ. de Physiol. et de Pathol. génér. 1907, T. IX, p. 987.

[5]) L. Camus et E. Gley, Sécrétion pancréatique active et sécrétion inactive. Soc. Biol. 1902, T. LIV, p. 241. — Recherches sur l'action antagoniste de l'atropine et des divers excitants de la sécrétion pancréatique. Archives des Sciences Biol. 1904, T. XI (supplément), p. 201.

[6]) E. Zunz, Contribution à l'étude des propriétés antiprotéolytiques du sérum sanguin. Bull. de l'Acad. roy de méd. de Belgique 1905, XIX, p. 729.

[7]) E. Wertheimer et Ch. Dubois, Des effets antagonistes de l'atropine et de la physostigmine sur la sécrétion pancréatique. Soc. Biol 1904, T. LVI, p. 195.

[8]) A. Desgrez, De l'influence de la choline sur les sécrétions glandulaires. Soc. Biol. 1902, T. LIV, p. 839.

[9]) Camus et Gley, Journ. de Physiol. et de Pathol. génér. 1907, T. IX, p. 992.

reichtum des Saftes parallel mit der Zunahme der festen Substanzen in ihm anwächst (*Babkin* und *Tichomirow*[1])).

Außerdem muß noch bemerkt werden, daß die safttreibende Wirkung aller die Sekretion aktiven Saftes anregender Substanzen durch Atropin aufgehoben wird — ein Umstand, der bis zu einem gewissen Grade die Beteiligung des Nervensystems am ganzen Prozeß erkennen läßt.

Die Sistierung der mittelst Injektion von Pilocarpin und Pepton in das Blut hervorgerufenen Pankreassekretion durch Atropin beobachteten Camus und Gley[2]), der durch Injektion von Physostigmin hervorgerufenen Wertheimer und Dubois[3]), der durch Einführung von Cholin in das Blut bedingten Pankreassaftabsonderung Camus und Gley[4]), Fürth und Schwarz[5]).

Die Auffassung von Camus und Gley[6]) betreffs der intrapankreatischen Aktivierung von Protrypsin durch Peptone, Pilocarpin u. a. ist bereits angeführt worden (s. S. 267).

Die sekretorischen Fasern des Sympathicus.

Sekretorische Fasern finden sich auch in dem anderen Nerv der Bauchspeicheldrüse — dem Sympathicus. Da der Sympathicus für dieses Organ außerdem auch gefäßverengernde Fasern führt, so erhält man einen sekretorischen Effekt am sichersten, wenn man eine, die Vasoconstrictoren nicht anregende mechanische Reizung des Nervs (mittelst des Tetanomotors Heidenhains) vornimmt oder aber den 6—7 Tage vor der Versuchsvornahme durchschnittenen Nerv mittelst Induktionsstromes reizt, wenn die gefäßverengenden Fasern bereits zur Degeneration gelangt sind (*Kudrewezki*[7])). *Sawitsch*[8]) jedoch gelang es, eine Sekretion der Bauchspeicheldrüse bei andauerndem tetanischem Reiz des frisch durchschnittenen Sympathicus zu erzielen. Das Resultat war indes in diesem Falle nicht so konstant wie bei eben solchem Reize des Vagus.

Eine Reizung des Sympathicus ruft beim Hunde eine weniger ergiebigere Pankreassaftabsonderung hervor als eine Reizung des Vagus. Nichtsdestoweniger tritt sie ganz deutlich hervor. Atropin paralysiert nach *Sawitsch*[9]) den Sympathicus, während Modrakowski[10]) bei diesem Alkoloid eine solche Wirkung nicht wahrnahm.

Als Beispiel mag hier folgender Versuch von *Sawitsch*[11]) wiedergegeben werden.

[1]) Babkin und Tichomirow, Zeitschr. f. physiol. Chemie 1909, Bd. LXII, S. 468.

[2]) Camus et Gley, Archives des Sciences Biol. 1904, T. XI (supplément), p. 201. Jedoch Fürth und Schwarz (Pflügers Archiv 1908, Bd. CXXIV, S. 442) sahen bei einem Versuche an einem atropinisierten Hunde eine Pankreassekretion nach Einführung einer 10proz. Lösung Protalbumose aus Fibrin in das Blut (Pepton Witte enthält eine große Menge Albumosen).

[3]) Wertheimer et Dubois, Soc. Biol. 1904, T. LVI, p. 195.

[4]) Camus et Gley, Archives des Sciences Biol. 1904, T. XI (suppl.), p. 201.

[5]) O. v. Fürth und C. Schwarz, Zur Kenntnis der „Scoretine". Pflügers Archiv 1908, Bd. CXXIV, S. 427.

[6]) Camus et Gley, Soc. Biol. 1902, T. LIV, p. 241. — Journ. de Physiol. et de Pathol. génér. 1907, T. IX, p. 994.

[7]) Kudrewezki, Diss. St. Petersburg 1890, S. 15ff.

[8]) Sawitsch, Centralbl. f. d. ges. Physiol. u. Pathol. des Stoffwechsels 1909, Nr. 1.

[9]) Sawitsch, Centralblatt f. d. ges. Physiol. u. Pathol. des Stoffwechsels 1909, Nr. 1.

[10]) Modrakowski, Pflügers Archiv 1906, Bd. CXIV, S. 487.

[11]) Sawitsch, Centralblatt f. d. ges. Phyisiol. u. Pathol. des Stoffwechsels 1909, Nr. 1.

Hund mit durchschnittenem Rückenmark, und zwar unterhalb des verlängerten Marks. Künstliche Atmung. Fistel des Ductus pancreaticus. Die Sekretion wird jede einzelne Minute an der Hand der Einteilungseinheiten des Röhrchens, durch das der Pankreassaft abfließt, registriert.

Spontane Sekretion 2, 0, 2; tetanische Reizung des rechten Sympathicus 2, 4, 6, 3, 1, 9, 19, 17, 10; Ende der Reizung: 9, 8, 8, 6, 7, 11, 5, 4, 4; Injektion von 20,0 mg Atrop. sulfur. 5, 4, 1; tetanische Reizung des rechten Sympathicus 1, 2, 0, 2, 1, 0, 1, — 2, 1; Ende der Reizung 2, 2, 1, 0, 0, 0, 1; mechanische Reizung des Sympathicus 0, 0; Ende der Reizung 0, 0, 0; tetanische Reizung des rechten Sympathicus 0, 0, 0, 0, 0, 0, 0, 0, 0, 0; Ende der Reitung 0, 0; Injektion von Secretin in die Vene 6, 7, 73 usw.

Ebenso wie die Reizung des Vagus führt auch die Reizung des Sympathicus zur Sekretion eines an festen Substanzen und Fermenten sehr reichen Pankreassaftes. Mithin wirken beide Nervenpaare analog auf die Drüsenelemente der Bauchspeicheldrüse ein.

Wir lassen hier als Beispiel einen Versuch aus der *Sawitsch*schen Arbeit folgen. Den Saft erhielt man vom Hunde mittelst Reizung des Vagus und Sympathicus sowie mittelst Injektion von Secretin in das Blut. Die proteolytische Kraft bestimmte man in dem mittelst Darmsafts aktivierten Pankreassaft.

Art der Safterzielung	Eiweißferment (nach Mett) P + D
Reizung des Vagus	5,7
„ „ Sympathicus	5,7
„ „ „	5,4
Injektion von Secretin in das Blut	3,7

Somit erhält man bei Reizung der Vagi und Sympathici eines Hundes eine Sekretion des Bauchspeicheldrüsensaftes; dieser Saft ist, was seine Zusammensetzung anbetrifft, sehr charakteristisch: er ist reich an organischen Substanzen und Fermenten und besitzt eine geringe Alkalität.

In den Nn. vagi und sympathici verlaufen die wirklichen sekretorischen Fasern für die Bauchspeicheldrüse.

Wie wir gesehen haben, ist die Absonderung des Pankreassaftes bei Reizung der Nerven eine primäre — nicht durch den Übertritt des sauren Mageninhalts in den Zwölffingerdarm hervorgerufene — Sekretion. Jetzt entsteht nun, wie in einem jeden derartigen Falle, die Frage: sind die Nn. vagi und sympathici die wirklichen sekretorischen Nerven der Bauchspeicheldrüse oder ist der safttreibende Effekt im Falle ihrer Reizung durch irgendwelche anderen Erscheinungen — beispielsweise vasomotorische — bedingt?

Auf diese Frage vermögen wir eine positive Antwort zu geben. Zum Teil hatten wir bereits Beweise dafür, daß die Nerven der Bauchspeicheldrüse als wirkliche sekretorische Nerven anzusehen sind. So erhöht sich mit einer Steigerung der Geschwindigkeit der Saftsekretion auch der Gehalt in ihm an festen Substanzen — eine bereits von Heidenhain[1]) konstatierte Tatsache; Atropin paralysiert sowohl die Nn. vagi als auch die Nn. sympathici. Nunmehr wollen wir auf die Wechselbeziehung zwischen dem Blutdruck und dem sekretorischen Druck in der Bauchspeicheldrüse — als den letzten Beweis für die sekretorische Natur der in Frage kommenden Nerven — näher eingehen.

---

[1]) Heidenhain, Hermanns Handbuch der Physiologie 1883, Bd. V, T. I, S. 195ff.

Der im großen Gange der Bauchspeicheldrüse gemessene sekretorische Druck erwies sich sowohl beim Hunde mit einer chronischen Fistel (*Kuwschinski*[1])) als auch beim akuten Versuch (*Pawlow*[2])) als bedeutend niedriger als der Blutdruck — nämlich 21 mm der Quecksilbersäule. Ein solcher verhältnismäßig niedriger Druck kann auf mehrere Ursachen zurückgeführt werden: die Durchlässigkeit der Gänge im Falle einer Schließung des Hauptganges mittelst eines Manometers, das Vorhandensein weiterer Nebengänge, abgesehen vom kleinen Gang, der natürlich unterbunden wurde usw. In Anbetracht der Unmöglichkeit, den sekretorischen Druck zu erhöhen, änderte *Pawlow*[3]) den Versuch in der Weise ab, daß er durch Aderlaß den Blutdruck erniedrigte. Hierbei gelang es ihm mehrmals, mittelst Reizung des Vagus die Sekretion des Pankreassaftes aufrechtzuerhalten, während der Blutdruck bereits auf Null herabgesunken war. Er analogisiert diesen Versuch jenem Versuch mit Reizung der Speicheldrüsennerven am abgetrennten Kopfe.

Wir bringen hier die entsprechenden Zahlen.

Hund. In eine Arterie und den Gang der Bauchspeicheldrüse sind Sodamanometer eingeführt. Der kleine Gang ist unterbunden. Aus einer anderen Arterie wird das Tier entblutet. Gleichzeitig mit der Entblutung wurde mit der Reizung der Nn. vagi begonnen. Der Druck in den Manometern wird alle 5—7 Sekunden notiert.

Blutdruck	Sekretorischer Druck
120 mm	74 mm
120 ,,	75 ,,
120 ,,	76 ,,
130 ,,	78 ,,
120 ,,	80 ,,
110 ,,	80 ,,
120 ,,	84 ,,
110 ,,	84 ,,
105 ,,	84 ,,
110 ,,	85 ,,
100 ,,	88 ,,
90 ,,	89 ,,
90 ,,	91 ,,
90 ,,	96 ,,
0 ,,	90 ,,

Derartige Versuche gelingen sehr selten in Anbetracht der außerordentlich großen Empfindlichkeit der Drüsen einer Anämie gegenüber.

Somit kann als festgestellt gelten, daß der sekretorische Druck nicht auf den Blutdruck zurückzuführen ist.

Der humorale Mechanismus der Pankreassekretion.

Ein weiterer Mechanismus, vermittelst dessen die Bauchspeicheldrüse in Tätigkeit gesetzt wird, ist — der humorale Mechanismus.

Zunächst wurde er hinsichtlich der Wirkung des stärksten Erregers der Bauchspeicheldrüse — der Salzsäure — festgestellt und dann analog auf alle übrigen Erreger dieses Organs ausgedehnt. Die neue Entdeckung wirkte dermaßen imponierend, daß die genau festgestellte und keinem Zweifel unterliegende Wirkung der sekretorischen Nerven der Bauchspeicheldrüse von der Mehrzahl

[1]) Kuwschinski, Diss. St. Petersburg 1888.
[2]) Pawlow, Klinisches Wochenblatt (russ.) 1888.
[3]) Pawlow, Klinisches Wochenblatt (russ.) 1888.

der Forscher ohne sorgfältige experimentelle Nachprüfung in Abrede gestellt wurde. Die gesamte komplizierte Tätigkeit der Bauchspeicheldrüse wurde einzig und allein auf den allmächtigen humoralen Mechanismus zurückgeführt[1]). Aus der vorstehenden Darstellung konnten wir uns von dem Vorhandensein sekretorischer Nerven bei der Bauchspeicheldrüse überzeugen. Im weiteren Verlaufe unserer Abhandlung werden wir sehen, daß die Nerven einen tätigen Anteil an der normalen Arbeit der Bauchspeicheldrüse nehmen. Daher muß man neben dem humoralen Mechanismus, der hinsichtlich der sekretorischen Tätigkeit der Pankreasdrüse als festgestellt angesehen werden, auch noch einen nervösen Mechanismus anerkennen. Nur diese dualistische Auffassung ist zurzeit imstande, alle komplizierten Erscheinungen in den Wechselbeziehungen zwischen der Bauchspeicheldrüse und den übrigen Teilen des Verdauungstrakts zu umfassen und zu erklären.

Ursprünglich stellte man sich den Vorgang der Anregung der Pankreassaftsekretion durch die aus dem Magen in das Duodenum übertretenden sauren Speisemassen naturgemäß als einen durch Vermittlung des Zentralnervensystems ins Leben tretenden Reflex vor. Allein bereits im Jahre 1896 mußte *Popielski*[2]) auf Grund der im Laboratorium von *J. P. Pawlow* ausgeführten Versuche das Vorhandensein eines vom Zentralnervensystem unabhängigen peripheren sekretorischen Zentrums für die Bauchspeicheldrüse anerkennen. Eine in den Zwölffingerdarm eingeführte Salzsäurelösung regte trotz Durchschneidung der beiden Vagi und Sympathici, sowie trotz Zerstörung des verlängerten Marks die Bauchspeicheldrüse unbedingt zur Sekretion an. Seine ursprüngliche Annahme, daß das lokale sekretorische Zentrum im Pylorusgebiet liegt, hat Popielski[3]) später etwas abgeändert. Auf Grund der Tatsache, daß die safttreibende Wirkung der Salzsäure nicht aufhörte nach Durchschneidung der Vagi und Sympathici, Extraktion des Plexus solaris, Zerstörung und Exstirpation des Rückenmarks, Durchschneidung des Magens im Gebiet des Pylorus und unterhalb der letzteren sowie bei Einführung einer Säurelösung in einen beliebigen mittelst einer Ligatur vom Zwölffingerdarm abgesonderten Teil des Dünndarms nimmt er an, daß als reflektorische Zentren die zahlreichen in der Drüse verstreut liegenden Nervenzellen anzusehen sind.

Zu analogen Ergebnissen gelangten unabhängig von Popielski auch Wertheimer und Lepage[4]). Nach ihren Versuchsbefunden regt Salzsäure vom Darm aus die Absonderung des Pankreassaftes an trotz Zerstörung des verlängerten Marks, Durchschneidung der Vagi, Durchschneidung des Sympathicus in der Brusthöhle, Exstirpation des Plexus solaris, Denervation der Stämme der Art. coeliacae und mesentericae superiores. Als lokales Nervenzentrum sind die in der Drüse selbst gelegenen Nervenzellen zu betrachten. Außerdem jedoch sind Wertheimer und Lepage[5]) der Meinung, daß reflek-

<hr>

[1]) Vgl. z. B. E. F. Terroine, La sécrétion pancréatique. (,,Questions biologiques actuelles'' poublieés sous la direction de M. A. Dastre). Paris 1913.

[2]) Popielski, Diss. St. Petersburg 1896, S. 104 ff.

[3]) L. Popielski, Über das periphersche reflektorische Nervenzentrum des Pankreas. Pflügers Archiv 1901, Bd. LXXXVI, S. 215.

[4]) E. Wertheimer et Lepage, Sur les fonctions réflexes des ganglions abdominaux du sympathique dans l'innervation sécrétoire du pancréas. 1er mémoire. Journ. de Physiol. et de Pathol. génér. 1901, T. III, p. 335—IIe mémoire. Ibidem, p. 363.

[5]) E. Wertheimer et Lepage, Sur l'association réflexe du pancréas avec l'intestin grêle. 1er mémoire. Journ. de Physiol. et de pathol. génér. 1901, T. II, p. 689. — 2e mémoire. Ibidem, p. 708.

torische Reize vom Dünndarm aus an die Bauchspeicheldrüse durch das im Gangl. coeliacum und mesentericum superius gelegene Zentrum vermittelt werden können. Zu diesem mit ihren früheren Versuchen nicht im Einklang stehenden Schluß sind sie auf Grund folgender Tatsachen gekommen. Indem sie eine Salzsäurelösung in die vom Zwölffingerdarm (mittelst eines Schnittes oder einer Ligatur) abgetrennte und vom Zentralnervensystem mittelst Durchschneidung der Vagi und Sympathici sowie Zerstörung des Rückenmarks abgesonderte Jejunalschlinge eingossen, nahmen sie eine energische Pankreassaftabsonderung wahr. Da den einzigen Innervationsherd, durch den die reflektorische Erregung der Bauchspeicheldrüse von der Darmschleimhaut aus vermittelt werden konnte, das Gangl. coeliacum und mesentericum superius bildeten, so hielten denn auch die Autoren diese letzteren für das reflektorische Zentrum. Demgemäß mußten sie das Vorhandensein zweier reflektorischer Bogen anerkennen: der eine von ihnen verbindet unmittelbar den Zwölffingerdarm mit der Bauchspeicheldrüse, der andere verbindet das Jejunum mit der letzteren durch Vermittelung der zentralen Nervenknoten des Bauchsympathicus.

Auf diese Weise gewann der Gedanke eine Stütze, daß der anregenden Wirkung der Salzsäure auf die Bauchspeicheldrüse ein nervöser reflektorischer Prozeß zugrunde liegt. Dieser Gedanke wurde besonders durch den Umstand bestätigt, daß die Einführung von Salzsäurelösungen in rectum (*Popielski*[1])) oder unmittelbar in das Blut (Popielski[2]), Wertheimer und Lepage[3])) eine Pankreassaftsekretion nicht zur Folge hatte. Auf Grund all dieser Untersuchungen erwies sich der Mechanismus der sekretorischen Wirkung der Salzsäure als in höchstem Grade kompliziert. Schon dies allein sprach gegen die Wahrscheinlichkeit einer solchen Annahme. Doch abgesehen hiervon gab noch manches Weitere den Gedanken eine andere Richtung. So unterließen es Wertheimer und Lepage, den unbedingt erforderlichen Kontrollversuch mit Entfernung des Plexus coeliacus und mesentericus superior und Injektion einer Salzsäurelösung in die isolierte Jejunalschlinge anzustellen, legten aber dem Versuche mit Denervation der Darmschlinge, in die eine Salzsäurelösung eingegossen wurde, keine genügende Bedeutung bei (Wertheimer[4])). Ein Jahr später nahmen Bayliß und Starling[5]) diesen Versuch vor und gelangten zur Überzeugung, daß die Säure von der aller Nervenverbindungen beraubten Darmschlinge aus eine safttreibende Wirkung ausübt.

Andererseits stellten Wertheimer und Lepage[6]) selbst eine außerordentlich wichtige Tatsache fest, die lebhaft gegen den nervösen Charakter der Salzsäurewirkung spricht: Atropin paralysierte nicht die durch Salzsäure hervorgerufene Pankreassaftabsonderung. In großen Mengen (0,6 g einem Hunde von 11 kg Körpergewicht injiziert) erhöht es sogar die Sekretion. In Analogie

---

[1]) Popielski, Diss. St. Petersburg 1896.

[2]) Popielski, Pflügers Archiv 1901, Bd. LXXXVI, S. 215.

[3]) Wertheimer und Lepage, Journ. de Physiol. et de pathol. génér. 1901, T. III, p. 695.

[4]) E. Wertheimer, Sur le mécanisme de la sécrétion pancréatique. Soc. Biol. 1902, T. LIV, p. 472.

[5]) W. M. Bayliß und E. H. Starling, The mechanism of pancreatic secretion. Journ. of Physiol. 1902, Vol. XXVIII, p. 330.

[6]) E. Wertheimer et L. Lepage, Sécrétion pancréatique et atropine. Soc. Biol. 1901, T. LIII, p. 759. — Des effets antagonistes de l'atropine et de la pilocarpine sur la sécrétion pancréatique. Ibidem, p. 879.

mit der Innervation der Speicheldrüsen zogen sie den Schluß, daß das Atropin den cerebralen Nerv — den Vagus — paralysiert und den Sympathicus unberührt läßt. Folglich muß die Salzsäure auf die Bauchspeicheldrüse durch diesen letzteren Nerv eine reflektorische Wirkung ausüben.

Ihre Lösung verdankt die Frage über den Mechanismus der Salzsäurewirkung der im Jahre 1902 veröffentlichten grundlegenden Arbeit von Bayliß und Starling[1]).

Diese Autoren gingen von dem Versuche mit Eingießung einer Salzsäurelösung in die isolierte, jeglicher Nervenverbindungen mit dem übrigen Organismus beraubte Jejunalschlinge aus. Die Sekretion des Pankreassaftes wurde in diesem Falle genau so wie in der Norm zur Anregung gebracht. Hieraus folgt, daß die Säure die Absonderung nicht durch Vermittlung der Nerven anregt. Doch auch unmittelbar übt sie auf die Zellen der Bauchspeicheldrüse keine Wirkung aus, da die Injektion entsprechender Salzsäurelösungen in das Blut eine Pankreassaftabsonderung nicht hervorruft (Popielski[2]), Wertheimer und Lepage[3])). Das Darmlumen wird jedoch vom Lumen der Blutgefäße durch eine Epithelschicht abgetrennt. Bayliß und Starling nahmen an, daß die Salzsäure, indem sie auf die Epithelzellen einwirkt, in ihnen eine besondere Substanz bildet, die zur Aufsaugung gelangt, mit dem Blut der Bauchspeicheldrüse zugetragen wird und diese zur Tätigkeit anregt. Diese Annahme fand durch nachfolgenden Versuch volle Bestätigung: ein in einer 0,4 proz. Salzsäurelösung hergestelltes und dann neutralisiertes Darmschleimhautextrakt rief, in die Vene injiziert, eine energische Pankreassaftabsonderung hervor. Die beiden Forscher legten dem von ihnen gefundenen chemischen Körper, auf den sie die sekretionserregende Wirkung des Extrakts zurückführten, die Bezeichnung „Secretin" bei.

Bayliß und Starling[4]) führen folgende Argumente zugunsten der Existenz eines humoralen Mechanismus der Salzsäurewirkung und der Spezifizität des Secretins als normalen Erregers der Bauchspeicheldrüse an.

Wirksame Extrakte der Darmschleimhaut erhält man nur aus denjenigen Teilen des Darms, von denen aus unter gewöhnlichen Bedingungen die Salzsäure auf die Bauchspeicheldrüse eine safttreibende Wirkung ausübt. Solche Teile sind der Zwölffingerdarm und der obere Teil des Dünndarms; je mehr man sich vom Duodenum entfernt, um so mehr nimmt die Kraft des Extrakts nach und nach ab. Dies deckt sich vollauf mit dem, was Wertheimer und Lepage[5]) bei Einführung von Salzsäurelösungen in verschiedene Abschnitte des Dünndarms beobachteten. Die Extrakte aus Ileum erwiesen sich als unwirksam ebenso wie solche aus einigen anderen Organen (Speicheldrüsen, Leber, Milz, Bauchspeicheldrüse, Nieren, Zunge). Die Injektion von Sekreten in das Blut regt nur die Bauchspeicheldrüsen und die Leber zu sekretorischer Arbeit an; die übrigen Drüsen reagieren auf sie nicht mit einer Reaktion.

---

[1]) W. M. Bayliß and E. H. Starling, The mechanism of pancreatic secretion. Journ. of Physiol 1902, Vol. XXVIII, p. 325. Vorläufige Mitteilung: Centralbl. f. Physiol. 1902, Bd. XV, Nr. 23.

[2]) Popielski, Pflügers Archiv 1901, Bd. LXXXVI, S. 227.

[3]) Wertheimer et Lepage, Journ. de Physiol. et de Pathol. génér. 1901, T. III, p. 695.

[4]) Bayliß and Starling, Journ. of Physiol. 1902, Vol. XXVII, p. 325. und On the uniformity of the pancreatic mechanism in vertebrata. Journ. of Physiol. 1903, Vol. XXIX, p. 174.

[5]) Wertheimer et Lepage, Journ. de Physiol. et de Pathol. génér. 1901, T. III, p. 693.

Das „Secretin" bildet sich in den Zellen der Darmschleimhaut aus einer besonderen Substanz, dem „Prosecretin", das mit der Salzsäure in Berührung kommt. Offensichtlich geht hier ein hydrolytischer Prozeß vor sich. Demnach erhält man die wirksamsten Darmschleimhautextrakte bei Anwendung anorganischer Säuren, weniger wirksame mittelst organischer Säuren und kochenden Wassers. Kaltes Wasser, Alkohol und Lösungen von Salzen oder Alkali führen Prosecretin nicht in Secretin über. Das Prosecretin wird durch kochenden Alkohol nicht zerstört. Die Darmschleimhaut ergibt nach vorheriger Bearbeitung mit kochendem Alkohol zusammen mit der Salzsäure ein vollauf wirksames Extrakt.

Das Secretin wird beim Sieden in sauren, neutralen oder alkalischen Lösungen nicht zerstört; folglich ist es kein Ferment. Seine Wirkung wird durch den Pankreassaft abgeschwächt. Es löst sich in 90 proz. Alkohol oder Alkohol und Äther; es löst sich nicht in absolutem Alkohol und gelangt in wässerigen Lösungen durch Gerbsäure nicht zur Abfällung. Die meisten metallischen Salze zerstören es.

Die sauren Schleimhautextrakte enthalten eine den Blutdruck herabsetzende Substanz. Diese hat jedoch mit dem Secretin nichts gemein, da Extrakte hergestellt werden können, die den Blutdruck nicht herabsetzen, jedoch andererseits alle ihre safttreibenden Eigenschaften bewahren. Bayliß und Starling nehmen an, daß sich das Prosecretin in den Zellen des Darmschleimhautepithels, die den Blutdruck herabsetzende Substanz dagegen in den tiefer gelegenen Teilen des Darms befindet. Indem sie aus desquamiertem Darmepithel ein Extrakt in Säurelösung herstellten, erhielten sie Secretin ohne gefäßerweiternde Nebenwirkung. Ein gleiches Resultat erzielt man bei Behandlung des Extrakts mittelst Alkohols.

Der auf Injektion von Secretin in das Blut zur Absonderung gelangende Saft weist völlig normale Eigenschaften auf.

Alle diese Eigenschaften des Secretins deuten nach Bayliß und Starling auf eine Spezifität als Erreger der Bauchspeicheldrüse hin und geben ein Recht zur Annahme, daß unter normalen Verdauungsbedingungen die Magensalzsäure die Bauchspeicheldrüse im Wege einer Secretinbildung zur Arbeit anregt. Das Secretin ist jedoch nicht spezifisch für irgendeine einzelne Tiergattung. Von einem einzigen Tiere erlangt, ruft es die Sekretion der Bauchspeicheldrüse bei den verschiedenartigsten Vertretern der Klasse der Wirbeltiere hervor.

Endlich spricht die Tatsache, daß sowohl die Salzsäure vom Darm aus als auch das intravenös injizierte Secretin trotz Vergiftung des Tieres mit Atropin ihre safttreibende Wirkung auf die Bauchspeicheldrüse fortsetzen, gleichfalls für einen rein humoralen Charakter ihrer Wirkung. Somit haben die Untersuchungen von Popielski und Wertheimer und Lepage der Entdeckung von Bayliß und Starling den Boden geebnet.

Mehr als zehn Jahre ist es her, daß Bayliß und Starling ihre Ergebnisse der Öffentlichkeit übergaben. Diese Untersuchung hat eine ungeheure Spezialliteratur ins Leben gerufen. Die Frage wurde von allen Seiten erörtert und die Tatsache selbst ungezählten Wiederholungen und den mannigfachsten Nachprüfungen unterzogen. Besonders viel ist zur Aufklärung der Frage seitens der französischen Physiologen beigetragen worden. Eine Betrachtung des in dieser Richtung Geleisteten ergibt in einwandfreier Form, daß Bayliß und Starling in allgemeinen Zügen aus der von ihnen entdeckten Tatsache eine richtige Schlußfolgerung gezogen haben: die Salzsäure regt die Bauchspeicheldrüse auf humoralem Wege zur Arbeit an, indem sie eine besondere in der Duodenalschleimhaut und im oberen Teile des Dünndarms vorhandene Substanz, das „Secretin", in das Blut überleitet. Wenn auch ein gewisser Anteil an der Weitergabe des Reizes an die Zellen der Bauchspeicheldrüse den Nerven zukommt, so ist ein solcher, wie wir weiter unten sehen werden, nur sehr gering. Jedenfalls tritt bei der Säurewirkung der nervöse Reflex (wenn dieser überhaupt existiert) im Vergleich zum chemischen Reflex völlig in den Hintergrund. Selbstverständlich kann dieser Satz in keinem Falle ohne weitere Analyse auf die übrigen Erreger der Bauchspeichelsekretion ausgedehnt werden. Die sekretorische Fähigkeit eines jeden einzelnen von ihnen muß einer allseitigen Untersuchung unterzogen werden. Nur in solchem Falle ist man berechtigt, zu sagen, inwieweit die Wirkung eines jeden einzelnen Erregers dem nervösen und inwieweit dem humoralen Mechanismus zugeschrieben werden muß. Auf diese Analyse werden wir seinerzeit noch zurückkommen. Hier wenden wir uns nunmehr der Erörterung der Frage zu, inwiefern die Untersuchung von Bayliß und Starling durch die späteren Arbeiten eine Vervollständigung erfahren hat.

Die Secretinbildung mittelst verschiedener chemischer Substanzen.

Vor allem muß bemerkt werden, daß sämtliche Forscher, die die Versuche von Bayliß und Starling wiederholten, deren grundlegende Tatsache bestätigten, daß die Extrakte der Duodenal- und Dünndarmschleimhaut in Salzsäurelösung die Pankreassaftabsonderung bei ihrer Einführung in das Blut unbedingt anregten. Sofort jedoch drängt sich die Frage auf, ob das Secretin bei Behandlung der Darmschleimhaut mit anderen Substanzen, die unter normalen Bedingungen die Arbeit der Bauchspeicheldrüse anregen, zur Entstehung gelangen kann.

Bereits Bayliß und Starling[1]) selbst haben gezeigt, daß das Secretin bei Behandlung der Darmschleimhaut mit Salz-, Schwefel-, Milch-, Oxal- und Essigsäure zur Bildung kommt. Kohlensäure erwies sich als unwirksam.

Camus[2]) benutzte außer den aufgezählten Säuren noch Salpeter-, Phosphor-, Citronen-, Bor- und Kohlensäure. Nur mittelst der beiden letzteren gelang es nicht, ein wirksames Secretin herzustellen; die übrigen Säuren ergaben aktive Extrakte. Am energischsten wurde die Absonderung des Bauchspeichelsaftes durch Extrakte angeregt, die in Salz-, Salpeter- und Schwefelsäure hergestellt waren. Fleig[3]) erzielte wirksame Extrakte in Lösungen Natrii oleinici. Ein gleiches gelang auch *Sawitsch*[4]). Außerdem beobachtete letzterer eine schwache safttreibende Wirkung auch von Darmschleimhautextrakten, die in Soda hergestellt waren, was weder Bayliß und Starling[5]) noch Fleig[6])

---

[1]) Bayliß and Starling, Journ. of Physiol 1902, Bd. XXVIII, S. 340.

[2]) L. Camus, Recherches expérimentales sur la „sécrétine". Journ. de Physiol. et de Pathol. génér. 1902, T. IV, p. 1002.

[3]) C. Fleig, Intervention d'un processus humoral dans l'action des savons alcalins sur la sécrétion pancréatique. Journ. de Physiol. et de Pathol. génér. 1904, T. VI, p. 32. — Analyse du mode d'action des savons alcalins. Ibidem, p. 50.

[4]) Sawitsch, Centralbl. f. d. ges. Physiol. u. Pathol. des Stoffwechsels 1909, Nr. 1.

[5]) Bayliß and Starling, Journ. of Physiol. 1902, Vol. XXVIII, p. 341.

[6]) C. Fleig, Mode d'action chimique des savons alcalins sur la sécrétion pancréatique. Soc. Biol. 1903, T. LV, p. 1201.

wahrnahmen. Falloise[1]) konstatierte eine Wirkung von Darmschleimhautextrakten, die vermittelst einer Chloralhydratlösung hergestellt waren. (Chloralhydrat ruft, wie wir wissen [Wertheimer und Lepage[2]]], bei Einführung
einer solchen Lösung in den Zwölffingerdarm eine Sekretion der Bauchspeicheldrüse hervor.) Endlich üben nach Fleig[3]) eine safttreibende Wirkung Extrakte, die mittelst Äthylalkohol, einer gleichfalls unter normalen Bedingungen
die Arbeit der Bauchspeicheldrüse anregenden Substanz, hergestellt sind.

Somit sind alle normalen Erreger der Bauchspeicheldrüse
(Wasser, Säuren, Seifen) sowie einige Substanzen, die dem Organismus zwar fremdartig sind, wie beispielsweise Alkohol, Chloralhydrat,
jedoch bei ihrer Einführung in den Darm den sekretorischen Apparat der
Bauchspeicheldrüse in Tätigkeit setzen, befähigt, zusammen mit der
Darmschleimhaut wirksame Extrakte zu ergeben. Obgleich der
Äther eine pankreassafttreibende Wirkung äußert, gelingt es nicht, damit
einen wirksamen Extrakt der Darmschleimhaut zu bereiten[4]).

Demzufolge nahm Fleig[5]) an, daß die Darmschleimhaut befähigt ist,
mit den entsprechenden Substanzen eine ganze Reihe von Secretinen zu bilden.
Diese Secretine sind nicht identisch. Wenn man z. B. durch sukzessive Behandlung mittelst einer 0,5 proz. Salzsäurelösung aus der Schleimhaut das
ganze Secretin, das letztere zur Bildung bringen kann, extrahiert, so schließt
dies keineswegs aus, daß man aus den Überresten der Schleimhaut, die man
der Einwirkung einer 10 proz. Lösung Natrii oleinici aussetzt, eine neue sekretionserregende Substanz erhält. Daher spricht Fleig von verschiedenen Prosecretinen und Secretinen oder, wie er sie nennt, Krininen: aus Prooxykrinin
mit Säuren entsteht Oxykrinin; aus Prosapokrinin mit Seifen bilden sich
Sapokrinin usw.

Eine solche Annahme erscheint jedoch recht anfechtbar. So ist es z. B.
wenig wahrscheinlich, daß in der Darmschleimhaut ein besonderes Prosecretin
für die dem Organismus völlig fremdartige Substanz, das Chloralhydrat, mit
dem es ein besonderes „Chloralsecretin" oder „Chloralkrinin" bildet, vorher
zur Entstehung gelangen sollte. Die Möglichkeit, wirksame Darmschleimhautextrakte mit den verschiedenartigsten Substanzen, die nicht als Erreger der
Pankreassekretion anzusehen sind, herzustellen, bringt diese Auffassung noch
mehr ins Schwanken.

So erhielten Delezenne und Pozerski[6]) sehr wirksame Extrakte, indem
sie auf die Darmschleimhaut mittelst kochender schwacher NaCl-lösungen oder
konzentrierter kalter NaCl-lösungen einwirkten. Gley[7]) beobachtete eine ener-

---

[1]) A. Falloise, Contribution à l'étude de la sécrétion biliaire. Action de
chlorale. Bull. de l'Acad. royale de Belg. 1903, p. 1106.

[2]) E. Wertheimer et L. Lepage, De l'action du chlorale sur la sécrétion
pancréatique. Soc. Biol. 1900, T. LII, p. 698, und Journ. de Physiol. et de Pathol.
génér. 1901, T. III, p. 698.

[3]) C. Fleig, Intervention d'un processus humoral dans la sécrétion pancréatique par l'action de l'alcool sur la muqueuse intestinale. Soc. Biol. 1903, T. LV,
p. 1277.

[4]) Bayliß and Starling, Journ. of Physiol. 1902, Vol. XXVIII, p. 344.

[5]) Fleig, Journ. de Physiol. et Pathol. génér. 1904, T. VI, p. 32 und 50.

[6]) C. Delezenne et E. Pozerski, Action de l'extrait aqueux d'intestin sur
la sécrétine. Etude préliminaire sur quelques procédés d'extraction de la sécrétine. Soc. Biol. 1904, T. LVI, p. 987.

[7]) E. Gley, Des modes d'extraction de la sécrétine. Un nouvel excitant de
la sécrétion pancréatique. Compt. rend. de l'Acad. des Sc. 1910, T. CLI, p. 345.

gische sekretorische Wirkung auf Extrakte, die mit Pepton Witte hergestellt waren. Sie regten bei ihrer Einführung in das Blut die Pankreassekretion lebhafter an, als Pepton allein. (Dies letztere wird von Frouin[1]) in Abrede gestellt, nach dessen Ansicht das Pepton allein die Bauchspeicheldrüse in gleichem Maße oder selbst energischer anregt als Darmschleimhautextrakte, die mit ihm hergestellt worden sind.)

Endlich verwendeten Frouin und Lalou[2]) und Lalou[3]) zur Herstellung von Extrakten die verschiedenartigsten anorganischen und organischen Säuren in verschiedener Konzentration, Salze, Lösungen von Rohrzucker, Glykose und Harnstoff sowie Seifen. In sämtlichen Fällen erhielten sie wirksame Extrakte. Der sekretorische Effekt war jedoch bei ihrer Einführung in das Blut ein ungleichartiger. Hierbei verdient hervorgehoben zu werden, daß beispielsweise ein Extrakt, das mit einer NaCl-Lösung, die einer HCl-Lösung äquimolekular ist, hergestellt war, eine gleiche Bauchspeicheldrüsensekretion hervorrief, wie ein mit dieser letzteren hergestelltes Extrakt (Lalou). Hieraus folgt, daß es unmöglich ist, von der Spezifität einiger Substanzen, wie Säure, Seifen usw. bei der Secretinbildung zu sprechen. Offensichtlich sind die verschiedenartigsten Substanzen befähigt, aus den Zellen der Darmschleimhaut ein Stimulans zu extrahieren, und dies nicht nur im Wege der Hydrolyse, wie Bayliß und Starling annahmen.

Deswegen erscheint es richtiger, sich die Sache so vorzustellen, daß in den Schleimhautzellen überhaupt nur ein einziges Secretin vorhanden ist, das bei den verschiedenen Einwirkungen auf die Zelle frei wird. Von diesem Standpunkte aus muß auch die Annahme einer Existenz von Prosekretin hinfällig werden: das Secretin ist bereits in der Darmschleimhaut präformiert (Delezenne et Pozerski[4]), Gley[5]), Lalou[6])). Als Bestätigung dessen, daß das die Arbeit der Bauchspeicheldrüse anregende Stimulans bereits in fertiger Form in den Zellen der Darmschleimhaut vorhanden ist, dienen die Versuche von Wertheimer und Boulet[7]) und Lalou[8]). Die ersteren haben dargetan, daß der aus der Duodenalschleimhaut ausgepreßte Saft bei seiner Einführung in das Blut über safttreibende Eigenschaften verfügt, der letztere erzielte einen wirksamen Saft aus der Darmschleimhaut, indem er diese über Chloroformdämpfen hielt.

Die in vitro erzielten Resultate lassen sich jedoch nicht direkt auf die normale Tätigkeit des tierischen Verdauungskanals übertragen: nur einige Substanzen, mittelst deren man aus der Darmschleimhaut ein Stimulans

---

[1]) A. Frouin, Nouvelles observations sur l'action de la peptone sur la sécrétion pancréatique. Soc. Biol. 1911, T. LXXI, p. 189.

[2]) A. Frouin et S. Lalou, Variation de la production de sécrétine in vitro dans les macérations de muqueuse intestinales en présence de divers acides. Soc. Biol. 1911, T. LXXI, p. 189. — Influence de la concentration de divers acides sur la production de la sécrétion in vitro. Ibidem, p. 241.

[3]) S. Lalou, Recherches sur la sécrétine et la mécanisme de la sécrétion pancréatique. Paris 1912.

[4]) Delezenne et Pozerski, Soc. Biol. 1904, T. LVI, p. 987.

[5]) Gley, Compt. rend. de l'Acad. des Sc. 1910, T. CLI, p. 345.

[6]) Lalou, Recherches sur la sécrétine et le mécanisme de la sécrétion pancréatique. Paris 1912.

[7]) E. Wertheimer et L. Boulet, Action du chlorure de baryum sur les sécrétions pancréatiques et salivaires. Soc. Biol. 1911, T. LXXI, p. 60.

[8]) Lalou, Recherches sur la sécrétine et le mécanisme de la sécrétion pancréatique. Paris 1912.

extrahieren kann, erscheinen unter normalen Bedingungen als Erreger der Pankreassekretion. Auf die Einführung der übrigen Substanzen in den Zwölffingerdarm reagiert die Bauchspeicheldrüse nicht mit einer sekretorischen Arbeit. Vom Standpunkt Bayliß und Starlings aus erklärt sich diese Tatsache dadurch, daß nur bestimmte Substanzen befähigt sind, mit Prosecretin Secretin zu bilden; deswegen erscheinen sie denn auch als normale Erreger der Bauchspeicheldrüse. Alle übrigen Substanzen dagegen diffundieren, sofern sie nur aufsaugungsfähig sind, durch die Darmschleimhaut, ohne das Prosecretin in Secretin zu verwandeln und ohne dieses letztere mit sich in den Gesamtblutkreislauf fortzutragen. Andernfalls wäre die Sekretion der Bauchspeicheldrüse eine ununterbrochene.

Wie wir jedoch gesehen haben, drängt sehr vieles zu der Annahme hin, daß das Secretin in der Darmschleimhaut bereits präformiert ist und von dort vermittelst aller möglicher Agenzien extrahiert werden kann. Daher muß man entweder anerkennen, daß der Prozeß des Freiwerdens des Secretins in vivo anders vor sich geht als in vitro, indem er nur bestimmten Substanzen — nämlich den Erregern der Bauchspeicheldrüse — eigen ist, oder aber man muß, wie Lalou[1]) meint, die Bedingungen der Secretinbildung von den Bedingungen des Secretinübertritts in das Blut unterscheiden. Nur einige Substanzen sind befähigt, das Secretin nicht allein aus den Zellen der Schleimhaut zu extrahieren, sondern es auch in das Blut überzuführen. Sonach sind sie denn auch als die wirklichen Erreger der Pankreassekretion anzusehen.

Die Spezifität des Secretins.

Mit der Annahme der humoralen Theorie der Wirkung der Salzsäure als sekretorischen Erregers der Bauchspeicheldrüse ergab sich die Notwendigkeit, in möglichst eingehender Weise folgende wichtige Frage aufzuklären: Besitzen die Fähigkeit, die Pankreassaftabsonderung anzuregen, nur die Salzsäureextrakte der Duodenal- und Dünndarmschleimhaut oder gleichfalls die Extrakte auch aus andern Organen? Und wenn diese letzteren über safttreibende Eigenschaften verfügen — ist nicht der sowohl bei ihrer Einführung als auch bei Injektion der Extrakte der Duodenal- und Dünndarmschleimhaut in das Blut erzielte sekretorische Effekt auf irgendwelche besondere Substanz, die mit dem Secretin nichts gemein hat, zurückzuführen? Kurz: Ist das Secretin spezifisch oder nicht?

Schon Bayliß und Starling[2]) zeigten, daß 1. eine safttreibende Wirkung bei ihrer Einführung in das Blut nur die Extrakte der Duodenal- und Dünndarmschleimhaut in Salzsäure ausüben, während Extrakte aus andern Teilen des Verdauungskanals und einigen Organen (Milz, Pankreas, Niere usw.) über diese Eigenschaften nicht verfügen; 2. die Extrakte der Duodenal- und Dünndarmschleimhaut gleichzeitig mit der Sekretion der Bauchspeicheldrüse ein Sinken des Blutdrucks hervorrufen; dieser letztere Umstand jedoch hat keinerlei Beziehung zur Sekretion, da die den Blutdruck herabsetzende Substanz aus dem Extrakt durch Behandlung mit absolutem Alkohol entfernt werden kann, ohne daß der sekretorische Effekt darunter litte; 3. die oben erwähnten Extrakte, in das Blut injiziert, die Bauchspeicheldrüsenarbeit energisch befördern, die Galleausscheidung erhöhen und in sehr schwachem Maße — vermutlich infolge einer durch den depressorischen Effekt bedingten Anämie der Hirn-

---

[1]) Lalou, Recherches sur la sécrétine etc. Paris 1912, p. 86.
[2]) Bayliß and Starling, Journ. of Physiol. 1902, Vol. XXVIII, p. 325.

zentren — die Speicheldrüsen zur Sekretion anregen. Eine vorherige Durchschneidung der sekretorischen Nerven der Speicheldrüsen hebt diesen Effekt auf. Dies waren die hauptsächlichsten Gründe für die Anerkennung des spezifischen Charakters des Secretins.

Spätere Untersuchungen haben dargetan, daß nicht nur Extrakte aus der Duodenal- und Dünndarmschleimhaut die Sekretion der Bauchspeicheldrüse anregen, sondern auch Extrakte aus anderen Teilen des Verdauungskanals: dem Magen, dem Dickdarm (*Borissow* und *Walther*[1]), Popielski[2]), Gley[3])) ferner dem Muskelgewebe (*Borissow* und *Walther*[4]), Popielski[5])), dem Gehirn, der Bauchspeicheldrüse, dem Blut (Popielski[6])), der Schilddrüse (Modrakowski[7])). Sowohl die Extrakte der Duodenalschleimhaut als auch die übrigen Extrakte regen bei ihrer Injektion in das Blut nicht nur die Sekretion der Bauchspeicheldrüse an, sondern bedingen auch die Absonderung des Speichels (*Borissow* und *Walther*[8]), Lambert und Meyer[9]), Popielski[10])), des Magensafts (Popielski[11])), des Harns (Gizelt[12])) und rufen Krämpfe und Defäkation hervor.

Hieraus konnte man die Schlußfolgerung ziehen, daß das Secretin nicht als spezifischer Erreger der Bauchspeicheldrüse anzusehen ist. Auf diesen Standpunkt stellten sich denn auch Popielski und seine Mitarbeiter[13]).

[1]) P. Borissow und A. Walther, Zur Analyse der Säurewirkung auf die Pankreassekretion. Förhandl. v. Nordiska Naturforskare-och Läkaremötet. Helsingfors 1902, S. 42.

[2]) L. Popielski, Die Sekretionstätigkeit der Bauchspeicheldrüse unter dem Einflusse von Salzsäure und Darmextrakt (des sog. Sekretins). Pflügers Archiv 1907, Bd. CXX, S. 476ff.

[3]) E. Gley, Soc. Biol. 1911, T. L, p. 519.

[4]) P. Borissow und A. Walther, Förhandl. v. Nord. Naturforskaremötet usw. Helsingfors 1902, S. 42.

[5]) Popielski, Pflügers Archiv 1907, Bd. CXX, S. 476.

[6]) I. Popielski, Pflügers Archiv 1907, Bd. CXX, S. 474ff. — Über die physiologische Wirkung von Extrakten aus sämtlichen Teilen des Verdauungskanals (Magen, Dick- und Dünndarm) sowie des Gehirns, Pankreas und Blutes und über die chemischen Eigenschaften des darin wirkenden Körpers. Pflügers Archiv 1909, Bd. CXXVIII, S. 203ff.

[7]) G. Modrakowski, Über die Identität des blutdrucksenkenden Körpers der Glandula thyreoidea mit dem Vasodilatin. Pflügers Archiv 1910, Bd. CXXXIII, S. 291.

[8]) Borissow und Walther, Förhandl. v. Nordiska Naturforskare-och Läkaremötet. Helsingfors 1902, p. 42.

[9]) M. Lambert et R. Meyer, Action de la sécrétine sur la sécrétion salivaire. Soc. Biol. 1902, T. LIV, p. 1044.

[10]) L. Popielski, Über die Wirkungsart von Säure (HCl) und Salzsäureextrakten verschiedener Teile der Schleimhaut des Verdauungskanals auf die sekretorische Arbeit der Bauchspeicheldrüse. Russki Wratsch 1902, S. 1797.

[11]) Popielski, Russki Wratsch 1902, S. 1797.

[12]) A. Gizelt, Einfluß des Darmextrakts und Pepton Witte auf die Harnsekretion. Pflügers Archiv 1908, Bd. CXXIII, S. 540.

[13]) Außer den obengenannten Arbeiten von Popielski vgl. ferner: Über den Charakter der Sekretionstätigkeit des Pankreas unter dem Einfluß von Salzsäure und Darmextrakt. Pflügers Archiv 1907, Bd. CXXI, S. 239. — Über die physiologischen und chemischen Eigenschaften des Peptons Witte 1909, Bd. CXXVI, S. 483. — L. Popielski und K. Panek, Chemische Untersuchungen über das Vasodilatin, den wirksamen Körper der Extrakte aus sämtlichen Teilen des Verdauungskanals, dem Gehirn, Pankreas und Pepton Witte. Pflügers Archiv 1909, Bd. CXXVIII, S. 222.

Popielski ist der Meinung, daß die Salzsäure vom Darm aus durch Vermittlung des Nervensystems die Pankreassaftabsonderung anrege; die durch Einführung eines in Salzsäure hergestellten Extrakts der Duodenalschleimhaut in das Blut hervorgerufene Sekretion dagegen habe keinerlei Beziehung zum normalen Prozeß der Saftsekretion. Die Absonderung des Pankreassaftes bei Einführung eines Darmextrakts in das Blut sei eine sekundäre Erscheinung. Das Extrakt wirke weder auf die sekretorischen Zellen noch auf die Nervenendigungen der Bauchspeicheldrüse ein. Die Sekretion werde in diesem Falle dadurch bedingt, daß gleichzeitig der Blutdruck absinke und das Blut seine Gerinnungsfähigkeit einbüße. Die Absonderung des Pankreassaftes unter dem Einfluß eines Darmextrakts sei der Ausdruck der Filtration der dünnflüssigen und salzigen Teile des Blutes durch die erweiterten Gefäße der Bauchspeicheldrüse. Andere Substanzen, wie z. B. Atropin und Blutegelextrakt, rufen, indem sie ein Sinken des Blutdrucks bedingen und das Blut gerinnungsunfähig machen, gleichzeitig eine Pankreassaftabsonderung hervor. Gleiches gelte auch von den Extrakten aus allen möglichen Organen: sie enthalten alle eine Substanz, die befähigt sei, den Blutdruck herabzusetzen und die Gerinnungsfähigkeit des Blutes zu verringern, folglich auch die Absonderung des Pankreassaftes hervorzurufen. Popielski nannte diese Substanz „Vasodilatin".

Die Auffassung Popielskis findet jedoch keine allgemeine Anerkennung. Wenn Extrakte aus einigen Organen auch eine Absonderung des Pankreassaftes hervorriefen, so ist doch ihre Wirkung bedeutend weniger energisch, als die Wirkung von Extrakten der Duodenalschleimhaut (Lalou[1])).

Zur Bekräftigung des Gesagten seien hier Beispiele aus der bereits wiederholt zitierten, sehr eingehenden Untersuchung von Lalou[2]) angeführt.

Lalou stellte in ein und derselben Weise Extrakte aus verschiedenen Teilen des Verdauungskanals und Organen eines Hundes in Salzsäure- oder NaCl-Lösungen her. Dann injizierte er sie bei einem akuten Versuche einem Hunde intravenös nacheinander in einer Quantität von 10 ccm. Die durch jedes einzelne Extrakt hervorgerufene Absonderung aus der Pankreasfistel beobachtete er im Verlaufe von 20 Minuten. Auf diese Weise erhielt man die Möglichkeit, die Stärke ihrer safttreibenden Wirkung zu vergleichen. Wir lassen hier die Durchschnittsziffern aus sämtlichen Versuchen folgen.

10 ccm Extrakt aus Duodenum bedingten in 20 Min. 8,56 ccm Pankreassaft

10	„	„	„	Ileum	„	„ 20	„	0,77	„	„
10	„	„	„	Magen	„	„ 20	„	0,10	„	„
10	„	„	„	Gehirn	„	„ 20	„	1,42	„	„
10	„	„	„	Leber	„	„ 20	„	0,69	„	„
10	„	„	„	Hoden	„	„ 20	„	0,61	„	„
10	„	„	„	Pankreas	„	„ 20	„	0,27	„	„
10	„	„	„	Nieren	„	„ 20	„	0,24	„	„

Hieraus folgt, daß selbst das am energischsten wirkende Gehirnextrakt die Pankreassaftabsonderung durchschnittlich sechsmal schwächer anregt als ein Extrakt aus Darmschleimhaut. In einigen Fällen (Bauchspeicheldrüse, Nieren, Magen) erreicht dieser Unterschied eine außerordentliche Höhe (35—80 mal).

Daher ist es durchaus begreiflich, wenn einige Autoren mit Bayliß und Starling die Möglichkeit direkt in Abrede stellen, aus der Schleimhaut der unteren

---

[1]) S. Lalou, Recherches sur la sécrétine etc. Paris 1912.
[2]) S. Lalou, Recherches sur la sécrétine etc. Paris 1912, p. 11.

Teile des Ileums und der des Dickdarms (Z u n z[1])) sowie aus dem Gehirn und der Bauchspeicheldrüse [Divry[2])] wirksame Extrakte herzustellen.

Ferner hat die Injektion von Extrakten verschiedener Organe sowie auch von Extrakten der Duodenalschleimhaut in das Blut ein Sinken des Blutdrucks zur Folge.

Allein zwischen den einen und den andern Extrakten ist ein wesentlicher Unterschied vorhanden. Die Extrakte aus den verschiedenen Organen verlieren, wenn sie durch Behandlung mit absolutem Alkohol von der gefäßerweiternden Substanz befreit sind, die Fähigkeit, die Bauchspeicheldrüse zur Sekretion anzuregen, während die Extrakte aus der Duodenalschleimhaut sie bewahren (B a y l i ß und S t a r l i n g[3]), Z u n z[4]), D i x o n und H a m i l l[5]), D i v r y[6]), L a l o u[7])). Nach D a l e und L a i d l a w[8]) und B a r g e r und D a l e[9]) ist die schwache safttreibende Wirkung der Extrakte verschiedener Organe auf die besondere gefäßerweiternde Substanz β-imidazolethylamin zurückzuführen. Diese Substanz hat mit dem Secretin nichts gemein. Außerdem verlieren Extrakte der Duodenalschleimhaut bei ihrer Behandlung mit Alkohol ihre speicheltreibende Fähigkeit, während ihre safttreibende Wirkung in bezug auf das Pankreas die frühere Höhe bewahrt (D e r o u a u x[10])). Endlich wird sowohl die Tatsache der Verringerung der Gerinnungsfähigkeit des Blutes unter dem Einfluß der Extrakte selbst als auch ihre Bedeutung für die Absonderung des Pankreassaftes bestritten. So beobachtete D i v r y[11]) bei Injektion von Extrakten verschiedener Organe in das Blut sehr geringe Schwankungen in der Blutgerinnbarkeit, während ein Mitarbeiter P o p i e l s k i s, C z u b a l s k i[12]), konstatierte, daß das Blut in solchem Falle (0,3 g Extrakt auf 1 kg Körpergewicht des Hundes) selbst im Verlauf einiger Tage ungeronnen bleibt. Außerdem erreichte D i v r y in einem Spezialversuch eine künstliche Ungerinnbarkeit des Blutes und ein Absinken des Blutdrucks, indem er ein Extrakt aus Blutegelköpfen in das Blut injizierte. Es erfolgte keinerlei Absonderung des Pankreassaftes. Andrerseits regte jedoch ein Extrakt aus der Darmschleimhaut sofort nach seiner intravenösen Injektion die Arbeit der Bauchspeicheldrüse an.

Somit haben wir zurzeit keine stichhaltigen Gründe, uns der von B a y l i ß und S t a r l i n g vertretenen Auffassung nicht anzuschließen, und müssen folg-

---

[1]) E. Z u n z, A propos du mode d'action de la sécrétine sur la sécrétion pancréatique. Archives Intern. de physiol. 1909, Vol. VIII, p. 181.

[2]) P. D i v r y, Action de la sécrétine de Bayliss et Starling et de vasodilatine de P o p i e l s k i sur la sécrétion pancréatique. Arch. Intern. de physiol. 1910, Vol. X, p. 335.

[3]) B a y l i ß and S t a r l i n g, Journ. of Physiol. 1902, Vol. XXVIII, p. 335.

[4]) Z u n z; Arch. Intern. de Physiol. 1909, Vol. VIII, p. 181.

[5]) W. E. D i x o n and P. H a m i l l, The mode of action of specific substances with special reference to secretion. Journ. of Physiol. 1908, Vol. XXXVIII, p. 314.

[6]) D i v r y, Arch. Intern. de Physiol. 1910, Vol. X, p. 335.

[7]) S. L a l o u, Recherches sur la sécrétine etc. Paris 1912, p. 12ff.

[8]) H. H. D a l e and P. P. L a i d l a w, The physiological action of β-iminazolylethylamine. Journ. of Physiol. 1910, Vol. XLI, p. 318. — Further observations on the action of β-iminazolylethylamine. Ibidem 1911, Vol. XLIII, p. 182.

[9]) B a r g e r and H. H. D a l e, β-iminazolylethilamine, a depressor constituent of intestinal mucose. Journ. of Physiol. 1911, Vol. XLI, p. 499.

[10]) J. D e r o u a u x, La sécrétine n'est pas un excitant des glandes salivaires et gastriques. Arch. Intern. de Physiol. 1905—1906, Vol. III, p. 44.

[11]) D i v r y, Arch. Intern. de Physiol. 1910, Vol. X, p. 339.

[12]) F. C z u b a l s k i, Über den Einfluß des Darmextrakts auf die Blutgerinnbarkeit. Pflügers Archiv 1907, Bd. CXXI, S. 395.

lich anerkennen, daß in der Schleimhaut des Duodenums und des Dünndarms eine besondere Substanz vorhanden ist, die zur Sekretion der Bauchspeicheldrüse in Beziehung steht. In das Blut gelangt und mit diesem den Zellen der Bauchspeicheldrüse zugetragen, regt sie ihre sekretorische Tätigkeit an.

Die chemische Zusammensetzung des Secretins.

Die chemische Zusammensetzung des Secretins ist unbekannt. Die Substanzen, die sich aus der Darmschleimhaut extrahieren lassen: Peptone, Aminosäuren, Cholin usw. können mit dem Secretin nicht identifiziert werden. Sie rufen eine geringere Arbeit der Bauchspeicheldrüse hervor, als Extrakte der Duodenalschleimhaut, bedingen die Absonderung eines Pankreassafts von anderer Zusammensetzung, als sie der auf Secretin sezernierte Saft aufweist (Peptone), verhalten sich den Giften, z. B. Atropin gegenüber anders als das Secretin (Peptone, Cholin) usw.

So wurde beispielsweise in Extrakten der Duodenalschleimhaut, die in Salzsäure hergestellt waren, von v. Fürth und Schwarz[1]) Cholin gefunden. Die Injektion von Cholin in das Blut regt die Absonderung des Pankreassaftes und des Speichels an. Atropin hebt diesen Effekt auf, während die Secretinwirkung unter dem Einfluß dieses Giftes nach Fürth und Schwarz nur eine Abschwächung erfährt. Die safttreibende Wirkung des in das Blut injizierten Peptons wird ebenfalls von Atropin gehemmt (Camus und Gley[2])).

Das Secretin wird vom Magen- und Pankreassaft (Bayliß und Starling[3]), Lalou[4])) sowie auch vom Darmsaft (Lalou[4])) zerstört. Das Kochen der Säfte hebt ihre zerstörende Wirkung auf (Lalou[4])). Secretin und Enterokinase sind natürlich als völlig verschiedenartige Substanzen anzusehen. Camus[5]) bestätigte dies nochmals an der Hand von Spezialversuchen.

Die Eigenschaften des bei Secretinwirkung zur Absonderung gelangenden Pankreassaftes.

Der mittelst Secretininjektion in das Blut erhaltene reine Pankreassaft verfügt über alle Eigenschaften des normalen Bauchspeichelsaftes. Gewöhnlich vermag er koaguliertes Eiereiweiß ohne Mitwirkung von Darmsaft nicht zu verdauen (Bayliß und Starling[6]), Camus und Gley[7]), *Sawitsch*[8]), Schaeffer und Terroine[9]), Zunz[10]) u. a.), löst jedoch Fibrin und Casein. In einigen Fällen verfügt er, wie dies Camus und Gley[11]) wahrnahmen, über eine schwache

---

[1]) O. v. Fürth und C. Schwarz, Zur Kenntnis der „Secretine". Pflügers Archiv 1908, Bd. CXXIV, S. 427.

[2]) Camus et Gley, Arch. des Sciences Biol. 1904, T. XI, Suppl., p. 201.

[3]) Bayliß and Starling, Journ. of Physiol. 1902. Vol. XXVIII, p. 325.

[4]) Lalou, Recherches sur la sécrétine etc. Paris 1912, p. 47 ff.

[5]) L. Camus, Entérokinase et sécrétine. Soc. Biol. 1902, T. LIV, p. 513. — A propos de la transformation possible de l'entérokinase en sécrétine. Ibidem, p. 898.

[6]) Bayliß and Starling, Journ. of Physiol. 1902, Vol. XXVIII, p. 346.

[7]) Camus et Gley, Soc. Biol. 1902, T. LIV, p. 241.

[8]) Sawitsch, Centralbl. f. d. ges. Physiol. u. Pathol. des Stoffwechsels 1909, Nr. 1.

[9]) G. Schaeffer et E. Terroine, Les ferments protéolytiques du suc pancréatique. Ier mémoire. Journ. de Physiol. et de Pathol. génér. 1910, T. XII, p. 884 und IInd mémoire. Ibidem, p. 905.

[10]) E. Zunz, Action du suc pancréatique sur les protéines et les protéoses. Arch. Intern. de physiol. 1911, Vol. XI, p. 191.

[11]) Camus et Gley, Journ. de Physiol. et de Pathol. génér. 1907, T. IX, p. 985.

Verdauungskraft in bezug auf koaguliertes Eiereiweiß, die er ohne Mitwirkung von Darmsaft ausübt (Lösung von Eiweiß in 36—48 Stunden). Ein solch aktiver Saft kommt eine sehr kurze Zeitlang in dem Falle zur Absonderung, wenn die durch Injektion einer bestimmten Secretinmenge in das Blut hervorgerufene Sekretion zum Stillstand gelangt und dann abermals durch eine weitere Secretininjektion erneuert wird.

Das Fettferment des auf Sekretin zur Absonderung kommenden Saftes bedarf zwecks Entfaltung seiner vollen Wirksamkeit einer Aktivierung durch Galle. In latenter Form kommt Steapsin in den auf Sekretin zum Abfluß gelangenden Säften gewöhnlich nicht vor, was mit der ziemlich hohen Konzentration der Fermente in solchen Säften in Zusammenhang steht (*Sawitsch*[1])).

Das Stärkeferment wird in aktiver Form ausgeschieden (*Sawitsch*[2]), *Bierry*[3])).

Bei andauernder Sekretion des Pankreassaftes unter dem Einfluß einer Secretininjektion in das Blut nimmt nach Stassano und Billon[4]) und Lalou[5]) der Gehalt an Eiweißferment im Safte ab, während er dagegen nach der Ansicht von Zunz[6]) ziemlich konstant bleibt.

Unter denselben Bedingungen findet auch ein allmähliches Absinken der lipolytischen (Morel und Terroine[7]), Lalou[8])) und der amylolytischen (Lalou[9])) Kraft des Saftes statt.

Sowohl die Alkalität des sich längere Zeit unter dem Einfluß von Sekretin absondernden Pankreassaftes (Bierry[10]), Morel und Terroine[11]), Lalou[12])) als auch der Gehalt an festen Bestandteilen in ihm (De Zilwa[13]) sinken allmählich ab.

Die Abnahme der Fermente und festen Substanzen in dem auf Secretin zur Absonderung gelangenden Saft steht aller Wahrscheinlichkeit nach mit der Erschöpfung der entsprechenden Vorräte in den Zellenelementen im Zusammenhang — eine Erscheinung, die auch bei anhaltender Reizung der Nn. vagi beobachtet wird.

---

[1]) Sawitsch, Centralbl. f. d. ges. Physiol. u. Pathol. des Stoffwechsels 1909, Nr. 1.

[2]) Sawitsch, Centralbl. f. d. ges. Physiol. u. Pathol. des Stoffwechsels 1909, Nr. 1.

[3]) Bierry, Sur l'amylase du suc pancréatique de sécrétine. Soc. Biol. 1907, T. LXII, p. 433.

[4]) H. Stassano et F. Billon, Sur la diminution du pouvoir digestif du suc pancréatique pendant la sécrétion provoquée par la „sécrétine". Soc. Biol. 1902, T. LIV, p. 622.

[5]) Lalou, Recherches sur la sécrétine etc. Paris 1912, p. 81 u. 82.

[6]) E. Zunz, A propos du mode d'action de la sécrétine sur la sécrétion pancréatique. Arch. Intern. de physiol. 1909, Vol. VIII, p. 181.

[7]) L. Morel et E. Terroine, Variations de l'alcalinité et du pouvoir lipolitique du suc pancréatique au cours des sécrétions provoquées par des injections répétées de sécrétine. Soc. Biol. 1909, T. LXVII, p. 36.

[8]) Lalou, Recherches sur la sécrétine etc. Paris 1912, p. 81 u. 82.

[9]) Lalou, Recherches sur la sécrétine etc. Paris 1912, p. 81ff.

[10]) H. Bierry, Sur l'action de l'amylase du suc pancréatique et son activation par le suc gastrique. Compt. rend. de l'Acad. des Sc. 1908, T. CXXXXVI, p. 417.

[11]) Morel et Terroine, Soc. Biol. 1909, T. LXVII, p. 36.

[12]) Lalou, Recherches sur la sécrétine etc. Paris 1912, p. 81.

[13]) A. E. De Zilwa, On the composition of the pancreatic juice. Journ. of Physiol. 1904, Vol. XXXI, p. 230.

Der Fermentgehalt in dem auf Secretin erhaltenen Saft ist höher als in dem auf Salzsäure sezernierten, jedoch niedriger als in dem unter dem Einfluß der Nerven ausgeschiedenen Saft.

Im nachfolgenden Versuch von *Sawitsch*[1]) ist die Wirkung von Säure und Secretin an ein und demselben Hunde gegenübergestellt. Die Sekretionsgeschwindigkeit war in vielen Fällen bei beiden Erregern die gleiche.

Art der Safterzielung	Durchschnittliche Sekretionsgeschwindigkeit	Eiweißferment P + D
Säureeinführung ins Duodenum	52	3,2
do.	55	1,2
do.	49	1,1
do.	37	1,3
do.	24	1,6
do.	13	2,9
Secretininjektion in das Blut	18	4,0
do.	37	3,7
do.	55	3,2
do.	22	4,3

Reizt man während der durch Secretin hervorgerufenen Absonderung die Nn. vagi, so wird der Pankreassaft nicht nur reicher an Fermenten, sondern erwirbt auch die Fähigkeit, selbständig ohne Mitwirkung des Darmsaftes, wenn auch schwach, so doch immerhin koaguliertes Eiereiweiß zu verdauen.

Wir geben hier einen entsprechenden Versuch aus der Arbeit von *Sawitsch*[2]) wieder. (Die erste Secretinportion entfaltete in diesem Versuch gleichfalls eine schwache tryptische Wirkung. Die Tatsache ist derjenigen analog, die Camus und Gley (s. S. 323) beobachteten.

Art der Safterzielung	Eiweißferment in mm P	P + D
Secretin allein	0,6	5,5
Secretin allein	0	5,4
Secretin und Reizung der Nerven . . { 0,8		6,2
0,6		5,7
0,3		—
Secretin allein	0	4,6

Was den Gehalt an festen Substanzen anbetrifft, so nimmt der auf Secretin erhaltene Saft gleichfalls eine Mittelstellung ein zwischen dem an ihnen armen „Säuresaft" und dem an ihnen reichen „Nervensaft". Nach De Zilwa[3]) enthält der auf Secretin sezernierte Saft eines Hundes zu Beginn seiner Absonderung 2,25% fester Substanzen. *Babkin* und *Sawitsch*[4]) fanden in dem auf Secretin ausgeschiedenen Saft eines Hundes bei Atropinvergiftung 2,940% fester Substanzen. Der bei Säureinjektion erzielte Saft, der unter denselben Bedingungen zur Absonderung gelangte, war in dieser Hinsicht ärmer als der auf Secretin erhaltene Saft (1,520% fester Substanzen, s. Tab. CVIII S. 326).

Somit ist der „Secretinsaft" nicht identisch mit dem „Säuresaft" und nähert sich nur diesem letzteren hinsichtlich seiner Eigenschaften. Dieser Umstand steht aller Wahrscheinlichkeit nach mit der Wirkung von Beimischungen zusammen, die stets in Extrakten der Darmschleimhaut vorhanden sind.

---

[1]) Sawitsch, Centralbl. f. d. ges. Physiol. u. Pathol. des Stoffwechsels 1909, Nr. 1.

[2]) Sawitsch, Centralbl. f. d. ges. Physiol. u. Pathol. des Stoffwechsels 1909, Nr. 1.

[3]) De Zilwa, Journ. of Physiol. 1904, Vol. XXXI, p. 230.

[4]) Babkin und Sawitsch, Zeitschr. f. physiol. Chemie 1908, Bd. LVI, S. 336.

Der Mechanismus der safttreibenden Wirkung der Salzsäure.

Demnach sind die Erreger, insonderheit die Salzsäure, imstande, die Pankreassaftsekretion auf humoralem Wege anzuregen. Wird jedoch hierdurch die Möglichkeit einer Weitergabe der Reize — zum mindesten bei einigen Erregern — durch Vermittlung des Nervensystems ausgeschlossen? Unseres Erachtens ist dies nicht der Fall. Wie wir weiter oben gesehen haben, besitzt die Bauchspeicheldrüse sekretorische Nerven, deren Reizung eine Pankreassaftabsonderung hervorruft. Daher entsteht die wichtige Frage: bei was für Erregern und in welchem Maße sind die Nerven an der Weitergabe der Reize von den im Duodenum und im Dünndarm befindlichen Substanzen an die Bauchspeicheldrüse beteiligt? Folglich ergibt sich die Notwendigkeit, jeden Erreger der Bauchspeicheldrüse im einzelnen einer Betrachtung zu unterziehen und klarzustellen, in welchem Maße seine safttreibende Wirkung auf den humoralen und inwieweit auf den nervösen Mechanismus zurückzuführen ist.

Die Mehrzahl der Untersuchungen war der Frage über die Wirkungsart der Salzsäure gewidmet; dieser letzteren wenden wir uns denn auch zunächst zu.

Hinsichtlich der Wirkungsart der Salzsäure sind folgende drei Annahmen ausgesprochen worden:

1. Die Säure regt die Arbeit der Bauchspeicheldrüse ausschließlich auf humoralem Wege an; die Nerven sind daran in keinerlei Weise beteiligt.

2. Die Säure wirkt vom Darm aus nur reflektorisch ein; das Secretin ist ein künstliches Produkt und hat zur Arbeit der Bauchspeicheldrüse keinerlei Beziehung.

3. Die Säure wirkt auf die Bauchspeicheldrüse sowohl auf humoralem Wege als auch durch Vermittlung der Nerven ein.

Zugunsten der ersten Annahme von der ausschließlich humoralen Wirkung der Salzsäure, d. h. einer Wirkung im Wege der Secretinbildung, sprechen, abgesehen von dem oben Dargelegten, noch eine ganze Reihe von Tatsachen. So ist es möglich, eine Sekretion des Bauchspeichelsaftes bei Einführung von Säure in die denervierte Dünndarmschlinge zu erhalten (Bayliß und Starling[1]), Wertheimer[2])). Andererseits gelingt es, die Pankreassekretion bei einem Hunde anzuregen, denn man in die V. jugularis Blut aus der Art. carotis eines anderen Hundes gießt, der in dieser Zeit unter dem Einfluß einer in den Zwölffingerdarm eingeführten Salzsäurelösung Pankreassaft absondert (Enriquez und Hallion[3])). Somit zirkuliert das Secretin im Blut während der Tätigkeit der Bauchspeicheldrüse. (Popielski[4]) spricht letzterem Versuch jegliche Beweiskraft ab, da die Erhöhung der Pankreassekretion bei der Transfusion des Blutes sehr unbedeutend sei und unabhängig davon eintrete, ob die Bauchspeicheldrüse des das Blut liefernden Tieres unter dem Einfluß von Nahrungssubstanzen und Salzsäure sezerniere oder nicht.) Ferner läßt sich eine Absonderung der Bauchspeicheldrüse bei Atropinparalyse der sekretorischen Äste der Nn. vagi und sympathici beobachten (Sawitsch[5])). Mäßige Atropinmengen

---

[1]) Bayliß and Starling, Journ. of Physiol. 1912, Vol. XXVIII, p. 330.

[2]) E. Wertheimer, Sur le mécanisme de la sécrétion pancréatique. Soc. Biol. 1902, T. LIV, p. 472.

[3]) Enriquez et Hallion, Réflexe acide de Pavloff et sécrétine: mécanisme humoral commun. Soc. Biol. 1903, T. LV, p. 233.

[4]) Popielski, Pflügers Archiv 1907, Bd. CXX, S. 468ff.

[5]) Sawitsch, Centralbl. f. d. ges. Physiol. u. Pathol. d. Stoffwechsels 1909, Nr. 1.

(z. B. 15 mg), die eine Reizung der Vagi und Sympathici in bezug auf die Bauchspeicheldrüse unwirksam machen, verändern die Sekretion dieser Drüse auf Salzsäure überhaupt nicht oder nur sehr unbedeutend. Dies gilt sowohl von der quantitativen als auch qualitativen Seite der Absonderung (*Babkin* und *Sawitsch*[1])).

Auf Tabelle CVIII sind die Daten aus der Arbeit von *Babkin* und *Sawitsch* angeführt. Die Autoren brachten in einem akuten Versuch die Pankreassaftsekretion bei einem Hunde durch Einführung einer 0,5 proz. HCl-Lösung in den Zwölffingerdarm vor und nach Vergiftung des Tieres mit Atropin zur Anregung. Außerdem wurde nach der Atropinvergiftung eine Saftportion unter dem Einfluß einer Secretininjektion in das Blut erzielt. Der auf Eingießung einer Salzsäurelösung in das Duodenum erlangte Saft sezernierte sich vor der Atropinvergiftung nur etwas langsamer als nach derselben. Die Menge der festen Substanzen und des Ferments sank nach Atropin sehr unbedeutend ab. Schwerlich läßt sich diese Erscheinung auf eine Wirkung des Atropins zurückführen. Im Gegenteil, eine intravenöse Secretininjektion erhöhte, selbst bei größerer Secretionsgeschwindigkeit des Saftes, seinen Gehalt an festen Substanzen und am Ferment.

Tabelle CVIII.

Die Zusammensetzung des auf Salzsäure und Secretin vor und nach Atropinvergiftung erhaltenen Pankreassaftes bei einem Hunde. Akuter Versuch (nach *Babkin* und *Sawitsch*).

Sekretionserreger	Saftmenge in ccm	Sekretionsdauer in Minuten	Durchschnittsgeschwindigkeit pro 5 Minuten	Fettferment P + S	Prozent an festen Substanzen
0,5 proz. Salzsäure vor Atropin	2,6	18	0,72	3,439	1,670
0,5 „ „ nach Atropin	3,0	20	0,75	3,077	1,520
Secretin nach Atropin	2,9	14	1,03	4,344	2,940

Diese Versuche sprechen deutlich dafür, daß die Absonderung des Pankreassaftes auf Säure ohne Beteiligung der Nerven vor sich geht.

Endlich gelang es Hustin[2]), eine Saftabsonderung aus der isolierten Bauchspeicheldrüse bei Hindurchlassung von Secretin durch ihre Gefäße zu beobachten.

Wie das Secretin auf die Zellen der Bauchspeicheldrüse einwirkt, darüber ist uns noch nichts bekannt. Allerdings nehmen Dixon und Hamill[3]) an, daß in den Zellen der Bauchspeicheldrüse spezifische Receptoren für das Secretin im Sinne Ehrlichs vorhanden sind, die das Secretin fixieren. Das Secretin kombiniert sich chemisch mit den in den Pankreaszellen vorhandenen Profermenten und macht sie frei; infolgedessen kommen sie im Pankreassaft zur Ausscheidung. Der grundlegende Versuch von Dixon und Hamill, der dartun soll, daß die Bauchspeicheldrüse über spezifische Receptoren für das Secretin verfügt, besteht in folgendem. Wenn man zerriebene Bauchspeicheldrüse — selbst auch nur für sehr kurze Zeit (1') — mit völlig wirksamem Secretin in Berührung bringt, dann das Gemisch aufkocht, es filtriert und das Filtrat in das Blut injiziert, so tritt eine Absonderung des Bauchspeichelsaftes bereits nicht mehr ein. Da das Secretin nicht nur nach Berüh-

---

[1]) Babkin und Sawitsch, Zeitschr. f. physiol. Chemie 1908, Bd. LVI, S. 336.

[2]) Hustin, Annales et Bulletin de la Soc. roy. des Sciences médicales de Bruxelles 1912, 70. année, No. 3, p. 179. Zitiert nach Lalou, Recherches sur la sécrétine etc. Paris 1912, p. 58.

[3]) Dixon and Hamill, Journal of Physiol. 1908, Vol. XXXVIII, p. 314.

rung mit der Bauchspeicheldrüse, sondern auch mit einer ganzen Reihe anderer Organe und Gewebe wie: Leber, Nieren, Muskeln usw. unwirksam wird, so erklärt Lalou[1]) diese Erscheinung damit, daß das Secretin zum Teil durch das beim Kochen entstehende Gerinnsel mitgerissen, zum Teil durch die Gewebsfermente, die besonders zahlreich in der Bauchspeicheldrüse vorhanden sind, zerstört wird.

Aus dem Gesagten ergibt sich, daß viele Gründe für die Annahme der Existenz eines humoralen Mechanismus der Salzsäurewirkung sprechen und umgekehrt die Verfechtung des zweiten Satzes von dem rein reflektorischen Charakter ihrer Wirkung zurzeit als eine sehr undankbare Aufgabe erscheint.

In dieser Hinsicht vertreten, wie wir bereits gesehen haben, Popielski und seine Mitarbeiter einen äußersten Standpunkt, indem sie der Pankreassekretion die Rolle eines humoralen Mechanismus bei Säure gänzlich absprechen.

So sah beispielsweise Popielski[2]) niemals eine Absonderung des Pankreassaftes bei Säureinjektion in die denervierte Dünndarmschlinge, d. h. seine Beobachtungen sind denjenigen von Bayliß und Starling und Wertheimer gerade entgegengesetzt.

Modrakowski[3]) verneint den humoralen Mechanismus der Salzsäurewirkung unter anderm mit der Begründung, daß bei seinen Versuchen im Widerspruch mit der Ansicht von *Sawitsch* das Atropin die sekretorischen Äste für die Bauchspeicheldrüse nur im Vagus, aber nicht im Sympathicus paralysiert. Er meint, daß die Sekretion des Pankreassaftes bei Säureeingießung in den Zwölffingerdarm, wie dies schon früher Wertheimer[4]) angenommen hatte, reflektorisch durch Vermittlung der Nn. sympathici und die lokalen sekretorischen Zentren angeregt wird. Dieser Ansicht kann man schwerlich beipflichten — schon allein deswegen, weil die Reizung des N. sympathicus die Absonderung eines an Fermenten und festen Substanzen außerordentlich reichen Pankreassaftes hervorruft, auf Salzsäure dagegen ein an diesen wie auch an jenen sehr armer Saft zum Abfluß gelangt.

Außerdem wird die Möglichkeit einer solchen Reizleitung von einem der besten Kenner des Nervensystems, Langley, in Abrede gestellt. „Es gibt jedoch", sagt Langley[5]). „keinen bekannten nervösen Apparat, welcher unter den Bedingungen, wo die Sekretion stattfindet, zu einem Reflex Veranlassung geben könnte ..."

Endlich führte Popielski[6]), abgesehen von den oben zitierten Einwendungen gegen die humorale Wirkung der Salzsäure, noch eine weitere an. Er ist der Meinung, daß die Absonderung des Pankreassaftes, wie sie durch die in das Blut injizierte Secretin hervorgerufen wird, mit der normalen Sekretion bei Einführung der Salzsäurelösung in den Darm nichts gemein hat. Die erstere setzt nicht sofort ein (zu Beginn der 2. Minute) und erreicht dann rasch ihr Ende; bei wiederholter Secretininjektion in das Blut reagiert die Bauchspeicheldrüse mit einer immer schwächeren und schwächeren Arbeit und stellt sie schließlich gänzlich ein. Popielski meint, daß die Drüse in diesem Falle in Bezug auf das Secretin immunisiert wird.

<hr>

[1]) J. Lalou, Recherches sur la sécrétine etc. Paris 1912, p. 58ff.

[2]) Popielski, Pflügers Archiv 1907, Bd. CXX, S. 457ff.

[3]) Modrakowski, Pflügers Archiv 1906, Bd. CXIV, S. 486.

[4]) Wertheimer, Soc. Biol. 1901, T. LIII, p. 879.

[5]) J. Langley, Das sympathische und verwandte nervöse System der Wirbeltiere (autonomes nervöse System). Ergebnisse der Physiologie 1903, Jahrg. II, Abt. 2, S. 859.

[6]) Popielski, Pflügers Archiv 1907, Bd. CXXI, S. 239.

Umgekehrt setzt die Sekretion auf Salzsäure, die man in den Darm einführt, rasch ein, erhöht sich nach und nach, erreicht ihr Maximum und flaut dann allmählich ab. Bei erneuter Säureeinführung in den Darm beginnt die Sekretion abermals usw.

Diese Behauptungen Popielskis fanden jedoch gleichfalls von seiten anderer Forscher keine Bestätigung. Einerseits konnte man im Wege einer Secretininjektion in das Blut während vieler Stunden die Bauchspeicheldrüse zur Arbeit anregen, ohne irgendwelche Immunisation an ihr wahrzunehmen (Starling[1]), Zunz[2]), Morel et Terroine[3]), Lalou[4])); andererseits rufen, was bereits Bayliß und Starling[5]) dargetan haben und was von *Sawitsch*[6]) dann bestätigt worden ist, wiederholte Injektionen einer 0,4—0,5 proz. HCl-Lösung in den Zwölffingerdarm (bei einem akuten Versuche) eine immer schwächere Sekretion der Bauchspeicheldrüse hervor und werden schließlich ganz unwirksam.

Als Beispiel einer ununterbrochenen und sehr langdauernden Pankreassaftsekretion unter dem Einfluß wiederholter Secretininjektionen in das Blut sei hier nachfolgender Versuch von Lalou[7]) angeführt, wo gegen Ende des Versuchs die Pankreassaftabsonderung sogar anstieg. Gleiche Beobachtungen machte derselbe Autor auch bei anderen Versuchen.

Hund von 42 kg Körpergewicht. Morphiumnarkose. Injektion von 20 ccm Secretin jede 20 Minuten.

$11^h 35'$ bis $11^h 55'$ . . . . 18 ccm
$11^h 55'$,, $12^h 15'$ . . . . 14 ,,
$12^h 15'$,, $12^h 35'$ . . . . 14 ,,
Unterbrechung des Versuchs von $12^h 35'$ bis $1^h 30'$.
$1^h 30'$ bis $1^h 50'$ . . . . 13 ccm
$1^h 50'$,, $2^h 10'$ . . . . 13 ,,
$2^h 10'$,, $2^h 30'$ . . . . 13 ,,
$2^h 30'$,, $2^h 50'$ . . . . 18 ,,
$2^h 50'$,, $3^h 10'$ . . . . 18 ,,
$3^h 10'$,, $3^h 30'$ . . . . 18 ,,
$3^h 30'$,, $3^h 50'$ . . . . 20 ,,
$3^h 50'$,, $4^h 10'$ . . . . 20 ,,
$4^h 10'$,, $4^h 30'$ . . . . 21 ,,
$4^h 30'$,, $4^h 50'$ . . . . 27 ,,
Versuch 10 Minuten lang eingestellt.
5^h —' bis $5^h 20'$ . . . . 23 ccm
$5^h 20'$,, $5^h 40'$ . . . . 24 ,,
$5^h 40'$,, 6^b —' . . . . 23 ,,

Interesse verdient gleichfalls die folgende Tabelle CIX, auf der die Daten Lalous[8]) aufgeführt sind. Sie zeigt uns die Dauer der Saftsekretion und die Menge

---

[1]) E. H. Starling, Recent advances in the physiology of digestion. London 1906, p. 97.

[2]) Zunz, Arch. Intern. de physiol. 1909, Vol. VIII, p. 181.

[3]) L. Morel et E. Terroine, Variations de l'alcalinité et du pouvoir lipolitique du suc pancréatique au cours des sécrétions provoquées par des injections répétées de sécrétine. Soc. Biol. 1909, T. LXVII, p. 36.

[4]) Lalou, Recherches sur la sécrétine etc. Paris 1912, p. 75ff.

[5]) Bayliß and Starling, Journ. of Physiol. 1912, Vol. XXVIII, p. 329.

[6]) Sawitsch, Centralbl. f. d. ges. Physiol. u. Pathol. des Stoffwechsels 1909, Nr. 1.

[7]) Lalou, Recherches sur la sécrétine etc. Paris 1912, p. 79.

[8]) Lalou, Recherches sur la sécrétine etc. Paris 1912, p. 80.

des von der Bauchspeicheldrüse bei verschiedenen Versuchen unter dem Einfluß von Secretin ausgeschiedenen Saftes. Sowohl jene wie diese erreicht in einigen Fällen außerordentlich großen Umfang.

Tabelle CIX.

Die Dauer der Pankreassekretion und die Gesamtmenge des Saftes bei Secretininjektion in das Blut (nach Lalou).

Körpergewicht des Hundes	Anzahl der Injektionen	Sekretionsdauer	Saftmenge in ccm
25 kg	20 ccm jede 10 Minuten	6 Stunden	320
45 „	20 „ „ 15 „	11 „	1100
42 „	20 „ „ 20 „	8 „	1300
30 „	20 „ „ 10 „	8 „	400
25 „	20 „ „ 10 „	$7^1/_2$ „	600

Was das Aufhören der Saftsekretion bei wiederholten Eingießungen einer Säurelösung in den Darm anbetrifft, so kann die Absonderung durch gleichzeitige Injektion einer 3proz. Sodalösung in das Blut erneuert werden (Bayliß und Starling[1]). Sawitsch[2]) gibt diesem Versuch eine dahingehende Auslegung, daß das Soda günstige Bedingungen für die Absonderung eines alkalischen Pankreassaftes schaffe.

Sonach ist es gegenwärtig nicht möglich, sich der Auffassung Popielskis und seiner Mitarbeiter von einem ausschließlich nervösen Mechanismus der Salzsäurewirkung anzuschließen.

Die dritte, beiden Parteien gerecht werdende Ansicht, daß die Säure die Bauchspeicheldrüse sowohl auf humoralen als auch nervösem Wege anrege, fand gleichfalls ihre Anhänger. Auf diesem Standpunkt stehen Wertheimer und Fleig. Sie erkennen an, daß die Bauchspeicheldrüse im Falle einer Salzsäureeinführung humoral im Wege einer Secretinbildung angeregt wird; andererseits sei jedoch auch eine reflektorische Erregung der Drüsenelemente des Pankreas durch die im Zwölffingerdarm befindliche Salzsäure nicht ausgeschlossen. Trotz Ableitung des Blutes der isolierten Darmschlinge nach außen und Unterbindung des Ductus thoracicus vermochte Wertheimer eine Sekretion der Bauchspeicheldrüse bei Injektion von Salzsäure in die Darmschlinge zu beobachten. Unter solchen Versuchsbedingungen konnte das in der Darmwand zur Bildung gelangte Secretin die Zellen der Bauchspeicheldrüse nicht erreichen. Das positive Versuchsergebnis ist nach der Ansicht des Autors von der reflektorischen Transmission des Reizes an die Bauchspeicheldrüse abhängig. Derselben Meinung ist auch Fleig[3]). Er nimmt gleichfalls an, daß die Salzsäure die Arbeit der Bauchspeicheldrüse auf doppeltem Wege: auf humoralem und nervösem, zur Anregung bringt. Hierbei sei als Erreger des Nervenreflexes

---

1) Bayliß and Starling, Journ. of Physiol. 1902, Vol. XXVIII, p. 329.

2) Sawitsch, Centralbl. f. d. ges. Physiol. u. Pathol. des Stoffwechsels 1909 Nr. 1.

3) C. Fleig, Sécrétine et acide dans la sécrétion pancréatique. Soc. Biol. 1903, T. LV, p. 293. — A propos de l'importance relative du mécanisme humoral et du mécanisme réflexe dans la sécrétion par l'introduction d'acide dans l'intestin. Ibidem, p. 462. — Zur Wirkung des Sekretins und der Säure auf die Absonderung von Pankreassaft. Centralbl. f. Physiol. 1903, Bd. XVI, S. 681. — Action de la sécrétine et action de l'acide dans la sécrétion pancréatique. Arch. génér. de méd. 1903, Année 80, p. 1473.

nicht das sich in der Darmschleimhaut bildende Secretin, sondern die Salzsäure selbst anzusehen. Die Denervation der Darmschlinge führe dazu, daß das in der Darmwand zur Entstehung gelangende Secretin nicht in das Blut übergehen könne.

Fleig ist der Ansicht, daß möglicherweise unter normalen Bedingungen solche Säuren wie CO_2, BO_3H_3, mit denen sich Secretin nicht bilden läßt, durch die Nerven gerade ihre Wirkung ausüben.

Gegen diese Versuche wendeten **Bayliß** und **Starling**[1]) ein, daß man nicht sicher sein könne, ob wirklich das gesamte Blut aus der isolierten Darmschlinge nach außen hin abfließe und ob nicht ein Teil davon zusammen mit dem Secretin in die Blutbahn gelange. **Wertheimer**[2]) bleibt jedoch bei der Möglichkeit einer Ableitung des ganzen Blutes aus der isolierten Darmschlinge nach außen. Andererseits ist es **Lalou**[3]) gelungen, wirksame Extrakte mittelst Borsäure aus der Duodenalschleimhaut zu bereiten.

Eine Zeitlang erachtete **Camus**[4]), indem er den hemmenden Einfluß großer Chloroformdosen auf die durch Secretininjektion in das Blut hervorgerufene Arbeit der Bauchspeicheldrüse beobachtete, die Annahme einer Beteiligung des Nervensystems am Prozeß der Saftsekretion für möglich. Später jedoch nimmt er dann zusammen mit **Wertheimer**[5]) und **Bayliß** und **Starling**[6]) an[7]), daß das Chloroform gleichfalls auch auf das Protoplasma der sezernierenden Elemente eine giftige Wirkung ausüben könne. Folglich wird durch diese Versuche die Frage hinsichtlich der Beteiligung des Nervensystems an der Sekretion nicht endgültig entschieden.

Zum Schluß muß noch gesagt werden, daß zurzeit eine sehr große Reihe von Daten für die Annahme einer Existenz eines humoralen Mechanismus der Salzsäure sprechen. Was die Beteiligung der Nerven am gesamten Prozeß betrifft, so sind wir nicht imstande, in dem einen oder andern Sinne eine bestimmte Erklärung abzugeben. Offensichtlich bedarf es noch weiterer Untersuchungen.

Der Mechanismus der safttreibenden Wirkung des Fettes.

Wenn bei der Salzsäure vieles dafür spricht, daß die Erregung der Bauchspeicheldrüse auf humoralem Wege vor sich geht, so ist man bei einem weiteren energischen ~~Erreger~~ — dem Fett — zur Annahme berechtigt, daß an der Absonderung bis zu einem gewissen Grade auch die sekretorischen Nerven beteiligt sind.

Während auf Salzsäure ein an Fermenten und festen Substanzen außerordentlicher armer Pankreassaft zur Ausscheidung gelangt, erhalten wir bei Reizung der sekretorischen Nerven der Bauchspeicheldrüse ein sowohl an

---

[1]) **Bayliß** and **Starling**, Journ. of Physiol. 1902, Vol. XXVIII, p. 345.

[2]) **Wertheimer**, Journ. de Physiol. et Pathol. génér. 1902, T. IV, p. 1070.

[3]) **Lalou**, Recherches sur la sécrétine etc. Paris 1912.

[4]) L. **Camus**, Sur quelques conditions de production et d'action de la sécrétine. Soc. Biol. 1902, T. LIV, p. 442.

[5]) E. **Wertheimer**, Sur le mode d'association fonctionelle du pancréas avec l'intestin. Soc. Biol. 1902, T. LIV, p. 474. — E. **Wertheimer** et **Lepage**, Sur la résistance des réflexes ganglionaires à l'anasthésie. Journ. de Physiol. et Pathol. génér. 1902, T. IV, p. 1030, und Des réflexes ganglionaires chez les animaux chloroformés, Ibidem, p. 1061.

[6]) **Bayliß** and **Starling**, Journ. of Physiol. 1902, Vol. XXVIII, p. 339.

[7]) L. **Camus**, Influence du chloroforme sur la sécrétion pancréatique. Soc. Biol. 1902, T. LIV, p. 790.

diesen wie an jenen äußerst reiches Sekret. Da auf Fett und die Produkte seiner Spaltung und Umwandlung sich ein Saft sezerniert, der nach seiner Zusammensetzung dem durch Reizung der Nerven erzielten Safte nahekommt, so bringt schon dieser Umstand allein auf den Gedanken, daß bei Anregung der Bauchspeicheldrüsenarbeit durch Fett in gewissem Maße ihre sekretorischen Nerven beteiligt sind.

Im Atropin kennen wir ein Gift, das die sekretorischen Nerven der Bauchspeicheldrüse paralysiert. Naturgemäß entsteht nun die Frage, welche Wirkung dieses Nervengift ausübt, wenn man es dem Tiere während des Höchststadiums der durch Fett hervorgerufenen sekretorischen Arbeit der Bauchspeicheldrüse injiziert. Eine Antwort auf diese Frage geben die Versuche von *Bylina*[1]) und *Smirnow*[2]). Injiziert man einem Hunde mit permanenter Pankreasfistel 0,005 g Atropin subcutan, so kommt die durch neutrales Fett hervorgerufene Sekretion nicht zum Stillstand. Die Sekretionsgeschwindigkeit des Pankreassaftes bleibt annähernd die gleiche wie auch vor der Injektion des Giftes. Die Eigenschaften des Saftes verändern sich jedoch auffallend: er verarmt rasch an festen Substanzen, Fermenten und Stickstoff und nähert sich, was seine Zusammensetzung anbetrifft, dem auf Säure zum Abfluß kommenden Saft.

Tabelle CX enthält Versuche von *Bylina*[3]) mit Eingießung von neutralem Mohnöl in den Magen eines Hundes mit permanenter Pankreasfistel. Bei einem der Versuche wurde dem Hunde gegen Ende der ersten Stunde 0,005 g Atropin

Tabelle CX.

Die Arbeit der Bauchspeicheldrüse eines Hundes bei Einführung von 100 ccm neutralen Mohnöls in den Magen unter normalen Bedingungen und während der Atropinvergiftung (nach *Bylina*).

Stunde	Kontrollversuch				Vergiftung mit Atropin			
	Saftmenge in ccm	% Gehalt an Stickstoff	Eiweißferment nach Mett	Bemerkungen	Saftmenge in ccm	% Gehalt an Stickstoff	Prozent an festen Substanzen	Bemerkungen
I	9,6	0,6272	4,5		10,1	0,69552	4,5676	Nach Ablauf der 1. Stunde 0,005 g Atropin subcutan injiziert. Puls von 80 Schlägen pro Min., nach 5 Min. bis 200 Schläge pro Minute. Pupillen erweitert. Nach 3 Stunden im Magen gegen 80 ccm einer öligen Flüssigkeit; Reaktion neutral.
II	6,1	0,66304	4,4	Nach Verlauf von 3 Stunden verblieb im Magen gegen 70 ccm Öl.	9,6	0,17696	1,845	
III	6,9	0,5768	—					

---

[1]) A. Bylina, Normale Pankreassekretion als Synthese von nervösem und humoralem Einfluß. Pflügers Archiv 1911, Bd. CXLII, S. 531.

[2]) A. J. Smirnow, Zur Physiologie der Pankreassekretion, 1912, Bd. CXLVII, S. 234.

[3]) Bylina, Pflügers Archiv 1911, Bd. CXLII, S. 531.

subcutan injiziert. Wie aus den Zahlen der Tabelle ersichtlich, nahm die Saftmenge nach Atropininjektion im Vergleich mit dem Kontrollversuch nicht ab, während dagegen der Gehalt an festen Substanzen und Stickstoff und folglich auch an Fermenten auffallend absank. (Bei den anderen Versuchen bestimmte der Autor direkt den Gehalt an Eiweißferment im Saft und beobachtete stets seine auffallende Abnahme nach Injektion von Atropin.)

Die weiteren Untersuchungen von *Babkin* und *Ishikawa*[1] haben gezeigt, daß die nach erfolgter Atropininjektion beim Tiere vorhandene Absonderung auf die sich im Zwölffingerdarm aus neutralem Fett bildenden Seifen zurückgeführt werden muß. Für ihre Versuche bedienten sie sich eines kompliziert operierten Tieres mit einer Magenfistel, Duodenalfistel und einer permanenten Fistel der Bauchspeicheldrüse. Verschiedenartige Erreger wurden vor und nach subcutaner Injektion von 0,005 g Atropin unmittelbar in den Zwölffingerdarm eingeführt. Unter normalen Bedingungen regten sowohl neutrales Fett als auch Oleinsäure als auch Natrium oleinicum die Pankreassekretion an. Die Einführung der beiden erstgenannten Substanzen in den Zwölffingerdarm zu einer Zeit, wo die Atropinvergiftung bereits zur Entwicklung gelangt war, blieb ohne jegliche Wirkung. Umgekehrt bewahrten Seifenlösungen unter eben jenen Bedingungen ihre safttreibenden Eigenschaften, obwohl ihre sekretorische Wirkung im Vergleich zur Norm etwas herabgesetzt war und die Menge der festen Substanzen und Fermente im Safte abgenommen hatte. Diese Daten decken sich vollauf mit den Beobachtungen anderer Autoren. *Bylina*[2] nahm nur eine Abschwächung der Sekretion auf Seifen bei Atropinvergiftung, doch keinen Stillstand derselben wahr. Die Stickstoffmenge im Safte sank. Nach Stusinski[3] bringt Atropin die durch Oleinsäure hervorgerufene Sekretion zum Stillstand, steht jedoch der safttreibenden Wirkung der Seifen nicht im Wege. *Sawitsch*[4] dagegen sah unter analogen Bedingungen ein Aufhören der durch Seifen hervorgerufenen Sekretion.

Somit zieht eine Paralyse der sekretorischen Nerven der Bauchspeicheldrüse durch Atropin eine Abnahme der durch sie produzierten Fermente nach sich. Da die Drüsenzelle selbst, wie wir dies aus den Versuchen mit Erregung der Pankreassekretion durch Salzsäure wissen, von Atropin nicht in Mitleidenschaft gezogen wird, so sind wir zu der Annahme vollauf berechtigt, daß die Fermentproduzierung in solchem Falle infolge Paralyse der sekretorischen Nerven gestört wird. Mit anderen Worten: die Nerven nehmen einen tätigen Anteil an der durch Fett hervorgerufenen Sekretion der Bauchspeicheldrüse.

Jedoch ist diese Frage offenbar komplizierter, als es zunächst erscheinen möchte. Nach der Meinung von *Sawitsch* und *Tichomirow*[5] wirkt Atropin auf die sekretorische und trophische (im Sinne Heidenhains) Funktion des Nervenapparats

---

[1] B. P. Babkin und H. Ishikawa, Zur Frage über den Mechanismus der Wirkung des Fettes als sekretorischen Erregers der Bauchspeicheldrüse. Pflügers Archiv 1912, Bd. CXLVII, S. 288.

[2] Bylina, Pflügers Archiv 1911, Bd. CXLII, S. 531.

[3] J. B. Studsinski, Über den Einfluß der Fette und Seifen auf die sekretorische Tätigkeit des Pankreas. Russki Wratsch 1911, Nr. 1, 2 u. 3.

[4] Sawitsch, Centralbl. f. d. ges. Physiol. u. Pathol. des Stoffwechsels 1909, Nr. 1.

[5] W. W. Sawitsch und N. P. Tichomirow, Der Einfluß von Atropin auf die Sekretion der Bauchspeicheldrüse. Verhandl. d. Gesellsch. russ. Ärzte zu St. Petersburg 1912—1913, April.

der Bauchspeicheldrüse nicht in gleicher Weise ein, die erstere wird von Atropin schwach, die zweite stark in Mitleidenschaft gezogen.

Auf den Gedanken an eine Scheidung der sekretorischen und trophischen Funktion der Pankreasnerven durch Atropin kamen die Autoren auf Grund folgender Tatsachen: Nachdem sie in einem akuten Versuche am Hunde die Absonderung von Pankreassaft unter dem Einfluß der Reizung der Nn. vagi mittelst Induktionsstromes erzielt hatten, nahmen sie eine vorsichtige und allmähliche Vergiftung des Tieres mit Atropin vor. (Zunächst injizierten sie 0,5 mg subcutan, dann die gleichen Quantitäten intravenös und steigerten schließlich die intravenöse Injektion bis auf 5—10 mg. Bei noch größeren Dosen trat bereits eine Paralyse der Sekretion ein.) Die erste Atropininjektion beeinflußt die Arbeit der Bauchspeicheldrüse in auffallender Weise: der Pankreassaft kommt während der Reizung der Nerven nicht zur Absonderung, vielmehr erst nach ihrer Einstellung; die Sekretmenge nimmt ab. Im weiteren Verlaufe gleichen sich diese Erscheinungen wieder aus.

Die Qualität des Sekrets erfährt nach Atropin eine auffallende Änderung. Trotz Verringerung der Sekretionsgeschwindigkeit des Pankreassaftes sinkt der Gehalt an Fermenten und Stickstoff in ihm ab. Die Autoren nehmen an, daß Atropin auf den Nervenapparat der Bauchspeicheldrüse, aber nicht auf die Drüsenzellen selbst einwirkt. Indem sie in das Blut eines mit Atropin vergifteten Tieres Secretin einführten, sahen sie nicht nur eine starke Zunahme der Sekretionsgeschwindigkeit des Saftes, sondern auch ein Anwachsen des Gehalts an Fermenten und Stickstoff in ihm im Vergleich mit dem bei Atropinvergiftung mittelst Reizung der Vagi erzielten Saft.

Was den Mechanismus der Wirkung des Fettes anbetrifft, so ergibt sich aus dem Gesagten, daß sowohl neutrales Fett selbst, als auch vermutlich Oleinsäure die sekretorische Arbeit der Bauchspeicheldrüse durch Vermittlung der Nerven anregt. Atropin paralysiert ihre Wirkung. Umgekehrt kann die Wirkung von Seifen offenbar bis zu einem gewissen Grade ohne Beteiligung des Nervensystems vor sich gehen. Auf diese Möglichkeit wies bereits Fleig[1]) hin, der eine Pankreassekretion bei Einführung eines mittelst Lösungen Natrii oleinici hergestellten Duodenalschleimhautextrakts in das Blut erzielte.

Jedoch sahen Fleig[2]) ebenso auch Camus und Gley[3]) eine Verringerung der durch Einführung eines solchen Extrakts in das Blut hervorgerufenen Pankreassekretion bei Vergiftung des Tieres mit Atropin. Eine gleiche Beobachtung machten auch *Bylina*[4]) und *Babkin* und *Ishikawa*[5]) bei Einführung von Lösungen Natrii oleinici in den Magen oder in den Zwölffingerdarm eines atropinisierten Hundes mit chronischer Pankreasfistel. Hierbei beobachteten sie ein Absinken der Verdauungskraft des Saftes und eine Abnahme des Gehalts an festen Substanzen und Stickstoff in ihm. Sawitsch[6]) sah sogar einen Stillstand der Sekretion auf Seife nach Atropinvergiftung.

Hieraus folgt, daß auch an der Sekretion auf Seifen die Nerven offenbar einen gewissen Anteil haben. Möglicherweise gelangen bei Resorption der Seifen im Darm in den Gesamtblutkreislauf Substanzen, die nicht nur die Drüsenzelle selbst, sondern auch die in ihr gelegenen Nervenendigungen zur

---

[1]) Fleig, Journ. de Physiol. et de Pathol. génér. 1904, T. VI, p. 32 u. 50.

[2]) Fleig, Journ. de Physiol. et de Pathol. génér. 1904, T. VI, p. 32 u. 50.

[3]) Camus et Gley, Arch. des Sc. Biol. 1904, T. XI, Suppl., p. 201.

[4]) Bylina, Pflügers Archiv 1911, Bd. CXLII, S. 531.

[5]) Babkin und Ishikawa, Pflügers Archiv 1912, Bd. CXLVII, S. 288.

[6]) Sawitsch, Centralbl. f. d. ges. Physiol. u. Pathol. des Stoffwechsels 1909, Nr. 1.

Anregung bringen. Atropin paralysiert diese letzteren, was eine Verringerung der Sekretion und eine Verarmung des Saftes an festen Substanzen und Fermenten zur Folge hat.

Die Bedeutung des Nervensystems bei der Sekretion auf Seifen heben auch die Versuche von *Buchstab*[1]) an einem Hunde mit permanenter Pankreasfistel und durchschnittenen Nn. splanchnici und vagi hervor. Während auf Salzsäure nach Durchschneidung der genannten Nerven ein Pankreassaft von derselben Fermentzusammensetzung wie auch vor ihrer Durchtrennung zur Absonderung kam, vermochte man auf Seifen gewisse Abweichungen in der Fermentproduzierung wahrzunehmen. So zeichnet sich während der 1. Stunde der Sekretion auf Seifen der Saft durch einen für diesen Erreger unverhältnismäßig niedrigen Fermentgehalt aus und nimmt erst im Laufe der zweiten Stunde einen normalen Charakter an. Diese Störung der sekretorischen Tätigkeit der Bauchspeicheldrüse tritt erst nach Durchtrennung der Vagi (unterhalb des Diaphragmas), doch nicht nach Durchschneidung der Splanchnici ein.

Die nachfolgenden Durchschnittszahlen aus der Arbeit von *Buchstab* bestätigen das eben Gesagte. (Tab. CXI.)

Tabelle CXI.

Die Arbeit der Bauchspeicheldrüse bei Eingießung von 100 ccm einer 5proz. Lösung Natrii oleinici in den Magen eines Hundes (nach *Buchstab*).

Stunde	Nach Durchschneidung der Nn. splanchnici		Nach Durchschneidung der Nn. splanchnici und Nn. vagi	
	Saftmenge in ccm	Eiweißferment nach Mett P + D	Saftmenge in ccm	Eiweißferment nach Mett P + D
I	17,7	4,1	19,0	3,2
II	20,7	4,1	15,6	4,0
III	18,4	3,1 [2])	5,4	4,4
IV	0,7	—	1,0	5,3
Insgesamt	57,5	—	41,0	—

Außerdem üben die Nn. splanchnici und Nn. vagi nach *Buchstab* auf die Pankreassekretion einen hemmenden Einfluß aus. Diese Hemmung greift im normalen Absonderungsprozeß und nur bei einigen Erregern Platz, beispielsweise bei Seife. So gelangte beispielsweise vor Durchschneidung der Nerven im Durchschnitt auf 200 ccm einer 5proz. Lösung Natrii oleinici 46,3 ccm Pankreassaft zur Ausscheidung. Nach Durchtrennung der Nn. splanchnici regten bereits 100 ccm einer solchen Lösung die Absonderung von 57,5 ccm Saft an. Wurde daneben noch eine Durchschneidung der Nn. vagi vorgenommen, so sank die sekretorische Arbeit der Bauchspeicheldrüse auf 100 ccm einer 5proz. Seifelösung um einiges ab — durchschnittlich auf 41,0 ccm, was wahrscheinlich mit dem Fortfall oder der Verringerung der „Säure"-Phase der Sekretion auf Seife im Zusammenhang steht. Aber immerhin rief noch eine doppelt so geringe Quantität Seifelösung eine fast ebenso energische Absonderung des Pankreassaftes hervor wie bei der Norm.

---

[1]) J. A. Buchstab, Die Arbeit der Bauchspeicheldrüse nach Durchschneidung der Vagi und Splanchnici. Diss. St. Petersburg 1904.

[2]) Bei saurer Reaktion im Magen.

Diese Tatsachen sprechen gleichfalls für eine Beteiligung des Nervensystems an der Sekretion des Pankreassaftes auf Seifen. Also ist der Mechanismus der Wirkung des Fettes und der Produkte seiner Spaltung und Umwandlung kompliziert: die Bauchspeicheldrüse erhält ihre Impulse nicht nur durch das Blut, sondern auch durch Vermittlung des Nervensystems.

Der Mechanismus der Wirkung der übrigen Erreger der Bauchspeicheldrüse ist in seinen Einzelheiten nicht bekannt. Nach Gizelt[1]) verliert Alkohol die Fähigkeit, die Pankreassekretion anzuregen, wenn es nach Durchschneidung der Nn. vagi in den Zwölffingerdarm eingeführt wird. Was den Äther anbetrifft, so wirkt er nach Fleig[2]) durch das Nervensystem.

Sonach hat zurzeit den größten Anspruch auf Berechtigung die dualistische Auffassung vom Mechanismus der Anregung der sekretorischen Pankreastätigkeit: die Bauchspeicheldrüse wird nicht nur auf humoralem Wege — durch das Blut zur Tätigkeit angeregt, sondern auch das Nervensystem nimmt an ihrer äußeren Sekretion tätigen Anteil.

Mikroskopische Veränderungen.

Die Veränderung der mikroskopischen Struktur der Bauchspeicheldrüse bei Einwirkung der verschiedenen Erreger spricht gleichfalls für die Annahme eines doppelten Mechanismus der Erregung ihrer sekretorischen Tätigkeit (*Babkin, Rubaschkin* und *Sawitsch*[3])).

Bei einer durch Salzsäure hervorgerufenen Sekretion geht keine auffallende Verminderung des Gehalts an Zymogenkörnchen in den Zellen der Bauchspeicheldrüse vor sich. Die Körnchen

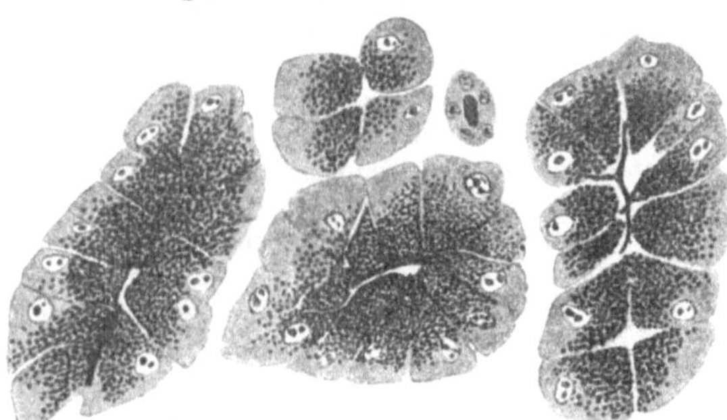

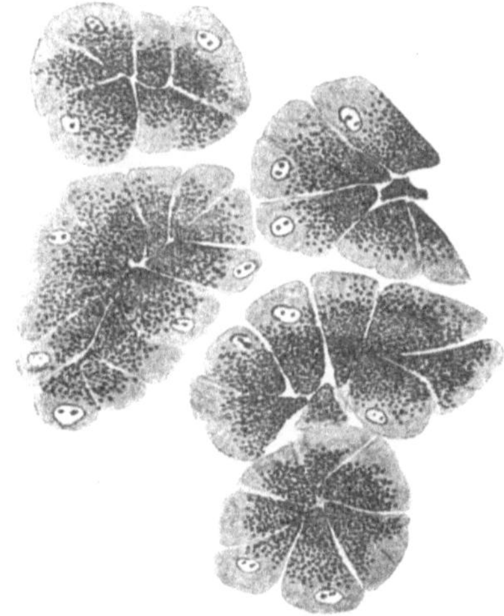

Fig. 23. Pankreas vom hungernden Hunde. Zeiß' Obj. E, Ok. 3. (Nach *Babkin, Rubaschkin* und *Sawitsch*.)

Fig. 24. Pankreas vom Hund nach Säuresekretion. Zeiß' Obj. E, Ok. 3. (Nach *Babkin, Rubaschkin* und *Sawitsch*.)

werden im allgemeinen langsam und in unbedeutender Menge ausgeschieden (vgl. Fig. 23 und Fig. 24). Nur bei sehr reichlicher Sekretion tritt eine merkliche Verringerung der Körnchenschicht der Zellen ein. Die Körnchen gelangen aus der

---

[1]) Gizelt, Pflügers Archiv 1906, Bd. CXI, S. 620.

[2]) Fleig, Archives Internationales de Physiologie 1904, Vol. I, p. 286.

[3]) B. P. Babkin, W. J. Rubaschkin und W. W. Sawitsch, Über die morphologischen Veränderungen der Pankreaszellen unter der Einwirkung verschiedenartiger Reize. Archiv f. mikrosk. Anatomie u. Entwicklungsgeschichte 1909, Bd. LXXIV, S. 68.

Zelle in unverändertem Zustande zur Ausscheidung. Dies folgt daraus, daß der Inhalt der Gänge mikroskopische Eigenschaften aufweist, die den Eigenschaften der zymogenen Körnchen nahekommen. Außerdem sind Hinweise auf die Hindurchleitung einer Flüssigkeit (feine Strahlen eines dünnflüssigen Sekrets) durch die Zelle vorhanden. Umgekehrt führt eine Reizung der Nn. vagi oder sympathici zu einer auffallenden Abnahme der Menge der Zymogenkörnchen in den Zellen. In der Mehrzahl der Fälle nehmen die Körnchen nur die geringere Hälfte der Zellen ein; in einigen Fällen finden sie sich lediglich an der Apikalzone in geringer Anzahl (Fig. 25). Überdies werden bei Reizung der sekretorischen Nerven die zymogenen Körnchen einer intracellulären Verarbeitung unterworfen: entweder wird jedes Körnchen einzeln einer Veränderung — offenbar einer Auflösung — unterworfen oder größere Körnchengruppen verwandeln sich zusammen mit dem zwischen ihnen liegenden Protoplasma in Sekrettropfen verschiedener Größe, die nach einer Reihe von Veränderungen — vermutlich chemischen —

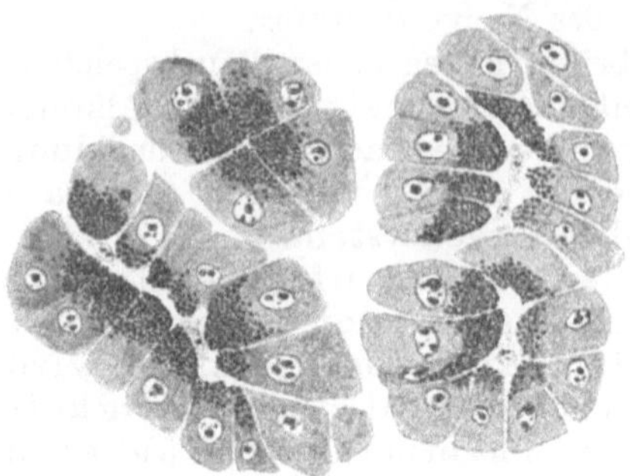

Fig. 25. Pankreas vom Hund nach Reizung der Nn. vagi. Zeiß' Obj. E, Ok. 3. (Nach *Babkin*, *Rubaschkin* und *Sawitsch*.)

aus der Zelle als Sekret ausgeschieden werden. Infolgedessen tritt bei der durch Nervenreizung hervorgerufenen Sekretion der Unterschied in den mikroskopischen Eigenschaften des Inhalts der Gänge und der in den Zellen enthaltenen zymogenen Körnchen deutlich hervor.

Das mikroskopische Bild, das sich an der Bauchspeicheldrüse, die unter dem Einfluß einer Seifenlösung arbeitete, beobachten läßt, ist dem ähnlich, das wir bei der Reizung der sekretorischen Nerven sehen. Die Menge der ausgeschiedenen zymogenen Körnchen ist sehr beträchtlich. Die Zellen enthalten sehr unbedeutende Mengen davon. Nur ganz vereinzelt finden sich auf dem Präparat Zellen, in denen die sekretorischen Veränderungen eine geringere Höhe erreicht und die Körnchen sich in verhältnismäßig großer Anzahl erhalten haben (Fig. 26).

Auf Grund des Gesagten bilden wir uns nun folgende Vorstellung über den Mechanismus der Sekretion der Bauchspeicheldrüse in typischen Fällen, d. h. bei Wirkung von Salzsäure und Reizung der Nn. vagi.

Bei Sekretion auf Säure fließt durch die Zelle in reichlicher Menge Wasser, und man sieht, wie die Zelle von feinen Strahlen flüssiger Absonderung durchzogen wird. Diese durch die Zelle fließende Flüssigkeit

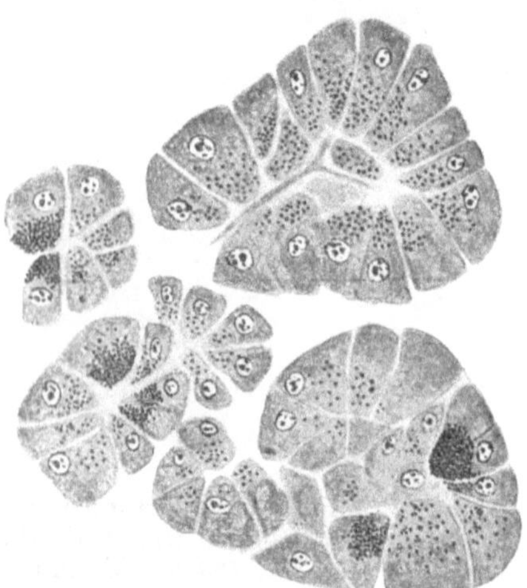

Fig. 26. Pankreas vom Hund nach Seifensekretion. Zeiß' Obj. E, Ok. 3. (Nach *Babkin*, *Rubaschkin* und *Sawitsch*.)

entführt aus dieser die Körnchen und trägt sie in die Ausführungsgänge. Hier lösen sie sich bald auf, wobei sie sich offenbar in chemischer Hinsicht unbedeutend verändern; mit anderen Worten: wir erhalten in den Ausführungsgängen eine Lösung von wenig veränderten zymogenen Körnchen. Die Sekretion auf Säure trägt gewissermaßen einen passiven Charakter. Die geringe Veränderung der Körnchen, die unbedeutende Beteiligung des Protoplasmas am Sekretionsprozeß kann man in Verbindung bringen mit der physiologischen Tatsache — der Armut des Saftes an Eiweiß und seiner Zymogenität (Unfähigkeit auf geronnenes Eiweiß ohne Kinase im Laufe von 10 Stunden zu wirken).

Bei der Sekretion auf Nervenreizung verhält sich die Sache anders. Die zymogenen Körnchen werden von der Zelle verarbeitet und verlassen dieselbe in einem anderen Zustande als bei der Sekretion auf Säure. Der Saft auf Nervenreizung ist das Resultat einer aktiven, energischen Zellenarbeit. Die Zelle verarbeitet die Körnchen, führt sie in einen anderen Zustand über und gibt selbst dem Safte einen Teil ihres Protoplasmas. In physiologischer Hinsicht ist ein solcher Saft reich an Eiweiß und Fermenten und zeichnet sich in einigen Fällen durch seine Aktivität aus (Fähigkeit geronnenes Eiweiß ohne Hilfe von Kinase im Laufe von 10 Stunden zu verdauen).

V. Der Austritt der Galle in das Duodenum.

Die Zusammensetzung der Galle. — Die Galleausscheidung bei Genuß von Milch, Fleisch und Brot. — Die Erreger der Galleausscheidung. — Die Synthese der Galleausscheidungskurve. — Der Mechanismus der Galleausscheidung.

Das folgende sich in den Zwölffingerdarm ergießende Reagens ist die Galle. Sie wird von der Leber produziert und durch den Gallengang — Ductus choledochus — in den Darm abgeleitet. Dieser Gang mündet bei vielen Tieren in unmittelbarer Nähe mit dem Ductus pancreaticus. (Beim Menschen münden beide Gänge nebeneinander in das Duodenum, und zwar in das Diverticulum Vateri; beim Hunde mündet der Ductus choledochus im oberen Teile des Zwölffingerdarms neben dem kleinen Pankreasgang.)

Bei den meisten Tieren gibt die Beschaffenheit der Gallebahnen der durch die Leber ununterbrochen zur Produzierung gelangenden Galle die Möglichkeit, sich nur in bestimmten Augenblicken in den Verdauungskanal auszuscheiden. Dies wird einerseits dadurch erreicht, daß die Gallengänge eine Erweiterung — die Gallenblase — bilden, in der sich die Galle ansammeln kann. Andererseits findet das gesamte System der Gallengänge seinen Abschluß in dem nur unter gewissen Bedingungen erschlaffenden und die Galle in den Zwölffingerdarm hindurchlassenden Sphincter bei der Auslaßöffnung des Ductus choledochus (Oddi[1]), Hendrickson[2])). Daher muß man in der galleausscheidenden Tätigkeit der Leber zwei Momente streng voneinander unterscheiden: die Produzierung der Galle durch die Leberzellen („Gallesekretion") und den Austritt der Galle in den Zwölffingerdarm. Die Leberzellen sondern ununterbrochen Galle ab. Diese Funktion der Drüsenelemente ist der Ausdruck nicht nur ihrer exkretorischen Tätigkeit (Zerstörung des Hämoglobins in der Leber und Ableitung seiner Produkte zusammen mit der Galle nach außen), sondern auch ihrer sekretorischen Tätigkeit. Unter dem Einfluß der vom Zwölffingerdarm ausgehenden Reize erhöht sich die Gallesekretion. Der Austritt der Galle in das Duodenum trägt einen intermittierenden Charakter und findet nur in dem Falle statt, wenn bestimmte Erreger aus dem Magen in den Darm übertreten. Hierbei erscheinen die die Gallesekretion erhöhenden Substanzen durchaus nicht immer gleichfalls als Erreger des Galleaustritts in den Zwölffingerdarm. Ein typisches Beispiel solcher Substanzen bildet, wie wir weiter unten sehen werden, die Salzsäure.

Zwecks Erforschung der Gallesekretion schreitet man gewöhnlich zur Anlegung einer Gallenblasenfistel. Will man die gesamte durch die Leber

---

[1]) R. Oddi, D'une disposition à sphincter spéciale de l'ouverture du canal choledoque. Archives Italiens de Biologie 1887, Bd. VIII, p. 317.

[2]) W. Hendrickson, On the musculature of the duodenal portion of the common bile-duct and of the sphincter. Anatomischer Anzeiger 1900, S. 147.

produzierte Galle erhalten, so unterbindet man gleichzeitig mit der Anlegung der Gallenblasenfistel den Ductus choledochus. Begnügt man sich nur mit einem Teile der Galle oder wünscht man einen Teil derselben in den Darm zu befördern, so nimmt man von der gleichzeitigen Unterbindung des Gallenganges Abstand oder legt eine Gallenblasenfistel nach der Tschermakschen Methode an[1]).

Behufs Beobachtung des Galleaustritts bedient man sich einer nach der *Pawlow*schen[2]) Methode angelegten permanenten Fistel des Ductus choledochus. Das Verfahren ist im wesentlichen dasselbe wie bei Anlegung einer permanenten Pankreasfistel. Die Öffnung des Gallenganges wird zusammen mit der sie umgebenden Schleimhaut aus der Wand des Zwölffingerdarmes herausgeschnitten. Die Papilla wird mit der auf ihr mündenden Gangöffnung, die vom Muskelring des Sphincters umgeben ist, in der Bauchwunde eingeheilt. Die Kontinuität des Darmes wird durch Nähte hergestellt.

Vom Standpunkt der äußeren Sekretion der Verdauungsdrüsen kann uns nur der Galleaustritt in den Zwölffingerdarm interessieren. Daher werden wir unserer weiteren Darstellung die an einem Hunde mit einer Fistel des Ductus choledochus nach *Pawlow* erzielten Daten zugrunde legen. Auf solche Daten gestützt, können wir ein getreues Bild von der Galleausscheidung in den Verdauungskanal geben. Die Frage hinsichtlich der Gallesekretion berühren wir nur beiläufig.

Die Zusammensetzung der Galle.

Die Galle stellt ein Sekret der Leberzellen dar. Außerhalb der Verdauungszeit sammelt sie sich in der Gallenblase an, wo ihr Wasser zum Teil resorbiert wird. Infolgedessen nimmt die Galle eine dunklere Färbung an und der Gehalt an festen Substanzen in ihr erhöht sich. Demnach muß man die „Lebergalle" von der „Blasengalle" unterscheiden. Die Lebergalle ist dünnflüssig, durchsichtig und von orangegelber Farbe; die Blasengalle ist von beinahe schwarzer Farbe, dickflüssig und wenig beweglich. Diese Eigenschaften der Blasengalle sind nicht nur auf die Aufsaugung des Wassers in der Gallenblase, sondern auch auf eine Beimengung des durch die Schleimhaut der Gallenblase und die Drüsen der Gallengänge abgesonderten Schleimes zurückzuführen. Außerdem ist die Blasengalle trüb infolge Beimischung von abgelösten Epithelzellen und Pigmentkalk. Wie wir weiter unten sehen werden, ergießt sich innerhalb der ersten Stunden der Verdauungsperiode in den Zwölffingerdarm eine an festen Substanzen reichere Galle als während der folgenden Stunden. Dieser Umstand muß offenbar damit in Zusammenhang gebracht werden, daß während der ersten Zeit vornehmlich Blasengalle und erst später dann Lebergalle zur Abscheidung gelangt.

Beim Menschen und beim Hunde zeigt die Galle eine ausgesprochen alkalische Reaktion. Ihre Hauptbestandteile sind Gallensäuren und Gallenpigmente. Die letzteren bilden sich aus dem Farbstoff des Blutes.

Zurzeit muß der Galle nicht nur die Bedeutung eines Exkrets, sondern auch eines in der Verdauung eine sehr wichtige Rolle spielenden Sekrets zuerkannt werden.

Die Bedeutung der Galle als Verdauungsagens erhellt aus folgendem: 1. Die Galle erhöht die Wirkung aller drei Fermente des

---

[1]) A. Tschermak, Eine Methode partieller Ableitung der Galle nach außen. Pflügers Archiv 1900, Bd. 82, S. 57.

[2]) J. P. Pawlow, Ergebnisse der Physiologie 1902, 1. Jahrg., 1. Abt., S. 275.

Pankreassaftes — des Eiweiß-, Stärke- und Fettferments. Besonders fördert sie die Wirkung des Fettferments, indem sie seine fettspaltende Energie um ein 15—20 faches steigert (*Brüno*[1])). Ferner ist die Galle befähigt, das unwirksame Steapsin des Pankreassaftes zu aktivieren (*Babkin*[2])). Hat man die Galle zum Sieden gebracht, so übt sie eine nur etwas schwächere Wirkung aus als vorher. Hieraus folgt, daß ihre fördernde Wirkung nicht dem Ferment zuzuschreiben ist. Eingehender war die Frage hinsichtlich der fördernden Wirkung der Galle im Abschnitt über die Pankreasdrüse erörtert worden (s. S. 250). 2. Die Galle besitzt die Fähigkeit, bedeutende Mengen von Fettsäuren in wasserlösliche Form überzuführen und sie auf diese Weise aufzulösen. Die Fettsäuren bilden zusammen mit den Alkalien der Galle Seifen, und diese letzteren erscheinen ihrerseits als Lösungsmittel für die Fettsäuren (Moore and Rockwood[3]), Pflüger[4])). 3. Die Galle beraubt das Pepsin seiner Fähigkeit, Eiweiß zu verdauen und in der an Eiweiß reichen Speisemasse einen das Pepsin zur Abfällung bringenden Niederschlag zu bilden: eine schon lange bekannte (Brücke, Burkart, Schiff, Moleschott, Hammarsten u. a.[5])) und von *Brüno*[6]) von neuem bestätigte Erscheinung. Dank ihrer Alkalität ist die Galle neben den anderen sich in das Lumen des Zwölffingerdarms ergießenden alkalischen Sekreten an der Neutralisation des von Salzsäure des Magensaftes durchtränkten Speisebreis beteiligt. Somit schützt die Galle, indem sie die Wirkung des Pepsins aufhebt, das Trypsin vor Zerstörung durch das Pepsin und trägt, indem sie an der Neutralisation der aus dem Magen in den Zwölffingerdarm übertretenden sauren Speisemassen teilnimmt, dazu bei, daß die Magenverdauung durch die Darmverdauung abgelöst wird. 4. Endlich ist in der Galle selbst ein diastatisches und proteolytisches Ferment vorhanden. Sowohl das eine wie auch das andere entfalten eine sehr schwache Wirkung auf die entsprechenden Substrate. So löst beispielsweise das Eiweißferment nur Fibrin, aber es bleibt ohne jegliche Wirkung auf Eiereiweiß. Beide Fermente wurden in der Galle des Menschen wie auch in der Galle des Hundes gefunden (v. Wittich[7]) fand ein diastatisches Ferment in der menschlichen Galle, Tschermak[8]) ebendaselbst ein proteolytisches Ferment. Ellenberger und Hofmeister[9]) konstatierten die diastatische Wir-

---

[1]) G. G. Brüno, Die Galle als wichtiges Verdauungsagens. Diss. St. Petersburg 1898.

[2]) Babkin, Verhandl. d. Gesellsch. russ. Ärzte zu St. Petersburg 1903, September-Oktober.

[3]) B. Moore and D. P. Rockwood, On the mode of absorption of fats. Journal of Physiology 1897, Bd. XXI, p. 58.

[4]) E. Pflüger, Der gegenwärtige Zustand der Lehre von der Verdauung und Resorption der Fette und eine Verurteilung der hiermit verknüpften physiologischen Vivisektion am Menschen. Pflügers Archiv 1900, Bd. LXXXII, p. 303. — E. Pflüger, Fortgesetzte Untersuchung über die in wasserlöslicher Form sich vollziehende Resorption der Fette. Pflügers Archiv 1902, Bd. LXXXVIII, p. 299.

[5]) Siehe R. Maly, Chemie der Verdauungssäfte und der Verdauung. Hermanns Handbuch der Physiologie 1881, Bd. V, Teil 2, S. 180 ff.

[6]) Brüno, Diss. St. Petersburg 1898, S. 100 ff.

[7]) v. Wittich, Zur Physiologie der menschlichen Galle. Pflügers Archiv 1872, Bd. VI, S. 181.

[8]) A. Tschermak, Notiz über das Verdauungsvermögen der menschlichen Galle. Zentralblatt f. Physiologie 1903, Bd. 16, S. 329.

[9]) Ellenberger und Hofmeister, Arch. f. wissenschaftl. und prakt. Tierk. Bd. XI, S. 381. Zitiert nach B. Moore, Chemistry of the digestive processes. Schäfers Textbook of Physiology 1898, Vol. I, p. 369.

kung der Hundegalle; eingehender untersuchten sie dann *Brüno*[1]) und *Klodnizki*[2]). Das Eiweißferment wurde in der Hundegalle von *Shegalow*[3]) entdeckt). Außerdem wird der Galle die Fähigkeit zugeschrieben, die Darmperistaltik zu erhöhen.

Somit ist die hohe Bedeutung der Galle als Verdauungsagens einwandfrei festgestellt. Wenn sie selbst auch über eine schwache Fermentwirkung verfügt, so ist ihre Bedeutung als Förderer der Pankreasverdauung zweifellos hoch anzuschlagen. Demzufolge muß man sich behufs Aufklärung der Verdauungsprozesse mit den Bedingungen des Galleaustritts in den Zwölffingerdarm näher bekannt machen.

Die Galleausscheidung bei Genuß von Milch, Fleisch und Brot.

Mit der Erforschung des Galleaustritts in den Zwölffingerdarm beschäftigten sich im Laboratorium von *J. P. Pawlow Brüno*[4]) und *Klodnitzki*[5]). Die Arbeit des einen Forschers ergänzt die des anderen. Beiden standen Hunde mit einer permanenten Fistel des Ductus choledochus nach *Pawlow* und einer Magenfistel zur Verfügung. Die Tiere erhielten das eine oder andere Futter zu fressen oder man führte ihnen verschiedene Substanzen durch die Magenfistel in den Magen ein.

Die Tatsache, die den genannten Forschern zuerst entgegentrat, war, daß bei Nichtvorhandensein von Speise im Magen ein Übertritt der Galle in den Verdauungskanal nicht stattfindet. Dieser Satz erfährt bis zu einem gewissen Grade insofern eine Einschränkung, als auch bei leerem Magen eine periodische (jede $1^1/_2$—2—$2^1/_4$ Stunden) Ausscheidung geringer Gallequantitäten vor sich geht. Diese Erscheinung wurde von *Brüno* und *Klodnitzki* wahrgenommen und später von *Boldyreff*[6]) eingehend bearbeitet.

Der Galleaustritt in den Zwölffingerdarm steht im Zusammenhang mit dem Übertritt der Speise in den Magendarmkanal. Der Beginn der Galleabscheidung fällt mit dem Augenblick der Futterverabreichung an das Tier nicht zusammen: es vergeht stets eine bestimmte Latenzperiode, die für jede einzelne Nahrungssorte verschieden ist. Nach *Klodnitzki*[7]) beträgt bei Genuß von Milch die Latenzperiode durchschnittlich 20 Minuten, bei Genuß von Fleisch — 36 Minuten und bei Brot — 47 Minuten. Das Ende der Galleausscheidung fällt bei jeder einzelnen Nahrungssorte mit dem Aufhören der Magenverdauung zusammen: sobald die letzten Portionen des Mageninhaltes in den Darm übertreten, erreicht auch die Galleabscheidung ihr Ende.

Auf jede einzelne Nahrungssorte — Milch, Fleisch, Brot — werden nicht nur bestimmte Quantitäten Galle, sondern auch diese in bestimmter Folgerichtigkeit ausgeschieden. Mit anderen Worten: die Kurve der Galleabscheidung ist für jede einzelne Nahrungsgattung typisch.

---

[1]) Brüno, Diss. St. Petersburg 1898, S. 135.

[2]) Klodnizki, Über den Galleaustritt in den Zwölffingerdarm. Diss. St. Petersburg 1902, S. 52.

[3]) J. P. Shegalow, Die sekretorische Arbeit des Magens bei Unterbindung der Pankreasgänge und über das Eiweißferment der Galle. Diss. St. Petersburg 1900.

[4]) Brüno, Diss. St. Petersburg 1898.

[5]) Klodnizki, Diss. St. Petersburg 1902.

[6]) W. N. Boldyreff, Die periodische Arbeit des Verdauungsapparats bei leerem Magen. Diss. St. Petersburg 1904.

[7]) Klodnizki, Diss. St. Petersburg 1902, S. 71.

Auf Tabelle CXII sind Versuche *Klodnizkis* mit Galleaustritt bei Genuß an Stickstoff äquivalenter Mengen Milch (600 ccm), Fleisch (100 g) und Brot (250 g) dargestellt. Die Ausscheidungsperiode rechnet nicht vom Augenblick der Nahrungsaufnahme, vielmehr vom Moment des Erscheinens des ersten Galletropfens an. (Siehe auch Fig. 27 S. 347.)

Tabelle CXII.

Der Galleaustritt bei Genuß von 600 ccm Milch, 100 g Fleisch und 250 g Brot (nach *Klodnizki*).

Stunde	600 ccm Milch Gallemenge in ccm	100 g Fleisch Gallemenge in ccm	250 g Brot Gallemenge in ccm
I	6,9	16,1	8,3
II	4,9	14,1	7,9
III	14,7	12,2	7,2
IV	11,8	10,1	7,0
V	9,5	6,5	5,9
VI	6,2	1,8	6,6
VII	3,6	0,2	6,1
VIII	1,2	—	4,6
IX	0,7	—	2,1
Insgesamt:	59,5	61,0	55,7
Ausscheidungsdauer:	$6^3/_4$ St.	$5^1/_2$ St.	$8^1/_4$ St.

Bei Genuß von Milch steigt nach der Latenzperiode, die, wie wir bereits wissen, durchschnittlich 20 Minuten beträgt, die Kurve der Galleausscheidung innerhalb der ersten Stunde steil an, um im Laufe der zweiten Stunde bis auf $^2/_3$ ihrer ursprünglichen Höhe abzusinken. Beobachtet man die Galleausscheidung von Viertelstunde zu Viertelstunde, so kann man sehr oft sehen, daß gegen Ende der ersten Stunde oder zu Anfang der zweiten Stunde sogar ein vorübergehender Stillstand der Galleabscheidung eintritt. Dafür erreicht innerhalb der dritten Stunde die Kurve ihren Höhepunkt und sinkt dann allmählich, häufig mit Schwankungen im Verlauf von einigen Stunden auf Null herab. Demnach ist am charakteristischsten für die „Milch"-Kurve das Absinken der Ausscheidung gegen Ende der ersten oder zu Beginn der zweiten Stunde und das Maximum innerhalb der 3. Stunde.

Ein anderes Bild bietet der Verlauf der Galleausscheidung bei Fleischnahrung. Die Latenzdauer ist hier um einiges höher als bei Genuß von Milch. Sie umfaßt 36 Minuten. Sodann geht jedoch die Galleabscheidung sehr energisch vor sich und erreicht ihr Höchstmaß gewöhnlich schon innerhalb der ersten Stunde. Die gesamte innerhalb des Zeitraums von einer Stunde zum Abfluß kommende Gallemenge ist bei Fleischnahrung etwas größer als bei Milch (16,1 ccm gegen 14,7 ccm). Bereits von der zweiten Stunde an beginnt ein anhaltendes und allmähliches Absinken der Galleausscheidung. Folglich ist für die „Fleisch"-Kurve ein jähes Ansteigen im Laufe der ersten Stunde und ein allmähliches Absinken während der übrigen Ausscheidungsperiode typisch.

Die Galleausscheidung bei Genuß von Brot zeigt einen ebenso typischen Verlauf wie bei den beiden anderen Nahrungssorten. Die Latenzperiode ist hier sehr lang; sie beläuft sich im Durchschnitt auf 47 Minuten. Die Kurve der Galleausscheidung charakterisiert sich durch ein nicht beträchtliches Ansteigen während der ersten und bisweilen der zweiten Stunde sowie durch ein darauffolgendes anhaltendes Sichhinziehen innerhalb niedriger und gleichartiger Ziffern.

Somit entspricht jeder einzelnen Nahrungssorte ein charakteristischer Verlauf der Galleausscheidung. Was die Gallemengen anbetrifft, die auf an Stickstoff äquivalente Quantitäten Milch, Fleisch und Brot zum Abfluß gelangen, so sind sie im Durchschnitt fast gleich. Analoge Verhältnisse wurden von *Klodnizki* auch an einem anderen Hunde beobachtet.

	Erster Hund	Zweiter Hund
600 ccm Milch	61,3 ccm	37,5 ccm
100 g Fleisch	61,0 ccm	37,8 ccm
250 g Brot	55,7 ccm	34,9 ccm

Eine etwas geringere Galleausscheidung ruft nur Brot hervor.

Die Schwankungen hinsichtlich der Fermenteigenschaften der Galle — der proteolytischen und diastatischen — sind sowohl bei den verschiedenen Nahrungssorten als auch im Verlaufe ein und derselben Ausscheidungsperiode sehr unbedeutend. Genauere Wechselbeziehungen, zwischen der Art des Erregers und den Fermenteigenschaften der auf diesen zum Abfluß gelangenden Galle festzustellen ist *Klodnizki*[1]) nicht gelungen. Dagegen hat die Untersuchung der festen Substanzen und des spezifischen Gewichts der Galle gezeigt, daß die Galle der ersten Stunden der Verdauungsperiode an festen Substanzen reicher ist und ein höheres spezifisches Gewicht aufweist, als die Galle der nachfolgenden Stunden.

Tabelle CXIII enthält Versuche *Klodnizkis*[2]) mit Genuß von Milch, Fleisch und Brot an zwei Hunden. In der Galle des einen Hundes wurde der Gehalt an festen Substanzen bestimmt, die Galle des anderen (nur auf Fleisch und Brot) wurde auf sein spezifisches Gewicht hin untersucht.

Tabelle CXIII.

Der Gehalt an festen Substanzen und das spezifische Gewicht der auf Fütterung mit Milch, Fleisch und Brot beim Hunde zum Abfluß kommenden Galle (nach *Klodnizki*).

Stunde	Zweiter Hund						Erster Hund			
	600 ccm Milch		100 g Fleisch		250 g Brot		100 g Fleisch		250 g Brot	
	Gallemenge	Prozent an festen Substanzen	Gallemenge in ccm	Prozent an festen Substanzen	Gallemenge in ccm	Prozent an festen Substanzen	Gallemenge in ccm	Spezifisches Gewicht	Gallemenge in ccm	Spezifisches Gewicht
I	9,3	0,1349	7,3	0,1464	3,3	0,1384	17,2	1,026	7,8	1,027
II	2,5	0,0732	8,0	0,1411	4,0	0,0828	12,5	1,020	9,2	1,019
III	8,8	0,0789	4,4	0,0816	2,9	—	11,9	1,018	7,6	1,019
IV	5,0	0,0713	5,2	0,0803	3,1	0,1040	11,4	1,017	3,6	1,019
V	6,6	0,0596	1,7	—	2,7	0,1092	9,4	1,014	6,9	1,019
VI	6,4	0,0688	3,6	0,0902	4,1	0,1269	3,3	—	5,7	1,021
VII	5,4	0,0707	1,5	—	3,4	0,1306	—	—	5,6	1,021
VIII	6,6	0,0761	—	—	2,4	—	—	—	7,0	1,020
IX	5,2	0,0722	—	—	1,2	—	—	—	3,1	—
Insgesamt und durchschnittlich	55,8	0,0784	31,7	0,1079	27,1	0,1156	65,7	1,019	56,5	1,020

Der feste Rückstand der Galle während der gesamten Ausscheidungsperiode ist bei Brot und Fleisch höher als bei Milch. Während der ersten Stunde

---

[1]) Klodnizki, Diss. St. Petersburg 1902, S. 51 ff.
[2]) Klodnizki, Diss. St. Petersburg 1902, S. 46 ff.

kommt offensichtlich die in der Gallenblase angesammelte Galle zum Abfluß; im weiteren Verlauf wird sie dann durch die von der Leber frisch erzeugte Galle verdünnt oder von ihr ganz ersetzt. Dies ergibt sich besonders deutlich aus dem Versuch mit Genuß von Milch (2. Hund) ,wo die Galleabscheidung besonders ergiebig war. Die erste Stunde nähert sich, was die Höhe der festen Rückstandes anbetrifft (0,1349%) der ersten Stunde bei Fütterung mit Fleisch und Brot. Dafür geht in den nachfolgenden Stunden eine auffallende Abnahme des Gehaltes an festen Substanzen vor sich. Wir begegnen hier solchen Größen (z. B. 0,0596%), die wir bei den Versuchen mit Genuß von Fleisch und Brot nicht finden. Bei den Versuchen mit Brot beginnt von der fünften bis sechsten Stunde an der feste Rückstand zuzunehmen.

Die Erreger der Galleausscheidung.

Ebenso wie für die anderen Verdauungsdrüsen sind auch für die Leber diejenigen elementaren Erreger gefunden worden, die den Austritt ihres Sekretes in den Zwölffingerdarm hervorrufen.

Diese Erreger erwiesen sich als nicht zahlreich; es sind dies die Produkte der Eiweißverdauung und die Fette sowie vielleicht auch die Extraktivstoffe des Fleisches. Weder der Speiseaufnahmeakt, noch Wasser, noch Lösungen von Salzsäure (0,25—0,5%) und von Soda (0,5%), noch Stärke (2,5 proz. und 5 proz. Stärkekleister) regen den Galleaustritt an.

I. Die Produkte der Eiweißverdauung. Eiweiß an und für sich stellt keinen Erreger des Galleübertritts in den Darmkanal dar. Gießt man einem Hunde in den Magen bei alkalischer Reaktion seiner Wände rohes Hühnereiweiß, so kann, wie dies *Brüno* und *Klodnizki* sahen, das Eiweiß den Magen verlassen, ohne die Ausscheidung auch nur eines einzigen Tropfens Galle hervorzurufen. In den Fällen jedoch, wo es gelingt, die Verdauung von rohem Eiereiweiß im Magen mit Hilfe des Magensaftes hervorzurufen (vorherige Anregung der Pepsindrüsentätigkeit durch Liebigs Fleischextrakt oder durch Reizung des Tieres mittels des Anblicks und Geruchs von Fleisch), regt das Eiweiß die Galleausscheidung an. In gleichem Sinne sprechen auch die Versuche mit Genuß von hartgekochtem Eiereiweiß: in diesem Falle tritt stets eine Galleabscheidung ein. Da weder die Salzsäure des Magensafts, noch das Eiweiß selbst, wie wir soeben gesehen haben, einen derartigen Einfluß ausüben, so muß der galletreibende Effekt in solchem Falle zweifellos gleichfalls auf die Wirkung der aus dem Eiweiß zur Bildung gelangenden Verdauungsprodukte zurückgeführt werden. Dieser Satz fand auch durch direkte Versuche seine Bestätigung.

Die Einführung von Lösungen Pepton Chapoteaut oder Pepton des St. Petersburger hygienischen Laboratoriums (10 g auf 150 ccm Wasser) in den Magen, regte gewöhnlich den Galleaustritt an. Ebensolche Wirkung übten auch die Produkte der Verdauung von Fibrin und Eiereiweiß im Thermostat durch den Magensaft aus.

In vereinzelten, sehr wenig zahlreichen Fällen regten sowohl Peptonlösungen als auch die Produkte der Eiweißverdauung eine sehr schwache oder selbst gar keine Galleausscheidung an. *Klodnizki*[1] erklärt solche Fälle dadurch, daß infolge der Bewegungen des Magens und der ihm zunächst liegenden Teile des Dünndarms die Flüssigkeit rasch in entferntere Teile des Darmes befördert wurde und nicht Zeit fand, einen ausreichenden Reiz auf die Duodenalschleimhaut hervorzubringen. In der Tat vermochte man bei all den Versuchen, wo die Galleausscheidung eine

---

[1] Klodnizki, Diss. St. Petersburg 1902, S. 63.

schwache war, einen raschen Austritt des Mageninhalts innerhalb eines Zeitraums von 1—1¹/₂ Stunden wahrzunehmen.

Pflanzliches Eiweiß (Aleuronat) und die Produkte seiner Umwandlung stehen offenbar in gleicher Beziehung zur Galleausscheidung wie das Eiweiß tierischer Herkunft. Setzt man beispielsweise zu Stärke, dessen Genuß eine Galleabscheidung nicht zur Folge hat, Fleischpulver oder Aleuronat hinzu, so nimmt in beiden Fällen die Stärke galletreibende Eigenschaften an. Folglich ist die Galleausscheidung bei Genuß von Brot offensichtlich auf die Wirkung der Spaltungsprodukte des pflanzlichen Eiweißes zurückzuführen.

Der entsprechende galletreibende Effekt der verschiedenen Substanzen wird weiter unten auf Tabelle CXIV angeführt.

II. Die Fette. In den Fetten sehen wir die energischsten Erreger des Galleaustrittes. Ihre Wirkung überragt bedeutend die Wirkung der anderen Erreger der Galleausscheidung. Über eine besonders starke galletreibende Wirkung verfügt das Hühnereigelb.

Tabelle CXIV gibt einige typische Versuche *Klodnizkis* wieder, die den galletreibenden Effekt verschiedenartiger Substanzen charakterisieren. Für die Versuche mit Genuß von Sahne und Eigelb sind die mittleren Zahlen genommen.

Tabelle CXIV.

Die Galleausscheidung beim Hunde bei Genuß und Einführung verschiedener Substanzen in den Magen. (Nach *Klodnizki*).

Reizungsart	Gallemenge in ccm	Latente Periode	Ausscheidungsdauer
In den Magen 200 ccm einer 5 proz. Lösung Pepton des St. Petersburger hygienischen Laboratoriums eingegossen	2,5	19′	1¹/₄ St.
In den Magen 150 ccm einer 10 proz. Lösung Pepton Chapoteaut eingegossen	4,7	1 St.	2¹/₂ St.
In den Magen 800 ccm Magensaft eingegossen, der im Thermostat 10 Stunden 200 g Fibrin verdaute	6,2	1 St. 17′	1¹/₄ St.
In den Magen 160 ccm der Produkte der Eiereiweißverdauung eingegossen (200 ccm Magensaft verdaute 14 Stunden lang im Thermostat 100 g Eiweiß)	4,8	56′	1 St.
In den Magen 50 ccm Olivenöl eingegossen . . .	49,2	40′	8 St.
Genuß von 50 g Sahnenbutter	31,4	1 St. 23′	6 St.
Genuß von 300 ccm Sahne[1])	70,0	14′	7¹/₂ St.
Genuß von 50 g Eigelb[1])	83,9	25′	7¹/₄ St.

Ob neutrales Fett selbst den Galleaustritt anregt oder die Produkte seiner Spaltung und Umwandlung — ist nicht bekannt. In Anbetracht dessen, daß Fett eine vielstündige Galleausscheidung hervorruft, kann man annehmen, daß als Erreger der Galleabscheidung nicht nur neutrales Fett anzusehen ist, sondern auch die sich aus ihm im Zwölffingerdarm bildenden Produkte.

III. Die Extraktivstoffe des Fleisches. Die Frage über die galletreibende Wirkung der Extraktivstoffe des Fleisches kann nicht als endgültig

---

[1]) Mittlere Zahlen.

abgeschlossen angesehen werden. Während nach der Ansicht von *Brüno*[1]) Liebigs Extrakt (7,5—10%) den Galleaustritt in den Zwölffingerdarm anregt — wenn auch schwächer als alle übrigen Erreger — stellt *Klodnizki*[2]) auf Grund seiner Versuche dessen galletreibende Bedeutung in Abrede.

Die Synthese der Galleausscheidungskurve.

Mit Hilfe der oben angeführten analytischen Daten und Kenntnisse hinsichtlich des Übertritts des Mageninhalts in den Darm können wir den Versuch machen, den Verlauf der Galleausscheidung bei Genuß der hautpsächlichsten Nahrungsmittel: Fleisch, Milch und Brot aufzuklären.

Wie bekannt (S. 294), beginnt die vom Tiere verzehrte Milch sehr rasch in unveränderter Form in den Zwölffingerdarm überzutreten. Dieser Übertritt hört ziemlich bald auf. Sobald die Milch im Magen gerinnt, setzt der Übertritt des Molke in das Duodenum ein, was etwa $1\frac{1}{2}$ Stunden anhält. Endlich beginnen in den Darm allmählich die Produkte der Milch Eiweißverdauung und deren Fett mit großen Mengen Magensaftes überzutreten.

Auf der Kurve der Galleausscheidung bei Genuß von Milch werden alle diese Erscheinungen durch entsprechendes Ansteigen und Absinken kenntlich gemacht. Die Anfangsperiode der Galleabscheidung auf Milch kann durch den Übertritt der unveränderten, Fett enthaltenden Milch in den Zwölffingerdarm erklärt werden. Das Fett erscheint denn auch als Erreger des Galleaustritts. Daher steigt die Kurve der Galleabscheidung bei Genuß von Milch gleich zu Anfang an. Weiter fällt sie dann im Verlauf der zweiten Stunde ab. Dieses Absinken der Kurve fällt gerade mit der Periode des Molkeübertritts aus dem Magen in den Zwölffingerdarm zusammen. Das am Fett arme, eine irgendwie bedeutende Menge von Produkten der Eiweißverdauung nicht enthaltende Molke regt den galleabscheidenden Apparat nur sehr schwach an. Sobald jedoch der Übertritt der Verdauungsprodukte von Casein und Fett in den Zwölffingerdarm und eine unzweifelhafte Bildung von Produkten der Spaltung und Umwandlung des letzteren (Fettsäuren und Seifen) beginnt, erfährt die Galleausscheidung eine auffallende Steigerung. An der Kurve zeigt sich dies uns als steiles Ansteigen innerhalb der dritten und vierten Stunde der Ausscheidungsperiode. Im weiteren Verlauf verlangsamt sich der Galleaustritt allmählich und kommt schließlich ganz zum Stillstand. Das Ende der Galleausscheidung fällt mit dem Übertritt der letzten Portionen des Mageninhalts in den Darm zusammen.

Die Kurve der Galleausscheidung auf Fleisch erreicht ihren Höhepunkt in der ersten oder zweiten Stunde, hält sich während der dritten und selbst vierten Stunde innerhalb ziemlich hoher Ziffern und sinkt dann ab, sich allmählich der Abszisse nähernd.

Der Galleaustritt bei Fleischnahrung verspätet sich im Durchschnitt um 36 Minuten gegenüber dem Speiseaufnahmeakt; hat er jedoch einmal begonnen, so erreicht er rasch seine höchste Anspannung.

Da weder die Säure des Magensaftes noch die nativen Eiweißkörper als Erreger der Galleabscheidung anzusehen sind, so muß der geschilderte Verlauf der Kurve durch den reichlichen Übertritt von Verdauungsprodukten des Fleischeiweißes aus dem Magen in den Zwölffingerdarm bereits während der ersten Stunden der Verdauung erklärt werden. Entsprechend dem weniger reichlichen Übertritt der Speisemassen in den Darm im Laufe der folgenden Stunden nimmt

---

[1]) Brüno, Diss. St. Petersburg 1898.

[2]) Klodnizki, Diss. St. Petersburg 1902, S. 60.

die Energie der Galleausscheidung ab, um nach völliger Entleerung des Magens auf Null herabzusinken.

Wenn sich die Extraktivstoffe des Fleisches als Erreger des Galleaustritts erwiesen, so müßte man offenbar auch ihnen einen Teil des Effekts zuschreiben.

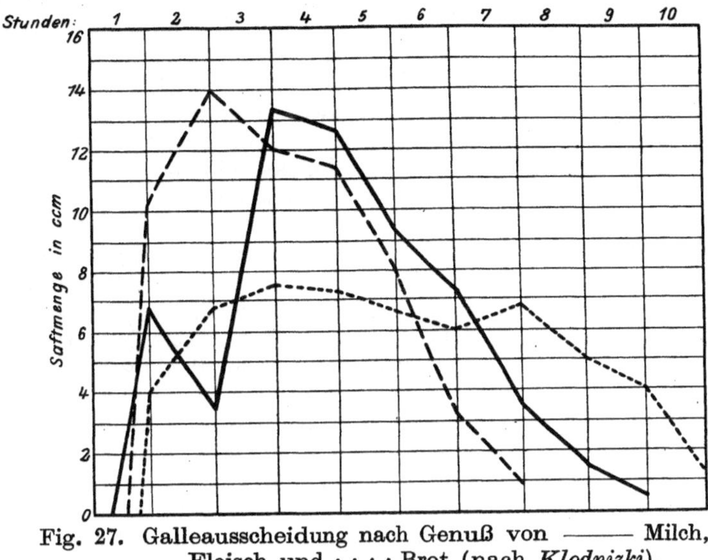

Fig. 27. Galleausscheidung nach Genuß von ——— Milch, ————— Fleisch und · · · · Brot (nach *Klodnizki*).

Die Kurve der Galleausscheidung auf Brot charakterisiert sich durch ein mattes anhaltendes Sichhinziehen innerhalb niedriger Ziffern. Hier ist ebenso wie bei Fleisch der Galleaustritt auf die Produkte der Spaltung des Eiweißes, doch nur der vegetabilischen Eiweißkörper des Brotes zurückzuführen. Die Bildung dieser Produkte geht langsam vor sich, und deshalb zeigt die Kurve der Galleabscheidung hier auch keinen so scharf hervortretenden Anstieg wie bei Genuß von Fleisch. Außerdem weist auch der Beginn der Galleausscheidung eine Verspätung von durchschnittlich 47 Minuten im Vergleich zum Beginn der Nahrungsaufnahme auf.

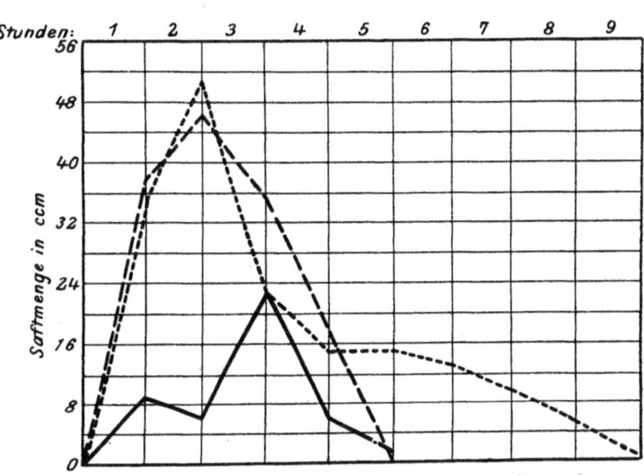

Fig. 28. Pankreassaftabsonderung nach Genuß von ——— Milch, ————— Fleisch und · · · · Brot (nach *Walther*).

Außerordentlich lehrreich ist die Vergleichung der Kurven der Pankreassaftabsonderung bei Genuß von Milch, Fleisch und Brot mit den Kurven der Galleabscheidung bei eben jenen Substanzen. Auf den beigefügten Zeichnungen

(Fig. 27 und Fig. 28), die *Klodnizki*[1]) und *Walther*[2]) entlehnt sind, ist ersichtlich, daß die „Milch-" und „Fleisch"-Kurve der Galleausscheidung in allgemeinen Zügen die entsprechenden Kurven der Pankreassaftsekretion wiederholen. Die „Brot"-Kurve der Galleausscheidung zeigt eine wesentliche Verschiedenheit von der gleichen Kurve der Pankreassekretion: auf der ersteren fehlt der rapide Anstieg innerhalb der zweiten Stunde, wie er für die letztere typisch ist. Dies erklärt sich einfach dadurch, daß die energische Erhöhung der Pankreassekretion während der zweiten Stunde hauptsächlich auf die Säure des Magensaftes, der zusammen mit dem Brotbrei in den Zwölffingerdarm übertritt, zurückzuführen ist (s. oben S. 293). Auf die Galleabscheidung jedoch übt die Salzsäure keinerlei Einfluß aus. Die Kurve der Galleausscheidung bei Genuß von Brot stellt gleichsam die Kurve der Pankreassaftabsonderung ohne den auffallend starken Anstieg innerhalb ihres Anfangsteiles dar.

Diese Ähnlichkeit und Verschiedenheit der Kurven der Galleausscheidung und Pankreassaftabsonderung ist offenbar keine zufällige. Die Menge der sich in den Zwölffingerdarm ergießenden Galle steht im Einklang mit den Aufgaben der Duodenalverdauung. Die Galle kommt in reichlichster Quantität dann zum Abfluß, wenn ihre Beihilfe zwecks Beförderung der Pankreasverdauung erforderlich ist. So verhält es sich auch in der Tat. Bei Genuß von Fleisch und besonders dem an fettreicher Milch fällt mit der Höchstleistung der Arbeit der Bauchspeicheldrüse auch die energischste Galleabscheidung zusammen. Bei Verarbeitung der Brotmassen durch den Pankreasaft lassen sich solche auffallenden Schwankungen im Galleaustritt nicht beobachten, was aller Wahrscheinlichkeit nach auf die Armut des Brotes an Erregern der Galleausscheidung und die mehr oder weniger gleichartige Zusammensetzung des aus dem Magen in den Zwölffingerdarm übertretenden fettlosen Brotbreis zurückzuführen ist.

Die Oberfläche des Verdauungskanals, von der aus die verschiedenartigen Erreger ihre galletreibende Wirkung entfalten, ist die Schleimhaut des Zwölffingerdarms und vielleicht des Anfangsteiles des Dünndarms. *Klodnitzki*[3]) vermochte dies an der Hand direkter Versuche festzustellen, indem er die Nahrungssubstanzen durch die Fistel direkt in den Zwölffingerdarm einführte und einen Galleaustritt aus der chronischen Fistel des Ductus choledochus beobachtete.

Der Mechanismus der Galleausscheidung.

Zurzeit spricht alles dafür, daß der Galleaustritt in den Zwölffingerdarm ein durch das Nervensystem ins Leben gerufener reflektorischer Akt ist. Sowohl in den Wänden der Gallenblase als auch in den Wänden der Gänge sind Muskelelemente gelegen; der Gesamtgallengang ist an der Stelle seiner Einmündung in den Zwölffingerdarm mit einem Schließmuskel versehen; die Tätigkeit aller dieser Muskelgebilde wird durch das Nervensystem reguliert. Der Mechanismus der Galleausscheidung fand hauptsächlich dank den Arbeiten von Oddi[4]) und Doyon[5]) seine Aufklärung. Eine Kontraktion sämtlicher Galle-

---

[1]) Klodnizki, Diss. St. Petersburg 1902.

[2]) Walther, Diss. St. Petersburg 1897.

[3]) Klodnizki, Diss. St. Petersburg 1902.

[4]) R. Oddi, Sul centro spinale dello sfintera del coledoco. Le Sperimentale 1894.

[5]) M. Doyon, Contribution à l'étude de la contractilité des voies, biliaires: application de la méthode graphique à cette étude. Arch. de physiol. normale et pathologique 1893, Vol. V, p. 678. — Mouvements spontanés de voies biliaires. Caractères de la contraction de la vésicule et du canal cholédoque. Ibidem p. 710.

bahnen findet bei Reizung der Nn. splanchnici statt, die auf diese Weise als motorische Nerven für die Muskulatur des Ausscheidungsapparats erscheinen. Bei Reizung der zentralen Endigungen der Nn. splanchnici und Nn. vagi erhält man komplizierte Verhältnisse, die bis zu einem gewissen Grade auf den normalen Verlauf der Erscheinungen bei reflektorischer Reizung der zentralen Innervationsherde der Galleausscheidung hinweisen. Die Reizung des zentralen Endes des N. splanchnicus ruft einer Erschlaffung der Muskulatur der Gallebahnen hervor; die Reizung des zentralen Abschnitts des N. vagus bedingt eine Kontraktion der Gallenblase und eine gleichzeitige Erschlaffung des Sphincters des Gesamtgallenganges. Das Zentrum dieses Sphincters liegt im Lumbalteil des Rückenmarks.

Somit rufen die Erreger der Galleausscheidung offensichtlich auf reflektorischem Wege vom Zwölffingerdarm aus die Tätigkeit der Gallebahnenmuskulatur hervor; es findet demzufolge ein Galleaustritt in das Duodenum statt. Und in der Tat sind die ersten Portionen der zum Abfluß kommenden Galle reicher an festen Substanzen als die übrigen. Mit anderen Worten: es kommt zunächst die Blasengalle zur Ausscheidung. Im weiteren Verlaufe fährt aller Wahrscheinlichkeit nach eben jener reflektorische Auscheidungsmechanismus fort, wirksam zu sein, doch es wird von ihm in den Darm offenbar die frisch erzeugte, an festen Substanzen weniger reiche Lebergalle hinausgelassen. Dies steht vollauf im Einklang damit, daß alle jene Substanzen, die den Galleaustrittt in den Darm anregen, d. h. die Produkte der Eiweißverdauung Fett-, resp. Seifen und außerdem die Galle selbst sowie die Salzsäure, die sekretorische Arbeit der Leberzellen erhöht (vgl. *Weinberg*[1])). Eben diese Galle, die in reichlicher Menge und unter gewissem Druck in die Gallebahnen übertritt, ist es denn auch, die infolge Kontraktion ihrer Wände und Erschlaffung des Sphincters des Ductus choledochus in den Zwölffingerdarm abgeleitet wird.

Was den Mechanismus der Erregung der sekretorischen Tätigkeit der Leberzellen anbetrifft, so ist er offenbar hauptsächlich ein humoraler. So beobachtete Wertheimer[2]) eine Gallesekretion bei Einführung einer Salzsäurelösung in den Zwölffingerdarm und den oberen Teil des Jejunums auch nach Durchschneidung der Nn. sympathici und vagi. Bayliß und Starling[3]) sahen eine Gallesekretion bei Einführung eines mittelst einer Salzsäurelösung (gallesaure Salze waren im Wege einer besonderen Behandlung entfernt worden) hergestellten Schleimhautextrakts in das Blut. Sie nehmen an, daß die Salzsäure die Gallesekretion humoral anrege. Nach Fleig[4]) ist der Mechanismus der Gallesekretion ein doppelter: ein humoraler und ein nervöser. Im ersteren Falle wirkt die Säure im Wege einer Secretinbildung; im zweiten Falle wird der durch Einführung einer Salzsäurelösung in den Darm hervorgerufene reflektorische Reiz an die sezernierenden Elemente unter Vermittlung der mesenterialen Nerven durch die Zentren des oberen Mesenterialplexus, Plexus coeliacus und hepaticus oder unmittelbar durch die intrahepatischen Ganglien weitergegeben. Das Vorhandensein einer reflektorischen Weitergabe des Reizes gründet Fleig auf Versuche mit Einführung einer Salzsäurelösung in die isolierte Jejunalschlinge; das Blut und die Lymphe, die von ihr abflossen, wurden nicht

---

[1]) W. W. Weinberg, Die normalen Erreger der Gallesekretion. Verhandl. der Gesellsch. russ. Ärzte zu St. Petersburg 1909—1910, Mai.

[2]) E. Wertheimer, De l'action des acides et du chloral sur la sécrétion biliaire. Soc. Biol. 1903, Vol. LV, p. 286.

[3]) W. Bayliß and E. Starling, The mecanism of pancreatique secretion. Journ. of Physiol. 1902, Vol. XXVIII, p. 325.

[4]) C. Fleig, Réflex de l'acide sur la sécrétion biliaire. Soc. Biol. 1903, Vol. LV, p. 353.

in den Gesamtblutkreislauf gelassen; gleichwohl geht die Galleabsonderung sehr energisch vor sich.

Der Galleaustritt in den Zwölffingerdarm ist jedoch offenbar kein einfacher reflektorischer Akt, der durch Berührung der Erreger mit der Schleimhaut hervorgerufen wird, wie dies beispielsweise bei der Speichelabsonderung der Fall ist. *Klodnizki*[1]) ist der Meinung, daß die Anwesenheit der Speisemassen im Zwölffingerdarm an und für sich noch nicht ausreiche, um eine Galleausscheidung hervorzurufen. Unbedingt erforderlich seien gleichzeitig vor sich gehende Bewegungen des Magens und des Darms. Allein die Frage ist eben erst berührt und bedarf weiterer Bearbeitung.

---

[1]) Klodnizki, Diss. St. Petersburg 1902, S. 71 ff.

VI. Die Drüsen des Dünn- und Dickdarms.

Die Drüsen des Dünndarms. — Methodik. — Die Zusammensetzung des Darmsaftes. — Die Menge des Darmsaftes unter verschiedenen Bedingungen. — Die
Schwankungen in der Fermentzusammensetzung des Darmsaftes und die Bedingungen
der Fermentproduzierung. — Die Bedeutung der festeren Bestandteile des Darmsaftes. — Der Mechanismus der Darmsaftsekretion. — Die Drüsen des Dickdarms.
— Methodik. — Die Zusammensetzung des Saftes. — Der Verlauf der Saftabsonderung unter verschiedenen Bedingungen. — Empfindlichkeit der Dünn- und
Dickdarmschleimhaut.

Die Drüsen des Dünndarms.

Schon verhältnismäßig lange, nämlich seit dem Jahre 1864, wo Thiry[1])
seine Methode zur Isolierung eines Teiles des Dünndarms in Vorschlag brachte,
besitzen die Forscher die Möglichkeit, völlig reinen Darmsaft zu erhalten. Bis
in die jüngste Zeit waren jedoch die Kenntnisse hinsichtlich der Zusammensetzung und der Absonderungsbedingungen dieses Sekrets sowohl lückenhaft
als auch außerordentlich widersprechend. In der den Darmsaft betreffenden
Literatur lassen sich alle möglichen, mehr oder weniger voneinander abweichen-
den Ansichten finden: von einer völligen Verneinung seiner Verdauungsfähig-
keit bis zu seiner Anerkennung als energisches Verdauungsagens, das auf alle
Nahrungssubstanzen einwirkt.

Wie auch in vielen anderen Fragen der äußeren Sekretion der Verdauungsdrüsen gaben der Weiterentwicklung unserer Kenntnisse hinsichtlich der Tätigkeit des Drüsenapparats des Dünndarms einen besonders starken Anstoß die
im Laboratorium von *J. P. Pawlow* ausgeführten Untersuchungen. Hier wurden nicht nur neue, im höchsten Grade wichtige Fermenteigenschaften des
Darmsaftes entdeckt, sondern auch die Bedingungen näher bestimmt, unter
denen er zur Absonderung gelangt. Spätere Forscher ergänzten und erweiterten
diese Kenntnisse. Zurzeit sind wir imstande, ein ziemlich erschöpfendes Bild
von der sekretorischen Tätigkeit der Drüsen des Dünndarms zu geben.

Die innere Oberfläche des Dünndarms ist mit Zotten bedeckt. In den oberen
Teilen des Darms ist ihre auf eine bestimmte Schleimhautoberfläche entfallende
Anzahl größer, als in den unteren Teilen desselben. Zwischen den Zotten münden
die Lieberkühnschen Drüsen oder die Krypten. Diese tubulösen Drüsen sind
mit schmalen zylinderförmigen Zellen bedeckt, unter denen in nicht großer Anzahl
schleimige Becherzellen vorkommen. Am Boden der Dünndarmkrypten wurden
von Paneth[2]) besondere sezernierende Zellen entdeckt, die sehr große Granula

---

[1]) L. Thiry, Über eine neue Methode, den Dünndarm zu isolieren. Sitzungsberichte der Wiener Akad. d. Wissenschaften 1864, Bd. L, Abt. 1, S. 77.

[2]) Paneth, Über die sezernierenden Zellen des Dünndarms. Centralblatt f.
Physiol. 1887, Bd. I, S. 255. Zitiert nach Metzner, Nagels Handbuch der
Physiologie 1907, Bd. II, S. 1021.

enthalten. Ob in den Dünndarmkrypten nur die Absonderung eines spezifischen Sekrets vor sich geht oder ob sie, indem sie ähnlich den Zotten die Schleimhautoberfläche des Dünndarms vergrößern, gleichfalls auch einen Ort darstellen, wo eine Resorption stattfindet, läßt sich zurzeit nicht sagen.

Abgesehen von den Lieberkühnschen Drüsen befinden sich im Dünndarm, und zwar in seinem oberen Teil, noch die bereits oben (s. Abschnitt III) beschriebenen Brunnerschen Drüsen. Außerdem liegen längst des Darms Anhäufungen von Lymphoidgewebe verstreut, die die Solitärfollikeln und Peyerschen Plaques bilden. Darmepithel, das die ganze Darmoberfläche bedeckt, ist auf diesem Gebilde nicht vorhanden. Die diesen Lymphoidgebilden in den Prozessen der äußeren Sekretion zukommende Rolle ist noch nicht aufgeklärt.

Methodik.

Behufs Erzielung eines reinen Darmsaftes vom Tiere kann man sich einer der folgenden Methoden zur Anlegung einer permanenten Darmfistel bedienen:

1. Die Thirysche Methode[1]) besteht darin, daß man aus dem Dünndarm, ohne das Mesenterium zu beschädigen, ein Stück von gewünschter Größe herausschneidet. Das Magen- und Analende des Darms vernäht man miteinander, um die Kontinuität des Verdauungstrakts wiederherzustellen, und das frei auf dem Mesenterium hängende Stück des Darms wird an dem einen Ende fest vernäht, während das andere offene Ende desselben in der Hautwunde befestigt wird. Somit erhält man aus dem isolierten Darmstück einen Blindsack, der seinen Inhalt nach außen zum Abfluß bringen kann.

2. Die Thiry - Vellasche Methode. Vella[2]) änderte die von Thiry vorgenommene Operation insofern ab, als er den Dünndarm auf einer größeren Ausdehnung (30—40 cm) isolierte und beide Enden desselben nach außen brachte. Bei diesem Verfahren kann man bequem verschiedenartige Substanzen durch den gesamten isolierten Darmteil hindurchleiten.

3. Die Hermann - Pawlowsche Methode. Zwecks Erforschung der Darmsekretion vernähte Hermann[3]) die Enden des isolierten Darmteiles und erhielt einen geschlossenen Ring. Nach Ablauf einiger Zeit (bis 26 Tage) wurde der Hund getötet. (Eingehender werden wir auf diese Versuche weiter unten zurückkommen.) *Pawlow*[4]) gab dem Inhalt eines solchen geschlossenen Ringes die Möglichkeit, durch eine Metallfistel, die durch die Bauchwand hindurchgeführt wurde, abzufließen.

4. Die Thiry - Pawlowsche Methode. Da bei der Operation nach Thiry der ganze Darm durchschnitten wird, so änderte *Pawlow*[5]), um die seröse Muskelschicht des Darmes, in der vielleicht die Nervenfasern verlaufen, intakt zu erhalten, die Thirysche Operation ab. Ähnlich dem isolierten kleinen Magen wurde der isolierte Darmteil von seinen höher gelegenen Teilen nur durch die Schleimhaut abgetrennt. Die seröse Muskelschicht blieb unversehrt.

5. Die Pawlow - Glinskische Methode. Zur Erzielung reinen Darmsaftes aus den verschiedenen Teilen des Darms dient auch noch folgendes Verfahren, das im Laboratorium von *J. P. Pawlow* durch *Glinski*[6]) zur Anwendung gelangte.

---

[1]) Thiry, Sitzungsbericht der Wiener Akademie 1864, Bd. L, Abt. 1, S. 77.

[2]) L. Vella, Neues Verfahren zur Gewinnung reinen Darmsaftes und Feststellung seiner physiologischen Eigenschaften. Moleschotts Untersuchungen zur Naturlehre 1882, Bd. XIII, S. 40.

[3]) L. Hermann, Ein Versuch zur Physiologie des Darmkanals. Pflügers Archiv 1890, Bd. XLVI, S. 91.

[4]) N. P. Schepowalnikow, Die Physiologie des Darmsaftes. Diss. St. Petersburg 1899, S. 34.

[5]) Schepowalnikow, Diss. St. Petersburg 1899, S. 36.

[6]) D. L. Glinski, Zur Physiologie des Darmes. Diss. St. Petersburg 1891.

Längs des Darmes werden einige Metallfisteln angebracht. Öffnet man die obere, dem Magen am nächsten liegende Fistel, so werden aus ihr Magen- und Pankreassaft, Galle- und Speisemassen — falls das Tier kurz zuvor gefressen hat — ausgeschieden. Aus den unteren Fisteln (*Glinski* standen Hunde mit zwei und drei Fisteln zur Verfügung) gelangt reiner Darmsaft zur Ausscheidung. Bedeutend später hat dann London[1]) die Pawlow - Glinskische Methode etwas abgeändert und sie „Polyfistelmethode" genannt.

Die Zusammensetzung des Darmsaftes.

Im Darmsaft lassen sich zwei Teile unterscheiden: ein festerer, der aus Schleimklümpchen besteht, und ein dünnflüssiger. Die Klümpchen haben einen eigenartigen aromatischen Geruch. Bei mikroskopischer Untersuchung findet man in ihnen abgelöste Epithelialzellen, die in der Mehrzahl der Fälle einer Fettnarkose ausgesetzt sind, Schleim, Cholesterinkrystalle und Mikroorganismen. Diese Schleimklümpchen enthalten Fermente, die ihnen offenbar mit den Saftteilchen zusammen anhaften. Den Darmsaft von den Klümpchen mit Wasser abzuwaschen gelingt nicht (*Schepowalnikow*[2])).

Der festere Teil des Saftes spielt, wie wir weiter unten sehen werden, eine wichtige Rolle bei Bildung der Kotmassen.

Der dünnflüssige Teil des Saftes, der gleichfalls einen eigenartigen Geruch ausströmt, stellt eine hellgelbe, nicht selten opalescierende Flüssigkeit von deutlich alkalischer Reaktion dar. Die Alkalität des Saftes beim Menschen beträgt nach Hamburger und Hekma[3]) sowie Nagano[4]) 0,21—0,22% Na_2CO_3, der Gehalt an NaCl schwankt zwischen 0,58—0,67%, und die Gefrierpunktserniedrigung entspricht —0,62° C. Nach früheren Autoren (Gumilewsky[5]), Rhömann[6])) bestimmte sich die Alkalität des Hundedarmsaftes auf 0,4—0,5% Na_2CO_3; nach *Schepowalnikow*[7]) ist sie niedriger als 0,022—0,110% Na_2CO_3. Hierbei lenkt *Schepowalnikow* die Aufmerksamkeit darauf, daß die Alkalität des Darmsaftes in dem Maße absinkt, wie man sich vom Zeitpunkt der Operation entfernt. Das spezifische Gewicht des Darmsaftes schwankt bei jedem einzelnen Hunde zu verschiedener Zeit ziemlich beträchtlich (beispielsweise von 1,0107 bis 1,0062). Hierdurch erklären sich die nicht völlig übereinstimmenden Daten der früheren Forscher. Im Durchschnitt ergaben sich bei *Schepowalnikow*[8]) für jeden einzelnen der drei Hunde folgende Ziffern: 1,0081—1,0099—1,0090. Irgendwelche Schwankungen in der Alkalität und im spezifischen Gewicht des

---

[1]) E. S. London, Zum Verdauungsmechanismus im tierischen Organismus unter physiologischen und pathologischen Verhältnissen. Mitteil. I. Zeitschr. f. physiol. Chemie 1905, Bd. XLV, S. 381. — S. auch E. S. London, Technik zum Studium der Verdauung und der Resorption. Abderhaldens Handbuch der biochemischen Arbeitsmethoden 1909, Bd. III, S. 75.

[2]) Schepowalnikow, Diss. St. Petersburg 1899, S. 137.

[3]) H. J. Hamburger und E. Hekma, Sur le suc intestinal de l'homme. Journ. de Physiol. et de Pathol. génér. 1902, T. IV, p. 805.

[4]) J. Nagano, Zur Kenntnis der Resorption einfacher, im besonderen stereoisomerer Zucker im Dünndarm. Pflügers Archiv 1902, Bd. XC, S. 389.

[5]) Gumilewsky, Über Resorption im Dünndarm. Pflügers Archiv 1886, Bd. XXXIX, S. 556.

[6]) F. Rhömann, Über Sekretion und Resorption im Dünndarm. Pflügers Archiv 1887, Bd. XLI, S. 411.

[7]) Schepowalnikow, Diss. St. Petersburg 1899, S. 95.

[8]) Schepowalnikow, Diss. St. Petersburg 1899, S. 96.

Darmsaftes in Abhängigkeit von der verschiedenen Nahrungsaufnahme nahm *Schepowalnikow* nicht wahr.

Der dünnflüssige Teil des Saftes enthält folgende Fermente:

1. Erepsin. Die Wirkung des Darmsaftes auf native Eiweißkörper stellt sich als sehr zweifelhaft dar. Der Darmsaft ist durchaus unfähig, koaguliertes Eiereiweiß zu verdauen, wie dies alle derzeitigen Forscher von *Schepowalnikow*[1]) an zu konstatieren vermochten. Was das Fibrin anbetrifft, so konnte *Schepowalnikow* die Lösung frischen Fibrins im Laufe von 14—16 Stunden sehen. Jedoch wurde Fibrin in annähernd ein und derselben Zeitspanne auch in einer 0,5—1,0 proz. Sodalösung zur Auflösung gebracht. Älteres Fibrin blieb längere Zeit unberührt. Eine langsame Lösung des Fibrins beobachteten ebenfalls Kutscher und Seeman[2]). Die Lösung des Fibrins durch den Darmkanal kann jedoch auf die Wirkung von Bakterien oder auf das proteolytische Ferment der weißen Blutkörperchen zurückgeführt werden; sowohl die einen wie auch die anderen finden sich stets im Darmsaft (Cohnheim[3])). Nimmt man daher das Vorhandensein eines fibrinlösenden Ferments im Darmsaft an, so muß man zugeben, daß seine Wirkung außerordentlich schwach ist. Offensichtlich kann dieses Ferment eine irgendwie bedeutende Rolle in der Darmverdauung nicht spielen. Dafür enthält der Darmsaft ein anderes wichtiges proteolytisches Ferment — das Erepsin, das native Eiweißkörper, mit Ausnahme des Caseins nicht spaltet, aber Albumosen und Peptone bis zu den krystallinischen Produkten zerlegt. Das Erepsin wurde zuerst von Cohnheim[4]) in den Extrakten der Dünndarmschleimhaut entdeckt. Bald darauf wurde es auch im Sekret des Dünndarms beim Hunde (Salaskin[5]), Kutscher und Seeman[6]), Wakabayashi und Wohlgemuth[7])) und beim Menschen (Hamburger und Hekma[8])) aufgefunden. Die hohe Bedeutung des Erepsins liegt darin, daß es offenbar die vom Pepsin begonnene und vom Trypsin fortgesetzte Spaltung des Eiweißmoleküls zu Ende führt (Cohnheim[9])). So ist es befähigt, solche Dipeptide (beispielsweise Glycyl-glycin), die von Trypsin nicht hydrolysiert werden, zur Spaltung zu bringen (Abderhalden und Teruuchi[10])).

2. Die Enterokinase. Von der Enterokinase, dem das Eiweißferment des

---

[1]) Schepowalnikow, Diss. St. Petersburg 1899, S. 101.

[2]) Fr. Kutscher und J. Seeman, Zur Kenntnis der Verdauungsvorgänge im Dünndarm. Zeitschr. f. physiol. Chemie 1902, Bd. XXXV, S. 432.

[3]) Cohnheim, Nagels Handb. d. Physiologie 1907, Bd. II, S. 596.

[4]) O. Cohnheim, Die Umwandlung des Eiweiß durch die Darmwand. Zeitschr. f. physiol. Chemie 1901, Bd. XXXIII, S. 451.

[5]) S. S. Salaskin, Über das Vorkommen des Peptons, resp. albumosenspaltenden Ferments (Erepsin von Cohnheim) im reinen Darmsaft vom Hunde. Zeitschr. f. physiol. Chemie 1902, Bd. XXXV, S. 419.

[6]) Kutscher und Seeman, Zeitschr. f. physiol. Chemie 1902, Bd. XXXV, S. 432.

[7]) T. Wakabayashi und L. Wohlgemuth, Über die Fermente in dem Sekrete des Dünn- und Dickdarms. Intern. Beiträge zur Pathol. u. Therapie der Ernährungsstörungen 1911, Bd. II, S. 519.

[8]) Hamburger et Hekma, Journ. de Physiol. et de Pathol. génér. 1902, T. IV, p. 805.

[9]) O. Cohnheim, Zur Spaltung des Nahrungseiweiß im Darm. Zeitschr. f. physiol. Chemie 1906, Bd. XLIX, S. 64, und 1907, Bd. LI, S. 415.

[10]) E. Abderhalden und J. Teruuchi, Studien über die proteolytische Wirkung der Preßsäfte einiger tierischer Organe sowie des Darmsaftes. Zeitschr. f. physiol. Chemie 1906, Bd. XLIX, S. 1.

Pankreassaftes aktivierenden Ferment, ist bereits oben gesprochen worden (siehe Abschn. IV). Die fördernde Wirkung des Darmsaftes auf die Lipase und Amylase des Pankreassaftes hat keinen Fermentcharakter, da die Zerstörung der Enterokinase beispielsweise durch hohe Temperatur den Darmsaft seiner fördernden Eigenschaften nicht beraubt. (Näheres darüber siehe gleichfalls Abschn. IV.) Zuerst wurde die Enterokinase im Darmsaft des Hundes von *Schepowalnikow*[1]) gefunden. Die späteren Forscher bestätigten sämtlich diese Entdeckung. Im Darmsaft des Menschen entdeckten die Anwesenheit der Enterokinase **Hamburger** und **Hekma**[2]).

Hinsichtlich der Enterokinase sei zu den oben angeführten Daten als Ergänzung nur noch folgendes bemerkt.

Nach *Schepowalnikow*[3]) ist der im oberen Teil des Dünndarms (Duodenum) zur Absonderung gelangende Saft an Enterokinase reicher, als der Saft der mittleren Teile des Dünndarms — ein für den richtigen Aktivierungsverlauf des sich in den Zwölffingerdarm ergießenden zymogenen Pankreassaftes außerordentlich vorteilhafter Umstand.

Die Enterokinase ist ein ziemlich stabiles Ferment: sie kann bei Zimmertemperatur mehrere Monate lang aufbewahrt werden, selbst ohne Zusatz von Antiseptica zum Darmsaft (*Sawitsch*[4])). Beim Darmsaft, der 5 Tage lang im Thermostat (38°) C stand, vermochte *Sawitsch* gleichfalls eine Zerstörung der Enterokinase nicht wahrzunehmen. Dagegen zerstören Soda- und Säurelösungen — besonders letztere — das Ferment unter eben jenen Bedingungen. Gebundene Säure wirkt bedeutend schwächer als freie.

Die Bedeutung der Enterokinase für die tryptische Verdauung der Eiweißsubstanzen ist besonders deswegen eine hohe, weil in schwach saurer Reaktion in Vermischung mit den Eiweißkörpern der zymogene Pankreassaft allein sich als wenig wirksam erweist. Um den natürlichen Verhältnissen möglichst nahe zu kommen, säuerte *Sawitsch*[5]) den Pankreassaft mittelst Magensaftes an, der zuvor eine große Menge Fibrin verdaut hatte. Unter diesen Bedingungen war der völlig wirksame Pankreassaft in der Mehrzahl der Fälle nicht befähigt, koaguliertes Eiereiweiß zu verdauen. Die Enterokinase gab ihm seine proteolytischen Eigenschaften zurück; so z. B. in folgendem Versuch.

	Nach **Mett** in mm
Ein Gemisch von Pankreas- und Magensaft	0
Eine gleiche Mischung + 10% Darmsaft	2,5
Pankreassaft allein	2,9

Somit wäre ohne Enterokinase die Eiweißverdauung im Darm im höchsten Grade schwierig.

Davon, daß der Ort der Enterokinaseproduzierung in der Schleimhaut des Dünndarms und nicht im Lymphgewebe, resp. den Leukocyten zu sehen ist, ist ebenfalls bereits oben die Rede gewesen (Abschn. IV). *Sawitsch*[6]) überzeugte sich hiervon noch auf andere Weise. Ihm stand ein Hund mit zwei **Thiry**schen

---

[1]) **Schepowalnikow**, Diss. St. Petersburg 1899.

[2]) **Hamburger** et **Hekma**, Journal de Physiol. et de Pathol. génér. 1902, T. IV, p. 805.

[3]) **Schepowalnikow**, Diss. St. Petersburg 1899, S. 130ff.

[4]) **W. W. Sawitsch**, Die Absonderung des Darmsaftes. Diss. St. Petersburg 1904, S. 51.

[5]) **Sawitsch**, Diss. St. Petersburg 1904, S. 52ff.

[6]) **Sawitsch**, Diss. St. Petersburg 1904, S. 56.

Fisteln zur Verfügung. Beide zur Bildung der Fistel verwendeten Darmabschnitte waren von gleicher Größe und ein und derselben Schlinge des unteren Darmteils entnommen. In dem einen jedoch war ein Peyersches Plaque, in dem anderen nicht. Ein Unterschied im Gehalt an Enterokinase im Sekret des einen und anderen Abschnittes war nicht vorhanden: sowohl hier wie auch dort waren nur Spuren derselben wahrnehmbar.

3. Die Arginase. Kossel und Dakin[1]) fanden in den Extrakten der verschiedenen Organe sowie auch in den Extrakten der Darmschleimhaut das Ferment Arginase, das Arginin in Ornithin und Harnstoff spaltet. Im Darmsaft ist die Arginase noch nicht aufgefunden worden.

4. Die Nuclease. Nakayama[2]) und Abderhalden und Schittenhelm[3]) fanden die Nuclease in Extrakten der Darmschleimhaut. Wakabayashi und Wohlgemuth[4]) wiesen ihre Anwesenheit im Sekret des Dünndarms nach.

5. Die Lipase. Hinweise auf die Wirkung des reinen Darmsaftes auf Fette finden sich bereits bei Vella[5]). Bei Vermengung von Darmsaft mit Fetten nimmt das Gemisch nach 12 Stunden eine saure Reaktion an. *Boldyreff*[6]) fand im Darmsaft des Hundes ein Ferment, das Monobutyrin und natürliche Fette spaltet. Sein Gehalt im Darmsaft ist nicht hoch, doch ist es stabiler als das Steapsin des Pankreassaftes. Nach Boldyreff erhöht Galle seine Wirkung nicht. Nach Jansen[7]) verstärkt dagegen die Galle die lipolytische Wirkung der Darmlipase. Von einer Darmlipase sprechen auch Wakabayashi und Wohlgemuth[8]).

6. Kohlehydratfermente. Das Sekret des Hundedünndarms ist befähigt, wenn auch in schwachem Maße, Stärke zu zerlegen. Dies wurde bereits durch frühere Untersuchungen festgestellt (Dobroslawin[9]), Masloff[10]), Röhmann[11]), Hamburger[12]) u. a.) und in jüngster Zeit bestätigt (*Schepowalni-*

---

[1]) A. Kossel und H. D. Dakin, Über die einfachsten Eiweißstoffe und ihre fermentative Spaltung. Zeitschr. f. physiol. Chemie 1904, Bd. XLI, S. 321. — Über die Arginase. Ibidem 1904, Bd. XLII, S. 181.

[2]) Nakayama, Über das Erepsin. Zeitschr. f. physiol. Chemie 1904, Bd. XLI, S. 348.

[3]) E. Abderhalden und A. Schittenhelm, Der Abbau und Aufbau der Nucleinsäure im tierischen Organismus. Zeitschr. f. physiol. Chemie 1906, Bd. XLVII, S. 452.

[4]) Wakabayashi und Wohlgemuth, Internat. Beiträge zur Pathol. u. Therapie der Ernährungsstörungen 1911, Bd. II, S. 519.

[5]) Vella, Moleschotts Untersuchungen 1882, Bd. XIII, S. 40.

[6]) W. N. Boldyreff, Das fettspaltende Ferment des Darmsaftes. Centralbl. f. Physiol. 1904, Bd. XVIII, S. 15, und Zeitschr. f. physiol. Chemie 1907, Bd. L, S. 394.

[7]) B. C. P. Jansen, Beitrag zur Kenntnis der Enterolipase. Zeitschr. f. physiol. Chemie 1910, Bd. LXVIII, S. 400.

[8]) Wakabayashi und Wohlgemuth, Intern. Beiträge zur Pathologie und Therapie der Ernährungsstörungen 1911, Bd. II, S. 519.

[9]) A. A. Dobroslawin, Material zur Physiologie des Darmsaftes. Militär-Med. Journ. (russ.) 1870, Bd. CVII, S. 80.

[10]) Masloff, Zur Dünndarmverdauung. Untersuch. aus dem physiol. Institut d. Univers. Heidelberg 1882, S. 290. Zitiert nach Schepwalnikow, Diss. St. Petersburg 1899, S. 13.

[11]) F. Röhmann, Über Sekretion und Resorption im Dünndarm. Pflügers Archiv 1887, Bd. XLI, S. 411.

[12]) J. Hamburger, Vergleichende Untersuchungen über die Einwirkung des Speichels, des Pankreas- und Darmsaftes sowie des Blutes auf Stärkekleister. Pflügers Archiv 1895, Bd. LX, S. 543.

kow[1]), **Wakabayashi** und **Wohlgemuth**[2])). Nach **Röhmann** ist in den oberen Teilen des Dünndarms mehr Ferment enthalten, als in den unteren. Im reinen Darmsaft des Menschen wurde das diastatische Ferment von **Hamburger** und **Hekma**[3]) und **Nagano**[4]) gefunden. Das diastatische Ferment des Darmsafts wirkt sehr schwach und seine Bedeutung für die Stärkeverdauung ist gering. Die Hauptmasse des diastatischen Ferments wird von der Bauchspeicheldrüse geliefert. Als **Wohlgemuth**[5]) bei einem Hunde beide Pankreasgänge unterband, sank der Gehalt an diastatischem Ferment im Kot in höchstem Grade auffallend ab. Unter normalen Bedingungen ist der Kot reich an diastatischem Ferment.

Eine unvergleichlich größere Bedeutung für die Verdauung der Kohlehydrate im Darm haben die Fermente des Darmsafts, die die **Disaccharide** in **Monosaccharide** zerlegen. Es sind dies **Invertin**, **Maltase** und **Lactase**.

Invertin spaltet Rohrzucker in Dextrose und Lävulose. Die invertierende Fähigkeit des Darmsaftes wurde bereits vor langer Zeit von **Leube**[6]), Cl. **Bernard**[7]) u. a. festgestellt; in jüngster Zeit wurde sie von **Miura**[8]), **Mendel**[9]), *Leper*[10]) u. a. bestätigt.

Maltase, die Maltose in zwei Molekül Dextrose spaltet, wurde ursprünglich in Extrakten der Dünndarmschleimhaut (**Pautz** und **Vogel**[11])) und darauf auch in ihrem Sekret (**Mendel**[12])) aufgefunden.

Was die widersprechenden Daten hinsichtlich der, Milchzucker in Dextrose und Galaktose spaltenden Lactase anbetrifft, so hat **Weinland**[13]) dargetan, daß sie nur bei jungen Säugetieren oder bei ausgewachsenen Tieren vorkommt, wenn zu ihrer Nahrung Milchzucker hinzugesetzt wird. Bei Tieren, die nicht zur Klasse der Säugetiere gehören, ist es nicht gelungen, die Lactase aufzufinden.

Die Menge des Darmsaftes unter verschiedenen Bedingungen.

Beobachtet man bei einem Hunde die Absonderung des Darmsafts aus irgendeiner permanenten Dünndarmfistel, an deren Öffnung man einen Trichter

---

[1]) **Schepowalnikow**, Diss. St. Petersburg 1899, S. 103.

[2]) **Wakabayashi** und **Wohlgemuth**, Intern. Beiträge zur Pathol. und Therapie der Ernährungsstörungen 1911, Bd. II, S. 519.

[3]) **Hamburger** et **Hekma**, Journ. de physiol. et pathol. génér. 1902, T. IV, p. 805.

[4]) J. **Nagano**, Mitteilungen aus den Grenzgebieten der Medizin und Chirurgie 1902, Bd. IX, S. 293.

[5]) J. **Wohlgemuth**, Berl. klin. Wochenschrift 1910, Nr. 3.

[6]) W. **Leube**, Über Verdauungsprodukte des Dünndarmsafts. Zentralblatt f. mediz. Wissenschaften 1868, Nr. XIX, S. 289. Zitiert nach **Schepowalnikow**, Diss. St. Petersburg 1899, S. 8.

[7]) Cl. **Bernard**, Leçons sur la diabète et la glycogenése animal. Paris 1877, p. 257.

[8]) K. **Miura**, Ist der Dünndarm imstande, Rohrzucker zu invertieren? Zeitschrift f. Biologie 1895, Bd. XIV, S. 266.

[9]) **Lafayette** B. **Mendel**, Über den sogenannten paralytischen Darmsaft. Pflügers Archiv 1896, Bd. LXIII, S. 425.

[10]) G. Ch. **Leper**, Zur experimentellen Pathologie der Darmabsonderung. Diss. St. Petersburg 1904.

[11]) W. **Pautz** und J. **Vogel**, Über die Einwirkung der Magen- und Darmschleimhaut auf einige Biosen und Raffinose. Zeitschr. f. Biologie 1895, Bd. XXXII, S. 304.

[12]) **Lafayette** B. **Mendel**, Pflügers Archiv 1896, Bd. LXIII, S. 425.

[13]) E. **Weinland**, Über die Lactase des Pankreas. Zeitschr. f. Biologie 1898, Bd. XXXVIII, S. 607, und 1900, Bd. XL, S. 386.

befestigt hat, so gelangt entweder im Verlauf mehrerer Stunden aus der Fistelöffnung kein einziger Tropfen Saft zur Ausscheidung oder ist die Absonderung des Darmsaftes außerordentlich gering. Nur selten stellt sich bei einem hungrigen Tier nach $1^1/_2$—2 Stunden eine unbedeutende, sogenannte „periodische Absonderung" ein. Beim sattgefütterten Tier bleibt in der Regel auch diese Saftabscheidung aus (*Boldyreff*[1])). (Eingehender werden wir weiter unten auf die „periodische Sekretion" zurückkommen.) Man braucht jedoch nur in die Fistel eine Drainröhre einzuführen, durch die der Saft aufgefangen wird, und die Saftabsonderung beginnt sofort. Nunmehr hält sie die ganze Zeit über an, solange das Röhrchen sich im Darmabschnitt befindet. Somit erweist sich der mechanische Reiz der Dünndarmschleimhaut als energischer Erreger der in ihr gelegenen Drüsen.

Wir entnehmen *Schepowalnikow*[2]) folgendes Beispiel. Der Saft wird aus der Fistel bald ohne Röhrchen bald mit Hilfe eines solchen gesammelt (3., 4. und 5., sowie 7. und 8. Stunde). Im ersteren Falle kommt der Saft nicht zur Absonderung, im zweiten läßt sich seine Sekretion beobachten. (Ein mechanisches Hindernis für die Ausscheidung des Saftes nach außen war im ersteren Falle natürlich nicht vorhanden.)

Stunde	I	II	III	IV	V	VI	VII	VIII
Saftmenge in ccm	0,0	0,0	1,0	1,6	2,0	0,0	1,2	1,2

Die Bedeutung des mechanischen Reizes zeigte *Schepowalnikow* auch in einer anderen sehr interessanten Form. Einem Hunde mit Thiry - Vellascher Fistel wurde in die vordere Darmöffnung ein elastisches Röhrchen eingeführt und an der hinteren Darmöffnung im Trichter befestigt. Während aus der vorderen Öffnung in der Stunde 4—5 ccm ausgeschieden wurden, kam aus der hinteren Öffnung kein Tropfen zum Abfluß. Vertauschte man das elastische Röhrchen und den Trichter miteinander, so änderte sich auch der Charakter der Sekretion aus beiden Öffnungen. Bei gleichzeitiger Einführung zweier Röhrchen in die vordere und die hintere Öffnung nahm man aus beiden einen Abfluß wahr.

Die verschiedenen mechanischen Reize üben jedoch keine gleichartige Wirkung aus. In einem Falle sondert der Darm einen dünnflüssigen Saft ab, indem er bestrebt ist, von der Schleimhaut den an ihr haftenden Gegenstand abzuspülen, in anderen Fällen produziert er vornehmlich feste Bestandteile, indem er einen solchen Gegenstand mit Schleim überzieht. So sah beispielsweise *Glinski*[3]), der einem Hunde mit mehreren (Metall-)Darmfisteln in die obere Fistel ein Wolleklümpchen einführte, daß dieses nach einiger Zeit die folgende Fistel, von einer Flüssigkeit angefeuchtet, wieder verließ; Schleim war nur sehr wenig vorhanden. Wurde eben dieser Versuch mit trocknen Erbsen angestellt, so verließen diese die untere Fistel, mittelst einer klebrigen, schleimigen Masse ohne jegliche Flüssigkeit aneinander geklebt. Ein vortreffliches Beispiel für die zweckentsprechende Reaktion der Schleimhaut des Verdauungstrakts!

Doch abgesehen vom mechanischen Reiz erscheinen als Erreger der Sekretion der Dünndarmdrüsen auch einige chemische Agenzien, die mit der Schleimhaut des isolierten Teiles unmittelbar in Berührung gebracht werden. Es sind dies: der Magensaft, 0,25—0,5 proz. Salzsäurelösungen, eine Senföl-

---

[1]) Boldyreff, Diss. St. Petersburg 1904.
[2]) Schepowalnikow, Diss. St. Petersburg 1899, S. 41 ff.
[3]) Glinski, Diss. St. Petersburg 1891, S. 23 ff.

emulsion (*Leper*[1])), 0,25—0,5 proz. Buttersäurelösungen (*Schepowalnikow*[2]),
Leper[3])), das Kalomel (*Sawitsch*[4])), Seifen, Äther und Chloral (Frouin[5])).

Im Falle lokaler chemischer Reizung der Darmschleimhaut erhöht sich —
bisweilen um ein Vielfaches — die Produktion der dünnflüssigen Teile des Saftes
und verringert sich die Produktion seines festeren Teiles.

Leper[6]) untersuchte besonders eingehend den Einfluß einiger der oben ge-
nannten Substanzen auf die Sekretion des Darmsaftes: einer Senfölemulsion,
Lösungen von Butter- und Salzsäure und des Hundemagensafts. In sämtlichen
Fällen fand eine Erhöhung der Sekretion der flüssigen Bestandteile und eine
Verarmung des Saftes an Schleim statt. Gewöhnlich bildet Schleim, was sein
Volumen anbetrifft, 40—50% des gesamten Darmsafts. Bei Einführung der
genannten Substanzen in den isolierten Darmabschnitt jedoch sank die Schleim-
menge auffallend ab, indem sie bei besonders starker Absonderung der Flüssigkeit nur noch Spuren erkennen ließ. Außerdem änderten sich auch die Eigenschaften des festen Bestandteils selbst. Unter normalen Bedingungen hat er
das Aussehen von Klümpchen; bei chemischer Reizung des Darms werden mit
dem Saft nur kleine, lockere Flocken ausgeschieden. In einigen Fällen wurde
im Saft sogar eine Beimischung von Blut wahrgenommen.

Tabelle CXV.

Die Darmsaftabsonderung vor und nach Einführung einer Senfölemulsion, einer 0,5 proz. Buttersäurelösung, einer 0,5 proz. Lösung
Salzsäure und von Magensaft in den isolierten Darmabschnitt auf
die Dauer von 10 Minuten. Der Saft wird mittelst eines Trichters
gesammelt. (Nach *Leper*.)

Stunde	Senfölemulsion (Fistel nach Thiry) Hund „Layka"	0,5 proz. Butter- säurelösung (Fistel nach Thiry) Hund „Layka"	0,5 proz. Salzsäure- lösung (Fistel nach Hermann-Pawlow) Hund „Bjely"	Magensaft (fil- triert) (Fistel nach Hermann-Pawlow) Hund „Bjely"
	Vor Eingießung.			
IV	0	0,1	0,1	0,4
III	0,1	0,1	0	0
II	0,1	1,0	0,8	0,6
I	0	0,2	0,1	0
	Nach Eingießung			
I	17,8	3,0	20,2	0,6
II	9,8	0,3	4,4	4,4
III	10,4	2,6	8,8	0,7
IV	11,3	0	5,1	0,3
V	7,4	0,4	8,9	3,0
VI	3,7	0,1	9,2	0,4
VII	1,7	—	—	—
Durch- schnittlich pro Stunde — Vor Eing.	0,05	0,35	0,25	0,25
Durch- schnittlich pro Stunde — Nach Eing.	8,87	1,07	9,44	1,55

[1]) Leper, Diss. St. Petersburg 1904.

[2]) Schepowalnikow, Diss. St. Petersburg 1898, S. 47.

[3]) Leper, Diss. St. Petersburg 1904.

[4]) Sawitsch, Diss. St. Petersburg 1904, S. 25.

[5]) A. Frouin, Action directe et locale des acides, des savons, de l'ether, du
chloral introduites dans une anse intestinale. Action à distance de ces substances
sur la sécrétion entérique. Soc. Biol. 1904, T. LVI, S. 461.

[6]) Leper, Diss. St. Petersburg 1904.

Tabelle CXVI.

Die Saftabsonderung aus einer Dünndarmfistel nach Thiry-Pawlow bei einem hungrigen Hunde und bei einem Hunde, der dieses oder jenes Futter zu fressen bekommen hat. Der Saft wird mittelst eines Röhrchens gesammelt. Mittlere Zahlen (nach *Schepowalnikow*).

Unter welchen Bedingungen wird der Saft gesammelt?	Vor Nahrungsaufnahme					Nach Nahrungsaufnahme									Insgesamt
Stunden	V	IV	III	II	I	I	II	III	IV	V	VI	VII	VIII	IX	
Beim hungrigen Hunde[1])	—	—	—	—	—	2,43	2,85	2,69	2,28	1,83	2,31	2,37	2,6	2,9	22,2
Bei Genuß von 100 g Fleisch . . .	2,45	2,0	2,8	2,8	2,85	2,67	2,6	2,15	2,3	3,1	2,6	3,2	2,0	—	20,6
Bei Genuß von 250 g Brot . . .	—	—	2,37	2,57	3,4	3,14	3,32	3,14	3,3	3,2	4,0	3,6	3,9	2,7	30,3
Bei Genuß von 600 ccm Milch . .	—	—	1,63	2,06	2,33	1,5	1,65	1,75	1,81	1,73	2,26	1,75	—	—	12,4
Bei Genuß gemischter Nahrung . .	2,86	2,3	3,44	2,76	2,89	1,6	1,5	1,7	1,6	1,85	1,6	1,83	1,25	1,1	14,0

[1]) Letzte Nahrungsaufnahme fand vor 12—20 Stunden statt.

Wie aus Tabelle CXV ersichtlich, wirkt eine Reizung des Darms mittelst Senföls und einer Salzsäurelösung unvergleichlich energischer, als eine Reizung von gleichlanger Dauer mittelst einer Buttersäurelösung und natürlichen Magensafts. Doch in der Regel kehrt bereits am Tage nach einer solchen Eingießung der reizenden Flüssigkeit die Tätigkeit des isolierten Darmteiles zur Norm zurück. In einer so auffallend starken Reaktion der Darmschleimhaut, besonders auf ihr fremdartige Erreger, wie dies Senföl und Salzsäure sind, sieht *Leper* eine physiologische Erscheinung. Ihre Bedeutung ist, wie auch bei gewissen Arten der mechanischen Reizung, in einer Abspülung der Schleimhaut vom schädlichen Agens zu sehen. Zu diesem Zwecke produziert der Darm viel Flüssigkeit und wenig Schleim — genau ebenso wie die Schleim-Speicheldrüsen auf verweigerte Substanzen einen an Mucin armen dünnflüssigen Speichel absondern.

Nur bei mehrmals wiederholten Reizungen des Darms gelang es *Leper*, einen pathologischen Zustand seiner Schleimhaut hervorzurufen. Nunmehr überstieg auch nach Einstellung der Eingießung die Saftabsonderung aus dem isolierten Teile die normale; der Saft war dünnflüssig und zeigte oft eine Beimengung von Blut. Es waren 5—6 Tage Ruhe erforderlich, damit die normalen Verhältnisse wieder eintreten konnten.

Somit wird die Arbeit des Drüsenapparats des Darms bei lokaler — sowohl mechanischer als auch chemischer — Reizung angeregt. Überdies erscheint eine lokale Reizung der Darmschleimhaut als stärkstes Stimulans der Darmsekretion. Nur in einzelnen Fällen werden die Reize von den einen Teilen des Darms aus auf andere übertragen. So läßt sich irgendein Zusammenhang zwischen der Sekretion aus dem isolierten Darmabschnitt und der Verdauung gewöhnlich nicht wahrnehmen. Ist das Röhrchen nicht in die Fistelöffnung eingeführt, so ist die Absonderung des Darmsaftes eine außerordentlich spärliche oder sie bleibt gänzlich aus. Im Falle der Einführung

des Röhrchens dagegen setzt die Absonderung, unabhängig davon, ob das Tier
hungerte oder zu fressen bekommen hatte, nicht aus, auf eine wie lange Zeitdauer der Versuch sich auch erstrecken mochte.

Auf Tabelle CXVI sind die Versuche *Schepowalnikows*[1]) dargestellt, die
an einem Hunde mit einer Thiry-Pawlowschen Fistel wahrgenommen wurden.
Alle Nervenverbindungen des Darms waren aufrechterhalten. Der Darmsaft
wurde mittelst eines Röhrchens gesammelt entweder bei einem Tiere, das vorher 12—20 Stunden gehungert hatte oder bei einem Tiere, das dieses oder jenes
Futter zu fressen bekommen hatte: an N äquivalente Mengen Fleisch (100 g),
Brot (250 g) und Milch (600 ccm) sowie gemischtes Futter (Brot, Fleisch und
Haferbrei).

Wie aus der Tabelle CXVI ersichtlich, hatte die Nahrungsaufnahme einen
geringen Einfluß auf die Arbeit des isolierten Darmabschnitts und, wenn sie
einen Einfluß ausübte, so geschah das eher im Sinne ihrer Verringerung als
im Sinne ihrer Erhöhung. Dieser Umstand steht offenbar mit dem Aufhören
der periodischen Darmsaftausscheidung während der Verdauung im Zusammenhang.

Die nachfolgenden Zahlen zeigen die durchschnittliche Stundenleistung
der Drüsenarbeit des isolierten Teils vor und nach der Nahrungsaufnahme bei
den oben angeführten Versuchen. Sie bestätigen das eben Gesagte.

	Vor	Nach
	der Nahrungsaufnahme	
Beim hungrigen Hunde	2,47 ccm	—
Genuß von 100 g Fleisch	2,58 „	2,57 ccm
Genuß von 250 g Brot	2,78 „	3,3 „
Genuß von 600 ccm Milch	2,0 „	1,7 „
Genuß gemischter Nahrung	2,83 „	1,6 „

Schon früher hatte *Glinski*[2]) an Hunden mit einigen (Metall-)Dünndarmfisteln gleiches beobachtet. Beim Übertritt der Nahrung in den Magen erfuhr
die Darmsaftsekretion aus dem temporär isolierten Darmabschnitt keine Steigerung.

Eine Gattung der Speisesubstanzen jedoch, nämlich die Fettsubstanzen,
erwiesen sich als Erreger der Saftabsonderung aus dem isolierten Darmabschnitt
sobald sie dem Tiere durch den Mund eingeführt wurden (Genuß oder Eingießung
in den Magen). Bereits *Schepowalnikow*[3]) nahm eine safttreibende Wirkung
von Buttersäurelösungen wahr. *Sawitsch*[4]) beobachtete beim Hunde mit Thiryscher Fistel des Zwölffingerdarms eine bedeutende Zunahme der Sekretion bei
Genuß von Sahne und Einführung von Provenceröl in den Magen. Auf Tabelle
CXVII sind diese Versuche wiedergegeben. Zur Vergleichung seien Versuche
mit Genuß von Milch durch eben jenen Hund angeführt. Der Darmsaft wurde
in sämtlichen Fällen mittelst eines Röhrchens gesammelt.

Ein Gleiches kann man auch auf den Kurven sehen, wo die Tage der Verabreichung von Sahne mit Sternchen kenntlich gemacht sind. (Fig. 29.)

---

[1]) Schepowalnikow, Diss. St. Petersburg 1899, S. 62 ff.
[2]) Glinski, Diss. St. Petersburg 1891, S. 20 ff.
[3]) Schepowalnikow, Diss. St. Petersburg 1899, S. 61.
[4]) Sawitsch, Diss. St. Petersburg 1904, S. 21 ff.

Tabelle CXVII.

Die Saftabsonderung aus der Thiryschen Fistel des Zwölffingerdarms
eines Hundes bei Genuß von 600 ccm Milch, 600 ccm Sahne und bei Einführung in den Magen von 100 ccm Provenceröl. Der Saft wird mittelst
eines Röhrchens gesammelt. (Nach *Sawitsch*.)

Stunden	Genuß von 600 ccm Milch				
	Vers. v. 26. II.	Vers. v. 28. II.	Vers. v. 2. III.	Vers. v. 4. III.	Vers. v. 6. III.
I	0,4	0,4	0,3	0,6	0,6
II	1,0	1,3	0,7	0,8	0,8
III	1,5	0,9	0,9	1,4	1,2
IV	1,6	1,4	1,0	2,0	1,6
Insgesamt	4,5	4,0	2,9	4,8	4,2

Stunden	Genuß von 600 ccm Sahne				Einführung von 100 ccm Provenceröl
	Vers. v. 27. II.	Vers. v. 1. III.	Vers. v. 3. III.	Vers. v. 5. III.	Vers. v. 8. III.
I	1,2	1,8	1,4	2,4	1,4
II	1,6	2,8	2,0	2,0	2,2
III	1,8	3,1	1,8	2,5	2,4
IV	2,0	1,2	2,0	2,1	3,0
Insgesamt	6,6	8,9	7,2	9,0	9,0

Analoge Erscheinungen beobachtete *Ponomarew*[1]): Fette erhöhten die
Sekretion aus dem Brunnerschen Teil des Zwölffingerdarms (s. Abschn. III).

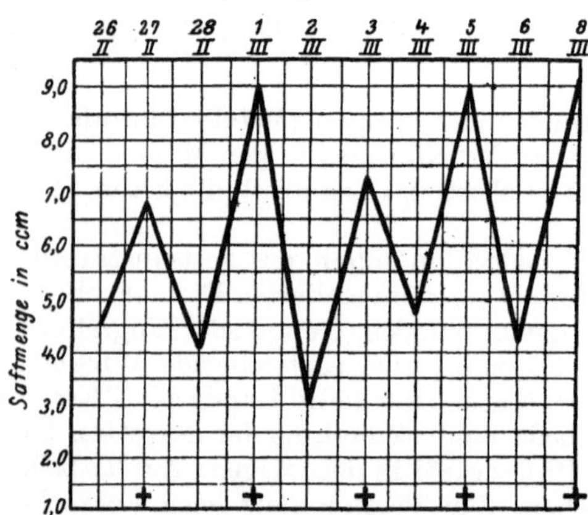

Fig. 29. Darmsaftabsonderung nach Genuß
von Milch und Sahne. Die Tage der Verabreichung von Sahne sind mit + bezeichnet
(nach *Sawitsch*).

Keine der anderen in den Magen eingeführten Substanzen: Salz-
säure- und Sodalösungen, Ricinus-
öl, Kalomel, erhöhten die Saftabsonderung aus dem isolierten Darmabschnitt, obgleich bei lokaler Einwirkung viele von ihnen sich als
außerordentlich energische Erreger
derselben erwiesen. Ebenso blieb
ohne Einfluß auf die Sekretion des
isolierten Darmabschnitts die Einführung von Soda- und Buttersäurelösungen in rectum (*Schepowalnikow*[2])). Unwirksam als Erreger der Darmsaftabsonderung ist
auch der Akt der Nahrungsaufnahme (*Glinski*[3])). Nur bei einer
zufälligerweise beim Hunde zur
Entwicklung gelangten Diarrhöe
beobachtete *Schepowalnikow*[4]) eine

[1]) Ponomarew, Diss. St. Petersburg 1903, S. 78.
[2]) Schepowalnikow, Diss. St. Petersburg 1899, S. 61.
[3]) Glinski, Diss. St. Petersburg 1891, S. 18ff.
[4]) Schepowalnikow, Diss. St. Petersburg 1899, S. 52.

spontane ziemlich bedeutende Sekretion des Darmsafts aus dem isolierten Darmabschnitt. (Die durchschnittliche Sekretionsgeschwindigkeit des Saftes ohne Röhrchen betrug bei Diarrhöe in der Stunde 1,73 ccm, dagegen bei normalem Zustande des Verdauungstrakts im Falle Auffangens des Saftes mittelst eines Röhrchens 2,1 ccm.)

Somit wird die Sekretion des Darmsafts hauptsächlich durch lokale Reizung der Darmschleimhaut angeregt, wobei sich diese Wirkung auf die benachbarten Teile des Darms nicht erstreckt. Die Einflüsse von anderen Teilen des Verdauungskanals aus stehen, was ihre Stärke anbetrifft, hinter den lokalen Einflüssen bedeutend zurück.

Im Widerspruch mit der Auffassung von der überwiegenden Bedeutung der lokalen Reizung für die Anregung der Dünndarmsekretion stehen die Befunde von Delezenne und Frouin[1]). Sie beobachteten bei einem Hunde mit drei Fisteln nach Thiry: im Bereich des Duodenum, des unteren Teils des Jejunum und des Ileum 4—6 Stunden nach der Nahrungsaufnahme eine selbständige (ohne mechanischen Reiz) Darmsaftabsonderung aus der ersten und zweiten Fistel — eine stärkere aus jener und eine weniger starke aus dieser. Die Ileumfistel sonderte selbständig keinen Saft ab. Außerdem wirkten Salzsäurelösungen nicht nur bei ihrer lokalen Anwendung, sondern auch bei ihrer Einführung in den Magen (200 bis 300 ccm einer 0,4proz. HCl-Lösung). Hier lassen sich dieselben Verhältnisse beobachten, wie auch bei der selbständigen Sekretion: aus der Fistel des Zwölffingerdarms sezernierte sich der Saft reichlich, aus der Jejunalfistel in schwachem Umfange und aus der Fistel des Ileum blieb jede Absonderung aus. Bei einem Hunde mit zwei Darmfisteln nach Thiry ruft die Einführung einer Salzsäurelösung in die eine Fistel eine Sekretion aus der andern hervor. Dasselbe beobachtete Frouin[2]) bei Hunden mit einigen Fisteln nach Thiry im Falle einer Einführung von Seifen, Äther und Chloral in einem der isolierten Darmabschnitte.

Diese Beobachtungen wurden jedoch von *Brynk*[3]) nicht bestätigt. Der Autor arbeitete an Hunden mit Thiry-Vellascher Fistel. Zwecks Isolierung eines Darmabschnitts verwendete man den Darm unmittelbar hinter dem Ductus Wirsungianus, worauf die französischen Forscher besonderen Wert legten. Die Einführung von Salzsäurelösungen (von 0,1% bis 0,5%) in den Magen hatte auf den gewöhnlichen Verlauf der Darmsaftsekretion keinerlei Einfluß. Wie auch bei leerem Magen war diese gering und steigerte sich nur periodisch alle 2—2½ Stunden. Ein Gleiches sah *Brynk* auch bei pathologischem Zustand des isolierten Darmabschnitts, den er durch Benetzung des letzteren mittelst einer 0,5proz. Salzsäurelösung hervorrief. Sonach erfordert die Frage noch weitere Bearbeitung.

Pilocarpin erhöht die Absonderung des Darmsaftes, was ältere Autoren (Masloff, Vella, Hamburger, *Glinski* u. a.) konstatierten und was von *Schepowalnikow*[4]) und *Sawitsch*[5]) bestätigt worden ist. Nach *Schepowalnikow* übt 0,005 g noch keine Wirkung aus; eine energische Absonderung läßt sich erst bei 0,01 g wahrnehmen.

Atropin schwächt nach den Versuchen von *Schepowalnikow*[4]) die Sekretion des Darmsaftes nur ab, bringt sie jedoch nicht völlig zum Stillstand.

---

[1]) C. Delezenne et A. Frouin, La sécrétion physiologique du suc intestinale. Action de l'acide chlorhydrique sur la sécrétion duodénale. Soc. Biol. 1904, T. LVI, S. 319.

[2]) Frouin, Soc. Biol. 1904, T. LVI, S. 461.

[3]) W. A. Brynk, Zur Physiologie des Darmsafts. Zentralblatt f. d. ges. physiol. u. Pathol. des Stoffwechsels 1911, Nr. 1.

[4]) Schepowalnikow, Diss. St. Petersburg 1899, S. 62.

[5]) Sawitsch, Diss. St. Petersburg 1904, S. 15.

Die Schwankungen in der Fermentzusammensetzung des Darmsaftes und die Bedingungen der Fermentproduzierung.

Die Fermentzusammensetzung des Darmsaftes ist unter den verschiedenen Bedingungen der Sekretion Schwankungen unterworfen. Eine besonders sorgfältige Bearbeitung hat die Frage hinsichtlich der quantitativen und qualitativen Seite der Darmsaftsekretion durch *Sawitsch*[1]) gefunden.

Vor allem stellte er fest, daß selbst ein so mächtiger mechanischer Reiz nur als Erreger der Sekretion der dünnflüssigen Bestandteile des Darmsafts erscheint. Er regt die Drüsen nicht zur Fermentproduzierung an. Die Fermente werden lediglich aus den zuvor in der Darmschleimhaut zur Bildung gelangten Vorraten extrahiert und herausgespült. Mit dem Fortschreiten der Sekretion wird der Saft allmählich an Fermenten ärmer. *Sawitsch* untersuchte die Ausscheidung von Enterokinase, Lipase und Amylase im Darmsaft.

Der Gehalt an Lipase im Saft wurde mit Hilfe von Monobutyrin, der Gehalt an Amylase mit Hilfe von Glinski - Waltherschen Stärkestäbchen sowie nach der Pavyschen Methode bestimmt. Behufs Bestimmung der Enterokinase schritt *Sawitsch* zu folgendem Verfahren. Zu einem bestimmten Volumen zymogenen Pankreassafts wurde diese oder jene Quantität Darmsaft hinzugesetzt (von 5% bis 20%). Die Saftmischung wurde in ein Wasserthermostat gestellt, und sofort in sie feinzerriebenes Fibrin — stets in ein und derselben Menge (0,2 g) — gebracht. Es wurden mehrere solcher Mischungen aus ein und demselben Pankreassaft und verschiedenen Portionen Darmsaft hergestellt. Wenn eine Saftmischung das Fibrin schneller verdaute als eine andere, so ließ dies erkennen, daß im ersteren Falle der Darmsaft an Enterokinase reicher war als im zweiten. Sonach vermochte man nach der Geschwindigkeit der Fibrinauflösung auf die Menge der Enterokinase einen Schluß zu ziehen.

Nachfolgender Versuch von *Sawitsch* zeigt die Verarmung an Enterokinase des mittelst eines Röhrchens von einem Hunde mit Thiryscher Fistel gesammelten Darmsafts.

Der Hund hungerte 18 Stunden. Jede einzelne Saftportion wird (mittelst eines Röhrchens) im Laufe von 15 Minuten aufgefangen. Am Darmsaft wurde zum zymogenen Pankreassaft 20% hinzugesetzt.

Portion Nr.	Saftmenge in ccm	Geschwindigkeit der Fibrinauflösung
1	0,9	23′
2	1,2	33′
3	1,0	36′
4	1,0	44′
5	1,0	43′
6	0,7	42′
7	0,5	43′
8	0,8	52′
9	0,5	51′

Bereits eine Stunde nach Beginn des Auffangens des Saftes (Portion Nr. 4) enthielt dieser fast zweimal weniger Enterokinase als anfänglich (Portion Nr. 1). Im weiteren Verlaufe fährt die Menge der Enterokinase fort abzusinken.

Gleiche Verhältnisse lassen sich auch bei der Sekretion der Lipase beobachten.

Der Saft wird mittelst eines Röhrchens in stündlichen Portionen gesammelt. Behufs Bestimmung der Lipase wurden 10 ccm einer 1proz. Monobutyrinlösung verwendet. Zum Pankreassaft setzte man 5% Darmsaft hinzu.

---

[1]) **Sawitsch**, Diss. St. Petersburg 1904, S. 15.

Portion Nr.	Saftmenge in ccm	Geschwindigkeit der Fibrinauflösung	Anzahl der ccm des Titers
1	2,9	7'	2,7
2	3,6	10'	1,1
3	5,2	15'	0,5
4	2,2	18'	—

Der Darmsaft verarmt bei mechanischem Reiz bedeutend schneller an Lipase als an Enterokinase.

Das Absinken der amylolytischen Wirkung bei andauerndem Auffangen des Saftes mittelst eines Röhrchens geht gleichfalls nicht so auffallend rasch vor sich wie das Sinken der lipolytischen Wirkung.

Wir lassen hier ein Beispiel folgen.

Der Hund hatte seit dem Tage zuvor nichts gefressen. Der Saft wurde mittelst eines Röhrchens gesammelt. Zum Pankreassaft wurde 5% Darmsaft hinzugesetzt.

Nr. der Portion und Dauer ihrer Sammlung	Saftmenge in ccm	Geschwindigkeit der Fibrinauflösung	Millimeter der Eiweißstäbchen	Milligramm Zucker
1 in 60'	2,4	36'	2,8	32,5
2 in 60'	1,9	49'	2,1	23,3
3 in 30'	2,4	48'	2,0	22,9
4 in 30'	2,6	56'	1,6	20,5

Ebenso wie der mechanische Reiz regt Pilocarpin die Absonderung nur dünnflüssiger Teile des Darmsaftes an. Mit dem Fortschreiten der Absonderung des Saftes nimmt der Gehalt an Fermenten in ihm allmählich ab, selbst in dem Falle, wenn der Saft ohne Hilfe eines Röhrchens gesammelt wird (*Sawitsch*).

Die chemischen Erreger: Senföl, Lösungen von Salzsäure und Buttersäure sowie natürlicher Magensaft (besonders die beiden ersteren) rufen aus den Darmdrüsen einen verstärkten Abfluß einer an Fermenten (Enterokinase und Invertin) armen Flüssigkeit hervor. Somit regen auch die chemischen Erreger hauptsächlich die Sekretion dünnflüssiger Teile des Saftes an (*Leper*[1]).

Als wahrer Erreger der Sekretion eines der hauptsächlichsten Fermente des Darmsaftes — der Enterokinase — erscheint der Pankreassaft. *Sawitsch* vermochte sich hiervon zu überzeugen, indem er in den isolierten Darmabschnitt nur auf einige Minuten (selbst 4—10') Pankreassaft eingoß und darauf den Darm mit einer physiologischen Lösung durchspülte. Der infolge des lange andauernden Sammelns mittelst eines Röhrchens an Enterokinase verarmte Darmsaft begann von neuem zymogenen Pankreassaft energisch zu aktivieren. (Auf die Abwesenheit von Pankreassaft in den ersten nach Bespülung des Darms erhaltenen Darmsaftportionen weist die Unfähigkeit des Darmsaftes, Fibrin selbständig im Wasserthermostat im Laufe von 11 bis 18 Stunden aufzulösen, hin.)

Nachfolgendes Beispiel bestätigt das eben Gesagte (*Sawitsch*).

Der Hund hungerte etwa 16 Stunden. Der Saft wird mittelst eines Röhrchens in stündlichen Portionen gesammelt. Zum Pankreassaft wurde 10% Darmsaft hinzugesetzt.

Nr. der Portion	Saftmenge in ccm	Geschwindigkeit der Fibrinauflösung
1	2,0	11'
2	2,5	20'
3	2,4	18'

---

[1] Leper, Diss. St. Petersburg 1904.

In den isolierten Darmabschnitt auf 15′ Pankreassaft eingegossen. Darauf wurde der Darm mit einer physiologischen Lösung ausgespült.

4	2,4	13′
5	1,8	14′

Selbst bei tausendfacher Verdünnung mittelst physiologischer Lösung übt der Pankreassaft als Erreger der Enterokinaseproduzierung, wie beispielsweise aus folgendem Versuche ersichtlich, eine vollauf energische Wirkung aus.

Der Saft wird mittelst eines Röhrchens in halbstündlichen Portionen gesammelt. Dem Pankreassaft sind 5% Darmsaft hinzugesetzt.

Nr. der Portion	Saftmenge in ccm	Geschwindigkeit der Fibrinauflösung
1	1,2	24′
2	1,8	28′

In den isolierten Darmabschnitt auf 15′ tausendfach verdünnter Pankreassaft eingegossen.

3	1,2	21′
4	1,1	23′

Die Einführung anderer Substanzen — Liebigs Fleischextrakt, Fleischsaft, Pepton Chapoteau, Brotbrei, Zucker, Blutserum, Sahne — in den Darm erhöhte in den folgenden Darmsaftportionen den Gehalt an Enterokinase nicht. Sonach ist der Pankreassaft als spezifischer Erreger der Produzierung dieses Ferments durch die Darmdrüsen anzusehen; die wasserabsondernde Funktion der Drüsen wird durch ihn nicht erhöht.

Doch worauf ist die Wirkung des Pankreassaftes zurückzuführen? Da der Pankreassaft nach dem Sieden seine Eigenschaft, die Absonderung der Enterokinase anzuregen, einbüßt, so muß man annehmen, daß seine Fermente die Erreger sind. Auf Grund der Versuche mit Zerstörung der Lipase und Amylase im Pankreassaft neigt *Sawitsch* der Auffassung zu, daß von seinen drei Fermenten gerade das Trypsin — sowohl in aktiver als auch inaktiver Form — als ein solcher Erreger anzusehen ist. Die proteolytischen Fermente der anderen Verdauungsflüssigkeiten (Galle, Magensaft) sind nicht befähigt, die Produzierung der Enterokinase zu erhöhen.

Abgesehen von lokaler Einwirkung, ist der Pankreassaft aber offenbar befähigt, auch von anderen Teilen des Darms aus einen Einfluß auf die Produzierung der Enterokinase auszuüben. *Sawitsch* wies darauf hin, daß bei Erregung eines Hundes mit Thiryscher Fistel durch den Anblick Geruch usw. der Nahrung sowie auch bei Nahrungsaufnahme die Menge der Enterokinase im Darmsaft anwächst. An der Hand von Spezialversuchen stellte er fest, daß die Eingießung sowohl von Salzsäurelösungen als auch von Pankreassaft in den Magen eines Hundes einen gleichen Effekt hervorruft.

Demzufolge nimmt er an, daß die erhöhte Enterokinaseproduzierung bei Erregung des Tieres durch den Anblick, Geruch usw. der Nahrung und bei Nahrungsaufnahme eine sekundäre Erscheinung ist, die man auf die Absonderung eines reflektorischen Magensaftes, der seinerseits eine ergiebige Pankreassaftsekretion hervorruft, zurückführen muß.

Der lokale Reiz der Darmschleimhaut spielt jedoch immerhin die Hauptrolle in der Fermentproduzierung durch die Drüsen. *Sawitsch*[1]) konstatierte,

---

[1]) W. W. Sawitsch, Der lokale Reiz als Hauptursache der Darmsaftsekretion. Russki Wratsch 1912, Nr. 38.

daß bei andauernder Untätigkeit des isolierten Darmabschnitts sowohl seine Sekretion als auch die Produzierung der Enterokinase abnimmt. Der mechanische Reiz (Einführung des Röhrchens) steigert die Saftmenge und erhöhte um einiges den Gehalt des Saftes an Enterokinase. Jedoch nur bei Eingießung des speziellen Erregers — des Pankreassaftes — in den Darmabschnitt kehrte der Gehalt an Enterokinase im Saft zur Norm zurück. Somit ist zur Aufrechterhaltung der normalen Tätigkeit der Verdauungsdrüsen ihre durch einen speziellen Erreger hervorgerufene Arbeit erforderlich. Diese *Sawitsch*schen Daten finden in den Untersuchungen anderer Autoren, die ein allmähliches Absinken sowohl der Quantität des durch den isolierten Darmabschnitt sezernierten Saftes als auch der in diesem letzteren enthaltenen Fermente sahen, Bestätigung (Frouin[1]), Foà[2])).

Gleich wie der Pankreassaft als Erreger der Enterokinaseproduktion erscheint, ist die Galle ein Erreger der Darmlipasesekretion. Lombroso[3]) hat bemerkt, daß das Einführen einer Lösung von Fettsäure (Ölsäure) in Galle die Sekretion einer weit größeren Quantität viel stärker lipolytisch wirkenden Saftes hervorruft. Jansen[4]) hat festgestellt, daß in diesem Falle die Galle, und zwar speziell die Gallensäure, als Erreger der Darmlipasesekretion erscheint.

Was die Erreger der Produzierung der Darmamylase anbetrifft, so läßt sich zurzeit nicht Bestimmtes darüber sagen.

Die verschiedenen Nahrungsregimes haben auf die Produzierung der Darmsaftfermente keinerlei Einfluß (*Sawitsch*[5]), Frouin[6])).

Die Bedeutung der festeren Bestandteile des Darmsaftes.

Der festere Bestandteil des Darmsaftes (Schleimklümpchen) stellt keinen nutzlosen Abfall dar. Er spielt offensichtlich bei der Kotbildung eine wichtige Rolle.

Zuerst hat auf eine derartige Bedeutung dieses Teiles des Darmsaftes Hermann[7]) hingewiesen. Er bildete aus der Darmschlinge einen geschlossenen Ring, dessen Mesenterium unversehrt war. Die Kontinuität des Darmtrakts wurde durch Vernähung des Magen- und Analendes des Darms wiederhergestellt; der Ring wurde in die Bauchhöhle hinabgesenkt und das Tier eine bestimmte Zeit am Leben gelassen (22—26 Tage). Bei Autopsie zeigte sich der geschlossene Darmring stets mit einem Inhalt angefüllt. Nach seinem Aussehen erinnerte dieser an Wurst. Beim Aufschneiden des Ringes konnte man sehen, daß er mit grünlichgrauen Kotmassen von mehr oder weniger fester Konsistenz und mit spezifischem Geruch angefüllt war. Die Reaktion dieser Massen war schwach alkalisch. Unter dem Mikroskop vermochte man in ihnen

---

[1]) A. Frouin, Sur les variations de la sécrétion du suc intestinal. Soc. Biol. 1905, T. LVIII, S. 653.

[2]) C. Foà, Sull erepsine del succo enterico e sulla scomprasa di alcuni fermenti intestinali in un' ansa del Vella da lungo tempo isolata. Archivio di Fisiol. 1908, Vol. V, Heft 1.

[3]) U. Lombroso, Sur la lipase de la sécrétion intestinale. Archives Italiennes de Biologie 1908, T. L, p. 445.

[4]) Jansen, Zeitschr. f. physiol. Chemie 1910, Bd. LXVIII, S. 400.

[5]) Sawitsch, Diss. St. Petersburg 1904, S. 19ff.

[6]) A. Frouin, La sécrétion et l'activité kinasique du suc intestinal ne sont pas modifiées par le régime. Soc. Biol. 1905, T. LVIII, p. 1025.

[7]) L. Hermann, Ein Versuch zur Physiologie des Darmkanals. Pflügers Archiv 1890, Bd. XLVI, S. 91.

Mucin, Fetttropfen, Bakterien und nadelförmige Krystalle zu entdecken. Eine Lösung solchen Kotes ergab eine Reaktion auf Indol. Ehrenthal und Blitstein[1]), die die Arbeit Hermanns wiederholten, nehmen an, daß die Hauptmasse des Ringkotes aus zerfallenem Darmepithel und fest gewordenem Darmsekret besteht.

Wenn auch bei den Hermannschen Versuchen das Darmstück, bevor aus ihm der Ring hergestellt wurde, mit Wasser ausgespült wurde, so vermochte doch eine solche Manipulation natürlich nicht die Bakterien von der Darmschleimhaut zu beseitigen. Um den Einfluß der Mikroorganismen bei Bildung des Ringkotes auszuschließen, desinfizierte Berenstein[2]) die Schleimhaut des zu bildenden Ringes mittelst Borsäure und Sublimat. Und in der Tat gelang es ihm in einigen Fällen, bakterienfreie Kotmassen zu erhalten. Endlich sah *Schepowalnikow*[3]) bei einem Hunde mit einer Darmfistel nach Thiry-Pawlow bald nach Vornahme einer Pilocarpininjektion hintereinander die Ausscheidung zweier großer Abgüsse eines ganzen Darmabschnittes (6 und 12 cm Länge) aus der Fistel. Zuvor hatte er ziemlich lange Zeit vom Hunde keinen Saft gesammelt; sein dünnflüssiger Teil hatte die Möglichkeit, nach außen hin abzufließen; sein festerer Teil dagegen trocknete ein und bildete die oben erwähnten Abgüsse.

Sonach ist man vollauf berechtigt, anzunehmen, daß der Ringkot ein normales Produkt der Tätigkeit der Darmschleimhaut ist. Der dünnflüssige Teil des Darmsaftes wird rasch aufgesaugt, während der festere zurückbleibt. Der Ringkot unterscheidet sich vom eigentlichen Kot nur dadurch, daß er keine Speiseteilchen enthält und nicht mit Galle gefärbt ist. Demzufolge ist die Bestimmung des festeren Teils des Darmsaftes in einer Einhüllung und Aneinanderklebung der Nahrungsteilchen zu sehen. Auf diese Weise wird die Gleichartigkeit der Kotmassen bei den verschiedenartigsten Eigenschaften der Speisereste erreicht. Eine direkte Betätigung des eben Gesagten finden wir in den obenangeführten Versuchen von *Glinski*[4]). Indem er Erbsen in die obere Darmfistel einführte, erhielt er sie aus der unteren mittelst eines klebrigen Schleimes aneinandergeklebt zurück. Folglich dient der festere Bestandteil des Darmsaftes gleichsam als Gerüst für den Kot. Er schützt die Schleimhaut vor Beschädigungen und erleichtert die Weiterbeförderung der Speiserückstände durch den Darm.

Der Mechanismus der Darmsaftsekretion.

Was für ein Mechanismus der Anregung der wasserabsondernden und fermentabsondernden Funktion der Darmdrüsen zugrunde liegt — ob ein nervöser oder humoraler — ist noch nicht endgültig entschieden. Vieles jedoch Spricht dafür, daß das Nervensystem eine wichtige Rolle bei der sekretion des Darmsaftes spielt. Hierbei wird die Weitergabe der Reize von der Darmschleimhaut an ihre Drüsen offenbar durch lokale Nervengebilde vermittelt. Die Durchschneidung der Nn. vagi hat auf die Darmsaftsekretion keinerlei Einfluß (*Glinski*[5])).

---

[1]) W. Ehrenthal und M. Blitstein, Neue Versuche zur Physiologie des Darmkanals. Pflügers Archiv 1890, Bd. XLVIII, S. 74.

[2]) L. Berenstein, Ein Beitrag zur experimentellen Physiologie des Dünndarms. Pflügers Archiv Bd. LIII, S. 52.

[3]) Schepowalnikow, Diss. St. Petersburg 1899, S. 93.

[4]) Glinski, Diss. St. Petersburg 1891, S. 26.

[5]) Glinski, Diss. St. Petersburg 1891, S. 29ff.

Vor allem spricht für einen nervösen Mechanismus die Tatsache der Darmsaftsekretion bei mechanischem Reiz der Darmschleimhaut. Solch ein Reiz wirkt nur lokal, seine Wirkung erstreckt sich nicht auf die benachbarten Gebiete des Darms. In besonders anschaulicher Form stellte, wie wir bereits wissen, diese Tatsache *Schepowalnikow* dar (s. S. 358). Beim Sammeln des Saftes von einem Hunde mit Thiry-Vellascher Fistel kommt das Sekret nur aus derjenigen Fistelöffnung zur Ausscheidung, in die das Röhrchen eingeführt ist.

Doch auch die chemischen Erreger, selbst so stark wie beispielsweise Kalomel, wirken nur bei ihrer lokalen Anwendung. Indem *Schepowalnikow* Kalomel per os einführte, nahm er eine Erhöhung der Sekretion aus dem isolierten Darmabschnitt nicht wahr, während man bei Einführung von Kalomel in diesen letzteren eine ungewöhnlich starke Absonderung aus ihm erzielt (*Sawitsch*). Zugunsten eines nervösen Mechanismus der Darmabsonderungserregung spricht auch die Tatsache, daß bei elektrischer Reizung der Darmschleimhaut eine Darmsaftabsonderung stattfindet (Thiry[1]), Masloff[2]), Dobroslawin[3]), *Schepowalnikow*[4])).

Ferner neigt *Sawitsch*[5]) der Auffassung zu, daß die erhöhte Produktion von Enterokinase unter dem Einfluß des Pankreassaftes gleichfalls durch Vermittlung des Nervensystems bewerkstelligt wird. Dies folgt übrigens daraus, daß die lokale Einwirkung des Pankreassaftes seine analoge Wirkung von anderen Teilen des Darms aus (Eingießung großer Quantitäten Pankreassaft in den Magen oder in rectum, Einfluß der Verdauung) bedeutend übersteigt. Man sollte meinen, daß beispielsweise während der Verdauung, wo außerordentlich große Mengen Pankreassaft und noch dazu im Verlauf einer beträchtlichen Zeit abgesondert werden, die Ansammlung von Enterokinase energischer vor sich gehen müsse, als bei lokaler sehr kurzdauernder (selbst 4 Minuten) Wirkung geringer Quantitäten vielfach verdünnten Pankreassaftes. In Wirklichkeit sind die Verhältnisse aber gerade umgekehrt.

Endlich spricht für den Einfluß des Nervensystems auf die Arbeit der Dünndarmdrüsen die Tatsache der sogenannten „paralytischen Sekretion" des Dünndarms.

Durchschneidet man alle zur isolierten Darmschlinge führenden Nerven, so beginnt etwa vier Stunden nach der Operation der denervierte Darmteil in verstärktem Maße Saft abzusondern. Diese Sekretion wächst nach und nach an, erreicht ihr Maximum nach Verlauf von 12 Stunden, wird dann schwächer und hört nach 24 Stunden fast ganz auf. Hierbei erweitern sich die Gefäße des Darms stark und es zeigen sich im letzteren peristaltische Bewegungen (Moreau[6]), Hanau[7]), Mendel[8]), Falloise[9]), Molnàr[10])). Nach seiner Zusammen-

---

[1]) Thiry, Sitzungsberichte der Wiener Akad. d. Wissensch. 1864, Bd. L, S. 77.

[2]) Masloff, Unters. aus d. physiol. Inst. d. Univ. Heidelberg 1882, S. 290.

[3]) Dobroslawin, Mil.-med. Journ. (russ.) 1870, Bd. CVII, S. 80.

[4]) Schepowalnikow, Diss. St. Petersburg 1899, S. 47.

[5]) Sawitsch, Diss. St. Petersburg 1904, S. 43 ff.

[6]) A. Moreau, Zentralbl. f. med. Wissenschaften 1868, S. 209. Zitiert nach Mendel.

[7]) A. Hanau, Experimentelle Untersuchungen über die Physiologie der Darmsekretion. Zeitschr. f. Biologie 1886, Bd. XXII, S. 195.

[8]) Lafayette B. Mendel, Über den sogenannten paralytischen Darmsaft. Pflügers Archiv 1896, Bd. LXIII, S. 425.

[9]) A. Falloise, L'origine sécrétoire du liquide obtenu par énervation d'une anse intestinal. Arch. intern. de physiol. 1904, Vol. I, p. 261.

[10]) B. Molnàr, Zur Analyse des Erregungs- und Hemmungsmechanismus der Darmsekretion. Deutsche med. Wochenschr. 1909, S. 1384.

setzung kommt der „paralytische Darmsaft" dem normalen nahe. Er enthält Fermente (Mendel[1]), Falloise[2])). Daher fehlt es an ausreichender Unterlage, in ihm ein Transsudat zu sehen, wie dies einige Autoren tun (Leubuscher und Tecklenburg[3])).

Was die Ursachen der paralytischen Sekretion anbetrifft, so läßt sich mit einer gewissen Berechtigung annehmen, daß bei Durchschneidung der zum Darm führenden Nerven der Einfluß der Hemmungsnerven der Darmdrüsen beseitigt wird (Falloise[4]), Molnàr[5])).

Allein es sind auch Tatsachen vorhanden, die scheinbar für den humoralen Charakter der Darmsaftsekretion sprechen.

So sahen Delezenne und Frouin[6]), indem sie einem Hunde Secretin in das Blut injizierten, eine Sekretion von Darmsaft aus dem Zwölffingerdarm. Botazzi und Gabrieli[7]) riefen eine Darmsaftsekretion bei intravenöser Injektion eines in Wasser hergestellten Darmschleimhautsextrakts hervor.

Eine Darmsaftsekretion riefen jedoch bei einem Hunde mit Thiry - Vellascher Fistel nach Mironescu[8]) im Falle ihrer subcutanen Injektion die Extrakte der verschiedenartigsten Organe in $^1/_{10}$ proz. Salzsäurelösungen hervor — nämlich Extrakte der Speiseröhrenschleimhaut, des Magenbodens, des Pylorus, des Duodenums, des Dickdarms und des Rectums, sowie Extrakte der Leber und der Nebennieren. All diese Extrakte hatten 5—6 Minuten nach ihrer subcutanen Injektion eine Darmsaftsekretion von kurzer Dauer (15—20 Minuten) zur Folge. Dagegen entbehrten Extrakte des Gehirns, der Bauchspeicheldrüse, der Muskeln und des Herzens jeglicher Wirkung. Mironescu hält die wirksamen Extrakte nicht für spezifische Erreger der Darmsaftsekretion. Er nimmt an, daß sie die extraintestinalen Nerven paralysieren, und konstatiert eine Analogie zwischen seinen Versuchen und den Versuchen mit Durchschneidung dieser Nerven. Hirata[9]), der sich derselben Methodik bediente, erhielt eine Darmsaftsekretion von kurzer Dauer bei intravenöser Injektion von Milchserum, Röstprodukten aus Pflanzen, gerösteten Getreidearten und 1 proz. NaCl-Lösungen (5 proz. Lösungen riefen eine Sekretion nicht hervor).

Frouin[10]) schreibt dem Darmsafte selbst die Fähigkeit zu, die Sekretion der Dünndarmdrüsen humoral anzuregen. Indem er in das Blut eines Hundes den Darmsaft eines Hundes oder Stiers injizierte, beobachtete er eine starke Sekretion der Dünndarmdrüsen. Weder Speichel, noch Magen-, noch Pankreassaft, noch Galle gelangte hierbei zur Absonderung. Da der Darmsaft Secretin zerstört, so ist Frouin der Ansicht, daß die Erreger der Darm- und Pankreas-

---

[1]) Lafayette B. Mendel, Pflügers Archiv 1896, Bd. LXIII, S. 425.

[2]) Falloise, Arch. intern. de physiol. 1904, Vol. I, p. 261.

[3]) Leubuscher und Tecklenburg, Virchows Archiv 1894, Bd. CXXXVIII, S. 367. Zitiert nach Mendel.

[4]) Falloise, Arch. intern. de physiol. 1904, Vol. I, p. 261.

[5]) Molnàr, Deutsche med. Wochenschr. 1909, S. 1384.

[6]) Delezenne et Frouin, Soc. Biol. 1904, T. LVI, p. 319.

[7]) F. Botazzi et L. Gabrieli, Recherches sur la sécrétion du suc entérique. Arch. intern. de physiol. 1905, Vol. III, p. 156.

[8]) Th. Mironescu, Über die Wirkung von Organextrakten auf die Darmsekretion. Intern. Beitr. z. Pathol. u. Ther. der Ernährungsstörungen 1910, Bd. I, S. 194.

[9]) G. Hirata, Über die hämatogene Anregung der Darmsaftsekretion durch Molke, pflanzliche Röstprodukte und verschieden konzentrierte Kochsalzlösungen. Intern. Beitr. z. Phatol. u. Ther. der Ernährungsstörung 1911, Bd. II, S. 239.

[10]) A. Frouin, Action du suc intestinal sur la sécrétion entérique. Soc. Biol. 1905, T. 58, p. 702.

sekretion nicht identisch sind. Der Darmsaft büßt seine safttreibenden Eigenschaften beim Sieden nicht ein. Mit den safttreibenden Eigenschaften des Darmsaftes glaubt Frouin die Sekretion aus der einen Darmschlinge (nach Thiry) bei Injektion verschiedener Substanzen (Lösungen von Salzsäure, Seife, Äther, Chloral) in die andere zu erklären. Der aus der gereizten Schlinge zur Resorption gelangende Darmsaft regt die Sekretion in der nichtgereizten an. Bei mechanischem und elektrischem Reiz der einen Darmschlinge wird jedoch eine Absonderung aus der anderen nicht wahrgenommen.

Somit erscheinen weitere Untersuchungen des Mechanismus der Darmsaftsekretion im höchsten Grade wünschenswert. Es ist sehr wohl möglich, daß er gleich dem Mechanismus der Pankreassekretion ein doppelter ist, d. h. ein nervöser sowohl wie auch ein humoraler.

Die Drüsen des Dickdarms.

Erst seitdem die Forscher die Möglichkeit haben, mit Hilfe permanenter Fisteln des Dick- und Blinddarms das reine Sekret der letzteren zu erhalten, gewann die Frage über die Bedeutung dieser Teile in der Gesamttätigkeit des Verdauungskanals festen Boden. Die ersten Forscher, die mit solchen Fisteln beim Hunde arbeiteten, nämlich Vella[1]) und Klug und Koreck[2]), kamen jedoch zueinander widersprechenden Schlüssen hinsichtlich der dem Dickdarmsekret zukommenden Rolle. Vella legte ihm eine allzu große Bedeutung bei (Fähigkeit Stärke und Saccharose in Traubenzucker überzuführen, Fleisch und Hühnereiweiß zu peptonisieren, aus Milch Casein zur Abfällung zu bringen und sodann dieses letztere aufzulösen und Fette zu emulgieren). Klug und Koreck dagegen verneinten nicht nur die Fermentfunktionen des Dickdarmsekrets, sondern sahen auch in den Drüsen dieses Teiles selbst lediglich Einstülpungen der Schleimhaut, die ihre resorptive Oberfläche vergrößern. Die Frage wurde im Laboratorium von *J. P. Pawlow* von *Berlazki*[3]) und *Strashesko*[4]) an Hunden mit chronischen Fisteln des Blind- und Dickdarms einer Nachprüfung unterzogen. Die Autoren gelangten zu übereinstimmenden Resultaten hinsichtlich des Charakters der Sekretion aus diesem Darmabschnitt und der Eigenschaften seines Sekrets.

Methodik.

Das bequemste Verfahren, ein reines Sekret des von uns zu erforschenden Darmabschnitts zu erhalten, ist die Isolierung des Blinddarms, der beim Hunde sich als ziemlich entwickelt darstellt (Vella[5]), *Berlazki*[6]), *Strashesko*[7])). Der Blinddarm wird vom Dickdarm abgetrennt, die Öffnung im Dickdarm vernäht, die Öffnung des Blinddarms dagegen mit einigen Nähten zusammengezogen, nach außen geführt und in die Bauchwunde eingenäht. Der Saft des Blinddarms wird mittelst eines an den Bauch des Hundes gerade unter der Fistelöffnung befestigten Trichters oder mit Hilfe eines in die Höhlung des isolierten Abschnitts eingeführten Röhrchens gesammelt. Der Saft des Dickdarms jedoch läßt sich, wenn auch weniger bequem,

[1]) L. Vella, Über die Verrichtungen des Coecums und des übrigen Dickdarms. Moleschotts Untersuchungen zur Naturlehre 1882, Bd. XIII, S. 432.

[2]) F. Klug und J. Koreck, Über die Aufgabe Lieberkühnscher Drüsen im Dickdarm. Archiv f. (Anat. und) Physiol. 1883, S. 463.

[3]) G. B. Berlazki, Material zur Physiologie des Dickdarms. Diss. St. Petersburg 1903.

[4]) N. D. Strashesko, Zur Physiologie des Darms. Diss. St. Petersbrug 1904.

[5]) Vella, Moleschotts Untersuchungen 1882, Bd. XIII, S. 432.

[6]) Berlazki, Diss. St. Petersburg 1903.

[7]) Strashesko, Diss. St. Petersburg 1904.

in der Weise erhalten, daß man ani praeternaturales in dem unteren Ende des Dünndarms oder am Anfang des Dickdarms bildet. Die Enden des durchschnittenen Darmes werden in die Bauchwunde eingenäht; aus dem oberen entleert sich der Darminhalt, aus dem unteren kann man den Saft des Dickdarms erhalten oder in diesen verschiedene Substanzen einführen (Vella[1]), Wakabayaschi[2])). Gleiches kann auch durch Anlegung zweier Fisteln — vor und hinter der Bauhinschen Klappe — erreicht werden (*Strashesko*[3])). Der weiteren Darstellung sollen hauptsächlich die Arbeiten von *Berlazki* und *Strashesko* zugrunde gelegt werden, die Hunde mit Blinddarmfisteln benutzten.

Die Zusammensetzung des Saftes.

Die Schleimhaut des Dickdarms enthält einfache tubulöse Drüsen, die sich nach ihrer Struktur von den analogen Drüsen des Dünndarms unterscheiden (Klose[4])). Während in den ersteren die Menge der protoplasmatischen Zellen überwiegt und Schleimzellen nur in geringer Zahl vorkommen, sind in den letzteren die Schleimzellen vorherrschend. Beim Hunde finden sich in der Regel zwischen zwei Schleimzellen nur eine einzige zylindrische Zelle. Beim Kaninchen ist das Lumen der Dickdarmdrüsen lediglich mit Schleimzellen belegt.

Entsprechend dem Charakter der sezernierenden Elemente besteht der Saft des Blinddarms beim Hunde aus zwei Teilen: einem dünnflüssigen und einem festeren, Klümpchen bildenden Teile. Beim Sammeln des Saftes mittelst eines Trichters überwiegt der letztere, bei mechanischem Reiz der Schleimhaut mittelst eines Abzugsröhrchens bildet die Hauptmasse des Saftes sein dünnflüssiger Teil.

Der Saft des Blinddarms besitzt einen eigenartigen aromatischen Geruch, der an den Geruch des Spermas erinnert.

Der dünnflüssige Teil des Saftes ist halbdurchsichtig, opalescierend, nimmt beim Sieden eine trübe Färbung an und ergibt einen flockigen Niederschlag bei Zusatz von verdünnter Essigsäure zur siedenden Flüssigkeit. Seine Reaktion ist alkalisch; die Alkalität beträgt 0,04332% Na_2CO_3. Das spezifische Gewicht ist gleich 1,06131 (*Berlazki*). Im Durchschnitt enthält der dünnflüssige Teil des Saftes 98,60% Wasser, 0,63% organischer und 0,68% anorganischer Substanzen (*Strashesko*).

Der feste Teil des Saftes besteht aus einer gelblichen, gelatineartigen, schleimigen, klebrigen, Klümpchen bildenden Masse. Unter dem Mikroskop lassen sich in ihr häufig fettentartete Epithelialzellen, Ansammlungen von Bakterien, weiße Blutkörperchen, einzelne Körnchen und Detritus unterscheiden.

Die Bestimmung dieses festeren Teiles des Blinddarmsaftes ist vermutlich die gleiche, wie beim entsprechenden Teil des Dünndarmsaftes. Er dient zur Einhüllung und Aneinanderklebung der Speiseteilchen und befördert die Kotbildung.

Der Blinddarmsaft verfügt über folgende Fermenteigenschaften (*Berlazki*[5]), *Strashesko*[6])).

---

[1]) Vella, Moleschotts Untersuchungen 1882, Bd. XIII, S. 432.

[2]) T. Wakabayaschi, Über die Mobilität und Sekretion des Dickdarms. Intern. Beitr. zur Pathol. u. Therapie der Ernährungsstörungen 1911, Bd. II, S. 507.

[3]) Strashesko, Diss. St. Petersburg 1904.

[4]) G. Klose, Beiträge zur Kenntnis der tubulösen Darmdrüsen. Inaug.-Diss. Breslau 1880. Zitiert nach Heidenhain in Hermanns Handbuch der Physiologie 1883, Bd. V, Teil I, S. 163ff.

[5]) Berlazki, Diss. St. Petersburg 1903, S. 36ff.

[6]) Strashesko, Diss. St. Petersburg 1904, S. 53ff.

Es bringt native Eiweißkörper (Fibrin, koaguliertes Eiereiweiß) nicht zur Lösung, doch dafür wirkt er auf Peptone ein, d. h. enthält Erepsin. Im Safte des Blinddarms ist dieses Ferment in geringerer Quantität vertreten als im Dünndarmsaft. Außer Erepsin fanden Wakabayashi und Wohlgemuth[1]) im Safte des Dickdarms auch noch ein peptolytisches Ferment, das befähigt ist, solche Peptide zu spalten, auf welche der Pankreassaft keine Wirkung ausübt. Von eben jenen Autoren ist im Dickdarmsekret die Nuclease aufgefunden worden.

Was das Vorhandensein von Lipase im Blinddarmsekret anbetrifft, so hält *Strashesko* ein solches für im höchsten Grade zweifelhaft. Wakabayashi und Wohlgemuth entdeckten eine sehr schwache lipolytische Wirkung des Dickdarmsaftes. Von Kohlehydratfermenten enthält der Saft des Blinddarms Amylase, Maltase, Invertin, enthält jedoch nicht Lactase (*Strashesko*). In bezug auf Cellulose ist er indifferent, unabhängig davon, ob er einer vorherigen Behandlung durch andere Verdauungssäfte (Magensaft, Pankreassaft, Galle, Dünndarmsaft) unterworfen wurde oder nicht (*Strashesko*).

Der Blinddarmsaft erhöht die Wirkung des Fett- und Stärkeferments des Pankreassaftes. Diese fördernde Wirkung hat jedoch keinen Fermentcharakter, da sie auch nach dem Sieden des Blinddarmsaftes nicht verschwindet. Enterokinase enthält der Saft des Blinddarms nicht. Ein Zusatz davon zum Pankreassaft verlangsamt sogar die Trypsinisation dieses letzteren (*Strashesko*).

Der Verlauf der Saftabsonderung unter verschiedenen Bedingungen.

Die Menge des durch den Blinddarm eines hungrigen Hundes ohne mechanischen Reiz abgesonderten Sekrets ist äußerst spärlich. *Berlazki*[2]) erhielt, indem er den Saft mittelst eines Trichters sammelte, bisweilen im Verlauf der gesamten, 8 Stunden betragenden Beobachtungsperiode keinen einzigen Tropfen Saft. Durchschnittlich belief sich bei einer Reihe von Versuchen die stündliche Leistung der sekretorischen Arbeit bei einem von seinen Hunden auf 0,03 ccm, beim anderen auf 0,12 ccm.

Ein lokaler mechanischer Reiz (Einführung eines Abzugsröhrchens in den isolierten Darmabschnitt) erhöht die Saftabsonderung, wenn man auch jetzt Stunden antrifft, wo die Sekretion gänzlich zum Stillstand kommt. Bei eben jenem Hunde, bei dem *Berlazki* beim Sammeln des Blinddarmsaftes mittelst eines Trichters eine mittlere Stundenmenge von 0,03 ccm erhielt, erhöhte *Strashesko*[3]) bei mechanischem Reiz (Einführung des Röhrchens) dieselbe bis auf 0,24 ccm. (Den Verlauf der stündlichen Saftabsonderung bei mechanischem Reiz eines hungrigen Hundes kann man auf Tabelle CXVIII sehen.)

Vergleicht man die mittlere stündliche Saftmenge, die durch die Röhre aus dem Dünndarm (Versuche *Schepowalnikows*) und aus dem Blinddarm ausfließt, wie das *Strashesko* getan hat, so erweist es sich, daß der Dünndarm eine 6—7fache Menge Sekrets im Vergleich zu dem Blinddarm liefert.

Der Genuß verschiedenartiger Nahrungssorten (Fleisch, Brot, Milch, Haferbrei) erhöht sehr unbedeutend oder selbst überhaupt nicht die safttreibende Energie der Blinddarmdrüsen im Vergleich mit dem Hungerzustand. Der unbedeutende Einfluß der Nahrungsaufnahme auf die Sekretion lenkt besonders bei Vorhandensein eines mechanischen Reizes die Aufmerksamkeit auf sich.

---

[1]) Wakabayashi und Wohlgemuth, Intern. Beitr. zur Pathol. u. Ther. der Ernährungsstörungen 1911, Bd. II, S. 519.

[2]) Berlazki, Diss. St. Petersburg 1903, S. 20ff.

[3]) Strashesko, Diss. St. Petersburg 1904, S. 40ff.

Tabelle CXVIII zeigt die Versuche *Strasheskos* mit Absonderung des Blinddarmsaftes eines Hundes beim Hungern, sowie beim Genuß von 100 g Fleisch, 250 g Brot, 600 ccm Milch und 500 g Haferbrei. Wo es möglich war, sind parallele Versuche mit Sammeln des Saftes mittelst eines Röhrchens und Trichters angeführt.

Tabelle CXVIII.

Der stündliche Verlauf der Saftsekretion des Hundeblinddarms beim Hungern sowie beim Genuß von 100 g Fleisch, 250 g Brot, 600 ccm Milch, 500 g Haferbrei (nach *Strashesko*).

Unter welchen Bedingungen wird der Saft gesammelt?	Womit wird der Saft gesammelt?	Stündliche Saftmenge in ccm							Insgesamt	Mittlere Stundenmenge
		I	II	III	IV	V	VI	VII		
Hungern	Röhrchen	0,1	0,4	0,1	0,2	0,4	0,3	—	1,5	0,25
Genuß von 100 g Fleisch {	Trichter	0,2	0,1	0,1	0,1	0,0	0,1	—	0,6	0,1
	Röhrchen	1,0	0,6	0,4	0,2	0,1	0,4	—	2,7	0,45
Genuß von 250 g Brot {	Trichter	0,0	0,0	0,1	0,8	1,1	0,0	—	2,0	0,33
	Röhrchen	0,2	0,4	0,4	0,4	0,2	0,2	0,3	2,1	0,3
Genuß von 600 cm Milch {	Trichter	0,0	0,0	0,4	0,0	0,0	0,0	—	0,4	0,06
	Röhrchen	0,9	0,4	0,6	0,2	0,3	0,1	0,1	2,6	0,35
Genuß von 500 g Haferbrei	Röhrchen	0,6	0,5	0,2	0,4	0,0	0,3	0,0	2,0	0,28

Ein Gleiches ergibt sich auch aus den von *Strashesko* auf Grund aller seiner Versuche zusammengestellten Durchschnittsziffern.

	Durchschnittliche stündliche Saftmenge	
	Trichter	Röhrchen
Beim Hungern	—	0,24 ccm
Bei Genuß von 100 g Fleisch	0,16 ccm	0,42 ccm
Bei Genuß von 250 g Brot	0,17 ccm	0,26 ccm
Bei Genuß von 600 ccm Milch	0,06 ccm	0,34 ccm

Somit üben die verschiedenartigsten Nahrungssorten einen sehr unbedeutenden oder sogar überhaupt gar keinen Einfluß auf die Blinddarmsekretion aus.

Um die Saftabsonderung aus dem Blinddarm während der gesamten, in der Regel 12—13 Stunden dauernden Periode des Übertritts der Speisemassen aus dem Dünndarm in den Dickdarm zu untersuchen, beobachtete *Strashesko* die Sekretion im Verlaufe dieser Zeit nach der einen oder anderen Nahrungsaufnahme. Allein auch in diesem Falle ließ sich eine Abhängigkeit der Saftsekretion von der Verdauungsphase nicht wahrnehmen.

Also ist die Saftsekretion aus dem Blinddarm in sehr schwachem Maße den von anderen Teilen des Verdauungskanals ausgehenden Reizen unterworfen und wird hauptsächlich durch lokale Einflüsse bedingt. Ein mechanischer Reiz erhöht bedeutend die Sekretion aus dem Blinddarm und erhält sie so lange aufrecht, als er einwirkt; wird er beseitigt, so findet eine Saftabsonderung fast überhaupt nicht statt.

Empfindlichkeit der Dünn- und Dickdarmschleimhaut.

Indem *Strashesko*[1]) mit einem Hunde arbeitete, der zwei Darmfisteln hatte: vor und hinterhalb der Bauhinschen Klappe (am Ende des Ileums 6—7 cm oberhalb der Bauhinschen Klappe und am Anfang des Dickdarms 3—4 cm unter-

---

[1]) Strashesko, Diss. St. Petersburg 1904, S. 147ff.

halb der Einmündung des Blinddarms in den letzteren), machte er auf den auffallenden Unterschied in der Empfindlichkeit des einen und anderen Teiles aufmerksam. Während die Schleimhaut des ersteren über eine im höchsten Grade entwickelte Empfindlichkeit verfügt, ist die Schleimhaut des letzteren wenig empfindlich (sensibel). Nur eine physiologische Lösung NaCl und Pankreassaft üben auf die Schleimhaut des Dünndarms keinen Reiz aus. Die in den Dünndarm durch die Fistel eingeführte Flüssigkeit geht allmählich durch die Bauhinsche Klappe in den Dickdarm über, wo man sie aus der Fistel erhalten kann. Der Hund bleibt während der ganzen Dauer des Versuchs ruhig. Lösungen von Soda (0,1—0,3%), von Salzsäure (0,05—0,3%), rohes Hühnereiweiß, eine 2proz. Lösung von Trauben- und Milchzucker, Provenceröl sowie 5—10proz. Liebigsches Extrakt werden in unveränderter Quantität und unverzüglich in den Dickdarm weiterbefördert. Hierbei zeigt der Hund eine heftige Unruhe, seine Atemzüge werden häufiger, er winselt, tritt von einem Bein auf das andere usw. Nicht selten treten auch Brechbewegungen auf. Auf die Einführung sämtlicher genannten Substanzen in den Dickdarm reagiert der Hund nicht, indem er bisweilen sogar der Prozedur des Eingießens selbst gar nicht gewahr wird.

VII. Einige motorische Erscheinungen des Verdauungskanals.

Die Wechselbeziehungen zwischen dem Magen und dem Zwölffingerdarm. Säure. — Wechselbeziehungen zwischen dem Magen und dem Zwölffingerdarm. Fett. — Die Geschwindigkeit des Hindurchpassierens der verschiedenen Nahrungssubstanzen durch den Verdauungskanal. — Die periodische Arbeit des Verdauungskanals.

Bisher haben wir die Arbeit jeder Drüsengruppe des Verdauungskanals im einzelnen betrachtet. Doch auch bei einer derartigen Darstellung hatten wir auf Schritt und Tritt Gelegenheit, auf die Wechselbeziehung zwischen den verschiedenen Teilen des Verdauunstrakts hinzuweisen: die fermentative Wirkung der Säfte des einen Teils dauert in dem andern fort. So stellt beispielsweise das Ptyalin des Speichels seine Wirkung im Magen nicht ein, und der Pankreassaft ist zusammen mit dem Magen-, Pylorus- und Brunnerschen Saft an der Verdauung des Fettgewebes beteiligt.

Der Zusammenhang zwischen den verschiedenen Teilen des Magendarmkanals ist jedoch ein bedeutend innigerer. Es handelt sich nicht nur um eine fermentative Wirkung der sich in den einen Teil ergießenden Verdauungssäfte innerhalb des anderen. Es lassen sich nicht wenig Fälle beobachten, wo die Säfte speziell aus einem Teil in andere, und zwar in solche befördert werden, wo sie im gegebenen Augenblick erforderlich sind. Sie können hier nötig sein entweder als Verdauungsflüssigkeiten oder als die Reaktion des Inhalts dieses oder jenes Abschnittes verändernde Reaktive oder endlich als Erreger reflektorischer Bewegungen einiger Teile des Magendarmtrakts. Mit dieser letzteren Eigenschaft der Verdauungsflüssigkeiten ist übrigens die wichtige Frage hinsichtlich des Übertritts des Mageninhalts in den Darm auf das engste verknüpft. Um ein klares und vollständiges Bild von der äußeren Sekretion der Verdauungsdrüsen zu erhalten, müssen wir, wenn auch in kurzen Zügen, einige motorische Erscheinungen des Verdauungskanals, die in der Arbeit seiner verschiedenen Teile einen Zusammenhang herstellen, einer Betrachtung unterziehen. Dies wird uns zeigen, daß der Verdauungskanal in der Tat ein Ganzes darstellt.

Die Wechselbeziehungen zwischen dem Magen und dem Zwölffingerdarm. Säure.

Wir beginnen mit den Wechselbeziehungen zwischen dem Magen und dem Zwölffingerdarm.

Bereits in den Arbeiten von Hirsch[1]), Mering[2]) und Marbaix[3]) war

[1]) A. Hirsch, Beiträge zur motorischen Funktion des Magens beim Hunde. Centralbl. f. klin. Med. 1892, S. 993. — Untersuchungen über den Einfluß von Alkali und Säure auf die motorischen Funktionen des Hundemagens. Ibidem 1893, S. 73. — Weitere Beiträge zur motorischen Funktion des Magens nach Versuchen an Hunden mit Darmfisteln. Ibidem 1893, S. 377.

[2]) Mering, Über die Funktionen des Magens. Verhandl. d. XII. Kongr. f. innere Medizin 1893, S. 476.

[3]) Marbaix, Le passage pylorique. La Cellule 1898, T. XIV, p. 251.

mit Sicherheit festgestellt worden, daß der mit Speise angefüllte Magen sich nicht auf einmal entleert und der portionsweise Übertritt seines Inhaltes durch den oberen Teil des Darms reguliert wird. Von hier aus wird ein Reflex ausgelöst, demzufolge sich der Pylorus nach jedem Übertritt einer Speiseportion schließt. Die Ursachen der Entstehung dieses Schließreflexes bei Berührung der Speisemassen mit der Schleimhaut des Zwölffingerdarms waren jedoch nicht völlig aufgeklärt. Freilich hatte Hirsch bereits die Aufmerksamkeit auf den Umstand gerichtet, daß die Geschwindigkeit des Übertritts neutraler und alkalischer Flüssigkeiten aus dem Magen in den Darm bedeutend größer ist, als die Übertrittsgeschwindigkeit saurer Flüssigkeiten, und war zu dem Schlußergebnis gelangt, daß die aus dem Magen in den Darm übertretende und diesen letzteren reizende Säure auf die Entleerung des Magens einen Einfluß ausübt.

Doch erst durch die Untersuchung von *Serdjukow*[1]) ist die außerordentlich wichtige Rolle der Magensaftsäure bei Regulierung des Übertritts der Speisemassen aus dem Magen in den Darm festgestellt worden. Nunmehr vermochte man von einem „chemischen" Reflex von der Duodenalschleimhaut aus auf den Pylorus zu sprechen. Die aus dem Magen in den Darm übergetretenen sauren Speisemassen rufen einen reflektorischen Verschluß des Pylorus hervor. Erst nach ihrer Neutralisation durch die sich in das Lumen des Zwölffingerdarms ergießenden alkalischen Säfte (Pankreas-, Brunnerscher, Darmsaft und Galle) öffnet sich der Pylorus und läßt eine neue Portion des Mageninhalts passieren. Dieser portionsweise Übertritt des Mageninhalts in den Darm hat eine außerordentliche Bedeutung für die richtige Ablösung der Magenverdauung durch die Duodenalverdauung. Wenn die sauren Speisemassen auf einmal in größerer Menge in den Darm überträten, so würde nicht nur eine ungünstige Reaktion für die Einwirkung der Pankreassäftfermente, sondern auch diese Fermente selbst würden durch das Pepsin des Magensaftes zerstört werden. Andererseits gibt der allmähliche und folglich verlangsamte Übertritt der Speisemassen diesen die Möglichkeit, sowohl im Magen als auch im Zwölffingerdarm eine bessere Verarbeitung zu erfahren.

Folgende Tatsachen gaben *Serdjukow* die Möglichkeit, eine so wichtige Rolle der Salzsäure des Magensaftes festzustellen:

Gießt man einem Hunde in den Magen durch die Fistel Lösungen von Salzsäure (0,5%), von Soda (0,5%) oder destilliertes Wasser ein, so kann man gewöhnlich sehen, daß die Säurelösungen im Magen bedeutend länger zurückgehalten werden, als Wasser und insonderheit Sodalösungen. Ein besonders auffallender Unterschied im Übertritt der genannten Flüssigkeiten läßt sich in dem Falle beobachten, wo einer der sich in den Zwölffingerdarm ergießenden alkalischen Verdauungssäfte nach außen hin abgeleitet wird. In diesem Falle werden die sauren Lösungen im Magen besonders lange zurückgehalten. So sah beispielsweise *Serdjukow*[2]) an einem Hunde mit einer Magenfistel und einer permanenten Fistel des großen Ganges der Pankreasdrüse folgende Beziehungen:

Aus dem Magen nach
15 Min. herausgelassen

In den Magen eingegossen 200 ccm 0,5% Salzsäure	185 ccm
In den Magen eingegossen 200 ccm destillierten Wassers	37 ccm
In den Magen eingegossen 200 ccm 0,5% Soda	18 ccm

---

[1]) A. S. Serdjukow, Eine der wesentlichen Bedingungen des Speiseübertritts aus dem Magen in den Darm. Diss. St. Petersburg 1899.

[2]) Serdjukow, Diss. St. Petersburg 1899, S. 20.

Tabelle CXIX.

Der Übertritt einer 0,25 proz. Sodalösung aus dem Magen in den Darm ohne Bespülung und bei Bespülung des Zwölffingerdarms mittelst Magensaftes und 0,25 proz. Sodalösung (nach *Serdjukow*).

Zeit	Magen	Zwölffingerdarm	Zeit	Magen	Zwölffingerdarm
11$^\text{h}$ 30′	Eingegossen 0,25 proz. Na_2CO_3-Lösung 100 ccm	—	1$^\text{h}$ 08′	Eingegossen 0,25 proz. Na_2CO_3-Lösung 100 ccm	—
11$^\text{h}$ 45′	Herausgelassen 0,25 proz. Na_2CO_3-Lösung 10 ccm	—	1$^\text{h}$ 23′	Herausgelassen 0,25 proz. Na_2CO_3-Lösung 6 ccm	—
12$^\text{h}$ 30′	—	Eingegossen Magensaft 10 ccm	1$^\text{h}$ 45′	—	Eingegossen 0,25 proz. Sodalösung 10 ccm
12$^\text{h}$ 32′	Eingegossen 0,25 proz. Na_2CO_3-Lösung 100 ccm	—	1$^\text{h}$ 47′	Eingegossen 0,25 proz. Na_2CO_3-Lösung 100 ccm	do. 5 ccm
12$^\text{h}$ 34′	—	Eingegossen Magensaft 5 ccm	1$^\text{h}$ 49′	—	do. 5 ccm
12$^\text{h}$ 36′	—	do. 5 ccm	1$^\text{h}$ 51′	—	do. 5 ccm
12$^\text{h}$ 38′	—	do. 5 ccm	1$^\text{h}$ 53′	—	do. 5 ccm
12$^\text{h}$ 40′	—	do. 5 ccm	1$^\text{h}$ 55′	—	do. 5 ccm
12$^\text{h}$ 42′	—	do. 5 ccm	1$^\text{h}$ 57′	—	do. 5 ccm
12$^\text{h}$ 44′	—	do. 5 ccm	1$^\text{h}$ 59′	—	do. 5 ccm
12$^\text{h}$ 46′	—	do. 5 ccm	2$^\text{h}$ 01′	—	do. 5 ccm
12$^\text{h}$ 47′	Herausgelassen aus dem Magen 95 ccm	—	2$^\text{h}$ 02′	Herausgelassen aus dem Magen 7 ccm	—

Es läßt sich jedoch auch an der Hand eines direkten Versuches nachweisen, daß eine Reizung der Duodenalschleimhaut mittelst einer Salzsäurelösung oder mittelst natürlichen Magensaftes die gewöhnlich den Magen sehr rasch verlassende Sodalösung auf längere Zeit im Magen zurückhält. Der Versuch wird in der Weise vorgenommen, daß man durch die Magenfistel in den Magen auf einmal eine bestimmte Quantität Sodalösung einführt und durch die Duodenalfistel in den Darm nach Ablauf geringer Zwischenräume Säurelösungen oder Magensaft in geringen Portionen eingießt. Daß im gegebenen Falle die in den Zwölffingerdarm eingegossene Säure auf Grund ihrer chemischen Eigenschaften aber nicht mechanisch einwirkt, wird durch den Umstand bewiesen, daß eine analoge Einführung einer Sodalösung in den Darm den Übertritt des Mageninhalts nicht aufhält. Dies ergibt sich aus den nachfolgenden Versuchen *Serdjukows*[1]) (Tabelle CXIX). Bei den Kontrollversuchen, wo in den Zwölffingerdarm nichts eingegossen wurde, verließen die in den Magen eingegossenen 100 ccm einer 0,25 proz. Sodalösung denselben in 15 Minuten. Bei Bespülung des Zwölffingerdarms mittelst einer Sodalösung von gleicher Stärke,

[1]) Serdjukow, Diss. St. Petersburg 1899, S. 24 ff.

wie sie auch die in den Magen eingeführte zeigte (0,25%), lassen sich fast
dieselben Verhältnisse beobachten (nach 17 Minuten im Magen 7 ccm Lösung).
Dagegen wurde bei Bespülung der Darmschleimhaut mittelst Magensafts nach
Verlauf ein und desselben Zeitraumes aus dem Magen fast die ganze in diesen
eingegossene Sodalösung herausgelassen (95 ccm statt 100 ccm). Somit rief der
Magensaft einen Schließreflex des Pylorus hervor und ließ aus dem Magen dessen
Inhalt nicht passieren. Da der Magensaft im Verlauf des ganzen Versuches in
den Darm eingegossen wurde, so vermochte der Pankreassaft nicht, ihn zu
neutralisieren.

Demnach kommt der Säure des Magensaftes eine wichtige Rolle
bei der Regulierung des Übertritts des Mageninhalts in den Darm
zu. Ihre Bedeutung wächst noch mehr an, wenn man der Cannonschen[1])
Auffassung beitritt, daß sie, indem sie mit der Schleimhaut des Pylorusteiles
des Magens in Berührung kommt, die Öffnung des Pylorus bedingt.

Dies ist der gewöhnliche Verlauf der Erscheinungen. Doch es werden auch
Fälle beobachtet, wo die Neutralisation der in den Magen eingegossenen Säurelösung nicht in der Höhlung des Zwölffingerdarms, sondern im Magen selbst
vor sich geht. Bereits vor ziemlich langer Zeit wurde die Fähigkeit des Magens
konstatiert, auf irgendwelche Weise die Konzentration der in ihn eingegossenen
Lösungen herabzusetzen. Diese Tatsache führte sogar zur Aufstellung der
Hypothese von der „Verdünnungssekretion“ im Magen (s. oben S. 135). Erst
in jüngster Zeit fand die Frage dank den Arbeiten von *Boldyreff*[2]), *Arbekow*[3]),
Kaznelson[4]) und *Migay*[5]) bis zu einem gewissen Grade ihre Aufklärung.

Die grundlegende Tatsache, von der die genannten Forscher (*Boldyreff*,
Migay) ausgehen, ist die, daß die in den Magen eingegossenen Lösungen verschiedener Säuren (von 0,2% bis 0,5% auf HCl berechnet), sowie gleichfalls
auch der natürliche Magensaft bedeutend an ihrer Acidität verlieren. Je höher
hierbei die Acidität der eingegossenen Lösung ist, um so größer ist die prozentuale Abnahme der Konzentration. Demnach werden alle genannten Lösungen
im Magen annähernd zu einer Konzentration gebracht, die 0,2—0,1% HCl beträgt. Bei der Acidität der Lösungen von 0,2—0,1% an HCl ist diese Abnahme
eine sehr unbedeutende oder sie findet sogar überhaupt nicht statt. Sehr schwache
Lösungen, beispielsweise 0,05proz. Lösungen HCl, erhöhen dagegen im Magen
ihre Acidität: sie erreicht 0,1—0,15% HCl. Somit sind im Magen Bedingungen
vorhanden, die die Fixierung einer genau bestimmten, 0,1—0,2% HCl entsprechenden Acidität der Lösungen begünstigen. Der Gehalt an Chloriden in
den eingegossenen Flüssigkeiten verändert sich wenig; er sinkt nur gegen Ende
des Versuches ein wenig ab. Gleichzeitig mit dem Sinken der Acidität der in
den Magen eingegossenen Lösung geht auch eine Veränderung ihres Aussehens

---

[1]) W. B. Cannon, The acid control of pylorus. The Americ. Journal of Physiol.
1907, Vol. XII, p. 387.

[2]) W. Boldyreff, Einige neue Seiten der Tätigkeit des Pankreas. Ergebnisse
der Physiologie. Elfter Jahrg. 1911, S. 121. Eben hier ist auch die Literatur betreffs
der Frage angeführt.

[3]) P. A. Arbekow, Über die Bedingungen der Zurückwerfung der Darmflüssigkeiten (Galle, Pankreas- und Darmsaft) in den Magen. Diss. St. Petersburg 1904.

[4]) L. S. Kaznelson, Die normale und pathologische reflektorische Erregbarkeit der Schleimhaut des Zwölffingerdarms. Diss. St. Petersburg 1904.

[5]) Ph. J. Migay, Über die Veränderung saurer Lösungen im Magen. Diss.
St. Petersburg 1909.

vor sich: sie wird trübe und nimmt eine gründlichgelbe, allmählich intensiver werdende Färbung an.

Die nachfolgenden, *Migay*[1]) entlehnten Ziffern zeigen den Grad der Aciditätserniedrigung der verschiedenen, einem Hunde durch die Fistel in den Magen eingegossenen Salzsäurelösungen.

0,5 proz. Lösung HCl verließ d. Magen nach 70 Min. nach Verlust v. 75,0 % ihr. Acidität
0,4 „ „ „ ;, „ „ „ 50 „ „ „ „ 51,14% „ „
0,3 „ „ „ „ „ „ ·, 40 „ ,, „ „ 43,75% ., „
0,2 „ „ „ ,, „ „ „ 30 „ „ „ ,. 22,72% „ „
0,1 „ „ „ „ „ „ „ 20 „ „ „ „ 8,33% „ „.
0,05 „ ·, „ ,. „ „ „ 30 „ ihre Acidität erhöhte
sich auf 116%.

Worauf ist nun aber die Erniedrigung der Acidität der in den Magen eingegossenen Lösungen zurückzuführen? Nachdem *Lönnqvist* (s. S. 135) an einem Hunde mit isoliertem Magen dargetan hat, daß die Magendrüsen bei Einwirkung hypertonischer Salzlösungen normalen Magensaft zur Absonderung bringen, fällt die Frage über die „Verdünnungssekretion" in sich selbst zusammen. Es bleibt noch die Möglichkeit einer Neutralisation der in den Magen eingeführten sauren Lösungen durch den Speichel, den Magenschleim, den alkalischen Pylorussaft und die sich in das Lumen des Zwölffingerdarms ergießenden (Pankreas-, Darm-, Brunnerscher Saft und Galle) und in den Magen zurückgeworfenen alkalischen Säfte. Gerade die letztere Annahme entspricht am meisten den tatsächlichen Verhältnissen. Wenn auch die Neutralisation der sauren Lösungen im Magen zum Teil durch die Alkalien des Speichels, des Magenschleims und des Pylorussaftes vor sich geht, so muß doch die erste Stelle in dieser Hinsicht den in den Magen zurückgeworfenen Duodenalsäften und vor allem dem am meisten alkalischen Pankreassafte zuerkannt werden. Die Erhöhung der Acidität der schwach sauren Lösungen (0,05% an HCl) hängt davon ab, daß sie die Magensaftsekretion anregen. Dies bestätigt übrigens die Erhöhung des Gehalts an Chloriden in solchen Lösungen gegen Ende des Versuches.

Bei den Kontrollversuchen mit Eingießung von Wasser sowie einer 0,25 proz. Sodalösung in den Magen findet eine Zurückwerfung der Duodenalsäfte nicht statt.

Folgende Tatsachen sprechen für diesen Satz.

Bei Eingießung saurer Lösungen in den Magen eines ösophagotomierten Hundes, dessen Speichel nicht in jenen gelangen kann, geht ein gleiches Absinken der Acidität der Lösung vor sich, wie bei einem Hunde mit unversehrter Speiseröhre. Somit spielt der Speichel keine wesentliche Rolle bei der Neutralisation.

Dem Magenschleim und dem Pylorussafte kommt in dieser Hinsicht eine etwas bedeutendere Rolle zu, doch ist sie auch nicht groß. So sinkt die Acidität der in den abgesonderten Magen (Fundusteil samt dem Pylorus, Unterbindung an der Grenze zwischen dem Pylorus und dem Zwölffingerdarm) eingegossenen Lösungen sehr unerheblich ab (*Sokolow*[2]), *Lönnqvist*[3]), *Boldyreff*[4]), *Migay*[5])).

Als Beispiel zitieren wir (Tab. CXX) zwei Versuche *Migays* mit Eingießung einer 0,5 proz. Salzsäurelösung in den Magen eines Hundes vor und nach Ab-

---

[1]) Migay, Diss. St. Petersburg 1909, S. 37.
[2]) Sokolow, Diss. St. Petersburg 1904, S. 147.
[3]) Lönnqvist, Skandin. Archiv f. Physiologie 1906, Bd. 18, S. 194.
[4]) Boldyreff, Ergebnisse der Physiologie 1911. 11. Jahrg., S. 162.
[5]) Migay, Diss. St. Petersburg 1909, S. 67ff.

grenzung der Magenhöhle von der Höhlung des Zwölffingerdarms mittelst Anlegung einer Ligatur im Gebiete des Pylorus. (Solche Hunde überleben diese Operation um 4—5 Tage. Sie auf üblichem Wege zu füttern, ist natürlich nicht möglich.) Indem *Migay* die natürlichen Verhältnisse, d. h. den Austritt des Mageninhalts in den Darm nachahmte, entnahm er nach Unterbindung im Gebiete des Pylorus dem Magen die Lösung in Bruchteilen nach Ablauf bestimmter Zwischenräume.

Tabelle CXX.

Neutralisation von 200 ccm einer 0,5proz. Salzsäurelösung im Magen eines Hundes vor und nach Unterbindung im Gebiete des Pylorus (nach *Migay*).

Vor Unterbindung des Pylorus. In den Magen 200 ccm einer 0,5proz. Lösung HCl eingegossen					Nach Unterbindung des Pylorus. In den Magen 200 ccm einer 0,5proz. Lösung HCl eingegossen				
Zeit nach Eingießung	Menge des Mageninhalts in ccm	Acidität in % HCl	Chloride nach Mohr	Bemerkungen	Zeit nach Eingießung	Menge des Mageninhalts in ccm	Acidität in % HCl	Chloride nach Mohr	Bemerkungen
10 Min.	160	0,438	10,2	Die Lösung hat eine hellgrüne Färbung angenommen	15 Min.	200	0,474	11,8	Etwas Schleim
20 Min.	140	0,429	10,4	idem	30 Min.	195	0,465	11,6	Schleim in größerer Menge
30 Min.	110	0,382	10,1	Grünlichgelbe Färbung	45 Min.	150	0,465	11,6	Viel Schleim. Die Lösung ist trübe geworden
40 Min.	60	0,310	9,9	Die Lösung ist trübe geworden	60 Min.	100	0,456	11,4	idem
50 Min.	25	0,237	9,1	Gelbe Emulsion	75 Min.	50	0,447	11,4	idem
Prozentuale Abnahme der Acidität: 55,55%					Prozentuale Abnahme der Acidität: 9,26%				

Aus den Ziffern dieser Tabelle folgt, daß bei unbehindertem Übertritt der Säurelösung aus dem Magen in den Darm das Absinken der Acidität — selbst innerhalb des geringsten Zeitraumes — ein solches bei Abtrennung dieser beiden Teile um ein Sechsfaches übersteigt. Demgemäß drängt sich von selbst die Schlußfolgerung auf, daß die Neutralisation der sauren Lösungen im Magen durch Einwirkung der in diesen zurückgeworfenen alkalischen Duodenalsäften vor sich geht. Und in der Tat spricht hierfür sowohl die Trübung und Farbenänderung der Lösung, die auf eine Beimischung von Pankreas- und Darmsaft sowie von Galle hinweisen, als auch besonders die Auffindung aller drei Fermente des Pankreassaftes im Mageninhalt (*Boldyreff*[1])). Da die Absonderung des Pankreas- und Darmsaftes — und vielleicht auch der Galle — in diesem Falle zweifellos durch die ersten Portionen der aus dem Magen in den Zwölffingerdarm übertretenden sauren Lösung hervorgerufen wird, so kann man sich auch an der Hand eines direkten Versuches davon überzeugen, daß die Reizung der Schleimhaut des oberen Teiles des Dünndarms mittelst einer Säurelösung eine Zurückwerfung der aufgezählten Verdauungsflüssigkeiten in den Magen hervorruft. Zu diesem Zwecke braucht man nur eine Bespülung der Schleimhaut der Thiry-Vellaschen Fistel eines Hundes mittelst einer 0,15—0,5proz. Salzsäurelösung oder natürlichen Magensaftes vorzunehmen. Aus dem leeren Magen

---

[1]) **Boldyreff**, Ergebnisse der Physiologie 1911. 11. Jahrg., S. 158.

beginnt bereits nach sehr kurzer Zeit durch die Magenfistel ein alkalisches Gemisch von Duodenalsäften abzufließen. Seine Quantität erreicht nicht selten innerhalb 1 Stunde bis 1 Stunde 30 Minuten 100 ccm. In ihm können alle Fermente festgestellt werden, die den einzelnen seine Bestandteile bildenden Säften eigen sind (*Arbekow*[1]), *Boldyreff*[2])). Dasselbe beobachtete auch *Migay*[3]), indem er auf bestimmte Zeit (20—30 Minuten) in den Magen eine saure Lösung einführte und sie dann wieder herausließ. Nach einiger Zeit begann aus der Fistel eine trübe, grünlich-gelbe Flüssigkeit von schwach alkalischer Reaktion abzufließen, die in alkalischem Medium Fibrin und koaguliertes Eiereiweiß verdaute. Offenbar handelte es sich hier um ein Gemisch aus Pankreassaft, Darmsaft und Galle.

Bei Aufklärung der Bedeutung eines jeden einzelnen der Duodenalsäfte hinsichtlich der Neutralisation der sauren Lösungen im Magen ergab sich, daß die Hauptrolle in dieser Hinsicht dem die höchste Alkalität aufweisenden Pankreassafte zukommt. Seine Alkalität muß in solchen Fällen besonders hoch sein, da er auf Säure zum Abfluß gelangt (s. S. 288). Unterbindet man bei einem Hunde beide Gänge der Bauchspeicheldrüse, so verlassen die Säurelösungen den Magen bedeutend langsamer; der Prozentsatz der Alkalitäterniedrigung dagegen ist niedriger als bei der Norm. So sah beispielsweise *Migay*[4]), daß nach der genannten Operation 200 ccm einer 0,5 proz. Salzsäurelösung auch nach Ablauf von drei Stunden den Magen nicht völlig verlassen hatten, während bei eben jenem Hunde vor Unterbindung der Pankreasgänge bereits nach 45 Minuten bis 1 Stunde der Magen leer war. Die Acidität sank im ersteren Falle nur auf 17—26%, dagegen bei der Norm auf 52—58% der ursprünglichen Höhe herab.

Die Galle spielt eine bedeutend geringere Rolle. Die Unterbindung des Ductus choledochus hat auf den normalen Verlauf der Neutralisation der sauren Lösungen im Magen einen geringen Einfluß (*Migay*). In dem Falle jedoch, wo ein chronischer Mangel an Pankreassaft vorhanden ist, beispielsweise bei einem Hunde mit einer permanenten Fistel des großen Pankreasganges, übernehmen seine Rolle als neutralisierenden Faktors die Galle und der Darmsaft. Sie kommen in solchem Falle in sehr großen Mengen zur Absonderung (*Boldyreff*[5])).

Die Beobachtungen an Tieren hinsichtlich der Aciditätserniedrigung der in den Magen eingegossenen Säurelösungen und der hierbei stattfindenden Zurückwerfung der Duodenalsäfte in den Magen wurden von *Migay*[6]) an Menschen mit Magenfisteln bestätigt.

Sonach kann es keinem Zweifel unterliegen, daß die Neutralisation der sauren Lösungen im Magen durch Einwirkung der Duodenalsäfte vor sich geht. Offensichtlich regen schon die ersten Portionen der Säurelösung, die mit der Schleimhaut des Zwölffingerdarms in Berührung kommen, die Arbeit der hier mündenden Drüsen an. Infolge der antiperistaltischen Bewegungen des Darms werden diese Säfte in den Magen zurückgeworfen.

Doch welche physiologische Bedeutung hat diese Erscheinung? Sie steht gleichsam im Widerspruch mit einer anderen Erscheinung — dem Verschluß

---

[1]) Arbekow, Diss. St. Petersburg 1904.
[2]) Boldyreff, Ergebnisse der Physiologie 1911. 11. Jahrg., S. 160.
[3]) Migay, Diss. St. Petersburg 1909, S. 64 ff.
[4]) Migay, Diss. St. Petersburg 1909, S. 82 ff.
[5]) Boldyreff, Ergebnisse der Physiologie 1911. 11. Jahrg., S. 171.
[6]) Migay, Diss. St. Petersburg 1909, S. 48 ff.

des Pylorus unter dem Einfluß der auf die Darmoberfläche einwirkenden Säure. Und warum zieht es der Organismus vor, in einigen Fällen die sauren Lösungen in der Magenhöhle, aber nicht in der Höhlung des Zwölffingerdarms zu neutralisieren?

Die Antwort hierauf geben uns die Versuche mit Eingießung von Säurelösungen verschiedener Stärke in den Magen. In sämtlichen Fällen macht sich das Bestreben bemerkbar, diese Acidität bis zu einem bestimmten Niveau — nämlich 0,1—0,2% an HCl — zu bringen. Und aus den Untersuchungen von *Kaznelson*[1]) ersehen wir ohne weiteres, daß als normaler Erreger der Duodenalschleimhaut eine 0,1proz. Salzsäurelösung anzusehen ist. Konzentriertere Lösungen — z. B. 0,5% HCl — rufen bereits ausgesprochen pathologische Veränderungen der Darmschleimhaut hervor, die eine Störung der normalen reflektorischen Erregbarkeit nach sich ziehen. Zwecks Erhaltung dieses zarten Gebildes setzt der Organismus eine Schutzvorrichtung in Gestalt der Zurückwerfung der alkalischen Duodenalsäfte in den Magen in Wirksamkeit.

Geht eine solche Neutralisation des sauren Mageninhalts bei normaler Verdauung vor sich? Diese Frage kann noch nicht als endgültig abgeschlossen gelten. Da jedoch die Acidität des Speisegemisches im Magen gewöhnlich 0,15—0,2% HCl entspricht, was derjenigen Acidität, bis zu welcher die sauren Lösungen im Magen gebracht werden, nahekommt, so muß mit dieser Möglichkeit gerechnet werden. Besonders groß kann das Bedürfnis an alkalischen Duodenalsäften in dem Falle sein, wo die Nahrungssubstanz an sich nicht befähigt ist, große Säuremengen zu binden. Daher muß man bei niedrigerer Acidität des Mageninhalts — beispielsweise nach dem Probefrühstück beim Menschen — stets die Möglichkeit einer Neutralisation des sauren Magensaftes durch die zurückgeworfenen Darmsäfte in Betracht ziehen (*Boldyreff*[2])).

Wechselbeziehungen zwischen dem Magen und dem Zwölffingerdarm. Fett.

Bei weiterer Untersuchung der Frage hinsichtlich des Übertritts des Mageninhalts in den Darm stellte sich heraus, daß nicht nur die sauren Flüssigkeiten befähigt sind, vom Zwölffingerdarm aus einen Schließreflex des Pylorus hervorzurufen. Bereits Marbaix[3]) konstatierte, daß bei Milch und Eigelb die Entleerung des Magens in langsamerem Tempo vor sich geht, als bei Wasser, Molken und Eiereiweiß. *Lintwarew*[4]) klärte diese Tatsachen näher auf, indem er die Auslösung eines Schließreflexes auf den Pylorus bei Einführung von Fett, den Produkten seiner Spaltung (Fettsäuren, doch nicht Glycerin) und Umwandlung (Seifen) feststellte. Eine völlig gleiche Wirkung übten auch an Fett (Eigelb, Sahne) reichhaltige Nahrungssubstanzen aus. Die unmittelbare Einführung von Substanzen, die nach ihrer Konsistenz den Fetten nahekommen (Stärkekleister, Hühnereiweiß, Gummi), durch die Fistel in den Zwölffingerdarm hatte einen reflektorischen Verschluß des Pylorus nicht zur Folge. Ebenso löste nach *Edelman*[5]) auch Vaseline einen Reflex nicht aus. Der Schließreflex wird durch

---

[1]) Kaznelson, Diss. St. Petersburg 1904.

[2]) Boldyreff, Ergebnisse der Physiologie 1911. Jahrg. 11, S. 177.

[3]) Marbaix, La Cellule 1898, T. XIV, p. 251.

[4]) S. J. Lintwarew, Über die den Fetten beim Übertritt des Mageninhalts in den Darm zukommende Rolle. Diss. St. Petersburg 1901.

[5]) J. A. Edelman, Die Magenbewegungen und der Übertritt des Mageninhalts in den Darm. Diss. St. Petersburg 1906.

Fett von der gesamten oberen Hälfte des Dünndarms aus zur Auslösung gebracht, nimmt nach unten hin allmählich ab und wird von den unteren Teilen des Dünndarms (in der Nähe der Bauhinschen Klappe) aus nicht hervorgerufen (*Edelman*). Die Geschwindigkeit, mit der der reflektorische Verschluß des Pylorus bei Fett hervorgerufen wird, ist die gleiche wie im Falle von Säure; doch hält sich der Reflex auf Fett bedeutend länger als der auf Säure (*Lintwarew*). Die Methodik, vermittelst deren man diese Daten erhielt, ist die gleiche wie bei Untersuchung der Säurewirkung (Einführung einer indifferenten Flüssigkeit in den Magen und von Fett in den Zwölffingerdarm).

Doch schon früher (*Damaskin*[1])) war die außerordentlich wichtige Tatsache festgestellt worden, daß das in den Magen eingegossene Öl nach seinem Übertritt in den Zwölffingerdarm wiederum in den Magen zurückkehrt. Hierbei findet ein Abfluß der Duodenalsäfte aus dem Darm in den Magen statt (s. S. 276). Mit anderen Worten, man beobachtet Verhältnisse, die denjenigen analog sind, die wir bei Einführung großer Mengen konzentrierterer Säurelösungen in den Magen wahrnahmen. Die Anregung der Saftabsonderung und der antiperistaltischen Bewegungen bei Fett sowohl als auch im Falle von Säure findet von der Schleimhaut des oberen Teiles des Dünndarms aus statt.

Die Frage wurde eingehender untersucht von *Boldyreff*[2]), **der den Eintritt eines Gemisches aus Duodenalsäften bei verschiedenen Sorten fetter Nahrung** (Brot mit Butter, Fleisch mit Fett, Eigelb, Sahne), **sowie bei Einführung von neutralem Öl und Öl, dem Oleinsäure beigemengt war, in den Magen zu konstatieren vermochte.** Analoge Beobachtungen machte man auch hinsichtlich der Lösungen Natrii oleinici (*Babkin*[3]), *Boldyreff*[4])).

Im Mageninhalte wurden bei Einführung von Fett oder fetthaltiger Nahrung die Fermente des Pankreassaftes und Darmsaftes sowie Galle festgestellt. Die Quantität des Mageninhalts nimmt bei flüssigem Fett und Seifenlösungen stark zu, wobei sie ziemlich lange Zeit neutral oder alkalisch bleibt. Erst nachdem der Mageninhalt eine saure Reaktion angenommen hat, beginnt er allmählich in den Darm überzutreten. Bei Einführung flüssigen Fettes in den Magen läßt sich noch eine interessante Erscheinung beobachten: eine mehrmaliger Übergang des Öles zusammen mit den Duodenalsäften aus dem Magen in den Darm, und umgekehrt (*Boldyreff*[5])).

Diese Tatsachen decken sich vollauf mit dem, was wir hinsichtlich der Verdauung fetter Nahrung im Magen wissen. Wie bekannt, lassen sich bei Genuß solcher Nahrung oder bei Einführung von Öl in den Magen zwei Phasen in der Arbeit der Pepsindrüsen beobachten. Während der ersten, bisweilen einige Stunden dauernden Phase ist die Tätigkeit der Magendrüsen sowohl in quantitativer als auch in qualitativer Hinsicht gehemmt. Gerade mit dieser Phase fällt (bei flüssigen Fettsorten) die Zunahme des Mageninhalts zusammen. Innerhalb der zweiten Phase produzieren die Magendrüsen eine beträchtliche Saftmenge. Der Mageninhalt nimmt eine deutlich saure Reaktion an und tritt allmählich in den Darm über.

---

[1]) Damaskin, Verhandl. d. Gesellsch. russ. Ärzte zu St. Petersburg 1895—1896. Februar, S. 7.

[2]) Boldyreff, Ergebnisse der Physiologie 1911. 11. Jahrg., S. 135.

[3]) Babkin, Arch. des Sciences Biologiques 1904, T. XI, Nr. 3.

[4]) W. Boldyreff, Über den Übergang des Gemisches von Pankreas-, Darmsaft und Galle in den Magen. Vortrag auf dem 9. Pirogoffschen Kongreß zu St. Petersburg, den 10. I. 1904.

[5]) Boldyreff, Ergebnisse der Physiologie 1911. 11. Jahrg., S. 140.

Vergegenwärtigt man sich, daß das hauptsächlichste, auf Fette einwirkende Verdauungsagens das durch den Darmsaft oder besonders durch die Galle aktivierte Steapsin des Pankreassaftes ist, so wird der Sinn der Zurückwerfung der Duodenalsäfte in den Magen während der ersten Periode der Anwesenheit des Fettes daselbst vollauf verständlich. Offensichtlich handelt es sich um die Verdauung des Fettes durch Steapsin in der Magenhöhle. Die außerordentlich schwache Absonderung des Magensaftes innerhalb der ersten Phase begünstigt dies in höchstem Maße. Die Alkalien der Duodenalsäfte neutralisieren mit Leichtigkeit die geringe Menge Salzsäure des Magensaftes, während die Galle die Wirkung des unter anderen Bedingungen die Pankreasfermente leicht zerstörenden Pepsins aufhebt. Hierbei muß in Betracht gezogen werden, daß auf fette Substanzen ein an Fermenten besonders reicher Pankreassaft zum Abfluß gelangt. Die Wirkung des Steapsins auf die Fette in der Magenhöhle während der zweiten Phase der Magensekretion, wo bereits große Quantitäten Magensaft zum Abfluß zu kommen beginnen, ist zweifelhaft.

Was die Lipase des Darmsaftes anbetrifft, so nimmt sie nach *Boldyreff*[1]) schwerlich einen größeren Anteil an der Spaltung der Fette im Magen. Unter normalen Bedingungen wird der Darmsaft nach den Untersuchungen dieses Forschers bei Fett in geringen Quantitäten in den Magen zurückgeworfen; ferner wirkt seine Lipase langsam und nur auf emulgierte Fette ein.

Das Vorhandensein einer Magenlipase stellt *Boldyreff*[2]) schlechtweg in Abrede. Da sie jedoch von andern Autoren im reinen Magensaft gefunden wurde, so bedarf die Frage einer Nachprüfung.

Wie bereits oben bemerkt, schlug *Boldyreff*[3]) auf Grund der Fähigkeit der Duodenalsäfte, bei Anwesenheit von Fett im Magen in diesen letzteren zurückgeworfen zu werden, vor, zum Zwecke einer funktionellen Diagnostik der Bauchspeicheldrüse sich der Einführung einer Ölprobe in den Magen zu bedienen. Das Öl muß rach Ablauf einer bestimmten Zeit dem Magen mittelst einer Sonde entnommen werden; es ist in solchem Falle mit Duodenalsäften und unter anderem mit Pankreassaft vermischt, dessen Fermente dann in ihm bestimmt werden können.

Was den Mechanismus der Zurückwerfung der Duodenalsäfte in den Magen bei Anwesenheit von Fett daselbst anbetrifft, so geht die Sache offenbar folgendermaßen vor sich. Das Fett sowie die Produkte seiner Spaltung (Oleinsäure) oder Umwandlung (Seifen) regen, indem sie in den Zwölffingerdarm eintreten, die Absonderung einer ganzen Reihe von Verdauungssäften an. Ist die Menge des in den Darm übertretenden Fettes beträchtlich oder die Konzentration seiner Produkte hoch, so geht ihre Verarbeitung nicht im Zwölffingerdarm, sondern im Magen vor sich. Anstatt eines Schließreflexes auf den Pylorus werden antiperistaltische Bewegungen des Darms angeregt, was zur Folge hat, daß eine Zurückwerfung des in den Darm übergetretenen Fettes zusammen mit den Duodenalsäften in den Magen stattfindet. Es ist sehr wohl möglich, daß die Schleimhaut des Zwölffingerdarms gegen einen Reiz durch konzentriertere Lösungen von Oleinsäure und Seifen ebenso wie sie gegen einen übermäßig starken Reiz mittelst Salzsäure geschützt ist. Wenigstens sah *Babkin*[4]) Schwankungen des Mageninhalts, resp. eine Zurückwerfung der Duodenalsäfte in den Magen nur bei den stärksten der von ihm verwendeten Konzentrationen

---

[1]) Boldyreff, Ergebnisse der Physiologie 1911. Jahrg. 11, S. 145 ff.

[2]) Boldyreff, Ergebnisse der Physiologie 1911. Jahrg. 11, S. 140 ff.

[3]) Boldyreff, Pflügers Archiv 1907, Bd. CXXI, S. 13.

[4]) Babkin, Arch. des Sciences Biologiques 1904, T. 11, Nr. 3.

Natrii oleinici (10%, 5% und 2,5%). Weniger konzentrierte Seifenlösungen (1% und 0,5%) verließen größtenteils gleichmäßig den Magen. Offensichtlich vermochte die Schleimhaut des Zwölffingerdarms Lösungen einer solchen Konzentration ohne weiteres zu vertragen. Zu einem gleichen Schluß gelangte auch *Arbekow*[1]). Er sieht einen normalen Erreger der Schleimhaut des Dünndarms in 0,5 proz. Seifenlösungen.

Was neutrales Fett anbetrifft, das gleichfalls eine Zurückwerfung der Duodenalsäfte in den Magen hervorruft, so spielt hier möglicherweise der Umstand eine Rolle, in welcher Menge es in den Darm übertritt. Bei größeren Mengen dürften sich im Darm auf einmal beträchtliche Quantitäten seiner Produkte bilden. Es ist sehr wohl möglich, daß auch hier in der Höhlung des Zwölffingerdarms wiederum eine Anhäufung von außerordentlich großen Fettsäuren und Seifemengen vor sich gehen wird.

Wie dem aber nun auch sein mag, die Tatsache steht zweifellos fest, daß im Magen eine Verdauung der Fette durch die sich in den Zwölffingerdarm ergießenden Säfte vor sich gehen kann.

Aus dem oben Dargelegten folgt, daß zwischen dem Magen und dem Zwölffingerdarm sehr enge Wechselbeziehungen bestehen. Diese Teile des Verdauungskanals, die gewöhnlich voneinander abgetrennt sind, stellen in einigen Fällen gleichsam eine einzige Höhlung dar, in der die Neutralisation außerordentlich saurer Lösungen oder die Verdauung von Fettsubstanzen durch die Säfte eines von ihnen vor sich geht.

Die Geschwindigkeit des Hindurchpassierens der verschiedenen Nahrungssubstanzen durch den Verdauungskanal.

Indem *Berlatzki*[2]) den Übertritt der Speisemassen in den Dickdarm eines Hundes untersuchte, lenkte er die Aufmerksamkeit auf den Umstand, daß dieser Übertritt ein ungleichartiger ist für Substanzen, zu deren Bestandteilen Milch gehört, und für solche, bei denen dies nicht der Fall ist. Indem er einem Hunde dieses oder jenes Futter zu fressen gab und darauf aus einer am Ende des Blinddarms oder zu Beginn des Dickdarms angelegten Fistel den Darminhalt stündlich sammelte, konnte er sehen, daß Milch und mit Milch angerichtete Speisen — im Gegensatz zu anderen Nahrungssubstanzen — auf einmal und noch dazu in großen Mengen in den Dickdarm übertreten. Die durch die Fistel bei Milchprodukten erhaltene Menge der Speisemassen ist bedeutend größer als bei Nichtmilchprodukten. Eine Ausnahme bildet rohes Eiereiweiß, das ebenfalls in großen Mengen in den Dickdarm übertritt.

Tabelle CXXI enthält die mittleren Zahlen *Berlazkis*, welche zeigen, was für Futter und wieviel vom Hunde gefressen wurde, und welche Menge der Darminhalts im Verlaufe von 10 Stunden aus der Fistel des Blinddarms zur Ausscheidung gelangte. Die letzte Rubrik stellt das prozentuale Verhältnis zwischen der Quantität der in die Darmhöhlung übergetretenen Speisemassen und der Menge der vom Tiere gefressenen Futtermassen fest.

Aus der Tabelle ergibt sich, daß bei Milch und Milchprodukten (mit wenigen Ausnahmen: Sahne, Quark) die Quantität der in den Dickdarm übertretenden Speisemassen bedeutend höher ist als bei Nichtmilchprodukten. Im ersteren

---

¹) Arbekow, Diss. St. Petersburg 1904.
²) Berlazki, Diss. St. Petersburg 1903.

Tabelle CXXI.

Die Übertrittsmenge der verschiedenen Nahrungssubstanzen in den Dickdarm (mittlere Zahlen nach *Berlazki*).

Speiseart	Die Menge der aus der Fistel zur Ausscheidung gelangenden Speisemassen in ccm	Prozentuales Verhältnis
600 ccm Wasser	9,7	1,6
600 ccm einer 0,5 proz. Sodalösung	15,0	2,5
400 g Fleisch	20,8	5,02
600 ccm 4 proz. Liebigschen Extrakts	65,7	10,9
200 g Brot	34,3	17,1
600 ccm Wasserhaferbrei	8,0	1,3
600 ccm Vollmilch	171,1	28,5
600 ccm abgesahnte Milch	224,7	37,5
600 ccm Molken	113,2	18,7
600 ccm Milchgrießbrei	244,0	40,6
600 ccm Milchhaferbrei	253,5	42,2
600 ccm Milchreisbrei	324,5	54,0
600 ccm „Milchkissèl"[1]	225,0	37,5
600 ccm Milchnudelsuppe	273,0	45,5
600 ccm geronnene (dicke Milch)	123,0	20,5
600 g Quark	25,6	4,3
600 ccm Sahne	70,6	11,8
100 g Sahnenbutter	4,7	4,7
600 ccm Milch Nestle	29,2	4,86
600 ccm Brei Nestle	64,0	10,6
100 ccm Provenceröl	4,0	4,0
300 g rohes Eiereiweiß	79,5	26,5
300 g hart gekochtes Eiereiweiß	23,5	7,8
300 g rohes Eiergelb	17,5	5,8

Falle bilden sie $^1/_3$, sogar $^1/_2$ der verzehrten Portion; im letzteren übersteigen sie selten $^1/_6$—$^1/_7$ derselben.

Das Aussehen der Speisemassen, ihre Konzentration und ihr Geruch sind in beiden Fällen verschieden. Bei Nichtmilchprodukten ist das aus der Fistel zur Ausscheidung gelangende Speisegemisch dickflüssig, von dunkelbrauner Farbe und hat einen Geruch, der dem Kotgeruch nahekommt. Bei Milchprodukten scheidet sich eine große Menge hellgelber Flüssigkeit aus mit Schleimflocken und einer geringen Quantität Milchgerinnsel. Der Geruch dieser Ausscheidungen erinnert nicht an den Geruch von Kot. Die Reaktion der Speisemassen ist sowohl im ersteren wie auch im zweiten Falle in bezug auf Lackmus und Lackmoid schwach alkalisch oder neutral, in bezug auf Phenolphtalein sauer (*Strashesko*[2]). Das in der Milch enthaltene Fett wird in den oberen Teilen des Darms zurückgehalten, und in den Dickdarm tritt vornehmlich Molken mit Caseingerinnsel über. Infolgedessen ist bei den an fettreichen Milchprodukten die Quantität der in den Dickdarm übertretenden Massen geringer als bei den an fettarmen Produkten.

---

[1] „Kissèl" ist ein auf Kartoffelmehl mit Milch oder Fruchtsaft zubereitete Speise.

[2] Strashesko, Diss. St. Petersburg 1904.

Der Verlauf des Übertritts der Speisemassen in den Dickdarm bei Milch und Milchprodukten unterscheidet sich ebenfalls vom Verlaufe des Übertritts bei anderen Nahrungssubstanzen. Milch und mit Milch angerichtete Speisen treten rasch in den Dickdarm über. Bereits von der 2.—3. Stunde an beginnen die Speisemassen reichlich aus der Fistel ausgeschieden zu werden.

Als Beispiel zitieren wir zwei Versuche mit Genuß von 600 ccm Haferbrei in Wasser und einer gleichen Menge Haferbrei in Milch. Die Darmausscheidungen erhält man aus der am Ende des Blinddarms angebrachten Fistel im Verlaufe von zehn Stunden.

Stunde	I	II	III	IV	V	VI	VII	VIII	IX	X	Insgesamt
600 ccm Wasserhaferbrei:	1;0	1,5	1,0	0,5	0,5	0,5	1,0	1,5	1,0	0	*8,5* ccm
600 ccm Milchhaferbrei:	8,0	6,0	25,0	7,0	63,0	57,0	68,0	64,0	10,0	4,0	*312,0* ccm

Ein so rascher Übertritt der Milchprodukte in den Dickdarm ist eine gesetzmäßige Erscheinung, da er bei einer ganzen Reihe von Hunden beobachtet wurde. Er wird durch die Anwesenheit von Milchzucker, der die Darmperistaltik erhöht und in einer Quantität von 17% bis zum Dickdarm gelangt, in der Milch bedingt. *Strashesko*[1]) vermochte sich an der Hand direkter Versuche davon zu überzeugen, daß in den Magen eingeführte Laktoselösungen den Dickdarm noch schneller erreichen als Milch und in größeren Mengen. Mit der Wirkung konzentrierterer Laktoselösungen geht ohne Zweifel eine Darmsaftsekretion Hand in Hand. Von diesem Gesichtspunkte aus ist der Unterschied in der Geschwindigkeit der Weiterbeförderung der verschiedenen Milchprodukte, die eine verschiedene Quantität Milchzucker enthalten (Vollmilch und abgesahnte Milch, Butter, Quark) durch den Dickdarm verständlich.

Bei Untersuchung der Darmausscheidungen auf Fermente konstatierte *Troizki*[2]), daß bei Genuß von Milch und Milchspeisen die Speisemassen in den Dickdarm mit bereits fertigem Fermentvorrat übertreten. Diese Fermente werden von den oberen Teilen des Darms herbeigeholt und gehören vorzugsweise dem Pankreassafte an. So wurden von *Troizki* und gleichfalls auch von *Strashesko*[3]) im Darminhalt Trypsin, Amylopsin und Steapsin festgestellt. Die beiden ersteren bewahren ziemlich gut ihre Kraft, das letztere erscheint bedeutend abgeschwächt.

Ferner ergab sich aus den Untersuchungen eben jener Autoren, daß die Speisemassen mit einem bestimmten Vorrat an Stickstoff in den Dickdarm übertreten. Doch ist bei Milchnahrung dieser Vorrat bedeutend größer als bei Nichtmilchnahrung. So erreicht er im ersteren Falle durchschnittlich 15,9%, aber im letzteren nur 9,6%. Da aber die Eiweißkörper in den bis zum Dickdarm gelangenden Speisemassen, sowohl in Form von durch Hitze koagulierbaren (der geringere Teil), als auch in Form von nichtkoagulierbaren Stoffen (der überwiegende Teil) vorhanden sind, so ist man zur Annahme vollauf berechtigt, daß im Dickdarm, besonders bei Milchprodukten, der Prozeß der Eiweißverdauung durch die Fermente des Pankreas- und vermutlich auch des Darmsaftse fortgesetzt wird.

Diese Tatsache ist nicht nur vom Standpunkte der Pathologie und Therapie aus wichtig, wo die Notwendigkeit eintreten kann, die Verdauungsprozesse im

---

[1]) Strashesko, Diss. St. Petersburg 1904.

[2]) P. W. Troizki, Zur Charakteristik der Speisemassen bei ihrem Übertritt in den Dickdarm eines Hundes. Verhandl. d. Gesellsch. russ. Ärzte zu St. Petersburg 1903. November—Dezember. S. 55.

[3]) Strashesko, Diss. St. Petersburg 1904.

Dickdarm nach Möglichkeit zu beschränken, nicht weniger Interesse bietet sie auch vom rein physiologischen Standpunkte aus.

Offensichtlich ist es für den Organismus von Vorteil, die Verdauung und Verwertung einiger Substanzen auf die verschiedenen Teile des Verdauungskanals zu verteilen.

Die periodische Arbeit des Verdauungskanals.

Bisher haben wir die äußere Sekretion der Verdauungsdrüsen hauptsächlich in Verbindung mit dem Speiseübertritt in diesen oder jenen Teil des Magendarmtrakts betrachtet. Bei Abwesenheit spezieller Erreger griff diese Sekretion entweder überhaupt nicht Platz oder sie war sehr unbedeutend. Dagegen trat sie ein oder erfuhr eine auffallende Steigerung, so oft die Erreger die entsprechenden sekretorischen Mechanismen in Tätigkeit setzten.

Es ist jedoch noch eine Art der Sekretion der Verdauungsdrüsen vorhanden, welche mit äußeren Reizen nicht im Zusammenhang steht. Dies ist die sogenannte „periodische" Sekretion, die mit den periodischen Bewegungen des Verdauungstrakts bei leerem Magen zusammenfällt.

Die „periodische Arbeit" des Verdauungskanals, auf die zuerst *Schirokich*[1]) und *Tscheschkow*[2]) hinwiesen, die zu wiederholten Malen von *Bruno*[3]) und *Klodnizki*[4]) konstatiert und dann von *Boldyreff*[5]), *Kaznelson*[6]) und *Edelman*[7]) eingehend behandelt wurde, besteht in kurzen Zügen in folgendem: Bei leerem Magen und völliger Ruhe der Magendrüsen beobachtet man nach Ablauf von je $1^1/_2$—2—$2^1/_2$ Stunden 20—25—30 Minuten lang Kontraktionen des Magens und des Dünndarms sowie eine Absonderung von Pankreas- und Darmsaft, Galle und Magen- wie Darmschleim. Die Periode beginnt mit den Kontraktionen des Darms und des Magens, dann folgt eine Absonderung von Pankreassaft und schließlich eine solche von Galle. In den Zeiträumen zwischen beiden Perioden finden weder Bewegungen noch irgendwelche Sekretion statt. Während jeder einzelnen Periode ergießen sich in den Zwölffingerdarm gegen 30 ccm eines Gemisches aus Pankreas- und Darmsaft (*Boldyreff*). Der während der periodischen Arbeit zum Abfluß gelangende Pankreassaft ist reich an Fermenten und organischen Substanzen. Einen gleichen Reichtum an Fermenten weist auch der „periodische" Darmsaft auf. Eine periodische Sekretion von Speichel und Magensaft läßt sich nicht wahrnehmen. Überdies hört die periodische

---

[1]) P. O. Schirokich, Zur Frage von dem Übertritt der Speise aus dem Magen in den Darm. Protokoll des XI. Kongresses russ. Naturforscher und Ärzte 1901, Nr. 10, S. 488.

[2]) A. M. Tscheschkow, Neunzehnmonatige Lebensfristung eines Hundes nach gleichzeitiger Durchschneidung beider Nn. vagi am Halse. Diss. St. Petersburg 1902.

[3]) G. G. Bruno, Die Galle als wichtiges Verdauungsagens. Diss. St. Petersburg 1898.

[4]) N. N. Klodnizki, Über den Galleaustritt in den Zwölffingerdarm. Diss. St. Petersburg 1902.

[5]) W. N. Boldyreff, Die periodische Arbeit des Verdauungsapparates bei leerem Magen. Diss. St. Petersburg 1904 und Ergebnisse der Physiologie 1911. Jahrg. 11, S. 182ff.

[6]) L. S. Kaznelson, Die normale und pathologische reflektorische Erregbarkeit der Duodenalschleimhaut. Diss. St. Petersburg 1904.

[7]) J. A. Edelman, Die Bewegungen des Magens und der Übertritt des Inhalts aus dem Magen in den Darm. Diss. St. Petersburg 1906.

Tätigkeit auf, sobald sich der Magensaft abzusondern beginnt. Einen gleichen Effekt erzielt man bei Einführung von 0,1—0,5 proz. Salzsäurelösungen sowie anderen Säuren, wie Butter-, Milch- und Essigsäure in Konzentrationen, die der Salzsäure äquivalent sind, in den Magen oder die oberen Teile des Dünndarms, von wo aus die hemmende Wirkung zur Entwicklung gelangt. Über dieselben Eigenschaften — die periodische Arbeit zum Stillstand zu bringen — verfügen destilliertes Wasser und Fett, im Gegensatz zu dem indifferenten Pankreassaft und einer ebenfalls indifferenten physiologischen Lösung NaCl. Bei Einführung geringer (25 ccm) Mengen Fett oder von Oleinsäurelösungen erfährt indes die periodische Arbeit keine Unterbrechung (*Babkin* und *Ishikawa*[1]). Bei Anfüllung des Magens mit Speise verschwindet im Laufe der gesamten Verdauungsperiode die periodische Tätigkeit, indem sie von einer Sekretion entsprechender Säfte und von besonderen motorischen Erscheinungen im Magen abgelöst wird (*Boldyreff, Edelman*). Ferner muß bemerkt werden, daß die Erregung des Tieres durch den Anblick, Geruch usw. der Nahrung, noch bevor die Absonderung des Magensaftes ihren Anfang nimmt, fast momentan die „periodischen" motorischen Erscheinungen zum Stillstand bringt (*Edelman*).

Vom Gesichtspunkte der Lehre über die äußere Sekretion ist es von großem Interesse, aufzuklären, was bei der periodischen Arbeit auf die motorischen Erscheinungen und was auf die Sekretion an sich zurückgeführt werden muß. Die Frage kann zurzeit noch nicht als entschieden angesehen werden. Es fehlt jedoch nicht an Hinweisen darauf, daß man sich die „periodische" sekretorische Arbeit einiger Verdauungsdrüsen als eine sekundäre vorstellen kann, hervorgerufen durch die Tätigkeit der Muskelelemente des Verdauungskanals (*Babkin* und *Ishikawa*[2])). So läßt sich beispielsweise die Absonderung von Brunnerschem Saft und Darmsaft bei der periodischen Arbeit durch eine Auspressung der entsprechenden Säfte aus den Darmfalten erklären, ähnlich wie während der Periode aus den Magenfalten sehr beträchtliche Schleimmengen herausgepreßt werden. Eine Sekretion von Magensaft ebenso wie von Speichel findet während der Periode nicht statt. Der Galleabfluß bei der periodischen Arbeit ist zweifellos eine Folgeerscheinung der kontraktorischen Tätigkeit der in den Gallebahnwandungen gelegenen Muskelelemente. Doch auch in den Gängen der Bauchspeicheldrüse sind Muskelgebilde vorhanden[3]), die vermutlich den durch die sezernierenden Elemente fortwährend zur Absonderung gelangenden und folglich stets in den Gängen vorhandenen Pankreassaft nach außen herauszupressen vermögen. Hierfür sprechen auch die Untersuchungen des während der periodischen Arbeit und während der Pause zur Sekretion gelangenden Pankreassaftes. In dem einen wie in dem anderen Falle bleibt unabhängig von der Sekretionsgeschwindigkeit der Gehalt an festen Substanzen im Safte ein und derselbe (*Babkin* und *Ishikawa*[4])). Man gewinnt den Eindruck, als ob ein- und derselbe durch die Drüse unter ein und denselben Bedingungen hervorgebrachte Saft bald in größerer, bald geringerer Quantität nach außen hin ausgeschieden wird.

---

[1]) B. B. Babkin und H. Ishikawa, Einiges zur Frage über die periodische Arbeit des Verdauungskanals. Pflügers Archiv 1912, Bd. CXLVII, S. 335.

[2]) Babkin und Ishikawa, Pflügers Archiv 1912, Bd. CXLVII, S. 335.

[3]) Vgl. E. Laguesse, Le pancréas. Revue général d'histologie, T. I, fasc. 4, p. 556 ff. Lyon—Paris 1905. — A. Oppel, Lehrbuch der vergleichenden mikroskopischen Anatomie der Wirbeltiere. III. Teil, S. 792 und 796. Jena 1900.

[4]) Babkin und Ishikawa, Pflügers Archiv 1912, Bd. CXLVII, S. 335.

Endlich erhöht sich nach *Boldyreff*[1]) bei Brechbewegungen die gewöhnliche periodische Absonderung des Pankreassaftes fast um ein Doppeltes. Diese Erscheinung hat schwerlich irgendwelche Beziehung zur Sekretion, da wir bereits seit Cl. Bernard, Weinmann und Bernstein (s. oben) wissen, daß Erbrechen die Pankreassekretion verzögert oder sogar gänzlich zum Stillstand bringt. Richtiger wird sich dieser gesteigerte Abfluß des Pankreassaftes durch ein Auspressen desselben aus den Gängen infolge von Kontraktionen der Bauchpresse erklären lassen.

Somit verdient der Gedanke, daß die Absonderung der Verdauungssäfte bei der periodischen Arbeit des Magendarmkanals eine sekundäre Erscheinung ist, hervorgerufen durch die Kontraktion der entsprechenden Muskelgebilde, wie uns scheinen möchte, Beachtung und erfordert eine weitere experimentelle Bearbeitung.

---

[1]) Boldyreff, Ergebnisse der Physiologie 1911. Jahrg. 11, S. 181.

Namenregister.

Abderhalden 2, 230, 249, 354, 356.
Adrian 42, 55.
Afanassiew 297.
Akermann 223.
Anderson 70.
Arbekow 379, 382, 386.
Arrhenius 103, 290.
Aschenbrandt 41.
Aschow 245.
Axenfeld 178.

Babkin 19, 22, 66, 76, 84, 86, 87, 161, 163, 219, 240, 242, 244—246, 248, 250—252, 256, 259, 260, 261, 264, 266, 274, 276, 278—280, 282, 284, 287 —290, 293, 295—297, 300, 303, 304, 306, 308, 324, 326, 332, 333, 335, 336, 340, 384, 385, 390.
Bainbridge 252.
Barcroff 68.
Barger 321.
Bary 75, 76.
Bassow 90.
Bayliss 5, 244, 245, 247, 283, 297, 299, 300, 312 —315, 317, 318, 321, 322, 325, 327—330, 349.
Beaumont 90.
Becher 48, 49, 66.
Becht 45, 82, 83.
Bechterew 75, 76.
Bekker 270, 272, 284.
Belgowski 244, 251, 256, 267.
Belitzki 75, 76.
Berenstein 368.
Berger 75.
Berlazki 371—373, 386, 387.

Bernard, Cl. 8, 11, 13, 14, 19, 22, 24, 28, 35, 40, 42, 43, 61, 63, 67, 70, 71, 215, 239, 242, 253, 283, 297, 357.
Bernstein 238, 253, 297.
Bickel 93, 105, 107, 112, 114, 115, 167, 187, 193, 199, 200.
Bidder 104.
Bierry 251, 252, 323.
Billon 323.
Blitstein 368.
Blondlot 90, 120.
Bochefontaine 75, 76.
Bogen 105, 107, 114, 115, 184.
Boldyreff 95, 187, 201, 210 —212, 276, 341, 356, 358, 379—385, 389—391.
Bönniger 135.
Borisow 19, 94, 319.
Borodenko 167, 189, 193.
Botazzi 370.
Boulet 317.
Bradford 56, 61, 62, 64.
Braun 41, 104.
Brettel 10.
Brücke 340.
Bruno 249, 250, 340, 341, 344, 346, 389.
Brynk 363.
Buchstab 248, 250, 279, 334.
Budge 11.
Buff 40, 41, 61.
Bulawinzow 105, 107, 108, 116, 138, 144.
Burkart 340.
Bylina 161, 163, 274, 275, 277, 279, 282, 288, 292 —294, 331—333.

Cade 116.
Camus 245, 251, 267, 307, 308, 315, 322, 324, 330, 333.
Cannon 172, 222, 379.
Carlson 45, 68, 79, 82, 83, 85, 86.
Cathcart 222.
Chasen 66.
Chishin 92, 95, 96, 98, 101 —103, 117, 122, 127, 128, 131, 132, 136, 138, 141, 144, 145, 148, 157, 158, 167, 253.
Chtapowski 71.
Cohn 244.
Cohnheim 151, 152, 154, 184, 224, 282, 285, 294, 354.
Colin 8, 10, 22, 23, 24.
Contejean 178.
Czermak 8, 44, 52, 55, 61.
Czubalski 321.

Dakin 356.
Dale 321.
Damaskin 156, 274—276, 384.
Dastre 245.
Day 172.
Delezenne 239, 240, 244 —246, 267, 316, 317, 363, 370.
Derouaux 321.
Desgrez 307.
De Zilwa 241, 323, 324.
Divry 231.
Dixon 321, 326.
Dobromyslow 91, 223, 225, 226, 234, 235.
Dobroslawin 356, 369.
Dolinski 268, 270—273, 275, 290.

Doyon 348.
Dreyfuß 152, 154.
Dubois 307, 308.

Eberle 24.
v. Ebner 8, 78.
Eckhard 8—10, 40—42, 53, 55, 58, 71, 75, 76.
Edelman 383, 384, 389, 390.
Edkins 127, 138, 145, 151, 154, 190, 191, 214.
Edmunds 302.
Ehrenthal 368.
Eisenhardt 191, 192.
Ellenberger 340.
Ellinger 244.
Enriquez 325.
Erlich 245, 326.

Falloise 316, 369, 370.
Fleig 279, 283, 315, 316, 329, 330, 333, 335, 349.
Fletcher 48—50, 53, 65, 81—83.
Foà 245, 367.
Foderà 238.
Francois-Frank 301.
Frerichs 40, 41, 172, 215.
v. Frey 67, 68.
Friedenthal 93.
Fromme 94.
Frouin 151, 169, 191, 239, 240, 244, 267, 285, 317, 359, 363, 367, 370.
Fürth 250, 308, 322.

Gabrieli 370.
Gay 24.
Gerwer 185.
Giaja 251.
Gizelt 283, 319, 335.
Glaeßner 229, 230, 241, 244, 249, 269.
Gley 245, 267, 307, 308, 316, 317, 319, 322, 324, 333.
Glinsky 9, 352, 358, 361—363, 368.
Gordejew 124, 157, 183, 201—204, 206, 208—213.
Gottlieb 273, 283, 284.
Gottschalk 10, 19, 21.
Greer 45, 82, 83.
Greker 185.
Groß 118—120, 214, 216, 217.

Grünhagen 45.
Grützner 71, 172.
Gumilevsky 353.
Gurewitsch 116, 120.

Hallion 301, 325.
Hamburger 245, 353—357, 363.
Hamill 321, 326.
Hammarsten 94, 140, 340.
Hanau 369.
Hanike 100, 101, 252, 264.
Hanriot 251.
Heidenhain 8, 10, 42—55, 57—65, 69, 71, 79—83, 87, 89—91, 189, 193, 223, 225, 238, 239, 243, 253, 297, 298, 300, 309.
Heinsheimer 95.
Hekma 245, 353—355, 357.
Hendrikson 338.
Henri 84, 87.
Hermann 352, 367.
Herzen 169.
Heymann 11, 12, 18, 28, 29—36, 40.
Hirata 370.
Hirsch 376, 377.
Hofmeister 340.
Hornborg 114, 115.
Hustin 326.

Ishikawa 163, 276, 279, 282, 332, 333, 390.

Jablonski 239, 241, 242, 266.
Jaenicke 10, 44, 45, 66.
Jansen 356, 367.
Jurgens 189.

Kadygrobow 213.
Kasanski 168, 169, 220.
Kaznelson, H. 114, 115, 116.
— L. 200, 379, 383, 389.
Kelling 222.
Kerer 43.
Kersten 93, 99, 100, 264.
Ketscher 100, 104, 110, 116, 174, 181, 183, 198.
Keuchel 46.
Klee 282.
Klemensiewicz 90, 91, 223, 224.
Klodnizki 341—348, 350, 389.

Klose 372.
Klug 371.
König 201, 210.
Konowalow 100, 101, 144.
Koreck 371.
Kossel 356.
Kresteff 223—225, 227.
Krewer 256, 270, 285, 286, 292, 293, 295.
Krschyschkowski 102, 118—124, 126, 131, 148, 194.
Kudrewezki 259, 296, 301, 303, 307, 308.
Kudrin 36.
Kutscher 354.
Kuwschinski 242, 253, 283, 310.

Laguesse 390.
Laidlaw 321.
Lalou 317, 318, 320—323, 327—330.
Lambert 319.
Landau 297.
Langenbeck 90.
Langley 8, 42, 43, 46—50, 53—57, 61—65, 67, 68, 70, 79, 81—83, 85—87, 327.
Laqueur 95.
Lassaigne 8, 19.
Latarjet 116.
Leconte 112, 152, 154, 187.
Lepage 273, 283, 284, 311—314, 316, 330.
Leper 357, 359, 360, 365.
Lépine 75.
Leube 357.
Leubuscher 370.
Lintwarew, J. 243, 250, 252, 266.
— S. 163, 383, 384.
Lobassow 92, 103, 111, 112, 126—130, 137, 139—143, 145—147, 157—159, 169, 181, 189, 193—196, 198.
Loeb 42, 71.
Lombroso 367.
London 95, 103, 129, 353.
Lönnqvist 103, 126, 130, 131, 133—136, 138, 141—144, 152, 153, 160, 161, 165, 168, 214, 216, 380.
Luchsinger 65, 66.
Ludwig 8, 41, 43, 44, 48, 49, 52.

Magendie 8, 19, 24.
Magnus 250.
Malloizel 20, 37, 40, 62, 84, 87.
Marbaix 376, 383.
Marbé 285.
Marchand 151, 154.
Masloff 356, 363, 369.
Mathews 45, 46.
Maydell 190.
Mayèr 186.
Mays 248.
Mazurkiewicz 265, 266, 290.
Mc Lean 83.
Meisel 186.
Mendel 357, 369, 370.
Mering 376.
Mett 93, 296, 301.
Metschnikow 245.
Metzger 169.
Metzner 78.
Meyer 319.
Migay 93, 94, 135, 227, 379—382.
Mironescu 370.
Mislawski 75, 76.
Mitscherlich 8, 9, 19, 24.
Miura 357.
Mixa 220.
Modrakowski 297, 300, 308, 319, 327.
Moleschott 340.
Molinier 169.
Molnàr 192—194, 196, 214, 369.
Moore 340.
Morat 296.
Moreau 369.
Morel 323, 328.
Moussu 43.
Nagano 353, 357.
Nakayama 356.
Nawrocki 43.
Nencki 93, 142, 250.
Netschajew 92, 177, 214.
Noll 78.
Oddi 338, 348.
Oehl 41.
Oppel 8, 390.
Oppenheimer 94, 134.
Orbeli 180, 189, 193—198, 217.
Ordenstein 9.
Ostrogorski 60, 61.
Owsjanizki 61, 64.
Owsiannikow 40.

Panek 319.
Paneth 351.
Parastschuk 94, 230, 249.
Parfenow 66, 67.
Pautz 357.
Pawlow 3, 5, 6, 8, 10, 11, 24, 35, 40, 48, 60, 64, 71, 73, 74, 76, 90—92, 94, 96, 102—104, 106, 107, 109, 110, 112, 113, 115, 116, 119, 120, 122, 145, 156, 170, 171, 174, 175, 177, 178, 181—183, 185, 186, 188, 199, 201, 214, 219, 230, 234—236, 238, 249, 251, 252, 259, 263, 274, 278, 294, 296 —298, 300, 301, 303, 310, 311, 339, 341, 351, 352, 371.
Pekelharing 100, 169.
Pewsner 103, 129.
Pfeiffer 135.
Pflüger 282, 340.
Pimenow 167, 168.
Piontkowski 155, 156, 161 —164.
Piper 201.
Plimmer 252.
Ponomarew 223, 226, 229 —234, 362.
Popielski 22, 189, 190, 244, 267, 273, 281, 290, 297, 299—303, 311—314, 319 —321, 325, 327, 328, 329.
Potjechin 41.
Pozerski 252, 316, 317.
Prym 244.
Rachford 249, 250.
Radzikowski 169.
Rahn 40, 43, 44.
Rakoczy 94.
Régnier de Graf 238.
Reyer 8, 19.
Rheinbold 189, 191, 194.
Riasanzew 93.
Richet 104, 109.
Riegel 114.
Rockwood 340.
Röhmann 353, 356.
Rona 230.
Rosemann 93.
Roth 135.
Rubaschkin 335, 336.

Salaskin 354.
Salazar 252.
Sandberg 103.
Sanozki 100, 104, 105, 111, 144, 169, 181, 189, 196, 214, 278.
Sasaki 93.
Sawitsch 10, 93, 94, 126, 132, 137, 138, 152, 163, 166, 192, 214, 246, 248, 249—252, 259, 261, 266, 279, 281, 287, 290, 293, 297, 300—309, 315, 322 —329, 332, 333, 335, 336, 355, 359, 361—367, 369.
Sawjalow 94.
Sawrijew 199, 216, 220.
Schaeffer 248, 322.
Schegalow 221, 292, 341.
Schemjakin 91, 222—228.
Schepowalnikow 239, 243, 245, 251, 252, 352—355, 357—363, 368, 369, 373.
Schiff 8, 9, 22, 23, 28, 35, 42, 43, 70, 104, 340.
Schirokich, J. 284.
— P. 389.
Schittenhelm 2, 249, 356.
Schmidt 104.
Schmidt-Nielson 94.
Schneyer 178.
Schreuer 114.
Schröder 40.
Schüle 107, 114, 116, 120.
Schumm 241.
Schumow-Simanowski 90, 93, 110, 112, 174, 177, 178, 181, 183, 188.
Schütz, E. 94.
— J. 250.
Schwann 10.
Schwarz 308, 322.
Sellheim 11, 12, 14, 15, 17—21, 25, 26, 30, 37 —39, 84, 85.
Seemann 354.
Serdjukow 292, 377, 378.
Sieber-Schumow 93.
Siebold 8, 24.
Simnizki 221.
Smirnow 331.
Snarski 13, 35, 36, 37.
Soborow 167, 199, 220.
Soetbeer 184.

Sokolow 92, 105, 106, 112, 126, 130, 135, 136, 138, 141, 149—154, 159, 160, 191, 220, 380.
Sommer 135.
Sommerfeld 93, 114, 115.
Southgate 249.
Spiro 169.
Spirtow 75.
Stade 94.
Starling 5, 244, 245, 247, 283, 286, 297, 299, 300, 312—315, 317, 318, 321, 322, 325, 327, 330, 349.
Stassano 245, 323.
Sternberg 186.
Strashesko 371—374, 387, 388.
Strauß 135.
Strecker 88.
Studsinski 279, 281, 282, 332.

Talma 138.
Tecklenburg 370.
Terroine 248, 251, 311, 322, 323, 328.
Teruuchi 354.
Thiry 351, 352, 369.
Tichomirow 10, 76, 94, 185, 264, 308, 332.
Tigerstedt 114.

Tolotschinoff 13, 20.
Troizki 388.
Troller 107, 114, 138.
Tschermak 339, 340.
Tscheschkow 189, 389.
Tschiriew 40.
Tschurilow 214, 215.
Turro 186.
Tweedy 127, 138, 145, 151, 154.

Umber 105, 107, 114, 115.
Uschakow 178, 179, 180, 200, 214.
Ussow 249.

Vella 352, 356, 363, 371, 372.
Vernon 248.
Vierheller 10.
Vintschgau 30.
Vogel 357.
Volhard 94.

Wakabayashi 354, 356, 357, 372, 373.
Walther 241, 252, 253, 255—257, 264, 268, 269, 284, 286—288, 290, 291, 294, 295, 319, 347, 348.
Wassiljew 266.
Weinberg 349.

Weinland 252, 357.
Weinmann 238.
Werchowsky 64.
Wersilowa 95.
Wertheimer 70, 273, 283, 284, 307, 308, 311—314, 316, 317, 325, 327, 329, 330, 349.
Werther 49, 50, 51.
Wirschubski 157, 201.
Wittich 10, 40, 45, 340.
Wohlgemuth 244, 249, 257, 263, 269, 284, 354, 356, 357, 373.
Wolkowitsch 151, 201, 204, 205, 219, 220.
Wulfson 10—15, 17, 20, 23, 24, 25, 30, 41.

Zebrowsky 9, 13, 16, 17, 18, 20, 21, 23, 34, 172.
Zeljony 72, 76, 118—120, 126, 132, 137, 138, 152, 163, 166, 185, 192, 214.
Zerner 83.
Zinnser 94.
Zitowitsch 72, 74, 169, 182, 184, 201, 214, 215, 217—219, 283.
Zunz 248, 307, 321, 322, 323, 328.

Sachregister.

Acidität des Magensaftes, bei Genuß von Fleisch, Brot und Milch 97; bei Scheinfütterung 111; beim Menschen 114; bei Fettnahrung 157; bei verschiedenen Bedingungen 174; bei Reizung der N. vagi 178, 179.

Aderlaß, Einfluß auf die Arbeit der Speicheldrüsen 82.

Adrenalin, Einfluß auf Magensaftsekretion 193.

Äther, Pankreassaftabsonderung 283; Darmschleimhautextrakte 316; Mechanismus der Wirkung 335; Dünndarmsaftabsonderung 359, 363.

Aktivierung der Pankreassaftfermente 243, 244, 245, 248, 249, 250, 340, 355; extra- und intrapankreatische 267.

Aleuronat 345.

Alkalien, Einfluß auf die Arbeit der Magendrüsen 164, 168, der Pylorusdrüsen 226, der Brunnerschen Drüsen 230, des Pankreas 272, 284.

Alkalität des Pylorussaftes 224; des Saftes des Brunnerschen Teiles 229; des Pankreassaftes 241; Beziehung zur proteolytischen Kraft 307; der Galle 339; des Dünndarmsaftes 353; des Dickdarmsaftes 372.

Alkohol, Wirkung auf Speichelsekretion 41; Magensaftsekretion bei Einführung in den Fundusteil 119; ins rectum 169; magensafttreibende Wirkung 215; magenschleimtreibende Wirkung 216; Magensaftsekretion aus dem Heidenhainschen Blindsack 217; Atropinwirkung auf dieselbe 217: Einfluß auf Magentätigkeit bei Genuß von Fleisch Brot und Milch 217; Pankreassaftabsonderung 283; Mechanismus der Wirkung 335.

Amylase, im Speichel 20; im Pankreassafte s. Amylopsin; im Dünndarmsafte 357, 365; im Dickdarmsafte 373.

Amylospin, Einfluß des Darmsaftes 243, 247; Eigenschaften 251; Bestimmung 252; Zerstörung 252; im Sekretinsafte 323; Einfluß der Galle 339.

Anabolische Fasern der Speicheldrüsennerven 64.

Anpassung, der Drüsenarbeit 4; der Speicheldrüsentätigkeit 18; Pepsindrüsentätigkeit 235; Bauchspeicheldrüsentätigkeit 266; Dünndarmdrüsentätigkeit 358.

Antilytische oder antiparalytische Sekretion der Speicheldrüsen 64.

Appetit, Bedeutung für Magensaftabsonderung 186.

Arginase, im Dünndarmsafte 356.

Atropin, Speicheldrüsen 46; Magendrüsen (Paralyse der Vagusfasern 179, 214; Magensekretion 190, 214; Liebigs Fleischextrakt 192, 214; Regulationszentrum 193; Alkohol 217); Pankreas (Pankreassekretion 297; Paralyse der Vagusfasern, der Sympathicusfasern 308; hemmende Nerven 303; Pepton, Physostigmin, Cholin 308; Salzsäure 312, 326; Secretin 314; Fett 321; Oleinsäure 322; Natr. oleinicum 332, 333; Scheidung der sekret. und troph. Funktion 332); Dünndarmdrüsen 363.

Augmented secretion 56, 57, 83.

Bedingte Reflexe 5; Bedingte Speichelreflexe 24; nach Durchschneidung der Geschmacksnerven 39, 40; Allgemeines über 71; Bildung 73; der Magendrüsen 184, 185; künstliche beim Menschen und Hunde 184.

Belegzellen der Magendrüsen 89.

β-imidazolethylamin 321.

Blasengalle 339.

Blutversorgung der Speicheldrüsen, bei Reizung der Ch. tymp. 57, 67; bei Reizung des Symp. 57, 68; Bedeutung für ihre Arbeit 69, 80, 81; und Zusammensetzung des Speichels 82, 86.

Boeuf-boulli, Magensaftabsonderung bei Genuß von 207.

Borsäure, Secretinbildung 315, 330.

Bouillon, Magensaftabsonderung bei Einführung in den Magen von Fleischbouillon 137; Verdauungskraft des Magensaftes 138, 144; do. bei Genuß von Fischbouillon 211.

Brot, Speichelsekretion auf 12; Zusammensetzung des Speichels bei Genuß von 15; do. beim Anblick usw. 25; Magensaftsekretion bei Genuß von 95, 97, 209; do. mit Fett 156, 210; Acidität des Magensaftes bei Genuß von 97; Magensaftsekretion und Eigenschaften des Saftes beim Anblick usw. 105; do. bei Scheinfütterung des Hundes 112, 121, 123; do. beim Menschen 114; Hineinlegen in den Magenfundus 118; chemische Erreger im 145; künstliches 146; Synthese der Sekretionskurve 171; Magensaftabsonderung aus dem Heidenhainschen Blindsack 196; Magenschleimsekretion bei Genuß von 199; Einfluß des Alkohols auf die Magensaftabsonderung bei Genuß von 218; Pylorussaftabsonderung 225; Absonderung aus dem Brunnerschen Teil 230; Pankreassaftsekretion 257; Verdauungskraft des Pankreassaftes 258; Synthese der Sekretionskurve 292; Galleausscheidung 341; Synthese der Gallenausscheidungskurve 346; Dünndarmsaftabsonderung 361.

Brunnerscher Teil 222, 228; Isolierung 229; Eigenschaften des Saftes 229; Saftabsonderung 230; Spontane 230; bei mechanischem Reize 230; bei Genuß und Einführung verschiedener Substanzen in den Magen 230; bei lokaler Einwirkung verschiedener Substanzen 232; Bedeutung des Saftes für die Verdauung fetthaltiger Nahrung 234.

Buchweizenbrei, Magensaftabsonderung bei Genuß von 209.

Buttersäure, als Erreger der Magensaftsekretion 148, 149; do. der Dünndarmsaftabsonderung 359, 361.

Cerebrale Nerven der Speicheldrüsen 41, 43; Reizung 47; Wechselbeziehung zwischen — und dem symp. Nerv 54; bei der reflektorischen Speichelabsonderung 59; anabolische und katabolische Fasern in 64.

Chemische Erreger der Magensaftsekretion 117; im Fleisch 127, 130, 132, 137, 140; in Gelatine 129, 132, im Eiereiweiß 129, 132; im Brot 145; in Milch 147; Wirkung vom Pylorus aus 132, 137, 138, 145, 151, 162, 166; vom Zwölffingerdarm aus 152, 159; vom Rectum aus 168, 169; bei subcutaner Injektion 192; ohne Beteiligung der Nn. vagi 196.

Chemische Reizung der Schleimhaut des Magenfundus 118.

Chloralhydrat, Pankreassaftabsonderung 283; Secretinbildung 316; Dünndarmsaftabsonderung 359, 363.

Cholin, Sekretion des aktiven Pankreassaftes 307; und Secretin 322.

Chorda tympani, als zentrifugaler Nerv für die Unterkiefer- und Unterzungendrüse 41; Speichelsekretion bei Reizung der 47—52, 65; Durchschneidung der 59, 61; Blutversorgung der Drüse bei Reizung der 67.

Chymosin siehe Labferment.

Citronensäure, Secretinbildung 315.

Cocain, Wirkung auf die Nervenendigungen der Mundhöhlenschleimhaut 34; auf die Magendrüsenarbeit 192, 193.

Darmphase, chemische, der Magensaftsekretion 169.

Darmwand, Synthese in der 2; Resorption 3.

Dextrin, als Erreger der Pepsindrüsen 145; Einfluß auf die Magensaftsekretion vom rectum aus 169.

Dextrose, als Erreger der Pepsindrüsen 145.

Diarrhöe, Darmsaftabsonderung 362.

Dickdarm, Empfindlichkeit der Schleimhaut 374.

Dickdarmdrüsen, Anatomisches 372.

Dickdarmsaft, Zusammensetzung 372; Sekretionsbedingungen 373; Sekretion bei Genuß verschiedener Nahrung 373.

Diverticulum Vateri 338.

Djanuzzische Halbmondzelle 8, 78.

Ductus Choledochus, Anatomisches 338; permanente Fistel nach Pawlow 339.

Dünndarm, Empfindlichkeit der Schleimhaut 374.

Dünndarmdrüsen, Anatomisches 351.

Dünndarmsaft, Zusammensetzung 353; Sekretionsbedingungen 357; Sekretion nach Genuß verschiedener Nahrung 360; bei elektrischer Reizung der Darmschleimhaut 369; Schwankungen in

der Fermentzusammen-
setzung 364; als Erreger
der Darmsaftsekretion
370.
Dyspnöe, Einfluß auf die
Speichelsekretion 65.
Eiereiweiß, Einführung in
den Fundusteil der Pro-
dukte seiner peptischen
Verdauung 119; Magen-
saftsekretion bei Genuß
und beiHineinlegen in den
Magen von koaguliertem
129, 130, 140; do. bei
Einführung von rohem
129, 132, 140; magensaft-
treibende Wirkung der
Produkte der Pepsin-
verdauung 142; Verdau-
ungskraft des Magensaf-
tes bei Einwirkung der
Produkte der Pepsinver-
dauung 144; Geschwin-
digkeit des Hindurchpas-
sierens durch den Ver-
dauungskanal 386.
Eiweißdrüsen, Anatomie 8.
Eiweißstäbchen 93.
Eiweißstoffe, siehe Ver-
dauungsprodukte.
Enterokinase, im Safte des
Brunnerschen Teiles 229;
Aktivierung des Pro-
trypsins 243; und Secre-
tin 322; im Dünndarm-
safte 354; Sekretions-
bedingungen 365.
Erbrechen, hemmende Ein-
fluß auf Pankreassekre-
tion 297.
Erepsin, in Extrakten der
Pylorusschleimhaut 224;
im Pankreassafte 247,
249; im Dünndarmsafte
354; im Dickdarmsafte
373.
Erregbarkeit der Nerven-
endigungen der Mund-
höhlenschleimhaut 29;
chemische 30; thermi-
sche 31; mechanische 31.
Ersatztheorie Heidenhains
78.
Esophagotomie 90.
Essentuki, Einfluß auf die
Magensaftsekretion 167;

do. auf Pankreassaftse-
kretion 272.
Essigsäure, Speichelsekretion auf 12; Zusammen-
setzung des Speichels bei
15; Magensaftsekretion
151; Pankreassaftsekre-
tion 268; do. bei Lösun-
gen verschiedener Kon-
zentration 270; Secre-
tinbildung 315.
Execebratio, Speichelsekretion bei 44.
Extraktive Fleischbestandteile, Einführung in den
Magenfundus 119; als
Erreger der Magensaft-
sekretion 137, 139; Ein-
fluß auf die Arbeit des
Pankreas 275; als Erre-
ger der Gallenausschei-
dung 345.
Extraktive Fischbestand-
teile, als Erreger der Magensaftsekretion 210.
Extr. Quassiae, Speichel-
sekretion auf 12, 30; Zu-
sammensetzung des Spei-
chels bei 15; do. beim Anblick usw. 25.
Fermenteinheiten, Bestim-
mung der Zahl im Magen
safte 94; im Magensafte
bei verschiedenen Nah-
rungssorten 201.
Fett, Magensaftabsonde-
rung 155; Verdauungs-
kraft des Magensaftes
157; Acidität des Magen-
saftes 157; Latente Pe-
riode 157, 159; Antagoni-
stische Wirkung der
Seifen und 164; Magen-
saftsekretion aus dem
Heidenhainschen Blind-
sack 197; Pylorussaft-
sekretion bei Einführung
in den Magen 226; do.
in den Pylorusblindsack
227; Saftsekretion aus
dem Brunnerschen Teil
bei Genuß fetthaltiger
Nahrung 230, 362; do. bei
lokaler Einführung der-
selben 232; Pankreas-
saftsekretion 275; nach

Verbrühen der Magen-
schleimhaut 277; Latente
Periode 277; Analyse der
Wirkung 281; Stickstoff-
gehalt im Pankreassafte
288; Atropinwirkung
331; Galleausscheidung
345; Gallesekretion 349;
Darmsaftsekretion 361;
Schließreflex des Pylorus
383.
Fettsäuren, Magensaftse-
kretion 163; Pankreas-
saftsekretion 278.
Fibrin, dessen Pepsinver-
dauungsprodukte, Ma-
gensaftsekretion 142,
Verdauungskraft des Ma-
gensaftes 144; Einfluß
auf die Arbeit der Brun-
nerschen Drüsen 232;
Gallenausscheidung 344.
Fischprodukte, Magensaft-
sekretion 210.
Fisteln, Erfordernisse bei
der Anlegung permanen-
ter 5; der Speicheldrü-
sen 9; des Magens 90;
der Bauchspeicheldrüse
238; der Gallenblase 338;
des Ductus choledochus
339; des Dünndarmes
352; des Dickdarmes 371
Fleisch, Speichelsekretion
auf 12; Zusammenset-
zung des Speichels bei
Genuß von 15; do. bei
Anblick usw. 25; Magen-
saftsekretion bei Genuß
von 95, 96, 205; do. bei
fettem Fleisch 156, 205;
Acidität des Magensaftes
beim Genuß von 97; Ma-
gensaftsekretion und Ei-
genschaften des Saftes
beim Anblick usw. 105;
do. bei Scheinfütterung
des Hundes mit 111, 112,
121, 123; do. beim Men-
schen 114; Hineinlegen
in den Magenfundus 118;
in den Magen 127, 132; Magensaftsekretion bei aus-
gekochtem Fleisch 139;
bei Einführung in den
Zwölffingerdarm 152, 153;

Synthese der Sekretions-kurve bei Genuß von 170; Magensaftabsonde-rung aus dem Heiden-hainschen Blindsack 196; bei Genuß verschiedener Fleischprodukte 205; do. des Fleisches in mund-gerechter Zubereitung 207; do. Fleisches mit Salz 208; Einfluß des Alkohols auf die Magen-saftabsonderung bei Ge-nuß von 218; Pylorus-saftabsonderung 225; Ab-sonderung aus dem Brun-nerschen Teil 230; Pan-kreassaftsekretion 237; Verdauungskraft 258; Synthese der Sekretions-kurve 291; Gallenaus-scheidungskurve 341; Synthese der Galleaus-scheidungskurve 346; Dünndarmsaftabsonde-rung 361.

Fleischpulver, Speichelse-kretion auf 12, 31; Zu-sammensetzung des Spei-chels bei 15; do. bei An-blick usw. 25.

Formalin, Speichelsekre-tion auf 12; Zusammen-setzung des Speichels bei 15; Einfluß auf die Spei-chelsekretion von Lö-sungen verschiedener Konzentration 21; Spei-chelsekretion und Zu-sammensetzung des Spei-chels beim Anblick usw. 25.

Fundus 88; Einführung ver-schiedener Substanzen in den 118; Resorption im 199.

Fundusschleimhaut, Er-regbarkeit 117; Chemi-sche Reizung 118; me-chanische Reizung 119.

Galle, Einführung in den Magenfundus 119, als Erreger der Magensaft-sekretion 150; Aktivie-rung des Pankreassteap-sins 243, 248, 250, 339;

Austritt in das Duodenum 338; Zusammensetzung 339; Einfluß auf Pan-kreassaftfermente 340; Fermente der 340, 343; feste Substanzen und spe-zifisches Gewicht bei ver-schiedener Nahrung 343; als Erreger der Galle-kretion 349; als Erreger der Darmlipasesekretion 367; Zurückwerfung in den Magen 380, 382.

Galleaustritt in das Duo-denum 338; bei Genuß von Milch, Fleisch und Brot 341; periodische 341; Erreger des 344 Mechanismus des 348.

Gallenblase, Anatomisches 338; Fistel 338; do. nach Tschermak 339.

Gallesekretion 338; Erre-ger 349; Mechanismus 349.

Gangl. cervicale superior sympathici 43; Extir-pation 84, 85.

— coeliacum, Magen-saftsekretion nach Extir-pation 189; als periphere Zentren der Pankreas-sekretion 312.

— Gasseri 35.

— mesentericum superior, als peripheres Zentrum der Pankreassekretion 312.

— submaxillare 42, 70.

Gänsefleisch, Magensaft-sekretion 205.

Gasanalyse des Blutes der Speicheldrüsen 68.

Gelatine, Magensaftabson-derung 129, 132.

Gemischte Speicheldrüsen, Anatomie 8.

Gerbsäure, Speichelsekre-tion auf 12; Zusammen-setzung des Speichels bei 15.

Geschmacksnerven 35; Ar-beit der Speicheldrüsen nach Durchschneidung der 37, 38, 39.

Geschmackstypen 30.

Gifte, der Speicheldrüsen 45; der Magendrüsen 214.

Glycerin, Speichelsekretion auf 12; und Magensaft-sekretion 161, 162; und Pankreassekretion 278.

Glykose, hemmende Wir-kung auf die Magensaft-sekretion bei Einführung in den Zwölffingerdarm 152, 154; Secretinbildung 317.

Großhirnrinde, Beziehung zur Speichelsekretion 71; Speichelsekretion bei künstlicher Reizung 75; Beziehung zur Magen-saftsekretion 185.

Gymnemae silvestris, In-fusum herbae 34.

Hammelfleisch, Magensaft-sekretion 205.

Hämoglobin, Zerstörung in der Leber 338.

Harnstoff, Secretinbildung 317.

Hauptzellen der Magen-drüsen 89.

Hemmung der Speichel-sekretion, reflektorische 60; der Magensaftsekre-tion 112; mittels NaCl-HCl- und Glykoselösun-gen 152, 154; mittels Fett 157, 158, 159; Sekre-tionshemmende Nerven der Magendrüsen 180, 188; der Pankreassekretion mittels Alkalilösungen 272, 284; mittels Milch-serum 284; bei Zusatz von Eiweiß und Pepton zu Salzsäure 285; bei Erbrechen 297; bei Rei-zung des zentr. Endes der N. vagi 297; do. der sekretionshemmen-den Nerven 301, 334.

Hering, Magensaftsekretion bei Genuß von 210.

Herzensche Fleischextrakt, Magensaftabsonderung bei 138; do. bei Einfüh-rung in den Zwölffinger-darm 154.

Hirnrindezentrum der Speicheldrüsen 75, 76; der Magendrüsen 185.

Hirsebrei, Magensaftsekretion 209.

Hormone 5.

Hühnereier, Magensaftsekretion bei Genuß verschiedener Eierprodukte 201.

Hunger, Einfluß auf die Magendrüsentätigkeit 186.

Hypersekretion, postoperative des Magensaftes 193; des Pankreassaftes 239.

Invertin, im Dünndarmsafte 357, 365; im Dickdarmsafte 373.

Immunisation d. Pankreas gegen Secretin 327.

Isolierter kleiner Magen 90; Methode d. Bildung nach Heidenhain 91; nach Heidenhain-Pawlow 91, 92; beim Menschen 116.

Kalbfleisch, Magensaftsekretion 205.

Kalomel, Dünndarmsaftabsonderung 359.

Kalorien bei verschied. Nahrung 212.

Kardia 88.

Kartoffel, Magensaftabsonderung 209.

Käse, Magensaftabsonderung 203.

Katabolische Fasern d. Speicheldrüsennerven 64.

Kauakt, Bedeutung f. Magensaftsekretion 114, 115. 181, 183.

Kaubewegungen, Bedeutung für Speichelsekretion 22; einseitige 23.

Kephalogene Sekretion des Magensaftes 193.

Kochsalz, Speichelsekretion auf 12; Zusammensetzung des Speichels bei 15; Einfluß auf die Speichelsekretion, Lösungen verschiedener Konzentration 21; Speichelsekretion und Zusammensetzung des Speichels beim Anblick usw. 25; Einführung v. Lösungen in den Magenfundus 119; als Erreger der Magensaftsekretion 132; Magensaftsekretion bei Lösungen verschiedener Konzentration 132, 136; do. bei Zusatz von Kochsalz zur Nahrung 135; Verdauungskraft des Magensaftes bei Einwirkung von Kochsalzlösungen 144; Einfluß bei Einführung in den Zwölffingerdarm 152, 154; Pylorussaftabsonderung bei Einführung in den Magen 226; do. in den Pylorusblindsack 227; Einfluß auf die Arbeit der Brunnerschen Drüsen 232; Secretinbildung 316.

Kohlensäure, Magensaftsekretion 151, 167, 168; Pankreassaftsekretion 270; Secretinbildung 315.

Konsistenz der Nahrung, Einfluß auf die Arbeit der Fundusdrüsen 120, 122.

Kontraktionstheorie 45.

Kotbildung 367, 372.

Krinine 316.

Kuhbutter, hemmender Einfluß auf die Magensaftsekretion 158; Einfluß auf die Arbeit der Brunnerschen Drüsen 230, 232.

Labferment des Magensaftes (Chymosin) 89; Eigenschaften 94; Identität mit Pepsin 94; im Pylorussafte 224; im Brunnerschen Safte 229; im Pankreassafte 249.

Lactase, im Pankreassafte 252; im Dünndarmsafte 357.

Lactose, Darmperistaltik 388.

Latente Periode, bei Reizung der cerebralen Nerven der Speicheldrüsen 47; bei gleichzeitiger Reizung des cer. und symp. Nervs 55; der Magensaftsekretion bei Genuß von Fleisch 96, Brot 97, Milch 97; bei Scheinfütterung 110; bei Fett und Fettnahrung 157; bei Vagusreizung 179; Ursachen 188; der Pankreassekretion auf Salzsäure 270; auf Fett 277; auf Oleinsäure 279; bei Reizung der Nn. vagi 300; der Galleausscheidung bei Genuß verschiedener Nahrung 341.

Lebergalle 339.

Leukocyten, ihre Rolle bei Aktivierung des Protrypsins 244, 355.

Lieberkünsche Drüsen, im Brunnerschen Teile des Zwölffingerdarms 229; im Dünndarm 351.

Liebigs Fleischextrakt, Einführung in den Magenfundus 119; do. von Produkten der Verdauung des 119; als Erreger der Magensaftabsonderung 137; Verdauungskraft des Magensaftes bei 138, 144; Einführung in den isolierten Pylorus 138; Wirkung beim Menschen 138; Magensaftsekretion bei Einführung in den Zwölffingerdarm 152, 153; Einfluß vom rectum aus 169; Pylorussaftsekretion bei lokaler Einwirkung 227; Einfluß auf die Arbeit der Brunnerschen Drüsen 230.

Lipase, Magenlipase 94; des Pankreassaftes s. Steapsin; des Dünndarmsaftes 356; Sekretionsbedingungen 365, 367; des Dickdarmsafts 373.

Magendrüsen 88; Anatomisches 88; Bau 89; Ruhezustand 92.

Magenfistel, infolge einer Schußwunde 90; bei Tieren 90.

Magensaft 89; Zusammensetzung 92; Verdauungskraft bei Genuß von Fleisch 96, Brot 97, Milch 97; Acidität 97, 98; Verdauungskraft bei Einwirkung chemischer Erreger 144; hemmende Wirkung auf die Magensaftsekretion 151, 154; als Erreger der Pylorussekretion 227; do. der Saftabsonderung aus dem Brunnerschen Teil 232; do. der Pankreassaftabsonderung 270; do. der Dünndarmsaftabsonderung 358, 365.

Magensaftsekretion bei Genuß von Fleisch, Brot und Milch 95; bei Genuß an Stickstoff äquivalenter Speisesubstanzmengen 101; Einfluß der Menge der Nahrung 102; psychische 104, 106; bei Reizung der rezeptorischen Oberfläche des Auges usw. beim Hunde 104; beim Menschen 107; chemische Erreger der 117; bei Hineinlegen des Fleisches in den Magen 127; bei Genuß und Hineinlegen von Gelatine 129; do. von Eiereiweiß 129; bei Einführung von Wasser 130; von Kochsalzlösungen 132: von Extraktivstoffen des Fleisches 137; von Verdauungsprodukten der Eiweißsubstanzen 140; bei Hineinlegen des Brotes 145; bei Einführung von Milch 147; des Speichels 150; des Pankreassafts 150; der Galle 150; der Salzsäurelösungen 150; der Essigsäurelösungen 150; der Kohlensäure 151 168; bei Einführung chemischer Erreger in den Zwölffingerdarm 152; bei Genuß und Einführung in den Magen von Fett 155; von Fettnahrung 156; von Oleinsäure 161; von Seifen 161; Einfluß von Soda auf die 164; do. einiger Stoffe vom rectum aus 169; bei Reizung der Nn. vagi 177; ohne Beteiligung der Nn. vagi 189, 194; bei Einführung von Secretin ins Blut 190; bei subcutaner Injektion von Magensaft 191; do. verschiedener Substanzen 192; permanente aus dem Heidenhainschen Blindsack 193 bei verschiedenen Nahrungssorten 200; bei ungemischter und gemischter Nahrung 212; bei Muskelarbeit 213; bei pathologischen Zuständen des großen und kleinen Magens 220; bei Unterbindung der Pankreasgänge 221; bei Unterbindung des Ductus choledochus 221.

Magenschleim 199; Erreger der Magenschleimsekretion 199; Schleimsekretion bei Genuß von Brot 199; Schleimtreibende Nerven 179, 200; bei Anwendung konzentrierter Alkohollösungen 216; Bedeutung für Neutralisation saurer Lösungen 380.

Magensecretin 190, 191, 192.

Maltase, im Speichel 7; im Pankreassaft 251; im Dünndarmsaft 357; im Dickdarmsaft 373.

Mechanische Reizung, der Schleimhaut des Magenfundus 117, 119; Pankreassekretion bei — des Sympathicus 308.

Mechanischer Reiz, als Erreger der Speichelsekretion 12, 13, 29, 31, 32, 33, 37; Einfluß auf die Arbeit der Magendrüsen 181, 183; als Erreger der Pylorussaftsekretion 224;

do. der Dünndarmsaftabsonderung 358, 369.

Mechanismus der Drüsentätigkeit, nervöser und humoraler 5; der Speicheldrüsen 27; der Magendrüsen innerhalb der ersten Phase 176, 188; beim Anblick usw. der Nahrung und bei Scheinfütterung 181; während der zweiten Phase 189—192; des Pankreas 296; nervöser 297; humoraler 310; bei Salzsäurewirkung 325; bei Fettwirkung 330; Gallenausscheidungsmechanismus 348; der Dünndarmdrüsen nervöser 368 humoraler 370.

Methode, chirurgische 5, 6.

Methodik der akuten Versuche 5; der Anlegung der Speicheldrüsenfisteln 9; der Anlegung der Magenfistel 90; der Isolierung des Magenteils 91; der Untersuchung der Wirkung chemischer Erreger der Magendrüsen 126; der Anlegung von Pankreasfisteln 238, 240; Erzielung des Pankreassaftes mittels Reizung d. Nn. vagi 299; der Anlegung der Gallenblasenfisteln 338; do. der Ducti choledochi 339; do. des Dünndarms 352; do. des Dickdarms 371.

Mettsche Methode 93.

Milch, Speichelsekretion auf die 12; Zusammensetzung des Speichels bei Genuß von 15; do. beim Anblick usw. 25; Magensaftsekretion bei Genuß von 95, 97; Acidität des Magensafts 97; Magensaftsekretion und Eigenschaften des Safts bei Anblick usw. 105; do. bei Scheinfütterung des Hundes mit 112, 121, 123; do. beim Menschen

114; Unwirksamkeit bei Einführung in den Magenfundus 118; Magensaftsekretion bei Einführung in den Magen 147; Verdauungskraft des Magensafts 148, 149; Einfluß vom rectum aus 169; Synthese der Sekretionskurve 172; Magensaftabsonderung aus dem Heidenhainschen Blindsack 196; Magensaftabsonderung bei Genuß verschiedenerMilchprodukte 202; bei Genuß verschiedener Milchsorten 204; Einfluß des Alkohols auf die Magensaftsekretion bei Genuß von 218; Pylorussaftabsonderung bei Genuß von 225; do. bei Einführung in den Pylorusblindsack 227; Absonderung aus dem Brunnerschen Teil bei Genuß von 230; do. bei lokaler Einwirkung 232; Pankreassaftsekretion bei Genuß von 257; Verdauungskraft des Pankreassafts 259; Synthese der Sekretionskurve 294; Galleausscheidung nach Genuß 341; Synthese der Galleausscheidungskurve 346; Dünndarmsaftsekretion bei Genuß 361; Geschwindigkeit des Hindurchpassierens durch den Verdauungskanal 386.

Milchsäure, Einführung von Lösungen in den Magenfundus 119; Magensaftsekretion 148, 149, 204; Pankreassaftsekretion 268; do. bei Lösungen verschiedener Konzentration 270; Secretinbildung 315.

Milchserum, Einfluß auf die Pankreassekretion 284.

Milchzucker, Darmperistaltik 388.

Mucin, im Speichel 7, 8, 24.

Muscarin, Einfluß auf die Magensaftabsonderung 215.

Muskelarbeit, Einfluß auf die Magentätigkeit 213.

Nachwirkung, bei Reizung der cerebralen Nerven der Speicheldrüsen 47; bei Reizung der Nn. vagi (Pankreassekretion) 300.

Nahrungszentrum 186.

Natr. causticum, Speichelsekretion auf 12; Zusammensetzung des Speichels bei 15.

— oleinicum, Einführung von Lösungen in den Magenfundus 119; als Erreger der Magensaftabsonderung 161, 162; Wirkung aus dem Pylorus 162; aus dem Zwölffingerdarm 163; antagonistische Wirkung von Fett und 164; Einfluß auf die Arbeit der Brunnerschen Drüsen 230; Pankreassaftsekretion 279; Secretinbildung 315, 317; Stickstoffgehalt im Pankreassafte 288; Atropinwirkung 332; mikroskopische Veränderungen des Pankreas 336; Dünndarmsaftabsonderung 359, 363.

Nerven, zentripetale der Speicheldrüsen 35; Arbeit der Speicheldrüsen nach ihrer Durchschneidung 35; Reizung durch Induktionsstrom 40; sekretorische der Magendrüsen 176; des Pankreas 298, 309; rein sekretorische des Pankreas 301, sekretionshemmende des Pankreas 301; rein hemmende des Pankreas 302.

Nervenapparat, peripherer rezeptorischer der Speicheldrüsen 28.

Nervenendigungen in der Mundhöhlenschleimhaut 29; mechanische Reize rezipierende 33; Spezifität der 34; verschiedenartige 34.

Nervus auricularis, Beziehung zur Speichelabsonderung 40.

— buccinatorius 43.

— facialis 42; Kerne im verlängerten Mark 70.

— glossopharyngeus 35; Beziehung zu der Wurzel und unteren Fläche der Zunge 36, 40; Reizung des zentralen Endes 40; Kerne im verlängerten Mark 70.

— ischiadicus, Beziehung zur Speichelabsonderung 40.

— Jacobsonii 42.

— lingualis 35; Beziehung zur Zungenspitze 35, 40; Reizung des zentralen Endes 40; und Chorda tympani 42.

— olfactorius, Beziehung zur Speichelsekretion 36.

— petrosus superficialis minor 42.

— splanchnicus, Pankreassaftsekretion nach Durchschneidung 334; Einfluß auf Galleausscheidung 349.

— sympathicus, Beziehung zur Speichelsekretion 43; Besonderheiten der sympathischen Speichelsekretion 53; Wechselbeziehungen zwischen dem cerebr. u. symp. Nerv 54; bei der reflektorischen Speichelabsonderung 59; katabolische Fasern in 64; und Parotis des Hundes 53, 81; Einfluß der Entfernung des symp. Nervs auf die Arbeit der Speicheldrüsen 84; Beziehung zur Magensaftsekretion 181, 189; Pankreassekretion bei Reizung 308; Eigenschaften des Pankreassafts 309; Durchschneidung 311; 335; mikroskopische Veränderungen des Pankreas bei Reizung 336.

— trigeminus, Beziehung zur Speichelsekretion 35, 36, 37, 39, 43.

— ulnaris, Beziehung zur Speichelabsonderung 40.

— vagus, Beziehung zur Speichelabsonderung 40; Durchschneidung seiner Äste bei Bildung des Heidenhainschen Blindsacks und Aufrechterhalten im Heidenhain-Pawlowschen 91; als zentrifugaler Nerv der Magendrüsen 176; Einfluß der Durchschneidung auf die Arbeit der Magendrüsen 177, 189, 194; Magensaftsekretion bei Reizung 177, 178, 179, 180; Hemmung der Pankreassekretion bei Reizung des zentralen Endes 297; Pankreassekretion bei Reizung des 298; Zusammensetzung des Pankreassaftes bei Reizung des 303; Einfluß der Durchschneidung auf die Arbeit des Pankreas 311, 334; mikroskopische Veränderungen im Pankreas 335; Einfluß auf Galleausscheidung 349.

Nicotin, Einfluß auf die Magensaftsekretion 215.

Nuclease, im Pankreassaft 249; im Dünndarmsaft 356; im Dickdarmsaft 373.

Ohrspeicheldrüse, Anatomie 8; Sekretion beim Hunde 12, 29, 38, 39; beim Menschen 16; die sekretorischen Nerven 42; Sekretion bei Nervenreizung 51, 53.

Oleinsäure, Einfluß auf die Magensaftabsonderung 161, 163; Pankreassekretion 278; Stickstoffgehalt im Pankreassaft 288; Atropinwirkung 332.

Oleum crotonis und Pankreassekretion 284.

Orbitaldrüse, Anatomie 8; Sekretion 12, 29; sekretorischer Nerv der 43.

Oxalsäure, Secretinbildung 315.

Pankreas, Anatomisches 237; mikroskopischer Bau 237; mikroskopische Veränderungen 335.

Pankreasfistel, temporäre 238; permanente 238, 240; Erkrankung der Hunde nach Anlegung 239; nach Sanozki 278.

Pankreasgänge 237; Katheterisation 240; Unterbindung 221.

Pankreassaft, als Erreger der Magensaftsekretion 150; Zusammensetzung 241; Eiweißgehalt 241, 242; Fermente des 242, 246; paralleler Verlauf der Fermentsekretion 247, 260, 264, 305; Zerstörung der Fermente 252; Fermentgehalt bei Genuß verschiedener Nahrung 258; do. bei verschiedenen Erregern 288; verschiedene Aktivierungsvermögen 267; Gehalt an festen Substanzen usw. bei Genuß verschiedener Nahrung 264; bei einzelnen Erregern 286; bei Reizung der Nn. vagi 303; aktiver 246, 248, 252; do. bei Reizung der Nn. vagi 306; bei Pilocarpin, Pepton, Physostigmin, Cholin 307; bei Secretinwirkung 322; Eigenschaften des Secretinsafts 322; als Erreger der Enterokinasesekretion 365; Zurückwerfung in den Magen 380, 382.

Pankreassaftsekretion, bei Genuß von Fleisch, Brot und Milch 253, 255; do. beim Menschen 257; Einfluß der Quantität des

Erregers 290; Einfluß des Wassergehalts im Körper 291; bei Reizung des verlängerten Marks 298, 300; do. der Nervi vagi 298; do. der Nn. sympathici 308; nach Zerstörung der Nervenverbindungen 311, 334.

Paralytische Sekretion der Speicheldrüsen 61; der Dünndarmdrüsen 369.

Pathologie, experimentelle 6.

Pepsin 89; Eigenschaften 93; im Pylorussaft 224; im Brunnerschen Saft 229.

Pepton, Magensaftsekretion bei Einführung in den Zwölffingerdarm 154; Einfluß vom rectum aus 169; extra- und intrapankreatische Aktivierung 267, 307; Secretinbildung 317; und Secretin 322; als Erreger der Galleausscheidung 344.

— Chapoteaut und Stoll u. Schmidt, als Erreger der Magensaftsekretion 141, 142; Analyse 141; Verdauungskraft des Magensafts 144.

Periodische Arbeit der Verdauungsdrüsen 389; Mechanismus 390.

— Ausscheidung von Galle 341; des Dünndarmsafts 358.

Peyersche Plaques 352, 356.

Pfefferextrakt und Pankreassekretion 284.

Pferdefleisch, Magensaftsekretion bei Genuß von 205.

Phase, erste 124, und zweite der Magensaftabsonderung 124, 168; Mechanismus der Magendrüsenarbeit innerhalb der ersten und zweiten Phase siehe Mechanismus; Fortfall der ersten Phase bei Durchschneidung der Nn. vagi 195; reflektorische der Pankreassekretion 286.

Phasentheorie von Stöhr 78.

Phosphorsäure, Pankreassekretion 268; do. bei Lösungen verschiedener Konzentration 270; Secretinbildung 315.

Physostigmin, Sekretion des aktiven Pankreassafts 307.

Pilocarpin, Einfluß auf Speichelsekretion 46; do. auf Magensaftabsonderung 215; extra- und intrapankreatische Aktivierung 267, 307; Dünndarmsaftabsonderung 363, 365.

Plexus solaris, pankreatische Hypersekretion nach Exstirpation 297; Arbeit des Pankreas nach Exstirpation 311.

Polyfistelmethode 353.

Prosecretin 190 (für Magendrüsen); 314.

Provenceröl, Magensaftabsonderung auf 155; hemmender Einfluß auf die Magensaftsekretion 158; Pylorussaftsekretion bei Einführung in den großen Magen 226; do. in den Pylorusblindsack 227; Einfluß auf die Arbeit der Brunnerschen Drüsen 230, 232; Dünndarmsaftabsonderung 361.

Ptyalin 7; Wirkung in dem Magen 172.

Pylorus 88; Isolierung im akuten Versuch bei der Katze 127; Magensaftsekretion bei Einführung von Herzenschem Fleischextrakt 138; von Dextrose und Dextrinlösungen 145; von Salzsäurelösungen 151; Drüsenapparat des 222; Saftabsonderung aus dem 224.

Pylorusblindsack 90, 91, 126, 223; Magensaftabsonderung bei Einführung von Wasser 132, Kochsalzlösungen 137, Liebigschem Extrakt 138, Seifen 162, Sodalösungen 166; Saftabsonderung aus dem 223.

Pylorusphase, chemische, der Magensaftsekretion 168.

Pylorussaft 89; Eigenschaften 223; Bedeutung für Verdauung fetthaltiger Nahrung 234; Bedeutung für Neutralisation saurer Lösungen 380.

Pylorussaftsekretion, Erreger der 224; spontane 225; bei Genuß und beim Anblick usw. verschiedener Nahrungssorten 225; bei Einführung verschiedener Substanzen in den großen Magen 226; do. in den Pylorusblindsack 227.

Pylorusverschluß, bei Fett, Seifen und Fettsäuren 163, 383; bei Salzsäure 376.

Quark, Magensaftsekretion bei Genuß von 202.

Ramus pharyngeus superior vagi 36.

Ramus auriculo-temporalis und trigemini 42.

Rectum, Einfluß verschiedener Erreger vom — aus auf die Magensaftsekretion 169.

Reflektorische Nervenbogen, bei Speichelreflexe 27; bei bedingten und unbedingten Reflexen auf die Magendrüsen 185.

Reis, Magensaftsekretion 209.

Regulationszentrum der Magensaftabsonderung 193.

Resorption, im Magen 3, 131; im Fundusteil 119.

Rinderfett, Magensaftsekretion bei Genuß von 205.

Ringkott 367.

Rohrzucker, Einfluß auf die Arbeit der Magendrüsen 145; Secretinbildung 317.

Rückenmark, Speichelsekretion nach Durchschneidung 83; Magensaftsekretion nach Extirpation 189; do. Pankreassaftsekretion 311.

Saccharin, Speichelsekretion auf 12, 30; Zusammensetzung des Speichels bei 15; do. bei Anblick usw. 25.

Sahne und saure Sahne, Magensaftsekretion 158, 202; Pylorussaftsekretion 225; Einfluß auf die Arbeit der Brunnerschen Drüsen 230, 232; Dünndarmsaftabsonderung 361.

Sahnenbutter, hemmender Einfluß auf die Magensaftsekretion 158; Magensaftsecretion bei Genuß 202.

Salpetersäure, Speichelsekretion auf 12; Zusammensetzung des Speichels bei 15; Sekretinbildung 315.

Salzsäure, Speichelsekretion auf 12, 30; Zusammensetzung des Speichels bei 15; Einfluß auf Speichelsekretion Lösungen verschiedener Konzentration 21, 22; Speichelsekretion und Zusammensetzung des Speichels bei Anblick usw. 25; hemmende Wirkung auf Magensaftsekretion 150; do. bei Einführung in den Zwölffingerdarm 152, 154; Pylorussaftsekretion in den Magen 226; do. in den Pylorusblindsack 227; Einfluß auf die Arbeit der Brunnerschen Drüsen 230, 232; Pankreassekretion 268; do. bei Lösungen verschiedener Konzentration 270; latente Periode 270; Einführung in rectum und in das Blut 312; Secretinbildung 315; mikroskopische Veränderungen des Pankreas 335; als Erreger der Gallensekretion 349; der Dünndarmsaftabsonderung 358, 363, 365; Schließreflex des Pylorus 376.

Sand, Speichelsekretion auf 12,32; Zusammensetzung des Speichels bei 15; do. bei Anblick usw. 25.

Scheinfütterung 90, beim Hunde 109; mit flüssiger Nahrung 112; Magensaftabsonderung aus dem isolierten und dem großen Magen 112; beim Menschen 113; beim Hunde mit abgesondertem Fundusteil 121; Mechanismus der Magensaftsekretion bei 181.

Scheingenuß 123.

Schinken, Magensaftsekretion 208.

Schlaf, Einfluß auf die Arbeit der Magendrüsen 97.

Schleim sieheMagenschleim

Schleim-, Speicheldrüsen, Anatomie 8; in dem Gang der Ohrspeicheldrüse 14; siehe auch Unterkiefer- und Unterzungendrüse.

Schlucken, Enfluß auf die Magensekretion 116, 181.

Schmierspeichel 24.

Schütz-Borissowsches Gesetz 94.

Schwefelsäure, Speichelsekretion a. 12; Zusammensetzung des Speichels bei 15; Einfluß auf die Speichelsekretion Lösungen verschiedener Konzentration 21; Pankreassaftsekretion 273; Secretinbildung 315.

Schweinespeck, Magensaftsekretion 205.

Secretin 313; Eigenschaften 314; Spezifität 314,

318; Bildung 315; Gerinnungsfähigkeit des Blutes bei 320, 321; Blutdrucksenkung 314, 321; Zusammensetzung 322; Eigenschaft des Secretinsaftes 322; Immunisation gegen 327; Dünndarmsaftabsonderung 370; Magensecretin 190.

Seife s. Natr. oleinicum.

Seitenkettentheorie 245.

Sekretion äußere 3; innere 3; cephalogene u. chemische der Magendrüsen 193; permanente aus dem Heidenhainschen Magenblindsack 193.

Sekretionshemmende Nerven der Magendrüsen 180.

Sekretorischer Druck in der Unterkieferdrüse bei Reizung der Ch. tymp. 44; bei Reizung des sympath. Nervs 44; im großen Pankreasgange 310.

Senföl, Speichelsekretion auf 12, 30; Zusammensetzung des Speichels bei 15; do. beim Anblick usw. 25; Einfluß auf die Arbeit der Brunnerschen Drüsen 232; Pankreassaftabsonderung 284; Dünndarmsaftabsonderung 359, 365.

Soda, Speichelsekretion auf 12, 30; Zusammensetzung des Speichels bei 15; do. beim Anblick usw. 25; Einfluß auf die Arbeit der Magendrüsen bei Einführung in den Magen164; in das rectum 168; Verdauungskraft und Acidität des Magensaftes bei Sodalösungen 166; Pylorussaftabsonderung bei Einführung in den Magen 226; do. in den Pylorusblindsack 227; Einfluß auf die Arbeit der Brunnerschen Drüsen 230; do. des Pankreas 272, 284; Secretinbildung

315; Einführung in das Blut 329.

Solitärfollikeln 352.

Sphincter, Ducti choledochi 338, 348; praepyloricus 89, 222; pyloricus 89, 222.

Speichel 7; gemischter 9; Zusammensetzung beim Hunde 13; beim Menschen 17; Alkalität beim Menschen 17; beim Pferd 21; Heilspeichel 20; Schmierspeichel 24; verdünnender 24; Zähigkeit und Zuusammensetzung bei bedingten Reflexen 25; Verarmung an festen Substanzen bei andauernder Reizung der Ch. tymp. 48; maximaler Gehalt an Salzen 49; Gehalt an Salzen bei verschiedener Sekretionsschnelligkeit 49, 50, 51, 52; do. an organischen Bestandteilen 51, 52; Gehalt an verschiedenen Salzen 50, 51; Zusammensetzung bei Reizung des sympatischen Nervs 53; do. bei andauerndem Reiz 54; Zusammensetzung bei Dyspnöe 65; als Erreger der Magensaftsekretion 150.

Speicheldrüsen 7; Anatomie 8; Ruhezustand beim Menschen 9; Hunde 10; Pferde 10; Wiederkäuern 10; -gifte 45.

Speichelsekretion, Erreger der beim Hunde 11; beim Menschen 16; Bedeutung der Stärke des Erregers 21; Bedeutung der Kaubewegungen 22; beim Anblick, Geruch usw. der Erreger 24; nach Durchschneidung zentripetaler Nerven der Mundhöhle 35; bei Reizung der Schleimhaut des Magens 41; bei Konjunktivalreizung 41; bei Reizung der cerebralen

Nerven 47; reflektorische 59; reflektorische bei durchschnittener Ch. tymp. 60; reflektorische Hemmung 60; paralytische 61; antiparalytische oder antilytische 64; bei Dyspnöe 65; zum Zwecke der Wärmeregulation 66; Theorien der 76; bei Beschränkung der Blutversorgung der Drüse 69, 80,81; nach Durchschneidung des Rückenmarks 83.

Speiseaufnahmeakt, Bedeutung für die Magensaftsekretion 113.

Speiseröhre 116.

Stärke, Einfluß auf die Arbeit der Magendrüsen 145, 146.

Staupe, Einfluß auf die Magensaftabsonderung 220.

Steapsin, offener Teil und absolute Kraft 246; latente Form 248; Eigenschaften 250; Bestimmung 251; Zerstörung 252; im Secretinssafte 323; Aktivierung durch die Galle 339; Wirkung in der Magenhöhle 385.

Stomatitis beim Eingießen von Salzsäurelösungen 11.

Suppenfleisch, Magensaftabsonderung 207.

Süßmandelöl, hemmender Einfluß auf die Magensaftsekretion 158.

Tetanisierung rhythmische, der cerebralen Nerven der Speicheldrüsen 47.

Theorien der Speichelsekretion 76; Heidenhainsche 79; Langleys und Carlsons 85; Bickelsche d. Magensaftsekretion 193.

Therapie, experimentelle 6.

Traubenzucker, Einfluß auf die Arbeit der Magendrüsen 145.

Trockenheit, Bedeutung für Speichelsekretion 18, 31, 33.

Trophische Fasern der Speicheldrüsennerven 80, 87; der Magendrüsennerven 199; der Pankreasnerven 332.

Trypsin, Eigenschaften 243; offener Teil und absolute Kraft 246; Bestimmung 250; Zerstörung 252; im Secretinsafte 322; Einfluß der Galle 339.

Ulcus rotundum im Blindsack 219.

Unbedingte Reflexe 5; Speichelreflexe 73; der Magendrüsen 184, 185.

Unterkieferdrüse, Anatomie 8; cerebraler Nerv der 41.

Unterkieferknoten 42, 70.

Unterzungenknoten 42.

Unterzungendrüse, Anatomie 8; cerebraler Nerv der 41.

Vasoconstrictoren, im Symp. f. Speicheldrüsen 43.

Vasodilatatoren, in Ch. tymp. 42; Einfluß von Atropin 46.

Vaguskerne 185.

Valvula pylorica 89.

Verdauende Sekretion der Speicheldrüsen 66.

Verdauungskraft des Magensaftes, bei Genuß von Fleisch 96, Brot 97, Milch 97; bei ausgeglichener Acidität 99; feste und organische Bestandteile und 100; bei Genuß an Stickstoff äquivalenter Speisesubstanzmengen 101; beim Anblick usw. der Speisen beim Hunde 109; beim Menschen 109; bei Scheinfütterung 110, 112; bei Scheinfütterung am Menschen 114; bei Hineinlegen des Fleisches in den Magen 128; bei Liebigs Fleischextrakt 138; bei Fleischbouillon 138; bei Einwirkung chemischer Erreger beim

Hunde 144; beim Menschen 144; Einfluß der Säure auf 146; bei Genuß und Einführung von Milch 148, 149; bei Fettnahrung 157; bei Reizung der Nn. vagi 178, 179; der Nn. vagi beraubten Magens 196; bei Genuß von Eiprodukten 202; do. Milchprodukten 204; do. Fleischprodukten 207, 208; do. vegetabilischen Produkten 209; do. Fischprodukten 212; bei Alkoholeinwirkung 216, 217; des Pylorussaftes bei verschiedenen Bedingungen 228; des Pankreassaftes bei Genuß verschiedener Nahrung 258; do. beim Menschen 263; bei einzelnen Erregern 288; bei Reizung der Nn. vagi 304.

Verdauungskanal, System des 1; Aufbau 3.

Verdauungsprodukte des Eiweißes (peptische), Einführung in den Magenfundus 119; des Fleisches als Erreger der Magensaftsekretion 140; do. des Brotes 145; do. der Milcheiweißstoffe 148; als Erreger der Galleausscheidung 344; der Gallesekretion 349 (siehe auch Fibrin).

Verdünnender oder ausspülender Speichel 24.

Verdünnungssekretion 135, 379, 380.

Verlängertes Mark, Speichelsekretion bei Verletzung 71.

Vermehrte Sekretion der Speicheldrüsen 56, 57, 83.

Wärmeregulation, Speichelabsonderung zum Zwecke der 66.

Wärmespeichelsekretion 67.

Wasser, Speichelsekretion bei 13; Unwirksamkeit bei Einführung in den Magenfundus 119; Magensaftsekretion bei Einführung in den Magen 131; bei Einführung in den isolierten Pylorus 132; bei Einführung in den Zwölffingerdarm 152; Einfluß vom rectum aus 169; Pylorussaftsekretion bei Einführung in den Magen 226; Einfluß auf die Arbeit der Brunnerschen Drüsen 230; Pankreassaftabsonderung 268, 270, 274; nach Verbrühen der Magenschleimhaut 274; Einfluß des Wassergehalts im Körper auf Pankreassekretion 291.

Wurst, Magensaftsekretion bei Genuß von Teewurst u. geräuchert. Wurst 208.

Zähigkeit des Speichels 14; bei bedingten Reflexen 25; nach Durchschneidung der Geschmacksnerven 39.

Zentrum, der Speichelsekretion im verlängerten Mark 70; in der Großhirnrinde 71, 75; der Magensekretion im verlängerten Mark 185; in der Großhirnrinde 185; Nahrungszentrum 186; Regulationszentrum der Magensaftsekretion 193; peripheres der Pankreassekretion 311.

Zurückwerfung von Duodenalsäften in den Magen bei Säurelösungen 379; beim Menschen 382; do. bei Fett 276, 383; Oleinsäure und Natr. oleinicum 280, 384.

Zwieback, Speichelsekretion auf 12, 31; Zusammensetzung des Speichels bei Genuß von 15; do. bei Anblick usw. 25.

Zwölffingerdarm, als zentrales Verdauungsorgan 3; Magensaftsekretion bei Einführung verschiedener Substanzen 152; Hemmung derselben vom — aus durch NaCl-, HCl- und Glykoselösungen 152, 154; durch Fett 159; Einfluß der Seifen auf Magensaftsekretion vom — aus 163; Pankreassaftsekretion bei Einführung von Salzsäure 273; von Seifen 281.